MINGUO JIANZHU GONGCHENG QIKAN HUIBIAN

民國建築工程期刊匯編

34

《民國建築工程期刊匯編》編寫組 編

广西师范大学出版社
GUANGXI NORMAL UNIVERSITY PRESS
·桂林·

第三十四册目録

工程月刊

16837

工程月刊

中國工程師學會戰時特刊

第一卷　第一期

目　錄

中國工程師學會工程月刊社發行

中華民國二十八年一月出版

（本刊登記證已在呈請中）

工 程 月 刊

（中國工程師學會戰時特刊）

第一卷 第一期

目 錄

專論

消息

我國此次抗戰因物質建設尚未完成感受無限創痛並蒙極大犧牲此種慘酷經驗必能使全國同胞深切認識 總理實業計畫不獨為立國之要素且為民族生命延續之保障希望我工程界同人各貢所知各盡所能加緊努力抗戰建國工作以求實業計畫之實現爭取最後之勝利

曾養甫

曾會長題詞

專論　工程師動員與本刊的使命

吳承洛

工程師是實際去幹工程的人；工程師幹工程，依照預先計劃的程序去幹；工程師幹工程，分別領導工程同儕，依照預定的程序去幹。工程師幹工程，既領導其工程同儕，依照預先計劃的程序去幹，必須於規定的時期，得規定的效果，故能實在的去幹。工程師幹工程，既要於規定的時期，得規定的效果，必須克服他人所不能克服的天然障礙，故能強硬的去幹。工程師幹工程，既要克服他人所不能克服的天然障礙，必須忍耐他人所不能忍耐的人生勞動，故能刻苦的去幹。工程師是先天下之憂而憂，後天下之樂而樂者。在未學工程科學，或未就工程職業以前，就要商量自己，立志犧牲，為人類開闢幸福的大道。這是工程教育的精神，這是工程業務的骨幹。

工程的種類，大別為建築工程，土木工程，水利工程，機械工程，自動工程，電氣工程，採鑛工程，冶煉工程，化學工程，紡織工程，農事工程，管理工程等。工程的目的，在於工業化，不但工業要工業化，即農業也要工業化，不但行動與衣着要工業化，即居住與食用也要工業化，不但文化教育要工業化，即社會娛樂，也要工業化，不但生產事業要工業化，即防衞事業也要工業化。現代的國家，現代的民族，能否獨立自主，全賴工業化的程度與其前程。現代的生活，現代的人生，是否眞正活着，是否享受人生，全賴工業化的結果與其過程，雖然工業化要軍事，政治，法制，社會，財政，經濟各方面，共同推進，然工程師更應負其中心的責任。

我們中國工業化的工作，雖然開始於四五十年以前，造船，兵工，機器，造幣，煤鑛，鋼鐵，棉紡，毛織，火柴，郵政，電報，鐵道等，曾一度分別創辦，但直至民國成立，歐戰興起，尙不能發生效力，雖然歷史的原因複雜，而最初創辦的老前輩，未能有整個工業化的國策，實在是主要的緣故。

總理孫中山先生，於推翻專制，創立共和之餘，即專心於主義與計劃的完成。一部物質建設的巨著，比十年以後的蘇聯第一次五年計劃，還要偉大。假使當時利用歐洲大戰剩餘的技術與設備，引用國際力量，共同發展；見於事實，則我們現在在世界上的地位，一定與今不同。國民革命以後十年來的建設，大都依照　總理遺規，但尙有多少人不能澈底了解這個偉大的計劃。自七七抗戰以來，我們退至西北西南的一隅里，而　總理的計劃，如何高瞻遠矚，吾人親臨其境，纔能完全諒解其堅苦卓絕的地方。

工程師不比文化人，不長於說話，不長於作文，工程師所做的工程，常常要文化人去代為宣傳，代為廣播。關於工程的定期刊物，在平時本已不多，一到戰時，幾於完全自動停刊，此中原因，是由於工程師實際參加抗戰的工作。或任作戰工事的工程，或任防空建築的工程，或任軍事運輸的工程，或任軍需給養的工程，或任鐵道搶修的工程，或任水道開險的工程，或任燃料供給的工程，或任電氣供應的工程，或任軍火製造的工程，或任軍器修造的工程，或任化學兵隊的工程，或任機械兵隊的工程，或任工廠遷建的工程，或任鑛場移置的工程，或任前方爆炸破壞的工程，或任後方物資生產的工程。工程師在各界服務，都是直接間接關係抗戰。

吾們知道，說話做文章的時候已經過去，而事實表現的時候却是到臨，抗戰不能不節節退却，事實表現我們的能力不夠，我們雖有勇敢的肉體，同堅毅的魄力，却敵不過工業化結果造成的重兵器。喚起民衆，的是重要，但是我們無論有幾多「文化人」的千呼萬喚，刊物，傳單，標語，口號，一定敵不過敵人的工業總動員。我們不敢多說空話，我們不敢多做空文，我們所以一年有餘不敢再談刊物。

但是我們在這个埋頭苦幹的環境中，彼此之間，不免失却聯絡，而社會一班人士，對於工業化雖更感覺其需要，對于工業化，雖更力求其實現。對于工程師雖更其希望深切，對於工程師，雖更願與接近。但是工程師究在那裏，工程師的集團更不知道究在那裏。同時淪陷區域擴大，雖然閒居無事，或有意附敵的人，以工程師爲絕對少數，但不能保證其必無此人，爲別忠奸，明向背起見，也應當把工程師集團的意志，宣告社會。尤其是敵人在淪陷區域，作種種奪取資源的陰謀，從事建設的毒計，工程師不但是消極的絕對不爲所利用，更應當積極的去做，人力物力財力不致資敵的工作。工程師不但要在政府整個計劃之下，參加正規的工作，並應自動的參加社會中游擊性的工作。工程師不但要個別的從事工程事業，並應設法集團的推進，使發生更偉大的力量。工程師不但對於實行計劃方面，要能得到良好結果，並應於如何始能得到有效的實施方面，有具體的主張。工程師不但要重實際的去幹，還要深切認識時代的使命，並具有堅強的信心。如何樹立工程師的共同信念，如何確定工程師的工作方向，如何動員全體工程師。如何使個個工程師擔負起工程抗戰與工程建國的責任。千秋萬世的歷史關鍵，業已到臨，歷史已爲工程師預備着不可磨滅的地位。此次中國工程師學會，在戰時首都的重慶，召集臨時大會，要將工程師規天矩地的「知」和「行」的過程，做工業化的原動力，做抗戰建國的後盾。爰決議發行此工程月刊，定爲戰時特刊，在任何困苦的抗戰時期中，當繼續如期出版，以資聯絡。尙希社會人士，多加指示，本會同仁，相互切磋。以從容不迫的態度，做臨難勿苟的貢獻，以發揮工程師一向所受工程教育的精神，以表現工程師，一向所有工程業務的骨幹，全國工程師，其一致奮起。

中國烟煤之煉焦試驗[1]

(二十七年十月八日臨時大會論文之一)

蕭文謙　賈魁士

目　錄

一　緒言

國內各種烟煤之煉焦性質，迄今尚無精確之試驗。除少數煤礦之產品，曾經製成焦炭，用于鉄廠確定其可爲冶金焦之原料外，其他則或憑實驗室間接方法之測定(一)，或憑土人之經驗，知其是否可以煉焦，然其所產焦炭之性質，記錄尚付闕如。地質調查所燃料研究室有鑒于此，遂於二十五六兩年度工作程序中，列入此項試驗先審定煤質，繼向各地採集大批烟煤；建造五百磅規模煉焦爐，煉製焦炭。憑焦質之優劣，以定原煤煉焦性之高下。至焦質對于冶金之重要，及冶金焦評價之標準，前已有專文發表。(二)

二　試驗煤樣之性質

試驗所用煤樣計十一種，其產地分析及粘性見第一表。粘性係依照英國雪菲耳大學之方法，以煤樣負載一百克之重量而試驗（三）。按此方法之測定，漲性以八字嶺煤爲最高，井陘及中興次之，恩口又次之，其他則皆縮而不漲。譚家山及天府二煤，因級次較高，故初粘及終粘溫度較其他煤樣爲高。

中興，譚家山及八字嶺煤之數最較多，于第一次試驗之後，尙存餘煤樣不少，爰將剩餘之煤，露置于儲煤棧內。棧係以磚砌成，上有遮蓋，藉以防雨，四面可以流通空氣。露置經相當時日後，重復採樣以作試驗，藉以測定風藏者之氧化作用，對于原煤煉焦性之影響。三種煤露置時間之久暫，詳見表內附註。

三　煉焦爐之設計

試驗所用之煉焦爐係仿傚英國中部焦炭研究委員會（Midland Coke Research Committee）之設計(四)，改用煤爲燃料。爐之煉焦室（Coking Chamber）爲長方形，以矽磚堆砌而成，寬十八英寸，長三英尺，高三英尺，約可裝煤五百至六百磅。兩旁有 $6\frac{1}{4}\times3\frac{1}{4}$ 英寸之火道各七，以火磚砌成。爐外置有離心式鼓風機一具，通風管先經過火道上端，將空氣預熱，然後引至爐柵下面，以助煤之燃燒，可使火道溫度，恆在攝氏一千度左右。爐之構造以煉焦室爲中心，卸焦門在

1.本文經經濟部地質調查所所長准許發表

16845

室之前，烟突處其後，燃料燃燒室在其下，至于裝煉焦煤之煤斗，則置于室之頂部。裝煤斗旁另有一三英斗對經之口，接以鉄管，使煤經熱乾溜而出之氣體，可由此向外溢出。煉焦室兩旁牆外之中心部份各有熱偶一支，以測定火道之溫度。卸焦門之中心，復開一小孔，以備裝熱偶一支，測定在煉焦過程中，焦室中心煤或焦溫度之變遷。

四 試驗之手續

第一表 試驗樣煤之性質

樣煤號數	產地			附註	煤之分析					煤之粘性				
	省名	縣名	鑛名或地名		水份 %	揮發物 %	固定碳 %	灰份 %	硫份 %	初縮溫度 ℃	初張溫度 ℃	止縮溫度止張溫度 ℃	縮度 %	膨脹度 %
16	河北	井陘	井陘		0.3	25.8	62.4	11.5	1.21	361	401	425	38	98
1	山東	嶧	中興	煤塊	0.5	28.8	58.3	12.4	0.68	344	396	422	33	78
2	山東	嶧	中興	煤塊	0.6	29 8	58.0	11.6	0.86	353	398	420	31	92
15	山東	嶧	中興	碎煤	1.1	28.7	59.1	11.1	0.95	3:0	398	421	29	95
28	山東	嶧	中興	碎煤露置24日後	1.0	27.8	58.8	12.4	1.01	350	400	422	32	82
4	安徽	懷遠	淮南		2.3	31 9	49.9	16.0	0.76	3 7		440	28	
17	湖南	湘鄉	恩口		0.7	27.0	63.5	8.8	2.12	373	421	416	30	17
5	湖南	湘潭	譚家山		1.4	18.3	73.5	6.8	0.51	397		446	14	
19	湖南	湘潭	譚家山	露置四個月後堆面煤樣	1.4	19.3	72.7	6.6	0.52	405		464	21	
29	湖南	湘潭	譚家山	露置四個月後堆底煤樣	1.0	19.0	74.8	5.2	0.55	405		462	27	
6	湖南	醴陵	石門口		4.8	32.8	49.2	13.2	0.79	368		434	19	
9	湖南	宜章	楊梅山		0 8	22.8	63.0	13.4	5 05	891		444	29	
3	四川	江北	天府		0 8	17.3	66.9	15.0	5.30	412		458	11	
8	廣東	乳源	馬之勒		2 2	30.8	55.0	12.0	0.87	370		419	24	
10	廣東	乳源	禾必嶺		0.5	29.1	55.6	14.8	0.60	383		434	27	
11	廣東	乳源	八字嶺		0.8	35.8	56.5	6.9	6.81	313	357	406	33	211
23	廣東	乳源	八字嶺	露置三個中月後堆面煤樣	0.4	37.0	57.3	5.3	6.95	319	368	404	19	192
30	廣東	乳源	八字嶺	露置四個月後堆底煤樣	0.5	37.2	57.2	5.1	7.10	309	364	402	28	198

16846

第一次試驗時，先將卸焦門關閉，用火泥密封，使不漏氣，然後加煤升火，使煉焦室徐徐燒熱，俟兩邊火道溫度達七百餘度時，將磨碎之煉焦煤(過四分之一英寸之煤篩)五百磅，由裝煤斗卸至煉焦室中，用火泥封閉裝煤口，復將熱偶由卸焦門孔插入，外加火泥密封，此後約每十五鐘加煤一次，務使火道溫度，恆在一千度左右。最後俟焦室中心之溫度達八百五十度時，煉焦手續即告完畢，暫時停止鼓風加煤，啓開卸進門，用鉄扒取出焦炭，洒以冷水。此時焦室仍作赤紅紅，溫度在七百度以上，即可繼續封門裝煤，作第二次試驗。

焦煤完全冷却後，當即採樣作實用分析，並測定其耐墜值(Shatter Index)耐磨值(Tumbler Index)及比重。除石質比重(True sp. gr.)係用丁醇(Butyl Alcohol)測定外，其餘均係按照美國材料試驗所之標準方法。(五)

五　試驗之結果

十一種煤之煉焦溫度，煉焦時間及其焦炭之性質見第二表。其中有煤樣數種，試驗時因試磨機尚未裝置完全，其焦炭之耐磨值，未經測定。

按表中試驗結果，焦質以井陘爲最佳；蓋其化學淨度甚高，灰份硫份均在適當限度以內，耐墜耐磨兩值亦均較其他焦炭爲高。中興焦之耐墜值甚高，硫份亦低，惟灰份略多，應加洗滌。中興碎煤所產之焦炭比煤塊所產之焦較遜，可于兩焦耐墜值之比較見之。楊梅山焦之耐墜值雖高，其灰份略嫌太多，硫份尤甚，不經洗選，頗難適用。恩口焦除硫份略高，馬之勒禾必焦嶺兩焦除灰份略高外，其他性質均尙合冶金條件。譚家山，天府同爲低揮發性之煉焦煤，其焦炭之耐磨值亦頗相似，惟譚家山焦之化學淨度甚高，而天府焦則多灰多硫，此其缺點。八字嶺焦之灰份特低，耐墜值亦高，惜硫份奇高，亟應設法去硫，俾使適用。淮南焦除灰份太高外，其耐墜值亦嫌略低，應與較佳之煉摻合煉焦。醴陵焦悉成灰粉，該煤之不能單獨煉焦，顯而易見，故其焦炭之化學及物理性質均未加測定。

中興，譚家山，八字嶺三煤經氧化後，其焦炭之物理性質均比原煤焦較遜。

六　淮南，天府洗煤與原煤煉焦之比較

資源委員會礦：會將本試驗所用之淮南，天府二煤用 Baum Jig 作洗滌試驗，分別得淮南淨煤百之八二·二，天府淨煤百分之八三·二。兩種洗煤曾分別採樣作煉焦試驗，玆將結果列錄爲第三表。

以原煤焦與洗煤焦互作比較，其顯著之優點有三；(一)碎焦之成份減少，故一英寸以上焦塊之產量增加，淮南焦之產量由百分之五三·六增至百分之六三·二，天府焦之產量由百分之六六·二增至百分之八〇，二。(二)焦之化學淨度提高：例如淮南焦之固定碳增至百分之八一，三，灰份減至百分之一四·一；天府焦之固定碳增至百分之八五，二，灰份減至百分之一三·五。惟天府原煤之硫份太高，洗煤焦尙含硫份百分之一·七七，衡以冶金標準，仍嫌略高耳。(三)焦之耐墜值亦有顯著之改良，蓋原煤之雜質既經減低，其煉焦性亦自必提高。例如淮南焦之一寸半值由八二·四增至八七·二，半寸值由八八·〇增至九五，八；天府焦之一寸半值由八八·六增至九一·二，半寸值由九五·六增至九八·八，後者之耐墜值幾與中興煤塊所產焦炭之值由似。

第二表　　煉焦試驗之結果

煤樣號數	煤樣名稱	*火道溫度 (小時)	煉焦時間 (小時)	一英寸以上焦之產量 %	焦之性質 分析 水份 %	揮發物 %	固定碳 %	灰份 %	硫份 %	%耐壓值 2"	1½"	1"	½"	+耐磨值 2"	1½"	1"	½"	¼"	表面比重	直正比重	微孔 (%
16	井陘	1044	20½	77.0	0.5	0.8	84.1	14.6	1.14	83.5	95.0	97.5	98.8	29.2	55.6	65.9	69.1	69.9	1.031	1.881	45.3
1	中興煤塊	980	26	68.6	0.9	2.0	80.2	16.9	0.78	82.8	92.5	97.0	98.7						1.102	1.948	43.4
2	中興煤塊	1126	17½	71.1	2.0	3.8	76.6	17.6	0.79	82.8	91.0	95.5	98.3						1.160	1,879	38.3
15	中興碎煤	1058	22½	73.0	0.7	2.1	80.2	17.0	1.09	73.8	86.5	95.0	98.2	7.0	28.6	51.6	65.9	68.1	1.143	1.821	37 2
28	中興碎煤	963	19	72 6	0.8	2.0	80.9	16.3	0.87	63.0	82.5	92.5	97.0	2.3	18.6	47.6	68.6	71.4	1.105	1.821	39.3
4	淮南	1036	17	53.6	2 5	1 2	74.4	21.9	0.80	75.8	82.4	85.4	88.0						6.966	1.835	47.4
17	恩口	1016	20	75.3	0.7	1.[illegible]	86.3	11.8	1.71	76.3	87.5	94.3	97.0	6.1	25.6	44.6	57.2	58.3	1.084	1.741	37.8
5	譚家山	1044	21½	73 6	1 5	1 4	88.3	8.8	0.47	81.0	89.4	93.2	95.2						1.001	1.850	45.9
19	譚家山	1000	24½	67.8	1.1	1.8	87.1	10.0	0.53	68.0	82.0	88.[illegible]	90.5	6.1	22.7	42.0	48.6	49.2	1.061	1.802	41.1
29	譚家山	979	24½	75 3	0.6	1.4	90.3	7.7	0.51	74.3	93.0	85 5	87.5	5.3	27.0	40.3	44.0	44.9	1 073	1.810	40.7
6	醴陵	970	26½																		
9	楊梅山	1041	19	75.9	0.7	1.7	80 3	17.3	4.03	88.2	94.0	97.0	98.2						0.909	1.979	54.1
3	天府	1025	16½	66 2	1 7	0 7	80.1	17.5	3.83	78.8	88.6	93.2	95.6						0.999	2.007	50.2
8	馬之勒	1033	26½	67.9	2.7	3.5	77.2	16.6	0.71	80.5	86.7	93.2	97.2						0.926	1.758	47.3
10	禾必嶺	1023	23	64.8	2 6	0 6	7[illegible].7	18.1	0.56	78.3	85.3	90.5	95.0						1.003	1.850	45.8
11	八字嶺	1032	19	63.4	1.6	0.8	87.7	9.9	5.53	[illegible]8.0	91.0	96.2	98.2						0.842	1.918	56.1
23	八字嶺	1053	17	6[illegible].4	0.5	1 7	89 5	8.3	5.59	69.8	87.8	94.1	96.4	4.0	19.1	40.9	51.3	53.0	0.895	1.813	50.6
30	八字嶺	955	18	72.4	0.5	1.8	87.8	9.9	5.89	74.5	90.0	94.8	96.5	5.1	22.1	40.0	49.3	50.9	0.935	1.812	48.4

* 此係經過火道每小時所測得溫度之平均數

+ 耐壓值係兩次測定之平均數，耐磨值係兩次測定之平均數

第三表　淮南與天府洗煤煉焦之結果

煤樣名稱	煤之分析					試驗情形		一寸以上焦之產量	焦之性質													
									分析					耐壓值				耐磨值				
	水份(%)	揮發物(%)	固定碳(%)	灰份(%)	硫份(%)	火道溫度(℃)	煉焦時間(小時)	(%)	水份(%)	揮發物(%)	固定碳(%)	灰份(%)	硫份(%)	2"	1½"	1"	½"	2"	1½"	1"	½"	¼"
淮南洗煤	1.8	35.6	52.7	9.9	0.68	1011	23	63.2	2.3	2.3	2.3	14.1	0.60	74.0	87.2	92.6	95.8					
天府洗煤	0.7	17.7	69.8	11.8	2.23	1055	18	80.2	0.3	1.02	85.2	13.5	1.77	75.2	91.2	97.2	98.8	16.7	44.1	61.8	66.9	67.4

第四表　摻合煤煉焦之結果

摻合煤之成份	摻合煤之膳漲度	試驗情形		一英寸以上焦之產量	分析					耐壓值				耐磨值				
	(%)	火道溫度(℃)	煉焦時間(小時)	(%)	水份(%)	揮發物%	固定碳(%)	灰份(%)	硫份(%)	2"	1½"	1"	½"	2"	1½"	1"	½"	¼"
50%淮南洗煤+50%中興碎煤	不漲	1017	21	67.5	1.6	1.6	81.8	15.0	0.79	80.3	91.7	95.8	97.2					
70%淮南洗煤+30%中興碎煤	不漲	1023	20½	70.2	1.1	2.1	80.9	15.9	0.71	77.5	89.5	94.3	96.3	8.7	28.2	50.0	59.6	60.8
50%醴陵煤+50%譚家山煤	不漲	1032	23½	30.8	3.7	1.3	81.7	13.3	0.59	63.5	71.5	74.5	77.5					
90%譚家山煤+10%瀝青	26	992	18	76.3	0.4	1.5	90.9	7.2	0.53	74.8	89.3	96.0	97.8	9.5	29.4	56.4	68.7	70.2
97%天府洗煤+3%瀝青	34	1043	19	80.1	0.1	1.1	86.8	12.0	1.70	77.3	92.5	91.0	91.0	22.4	49.8	63.9	67.4	68.1

16849

七　掺合煤之煉焦試驗

淮南洗煤之焦質雖較原煤焦爲優，惟以原煤之煉焦性不甚佳，。洗煤焦之耐壓値僅可提高至第三表所列之數字。苟與中興派度甚高煉焦性甚佳之煤掺合，則其焦質當可益加改良。又醴陵煤于碳化時不能堅結成塊，宜與煉焦佳煤掺合，以求廢質利用。中興與淮南洗煤之掺合煤及醴陵與譚家山掺合煤煉焦之結果見第四表。

譚家山，天府二煤與瀝青掺合，使有適當漲度，其所產焦炭之物理性質，亦比原煤較優，其結果亦附列于第四表。

按試驗結果，淮南洗煤與百分之三十中興碎煤掺合以後，焦之產量較原洗煤增多，耐壓値亦提高不少，掺合百分之五十中興煤所得之焦質則更優。醴陵煤掺合譚家山煤以後，雖可煉得較可抗碎之焦炭，然焦之產量過少，太不經濟，且其耐壓値仍嫌太低，宜另覓佳煤，以作掺合試驗。

瀝青對于譚家山天府二煤煉焦之影響至大。掺合瀝青以後，譚家山天府焦炭之抗碎度均有顯著之增高，可于第二第三及第四表二焦耐壓耐磨兩値之比較見之，蓋瀝青經熱軟化，富有粘結性，可以彌補低揮發性煤粘質之不足。掺合瀝青可以改良譚家山天府之焦質，固在意料中也。

八　結論

本試驗于客歲敵機狂炸首都之時，經本所燃料研究室全人努力工作，差可告一結束，嗣以倉猝離京，尚有一部試驗，未能照原定計劃完成。惟可于本報告內，略窺得國內各種烟煤煉焦性之大概。例如煉焦性較佳之煤，或以灰份太多，或以含硫特富，不宜直接用以煉焦，除採礦者應于產煤時注意選揀，儘量除去雜質外，或需加以洗選，或需設法去硫，俾使所煉製之焦炭，適合冶金標準。又如煉焦性較劣之煤，亟宜就交通便利鄰近煤田之產品，試驗掺合，或加洗選，俾使劣煤亦可製成合用之焦，蓋國內煉焦煤之儲量不豐，節省天賦資源，應爲政府統籌之原則。再値玆抗戰期間，國營及民營鋼鐵廠相繼遷建于內地。前此不甚注意之區域，是否有優等燃料，以供冶金需要，實爲目前之嚴重問題。卽以四川一省而論，天府南川之煤，皆以多硫不甚適用，其他新發見之煤田，其產品之煉焦性，尙得詳細試驗。煉焦研究，乃當前之急務也。

參攷文獻

(一)[illegible]、熊尚元　試驗煤焦之改良方法　地質彙報第二十八號

(二)蕭之[illegible]　冶鐵焦炭質之標準　地質彙報第三十號

(三)Mott and Spooner, Fuel, 16. 4, (1937).

(四)Mott and Wheeler, Coke for Blast Furnaces, The Colliery Guardian Co., Ltd., London, p. 231, 1930.

(五)A.S.T.M. Standards for Coal and Coke, Philadelphia, (1934).

（附注：關于本報所用各項焦炭專門名詞之意義請參看參攷文獻(二)）

誌謝

本試驗之一部份，由前地質調查所技士李子實先生協助進行；又洗煤工作　蒙前資源委員會礦室合作擔任，特此誌謝。

本試驗所用之井陘煤樣及瀝青，係河北井陘礦務局所贈與；復蒙天府煤礦贈送天府煤樣，廣東省政府建設廳採贈楊梅山，馬之勒，禾必嶺，八字嶺諸煤樣，以供試驗，並誌謝忱。

四川土法煉焦改良之研究

（二十七年十月八日本會臨時大會論文之一）

羅　冕

目　次

(一)導言

四川產煤雖富，然大都星散。以交通不便之故，多未開發。距渝稍便者，僅嘉陵兩岸煤田，現正開發中。重大擬設小型焦炭冶鐵廠，擬對於冶鐵煉焦作具體之研究。特先成立洗煤煉焦廠，從事洗煤煉焦之實驗。惟關于此種研究，煤之產量，運輸及煤質之選擇等各問題，均甚重要。故去歲曾派員到嘉陵兩岸各煤廠，調查上項各問題。并採取煤樣回校分析，以定取捨。通常冶金焦炭以含碳83～93％，灰分4～15％，硫0.5～1.0％，燐0.05％爲合格。尤以含灰12％，含硫0.5％以下者爲上乘。故對於生煤之擇取，美國平均以含灰8％，含揮發分18～32％，固定炭60～70％，硫1％以下者爲合用。然天然產出之煤，據查中國西部科學院四川煤炭化驗報告書中所列各煤質，實少有如上列條件者。攷之中外亦同。而冶金焦炭需用重大，在歐美洗煤研究，列爲學科。其工場之設備，規模宏大。本校緣本此旨，設立洗煤煉焦廠。先將土法試驗改良，然後逐步推進，以期與吾川經濟情形適合，俾煤鐵事業得以發展。茲將第一次實驗土法洗煤煉焦方法略述於後：

(二)洗煤

冲洗法

煤之組織甚爲複雜，其中有純煤，頁岩，煤矸，硫化鐵，硫化鈣，及炭酸鈣，酸化鐵等。洗煤原理，即應用上列各物比重之不同，以水力或風力而分析之。故洗煤工廠所用機械方法雖各不同，而其原理則一。吾川彭灌一帶，土法洗煤，亦係應用上項原理。引流水入一槽，再以篩細之煤粉投入水槽上部。於是水流將純炭冲流以去，而入于濾池沉澱。其中一部分，如硫化鐵，硫化鈣，頁岩等 即先沉積于水槽之上部（第一槽）。其較輕者，如煤儲，則沉積於槽之下部（第二槽）。或有一部，竟流入濾池內和煤混合。其沉積於第一及第二槽內之各種物體，則用人工以鐵鈀除去。茲將水槽及濾池安置與工作法分述於下：

土法洗煤場安置平面圖

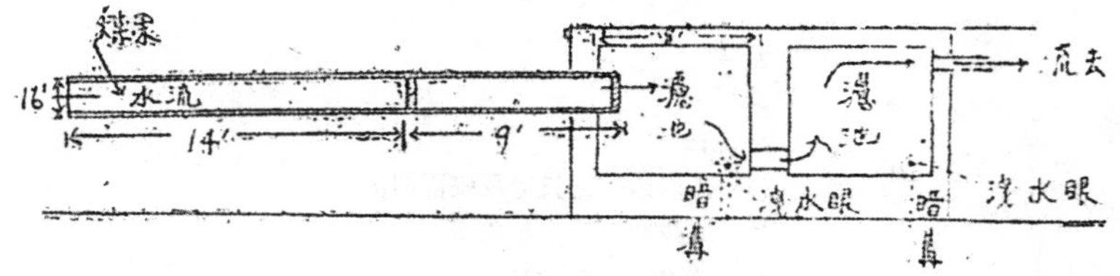

土法洗煤場立面圖

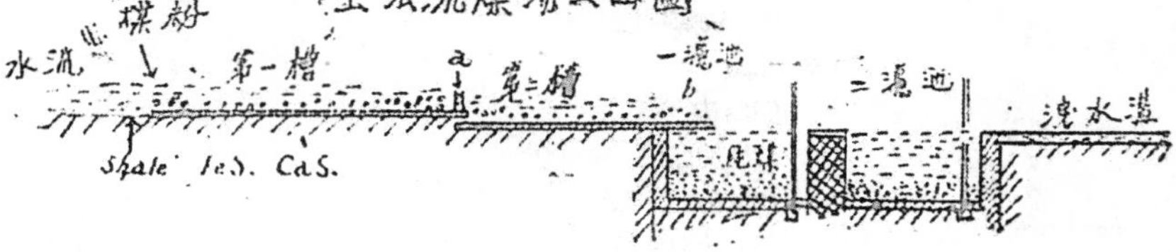

（1）淘炭水槽之尺寸及安置斜度

淘槽爲木板合成，長14呎，寬1呎4吋，兩面牆高 6吋，是爲第一槽。於第一槽之尾端安置橫木條一根，其斷面爲1"×1"，用以阻止殘渣之流入第二槽者。第二槽之構造，與一槽相同。惟較寬較短，兩牆高度則與第一槽全同。其長度爲9呎，寬爲 1呎8吋，尾端亦有橫條一根，斷面與一槽安置者相同。一槽安置之斜度爲2～3%，二槽爲 1%。第一槽斜度較大而寬度較小者，取水流力較大於第二槽。因此第一槽內較重物如 FeS ，CaS，與 Shale 等，沉積後。其較輕之中間物如煤儲等，隨純煤流入第二槽。至第二槽後，斜度減小，寬度加大，因之水流厚度減薄，而速度減低，冲力當然減小。中間物較炭質重，於是又沉於槽底。純煤則隨水流翻越尾端橫木，而入于濾池中。

（2）濾煤池之尺度及建造

濾池之容煤體積，恆視需要而定。普通由(6'×6')—(10'×10')，深則爲3呎，以便於工人站在池底，用鈀取煤舉起故也。濾池爲正身形平底，四牆及底爲磚石夾石灰砌成。普通爲接聯兩池，間亦有接聯三四池者。其入水口與出水口成對角線，取水流在內，紆迴流行，以便夾帶煤末，隨時沉澱于池內。坭漿則隨水流外出。其底部做有暗溝一道，在池角造水眼一個，直徑約 1"～1½"，通於暗溝。洗淘時插入木棒，將水眼緊塞，務使不致漏水。其外套以竹籠。至洗淘工作完畢，煤沉滿濾池時，一面停止洗淘，使水不再引入池內，一面將木棒抽出，使池內蓄水由水眼洩漏，至于暗溝而流出。池內沉澱煤質，則因竹籠隔絕，而濾在池內。

（3）水流速度與流量

水流速度恆視水槽斜度與流量而定，普通水量約厚3½"～4"，斜度 1～2%，如水量較大，則斜度減小。水量較小，則斜度增大。總視冲去沉積各物之成績而定。如發見中間物沉積于第一槽過多，知水速度過小，則增加水流，或增加一槽斜度。其第二槽水量厚度約 3"～3½"，斜度約 0°～1°%，亦視其中之沉積物而定。如發見煤質沉積二槽內不流入濾池，則增二槽斜度。大約考水量速度是否適當，土法因無儀器測定，均利用經驗以定之。普通以槽內水流面水紋成人字形為適合。

（4）洗煤作業

先將煤質用⅜"細孔竹篩篩過，後運至洗煤槽之上流，用水浸透，以人工用鏟或鐵鈀將粉煤投入水流內。其投入時継續均勻，勿多勿少，用時在第一槽內用人工鐵鈀輕輕疏散翻動，務使重者盡沉槽底，輕者盡量隨水流入二槽。其二槽內，同時亦用上手工人一名，如第一槽之工作法。惟在二槽內工作之人，尤必需技術熟煉精細者司之。因一槽工作稍劣，當可於第二槽內補救。如二槽工作不良，則中間物流入濾池混合，即無法補救，終致成績不良也。一二槽工人將煤疏散翻動，使比重小之煤盡行冲去後，則第一槽底所存者多為硫化鐵，硫化鈣，頁岩及中間物等。第二槽內所存小部之硫化鐵，硫化鈣，頁岩，與大量之中間物等。於是工人用鐵鈀緊貼槽底，用力將槽底之沉積物盡量剷起，置於槽側。取時將鈀平貼槽底，向前平推，至載滿時，突然向上直提，以免再為冲去落于二槽及濾池中。淘渣取盡後，再由上流投入煤粉，又行疏散翻動。如此更換翻動，繼續工作。每次需時十分，能洗淘煤六分之一噸，用水約二噸。每日工作十鐘，可洗煤拾噸，用水百餘噸。故此法雖簡，而用水甚多。普通均利用煤窰放出之水，或小溪流之水，以供應用。間有不足時，用土製抽水機將用過之水吸轉上流再用。此法所鏟出之淘渣，含煤頗多。故普通必再將初次取出淘渣，再行淘洗，以取其中所含混煤質。又如遇初次淘得之煤質，其中所含中間物太多，致灰分不能減輕時，亦必再行淘洗。

（5）洗煤成績

土法洗煤成績，恆視厚煤所含灰分而定。如原定灰分在10%以下者，其中煤𥓓必少。經一次洗淘後，可得含碳70～85%焦炭之煤，可用以供煉良焦之用。如原煤灰分在20%以上者，且其中含煤𥓓過多，則一次淘洗後，僅能得含碳50～60%之煤。必須再行至經一次洗淘，乃可得精製煤含碳60～70%。如遇煤𥓓過多，終不能得良好之成績。因煤𥓓與煤之比重相差甚近故也。以粗淺完全人工洗煤法，而期得佳良之結果，似頗困難。茲將本校試用土法實驗寶源粉煤之化驗報告列後：

寶源公司粉煤在未經淘洗及淘洗一二次暨各次淘渣化驗表

成分＼標類	水份%	揮發分%	固定炭%	灰分%	硫黃%	發熱量B.T.U.	灰色	粘性
原煤	0.780	17.200	54.420	27.600	1.067	7524.5	棕紅	微粘
洗淘一次煤	0.860	20.275	65.015	13.850	0.940	1 993.7	棕紅	粘結
一次頭槽渣	1.200	10.200	33.225	55.225	2.175	4224	棕紅	不結
一次式槽渣	1.320	14.230	48.900	35.450	1.275	6432	棕紅	不結
淘洗二次煤	0.788	20.750	66.957	12.5[illegible]	0.78	11515.6	棕紅	粘結
二次頭槽渣	1.210	13.140	53.000	32.65	1.135	8141.4	棕紅	微粘
二次式槽渣	1.325	14.850	62.750	21.075	0.800	9786.7	棕紅	粘結
煤末和泥煤	1.400	18.700	52.100	27.785	0.756	7125	棕紅	稍粘

16853

照普通洗煤，第一次頭式槽淘渣，及二次頭式槽淘渣，均重復翻淘。必至其中所含碳質提取在20%以下，乃能拋棄。現為研究化驗故，各次頭槽淘渣均不翻淘，據上表寶源礎粉含灰分 27.60%，未免過多。其含揮發分 17.20%，亦嫌不足。故於化驗雖稍粘結，但實際該廠前時以原礎煉焦，確不能焦結。必經洗淘一次，揮發分，固定碳增加，灰分減少後，煉焦乃能焦結。再洗淘二次後，方能緊密。惟查上表，洗一次與洗二次煤相較，應增高之揮發份，固定碳，未見大增。而應減少之灰分，硫黃，亦未見銳減。再查二次頭二槽取出淘洗者，其含碳，灰分成分，與原煤相差甚近，或竟較原煤增加，與一次淘洗者相近。由此可知二次洗煤功效甚微，非再改進其法不可。

(三)煉焦

煉焦法

土法煉焦爐，最初僅挖土成臼形，於其底開一個六吋圓徑風道。煉焦時，將未經淘選之煤粉用水和濕，先於爐底疊放乾柴，及塊煤，並豎立若干木棍（直徑 2½"～3"）于底中心點，成放射狀。然後用人工將和濕勻透之粉煤挑裝入爐，用力踏緊，至爐面成凸鏡形，將各木棍抽出。所遺孔眼，即為煉焦時之火道。然後用火引燃爐底之乾柴，塊煤，即開始燃燒焦結。至一週後煉焦完成，用水潑熄，即取出售賣。此法南川萬盛場，嘉陵江兩岸均用。其火焰係由下而上，直接燃燒，灰化太重，所得成分甚低，間有管理不良，而灰化可過半者。

改良土法，其主要原理，及火焰燃燒，煉焦進行方向，與蜂窠煉焦爐(Bcehive Coke Oven) 大約相同。不過構造簡單，工作較易。茲分述其爐之構造及工作於次；

（1）煉焦爐

煉焦爐側面圖

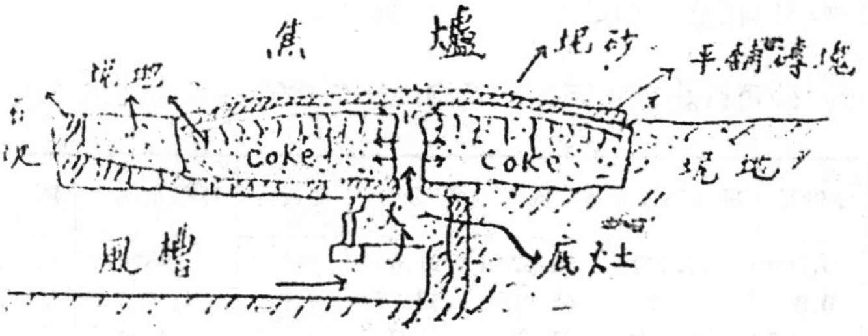

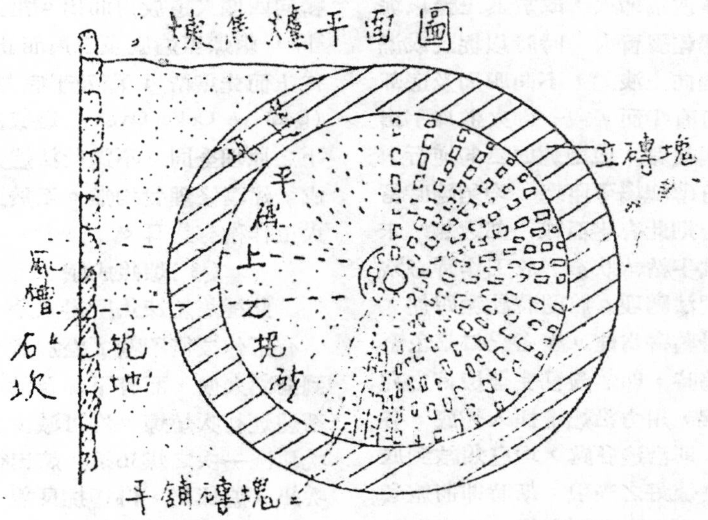

改良土法煉焦爐之構造如上圖，造法先取有高低之土地，在邊沿挖一高4～5呎深坑。于其下用耐火砂石造一灶堂，如家庭用灶然，其堂內空長2—3呎，寬1½～2呎高2呎，下仍置爐橋及風槽。造成後，用2呎×2呎平方，及厚5～6吋之一塊耐火砂石，蓋于灶上。中心鑿一個伍吋圓眼，再以圓眼中心為中點，造一平底圓盆形坭墻。其直徑視煤質之集結性與產量而定。普通12～30呎。週圍牆16吋乃至3呎向外，斜度約75°。鋪築鍋底及四圍牆垣，即用砂坭為之。灶前風槽之頂，用石條或木料支持均可。爐前可用毛石安砌，成一高五呎之坎。爐造成，乾燥後，即可備用。

(2)煉焦作業

焦爐造成，乾燥後，即將洗好之煤運至煉焦場。以鐵鈀將煤粉極力和勻。先於鍋堂中心火眼處（煉焦爐裝煤之平底圓形鍋盆俗稱鍋堂）四週砌以塊乾，使成中空管狀。有時用乾柴一束，豎立插入眼內，週圍包砌以塊煤。然後將和勻之煤裝入，由中心至于四周。裝滿後用人工踏緊，使成凸錢面形。再于其上面用土磚側立放置，向四圍直綫伸長，至抵爐邊為止。每磚放置，不能連接，必間隔2～3吋，又每磚橫隔距離，不能超出6吋。因于側立磚之上猶必擱置平鋪磚塊，須以側立磚為支持也。爐面磚砌火道造成後，即於爐底之灶堂內，用乾柴點火，加顆煤烈火燒之。火焰即由鍋堂之中心孔道，直燃而上。至3～4時後，中心孔道四圍塊煤燃燒。焦結後，爐面火焰直伸至4～5吋時，即用磚塊將中心火眼頂部蓋閉，使火焰沿造成各火道各向四週放射。同時盡量加增爐底灶堂內之火力 勿使斷熄衰減，必致爐面四圍之火眼齊放出黃亮一呎乃至二呎之火焰時，然後停止燒底灶之火。用坭將底灶火門封閉，僅留爐橋底風槽一小孔進風。大約燒底火時間，自發火起至停火閉門止，需時36～48小時，恆視煤質所含揮發分及灰分而定。如揮發分多，而灰分少者，則進行甚速，燒底火時少。又底火之猛烈和緩，對于煉出焦質亦有關係。如須緊密者，則底火宜以和緩為佳。但不可熄滅過徹，因熄滅過徹，則僅將揮發分驅除，致不能焦結也。再爐面平鋪磚塊，其合縫處每多洩氣漏火，故於其上蓋以坭砂或坭漿。如遇乾裂冒火　時時以坭漿或濕砂淹閉　，　火焰向上洩漏，不向四周及底部延燒，燒煉時每有半面，或一部火道口不出火焰，其中原因複雜，或因爐面風向逆行，或因火道中途有磚塊塌下阻塞，均須隨時留心檢查處理。否則此有半面或一部之焦，未到熟煉程度而成半粘結狀矣。故工作時必常常注意，即刻設法處理。並隨時視察四周，以火口火焰來得整齊爲佳。至各火口焰色全變爲藍焰或無焰時，即焦炭已完全煉好之兆。於是再以鐵棍，用力沿爐邊插入爐底，各處均打插不入，則沿邊各處，均已焦結到底，此爲全爐完全煉好之表現。斯時即將爐底風槽氣孔嚴封，使空氣完全斷絕。一面以灰渣將爐周火口全體封閉，使熱焦在爐內閉熄，待至半日後，用鉗將爐面之磚盡數取出。以灰渣鋪蓋焦面成圍田形，用水流入其中，將焦淋熄。放置一夜後，即可用人工取出。約計自停止底火至取焦出爐時，需時4～5日。共計自裝爐，以至出爐，約需時七日。此法火焰先由焦爐中心火眼直上，再由其頂折轉向四圍火道放射而出。沿途火力，由上向下，煅煉至爐底及四周而止。爐內之煤，從上面先焦結，漸及于底部。與蜂窠焦爐（Beehiye Coke Oven）煅煉法，火力由上至下之原理全同。不過此法爐蓋係臨時簡單砌成，建築修理費均無。至於進風火焰，與發火工作稍有異耳。

（3）煉焦成績

此種焦爐煉焦所得成分，常爲65～75%，有工作技術不精，過於燒久，灰化，或未到全熟火候，而有下部及沿途未全焦結者。新爐灶初次燒煉，均可減少其收獲成份。此次以洗一次之煤36挑，煉出得焦22挑。洗兩次煤入爐煉出，得19挑良焦。其收獲適得60%有幾，因係新灶初次應用故也。所得成品，色澤稍佳，惟斷面顆粒疏粗，是其中煤礵未能提選淨盡之故。其灰分仍重，投地聲音不起金石聲，硬度尚差，是其原煤過劣。故實際不能煉出冶鐵焦煤，僅能作其他用耳。

茲將寶源公司粉煤洗淘一二次後煉出之焦炭化驗列表于次：

成分 / 種類	水份%	發揮分%	固定炭%	灰份%	發熱量B.T.u	灰色	粘性	硫黃%
洗一次爪煤	1.070	0.10	78.5	20.33	11876	灰白	不粘	0.984
洗二次爪煤	0.549	Trace	8[illegible].85	19.375	13403.8	灰白	不粘	0.426

據上表攷查焦炭內所含揮發分同硫均少，差合冶金焦條件。惟含灰分過多，若非設法改良洗淘洗將灰分減輕，或另選灰份硫質均少之良煤配合，另行製煉不可也。

（四）結論

可以煉焦之煤，屬於高碳烟煤與中碳烟煤二種，其限制綦嚴，已如前述。茲必擇灰份低，而固定碳高，且粘結性佳者而用之，方覺事半功倍。寶源粉煤灰份過高，淘洗頗難　如洗淘第一次洗去灰份一半，尚覺稍有功效。惟至二次洗淘，則減去甚微。取出淘渣，含碳甚富，亦可謂盡犧牲收量以求精純之能事。然而經淘二次之煤，含灰仍在 12.50%。煉出之焦，煤灰19.375%，距冶鐵焦規定尚遠。是則此法不適於灰重之煤，可以想見。本系研究之法，可分兩途。（1）用含灰較高之煤以供洗煉，則必採用新法以機械工作煤（2）如用簡單土法則須採用含灰分低而含炭高，且粘結性佳者，始能適用。故此後擬建設新洗煤廠及選擇灰分低，炭高，粘強之煤，以供下次之研究實驗也。

四川冶金焦炭供給問題之檢討

朱　玉　崙

一　冶金焦炭之急需

在抗戰未發動前，四川原有之鋼鐵事業，其規模較大者，僅有重慶鍊鋼廠華西鍊鋼廠及龍飛壯泰民生等翻砂廠數家而已。前者每日出鋼量約十餘噸，所需生鐵，多取自六河溝及漢陽兩廠；後者每日出鐵五六噸，原料大半由本地土法煉爐供給。自抗戰開始，各地鋼鐵事業，在政府及企業家合作之下，遷移入川者有上海鍊鋼廠，大鑫鍊鋼廠遷建委員會所籌辦之鋼鐵廠等，其原有之重慶及華西兩廠，亦正在設計擴充，以應抗戰需求。翻砂廠最近遷川者，亦有六河溝永利大公等數家。總計最近期間內，餘計增加生鐵產量，每日約二百餘噸，所需焦炭每日約三四百噸，煉焦用煤每日當不下五六百噸。以所知川煤大都不適於煉焦之情況，及現時焦炭之質量。殊不足以供此需求，故最近將來焦炭之供給，實成一大問題，應研究其解決之途徑，以應此急需。

二　鍊鐵所需焦炭之性質

生鐵須含硫百分之。〇五以下，方適合鑄件之用。蓋以硫質過高，足使鐵質硬脆，且多砂眼，不合一般工業之需。鋼鐵中硫之來源主要爲焦炭。倘欲使鋼鐵中硫分減低，必須將焦炭中之硫分減低，在鍊鐵爐中，未始不可減少焦量，但需多用石灰岩及焦炭。不但減少煉爐生產量，亦且增高生產成本。據鋼鐵專家之計算，減低焦炭灰份百分之一，每噸生鐵之成本，可省美金二角五分。減低硫分千分之一，每噸生鐵之成本，可減少美金一角五分至三角。得失取捨，無待贅述。

三　四川煤質情形

四川煤田，分二叠及侏羅兩紀。侏羅紀煤分佈較廣，煤質較善，但煤層過薄，開採成本較高，且粘着性及膨脹性不足，不適於單獨製煉冶金焦之用。二叠紀煤層甚厚，開採較易，但所含灰質及硫磺太高，亦非製煉冶焦之選。故今日一言焦炭之供給，惟有一面尋求適合煉焦之煤，一面就已有之煤加以改善，使之適用。前者係地質問題，不在本文討論之列。玆請伸言如何改善煤質，使之適合煉焦之用。

四　改善煤質應採取之方法

欲利用現有產煤，以之煉冶金焦；第一須減低灰分，第二須減低硫分。前者可利用比重，採用洗選，其法較易，後者則因硫之成分複雜，所用之方法，亦較繁，請分別言之。

減輕焦內硫磺，可分數階段：(一)採礦過程中去硫之方法，(二)篩選過程中去硫之方法，(三)洗煤過程中去硫之方法，(四)煉焦過程中去硫之方法。

(一)採礦過程中去硫之方法　查煤之成分，層各不同。即一層之內，往往因位置上下及區域左右之不同，其含硫成分亦異，極宜分別取樣化驗，其含硫較低者，可分別開採搬運，備作洗選冶煉之用。本人前在井陘礦廠時，目覩二四槽煤灰分較低，宜於煉焦，故特將該兩槽煤單獨提出，直入煉焦爐，可省去洗煤之費。川省二叠紀煤各層含硫成分不等，大可採用此法，至少可以減少一部煤觔之硫分。

（二）篩選過程中去硫之方法　查硫磺之分佈，往往因煤塊大小而異。如發現某一種篩塊含硫過多，即可將此種篩塊提出，所餘煤觔含硫成分自可減少。查河北井陘煤礦塊煤含硫為百分之一•六一，末煤為百分之一。二八，是其證明。

（三）洗煤過程中去硫之方法　煤層中所含硫磺，可分三類：其一為有機硫，係與煤炭同時生成而密切混合一起。其二為黃鐵硫，係煤層內黃鐵礦中所含之硫。其三為硫酸硫，係煤層內石膏所含之硫，有機硫與煤結成一體，非洗煤方法所能減少，石膏可溶解於水，至多不過百分之〇•二，且在洗煤過程中，亦不成問題。故在實行洗煤試驗以前，應將煤內所含之種類詳加檢驗，庶免徒勞無功，蓋以洗煤所可減少者僅為黃鐵礦故也。黃鐵礦在煤層內有成薄層者，有成球狀者，除在採煤過程中可選出一部外，其餘可利用比重，採用適當洗煤方法使之分離；至其微粒與煤密切混雜者，則須先將煤磨碎，使煤硫分離，再施洗選，在技術上將黃鐵礦完全去掉，似屬可能。但因各種經濟條件之限制，殊覺得不償失。

（四）煉焦過程中去硫之方法　煉焦過程中去硫之方法不外（一）煤經燃燒後，其一部硫磺自然養化成二養化硫而揮發。（二）於焦爐內加水蒸汽，空氣，綠氣或輕氣，以促進揮發作用。（三）於焦爐內加綠化鈉，炭炭酸，及二養化錳等，使煤內之硫可以溶解。以上三種方式，除第一種自然揮發可減去一部分之硫外，其他二種在技術上雖經試驗可能，但以所費過多，尤非現狀下所能辦到。

五　結　論

總上討論結果，吾人今日以言焦炭供給，惟有採取下列途徑。

（一　尋求適合煉冶金焦之煤礦。

（二）就現有煤質加以改良。

1 分採含硫較少之煤層，專供洗煉之用。

2 選取含硫較少之篩塊或末，專供洗煉之用。

3 選擇適當洗煤方法，減少煤內所含之黃鐵礦。

（三）利用二叠及侏羅紀煤混合煉焦　至於進行步驟，可分下列數項：

（一）採取各層煤樣及各種礦末樣品，以研究硫之分佈，而為取捨之標準。

（二）分析各樣品含硫種類，以決定洗煤方針。

（三）分作浮沉試驗，以選擇適當洗煤方法。

（四）分作煉焦試驗，以測定焦內之硫分。

抗戰期間救濟鐵荒之商榷

周　志　宏

鋼鐵為工業之母，尤為製造軍器之主要原料．我國鋼鐵事業落後，每年鋼料及機器進口達數十萬噸，其價值不下一萬萬元，漏卮可謂巨矣，抗戰以來，戰事日趨緊張，戰區亦日益擴大，交通梗阻，來源斷絕，在新廠未能成立之前，鋼鐵恐慌，在所難免，自不得不預謀救濟，救濟之方，以個人管見，舍利用土爐並增建小規模的新煉爐莫辦，但土鐵之出產欠豐，應設法使之增加，製煉未臻完善，應設法使之改良，此兩點實為重要問題，皆有研討之必要，爰特分述如次：

(一)量的方面

川省土爐林立，出產亦頗不弱，如綦江，威遠，榮經，萬源，廣元，涪陵，隣水等縣，為其犖犖大者，統計其全年出產，約有二萬噸之譜，惟以之救濟抗戰期間之鐵荒，則所差尚遠，自不能不設法使之增加，以期供求相等，按其製鐵者之習慣，多係農民藉之以為副業，僅於每年農事餘暇為之，其時甚暫，倘能長期工作，則產量大可增加，茲將促進生產之辦法，試述如下：

(一)獎勵生產

重賞之下，必有勇夫，於促進土鐵生產，亦何莫不然，且獎勵工業，為國家之新政，尤應積極進行，獎勵之方，或不外下列各點：

1.規定鐵價：鐵之價值，本有漲落，與其他貨物，初無差異，但當抗戰期中，鐵之需要，遠勝於其他貨物，故其價值須加以規定，免致奸商屯積居奇，造成有價無市之象，但規定價格，仍合有利可圖，使素來兼營斯業者，咸覺此項重工業之獲利，實較農業為厚，必將舍農就工，或有其他工人自動改業，其業既專，則其生產亦自能增加。此外有資產者，見此項工業有利可圖，亦必利用其存放銀行之流滯資金，來作此項工業之投資，諒於鐵荒問題，必多救濟。

2.借貸資本：如有此項鑄鐵經驗而無力舉辦者，或已有煉廠因營業失敗而不能恢復者，可由國家貸以資金，俾便從事於此項生產工作，假如規定五噸之爐貸金五萬元，十噸之爐貸金十萬元，如需每月三千噸生鐵之供給，祇須有五噸爐廿座，十噸爐十座，由國家一次付出一百萬元之貸金，即可辦到，即使再加一倍或一倍以上之貸金，為數仍屬有限，其詳細辦法，則有待乎法令之規定。

3.技術指導：土法製煉，完全根據成法，既不經濟，而品質又不易一律，故於經濟助力之外，更應予以技術上之協助，冶煉技術，專人指導，機械工具，如鍋爐鼓風機等，可代為設計甚至委廠代造，免一般廠商居奇，價高難得，如是則從事斯業者除有營業上之利潤外，並可瞭然於國家對於鋼鐵工業之重視，踴躍而起，當不乏人。

(二)鋼鐵節約

吾國鋼鐵既不能自給，值此非常時期，必須厲行節約，舉凡一切日常用品，公私建築，除萬不得已外，避免使用鋼鐵，吾人應盡量收集廢鋼，廢鐵，貢獻政府為製造軍器之需，此種節約，如

16859

能實現，必有裨益，今舉一例以明之，牙膏錫筒爲一極平常之物，鮮有注意及之者，但德國以錫之來源缺乏，錫筒上貼一標誌，令人保存送還，按照統計，德國每週用牙膏 8,000,000 筒，每年用 416 000 000 筒，空筒每個重 10—15 Gm.，則每年至少可得空筒 4160 噸，由此一端，已可知金屬材料節約之成效及其重要，又如敵國最近通令全國人民，鋼鐵節約，彼爲一鋼鐵業發達之國家，尙且如此，我國更烏可忽視！

(三)增建熔爐

其熔煉之能力，在五噸三十噸之間，最大不過三十噸，際此非常時期，大規模之鐵廠，因交通及其他問題既不能在短期內成立，不如增建小規模之煉鐵爐多座，其產量之總和亦頗可觀，且化整爲零疏散各處，在空防未臻完善之時，可避免敵機之破壞，川省佅羅紀之煤鐵分佈頗廣，往往有煤即有鐵，以佅羅紀之煤煉佅羅紀之鐵，實爲最便利之方式，惟以礦層薄而零散，不宜大規模採煉，亦只有建設小規模之鐵爐，以利用之，其容量至多十噸，通常五噸即可，日本年產生鐵三，〇〇〇、〇〇〇噸(一九三七年產量，高麗，滿洲在內)產量亦不爲少，但小規模化鐵爐仍然存在，並不偏廢，參看附表，可見一班：

日本國內所有小規模化鐵爐表

廠　　名	爐數	每爐產量
日本鋼管	一 二	二十噸 三十五噸
淺野小倉製鋼	二	二十噸
大倉鑛業山陽製鐵	二	二十四噸
仙人製鐵所	一 一	十五噸 十二噸
神戶製鋼所	一	二十噸
安來製鋼所	一	十五噸
後志製鐵	一	二十噸
久慈製鐵	一	十噸

小規模熔爐，不妨採用新式化鐵爐構造原則，但其構造原料，除必須之動力機械外，可儘量採用當地之耐火磚石，例如熱風爐，除氣門需用鑄鐵外，爐之外圍則不必用鋼板，只需鐵筋水泥，或磚砌加箍，或用砂石水泥壘堆砌，亦未嘗不可使用，因十數噸之煉爐風壓不高，祇須加固加強內部隔熱足矣，此外爐身冷風管等，亦可用上列方法增強之，總之凡可以省用鋼鐵之處，無不設法利用當地材料爲替代，好在小容量之煉鐵爐，其重量與風力均不大，似無須仿效數百噸化鐵爐之構造方式也，如能在每個土鐵出產中心，視當地鐵礦產量，燃料質地，運輸情形，規定爐容之大小，各設此種化鐵爐一座或數座，大可增加鐵之產量，其舉辦易而收效亦甚速也。

(二)質的方面

上述擬建之新爐，係採用新式化鐵爐原理，其成分當易於控制，惟土產生鐵含矽較少，多爲白口，以之煉鋼，未嘗不可使用，但如以之鑄鐵，則車製困難，目前鐵之需要，仍偏重於翻砂一種，即含矽較高具有灰口斷面之生鐵也。故於鐵質問題，未可忽視，其解決之方法，應從生產與使用兩方面着手，產鐵者應設法製煉市場需要之鐵，用鐵者應儘量利用目前所能得到之鐵，甚至僅有土鐵，亦得設法熔鑄，玆分述其辦法如次：

(一)改良土爐構造及作業

土爐煉鐵以水力或人力鼓風，風不加熱，風量亦不足，燃料用半焦木柴，礦石用赤磁礦，或先經焙製之菱鐵礦，每噸生鐵，需用毛炭（卽半焦木柴之土稱）四噸，而其品質，亦不一致，多數爲白口鐵，故如以土爐熔煉翻砂生鐵，其作業情形，實有研究之價值，或者以爲土爐適合於經濟環境而產生，已無改良之必要，其見解似未免固步自封，要知各個鋼鐵業先進之國家，其發軔之初，無不有類似之土爐，但以逐步改進，遂有一日千里之勢，吾人墨守成法，爐之設計及使用委之於技工，一般冶金工程人員，又皆習慣於新式高爐，舊有土爐，久已無人顧及，倘非敵人進逼，工廠內遷，生鐵缺乏，誰復注意土鐵，作者以爲在此非常時期亦祇得利用土爐以出產灰口鑄鐵，特下列數點，似必有所改進。

1.風量：土爐鼓風機，爲木板風箱，至爲簡陋，風力不足，威遠土爐，係以人力鼓風，能力有限，故由爐頂出氣，可斷定風之斷續狀態，綦江土爐多數利用水力，風量亦少，土爐多年來不能改良之原因，未始不受機械之限制，故欲爐之工作正常，必須採用比較適當之正壓鼓風機（Positive Blowes）其機械能力風量大小，應視爐容與產量爲斷，至原動力方面，有水力則用水力透平，無水力則用汽機，至於木炭氣機一類，不過爲臨時辦法耳。

2.風熱：土爐向用冷風，出鐵口不閉，爐膛之熱不高，爐渣與鐵珠不能分離盡淨，矽之能還原而入鐵者少，故鐵之產量低而用柴多，鐵之斷面，又多爲白口，在此情形之下，熱風爐實不可缺少，熱風原理英人納爾生 Neilson 已於西歷一八二八年發明，一八三〇年在克拉愛得廠 Clyde woks 試用新法用煤燃風管，風熱至 300°F結果每噸生鐵省煉焦用煤二。五噸一八三一年溫度增至 600°F可以煤代焦，一八三三年試驗結果，每噸生鐵祗用煤二。六五噸，較之一八二九年紀錄，以八。〇六煤煉焦成一噸生鐵之比例，其節省可見，又 Faber du Faur於一八三二年改用化鐵爐廢氣燃燒風管，其結果木炭省25%出鐵增多33%，是熱風之成效，已顯然可見，一八五七年英人古柏 Cowper 又發明磚熱風爐，於是風之熱度愈可增高，而爐內鐵之成分亦更易控制，惟以磚熱風爐工作斷續，不及鐵管熱風爐之便利，近代合金製造進步，復有採用管爐熱風之勢，作者前在德國樂克林總廠已親見有是項之設備矣。土爐容量有限，五噸以下之煉爐，如燃料純潔，不妨採用鐵管熱風，如恐管之壽命不長，倘可於鑄管時加入少許合金材料，五噸以上之煉爐，則仍以磚熱風爐爲合式，又以爐內溫度增高，則普通之耐火砂石已不合用，磚熱風爐及煉爐之下部，必須代以耐火火磚。

3.爐之內型：土爐構造，各地雖盡相同，假如增加風量風熱改用焦炭，摻入熔劑，以熔煉翻砂生鐵，則原有爐型，卽不合用，又原料之體性成分及容積，均與爐之內型及高度有密切之關係，決非原有土爐卽可適用各個不同之條件也。

4.燃料：土爐燃料向用半焦之木柴，水份未淨，揮發物未除，於爐之作業相當影響，似應改用木炭，雖或有環境之困難，亦應設法逐漸改進，又木柴植長需時，來源有限，往往搜求於遠至數十里外之柴山，如威遠一帶之土爐，附近已無柴可採，來自一二百里外之榮縣仁壽資中等處，土爐工作期間至多半年，倘終年不息，則燃料立時發生恐慌，應設法改用焦炭，如焦炭硫高，亦可試以木炭與焦摻用。

上述各點：僅撮其大要，其相互間之關係，更須一一脗合，始可期望工作圓滿，蜀江鐵廠，改用煤氣機鼓風，風力仍嫌不足，風又不加熱，爐型未改，故雖能得細緻灰口生鐵含矽至1.3%而每噸生鐵費焦達三噸之數，至於其鑄件堅硬難車，是其原料成分問題，又當別論，謙廣雖用熱風，其他條件，仍尙未盡合，故鐵雖較佳，而用柴不省，然較之一般土爐已有所改進矣。

（二）改進翻砂廠鎔鐵的方法：

通常翻砂廠所用熔爐，多爲冲天爐，(Cupala) 對於鐵之配合，多不注意，故成分亦不易控制，鐵之性質，多以斷面色彩之灰白爲定，不知炭口之中，亦有粗細之分，前者含粗石墨片(Graphite)及鐵，後者含細石墨片及炭化鐵 (Fe_3C) 與鐵，兩者體性之強弱，顯有不同，故鐵之性質，不特須察其斷面，並須檢其成份，因灰口生鐵之來源漸少，於是鑄鐵遂發生問題，土鐵未嘗不可澆製，特成品性硬難車，加以川產焦炭大部含硫頗高，鐵質滯流，卽含矽較多之鐵，如鑄件不厚，亦易成爲白口，作者察看某翻砂廠，取其所用三種焦炭化驗，所得成分，無一不含高硫。

	No.1	No.2	No.3
硫	2.60%	4.72%	3.08%
灰分	13.96%	17.32%	12.55%

再察其所用生鐵爲六河溝之三號，經於熔鐵過程之中段採取$\frac{1}{2}'' \times \frac{3}{4}''$試樣斷面已呈細灰，再薄則成麻口，其鑄件與原鐵矽硫之比較，可於下表見之：

	三號生鐵	鑄樣
矽	2.21%	1.71%
硫	0.036%	0.21%(約增加六倍)

熔煉至最後，澆口等廢鐵，一併加入，再取試樣，則外圍已呈白口，可推定其中含矽已低而吸入之硫當更高也。

爲適應低矽之鐵，高硫之焦，最好改用電爐，因其中鐵之成分可以矯正，如含矽不高，可以矽鐵加入，電熱熔鐵，硫質無從摻進，卽鐵中含硫，亦可除去，次則倒焰爐(Air furnace)亦可利用，惟知祇有冲天爐可用時對於鐵中矽硫問題，亦有解決辦法，可於冲天爐之外增建前爐(Forhearth)並須加熱，爲欲增進鐵中矽之成分，可以矽鐵之一部加入冲天爐中，避免消蝕，再以防護物包裹矽鐵外圍，如增加之量不多，亦可全部加入前爐中，鐵熔後隨時流入前爐，與熾熱焦炭接觸之機會減少，則吸入之硫質亦因之減低，如再於前爐中加入燒鹼，更可除去爐中硫質，按照英國考貝城(Corby)某鋼廠之試驗結果，證明用鹼與石灰石及螢石一種混合劑加入盛鉄桶中，亦可除去鐵中大部硫質，含硫0.1－0.5%者可減至0.06%，卽再減低，亦屬可能，惟鐵之溫度必須增高，果能試用此法，獲得相當經驗後，卽土鐵亦可設法利用，至於新爐以及土爐改良後之產品，當更不成問題，假如澆鑄薄件，發生白口難車，亦可以退火(annealing)方法解決之，作者屢經試驗有效，其他熔鑄方面，問題尙多，茲不贅列。

要言之，在目前之情况，對於鐵之供給，首重其量，次重其質，不論其爲白口，灰口，土鐵，鑄鐵，必須有多量生產，始克有濟，至於製造耐火磚及冶煉矽鐵，至關重要，並爲刻不容緩之舉，上述種種，係係個人管見所及，弃敢刪言，聊以備部入之參考云爾。

16862

毛鐵之檢驗

周志宏

毛鐵卽土產熟鐵，川中廢鋼缺乏，外來運輸不便，以之代替廢鋼，實是有效的補救方法，以土鐵與毛鐵配合，入電爐中熔煉之，其熔液卽爲鐵之成分，稍加精煉，卽成鑄鋼，故有人誤以毛鐵爲鍊鋼時可作一種去炭劑者，亦有因不明毛鐵之性質而懷疑於成鋼之品質者，此次利用兵工署材試處之設備加以實地檢驗，藉知梗概，玆將其製造情形與檢驗經過簡述如後，以供關心鋼鐵製造者之參考：

一　製煉

毛鐵係以鐵板爲原料，置炒鐵爐內製煉而成，鐵板爲土產之板狀生鐵，因冶鐵時係用冷風與半焦木柴，溫度不高，鑄板內每含氣孔，斷面爲白口（圖三），卽培立特(Pearlite)組織與炭化鐵所組成（圖四），炒鐵爐係以耐火石築成（圖一）分上下兩部，上部爲石磚，內置燃料，下部爲石□，內盛鐵板，上部成圓甕形，以兩石圈合成，內徑二尺，高二尺八寸，覆於下部之上，頂部有大孔，爲木柴進口，工作時以石蓋閉，另一部木柴則預熱於其上，旁有一孔，以通風箱，下部內圓外方，底舖耐火泥沙，側面有寬九吋高十吋之爐門，卽作業處，頂面一小孔與上部相通，爲火焰之入口，鍛煉熟鐵時，普通用劣質之鐵板（俗名泡板）二成，鐵砂八成，（由爐渣中收回之鐵珠與礦砂有別）或全用鐵板，搗碎混合置石塌中，木柴燃燒於爐之上部，鼓風助燃，火焰倒射入爐內，俟生鐵燒透，火焰成綠色，以棒攪炒之，溫度逐漸上升，至全部炒成砂粒狀，同時並加赤鐵鑛砂少許，漸近熔狀，終則變爲膠狀，乃以木棒取出，製成圓條形，是爲毛鐵，每爐作業約二十分鐘，再將毛鐵入普通打鐵爐用木炭或煤燃燒，鎚去雜質，卽成熟鐵，但其中含渣仍多，通常每百斤毛鐵可得七十五斤熟鐵，每次製煉用鐵板四十五斤，鐵砂一百七十五斤，共二百二十斤，木柴九十三斤，煙煤三十斤，得毛鐵一百五十斤，熟鐵一百一十斤，故所用鐵砂鐵板與所得毛鐵及熟鐵之比爲100:70:50其製煉之消耗不可謂少。

二　檢驗

1. 化學分析

此次所取之試樣來自威遠，毛鐵之原料爲威遠土鐵，其成□如次：

炭　3.02—3.28%　矽　@　0.2)%

錳　0.02—0.05%　燐　0.16—0.17%

硫　.04—.05%

又毛鐵之化學分析結果如次：

碳　0.58%　燐　0.17%

矽　1.47%　硫　0.015%

錳　0.25%

按照重慶煉鋼廠化驗結果，其大約成分列後：

碳　0.20%　燐　0.13%

矽　1.36%（原爲SiO_2＝2.90%）

硫　0.04%

錳　0.13%（原爲MnO_2＝0.20%）

其炭之成分顯較作者之化驗結果爲低，但最近化驗北碚附近金剛碑鋼廠所煉毛鐵含碳亦高，包括爐渣約爲百分之七十，如除去爐渣，實際含碳約爲.92%，是毛鐵中之碳分，每地每爐甚至每一條之中（根據以下顯微鏡檢驗結果）並不一致，為欲明瞭毛鐵所含養化物之狀況，設法試驗養之含量，此種試驗，以真空加熱提取法 Hot Extraction Method 最為適宜，惟無是項設備，改用輕氣還原法決定之，使養化物中之養與輕氣在攝氏九五〇度化合成水以 P_2O_5 吸收之秤得水之重量，再以計算養之成分，其裝置如圖，(圖二)所得結果為 $O_2=2.59\%$，所有養化物及渣之成分，可計算如下：

FeO	11.60%
（假定鐵之養化物全為 FeO）	
MnO	0.31%
$FeO \cdot SiO_2$	6.90%
（因熔煉溫度不高，假定矽酸鐵為 Bi-Silicate）	
P_2O_5	0.39%
	19.20%

即毛鐵中所含熔滓之量：

又鐵中含渣，曾用碘試驗含不溶物如矽酸鐵等為6.31%與計算之結果相近，惟以存碘已罄，不能為重複之試驗，其中原有之渣間有脫落實際恐尚不止此數，化驗之結果，可注意者(一)含養化物相當之高，(二)含渣多，(三)含碳高相當於中炭鋼之成份，(四)含矽比原來生鐵為高，其來源一以鐵量因養化而減少自動提高雜質之成分，一係來自炒鐵爐底之砂石。

3.顯微組織

毛鐵外形粗鬆，所含雜質如何？不易判別，用金屬組織方法；將毛鐵切斷磨光，肉眼已可識別，含有雜質，低倍放大後，則所含雜質之狀態，分佈顯然（圖五）可斷定其為熔渣，如細為分辨，其熔滓尚不止一種，將之放大百倍，(圖六)此種雜質之色別，種類，均可判別，深灰色為矽酸養化鐵（Fe-Silicate）並含少許養化錳，淡灰者為養化鐵(FeO)其中亦有少許養化錳，鐵中含渣頗多，有時與鐵不盡完全分離淨盡(圖七)，鐵中含碳頗不一致，有為純鐵(圖八)，有為鋼，鋼之組織，或成網狀，以純鐵圍成厚鋼，中為培立特組織（圖九），或成韋德門斯泰登(Widmanstiilten)組織(圖十之一邊)，有時一邊為純鐵，一邊為韋德門斯泰登(圖十)，或一邊為網狀，一邊為近似韋德門斯泰登組織(圖十一)，為昆連處兩邊之組織，顯然不同。是不特表示其成分之相差，而冷卻時之變態亦各異也，換言之，毛鐵之組織實為各個不同成分的鐵晶體之結合物。

三　申　敍

毛鐵之製造與普通舶來熟鐵 (Puddled Iron) 近似而不盡同，爐之構造簡單，溫度不高，鐵熔而不能液化，去炭之劑為熱風，故損耗頗高，每爐出品，炭份高低不一，(化分結果)即同一鐵條之內其各部之成分及組織，亦不一致，(金相檢驗結果)鐵出爐時溫度嫌低，渣滓業已固結，雖經加熱捶擊，其作用僅及表面，體質不堅，內部仍含多量渣滓，故毛鐵之為物，實為熔渣與各部成分不同之鋼鐵混凝體，其品質不及普通舶來熟鐵之純，似宜於爐之構造與加熱，去炭，去渣各方法加以改進，至於土鐵與毛鐵熔化後即為鋼之成分，其理由亦甚簡單，土鐵製造，因低溫不能產生高矽鑄鐵，即含炭亦不過高，按照土鐵三成毛鐵七成煉鋼之配合，即無養化，其熔液中之炭份已低，況毛鐵含多量熔滓及養化鐵熔液中所含原矽有限，一部炭質自易養而成鋼之成分，惟如以毛鐵含渣較多而懷疑於鋼之品質，似屬過慮。在昔坩鍋煉鋼，所用熟鐵亦含滓渣，人咸知爐鋼之品質優良，近代科學昌明，煉鋼進步，電爐效用與坩鍋相埒，故以電爐替坩鍋，毛鐵替

16864

廠鋼，毛鐵雖較外來熟鐵爲遜，但以之煉普通炭素鋼，提去渣滓氣體，亦可適用，鋼內之瑕疵似無關於毛鐵之滓渣，僅爲技術上之問題而已。

四　結　論

根據上術試驗之經過及申敍，益覺土鐵，毛鐵有進一步研究之必要，如何改良土爐作業？使產生高矽鑄鐵，如何改良炒鐵方法？使成低炭較純熟鐵，並大量生產，更進一步試驗如何直接製造純鐵？（Sporge Iron）以爲製鐵煉鋼之主要原料，均爲當前之切要問題玆篇所述意在發展鋼鐵原料，加強抗戰力量，幸勿以等閒視之。

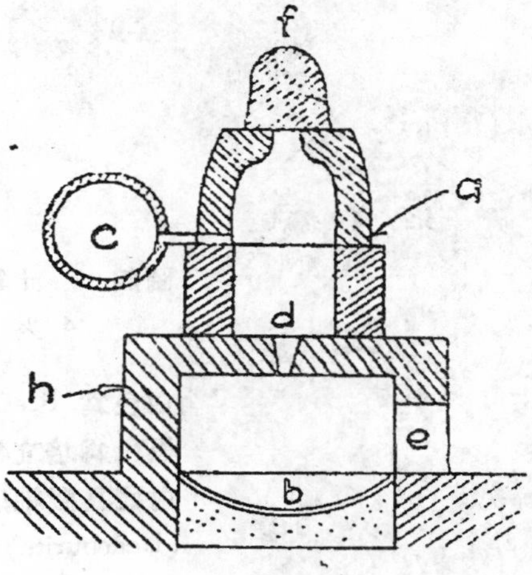

圖一　炒鐵爐剖面圖
a. 石甑，b. 石堝，c. 風箱，
d. 小孔，e. 爐門，f. 石蓋

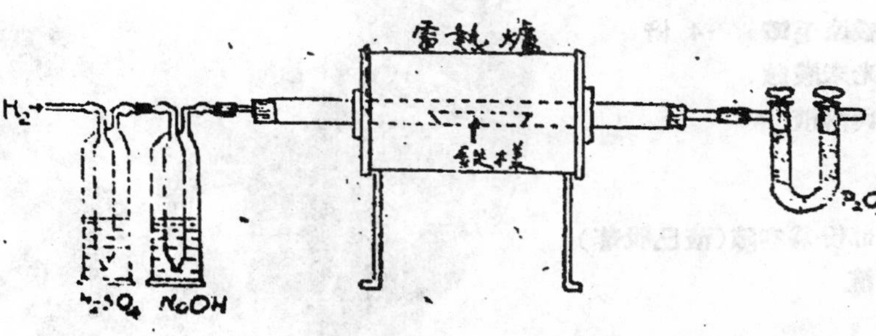

圖二　試驗鋼中氣之裝置

16865

圖三　威遠土鐵　3 倍

磨光，未酸蝕

斷面白口，中含氣泡

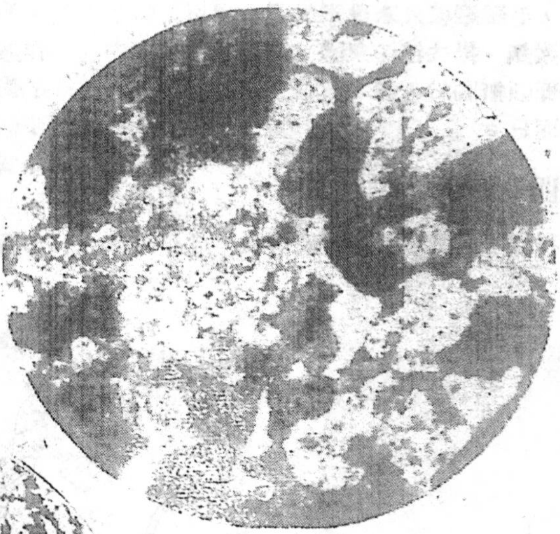

圖四　土鐵斷面組織　100倍

4 %　硝酸浸蝕

白色爲 F_3eC

黑色爲培立特 (Pearlite = $Fe + Fe_3C$)

白底具微細黑點者爲萊德布拉特 (Ledeburite)組織

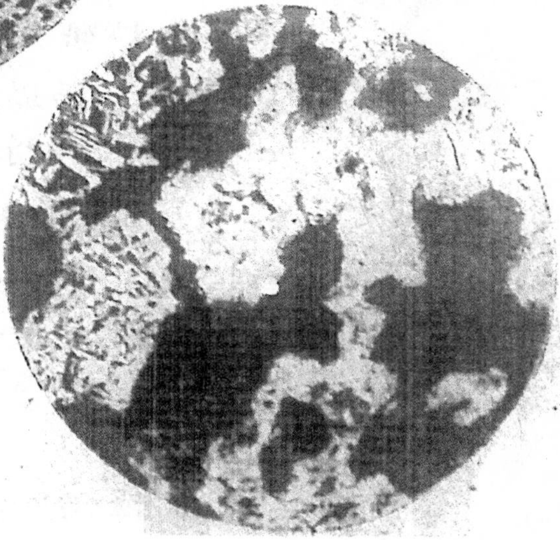

圖五　威遠毛鐵　4 倍

磨光未酸蝕

鐵與溶渣

白色爲鐵

鐵中黑色部份爲空隙(渣已脫落)

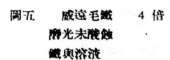

花灰爲溶渣

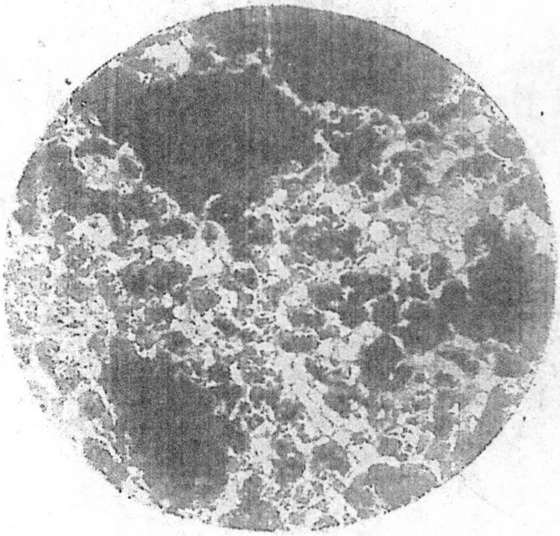

圖六　溶渣組織　100 倍
磨光未酸蝕

深灰爲矽酸鐵(FeSilicate)
內含MnO少許
淡灰爲養化鐵(FeO)
內含MnO少許
深黑爲空隙

圖七　毛鐵　100 倍
4% 硝酸徽蝕
鐵與溶渣混合，分離未淨
白色爲鐵
淡灰爲溶渣
深黑爲空隙

16867

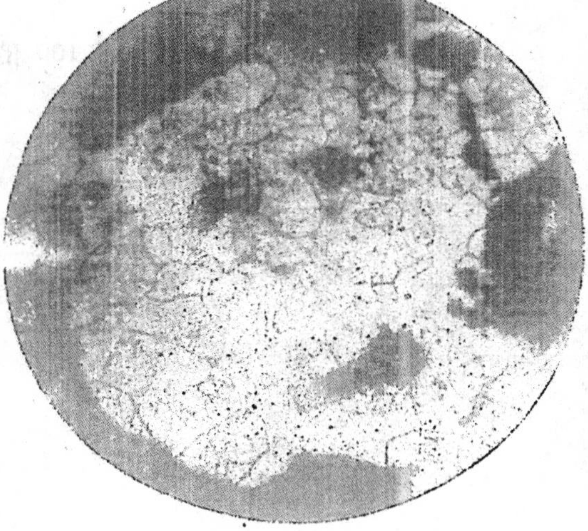

圖八 毛鐵 100 倍
純鐵組織
4% 硝酸浸蝕
深黑部份爲空隙

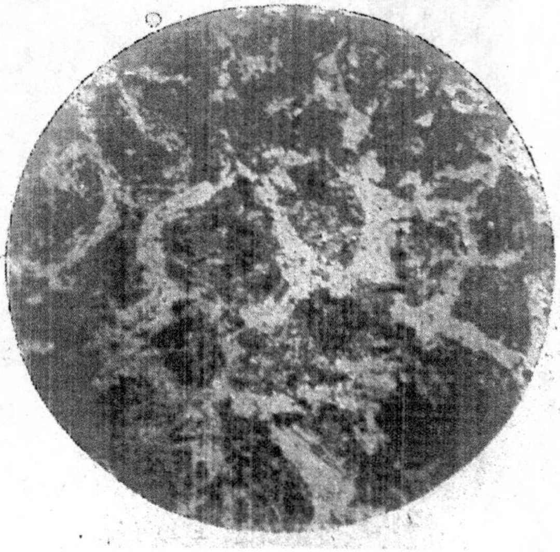

圖九 毛鐵 100 倍
網狀組織
4% 硝酸浸蝕
純鐵成網內爲培立特，
灰色渣數個顯然可見

16868

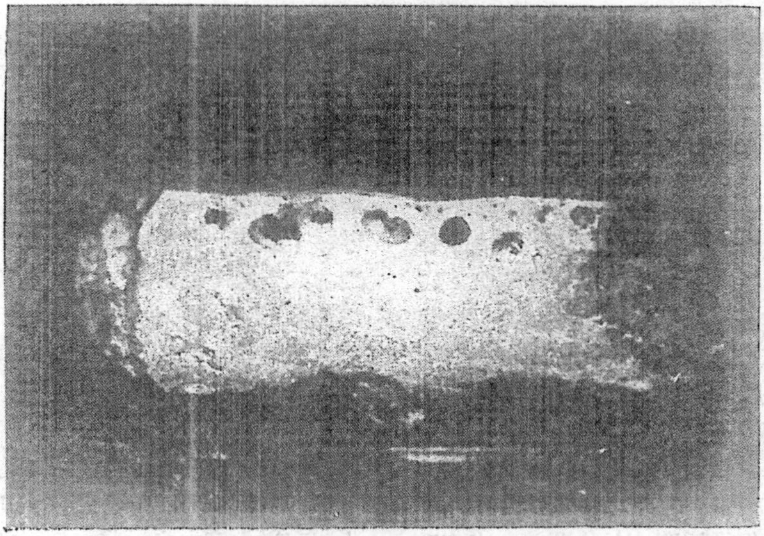

圖十　毛鐵　100 倍

4% 硝酸浸蝕

純鐵及鑄鋼組織

鑄鋼組織亦卽韋德門斯泰登(Widmanstatten)

組織　白色爲鐵其中黑色爲培立特，

大塊黑色部份爲空隙。

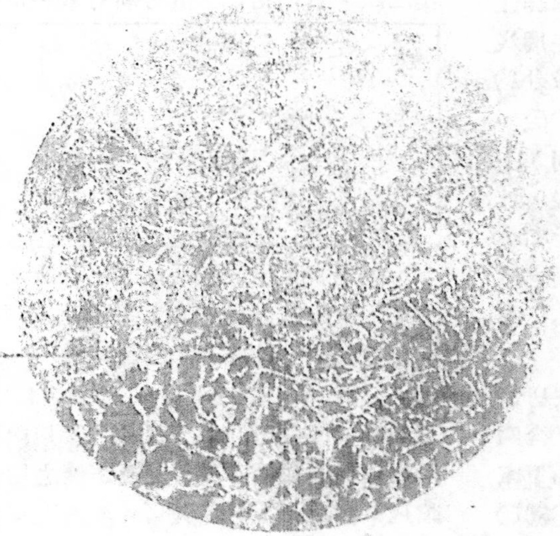

圖十一　毛鐵　30倍

4% 硝酸浸蝕

網狀組織與近似韋德門斯泰登組織

白色爲鐵

黑色爲培立特

16869

抗戰時期小規模製鍊生鐵問題

胡　博　淵

鋼鐵事業，與抗戰關係之重要，自不待言，除東三省外，我國之鋼鐵廠，漢冶萍公司，民國十四年停鍊，平西之龍烟鐵廠，建築完成，未曾開爐，山西西北鍊鋼廠，於前年秋季落成，正籌備開爐，因抗戰事起而未果，中央鋼鐵廠，籌備六七年，尚未實現，前年春間鐵價開始飛漲時，作者有恢復漢陽鋼鐵廠之建議，以備如果中日開戰，敵人封鎖我海岸，供給鋼鐵之用，惟未邀當局之重視，僅六河溝揚子鐵廠，始終開鍊，直到武漢失陷前拆遷時爲止，故我國之鋼鐵廠，或淪於敵人之手，或因戰事而不克進行，正在籌設之新廠，亦因種種關係，須經相當時期，始能實現，故至今無一較大之鋼鐵廠可以供應需要，實爲抗戰期中最爲嚴重之問題。

四川全省原有之鋼鐵業除重慶鍊鋼廠，華興鍊鋼廠外，其餘皆屬土法，以威遠綦江爲最重要，威遠礦區，面積遼寬，惟多屬炭酸鑛，含鐵成分約百分之三六左右，成分約如下列鐵三五。四二矽氧：一七。二〇硫，一七磷。〇七（以上皆百分數以下亦同）土法化鐵爐約有二十餘座，燃料多用柴炭，鍊鐵一噸，需炭四噸，每年產量，約五千噸，前二十四軍，在該縣紅土地建有十五噸之鐵爐，並有鋼廠計劃，未克完成，而戰事已起，現僅有一部份之機器與爐座耳，

綦江所產爲赤鐵鑛，生於侏羅紀硬砂岩與頁岩內，其厚度約二三尺至五六尺，含鐵百分之五十餘，綦江土台赤鐵鑛分析如下鐵五七。七五矽氧二四。五七硫〇。六〇磷〇。八三燃料爲焦炭有化鐵爐約三十餘座每年產量約七千噸，其他沿長江，與嘉陵江，南川，巴縣，江北，涪陵，長壽，忠縣，萬縣等十餘縣，共計亦有鐵爐二十座左右，出鐵約五千噸，總計四川全省產鐵噸數，約在二萬噸以下，皆係白鐵，即鑄板鐵，此項土鐵，平時皆由冶坊用爲製造農具及鍋具等，以上乃川省鐵業情形，至鍊鋼方面，除各處土法外，現有重慶鍊鋼廠，華興鍊鋼廠，大鑫鍊鋼廠，均沒有電爐，平時皆購用生鐵。

此次因抗戰由外省遷入四川之機器廠，大小有數十家之多，幾皆仰賴市上所售生鐵，僅重慶市一處每月需用生鐵七〇〇噸，而軍用者尚不在內，際茲鐵價高漲至七八百元一噸，自非利用土法及小規模鍊鐵，以救燃眉之急不可，但原有土法化鐵爐，數千年來，全憑經驗，毫無技術智識，故一仍舊貫，極少進步，其鐵爐皆用冷風，溫度太低，所出之鐵，皆係白口，其分析可舉一例如下：

符號 / 鐵名	矽	磷	硫
白　　鐵	.36 %	.37 %	.26 %
夾花鑄板	.95 %	.42 %	.16 %
比較高矽	1.45 %	1.21 %	.19 %

觀上表可見矽低磷高，不甚適宜於翻砂之用，但磷質成分尚高，對於薄層翻砂，尚屬合宜，今欲鍊成有用之鑄鐵，不外以下二途，

(一)改良已有之土法爐，改用熱風，惟原有白砂石爐牆，不合提高溫度之用至少爐膛以下應改用上好耐火磚，現綦江東原公司有土法鍊鐵爐十二座，幾佔綦江全區鐵產量之半數，願留一爐，專備改良試驗之用現正

着手進行，如有成效，所有土法化鐵爐，皆可隨之而改善矣，

(二)第二途徑，即另行設計新式小化鐵爐其產量不必過大，每口約自五噸至十噸，用生鐵管式之熱風爐，以焦炭爲燃料，並須有原動機，送風機，及耐火磚等，此項工作，業已有數家，正在同時進行之中，約三四個月後，即可出鐵，在國營及商辦各新式鋼鐵廠，未能開鍊以前，此實爲抗戰期間，急不容緩之舉，但此項事業之規模雖小，而應需之材料，須皆齊備，茲舉其要者如下：

一　火磚　化鐵所用之上好火磚，因運輸關係，外來頗爲不易，川省，威遠，巴縣，江津，及西康之天全各縣，皆產耐火粘土材料，已由公私各關關試製耐火磚，惟現市上所售火磚，尙未臻上乘，負有研究之責，如鑛冶研究所，中央工業試驗所等，應請從速完成研究工作，以裨實用，

二　煉冶金焦之烟煤　川省產煤區雖廣，約可分爲二叠紀與侏羅紀兩種，前者煤層較厚，自一公尺至三公尺以上，如白廟子天府公司及南川等處，但含硫過高，不適宜於煉焦，後者煤層太薄，由六七寸至一二尺，惟煤質較佳，如犍爲威遠龍王洞永川等處之煤鑛，但因運輸關係，及產量較少，不易運到鐵廠地點，惟有將優劣兩種煤質，勻和煉焦，以收事半倍功之效，如鍊鐵地點有大量木炭，則亦不妨利用爲燃料，茲舉例以明川省煤之分析如下，

產地	種類	水份	揮發分	灰分	固定炭分	硫分	備註
白廟子	大連子	1.01%	16.58%	15.68%	66.73%	1.92	西部科學院
	小獨連	1.00	16.72	23.30	58.98	4.40	,,
龍王洞	烟煤	1.51	28.10	5.67	64.72	0.40	中工所
	焦	0.80	.43	13.72	85.05	0.56	中工所
犍爲鳳來場	三合府統	1.57	28.66	29.18	40.59	0.78	建委會
南川萬盛場	小連炭	0.09	18.97	11.71	67.97	1.22	西部科學院
	大連炭	0.70	19.64	6.46	74.48	3.25	,,
永川西山		1.59	26.72	14.53	57.16	1.29	中工所

其他如錳鑛，鋼管，原動機，打風機，風管，及其他機件，川省亦均缺乏，但錳鑛所用之量尙少，可由湘省運川，且如龍王洞鐵鑛內含錳甚高，可資救濟，龍王洞鐵鑛分析：矽氧：九・六〇，鐵三五・三八，錳四・三八，磷〇・〇八，硫〇・二，六鈣氧一一・一九（鑛冶研究所分析）原動機可利用各處舊存之貨，鋼管如生鐵管，不能替代，可以重價由外購入，打風機可在重慶機器廠內翻製。

總之，際茲抗戰時期，破除困難，就地取材，適應環境，以獲取最後勝利亦工程師應盡之天職也

四川煉鐵問題之檢討

余 名 鈺

鐵礦散佈之面積，土法冶煉生熟鐵之技術，以及鐵之每年生產量，四川省可為全國各行省之冠。此次抗戰需用鐵量加增，賴有此數百年前沿習之古法，設備雖屬簡陋，所幸尚在經營生產，使鋼鐵自給方面仍有一部份辦法，因之得不深為欽佩，而更覺實際工作之重要，實數十倍於單純之理論矣。惟僅就現有生產不加以改進，則不獨產量不敷，品質亦多不合，應就其現狀分析而檢討之。

川省多山，運輸困難，非投巨資於交通上之建設，則以大爐集中冶煉勢必成本增高且又有原料中途不濟之虞。故建造新爐，宜採產量最少者為標準，而地點則以接近原料而當離市較遠為原則。至改良原有高爐，不外加增風量，以增進產額，改用熱風以節省燃料，而提高品質。惟因加增風量同時必須增加風壓，利用熱風，同時熔礦帶之熱度增高，致原先所採用之耐火材料不勝堪任，而風嘴之消損更甚。故在熔化帶之耐火材料因之必須改善，而新式之風嘴應同採用。否則生產未見增加，而百病叢生，欲求土法高爐之成績而不可得矣。此外即改良燃料問題是焉。就川省所產之煤而言，二叠紀產煤較豐，焦性極佳，但含硫太高。侏羅紀煤層極薄，焦性不堅而含硫頗低。以如此各有欠缺之煤質，若木炭足以供給，則小型熔爐實無庸改用焦煤。但煉鐵各區習俗與環境各異，蓋木炭有青岡與松炭之別。青岡栽植五年後可伐薪煉炭，而松木須十年始能應用。故於栽植青岡區域設爐煉鐵，可就地訂定林地五區，每區之柴炭產量若能足敷一年之用，則五年按序採用即可週轉不息，故數十百年以至今日未嘗有燃料不濟之虞。至植松之區則柴炭產地離礦日遠，不獨成本日高，採集亦成問題矣。故於植松之區應即改用焦煤，而在產植青岡之處，不妨仍可習用木炭，而僅改風量風熱與風嘴可矣。況木炭煉成之鐵有其成分上之優點，可供特種之用途，理應在可能範圍內使其繼續生產也。

生鐵除用普通鑄件外，可以鑄成韌性之馬鐵，硬性之凍鐵，以及煉鋼之用。但於應用上其所含之炭錳矽硫磷應各有所不同。即普通鑄鐵亦應以其厚薄用途而使生鐵含適當之炭錳矽硫磷。蓋此五種雜質含之過多，固受其特性之害，但在應用方面炭錳矽不論焉。即硫磷亦各有為優美之也。據各方調查川省尚未發現正式錳礦，亦未見真正燐礦，除炭矽硫可以熔煉方法操縱之，但欲求高燐鐵以鑄細薄應另籌補救方法。如川省亦鐵礦含錳之低若無錳礦加入以補救之，則產鐵之乏強性實亦堪慮耳。生鐵為煉鋼原料，如含錳太低則不獨鋼質不甚堅實，強性亦復大減。深盼在最近將來，在川省境內能發現優良錳礦，則礦質成分上之缺點可以無慮矣。

16872

廠礦內遷經過

林　繼　庸

(一)上海及附近工廠的內遷

我國工業向來大都在沿海一帶發展，尤以在上海一帶爲最繁盛，眼光遠大的人士認爲這是畸形的現象，於國家前途危險極大，曾經設法想糾正這種錯誤　可是積重難返，任你解釋利害至舌敝唇焦，甚至以國家存亡關係痛哭陳詞，當時也不能絲毫打動企業家的信念。與時日推進，上海的工業竟一年一年的繁茂起來。

我常說上海是我國政治及社會現象的氣壓表——每逢那年上海一帶的旅館住滿了客人，後來者想租一間亭子間亦無辦法，各商店股東到年底時喜氣揚揚的分巨量的花紅，那年不是我國內地鬧水旱饑荒，就是兵災變亂。所以聞得上海的商人們嘆時年不好，生意不景氣時，我檢閱那一年來的社會經濟狀况每覺得內地一般痛苦的同胞們已踏上了較佳的幸運。是我個人的直覺。每到興趣蕭索時，不由我不消極的希望大上海沉淪！

我不能否認在上海辦工廠有許多優點如，金融，電力，交通，原料，銷場政治，稅捐人才等等，但是人們多忽略了國防兩字的意義。忽略了這點，一到國難當頭便把上述是種種優點都烟消雲滅，

二十餘年來帝國主義者侵略的呼聲和事實，祇在人們睡夢中微微地印了些兒感覺；當作做了一場噩夢人們又酣呼鼾睡了。九一八事變，算是打了我們一記耳光。一　二八的火光和炮聲，照灼着我們的眼簾震動着我們的耳膜，驚醒了我們的好夢。政府機關如資源委員會兵工署等感覺到非趕到內地設廠不可了，粵滇鐵路加緊進行了，民生公司增加力量了，內地電力廠擴充了，內地水泥廠也立了。到現在我們能夠呼着抗戰必勝的口號，抱着建國必成的信念，上述各機關的當局在工業上已有不可磨滅的成就。同時一般的人們仍舊是埋頭再睡，如……恕我不詳述了！我們工程人員絞腦汁，嘔心血，結果只是促成上海的繁華超程邁進！這樣一來，眞是叫誰遷入內地都不願意，讓我再述件事蹟來代表一般人的意見吧！當我苦勸一位大廠家內遷，經用過一小時的時光反覆陳說利害之後，他的回答是：『林先生，不要太興奮啊！一。二八大戰那時，我們的工廠共總停工還不足十天呢。』

民間企業界有了成見，有了苟安的心理，不能放棄個人物質的享受，不能用法則制度來管理他們的事業，除了幾個煤礦及紗廠不得不就原料地開辦之外　只有四川之民生實業公司，華西興業公司，太原之西北實業公司，及昆明之富滇新銀行等等機關在內地掙扎，其餘仍舊是像「燕處危巢」一樣，火星一日不爆發，他們也樂得多嬉遊一日。若是同他們講道理，衡利害，他們便會口若懸河的發出更多的道理，辨別更深刻的利害來給你聽。有了錢及有了年紀的大都缺乏了革命奮鬥的精神，年輕的技術人員又感着赤手空拳一籌莫展。因爲積習難返，所以我們在七七抗戰以前，籌劃工廠內遷的嘗試　不得不算作失敗。

嘗試後得了一個結論——推動廠礦內遷，集合國中企業界及技術人才跑入內地來埋頭苦幹，這是我國實業界劃時代的革命事業

，非有急劇的環境變遷及巨大的勢力推動，斷斷辦不成！這個機會一直等到七七抗戰發生後纔露出來。

民國廿六年七月廿八日我有一次參加動員設計的重要會議，在機械化學組小組會議中即緊扣住這個機會，建議遷移上海工廠入內地建設。即日下午，資源委員會[illegible]昌照先生派我及莊前鼎張季照兩君往上海與各工廠商量。其時上海的情形已經相當緊張了。廿九日約得上海公用局長徐君陶先生及工業界領袖胡厥文項康原薛福基支秉淵顏耀秋諸先生籌商遷廠辦法。諸先生均曾參加一二八抗戰工作，與我爲患難同志，此次聚首一堂，重談往事，激昂慷慨，氣憤塡膺，我們的計劃甚得贊助。三日胡厥文先生召集上海機器五金同業公會會議，自動討論遷廠事宜。三十一日上海機器五金同業公會執委會議邀我等出席討論，大大的辯論了一場。大鑫鋼鐵廠余名鈺上海機器廠顏耀秋，新民機器廠胡厥文，新中工程公司支秉淵，中華鐵工廠王佐才諸先生當時均表示願以身作則將自辦的工廠隨政府一起走。即日商得遷廠原則，我於當晚返京覆命，過了數日，康元製罐廠項康原先生中國工業煤氣公司氧氣廠李久成先生及上海化學實業大家某君均先後來函表示願意遷移，大中華橡膠廠薛福基先生并親自入京來與我計劃一切。八月九日擬具遷廠方案由資源委員會請政府津貼遷移費用及技術工人川資伍拾陸萬元，工廠種類包含五金、機械，化學、冶煤、橡膠，煉氣等此案經行政院於八月十日第三百二十四次會議議決，由資源委員會財政部實業部軍政部會同組織上海工廠遷移監督委員會，以資源委員會爲主持機關，餘通過，至關于文化事業遷移事宜屆時由教育部派員參加。當即由資源委員會派專門委員林繼庸，財政部派會計長龐松舟，實業部派代理工業司司長歐陽崙，軍政部派鑿備科上校科長王沂等爲委員，以林繼庸爲主任委員，駐滬主持一切遷移事宜。各委員於十日下午三時得知消息即於當日下午聚集趁車往上海。但是財政部應撥的款尙未領到，資源委員會乃借撥五十六萬元交我帶去支用。

八月十一日上海工廠遷移監督委員會成立，并立即召集上海五金機械，化學，冶煤，橡膠、煉氣等業廠方代表開會討論辦法，責令翌日組織上海工廠聯合遷移委員會，在上海工廠監督委員會指導及監督之下進行工作。八月十二日廠方代表公舉顏耀秋、胡厥文、支秉淵、葉友才、嚴裕棠、余名鈺、呂時新、王佐才、趙孝林、項康原、錢祥標等十一人爲委員，經監督委員會認可，并指定顏耀秋爲主席委員、胡厥文支秉淵，爲副主席委員。工廠機件遷移以武昌徐家棚附近爲集中地點，再分配西上宜昌，重慶，北上西安 咸陽，南下岳陽，長沙。上海附近工廠機件集中閔行，南市，其在楊樹浦，虹口，閘北一帶的，則集中租界待運。即日分頭開始拆遷。至於遷移至廣西雲南方面的工廠則擬將來由廣東設法較爲便利。

當時上海的風聲極度緊張，敵人面目猙獰，戰機一觸即發。住在租界以外的人士都趕着搬家逃命，在租界內住的亦趕着把家眷遷到香港或鄉間原籍安居，簡直是沒有人再得閒暇去提遷廠的事。八。一三的炮聲響了，八。一五敵機來襲，我機奮勇追擊，在空中大戰起來。在炮火連天的時候，地方秩序相當混亂。十日來我們于辦事上感到有下列各項困難：

一、虹口及楊樹浦一帶的工廠因爲多在炮火線上，不易拆遷；

二、輪船，划子找不着；

三、貨車的主人，其熱心愛國的已把車送到前方應用，其不顧營業的，恐怕軍隊拉

差，尙可把車輪或零件拆去，閒放在衖堂裏，其肯出租的一定要狠高的價錢及狠穩當的担保，所以貨車也不容易找，

四、工人不容易雇；

五，各廠的董事先生們或已離開上海，董事會多不足法定人數，關于遷廠事件重大，廠經理及廠長多不敢作主；

六、各廠物資多抵押於中外銀行未得銀行同意不能移動產業；

七、長江下游江陰被封鎖了，只有蘇州河尙可通行，大的輪船不能行走，火車多供軍用且危險性太大；

八、各銀行暫時停止兌現，且宣布限制提款；

九、駐防各軍隊均對於所轄地區具有無上權威，通行護照各區間不生效力，商民出入皆難；

十、漢奸混跡，不易防範；

十一、人心不良，想借着混亂的時機發國難財者大有人在；

十二、各廠辦事處及各政府機關均多改遷他處，聯絡至感困難。

除了上述十二點困難之外，尙有數點，已如熱心努力的薛福基先生於八月十六日受炸彈傷，不久因傷身故；監委會有兩位委員因要公奉調返京；我因各處奔走，左脚受傷成毒，當有成志醫生診視數次之後堅囑我休息，否則恐成殘廢或須鋸去左足。各廠家相顧無言：我亦只得一隻脚跳來跳去。

在萬難中，鼓勵着各工廠當事人的勇氣不要灰心，把緊張的情緒捺住，冷靜着腦筋，各人分頭盡力去幹。得資源委員會在上指導，監委會首先把工廠遷移聯合會的內部組織加強；再與京滬警備司令部辦事處邢主任震南取得密切聯絡，發給通行證，以便廠方職工入戒嚴區域搬運物資，由各廠高級職員及工廠聯合遷移委員會職員嚴密監視，并負完全責任，以防漢奸。邢主任極明白情理，極有肩膀，經我將情勢解說，便立即交給我許多空白的通行證，及蓋印的白布章，木船、貨車的旗幟等，各廠憑着這個護符便可入得戒嚴區，以後再一軍一師的去辦交涉；財政部徐次長可亭允許我所帶來的五十六萬元隨時可向中國銀行支取現款；海關允許各廠遷移物資待到漢口再檢查，并免除關稅；各廠的債權銀行亦允憑監督委員會的公函證明，准許廠家遷移物資，如此解决了許多困難，我便下令給各廠的負責人必須服從政府命令將廠中機件拆遷，自有監督委員會代彼等向董事會負責。當時最頑强的要算龍章造紙廠的董事傅筱庵，但他也沒有辦法來抵抗。於是與廠家訂了一種獎勵辦法，在若干日之內遷移離滬者給予機件裝箱費，運輸費，職工旅費，廠地等津貼，并允由監委會商請政府低利貸給建築費，代爲徵收廠地，解決電力，工作，苛細雜捐，購儲原料等等困難，務必使各廠遷到目的地之後迅速復工。過了若干日之後仍觀望不前者，得由監委會酌減其應得之津貼。同時又將遷廠之種類擴大，不僅限於機器，五金電器，化學等業，廠無論大小，業無論何類均准其遷移。由上海市政府社會局普遍通知區內各廠及各同業公會，請其到會接洽登記，又請各廠之努力份子四出勸導。又在蘇州，鎭江等地組織運輸分站，在漢口設辦事處，以便沿途照料。凡工廠聯合會及各站職員有因公受傷或死亡者均由監督委員會担任醫藥撫恤。

雖然是一方面施以壓力，一面給以利益，另一方面動以愛國情感，曉以將來利害，但在混亂的時候遷移工廠究不比平時小小的搬家，其工作確實是有許多困難。其困難仍是以地方人事，軍政機關及運輸方面爲多。有些障礙簡直是想像不及的。這些困難，只好用勇敢和忍耐來克服之。

16875

廠家自己的努力是值得人們欽佩的！他們奮鬥的事實眞是可歌可泣。在炮火連天的時候，各廠職員拚着死命去搶拆他們所寶貴的機器。敵機來了，伏在地下躲一躲，又扒起來，拆，拆完，就馬上扛走。看見前邊那位伴侶被炸死了，大家噙聲嗳唷，洒着眼淚，把死屍抬過一邊，咬着牙筋仍舊是向前工作。冷冰冰的機器，每每塗上了熱騰騰的血！白天不能工作了，只得夜間開工。在巨大的廠房裏，暗淡的燈光常常籠罩着許多黑影在那裏攢動，只聞鏈鎚叮噹的聲響，打破了死夜的岑寂。

八月廿七日有上海機器廠，順昌鐵工廠，新民機器廠，合作五金廠等四家之機件裝出。大鑫鋼鐵廠物資亦繼續起運。運輸方法，用木船飾以樹枝茅草，每艘相距半里許，循蘇州河划出，途中如遇敵機來襲則泊於邊岸葦叢中。至蘇州河乃改用小火輪，拖往鎮江，換裝江輪，載往漢口。蘇州、鎮江均設有分站，與當地軍運及政府機關取得密切聯絡，并與上海，時通情報。那時因江陰已被封鎖，鐵路又側重軍運，吾人只得蘇州河一條路可走。

此次運輸方法嘗試成功的消息傳來，各廠物資均依法急亟陸續運出。不料九月八日起駐防蘇州河軍隊將烏鎮路橋至北新涇一段航路封鎖，後來雖是幾經交涉可得通行，但盤察甚嚴，廠家咸感不便。未幾京滬警備司令部辦事處那主任倜任某區總指揮官，以後發給護照又經一度延阻雖經種種延阻，但是仍舊阻不住廠家遷移的決心。同時資源委員會翁秘書長文灝新從歐州返國，給予我們許多指導并定下了廠鑛內遷的擴大計劃更多增內遷廠鑛迅速復工的保證。院議又增加了交通文化等事業遷移費十二萬六千元。

十月廿六日閘北失守，蘇州河一段頓被截斷，各廠物資取道內黃浦運往松江經蘇州，無錫至鎮江。及十一月五日敵兵在松州灣乍浦登岸，平湖告警，松江河道又受威脅，乃改由怡和輪船運至南通州，轉民船經運河至揚州，鎮江。這段運輸比較以前各道更覺艱辛。以後遷移者則惟有取道香港轉往各處一法。上海及附近各工廠沿着長江遷移的運輸，直至十二月十日鎮江運輸站撤退乃告一段落。

在上海工廠遷移監督委員會期間，除去協助有政府機關主管之工廠不計外，計共遷出民間工廠一四六家，其機器及材料重量已安全運抵漢口者一萬四千六百噸，技術工人二千五百餘名，其種類及家數如下；

1.機器五金業	六十六家
2.造船業	四家
3.煉鋼工業	一家
4.電器及無綫電業	十八家
5.陶瓷玻璃業	五家
6.化學工業	十九家
7 煉氣工業	一家
8.飲食品製造業	六家
9.文化印刷業	十四家
10.紡織染業	七家
11.其他工業	五家

在此次遷移過程中，各廠家努力遷移者固多，而仍觀望者亦復不少。監督委員會及工廠聯合會對於勸導遷移，已算是盡其所能，對於來請求遷移的廠家，更是來者不拒。惊疑政府的廠家，口口聲聲說是遷移，可是並無動作，及至十月初旬監委會將原料旅費等津貼減給，并聲明如再觀望不前者，定期再減給津貼，然後急急着手遷移。其本來無心遷移的廠家，故意提出無理的要求條件，使監委會無法接受，他們便可大說其風涼話。這都是延誤時機的原因。

至於紡紗一業，其在戰區者，已經無法遷移，其離戰區稍遠者，則以供給軍需爲名，大做其生意，不肯遷移。九月中旬資源委員會曾派顧毓瑔先生赴武進無錫一帶勸遷，但各紗廠當時每嬴利甚厚，大家都抱着寧可現在多賺錢，雖是將工廠被燬，有錢仍可再辦新廠的心理，所以未能推動。後來蘇州無錫的炮火更緊了，我于十一月一日往鎮江召集蘇、常、錫一帶紗廠代表商量，各廠纔肯拆遷，但是時間太遲，祇有大成紗廠得一部份遷出，其餘都趕不及了。

十一月初旬軍事委員會工鑛調整委員會成立，資源委員會翁祕書長乘任主任委員，上海工廠遷移監督委員會改爲廠鑛遷移監督委員會，屬于工鑛調整委員會主管，範圍及地域均加廣了，於是乃有廠鑛擴大的內遷，

（未完）

「工程師是將科學研究得到的結果與發明，應用到實際的問題，以滿足人類的需要。」

「中國許多舊工業方法，有一個時候是站在人家前面的，但因無工程師，所以舊法無法改良，反而方法被人家拿去，改良後居於我們的之上了。」

「工程師不但要準備（Accurate）且而要恰當，（Adepuate）要大處落眼　小處下手，所謂登高必自卑，行遠必自邇。」

「工程師於事業，可以改變世界的政治，可以改造世界的經濟。」

「工程師能力固大，困難亦大，各國的大工程大事，都是多少人，多少奮鬥之結果。」

「中國工程師應不怕困難，不怕吃苦，實事求是奮鬥。這種精神抗戰固然需要建國尤其需要。」

經濟部翁部長文灝在大會開幕時訓詞

16877

消　　息

(一)本會臨時大會記要

（二十七年十月八日至十月十一日）

十月八日

上午九時半在重慶大學大禮堂，舉行開幕禮，到汪副總裁國民政府代表呂參軍長，孔院長代表行政院政務處蔣處長廷黻，經濟部翁部長文灝，會員蔣志澄，吳承洛，陳體誠，甯寶華，胡博淵，趙祖康，顧毓琇，高惜冰，孫越崎，程志頤，金開英，林繼庸，羅冕，鄭禮明，陸邦興，梁津，鄭益光，姚文尉，吳琢之，歐陽崙，盧毓駿，曾世英等二百餘人，由蔣志澄主席，行禮如儀後，即報告開會宗旨。繼由籌備主任委員吳承洛報告此次臨時大會之意義，及中國工程師學會組織之經過繼由汪副總裁訓詞，略謂「兩天以前接到學會與中央黨部的來信及致會員書，中央黨部同人及個人閱後均極爲感動，以爲已往一般學會之召集，大抵均爲學會本身求學術進步而開會，此次工程師學會却爲貢獻技術於抗戰而召開，此種精神，中央黨部及個人均極欽佩，大家都明了時代之責任與使命，以諸位之學問與經驗來共同擔負此神聖使命，將來對抗戰貢獻一定很大，在抗戰建國中，經濟建設，至爲重要，最近一般對於經濟建設之輿論，有兩個傾向，一謂中國太窮，應努力加緊生產，一謂經濟建設應側重分配，務使勞資平均，就我個人，以國黨立場，三民主義信徒，以爲民生主義最爲切合，民生主義是生產分配互重的。諸位今後從事經濟建設工作，應同時注意公共衛生，切實改良工人生活」云云，到會之工程師無不異常感奮，繼由國民政府代表呂參軍長訓詞勉各會員注意西南各省之開發，孔院長代表蔣處長致詞，轉達孔院長對於工程師人員之工作，表示十分關心，蔣處長將蘇聯兩次五年計劃之情形及所感缺乏工程人員之困難詳加勗勉，經濟部翁部長致詞，首述工程師之定義及工程師應具之態度——準確及恰當——以及工程師辦事應有之精神——不怕苦，及不畏難——并提出德國法國工程師成就之大，及創業艱鉅，以勗勉各會員參加此次抗戰建國之工作，中央社會部代表郭登敖致詞後，由該會董事前中國工程學會第一屆會長陳體誠致答詞，繼攝影後散會，中午由該會重慶分會招待便餐。

下午二時在重慶大學理學院會議廳續開會務會議，由吳承洛主席，報告兩年來總會會務，及陸邦興報告重慶分會會務後，即討論提案，重要議決案如下：

(一)電蔣委員長致敬　電文如下：

「軍事委員會委員長蔣鈞鑒抗戰以來，賴我委員長領導全國民衆，致力於抗戰建國之大業，本會會員，亦各就所能努力於各項工程事業，茲於十月八日在重慶召開臨時大會，議決更以堅忍刻苦之精神，在我委員長領導策勵之下，奮勉爭取最後勝利，敬此電陳，伏乞垂鑒，中國工程師學會全體會員曾養甫等三千七百六十八人同叩」

(二)電前方將士，並請各會員每人製寫慰勞函寄軍委會轉遞

(三)電慰抗戰殉職之工程師蔣儀彰家屬

，并調査其他殉職工程師議擬紀念辦法。

（四）恢復本會刊物以應抗戰時期之需要——登載會員消息及普通科學常識及後方生產建設等問題．合以前本會出版之工程季刊及工程週刊兩者之性質，兼而有之。

刊物名稱　工程月刊

出版地點　重慶

出版日期　籌備在一月內出刊

編輯及發行者　由臨時大會推選顧毓瑔，胡博淵，歐陽崙，吳承洛，盧毓駿，陳章，馮晉鏞等七人組織刊物委員會負責籌辦。

（五）獎勵獨立創造之工程師

（六）調査參加偽組織之會員，即開除會籍，公告社會，并提出開除總成會籍

（七）凡本會會員參加違反民族利益之工作者，由本會會員五人以上之提出，請董事會設法調査并勸告至後方服務，如不受勸告即予以警告，如恬不知恥，確有附敵或資敵行為除請董事會予以開除會籍並公告社會。

（八）本會留滬圖書宜設法擇要遷渝。

（九）總會遷渝案決議保留，交大會籌備委員會研究

（十）編印此次臨時大會特刊，由刊物委員會合併辦理。

晚由重慶市政府及重慶大學聯合招待。

十月九日

上午九時假川康銀行會議廳，舉行論文及專題討論會，到會員顧毓琇，胡博淵，吳承洛，鄭華經，孫越崎，高惜冰，羅冕，顧毓瑔，徐名材，金開英，蕭之謙，陸邦興，高步昆，程志頤，嚴治之，朱玉崙，葉秀峯，張劍明，劉貽燕，劉夢錫，程本臧，張連科等百餘人，由顧毓瑔主席，先報告此次徵求論文之經過，及收到論文之情形，繼由各會員提出論文（論文題目及提要見後）

午餐由遷川工廠聯合會，在永年春招待，由顏耀秋致詞，甘肅建設廳廳長陳體誠演講，會員前安徽建設廳長劉貽燕代表致答詞，下午四時參觀重慶電力廠，自來水廠，華興機器廠等處，

晚由民生實業公司，在留春幄招待，該公司代理總經理宋師度致歡迎詞，繼介紹川省建設廳劉工程師宗瀚講述西南礦業情形，末由會員徐名材代表致答詞。

十月十日

上午九時在川康銀行會議廳，繼續舉行論文專題討論會，先舉行國慶節紀念儀式，由劉夢錫致詞，舉行論文會，由徐名材主席，（論文題目及提要見後），關於四川工業各問題并有會員提出各項討論意見，最後由主席致詞，希望今年論文中多為有計劃性者，明年年會提出實施報告，旋散會後，由重慶自來水廠招待晚餐，并由該廠石經理體元致歡迎詞，聞請賴璉演講，由會員羅冕致答詞。

十月十一日

上午九時仍假川康銀行會議廳舉行專題及會務討論會，由胡博淵主席，先討論會務，審査總會會計報告，及通過建築重慶會所，選出蔣志澄，陸邦興，劉杰，關頌聲，程志頤，孫越崎，林繼庸為籌備委員。繼由軍委會技術委員，本會會員劉晉暄演講軍事工程問題，詳述軍事需要工程師之情形及會員提出討論意見議決請會員慷慨徵募防毒面具，并向中央建議請各機關公務人員將已有之防毒面具捐助，並推定顧毓瑔，高惜冰，程志頤三君負責，後由工礦調整處業務組長本會會員林繼庸演講報告抗戰以來遷移工廠之各項問題．計共遷移工廠三百四十一家機器材料計七萬噸，林君復提出若干項目請各會員注意及討論，繼討論各項提案，通過者計

16879

(一)從速完成鋼鐵工業案。

(二)增加及調劑後方各種燃料案。

(三)動員全體工程人員參加抗戰案。

(四)訓練中級工程技術人才案。

(五)制定及推行後方防空建築設計案。

(六)徵集淪陷區域內技術人員效忠黨國增加抗戰力量案。

(七)其他。

中午重慶市銀行公會招待大會會員，由銀行公會主席康心如致歡迎詞，會員孫越崎答詞，末由中國西南實業協會四川分會總幹事本會會員程志頤報告組織情形及歡迎各會員入會。

下午各會員參加四川水泥廠等晚七時半舉行年會宴，由會員胡博淵主席先討論上午未曾終了之議案，議決各案交由共同審查委員會研究然後送執行部執行。當推吳承洛，張道科孫越崎顧毓瑔陳章高惜冰顧毓琇胡博淵爲委員由吳承洛召集　繼即於重慶市各界大規模慶祝南潯線勝利聲中舉行年會宴，由顧毓琇主席報告此次南潯綫勝敗之情形，并舉杯慶祝，原定請吳稚暉先生演講，嗣以吳先生患病未克蒞臨，由税西恆講述四川之水力情形及羅詠安講述航空問題，徐宗涑講辦理工廠之經驗，徐先生以輕鬆之口吻講述各項工程問題，最後主席於衆人笑語掌聲中宣佈閉會。

論 文 提 要

(一)開發我國後方各省金鑛之建議　胡博淵

(提要)我國現值抗戰之時，對於生金之產量，急應增加，以鞏固我國外匯信用，俾購買重要軍用品，增強抗戰力量，我國後方川康桂黔甘青新各省，著名金鑛，一二年內欲增加一二百萬兩之生產量，并非難事，則每年可增加二三萬萬元之外匯信用，不過各金鑛區域，多在荒僻崇山，土匪爲患，到處皆是，須由政府及當地軍警，予以切實保護，如治安無虞，則現在全國注意之金鑛事業，必能於短時期內，如雨後春筍之發展，以達鞏固外匯之目的云云。

(二)抗戰時之水利　鄭肇經

(提要)詳述抗戰時水利工程注意防堤農田水利及內地河道之修濬三大工作。

(三)導淮入江水道三河活動壩模型試驗報告　鄭肇經

(提要)此爲經濟部中央水工試驗所模型試驗報告之一，導淮入江水道三河活動壩之實際建築，即照該項試驗結果，報告中關於設計試驗應用範圍等，載述極詳，實爲水利工程學術上之重要報告。

(四)中國烟煤之煉焦試驗　蕭之謙

(提要)國內烟煤十一種，曾用小型副產式焦爐作煉焦試驗，其所產焦炭之化學成份及物理性質，均按標準方法，詳加測定，從試驗結果知國內各種烟煤，或以灰份太多，或以含硫特富，或以粘性太弱，不能直接用以煉焦，改良方法，應將煤中雜質用洗選方法除去，或以數煤互相摻合煉焦，俾使某一種煤之優點，可以補助另一種煤之缺點，關於洗煤焦及摻合煤焦與原煤焦優劣之比較，本文內亦有試驗結果，以資證明。

(五)土法煉焦之改良　羅冕

(提要)焦炭爲工業上重要之原料，四川所產者純用土法，其質料不潔，尤以物理性質，多不適合冶金之需要，考其原由，煤質雖屬不良，而製煉方法之不精，更爲重因，據四川一般土法煉焦，先將原煤製成細粒，藉水力由木槽將雜質冲洗，煤與雜質因比重不同，除去雜質洗潔之煤，即可煉焦，惟土人無科學智識，冲洗時每不注意，故製成之焦炭載灰分重，抑或硫分不輕，本論文研究之要點，此其一也，又煉焦時土人每忽視熱力之增減，本論文對此多有更改，其結果減

16880

少煤灰，所得煉好之焦炭，損失輕輕，此爲研究之要點二也，以上所述爲初步之研究，現正繼續作機械試驗，希得一良好方法，以解決此問題。

(六)川東之煤業　孫越崎

(提要)此文詳述川東嘉陵江區域及綦江區域之煤業，地質之分類，煤價之數目，採礦工程情形，產量之數目，及中福公司對於天府錫鑛增加機械及動力設備之新工程以及煉焦等問題，會員嚴冶之參加煉焦及煤業問題之討論，補充蕭之謙君所提出之焦煤產物理性各項，并就鋼鐵工業所需之條件，詳加說明。

會員朱玉崙提出煉焦問題之四項事實，三類問題，及兩種解決辦法，會員程志頤提出八個月來，辦理川煤購運之經驗，及防止渝市煤荒之意見，說明過去數月中購運之困難情形，及建議若干有效辦法，會員孫越崎復有補充意見反覆討論，到會會員極感興趣并將此問題保留至十一日上午繼續討論。

(七)人造汽油問題　徐名材　金開英

(提要)人造汽油可分兩種，一爲煤之溶化，一爲合成汽油，提出人根據歐洲各國研究之結果　及實施情形，將兩種方之異同，就其產品種類，產品之質，成本技術上之難易及所需資本之多寡，詳加講述，比較，金開英君就中國煤之溶化試驗之情形作一報告，及建廠時各項工程問題，詳加說明，并報告翁部長對於煉焦問題，已指定由資源委員會地質調查所，鑛冶研究所合作辦理，以期解決各項困難問題。

(八)成渝鐵路沱江大橋之設計與施工　陸爾康　高步昆

(提要)本文分緒言，沱江水文，河床，鑽探，設計概要，施工實況，材料與機具，及建築費七節，

一，緒言：略述成渝鐵路測榜及定綫概況。

二，沱江水文：略文沱江源流，水流速度，含沙質量，及高低水位變化情形。

三，河床鑽探：水冲鑽探及實心鑽探工作情形及結果。

四，設計概要：上部建築用華倫氏提式鋼梁，下部建築用混凝土及鋼筋混凝土橋台及橋頭，文中對設計標準及特點敍述甚詳。

五，施工實況：橋台及橋墩建築分別採用(一)露天挖掘。(二 開口沉箱及(三)氣壓沉箱等法。施工情形及進度紀載甚詳。

六，材料與機具：備記各種材料單價及機具價款。

七，建築費：全橋長356.30公尺，全部建築費估算爲1,281,000元，每公尺橋長之建築費爲3,6000元，

(九)多相同步發電機之分析　顧毓琇

(提要)三相同步機之精確分析，至1929年春美國電機工程師學會年會時顧氏及Park氏分別發表論文，方得合理之解決。顧氏所用分析法，乃利用Stokvis-Fortescne氏稱坐標法及Heaviisde對運算微積術，Park氏所用分析法，乃利用Blondel氏，兩應學說，及Doherty-Nickle，同步機理論，近年以來，顧氏曾發表論文多種，不但對於原有分析之應用範圍，更爲擴充，且對於顧氏方法及Park氏方法之溝通，尤多貢獻。1937年9月份美國電機工程師學會會刊，又登載顧氏兩應學說對於多相同步機之推廣一文，頗受國外學者之注意。本文發表用顧氏方法對於多相同步機之分析，讀者如與在美發表之論文暨照，必尤感無窮之興趣也。

(十)單相感應電動機之理論及「張量」分析　章名濤

(提要)單相感應電動機之理論有二，一曰相對旋轉磁場理論，一曰直角交場理論，此二種理論以第一種便於瞭解，但亦有使人

16881

誤解之處，本文中示明兩個串聯之普通多相機不能代表單相機之作用，且必須爲在同一靜止子上之假設多相機。直角磁場理論以旋轉子爲兩個不動之線捲，而其情形與旋轉之鼠籠線捲并非確然相同。兩種理論之磁場均爲橢圓形，此層亦在本文中證明。最近克朗(krun)氏之方法，在本文應用於單相感應電動機，其結果實較普通之公式更爲有用。且鼠籠線捲中每匝之電流，用變化陣列式，立即可以求得。

(十一)感應電動機串聯運用時之波形實驗

顧毓琇　朱曾賞

(提要)感應電動機串聯運用之分析，曾由顧氏於中國工程師學會廣西年會中發表論文。本文報告感應電動機串聯運用時瞬變電流及電功率波形之實驗結果。本實驗所用機件爲三相感應電動機兩架，九單位示波器一具，直流電動機一架，及電計電閘等。實驗時之轉差率爲10%，40%及53%三種，實驗結果與理論計算互相比較，完完符合。

(十二)眞空管製造之研究　葉楷　范緒筠　沈尚賢

(提要)眞空管製造之研究，資源委員會及國立清華大學於抗戰以前即已着手研究，國立清華大學眞空管製造研究所原設北平後遷漢口，今春又移重慶附近，研究工作之計劃，分爲技術，學理及原料之研究，原料自給問題包含探礦，冶金，化學及物理等專門問題，希望能與關係各方面合作研究，故於短期間不易進行，現近工作，注重技術及理論之研究，現發報用及收音用眞空管，已製造完成七八種，樣品請各大學及各機關試驗，超短波用小型眞空管，充純氣管等，亦正研究試製中。

(十三)土壓力之估計與擁壁設計　黃文熙

(提要)Terya pi在1932—1934年所作的試驗，證明擁壁所受土壓力的大小和分布情形是隨擁壁的平均移動量而異的，但是壓力之大小總是界乎平靜止壓力及一最小壓力之間。在本文內，作者應用土壤力學實驗所得智識，去求靜止壓力和最小壓力的大小和分布情形，再根據Teryagpi實驗，對於用緊沙和用鬆沙作填土的兩種擁壁設計法，作了兩個不同的建議。同時Coulowb和Rank nc二派理論中所作各種假設的可靠性，也隨時提出討論。

(十四)防毒用活性炭製造研究與試驗(提要)

李爾康　顧毓珍　周行謙

中央工業試驗所研究活性炭之製造，五年於茲，曾迭次改進，關於製造技術上若干基本問題，已得有解決方法。茲扼要述之如下：

(一)活性炭之原料，椰子殼最好，胡桃殼亦可。

(二)初級炭之製造，初級炭在炭化爐時，應注意爐內溫度，不可超過攝氏四百度，而同時應求揮發物量之減低，故時間不防稍長，約需五小時左右。若初級炭中含揮發物量過高，則活化時極易着火，有將完成活化之活性炭，同時燒毀之危險。

(三)炭之活化方法，活化方法，以過熱水蒸氣活化法爲最經濟，故本所即採用此法。活化爐中之溫度，應不使超過攝氏一千度。活化時間自攝氏八百五十度起計算，須維持在在三小時以上。活化時間不足，則質地減低，活化時間過長，則產量減劣故應視活化爐之構造，加熱之情形，與夫初級炭之性質以及水蒸汽加入量之多寡而定。

(四)抗毒效率之試驗本所製成活性炭之抗毒效率試驗，根據軍政部應用化學研究所之檢驗方法，其抗毒時間(綠化苦毒氣)爲二十七分鐘，原定標準爲三十分鐘，相差無幾若以炭之吸收毒氣重量計，可達百分之六十五以上

16882

本所上述由方法製造之活性炭，兩年來已逾一萬磅之數，用製成炭製入防毒面具中之抗毒檢驗，結果反較原定標準佳，是可知裝置方法及程序，實為防毒用活性炭中之要點，不可忽視也。

(十五)酒精代替汽油之試驗(提要)　顧毓珍

各級濃度酒精與市售三種汽油（美孚，殼牌，德士古）之相互溶解度，先加以試驗。知市售汽油之種類，對於酒精混合液體，燃料之分離溫度，確有影響，濃度在百分之九十六以下之酒精，如欲代替汽油，而在冬季欲避免分離現象，必須加入混合劑，以乙醇為最有效。

酒精代替汽油之開車試驗，在南京時，曾請江南汽車公司，在冬季用公試汽車，作一個月的實地試驗。試用之混合，燃料有兩種，第一種含有百分之十八酒精（百分之九八。六五容量）與百分之八十二汽油「美孚」第二種含有百分之二二，五酒精「百分之八九，六五容量」與百分之七七，五汽油，每種經一星期以上之試驗，得與同一汽車單用汽油時，燃料消費量之比較，第一種燃料之消費量幾與純粹汽油無異；第二種消費量，僅增加百分之九，其他情形，雖在冬季，與純用汽油時無異，於此可見酒精代汽油之施行，雖在冬季，已可施行無困奚。

(十六)壓榨植物油之研究—桐油與菜油　顧毓珍

(提要)壓榨桐油與菜油時關於壓力時間，溫度及水份對於產油量之影響，曾詳加試驗、植物種籽中水份之存在，對於產油量，至有關係。若調劑得宜，可以增加產量、如將水份固定，則壓力時間溫度對於產油量之關係，可以一定公式表明之。壓榨桐油或菜油時，所得之公式相似，所差者僅為常數。壓榨桐油公式之常數為〇·一六四，而菜油公式之常數為〇·〇五二三，於此常數之大小，可以確定榨油之易難，常數大，則壓榨易而產量多，反是則壓榨難而產量少。作者意謂是項壓榨公式實為改良土法榨油將之基本科學根據。

(十七)戰時紙料之供應問題　張永惠

(提要)本文論述救濟現時紙荒，須以自給為原則，擬就之辦法有三，(一)改良手工紙，使成本減低，品質增善並合新式印刷及書寫之用，以代替舶來新聞紙道林紙等，關於此項改良之可能性方法中央工業試驗所已有長時間之研究，曾於去歲秋利用國產原料，以手工製出改良紙張，經中央日報等試印，認為滿意，并於最近將改良手工紙設計印成小册，以供造紙界之參考，(二)協助現有各機器紙廠其開工者使之增加產量，其停工及遷入內地者使之早日復工，(三)即時籌辦大規模造紙紙料廠，製造紙廠之紙料，專供手工紙槽及機器紙廠之用，以求自給。

(十八)中國捲菸紙之製造　諸鳳章

(提要)每年自國外輸入紙張價值國幣四千餘萬元，捲菸紙居第二位，年值五百餘萬元，民國二十五年五月始有嘉興民豐紙廠開始製造，每天平均產紙九百數十圈「每圈製菸一箱計五萬支」，原料完全用國產黃蔴及苧夏布蔴漁網等。捲菸紙之特點除潔白外計有四項：一，燃燒速度合宜，二，薄而拉力強，三，薄而不透明，四，燃燒無臭味尤以第一項最為重要云。

(十九)四川皮革工業之技術改進　杜春晏

(提要)本文係根據中央工業試驗所移渝後，研究及改良四川皮革工業之工作，內分為五項：一　從全國皮革製品之消耗及生產值，述及抗戰建國時期，後方生產等皮革問題，二，原料問題，如山羊皮，黃牛皮，長水牛皮等之調查和整理改善之意見及其利用并述及實施具體辦法，三，材料問題，如植物鞣料提取之計劃。四，技術改進之初步工

16883

作，及逐漸改進之實施方案。五，最近工作產品之結果，及今後工作事業之目標。論文題目雖爲地方性，而其中實包含抗戰時期生皮革之幾個意義

(二十)防炸建築之研究　盧毓駿

(摘要)本文詳述防炸建築之設計及應用，

(廿一)棉籽油代替柴油之動力試驗

顧毓瑔

(摘要)棉籽能代替柴油，在抗戰期中，中國油料缺乏之時，實一急切之要求，本文詳述提士引擎，燃料技術之條件，及中央工業試驗所動力試驗之設備及試驗記錄，并於馬力速度及旋力速度，以及在某種條件下，可能代替柴油及與柴油摻合使用加以說明。

(廿二)機械製造工業之幾個基本問題　顧毓瑔

(摘要)中國機械製造，急求自給，於戰時尤甚，在過去數年中，國內機械工業，進步甚速，但於仿造方面，而於基本問題，如翻砂焠火焊切等問題，未予注意，作者提出若干基本問題，幷建議研究之道。

「此次論文中，有許多是研究的結果，也有許多是計劃性質的，希望明年今日，再開論文會，研究時報告他更得的研究結果，計劃的。報告他實施的結果，」

徐名材先生結束論文會致詞

到會會員一覽

梁　津	潘連科	周開基	廖定渠	周煥章
孫國樑	何德顯	陳體誠	曾世英	吳承洛
彭濟美	劉貽燕	歐陽崙	熊天祉	孫輔世
王華棠	高惜冰	姚文尉	尤寅照	陸邦興
吳琢之	鄧益光	楊叔藝	劉　杰	程本臧
閻樹松	顧毓瑔	胡博淵	金開英	孫越崎
蕭之謙	黃典華	楊公庶	徐紀澤	陳松庭
張大鏞	羅　冕	陳曉嵐	趙國華	曾鳳章
趙逢冬	徐建邦	賈元亮	葉雷叔宣吳善爾	
葉家駿	何永清	陳　寬	郭養剛	孔令瑢
唐之肅	劉夢錫	潘　祖	宋玉琪	陳欽煒
伍光畏	高步昆	顏　鏈	陸爾康	郭仰汀
李法一	張連科	胡慰康	陳　章	周大鈞
閔啓傑	朱嘉桐	黃文熙	朱仙舫	童　凱
徐名材	慶啓蓉	沈乃菁	鄭肇經	朱熉章
何肇中	林繼庸	孫洪恒	吳道一	沈芷人
顏耀秋	王善爲	馮　簡	羅竟中	張劍鳴
陳安國	莱桂馨	魏元先	唐瀚章	龔積成
趙祖康	許行成	張烊麟	朱玉崙	李先聞
徐崇林	張永惠	葉秀峯	劉晉臆	程志頤
曹理卿	王瑞澤	汪超西	徐芝由	徐紀鵬
劉濟華	顧毓琇	林平一	沈嗣芳	胡元民
荊丕緒	張清漣	毛昭青	杜春晏	陳體榮
陳彷陶	梁　強	顧毓珍	鄭禮明	馬　傑
嚴恩棫	范　維	盧毓駿	羅榮要	浦濚修
閔　湘	王華棠	周志宏	雷寶華	彭濟羣
靳範隅	吳旦平	陸貫一	稅西恆	

(二)本會總會移渝

本會總會原在上海，抗戰以來各董事及執行部各職員，均以職務關係先後離滬，爲求會務策進便捷起見，廿七年十月八日，在渝舉行之臨時大會，曾議決請總會移渝，二十七年十一月二十六日，本會董事徐佩璜，受會會長養甫，及沈副會長怡之託，與重慶本會各董事交換意見，由吳董事承洛，邀集在渝各董事及重慶分會各職員座談決定，請總會移渝並增強執行部機構，本年一月一日由會通告正式移渝。

(三)本會組織軍事工程委員會

自抗戰開始以來，除各會員分別參加直接間接之抗戰工作外，復參加軍事工程之組織，於二十六年九月間，有軍事工程團之組織，由陳誠氏任總團長，（後由會員陳立夫代理）會員薛次莘任幹事長，顧毓瑔莊前鼎任第一區團正副團長，黃伯樵沈怡任第二區團正副團長，武漢湖南及河南各區，亦分別着手組織，直至首都失陷後工作暫行停頓，此次臨時大會時復由會員賴璉等提議，由本會正式組織軍事工程委員會，協助政府處理抗戰時期軍事工程事項，經大會通過，推定曾養甫為主任委員，賴璉為副主任委員吳承洛顧毓瑔莊前鼎林繼庸劉晉鈺陳章錢昌祚康時振張連科為委員顧毓琇胡博淵趙祖康錢昌照王鍾杜章明謝貫一楊繼曾張劍鳴薛次莘為諮詢委員。茲將軍事工程委員會組織大綱錄後。

中國工程師學會軍事工程委員會組織大綱

第一條　本會依照臨時大會之決議組織之定名為中國工程師學會軍事工程委員會

第二條　本會以建議及協助政府處理抗戰時期軍事工程事項為主要目的并隨時供政府之諮詢

第三條　本會設主任委員一人副主任委員二人委員九人至十五人主任委員由本會會長兼任副主任委員由委員互推

第四條　本會設諮詢委員若干人聘請各有關機關團體代表及軍事工程專家充任之

第五條　本會設下列各組每組聘任組長一人幹事若干人

(一)總務組：辦理關於文書事務會計等事宜

(二)服務組：辦理關於組織登記交際運輸等事宜

(三)研究組：辦理編譯審核調查等事宜

(四)訓練組：辦理訓練班及討論會等事宜

第六條　本會每月開常會二次必要時得開臨時會由主任或副主任委員召集之諮詢委員及各組長均得出席

第七條　各組因工作之聯繫由副主任委員隨時召集工作會議

第八條　本會主要工作暫以與軍事有密切關係之土木機械化學電信四項工程為對象

第九條　會議規則暨辦事細則另定之

第十條　本會因工作之需要得組織戰事服務團各地調查團並舉辦或受託開辦訓練班其計劃另定之

第十一條　本會經常費由中國工程師學會担任各種事業費另案呈請有關機關撥發

第十二條　本大綱由中國工程師學會通過施行並呈請軍事委員會備案

(四)本會重慶分會會務消息

本分會於民國二十五年五月正式成立，公運鄭益光為會長，陸叔言為副會長，龔子村為書記，羅冠英為會計。十一月七日假國際聯歡社，開會員大會，商討會務。二十六年一月，以李儀祉先生鴻才碩學，不幸逝世，爰假本市青年會大禮堂，開會追悼。又以抗戰以來，國府遷渝，工程人員先後入川者甚夥，本分會會員人數激增，爰於五月一日復假國際聯歡社，開會員大會，藉以歡迎，并討論會務，當公決籌建會所，推定專員，組織會所建築委員會，負責籌劃一切，現正積極進行中。八月奉　總會函，以全國工程師學會將在重慶舉行臨時大會，囑爲籌備一切事宜，因於是月十五日假成渝鐵路工程局，開職員會議着手籌備，公推吳承洛，鄧益光，陸邦興，顧毓瑔，稅紹聖，姚文尉，胡博淵，梁津，羅冕九人爲籌備委員，并公舉吳承洛爲主任籌備委員。籌委會成立後，即積極籌備，於十月六日一切就緒。七日至十二日爲大會開會期，會後彙集各種要案函送總會并結束臨時大會會務。

八月十五日開職員會議時，同時推定本分會下屆改選司選委員陳章，稅紹聖，程本臧三人，于大會結束後，舉行改選，結果當選胡博淵爲會長，劉彥錫副會長，歐陽崙書記，羅冕會計，于二十八年一月六日到會視事。現正籌備召開本分會二十八年度第一次會員大會推定胡博淵，吳承洛，顧毓瑔，張劍鳴，盧孝侯，魏學仁，吳道一，劉彥錫，惲震，宋師度，關頌嵐，陸邦興，羅冕，林繼庸，龐贊臣，李燭塵，程志頤，顏耀秋，李元成，余名鈺，鄭禮明，孫越崎，朱謙，胡光麃，許行成，姚文尉，陳體榮，歐陽崙等廿八人爲籌備委員，組織籌備會，內分會程，佈置，獎品，招待四組分別負責籌備，已於一月十五日舉行首次籌備會，并定於二月二十六日假銀行公會會址舉行大會，除敦請名人演講外，并準備有科學表演魔術歌詠音樂及贈品等節目多種，一切均在繼續進行中，屆時定有一番之盛況也。(歐陽崙)

（五）救濟鐵荒第一聲

協和煉鐵廠之籌備

抗戰以後，我國各重要產鐵區域，既全陷於敵手；而各重工業自奉令西遷以來，其生產量又復突飛猛進；於是生鐵原料之恐慌，乃呈空前之現象，中央工業試驗所所長顧毓瑔先生，上海機器廠顏耀秋先生，大鑫鋼鐵廠余名鈺先生，民生機器廠周茂伯先生，順昌鐵工廠高功懋先生等，有鑒於此，亦以爲在此非常時期，無論爲國家增強抗戰實力，抑爲後方增加生產，對於生鐵原料恐慌，如不急謀救濟，則抗戰前途，必受莫大之影響；即本身企業，亦必因此遭遇異常之打擊，爰於籌備組織機器工業同業公會之際，對於生鐵恐慌，即設法圖謀解決；復經顧所長毓瑔之策進推動，乃迭經開會討論，並請專家胡博淵，歐陽崙，張茲闓，周志宏先生，嚴冶三諸先生等參加指示，即擬定「救濟生鐵原料恐慌計劃書」決定一方面與當地土爐合作，予以技術上之改良；一方面更自行設廠，置爐煉鐵，以謀根本之解決。

此項計劃書及進行方針決定後，旋即以機器工業同業公會籌備委員會名義，於廿七年十二月一日，召集本市同業工廠，開全體大會，廣徵同業各廠之同意，以期此項計劃之早日實現，計是日到會者有經濟部暨中央工業試驗所工鑛調整處等各機關長官及專家十二人；同業工廠四十二家，出席代表四十五人；此外如龍章紙廠龐贊臣先生，中國工業煉氣公司李允成先生，蜀江鐵廠沈執中先生，東原公司吳舉宜及張笏堂先生；暨寶元渝百貨商店熊藝村先生等；或爲需用生鐵，或爲改良土爐，亦均到會參加，會議結果：當推定民生機器廠，上海機器廠，東原公司，恆順機器廠，順昌公司，大鑫鋼廠，蜀江公司，華興機器廠，中國工業煉氣公司等九

家，組織「救濟生鐵原料恐慌籌備委員會；並以上海機器廠，爲該籌委會之召集人。「

嗣該籌委會於十二月三日，卽召集第一次籌備會議，經決議擴充資本爲十五萬元（原計劃爲十萬元），分爲一千五百股，每股一百元，普遍招股，籌組協和煉鐵廠股份有限公司，並推定順昌公司高功懋先生起草該公司章程草案，後該籌委會復經開會兩次，以各同業工廠及個人之踴躍參加，與生鐵原料之需要日增，又擴充資本爲二十五萬元，分爲一千二百五十股，每股二百元；並經各負責籌備廠家，先行認定五萬二千元，不足之數，則由籌備各廠負責向其他各廠或個人招募。

二十七年十二月廿一日，救濟生鐵原料恐慌籌備委員會，乃召集第二次機器工業同業各工廠全體大會，進行認股事宜；當經出席二十一單位，共認定股份十二萬五千元，並決議於十二月廿七日向重慶中國銀行先繳百分之二十；廿八年一月底以前，再繳百分之四十；其餘則限於本年二月底以前繳清。

至是組織協和煉鐵廠股份有限公司之籌備工作，旣已初告就緒；所需之各項機器及材料等，亦正在各機器工廠趕造配備之中；而煉鐵廠廠址，亦勘定於揚子嘉陵兩江會合處之江北岸白沙沱地方，於是乃一面呈請經濟部轉令中央工業試驗所及鑛冶研究所，指派專門技術人員協助進行，並令遷建委員會，供給綦江鐵鑛鑛砂；復呈請工鑛調整處協助資金，並轉呈咨請委員長行營令飭江北縣政府，代爲收買廠址，一面更決定於廿七年十二月廿九日，開協和煉鐵廠股份有限公司創立大會，通過公司章程，並卽依照章程規定，選舉該公司之董事及監察人，嗣爲使各廠踴躍參加起見，特再廣爲徵求，於一月底舉行大會選出董事鄭璧成，余名鈺，顧耀秋，周茂柏，蕭禹成，胤贊成，高功懋，胡瑞成，曾作民等，並以鄭璧成爲董事長，周茂柏蕭禹成爲常務董事，監察當選者爲許恆宋師度及永利公司代表，經理已推定余名鈺，副經理推定陳維，現正積極進行，購地建廠及製造機器等工作云。

（六）褒揚殉職工程師

抗戰以來工程師因忠於守職，而致殞命者甚多，此次臨時大會議決調查殉職之工程師，擬具紀念辦法，當時由會員馮簡報告，首都無線電台工程師蔣廸彰殉職情形，議決向蔣君家族致慰唁之意，又天津電話局主任工程師朱彭壽，自二十六年津地淪陷後，在敵人環伺困難萬狀之下，艱苦撐持，始終不餒，敵人恨之刺骨，於去年春擄架入獄，終以不甘屈服，致遭慘害，其壯烈足風當世，經行政院第三九五次會議議決，轉呈國民政府明令褒揚，茲錄國民政府一月三日原令如次：「天津電話局主任工程師朱彭壽，歷任電話局重要職務，勞績卓著，自敵軍侵入天津，屢欲攫取該局，賴由該工程師艱苦支撐，拒絕接收，敵人計不得逞，恨之刺骨，去年春擄架入獄，備加毒刑，終以不甘屈服，致遭戕害，其矢志之貞貞，死事之慘烈，實足以發揚民族之意識，增強抗戰之精神，應予明令褒揚，並特給卹金五千元，用彰忠烈，而資矜式，此令」。

(七)經濟部核准專利之工業技術獎勵案件

呈請人	物品名稱方法	准予專利部份	准予專利年限	決定書號數	公告日期	呈請人住址
周寅	識字機	全部	五年	廿七合字第一號	廿七年五月廿六日	上海天通庵路五〇七號
孫叔香	橢圓圓形兩用規	該項兩用規繪製橢圓形部份	五年	廿七合字第二號	同上	上海西門西倉路十六號
陳立夫	陳立夫鉛字架	鉛字滑動豎立裝置部份	五年	廿七合字第三號	同上	
黃吏與	坐臥自由車	利用普通自轉車改裝為救護床之結構	五年	廿七合字第四號	同上	南京國府路梅花巷九號周非君轉
葉順富	人力車資計數表	全部	五年	廿七合字第五號	同上	上海東有恆路一一四三弄六〇號
史永恩	曆鐘	表示日曆之傳動構造部份	五年	廿七合字第六號	同上	山東烟台法院街永業鐘廠
李幹民	自來錫電烙鐵	熔錫筒節制活門	五年	廿七合字第七號	廿七年七月六日	汕頭新興路三四號無線電台
舒明海	風球	扇葉部份	五年	廿七合字第八號	同上	上海蒲柏路廣餘里三號
華生電氣廠	閘吸式電磁控制開關	拉鈎跳片及活動觸頭部份	五年	廿七合字第九號	同上	上海福建路五一三號
西北實業公司	膠輪大車手閘	手閘	五年	廿七合字第十號	廿七年八月一日	西安通濟中坊十五號
薩本駒	薩氏變色電燈泡	以不同色之小燈泡裝於大燈泡內之構造部份	五年	廿七合字第十一號	同上	上海望志路仁壽里十四號
殷魯深	標準真空吸水器	真空吸水器裝置	五年	廿七合字第十二號	同上	上海甘世東路五一九號
姚慶椿等	自來水牙刷	牙水自真空管牙刷柄內注射入牙刷頭部份之構造	五年	廿七合字第十三號	同上	上海槟榔路一〇六一弄二二號
陳揚祚	克式植物油燈	蓄油部份	五年	廿七合字第十四號	廿七年八月十二日	湖南省建設廳轉呈
李己徑	活動自來水毛筆	螺旋形引水槽調節墨水活動針及通心雙層管六墨筆頭之構造	五年	廿七合字第十五號	廿七年十月八日	肥城中華商會轉
任國常	各種線鈴及圓保險盒及其他類似用途之電料	銅件與磁件連接部份用銅管銜接方法	五年	廿七合字第十六號	廿七年十一月廿二日	重慶永齡巷五號

工程月刊社啓事(一)

本刊第一期，以重慶印刷費時，不能如期出版，謹致歉忱。

工程月刊社啓事(二)

敬啓者，自抗戰以來，工程師忠於職守，因而殉難者爲數必多，現擬廣事徵詢，殉職工程師之姓名照片事蹟，以便刊登本刊，並送請本會董事所執行部，賜請褒卹紀念，凡殉職工程師之親屬友好，備有殉職工程師之照片，生平事蹟及殉難時之事蹟節略，統希檢交重慶陝西街中央工業試驗所轉交本社彙編，無任感荷

「四川物產豐富，應速加開發，許多工程師到四川來，固是四川之幸。實亦是工的師之幸，有此機會，可以各本所學，開發後方。」

呂參軍長超在本屆大會開幕時訓詞

「蘇聯程計劃經濟，我們應可借鏡，而其所遇困難，我們亦應避免，此項困難，(一)重於量而忽於質，(二)工程人員不夠。」

蔣處長廷黻在本屆大會開幕時訓詞

「今後之建設在眼光上，手段上，心理上都應有修改。」

會員陳體誠在本屆大會開幕時演詞

16889

編輯之言

為要策勵工程界同志負起抗戰期中工程師所應負的責任，為要引起社會人士對於抗戰期中各種工程問題的注意與興趣，所以在上年十月八日召集的中國工程師學會臨時大會議決編輯出版本刊。本會原有兩種刊物，一是「工程」季刊，一是工程週刊。「工程」的內容偏於專門論文之刊登，工程週刊是偏於會務消息之傳播。這兩種刊物過去對於學術的貢獻與會務的促進，都有很大的成就。抗戰以來以印刷及集稿之困難，「工程」與工程週刊只得暫停刊行，而所負的使命決不能因而間斷。編輯本刊的初旨亦即在此。吳承洛先生的「工程師動員與本刊的使命」很詳細的說明我們的方針，與抗戰建國有關的工程問題實在太多，我們希望廣徵切合需要的各種論文逐一刊登。每一期擬選定一個或幾個中心問題，使各家論文可以互相參證啓發，使讀者亦可集中注意。

本期的中心問題是煉焦與煉鐵問題。這兩個問題實是密切相關不能分開的。「中國烟煤之煉焦試驗」是經濟部地質調查所蕭之謙賈魁士二先生的研究報告「四川土法煉焦改良之研究」是重慶大學羅冕先生的研究報告，皆是去年臨時大會中提出之論文。經濟部鑛冶研究所所長朱玉崙先生的「四川冶金焦炭供給問題之檢討」是臨時大會論文會時對於上兩篇論文的討論意見。

為救濟後方鐵荒問題，我們曾邀集許多專家討論辦法。兵工署材料試驗處處長周志宏先生的「抗戰期間救濟鐵荒之商榷」，經濟部簡任技正胡博淵先生之「抗戰時期小規模製鍊生鐵問題」及大鑫鋼鐵廠經理余名鈺先生之「四川鍊鐵問題之檢討」都是為此問題而寫的。周先生之「毛鐵之檢驗」是研究四川土鐵之結果，更是救濟鐵荒方案的重要參考材料。除此四篇論文以外，還有關於救濟鐵荒的事實表現，就是在消息欄中的協和煉鐵廠的籌辦概況，可以參閱。

遷移廠鑛是抗戰期中政府的一種重要設施。此次主持遷廠工作的林繼庸先生為本刊寫的「廠鑛內遷經過」是有歷史價值的。本文甚長要三期才能登完。

經濟部核准之專利案件，是與經濟部工業司司長吳承洛先生，約定刊登以後還可源源供給。我們希望能藉此可以引起工程師發明的興趣。

為提起若干重要問題促工程師的注意起見，從第二期起擬加「短評」一欄。

在本刊第一次刊行之時，希望工程界同志多多賜稿，論文報告固所歡迎，短評消息亦請惠賜。希望社會各界時時賜予指正協助，能藉本刊的傳播使社會對於工程問題工業問題由興趣而生力量，則非特本會之幸，抗戰最後勝利之把握亦即在此。（琭）

廣告價目表

地位	每期價格		
	全頁	半頁	四分之一頁
底面外頁	三十元	十五元	
封面裏頁	三十元	十五元	八元
普通地位	二十四元	十二元	六元

(1) 刊登本刊廣告六期者照定價九折計算十二期者八折計算

(2) 銅鋅版自製，如委託代製，費用照算

(3) 廣告一經刊出後，贈送本刊二册

(4) 刊登廣告均須先行惠款

投稿簡章

一、本刊主旨爲檢討戰時各項工程問題策進後方建設事業歡迎本會會員及外界投稿

二、投稿文件不拘文言白話但須加新式標點

三、如係譯稿請附寄原本或將原文題目著者姓名出版書局年月及地址詳細敍明

四、投寄稿件望繕寫清楚如有附圖請用黑墨繪成（藍紅色不能製版）

五、投寄之稿不論揭載與否原稿概不退還惟長篇在一萬千以上者如未揭載得預先聲明寄還原稿

六、稿末請註明姓氏名號及地址以便通訊

七、凡經本刊採登稿件文責概由作者或譯者自負

八、投稿俟揭載後酌酬本刊二本至十本其尤有價值之稿從優酬贈

九、投寄之稿本社得酌量增删之不願者須預先聲明

十、投稿者請將稿件寄「重慶上陝西街十號經濟部中央工業試驗所轉中國工程師學會工程月刊社」

工程月刊 一卷一期

編輯者——中國工程師學會工程月刊社

發行者——中國工程師學會工程月刊社（重慶上陝西街十號）

代售處——全國各大書局

定價

零售每册三角

預定

册數	國內	香港	國外
全年十二册	三元五角	四元	四元五角

工程月刊

中國工程師學會戰時特刊

第一卷　第二期

(即工程第十二卷第六期)

目　　錄

中國工程師學會工程月刊社發行

中華民國二十八年二月出版

德國

名廠出品

鐵人牌

鋼鑽之王

品質高超
經久耐用
尺寸全備
馳譽環球

司蒂亞

軸領之冠

適應旋轉
減少摩擦
增加效能
節省電力

中國總經理

中奧公司

重慶下陝西街六十號

本刊工程文摘欄徵稿簡章

(一)抗戰期間，交通修阻，各機關、各學校之圖書雜誌等，不但遲延時日，或竟殘缺不全。本刊爲適應需要，溝通海內外工程界之著述及消息起見，特增闢工程文摘一欄，專以摘譯中外日報及雜誌，有關於工程方面著述、消息爲目的。

(二)先由本社聘定工程文摘指導員若干人，並爲約定編譯員若干人，担任編譯工作。

(三)稿件上應將下列各項完全註明：

(甲)指導員姓名（簽字或蓋章）。

(乙)編譯員姓名。

(丙)原著者姓名。

(丁)原文標題。

(戊)文摘標題。

(己)摘自何種雜誌或日報。

(庚)該雜誌或日報之出版年月日，及其卷期頁數。

(辛)發表時所用之署名。

(四)來稿每篇以五百字至一千字爲限，但亦酌載二千字以內之長篇。

(五)來稿文句，本刊得酌量增刪之，不願者必須預先聲明。

(六)來稿刊出後，略致薄酬：

(甲)原文爲中文者，文摘每千字一元至四元。

(乙)原文爲外國文者，文摘每千字三元至五元。

(丙)不受酬或自願領取工程月刊者，請於稿末註明。

(七)來稿刊出後，文責由摘譯者自負。

(八)來稿逕寄：「重慶陝西街十號，工程月刊社收」

中國工程師學會職員名單

會長	曾養甫				
副會長	沈怡				
董事兼駐會代表	吳承洛				
董事	傅[illegible]	薩福均	侯家源	趙祖康	裘維裕
	周象賢	杜鎮遠	鮑國寶	凌鴻勛	[illegible]
	馬君武	徐佩璜	李儀祉	薛次莘	李書田
	夏光宇	裘燮鈞	王寵佑	陳體誠	梅貽琦
	胡博淵	胡庶華	韋以黻	華南圭	任鴻雋
	陳廣沅				
基金監	王繩善	黃炎			
總幹事	裘燮鈞				
代理總幹事	顧毓瑔				
暫代駐渝辦事處總幹事	朱樹怡				
會計幹事	張孝基				
代理會計幹事	徐名材				
文書幹事	鄒恩泳				
代理文書幹事	歐陽崙				
事務幹事	莫衡				
代理事務幹事	姚文尉				
暫代駐渝辦事處事務幹事	馬德祥				
刊物委員會委員	顧毓瑔	吳承洛	胡博淵	盧毓駿	陳章
	張儐	歐陽崙			
重慶會所建築委員會委員	蔣志澄	陸邦興	劉杰	關頌聲	程志頤
	孫越崎	林繼庸	羅冕	胡博淵	
軍事工程委員會主任委員	曾養甫				
副主任委員	[illegible]	吳承洛			
委員	顧毓瑔	孫越崎	林繼庸	劉晉鈺	
	陳章	錢昌祚	康時振	張道科	
諮詢委員	顧毓琇	胡博淵	趙祖康	錢昌祚	王[illegible]
	杜本明	謝一貫	楊繼曾	張劍鳴	薛次莘
防空建築設計委員會委員	鄧益光	盧毓駿	劉夢錫	關頌聲	許行成
	顧毓瑔	薛次莘	胡博淵	吳華甫	歐陽崙

工　程　月　刊

中國工程師學會戰時特刊

編輯委員會

顧毓琇　（主編）

胡博淵　盧毓駿　歐陽崙

陳章　吳承洛　馮簡

第一卷　第二期

目錄

更生之途在自力會友輔仁思其職
態度準確堅不移治事定教脚踏實
能不怕苦不畏難此種精神甯強飾
以之制敵敵必摧夕掃塵霾朝建國
君不見創業之艱成就之大
海外工程師雙峯竝峙法與德

翁文灝

翁部長題詞

工程與軍事

陳誠

（在中國工程師學會重慶分會會員大會演講詞摘要）

依個人的感覺，工程師在目前大時代環境中，地位是非常的重要。　總理實業計劃中，曾經詳細說明，沒有一樣事業不是與工程界有密切關係的。至於工程與軍事關係，更不可分開，離開工程，即不能言軍事：如兵工及軍需工業，無一不賴工程事業之協助。在這次抗戰中，軍事上得到工程界幫忙的地方很多，特別是交通運輸方面，因為軍事與交通工程是有重要聯繫的，舉一個例說：此次保守武漢，因為得到工程界的幫助和民衆的合作，臨時趕造一條公路，使軍事上得到莫大的便利，遂到比我們預期的計劃延長堅守至兩個月之久，我們得以從容撤退，絲毫不受影響，這一點足以證明軍事與交通工程互相爲用的效果，亦足以說明交通運輸在軍事上之重要性。此後亟宜設法使工程師進入軍隊服務，幫助軍隊。中日戰爭，絕非此三年五年可以結束，因此在工程上須準備十年建設；且此後建設，均須依據　總裁所指示之「一切建設須適合軍事要求，爲努力之目標」。某一外籍顧問曾謂：中國過去一切建設，均含有誘入的侵略性，即我國交通，均係由外向內，而非由內向外伸展。此外，我國工廠，大部均係消費性，尚未有適合國防之工業；且工廠地位集中，危險殊大，故希望此後工程與軍事能打成一片；一切建設，均以適合國防爲中心。

工程師與抗戰建國

陳立夫

（在中國工程師學會重慶分會會員大會演講詞摘要）

抗戰至於現階段，國家民族已屆最嚴重之生死存亡關頭！在此時期中，吾人須認清有兩點為國民一致所要求者：第一，要有持久的精神，支持長期抗戰。第二，要在極短的時間內，建立工業的基礎。人類歷史，為一部找求生存之奮鬥史，世界一切進化，唯有基於生存的要求，方可促其實現。當客觀環境；勿以一民族生存時，若其本身仍能努力爭求生存，即認為該民族最進化之階段。依照民生史觀，凡人類一遇不能生存之時，亦正是最進化的時期。今我中華民族正處於最危急環境中，亦即遇於最進化之時代，在此時期，吾人當加倍努力，造成我國歷史上劃期之進步時代，工程師為建國之中心人物，應站在時代之最前面，為國家民族生存而奮鬥。本人希望全國工程師，今後努力的目標，計有兩點：

（一）工程師不必集中於通都大邑，此後應分散到各地去，應以縣為政治及經濟之單位，亦即是工程師之單位，使每一個縣，在工程師努力與奮鬥之下，得以自給與自足。

（二）完成工業分散化，并須：（甲）以最小之物資，發揮最大之力量；（乙）以最短之時間，控制最大之空間，建立工業之基礎。

全國工程師們，誠能本上述之目標，發揮工程建國的使命，則工程界對於此次抗戰建國之艱鉅工作，所表現之成績，并不稍遜於前線將士們的汗馬功勞。最後願以「不畏難」「不苟安」等語，獻給在座工程師諸君，希望均能身體力行，以參加完成當前「抗戰必勝」「建國必成」偉大而又光榮的工作！

開發我國後方各省金鑛之建議

胡博淵

目次

我國現值長期抗戰之時，對於農工鑛業生產，如能積極增加，則軍需資源，自能日漸充裕，各種農鑛產品，均可輸出以交換軍用機械，若生金之產量同時儘量增加，自可鞏固我國外匯信用，購買重要軍用品而加強抗戰力量。故我國後方各省產金區域，亟宜從事開發，如湘、川、康、桂、陝、甘、青、新各省，不乏著名產金區域，應由中央政府主持，與各省政府合作，設立金鑛總局或各省分局，以管理及開採一切事宜，而國內商人及華僑，確有投資之能力與熱忱者，亦可由政府與之合作，或委託經營，或官督商辦，擬訂妥善辦法，所產生金，須由政府收買，惟政府不可以國營名義，保留礦權，不但無力舉辦，又不准商民之有財力者開採，致地利不能開發，影響抗戰前途甚大也。各省金鑛，如同時舉辦，則一二年後，每年能增加生金產額至三四萬萬元，並非難事。又開採金礦，其設備較為簡便，易於舉辦，而收效又速。惟金礦區域多在深山僻壤，伏莽潛滋，故礦區治安問題，須由政府及當地軍警，予以切實保護，以前官商合辦各金礦，因治安不良喪失生命財產，而遭失敗者，不勝枚舉。茲將各省金鑛情形，及開採計劃，略述於下：

〔一〕湘東湘西金礦

湖南產金區，可分為山金及砂金二種：山金素以平江、桃源、沅陵、會同四縣為最著，作者於去年春，旅行時所勘及者，為平江之黃金洞，桃源之冷家溪，沅陵之金牛山及柳林汊；至於會同之漠濱庵堂山，以時間及治安問題，未能達到。此外沅陵北之慈利、大庸等縣，亦以產金著聞。今試摘述湘省各金礦情形如下：

地質

湘省各金鑛區，其地層皆屬寒武紀前之震旦紀，構造方面，則在湘西桃源及沅陵者，皆在背向層，且背向層之脊部，皆有斷層作用，背向層之走向，皆為東西向，雖或微偏北，或微偏南，而平均則為東西向，將來再作詳細之地質調查，應先將背向層向東北延長之距離，作一決定，同時再順背向層，求石英脈岩之分佈，則山金產區，當可更多。如引申論之，似每個背向層之下，有岩基向上侵入之大塊，惟皆無露頭，僅能由其支出之石英脈論定之。其他關於地質情形，因限於篇幅，恕不詳述。

各金礦母岩及石英脈傾角總記

（甲）平江縣黃金洞山金，產於千枚岩中，岩石有多數小摺縐，黃溝裏及竹灣裏一帶之岩層傾向平均為東北四十五度，傾角為五十度至九十度，含金之石英脈岩之傾向，為西南四十度至五十度，傾角為四十五度。

（乙）平江縣長壽街左近之沙金，土名田金，產於赭紅色之礫岩中，在農地下十二尺至十五尺，即可掘得礫岩，皆成水平，其色為紫灰色，較堅。且有傾角之砂礫，應於探掘時注意，紫色及灰色之砂礫岩在下，赭紅色礫岩在上，設不注意，即易混成一層。

（丙）桃源縣冷家溪各金礦之地質，大致相同，母岩皆為千枚岩，曾經褶縐成一背斜層，頂部且有斷層。

冷家溪官礦局及利華公司所採之含金石英脈與千枚岩傾向北偏東二十度，傾角爲五十五度。長江公司所採之石英脈傾向西南四十五度，傾角爲四十五度至七十度，而母岩之千枚岩傾向北偏東十二度至三十度，傾角爲四十五度至八十度。

（丁）沅陵縣金牛山之含金石英脈產於赭色砂岩中，砂岩之上爲泥頁岩，曾經褶縐成一背斜層，其頂受斷層作用，且石英脈岩，即在斷層左近，與冷家溪之石英脈，距斷層較遠者不同，故採礦工程，須靠近斷層尋求，更下如有石英脈發現，則產量定極豐富。

礦口母岩爲砂岩，平均傾向爲偏東十五度至三十五度，傾角五十五至七十八度，過斷層後，母岩脈岩皆向西南四十五度傾斜，傾角爲四十五度至六十度。

（戊）沅陵縣柳林汊西南三十里洞冲灣之產金石英脈，順母岩層理上升，母岩爲藍灰色泥頁岩，石英脈岩內含黃鐵礦與他種礦石及金外，母岩亦含黃鐵礦；脈岩含淡紅色之方解石，爲他處所罕見。

母岩在岩鷹山山坡之傾向爲北偏西三十五度，傾角爲三十二度。石英脈在利源公司礦中之傾向爲北偏東十度，傾角二十度至三十度。在上源黃貓灣之母岩與石英脈傾向爲西北四十五度，傾角爲五十度，與利源公司之母岩中間，似有斷層。

（己）沅陵縣桐樹面之含金石英脈，亦在藍灰色泥頁岩內，脈岩及母岩平行，傾向北偏西三十度，傾角三十五度。

各礦之位置、交通、及現在狀況

（甲）黃金洞　　陸路由長江至平江縣城一一〇．九公里，平江縣城至長壽街五二公里，汽車均可直達，頗爲便利，由長壽街至礦區二十五華里，係山路，有山轎代步，礦區內有溪水通長壽街，約長三十餘里，通汨水上游，在春夏雨季，可行竹筏或小船，由長壽街上水，一天可達礦區，竹筏並可載運輕量機械，惟秋冬水淺，不能行船，故於必要時，由長壽街至礦區，可沿溪岸修築公路，以利運輸。山金區域，廣三十餘里，長二十餘里，前由湖南省政府主辦，不准商人開採，於民國十七年，礦區爲匪盤踞，迄未開採，現匪患肅清未久，除七八人仍在淘洗砂金，或少數工人將以前各礦剩餘之礦脈私行研選，或將以前棄於溪內之金沙私行淘洗外，其他各開採工作，完全停頓。

（乙）冷家溪　　由長沙出發沿長沅公路至鄭家驛車站爲二四四公里，由此乘滑竿至沙坪爲二十華里，過此則山路約三十里，即至冷家溪金礦局，共須五小時。礦區以內，山溪甚小，無水運之可能，如築公路，因山道崎嶇，亦有相當困難，其費用必較平常公路爲高。礦區面積數十方里，大部份由湖南省政府所設金礦局領得，其餘由商人領採，現長江、利華、三才公司，已呈准採礦牌，其他呈請而尚待核准者，尚有三十餘家。冷家溪官礦局，係民國二十年由湘建廳以五千元開辦，逐漸發展，現共有水碾三十，每盤磨礦石六〇〇斤至六十餘眼，日夜可出兩盤，總計每月可磨五八〇類，計工人七百餘，職員四十餘工資每月由六元至七元，每盤含金率在一分以下者，即棄於河內。每盤成本連修理費在內，每月約計五十元。查該局去年十二月份出金數量，爲一八〇兩，以每兩售價一三二元計，即合二三，七六〇元、除去每月薪工一〇，〇〇〇元，水碾三十座成本一，八〇〇外，計盈餘一一，九六〇元。

（丙）金牛山　　長沙至馬底驛車站約三三六公里，由馬底驛再乘滑桿經青溪山等處，即至金牛山礦區，其途程約七十華里，沿途全係山路，由沅陵乘舟下水到大酉溪，其途程爲八十華里，五六小時即達，由大酉溪登岸後，步行山路五華里，亦可達金牛山礦區。該區由湘省政府設立之冷家溪金礦局派員試採，不准商人領採，此處現正着手探礦，僅有一碾，每盤祇能得一分或數釐之金，工人約有百餘名，每月工資由五元至九元，由局供給伙食，此間開支，現由冷家溪官礦局接濟，約每月二千元云。

（丁）柳林汊　　由金牛山之大酉溪乘舟下水，其途程約八十里，歷七小時，至蕭家floor左近之泥灣頭，再登岸步行山路二十華里，即至柳林汊洞冲灣礦區，其面積甚大，約有數十方里，分洞冲灣、桐樹面、牯牛背、木魚孔、大塘坪等礦區，現除利源公司一家，領有正式採礦權外，其餘皆係私採。利源公司係民國二十一年成立，資本共一萬元，分作一百股，凡採得之砂，在窿口由股東按股攤分，自行碾洗，至採砂工人，除公司供給伙食外，亦不給工資，祇以鑛砂分給之：分砂之數量，多少不等，如光好（卽成色高）則其量稍少，光次則量多，均以眼光定之，大約每工人在百斤左右，據稱其價値總在一元以上云，全市數百家，皆以淘砂爲業，故可稱爲家庭工業。桐樹冲以外，牯牛背、桐樹面、木魚孔等處，前皆產金甚旺，現雖不如前，但仍有人民開採，又牯牛背左近，前曾獲得一金塊，重有數兩云。該處採鑛事業，多爲當地土豪所把持，頗有摒除外來商人之勢，以前外來商人往該處試辦者雖有多起，其結果每以不得當地人同情，而遭失敗；鑛區附近，刼案甚多，現由利源公司發起，向當地產金各戶，每月分派鑛稅三百元，自募鑛警三十餘名，維持地方安全。洞冲灣一帶，有研盤五十具，連四周各處計之，約共百具。

含金率　按各區脈金貧富不齊，多者每担含金二三兩，少者亦二三厘，欲求一平均分析，殊非易事，據湘省建設廳，前在黃金洞開鑛時，各隆平均調查，脈石含金率爲十萬分之一，卽脈石每三、七噸，含金一兩，再冷家溪官鑛局，去年十二月份，產金量爲一八〇兩，鑛砂五八〇噸，卽每噸脈石產金三錢六分，約九萬分之一，與黃金洞之調查結果，相差不遠。

開採計劃

湖南黃金洞、冷家溪、柳林汊、金牛山、會同五處之金鑛區，歷經土人開採，其產量較有把握。金牛山一區，現時正在測探，其產量或可與上列其他四區，並駕齊驅。茲爲平均發展起見，擬就黃金洞、冷家溪、柳林汊、會同四鑛從事採鍊，以每天各產金二百兩爲目的，至於金牛山鑛區，則俟探測完畢，再行計劃開採。先就黃金洞一區，計劃開採步驟，並預算其所需經費如下，其他各鑛，可以類推。

開採步驟，分爲初步整理時期，及正式採選時期，前者係就現時鑛場，用土法採選金鑛，藉得目前之收入，以一年爲期，在此時期內，並籌備正式採選，購置新式機器設備，就鑛場內建築完竣，卽於第二年開始時，正式爲大規模之採鍊。

(1) 初步整理時期

湘西各金鑛區，有廢棄已久者，亦有開採未盡適宜者，而以黃金洞爲尤甚，故於正式採選以前，須經鑛區之整理，同時仍以土法採選，以一年爲限。

整理工程經費：

（甲）整理窿道	四五，〇〇〇元
（乙）設置土法水碾五十座	三〇，〇〇〇元
（丙）採選工具	六，〇〇〇元
（丁）廠屋建築	五，〇〇〇元
（戊）事業費	八，〇〇〇元
（己）薪金	六，〇〇〇元
合計	一〇〇，〇〇〇元

營業估計：

（甲）每年收入	六〇〇，〇〇〇元
每天產八兩，每年產量約三千兩，以每兩二〇〇元計	
（乙）每年支出	
（子）採選成本	二〇〇，〇〇〇元
每兩約八十元	
（丑）利息	六，〇〇〇元
資本十萬元，以週息六釐計	
共計	二四六，〇〇〇元
盈餘	三五四，〇〇〇元

如還去十萬元整理經費外，尙淨餘二五四、〇〇〇元

(2) 正式採選時期

正式開工時，以每天產金二〇〇兩爲目標，又砂石內含金，就穩妥估計，每噸約可得金二錢，卽其含金率爲十三萬分之一至十萬分之一，以此推算，每天須處理鑛石一千噸。

設備費用：

（甲）隧井工程費	一〇〇，〇〇〇元
（乙）動力及工程設備	八〇〇，〇〇〇元
如碎鑛機及各級磨廠、烘燒爐、鍊金爐等；每天一〇〇〇噸之設備	
（丙）改良運鑛設備	五〇，〇〇〇
（丁）籌備事務費	五〇，〇〇〇
合計	一，〇〇〇，〇〇〇元

營業估計：

上項建設工程完竣後，卽正式開始採選，每月出砂三萬噸，以每噸含金二錢計之，每月得金六千

兩。

（甲）每年收入　　一四，四〇〇，〇〇〇元

每年產金七二，〇〇〇兩，以每兩二〇〇元計

（乙）每年支出

（子）採選成本　五，七六〇，〇〇〇元

每兩約八十元

（丑）利息　　　　六〇，〇〇〇元

資本一百萬元，以週息六厘計

（寅）折舊　　　　八〇，〇〇〇元

機器設備八十萬元，以十年計

共計　　　五，九〇〇，〇〇〇元

兩抵每年盈餘　　八，五〇〇，〇〇〇元

以上爲黃金洞一區之計劃預算，至其他湘西各金礦，亦可照此計劃辦理，惟冷家溪金𥕢，開辦已有規模，無須經過整理時期，卽可直接進行建設工程，在第二年開始正式採煉，照此計劃，湘東湘西金礦五區，於正式用新機器採選提鍊後，每年可產金三六〇，〇〇〇兩，以每兩合銀二〇〇元計之，總値爲七二，〇〇〇，〇〇〇元，除開支外，淨餘銀數爲四二，五〇〇，〇〇〇元，（此係按照現在市價推算，如以後金價低落，則以上淨餘自亦隨之而低減，惟在國內開支，僅用法幣，實際每年增加之外匯現金，仍爲七二，〇〇〇，〇〇〇元也），但照現在開採狀況，並不加添新式機械設備，湘東湘西金礦五區，每年至少約產金二萬兩。

〔二〕　四川金礦

（甲）漳臘金廠　　在松潘縣北四十里，地名對河寺溝，民國三四年間，商人開採，廠洞以百數，𥕢工數千名，據云日產金七八十兩，重利所趨，爭相侵奪，遂由官廳禁止開採。民國六年墾殖軍駐防此地，乃招工開採，百日獲金已百餘兩，八月後未嘗稍衰，彼時因兵變而停，以後亦作時輟。二十四年，省府改組，派專家前往，至去年止，每日可產金四五兩至十餘兩不等。

（乙）綏靖金廠　　在綏靖縣屬第十六行政督察區二凱河兩岸，二凱河爲大金川支流，其兩岸長約八百餘里，以產粒金著名，民初裕華公司產金頗盛，以機器不適用結果，又以夷人阻擾，不易發展。

（丙）澤裏金𥕢　　廠在懋源縣之北，爪別土司屬地，距懋源二百餘里，在雅礱江上游，砂金產於沿河兩岸，聞明朝卽已開採，至清道光時頗盛，光緒二十九年，官商合辦金廠，民國二年，川省財廳收爲官辦，後因與土人衝突停工，劃由駐軍開採。

（丁）麗達金礦　　在懋源縣西木裏土司屬，爲金沙江支流，沿河沙金產地，達三百餘里。民二招商開採，四年土司亂停工，嗣藉武力恢復，又遭土司作亂，員工罹難甚多，二十三年劉文輝率兵鎮壓，始得開採，嗣以戍軍他移而停輟。

（戊）麻哈金𥕢　　在冕寧縣西南二百餘里，爲山金脈，寬一尺至二尺，含金約十萬分之一，光緒二十九年，官商合辦金廠，用資六十萬元，民國七年夷人出擾，遂被搗毀，十四年又與夷人交涉妥當，從事開採，但迄未恢復舊觀。

（己）其他金𥕢　　如平武縣龍桐子、茂縣河西、理番縣下孟、黃棧、腳河以及南部青神、樂山、灌縣、南溪、宜賓、安縣、昭化、吞溪、等處，均可淘採砂金。

開採計劃

川省金𥕢區域，旣爲普遍，而豐富之礦床，多與𤇆區夷𤇆爲鄰，沿江砂金，含量大都有限，故除漳臘金礦，現今資源委員會已在探勘着手開採外，餘皆廢置，殊爲可惜。近年來川省產金數量，年不過二三萬兩左右，値茲抗戰吃緊之際，需要出產生金，以鞏固外匯，實爲急不容緩之舉；川省金礦蘊量，爲我國各省中最豐富之一，急應由政府設法，解決治安問題，如夷苗、猓玀等，務須恩威並用，施行敎育，同時爲其解決生計，俾心悅誠服，永無後患，匪患亦宜肅淸，治安始無問題，卽可進行採金工程，利用機器，從事開發，一二年以後，在漳臘、靖化、麻哈、麗達、澤裏，亦不難如湘西各𥕢之每天產金，至少各爲二百兩，五𥕢產數，共計每天一千兩，每年可達三十六萬兩，以現價二百元計，則川省每年至少可增加七千萬元，以後逐漸擴充，全川境內，其他各金𥕢亦可同時進行，至第二三年時，當不難增加至一倍，計一萬萬五千萬元也。但此項預算，須有大量機械設備始能實現，否則每年產金，至多不過十萬兩，約合銀二千萬元。

〔三〕 西康金礦

西康之康定、雅江、道孚、鑪霍、瞻化、德格各縣境內皆有金礦，因夷人及匪患，除土人略有產量外，皆無大規模之開採，現西康省政府正式成立，政府及各商業公司，業已分派專家從事測勘，不久當有詳細報告，可資重要計劃進行之材料。

二十六年度產金歐量暨價值概數表

縣別	廠別	每年產量	價值
康定	雅粒溝	二〇〇，〇〇〇	40至100元
	梭坡	九五，〇〇〇	110至140元
	魚子石	三二〇，〇〇〇	仝上
	泰寧	一〇五，〇〇〇	仝上
雅江	宜馬沖	五〇，〇〇〇	仝上
道孚	將軍橋	一二，〇〇〇	仝上
鑪霍	鑪霍	二三，〇〇〇	仝上
甘孜	濫泥溝	一三〇，〇〇〇	仝上
瞻化	口巴	九〇，〇〇〇	110至140元
德格	柯鹿洞	一七〇，〇〇〇	仝上
合計		一，二三五，〇〇〇	

開採計劃

與川省略同

〔四〕 廣西金礦

廣西產金區域，有貴縣三分山、邕寧伶俐江、梧州金沙尾及博白等地，均不重要。上林金卵係民國二十三年發見，在南寧之東北約一百二十里，地名黃華山。上林之沙金卵屬冲積層，開採已久，向用土法淘洗，所得無幾，含金砂面積，平均約二，方里，據鑽探結果推算，每畝以含金一百兩計之，應有10、0兩×540×200=10,800,000兩脈金，分佈地在黃華山及老虎山一帶，該處地層爲寒武志留紀，龍山系之石英岩及頁岩，在黃華山麓可見之，石英脈凡七條，走向大致東北西南，傾斜角四十至六十度，向東南傾斜，厚度自二十公分至六十公分，露頭長約五百公尺，含金石英脈四條，據工人開採之結果，每噸約含金四錢，如所開斜坑深度，能至五千公尺，石英之比重爲二、七，各含金脈石之平均厚度爲半公尺，則其可能儲量爲4×.5×500×500×2.7×.4=540,00兩，連砂金共計10,800,000兩，以上兩款共計11,340,000兩，以現價每兩二〇〇元計算，值銀2,268,000元。茲將二十五年五月至十二月開工時情形如下：

公司	公畝	工人	資本
大領	九，〇一二	五一七	二萬元
浩然	八七九	一三一	一萬元

開採計劃

上林金礦，區域甚大，蘊藏豐富，實爲廣西極有希望之富源，應再調查地質情形，及水源與水力，上林大鳴山一帶，間有瀑布，可作一水壩，以資發電。茲如先從開採砂金入手，俟有規模，再謀探脈金，此項工作現已由中央與地方政府合作進行，如能購得相當之機器設備，則連桂省境內其他各處金礦計算，每天產金五百兩，即每年產十五萬兩，誠非難事。

〔五〕 貴州金礦

由毗鄰湘省之銅仁至江口境，即爲梵淨山範圍。該處高峯聳暨，其附近岩石，多爲粘板岩，厚約一千公尺以上，自江口經閔家場、德旺、而達大火壩，則見大量火成岩侵入之閃長岩，內有多種石英脈紋，含有各種金屬礦，經長久水力冲刷而成砂礫，故該處金礦有砂金、山金兩種。在大火壩附近，盤坪、梅溪一帶，數十年來，均有人淘金，在梵淨山北部，地質情形與大火壩附近相同，其分佈之石英脈，皆集中在二小山溝內，在東溝方面有余家帽子、水路上、胡家洞；在西溝者，有猴子洞、金花洞、高坡洞等，大小約有二百洞，該區石英脈甚普遍，當易覓得金礦集中地點。

開採計劃

貴州玉屏山一帶金礦，毗連湘省，當與湘西金卵情形，無大差異。似可先從土法探採着手，俟礦量有把握時，再以新式機器大量開採。若如湘省之設計，則玉屏一區，每天可出金二百兩。其他各區，可徐圖探採。

〔六〕 陝西金礦

陝西東南隅之安康、漢陰、紫陽、石泉、漢陰

16905

等縣，均產砂金，據趙亞曾等調查報告：

（甲）安康區之砂金區域雖廣，但含金量太低，較之世界一般砂金含金量，每噸二三錢者，相去太遠。但以我國人工賤，生活程度低，擇一二較富之區，為小規模經營，亦有可觀。

（乙）石泉附近之富礦帶，似應作一詳密之勘探，其砂金生成狀態迥異，堪資研究。饒峯河流域，上自饒峯之兩河，以迄張家坡，有多數含金較富之紅色層，此層延向東南，以迄恆口，均有試探之價值。此種紅色層之底部，雖可用鑽井、鑽洞試探，然為迅速進行計，仍宜採用鑽探法。

（丙）陝南洋縣、城固、南鄭、沔縣、漢江沿岸，均產砂金。每噸約四五厘，苟能作有系統之勘察，究其來源，不難有發現富礦帶之希望。至略陽及陽平關二區之嘉陵江流域，亦產砂金，其體狀成因，或與漢江砂金有相當關係，亦宜詳細勘探。其他如華縣、白河、藍田、南鄭、褒城、寧羌、平利、山陽、鎮安各縣，亦以產金聞。

開採計劃

陝省金礦，開採之地不多，其產量之豐富與否，尚無把握，似應先行探勘入手，俟得富集之點，再行大量開採。

〔七〕 青海金礦

青海境內之黃河上游流域，及大通河、湟河流域，柴達木河流域，均有產金地帶。其地質大部為南山系古生代變質岩層，據地質調查所報告，有下列各區：

（甲）貴德　魯沙一帶，即馬沁雪山坡，東西延長甚遠，各河谷內，皆產砂金，距縣城南約二百里，出產砂金最多處，全區工人達千餘人。

（乙）亹源　縣城西北約九十里之大梁（砂金城），採砂金者五六家，工人各十餘至三十八，每三十八每月得金約五兩，溝寬十餘公尺，每年工作四個月。其他如紅沙壩、野牛溝，及湟水流域之民和、樂都、化隆、玉樹各縣，亦多產金。

據上列產地之廣，可見青海金礦，前途頗有希望，近由航空輸入內地者，每年約一萬兩以上。

開採計劃

現資源委員會，已派員前往青海，與該省政府合作，設金礦辦事處，於二十七年一月間，在卯區開始探勘，業已打井四十餘處，探採並施，進行甚速，如情形佳好，約一年後即可增設機器設備，每年產量或可增至十萬兩，現值二千萬元。

〔八〕 新疆金礦

新疆以山金產地著名，在塔城東南五百餘里之哈圖山，前清咸道間開採頗盛，嗣因亂停工，清末曾由中俄兩國合作開採，靡費鉅款，以故久停未採。此外塔城東北，約二百里，有于闐克里雅山、喀喇塔什山、焉耆額布倫嶺、吐魯番喀頭、及巴爾喀遜山，皆以產山金聞。

新疆沙金礦，分佈甚廣，產亦豐富。在承化以西，曾開採數區，與俄屬中亞細亞產金區相連，迪化西北綏來瑪納斯河，長百餘里，附近為花崗岩，居民淘金甚夥，奇台、迪化東南鎮西無波溝、焉耆珠勒都斯山、中尉東大西溝、昌吉羅克倫河、綏遠城北沁水等處，均產沙金。新疆南部，沙金尤著，均在和闐、于闐、且末境內，大抵為由崑崙山北入戈壁之溝流。

開採計劃

聞近年來蘇俄在新疆省內，與該省政府合作，為大規模金礦之開採，此或因中央政府，與該省相距太遠，平時接觸不易之故。在長期抗戰之時，中央與地方，尤宜切實與省政府合作，如臂使指，俾完成我抗戰之大功。對於開發金礦之事，中央亦應遴選專員，仿青海辦法，派往該省，主持開發，如有非中央政府財力之所能及者，則利用外資，即蘇俄方面之資本或機械，均可容納。

〔九〕 現在後方各省開採金礦之情形

現在西南、西北各省金礦之開發，可分為國營及民營兩種：國營之金礦，由經濟部資源委員會總其成，惟着手不過一年，皆在探勘時期，故出金不多，業已進行者，有四川松潘金礦，及西康康定西部泰寧、道孚等處金礦，青海大通河流域亹源等處金丱，河南淅川金丱，湖南桃源、沅陵、會同金礦，廣西上林金礦等。現探採多恃人工，將來如購置大批機械，分段同時開採，其產量自可擴增。至民營金礦，現後方各省人民呈經准核領照設丱礦者，在二十七年內，已增加五十六區，加入從前各該省已設礦區者，可舉列如下：

四川	五十八區
廣西	六區
廣東	十七區
雲南	二區
江西	二區
湖南	十六區
共計	一〇一區

，關于最近後方各省每年產金數量，大約可統計如右：

四川西康	三萬兩
甘肅青海	二萬兩
湖南	二萬兩
兩廣	二萬兩
新疆外蒙古	四萬兩
共計	十三萬兩

〔十〕結　論

我國抗戰以來，一載有半，現西南、西北九省，尚完好無恙，而此九省領土，類多無鉄道運輸之便利，故人機械化步隊進行之困難，常倍蓰於前，故有利於我後方生產事業。上述各省，對於金礦開採計劃，如能得政府及全國人民之推動，籌集資本，購置機械，積極近行，則預計最大產金量，在二三年後，當可得下列之數：

省　名	產　量(兩)	合　現　值(元)
湖　南	三六〇，〇〇〇	七二、〇〇〇，〇〇〇
四　川	二六〇，〇〇〇	五二，〇〇〇，〇〇〇
西　康	二〇〇，〇〇〇	四〇，〇〇〇，〇〇〇
廣　西	一〇〇，〇〇〇	二〇，〇〇〇，〇〇〇
貴　州	七〇，〇〇〇	一四，〇〇〇，〇〇〇
陝　西	一〇，〇〇〇	二，〇〇〇，〇〇〇
青　海	一〇〇，〇〇〇	二〇，〇〇〇，〇〇〇
河　南	五〇，〇〇〇	一〇，〇〇〇，〇〇〇
共　計	一，一〇〇，〇〇〇	二二〇，〇〇〇，〇〇〇

以上八省產金量，在三年後，可得國幣二萬萬二千萬元。此外如雲南、新疆、甘肅等省，或因情形特殊，或因調查未周，尚未計及。要之開採大量金礦，以購置新式機械為前提，須各省同時積極普遍推動，對於治安與募工兩事，亦須竭力設法，使開採工作，不致因而阻滯。如歐美各國，有願在相當條件下，儘量供給機械，並爲技術之援助者，亦可審愼研究，予以容納，除一方面擴增農工礦各項生產外，一方面每年又能得二萬萬千萬元價值之生金，不特長期抗戰有恃無恐，最後勝利必屬於我，且西南、西北之經濟基礎亦可因以樹立，豈非謀國之要圖乎！

16907

西南西北各省之採金事業

李鳴龢

目　次

〔一〕概　要

我國金礦雖無特殊豐富之產地，惟分佈頗廣，祇以勘查尚未詳盡，其真實價值迄難估計。採金事業，除黑龍江省內規模較大，廣西省內略有新式設備外，餘則多由人民散漫採取，或零星淘洗，作輟無常，既無長久組織，復無新式設備，致歷來產額，每年不過十餘萬兩。我國北部產金重要區域，為黑龍江省之漠河、黑河、綏芬河、璦琿，吉林省之三姓河、夾皮溝，遼寧省之鳳凰、白樂溝、興安區，熱河省之平泉、朝陽，河北省之興隆倒流水、遵化馬蘭峪、與密雲、昌平，山東之招遠、沂水、臨沂等處。至於西南西北各省，其產金重要區域，則有四川省之松潘、綏靖，西康省之鹽源、冕寧、康定、道孚，青海省之亹源、樂都，湖南省之桃源、沅陵、平江，廣西省之上林、武鳴；又在各江河流域沿岸，如四川省之岷江、沱江、嘉陵江、大渡河、金沙江，雲南省之怒江、瀾滄江、金沙江，青海省之大通河、湟河，陝西湖北兩省之漢水，河南省之丹江各流域，其新舊河底，多有沙金屑發現；但富集之礦床，仍待探勘。

我國採金事業可分為三類：一為官辦之礦，如黑龍江、吉林、山東、四川、湖南等省，在前清及民國初元時，即已設有官礦局，嗣後大部停頓；近則經濟部資源委員會復在四川、西康、青海、湖南、廣西、河南等處，着手探勘金礦，並分別劃區開採。二為民營之礦，由人民組織公司，或單獨出資經營，依法劃區設權，從事開採，此則各省皆有之；惟設備簡單，從前金價尚未高漲時，營業並不發達，近因金價頗高，業務亦較有起色。三為人民自由淘採之金區，皆係上游之河流沿岸或沙金池帶，糾集工人，自由淘洗，由官徵收課金，其工作雖頗零星，但總計每年各省產出之金，大半屬於此項來源，故頗有相當數量。

〔二〕金礦分佈區域：

茲將西南、西北各省，已知之金礦及其大概情形，列表如下：

（1）四川各縣金礦一覽表：

產金地點			已往及目前情形	備考
省別	縣別	所在地名		
四川	越嶲	達定	沙金礦，在大渡河支流峨邊溪流域。	
	同上	班爛山	同上	
	同上	添[illegible]	同上	

四川	同上	倒思溝	同上	
	同上	王家寨	同上	
	同上	大壩嶺	同上	
	同上	木關	同上	
	懋功	巴郎山日隆關 別思滿 達圍 新草場 魚兒場 雙柏樹 單子山 楊柳林 金反山 二凱 高碉甲 哨紗備坭 四大地	沙金礦，在綏靖屯之西，綽斯甲土司屬內之二凱河，係大金川支流，其兩岸多金廠，而以二凱爲最佳。二凱距綏靖屯陸程五百餘里，民國二年，有商人曾組韓凱公司及裕華公司開採，產出頗盛；開辦二年，因土司阻撓停工。民國七年，駐軍續開半年餘，產出亦盛。至十九年，屯殖督辦公署派員開採，而該地土司只劃川上游一帶，其餘拒絕開採，以故中止。	
	同上	廣法寺乾牛	沙金礦，崇化屯土司所屬者。	
	同上	馬窩子 皂河 五里牌 小寨 南河口 漢牛 中紡等地	砂金礦，撫邊屯土司所屬者。	
	松潘	漳臘城對河寺 溝	沙金礦，在松屯北四十里。民國三四年間，土人私採，廠硐以百數，礦工數千名；日付產金七八十兩，遂由官廳禁止。民國八年，懋殖駐防此地，招工挖洗，日復產金七八十兩，歷時八月，因兵變停止。此後常由駐軍開採，後改由地方當局委員管理，招商採掘，抽取課金，直至現時，每年產金恆在七十兩左右。	
	理番	孟董棧磨河		
	茂縣	河西乾格墩	沙金礦，在縣西百餘里，由土人不時淘洗。	
	同上	文鎭	沙金礦，在茂縣南六十里，由土人不時淘洗。	
	平武	龍峒子	沙金礦，在縣西六十里，由土人淘洗。	
	安縣	茶坪河及其各支流	沙金礦，由土人淘洗。	
	昭化	白水江及其附近支流	同上	
	蒼溪	嘉陵江及東河各支流	同上	
	峨邊	大渡河流域	同上	
	樂山		同上	
	青神		同上	
	南溪		同上	
	瀘縣		同上	

四川	南部		同上	
	眉山	岷江流域	同上	
	廣元	嘉陵江上游流域	同上	
	犍爲	岷江流域	同上	
	宜賓	岷江金沙江會流	同上	

備考：四川省內沙金鑛，其散佈之區域甚廣，已在松潘縣漳臘一帶，劃定國營鑛區數處，從事探採。該省金之產量，就最近情形統計，每年約爲二萬兩。

(2) 西康各縣金鑛一覽表：

產金地點			已往及目前情形
省別	縣別	所在地名	
西康	康定	三道橋	沙金礦，創辦時產量最旺，後漸衰，將來可用機器採河身之顆金，現在收稅甚微。
	同上	偏子岩	脈金鑛，此山產瓦金最富，但係石岩，人力不易採取，將來可用機器，現在收稅甚微。
	同上	燈盞窩	脈金礦，此山與偏子岩相連，礦區很大，若用機器，可供五千人採掘，現在收稅甚微。
	同上	曲公山	沙金鑛，此山曾產金一千餘兩，現已挖枯，收稅甚微。
	同上	茂壟	沙金礦，此山礦區太大，下腳太深，礦工資本少，不能深挖，現多停辦，收稅甚微。
	同上	魚子石	沙金鑛，此廠係二小溪夾流，至今二十餘年，礦已枯竭，收稅亦微。
	同上	高耳寺	沙金鑛，此地爲高峯，現有少數礦工試辦，尚未發達，收稅亦微。
	同上	洛古龍	沙金鑛，此地爲小溪，長約八里，礦苗隱現不一，產亦不旺，收稅甚微。
	同上	梭坡	沙金鑛，此廠鑛苗已枯，由翻復掘，將此告罄，收稅甚微。
	同上	魚通	沙金礦，此地金夫均係居民，暇時隨意採掘，並未納稅。
	同上	孔玉	脈金礦，此地早曾開採，因礦區太小，不久挖枯，現在只有少數居民採掘，並未納稅。
	同上	門子溝	同上
	同上	長塲谷	沙金礦，最近覺得。
	同上	牛棚子	沙金礦，此礦採法，先用燃料，置於洞中炙之，然後採掘，較易施工，以後可用機器。
	同上	江彎	同上
	同上	五省廟	脈金礦，最近覺得。
	同上	楊廠溝	沙金礦，最近覺得。
	同上	東俄洛	沙金鑛，礦脈尚佳，因土人拒絕開採，現有少數金夫在河心採掘，收稅甚微。
	同上	八郎村鄉	沙金鑛，氣候較寒，糧食缺乏，辦理不易。

西康	同上	扎壩	沙金礦，最近覓得。
	同上	總里科	同上
	理化	姜加孔	沙金礦，理化爲產金最旺之區，多係夷人採掘，納稅甚微，現已派委員前往整理。
	同上	脫魯可	同上
	同上	德窩	同上
	同上	拉濠	同上
	同上	杜濠	同上
	同上	金廠濠	同上
	同上	澤納	同上
	同上	奪科	同上
	九龍	瓦灰工	脈金礦，最近覓得。
	同上	八窩龍	沙金礦，最近覓得。
	同上	三崖龍	同上
	同上	三埡	沙金礦，現尚停辦。
	同上	偷林	沙金礦，曾令人試辦，結果甚佳，後因匪亂，被該地夷人木裏司阻止，現尚停辦。
	同上	燕地	同上
	同上	泥代河	沙金礦，現尚停辦。
	同上	猓窩龍	同上
	同上	烏拉溪	同上
	同上	洋橋	同上
	同上	紅壩	脈金礦，最近覓得。
	得榮	卡龍橋	沙金礦，開辦時有金洞四十餘個。民國六年，被藏人驅逐，至今停辦。
	雅江	泥馬沖	沙金礦，礦區甚大，僅時有土人拈採，已派委員整理，按月納稅。
	道孚	泰寧	沙金礦，此地礦區甚大，尚可採取，惟地近喇嘛寺，頗不易辦，現有四十餘人挖金，已照額收稅。
	同上	柏秧樹	沙金礦，自民初開辦，產金尚旺，日後漸枯，現尚有少數居民採掘，並未納稅。
	同上	八美	同上
	同上	四水溝	同上
	同上	色卡	沙金礦，此地礦區甚大，但交通不便，夷匪甚多。
	同上	木如村	沙金礦，民國二十四年覓得。
	同上	將軍橋	沙金礦，此地已將表面金採洁，其藏於地中者，下脚甚深，需本小者無力開辦，現正計劃進行。

西康	同上	王光橋	同上
	爐霍	瓦達	沙金礦。
	同上	雄鷄嶺	同上
	同上	色耳巴	沙金礦，在麻書司家地方所屬，色達礦苗甚佳，但係人夷地，不易採取。
	同上	卜西	同上
	俄日		同上
	德格	小昌科	沙金礦，最近覓得。
	同上	科鹿洞	沙金礦，現有百餘人挖金，已派員征稅。
	瞻化	麥科	沙金礦，此地產金最旺，金質甚佳，惟係土人開採，所有採金，均被地頭人吸收，現正擬設法收回。
	同上	甲司空	同上
	同上	曲衣	同上
	同上	雍母	同上
	同上	麻子溝	同上
	同上	日巴	沙金礦，此地現有五十餘人挖金，已派員征收金[illegible]。
	同上	拿科	沙金礦，最近覓得。
	丹巴	二楷	沙金礦，經裕華公司開辦後，被夷人圍攻，至今停辦。
	同上	麂牛	沙金礦，前曾派員查勘，現已派委員試辦。
	同上	絨壩溝	同上
	道孚	啊拉溝	沙金礦，開辦時產量甚旺，因諸邪逃亂，停辦。
	康定	孫溝龍	沙金礦現在試辦中。
	同上	麻卡	同上
	瀘定	廿草溝	沙金礦，開辦時產量最旺，因傷人命被封，現尚停辦。
	同上	大窯壩	沙金礦，本年派委員籌備實行開採，尚未見效。
	鹽源	麥架廠	沙金礦，在縣北三里瓜別土司轄地，金砂存在地層有梁石層及凹處，據年前中產金每兩餘兩，現有工人一二百名，月產金約百兩。
	同上	瀘居廠	沙金礦，在洋文對岸，為細粒砂金；數十年間，雖經淘洗，惟因地勢高低，皆為水所困
	同上	田坪廠	沙金礦，與洋文金廠相鄰，光緒三十年，曾由官商合辦開採，民國二年，由四川財政總收歸官營，嗣因土司之亂，停辦。
	同上	麻達廠	沙金礦，廠地在縣西七百餘里木里土司屬地，為金沙江支流，沿河砂金產地逾三百餘里　民國二十四年，前由駐軍開採，當出金數千兩，工程未竣，二十四年終，以土司亂，停工，現有私行偷採者。
	同上	梏牛廠 水廠 挖且寨返背廠	木里有此三廠，及上述之麻達金廠，土人稱為木里四大金廠，梏牛約占地二百華里，水廠及挖且寨二處，各約占地一百餘里，均為女礦，未經試採。

16912

西康	冕寧	麻哈廠	脈金鑛，在冕縣西南二百餘里曾家灣、石梁子、宮夫子、乾海子等地，金脈寬一尺至二尺，含金約十萬分之一。光緒二十九年，經官商合辦，購置鍋爐機器，用費六十萬元，因成績不佳，民二改為官督商辦，因地方不靖，停辦，現只三五十人，淘洗殘砂。
	同右	羅古台子及桐子林	沙金鑛，在金沙江之支流瓦郎河西岸，羅古台子縣城西南約三百里，距麻哈四十里，昔時採金，廢硐尚存。

備考：西康省境內金鑛，已在康定、泰寧、道孚、魚科、等地方，劃定國營區域，擇尤先行開辦。至該省金之產量，就最近兩年情形統計，每年約為二萬兩。

（3）青海各處金鑛一覽表：

產金地點			已往及目前情形
省別	縣別	所在地名	
青海	亹源	大通河流域內哂爾圖灣	沙金鑛，在縣城西北一百三十里，含金沙層厚半尺至三四尺不等，每人至少日淘金一分，金粒粗者如綠豆，俗稱豆板金。
	同上	大通河流域內永安城西河	沙金鑛，在縣城西北九十里，含金層厚一尺至三四尺，每人至少日淘金一分有餘，金粒粗與哂爾同。
	同上	大通河流域內硫磺河	沙金鑛，在縣城西北一百二十里，係永安城西河東岸支流，有鑛工約二三十人，產金狀況與前同。
	同上	大通河流域內羊腸溝子	沙金鑛，在縣城西一百三十里，即永安城西河上游，產金狀況同前。
	同上	大通河正流班古寺	沙金鑛，在縣東南六七十里，班古寺前，大通河幹流淤沙內，每人淘金每日不到一分，金粒細如麩子，俗稱麩子金。
	同上	黑水河流域大蒙河	沙金鑛，在縣城西北二百五十里，含金層頗不一致，寬約五六十丈，每人日採金一分左右。
	同上	黑水河流域高匣	沙金鑛，在大蒙河上游，產金狀況與大蒙河同。
	同上	黑水河流域古水窰	沙金鑛，在縣城西北，大蒙河口西南岸，距河身僅有一里，每人日採金一分有餘，金粒如黃豆，俗名黃豆板金。
	化隆	科沿河	沙金鑛，在化隆縣東南八十里，係黃河北岸支流，含沙金層厚二三尺，產金額較大通河為勝，惟因受番民阻撓。
	同上	叙昔河	沙金鑛，在城西北七十五里，距扎什巴鎮十五里，柏株溝即其支流，含金沙層厚三五寸及一尺，該處發見不久，金粒較粗，惟質較劣，大約只含赤金八成。
	貴德	黃河兩岸	沙金鑛，在貴德縣城附近，黃河兩岸游砂內，時有土人二三人為一班，自由淘洗，金粒微細，俗名麩子金。
	亹源	轉風窰	沙金鑛，現正在探採中。
	樂都	石坡莊	同上
	民和	峽門	同上
	共和	下口	同上

青　海	瑪　沁		
	雪　山		
	阿哈圖		
	沙　隆		
	大　通		

備考：青海省境內金鑛，已在湟源縣永安城傳風窰及樂都縣石坡莊一帶，劃定國營鑛區數處，進行探採工作，又在共和縣之下口，化隆縣之化隆科沿溝，民和縣之硤門等地，劃定國營鑛區數處，着手試採。至該省金之產量，每年約為一萬兩。

（4）新疆各處金鑛一覽表：

產金地點		已往及目前情形
省　別	所在地名	
新　疆	哈圖山	在塔城東南五百餘里，以產山金著名，前清道咸間開採十餘區，鑛峒深達百餘丈，出產極盛，嗣因亂停工，清末付經中俄合辦開採，歷費鉅款，無結果而停。後以新鑛不繼，久未開。
	于闐　克里雅山	山金鑛。
	喀喇塔什山	山金鑛。
	罝里其	沙金鑛。
	承化　西　部	沙金鑛，與俄屬中亞細亞產金區相連。
	烏蘇　奎屯河	沙金鑛，在迪化西南七八十里，開採無多。
	綏來　瑪納斯河	沙金鑛，在迪化西北，河長百餘里，附近為花崗岩，居民淘金者甚夥。
	奇台	沙金鑛，在迪化東南。
	鎮西　無渡河	沙金鑛。
	焉耆　珠勒都斯山	沙金鑛。
	尉犂　大西溝	沙金鑛。
	昌吉　羅克倫河	沙金鑛。
	寧遠　沁　水	沙金鑛。
	和闐　卡浪古山	沙金鑛。
	且末　阿哈他克山	沙金鑛，向由官課金管理開採。
	首巴山	沙金鑛，向由官課金管理開採。
	莱鬼山	沙金鑛，向由官課金管理開採。

新　疆	曹里瓦克	沙金礦，向由官礦金管理開採。
	宰拉克	沙金礦，向由官礦金管理開採。

備考：　新疆省境內金礦，尚未劃有國營區，金之產量並無詳確報告，但每年至少爲二萬二千兩。該省所產之金，有一部份流入俄境。

（5）甘肅各縣金礦一覽表：

產金地點			已往及目前情形
省別	縣別	所在地名	
甘肅	高台		沙金礦，該區賦藏，頗有希望。
	張掖	梨樹河	沙金礦。
	永登	鎮羌驛	沙金礦。

備考：　甘肅省境內金礦，重要者皆在祁連山北麓，但遠不及南麓（青海）之盛。該省境內金礦，尚未劃有國營區，每年金之產量甚微。

（6）雲南各縣金礦一覽表：

產金地點			已往及目前情形
省別	縣別	所在地名	
雲南	中甸	天生山	沙金礦，曾有商人開採。
	維西	江馬廠	沙金礦，現已停辦。
	墨江	坤勇金廠	沙金礦，土人於農暇時淘採，時作時輟，產量不多。
	鳳儀	湯田村金廠	同上
	蒙自	稿吾司老金山	同上
	建水	江外哈播地	同上
	騰衝	黃草壩	山金礦及沙金礦。
	洱源		沙金礦。
	文山		山金礦及沙金礦。

備考：　雲南省境內金礦，尚未有詳細之調查，但怒江、金沙江、瀾滄江沿岸，各地應有相當之豐富礦床。該省每年產金量，約爲二千兩。

（7）貴州各縣金礦一覽表：

產金地點			已往及目前情形	備考
省別	縣別	所在地名		
貴州	江口	梵淨山 金盤坪	山金鑛及沙金鑛，山腳金盤坪一帶，沿河砂礫中，產沙金，有鑛工淘洗，砂中間有小金片，俗名瓜子金；其附近之山麓，有石英脈，聞昔曾產金，此脈延長甚遠，脈厚約二尺，含金量之豐嗇，須行試探並採取樣品化驗，方能斷定。	
	江口	沙帽坡之龍山	山金鑛。	
	沿河	九區鉛廠壟	沙金鑛，現停辦。	
	天柱	金井	山金鑛，現停辦。	
	錦屏	茅坪	同上	
	黎平	三什江	同上	
	下江		山金鑛，該縣所見之石英脈，縱橫數十里，聞昔曾產金。	
	都江	金廠		

備考：　貴州省境內金鑛，尚未有詳細之調查，但江口縣梵淨山、與下江縣之金鑛，其鑛脈延長甚廣，似頗有希望，現省政府已派員從事探勘。

（8）湖南各縣金鑛一覽表：

產金地點			已往及目前情形	備考
省別	縣別	所在地名		
湖南	平江	黃金洞	山金鑛，廣三十餘方里，光緒二十二年，改歸官辦，歷年採金提金，皆用土法，每年產金四五百兩。	
	同上	長壽街	沙金鑛，長二十餘里，鄉人每於秋收後淘採，每年採金約三百兩。	
	桃源	冷家溪	山金鑛，面積數十方里，有官鑛局及商辦公司開採，每年約產五千兩。	
	同上		沙金鑛。	
	沅陵	金牛山	山金鑛，由省政府設立冷家溪金鑛局，派員試探。	
	同上	柳林汊	山金鑛，面積約數十方里，在該處採鑛工人約一千人，設有水碾百餘架，為磨研鑛石之用，每年約產金三四千兩。	
	同上	牯牛背	同上	
	同上	水無乳	同上	
	同上	豬梓山	同上	
	同上	岩[illegible]山	同上	

湖南	同上	關家山	同上	
	同上	桐樹面	同上	
	同上	石心田	同上	
	會同	漠濱底堂山	山金鑛，面積甚廣。	
	慈利		山金鑛。	
	大庸		同上	
	瀏陽		沙金鑛。	
	醴陵		同上	
	漢壽		同上	
	常德		同上	。
	安化		同上	
	漵浦		同上	

備考：　湖南省內，山金礦範圍頗大，已有數處開辦甚久，現部省兩方，已就桃源冷家溪、沅陵柳林汊、會同漠濱，勘測鑛區，合作開採；沙金鑛區雖廣，究不若山金之有把握。總計湖南省產金，每年至少一萬二千兩。

（9）廣西各縣金鑛一覽表：

產金地點			已往及目前情形	備考
省別	縣別	所在地名		
廣西	上林	黃華山及大明山脈一帶	山金鑛，民國二十四年發見，由省政府撥資，先經營黃華山之一部分，其預算定額為國幣五十萬元。黃華山發現之脈金，其鑛床構造，絕無規則，厚薄無常，含金又多少不均，現在該處所開窿口，計有四十個，鑛脈未發見者居百分之二十五，已發見者居百分之五十，有鑛無鑛者居百分二十五，就中含金最富者僅有兩鑛窿，惟其量亦不一定，有時兩英尺之內，一噸鑛石含金達七八十兩之多，逾過此豐富之鑛段後，即些微金量亦不復見；現在對於採取方面，未用新式機器，惟選金方面，則用新式磨粉機、威氏分鑛枱、汞引槽、絨布收金槽、汞引機等，現經濟部已與省政府商定合辦從事擴充。	
	武鳴	下江陶村	山金鑛及沙金鑛，前有商辦公司開採。	
	奉議	上隴光及隴康隴單黃班二隴背隴檔內隴沙隴針土隴內兵死等處	山金鑛及沙金鑛，有商辦公司多家開採。	

廣西	向都	第二鄉淥禎沖二十五鄉穿究崖叉灣村附近及甘洞墟附近	沙金鑛，現有商辦公司開採。	
	邕寧	淥留村旁	沙金鑛，現有商辦公司開採。	
	蒼梧	金星尾祝洞	沙金鑛。	
	容縣		同上	
	恩隆			
	天保			
	靖西			
	昭平			
	博白		沙金鑛。	
	藤縣		同上	

備考：　廣西省境內金鑛，以上林縣為最著，現在派員探勘，擬劃為營業區。該省二十七年產金，約在三萬兩左右。

(10) 廣東各縣金鑛一覽表：

產金地點			已往及目前情形
省別	縣別	所在地名	
廣東	增城	黃龍塘	山金鑛及沙金鑛，現有商辦公司開採。
	同上	和市區潭洞	
	惠陽	淡水墟	山金鑛及沙金鑛。
	羅定	黃膳嶺	山金鑛及沙金鑛，現有商辦公司開採。
	高要	楊梅坑	山金鑛及沙金鑛。
	信宜	白石堡	同上
	恩平	金雞水	山金鑛及沙金鑛，現在商辦公司開採。
	清遠	濱江臘石洞	山金鑛及沙金鑛。
	白沙		沙金鑛。
	開建		山金鑛及沙金鑛。
	台山		同上
	鶴山		同上

備考：　廣東省境內金鑛，大都貧瘠，每年產金不過二千兩。

此外福建閩江上游及尤溪流域之建甌、建陽、邵武等縣，皆有沙金礦，尤以建甌一帶，開採較盛，每年可產金二千餘兩。江西修水、萬安、及南康縣、赤土鄉、銅形壩等處，多有沙金礦，由土人挖淘，每年可產金三千餘兩。漢水及丹江流域之湖北鄖縣、陝西安康縣、河南淅川縣、柳林灣、及荊紫關，亦皆有沙金礦，由土人淘採，每年可產金二千餘兩。此皆西南、西北各省金礦之大概情形也。但我國金礦，分佈多在交通不便地方，或屬夷土司地域，迄尚未能詳盡調查；而各省已知之金礦中，亦有業經開採枯竭者，不過尚未發現之豐富金礦，所在當亦多有；即如廣西上林金礦，在民國二十四年間始行發現，現為西南、西北各省中產金最多之礦，可知勘查金礦，實為目前最重要之工作。

〔三〕已設權之民營金礦：

西南、西北各省民營大小金礦，其業經由部核准設定礦權，並領有執照者，截至民國二十八年三月底止，計：廣東省十八區，廣西省六區，四川省五十六區，雲南省二區，湖南省十七區，江西省二區，西康省一區，總共一百零二區。其中在二十六年底以前核准設權者，有四十二區；而從二十七年一月起至二十八年三月底止核准設權者，有六十區。綜計最近十五個月以來，設權之民營金礦，增加率為百分之一百四十右，是可見人民對於採金事業之頗為猛進。茲將西南、西北各省設定採礦權或小礦權之民營金礦，截至民國二十八年三月底止，列表如下：：

註：金礦礦區面積在二公頃以下或河流長度在一公里以下者均為小礦。

（1）廣東省金礦採礦權一覽表：

省別	礦業權者	礦別	礦區所在地	面積（公畝）
廣東	天南公司 陳月波	金	白沙縣元門峒地方。	八一九·五七
	陳富	金	台山縣第十五區那扶蓮塘螢高洞村乜了山。	九，五一四·四七
	恩源公司 李均	金	恩平縣第二區白銀鄉走馬崗雪水排。	七，七三四·五七
	雨新公司 龍柏	金	恩平縣第一區東安鄉金坑洞地方。	七，一一三·〇五
	民新公司 伍宇庭	金	恩平縣第一區茶山洞黃牛皮兜菱角山蚧山地方。	六，二一九·一一
	三益公司 駱堯唐	金	恩平縣第二區白銀第二鄉龍灣村等地方。	一七，九二〇·五五
	陳松生	金	連山縣第二區寧和田村大沙坪底沙坪之北地方。	八，六〇七·六七
	辛新公司 馮燊民	金	高要縣第五區西約鄉石園村附近泥魚坑。	總延長二公里八十公丈
	萬東公司 林大光	金	番禺縣第四區鴿沙坦埔蛇崗西坑上下龍莊觀音石山北部，昼快頂之東李家山頂約鉅脊之南等處。	二，八八三·〇一
	開建公司 伍公直	金	開建縣[illegible]區[illegible]大館洲沙洲寧洞水地方。	四，〇九一·一〇

廣東	大中公司 梁鏘	金	增城縣第七區謝岡口村白石覘禾山村婆山排沙背山邊銀田。	三，五四六・九二
	開源公司 朱昌楠	金	增城縣第七區西平鄉大坪尾。	一，〇三五・三二
	廣鎰公司 羅濟民	金	羅定縣第四區連洲鄉六廖洞金籠坪。	五一一・七一
	孔福	金	羅定縣第三區大冲口石鷹咀山壽興山寮雄大鄉頂山黃鍋嶺劍坑白馬頂等處。	一三，九六〇・二四
	利亞公司 林大雄	金	羅定縣第四區連城鄉竹兜窩佛子垌地方。	八六七・四三
	張爭民	金	五華縣第八區龍王湖鄉附近陳坡坑黃金坑增竹洋。	三，九五七・三六
	士生公司 黃義	金	羅定縣第四區連成鄉上佛子村附近含盅頂廟樓頂大石頂上佛子崗等處	五，五三〇・〇〇
	寶來公司 蒙天賜	金	羅定縣第四區連成鄉萬車鄉之挖蛇嶺石往村分水坳頂以北蚊仔山等處	二〇，八三五・五二

（2）廣西省金鑛採鑛權一覽表：

省別	鑛業權者	鑛別	鑛區所在地	面積（公畝）
廣西	裕華公司 陳汝侯	金	上林縣萬嘉之姚氏祠附近。	一，六三四・二〇
	裕華公司 陳汝侯	金	上林縣萬嘉之馬村垌等處。	五，〇五三・二八
	華林公司 黃伯嘉	金	上林縣鎮鄭鄉砧板山蝦山。	六，一四五・三六
	溥益公司 梁權	金	上林縣巷賢尙義鄉中惡村旁。	三，五六七・二四
	開基公司 龔祖昌	金	武鳴縣天馬鄉黃老村附近。	三，八九九・六六
	大有公司 梁偉	金	蒼梧縣思委鄉下旁村蛇坪嶺等處。	九，〇九九・五一

（3）四川省金礦採礦權一覽表：

省別	鑛業權者	鑛別	鑛區所在地	面積（公畝）
四川	石天成	金	宜賓縣白沙鄉[illegible]。	九九七・一六

16920

四川	福華公司 王仲槐	金	松潘縣漳臘三岔河鴨舌溝天佛寺子一道坪等處。	八，四〇二・〇〇
	福華公司 王仲槐	金	松潘縣漳臘初命赤水場青草坪地方。	六，五〇八・七二
	福華公司 王仲槐	金	松潘縣洋芋屯洋芋壘地方。	八一四・四〇
	福華公司 王仲槐	金	松潘縣毛兒蓋宋花寺宋花場觀音寺。	二，六四九・九〇
	永同和公司 沈炳榮	金	眉山縣張坎鄉附近阿彌陀佛張灣魚劈走馬逐侯河壩嚴河壩陳河壩等處	河道總延長爲公里九百三十二公尺
	晉益公司 唐傑	金	懋功縣色取河色耳上村色耳中村色耳下村拉草寺。	七，八六六・九一
	協成公司 陳和中	金	樂山縣老鴉鄉牛郎壩乾溝子東北部。	八二〇・五二
	裕華公司 林振耀	金	懋功縣綏靖村二凱。	二〇，二五三・〇二
	裕華公司 林振耀	金	懋功縣綏靖村二凱。	六，四九四・一五
	裕華公司 林振耀	金	懋功縣綏靖村二凱。	三一，五八二・七四
	楊錫健	金	內江縣龍門鎮梁家壩沱江河道。	長度二八四・公尺
	張秉鈺	金	樂山縣復興鄉炮通沱打碓窩長腰山西南部。	一七二・〇六
	吳肇徐	金	樂山縣葫蘆鎮長地坪楊槽。	一九二・三六
	吳辛野	金	樂山縣葫蘆鎮蘆柳村大沱鴨子池。	一九二・八六
	吳炯堂	金	樂山縣葫蘆鎮桑樹坪南瓜沱東北部。	一九七・五八
	吳宗壁	金	樂山縣葫蘆鎮楊場四方地箭子石桑樹沱。	一八九・九二
	吳揚武	金	樂山縣葫蘆鎮陽雀山夜合坡雷打坡土地堂。	一九七・九四
	吳協和	金	樂山縣葫蘆鎮雷打坡灌龍上鐵廠場東部。	一八九・〇二
	吳宗鑑	金	樂山縣葫蘆鎮秋龍洞東南部竹林沱南部。	一八九・四九
	吳蕭堂	金	樂山縣葫蘆鎮灣池中華溝水井坪南部。	一九五・六九
	吳陽五	金	樂山縣葫蘆鎮吳山東部老高山西北部瓦房溝等處。	一九六・五三

四〇一　所	許武元	砂金	樂山縣[illegible]鄉通江[illegible]李王中壩李王村等處。	長度八八八・公尺
	黃義合	金	樂山縣蘇稽鎮烏沙壩中部斑竹坑東南部。	一九八・三五
	王卓堂	金	樂山縣[illegible]街鄉老街子[illegible]陽東南部。	一五九・二三
	劉泰平	金	樂山縣南廟鄉八字老劉村劉灣沱江子灘岷江河道。	長度九六六・公尺
	巫炳臣	金	樂山縣[illegible]興鄉乾溪壩西北部牛耳洞[illegible]等處。	一九〇・七二
	吳宗銘	金	樂山縣蘇稽鎮[illegible]南部范溝白坟灣。	一九七・六八
	楊海雲	金	樂山縣雲華鎮楊花渡南部朱家壩北部。	一八八・三六
	吳炳堂	金	樂山縣蘇稽鎮[illegible]北部石梯坎等處。	一九五・五九
	三[illegible]永號 章長庚	金	青神縣高台鄉[illegible]壩[illegible]壩[illegible]壩[illegible]壩北部等處。	長度九八五公尺
	周天順	金	青神縣高台鄉黃壩周壩石膏岩[illegible]江河。	長度九〇四公尺
	李誠明	金	青神縣瑞峯鄉[illegible]謝家壩[illegible]子毛[illegible]壩。	長度九〇三公尺
	陳紹興	金	青神縣黑龍鄉[illegible]王壩岷江河。	長度八四八公尺
	李誠明	金	青神縣瑞峯鄉徐中壩莫中壩陳中壩岷江河道。	長度九七四公尺
	[illegible]呂隆	砂金	青神縣南城鄉[illegible]東南部水[illegible]灘沖天[illegible]北部。	長度九一九公尺
	黃朝興	金	青神縣東城鄉高石壩段河壩[illegible]花……（即[illegible]鄉）。	長度九五二公尺
	李開恒	金	青神縣漢陽場金沙坪[illegible]佛下[illegible]灘北部小河壩。	長度九[illegible]三公尺
	李開恒	金	青神縣漢陽鄉[illegible]張灘大中壩西[illegible]岷江河道。	長度九五九公尺
	李少康	金	青神縣高台鄉[illegible]壩毛列[illegible]水竹林岷江河道。	長度九一九公尺
	[illegible]永年	砂金	南溪縣[illegible]鄉[illegible]川[illegible]。	一五四・五六
	袁永明	砂金	南溪縣外南鄉于公廟。	一七〇・四六
	袁永明	金	南溪縣外南鄉[illegible]。	一五九・二六

四川	石天成	金	南溪縣外西鄉微化坎大溪溝東南部。	一五九・九三
	袁永明	金	南溪縣馬家場花灘子西北部。	一七八・四二
	袁永明	砂金	南溪縣外南鄉總礦場。	一五三・六三
	吳尙村	砂金	犍爲縣牛石溪李子灣西部樂山縣葫蘆鎮王河洞口東部。	一九五・六五
	吳劍泉	砂金	犍爲縣牛石溪娃呷色東北部。	一九一・四三
	吳直義	砂金	犍爲縣牛華豁腸地觀音鎮腸地大坑頭。	長度七三八公尺
	李道	金	犍爲縣牛石鄉娃耳色附近泡桐林等處。	一九一・七七
	魯崇信	金	犍爲縣牛石鄉沙灣兒場附近。	一六九・七四
	梁興敞 顏克明	金	眉山縣洪廟鄉金渡口下金場等處。	長度九〇六・五公尺
	武劍秋	金	眉山縣太和場張壩子雞公灘北部七里壩。	長度九二〇公尺
	苟稅鈞	金	眉山縣通義鄉王渡兒東林橋壩北部等處。	長度七五四公尺
	溤永年	金	隆符縣小沱鄉延平壩東北部。	一九三・五八
	劉松舟	砂金	峨邊縣砂坪油房溝之東土岩。	一〇〇・四九

（4）雲南省金礦採礦權一覽表：

省別	礦業權者	礦別	礦區所在地	面積（公畝）
雲南	沈翀勛	金	雲南中甸縣天生山坐落天生橋東。	一，四五六・一三
	戴燕村	金	雲南維西縣江馬嵌。	三十五・六三

（5）湖南省金礦採礦權一覽表：

16923

省別	礦業權者	礦別	礦區所在地	面積（公畝）
湖南	聚鑫公司 林德懿	金	平江縣第一區西鄉鄉仁美保三家塘等處。	一〇，一六五・〇〇
	金華公司 吳致用	金	平江縣第四區南陽鄉第十四保梯樹塅等處。	五，六四九・〇〇
	德化公司 王蔭午	金	安化縣六區花岩冲界腳下桃子窩等處。	一，三八四・〇〇
	光明公司 鍾樹海	金	邵陽縣西鄉武岡縣東鄉徐家隴小港口武邵江和尚灘等處。	四，八四二・〇〇
	利源公司 張伯儒	金	沅陵縣七區柳林鄉洞冲灣四方塘高山。	五，三一〇・〇〇
	大華公司 張伯倘	金	芷江縣六區協和區金鼎溪拱橋界等處。	二，九七六・〇〇
	利華公司 張人鳳	金	桃源縣冷家溪同興公園株木坡等處。	六二三・〇〇
	大安公司 唐啓禹	砂金	桃源縣水溪朝陽園六安橋何家園等處。	八，六〇九・〇〇
	富華公司 郭宏立	金	桃源縣冷家溪小白岩窩岩灣腦上岩灣小白岩窩冲。	一，八五九・七八
	新華公司 凌飛	金	桃源縣冷家溪白岩窩筵老九灣筵家界。	二，七八五・〇〇
	長江公司 楊培甫	金	桃源縣四區沙坪鄉永和園冷家溪等處。	六，七五〇・〇〇
	金宗公司 孫采金	金	桃源縣第一區沅南鄉第五保白羊坪等處。	一，〇四七・〇〇
	永安公司 鄧松峯	金	桃源縣第四區沙坪鄉上下鍋溪與東架坪等處。	一三，八六二・〇〇
	洪富公司 楊開泫	金	桃源縣第四區沙坪鄉渡溪大灣腦上等處。	一三，六二二・〇〇
	致用公司 吳致用	金	益陽縣三區四里包鄉冲龜形山等處。	五，三六二・〇〇
	常安公司 吳工圖	金	常德縣五區四鄉洞田冲滑水灣等處。	一，七八二・〇〇
	協利公司 李公思	金	靖縣第三區由一在五榆鄉太平巷白雲山白雲菴等處。	一一，九二二・〇〇

（6）江西省金礦採礦權一覽表：

省別	鑛業權者	鑛別	鑛區所在地	面積（公畝）
江西	張周垣	金	南康縣西區赤土鄉龐鑼窠等處。	六〇二・一一
	張周垣	金	南康縣西區赤土鄉蓮塘堡中神甲背坑等處。	三九九・三六

（7）西康省金礦採礦權一覽表：

省別	鑛業權者	鑛別	鑛區所在地	面積（公畝）
西康	田坪金鑛局 周永慶	砂金	鹽源縣瓜別土司地。	一，一〇五・九二

〔四〕國家營業之金鑛

經濟部資源委員會對於後方之西南、西北各省金鑛，業已分別組織機關，派員從事探勘，並擇要開採。其在西康者，爲康定、泰寧、道孚、魚科等處金鑛，由西康金鑛局辦理之；在四川省，爲松潘金鑛，由四川金鑛辦事處辦理之；在青海者，爲登源、樂都等處金鑛，此外並組探勘隊，分探化隆、大通、共和、瑪沁、雪山、阿哈圖沙隆等六處金鑛，遇富集地點，即改探爲採，由青海金鑛辦事處辦理之；在湖南者，爲桃源、沅陵、會同等處金鑛，由湖南金鑛探採隊辦理之；在河南省，爲淅川、荊紫關等處金鑛，由河南金鑛探採隊辦理之；在廣西者，爲上林金鑛，由平桂鑛務部辦理之；上項機關，有由資源委員會單獨舉辦者，有由資源委員會與省政府合作辦理者。

〔五〕產金數量

西南、西北各省每年產金數量，頗不易確實統計，因人民淘採之金，有歸私人收藏者，有輾轉運至國外者，就歷年以來各省產金大概數量觀之，可爲約計如下：

省別	每年產金量
四川	二萬兩
西康	二萬兩
青海	一萬兩
新疆	二萬二千兩
雲南	二千兩
湖南	一萬二千兩
廣西	三萬兩
廣東	二千兩
福建	三千兩
江西	四千兩
河南、湖北、陝西	三千兩
貴州、甘肅	二千兩
共計	十三萬兩

〔六〕政府促進採金事業情形：

經濟部爲擴大採金，並集中管理起見，已組織採金局；其組織規程，業於二十八年三月二十四日公佈。該局係隸屬於經濟部，辦理各省採金事宜，且得受四行收兌金銀辦事處之委託，於產金區域，辦理收購生金事宜。局設三科：

（一）總務科，掌理文書、出納、庶務、統計及鑛區警衞事項。

（二）工務科，掌理探採金鑛、提鍊純金、及改善民營金鑛工程計劃等事項。

16925

(三)業務科，掌理生金收購、運送、及民營金礦貸款等事項。

經濟部爲擴大人民採金事業起見，又制定非常時期採金暫行辦法，於二十八年三月二十四日公布施行。在非常時期未經領照設定礦權而採金者，應依本辦法之規定；其辦法要點有四：

（甲）凡居民、企業團體、或管理難民機關，擬於當地金礦區域採金時，在未劃定礦區前，得將所擬採金區域之地名、界限、面積、工作人數及代表人、團體或機關之名稱，連同草圖三紙，呈報省主管官署；省主管官署接到前項呈報後，應於五日內查明，如所擬採金區域，確在他人已設權或已呈請之金礦礦區以外，即予備案，特准先行開採，一面令其依法設權，同時用最速方法，連同草圖二紙，通知採金局；由局以一紙轉報經濟部。前項呈准備案之採金人，視爲已取得呈請開採金礦優先權。

（乙）依本辦法採得之金，應依政府規定辦法，悉數售與政府所設收金機關，不得私售或隱匿。

（丙）地方官署對於依本辦法備案之採金區域，應與其他已設權之礦區同等保護。

（丁）經濟部對於依本辦法備案之採金區域，認爲有擴充或改善之必要，得依非常時期工礦業獎助條例予以獎助。

關於產金及收金區域內治安問題，若不預爲解決，其進行實有莫大障礙；經濟部又於二十八年三月會同財政部開送各省重要產金區域清單，咨請軍政部，就附近駐軍內酌調軍士前往駐紮，以資鎮壓，並分咨四川、青海，河南、西康、湖南、廣西等省政府，請抽派保安隊，駐在各該地，藉資保護。又凡屬規模較大之礦場，本可單獨或集合設置礦業警察，關於金礦場之警衛事項，亦當由採金局積極推進。此外凡可以加強採金工作及效能者，政府亦在逐漸籌辦。

〔七〕結　論

就上述各概況觀之，可知我國西南、西北各省產金區域分佈甚廣，政府亦正在積極促進生產，惟已知之金礦，其儲量並非甚巨，仍須於雲南、西康、青海、新疆及其他各省，爲徹底之探勘，或可獲得豐富礦床。至於採用新法開採金礦一層，亦屬切要，將來國家或人民於探得豐富金區後，對於採、選、煉三方面，若能純用新式機械設備處理，則產量當大有增加。

西康之金

葉秀峯

目　次

〔一〕引　言

言礦業者莫不重視煤鐵，研究礦業工程者，亦莫不重視煤鐵，然一國之經濟發展初不僅賴煤鐵兩端。故補偏救弊之感覺，於抗戰期中，乃普遍於經濟工程各界。而最刺激社會，令多數人感覺興趣者，則推金礦。蓋其價值貴重，既爲一般人所樂於存積，尤爲國家對外貿易之所需也。

考中國之產金區域，現尚少有系統之具體研究。雖曾有『金礦帶』之立論，似尚不能認爲完美。以全國言，總之至少有二分之一之幅員爲產金區域。特大多數重要產地，均任遺荒。私人經營既屬困難，國家又早就無着手經營之計議。金礦乃實際上成爲口頭點綴之材料，及少數冒險者或當地豪强之幸運。其有成爲大規模事業形態者，偏查各種紀載，殆亦鮮見，結果遂形成金雖爲社會所重視，而採金事業反不爲社會所注意！

採金所應用之技術，往往甚爲簡單，而其成效則頗有難以科學方法加以控制之處。山金固有較多之迹象可尋；而生產最多之沙金，則須視試探技術工作之如何，故似易而實難。至其所需之資本，尤無一定：小者一人備數日之糧，即可從事於此；大而至於數十百萬，亦可投資。資本家往往視此伸縮性極大之狀況反而減其注意力。惟自抗戰軍興，金價日漲，益以東部資本之西移，政府及社會之對金礦，乃今昔改觀。而西康產金問題，亦大爲國人所注視。

中國西部產金之事實，最易使吾人感覺者厥爲金沙江之名稱。按三峽上下川江區域，間嘗產金。成都附近岷沱各江亦有所產。西達西康，地勢高峻，川河所經，沙石冲積，金源益近，故金沙亦益富。而西康全境多山，山河相間，爲著名之橫斷山脈分佈地帶。故每一河流，莫不有若干冲積之沙地，幾於無一沙地而不產金。特量有豐嗇，體有大小，淘取亦有難易而已！舉西康者，謂爲遍地黃金，誠非過甚之詞。亦惟其分佈廣泛，故經營問題，頗費研究。今竊就西康情形與夫管見所及，提供數點，以備諸同志之觀摩：

〔二〕產金之調查工作

西康產金區域之廣泛，既如上述。其產量及顆粒等，亦因地域而有所不同。故必須先作有計劃之調查，以便日後之開發。惟康省地形複雜，海拔太高，入秋則高處冰雪載途，皆足以阻礙調查之進行。欲於短期內作廣大範圍之調查，或於長期內作繼續不斷之調查，均不可能。前此調查西康地質者，已有數度；惟爲時均不長，路綫多沿大道，故所得結果，亦僅限於大道兩側而已，竊以爲欲求地質構成之精確明瞭，必同時有『面的調查』。繫而於綫，方使開發工作得有堅强之根據。故廿七年度西康科學調查之第一次，即本此旨辦理：不求區域之廣泛，但求於一定範圍之內，得比較詳盡之了解。然後再於某一確定地點，繼以開發之工程調查。如此果能年復一年，繼續前進，則於西康產金之究竟，必可得一具體概念之日矣。

〔三〕產金之重要地區

在此廣大之產金區域中，自亦有其重要地點。惟至今尚無科學根據，均係考之歷史，徵之傳言。大概北則大小金川流域，綽斯甲區域，二槽一帶；

西則瞻化、理化所屬各地；南則德榮、鄉城、稻城一帶，道路所傳，亦不少珍貴材料。此皆康省原有之各縣也。至於瞻化一區，並曾見於外交文件。於英人主張康藏宜以金沙江爲界一文件中，謂瞻化在金沙江東，康有此重要產金區，應以爲足云云，則此區固早爲英人所垂涎矣！川康劃界以後，已知金湯、天全皆有產金區域，情形尙在調查中，至寧屬產金，則尤早爲漢人所知，如鹽里、鹽邊等，皆名區也。

〔四〕 初步中心地帶之確定

於此廣大區域內，以有限之資力人力，經營此富有伸縮性之事業，尤宜有中心地帶之計劃爲之維繫。此於設備諸端，亦自有其便利。自現在西康全境言之，重要地區之分佈，極易察得者，乃雅礱江爲一天然之中心地帶。北而瞻化、理化，南而木里，均屬此江流域。現在第一步設計，既爲成立泰寧中心點。關於此中心點之設備，在計劃中者，一爲自康定西向之康泰公路，上年冬已着手測量。一爲泰寧飛機場之開闢與其地測候工作之開辦。再次則爲自泰寧向西北、西南、東北各方交通綫之修築；如能於此點首屆備之建設，則甘孜、瞻化、理化及丹巴一帶，均有可以發展之形勢；技術人才及資本之流佈，亦均有假以推進之可能。以後則將更進而規劃南部中心，木里甚有富礦區域，俟該處各組調查完畢，或可即就其地設計；此係一尙未可定之問題。

〔五〕 經營方法

舊有經營西康金礦者，除農民及土人利用閒暇時間作不規則之採掘外，鮮有科學的大規模之經營。昔日號稱規模較大之二搭金廠，投資亦屬有限。至全康金礦工人數目，向無可靠之統計；或謂最多時達三萬人；二搭一區，將及萬人。但是否全爲直接採金之工人，亦不可知。考當地熟練工人對當地地質地形，常有相當經驗。故目前經營，自宜就當地土人之舊有經驗，益以科學方法；大規模經營以外，並宜扶植小資本之擴展，蓋產金區既屬過廣，又不集中；爲管理經營及大量生產計，自不能專恃單一之組織也。去年（二十七年）資源委員會與西康合作，設立金礦局，作投資五十萬元之決定。初步有關工程之調查設計，已具端倪。本年三月，泰寧礦區已正式開工。並以對當地工人及地質情形，均已有所明瞭，困難逐漸排除，故不待公路及飛機場之完成而即進行也。此區發展後，除其設用並四週未開發地點外，即將進而以所有人才資力，供私家礦區之指導協助。或者須有分劃中心點之設置，則視工作前途狀況以爲定矣。

〔六〕 困難事件與其解決

西康採金之困難問題，重要者一爲工人，二爲食糧，三爲保護。關於工人者：因西康人口稀少，體格不強，頗多染有嗜好；其有曾受訓練者，更有不良習慣。故當地工人非經選擇而訓練不可，但以合格者爲數不多，故必須另從他處招募，對於資本方面，有頗爲嚴重之影響。所望於事業發展後，自然可吸引大量工人，減少此種困難於將來耳。關於食糧者：因當地產米甚少。所產之青稞，又不適他處人作爲食品。此殆爲過去工人所以不能大量增加之重要因素，要亦爲西康人口稀少之一大原因。目前固已設法就近增加食糧之生產，但一時尙無法脫離轉運之苦。須待交通問題大部分解決之後，方可得完滿之辦法。關於保護者：要亦視對於環境之如何應付。一則應以信義與土人相處；二則應有計劃的如何予土人以利益之道，醫藥、衛生、教育等，均可利用也。此外關于工具與工人住所及礦區警察等問題，困難尙屬有限，不難解決。

〔七〕 結　論

以上所論，係就已知狀況及設計而言。如將來材料增加，情形日益明顯，則所計劃者，或有增重之處。至少將來金沙江以西之情況明瞭後，金沙江兩岸之工作尙有不少可做也。

金礦開採及其選冶之研究

李丙璧

目　次

〔一〕導　　言

我國經濟狀況不振，主要原因由於實業存儲，多未開發；尤以直接關於金融之金銀貨幣，未能盡量生產，以裕國庫；遂至經濟狀況日見枯竭。近來法幣實行以後，所有貨幣金銀已控制出口，正期國庫充實，金融穩定；奈以國內金銀礦產，無整個計劃，從事開採，遂使礦量儲藏，未能取用；即或有少數金礦，從事採取者，又多無科學之研究，僅用土法淘洗，所得亦不過百分之三十左右，仍使良材棄地，誠可惜也！竊認以金銀礦直接影響金融，關係國家命脈，值茲世界經濟恐慌之際，正宜極力需要，俾關於貨幣之實質，有充分之準備；如使一旦世界之金融狀況紊亂，紙幣不能通行，仍可以實質之貨幣補救一切也。是以金融之重要，非但關於金融之穩定；尤能於非常時期，應付需求。茲將金礦開採及其選冶研究，綜合以往實地之觀察，及工作之管見，略為敘述，以資參閱。刻以該室內對於金屬礦已有整個計劃，進行步驟亦早有系統之規定；茲依照金礦研究之初步工作，作簡略之報告，後此自當依照既定計劃進行也。本報告首述中國金礦之分佈，除親身勘查者外，大部根據中國實業部地質調查所之報告；其次係述脈金之開採及其提金之方式；再次則為砂金概況，及其採淘之特點。一切內容，大部關於實用工作，採金者取為參考，不無小補；惟對學理之研究，以為為時間之限制，未能詳盡為歉！尤以倉促完成，簡陋之處，尚祈諒之；如蒙指正，無任感荷！

〔二〕中國金鑛之分佈

中國金銀礦產，分佈最廣。茲將全國金銀礦曾經調查者，分別縷述如次：

(a) 四川省：如松潘縣之漳河溝，懋功縣綏靖屯大金川支流，酉陽縣北雅礱江上游之黑地溝，及鹽源縣西金砂江支流，冕寧縣西南之竹家灣、石梁子、官尖子、乾海子等處，與平武縣龍洞子，及縣河西乾格壩，及縣南文鎮，理番縣下孟董坡磨河，以及宜賓、安縣、昭化、合溪等處，均有金礦，從事開採。

(b) 西康省：如瞻化縣東北之麥縣，河縣東之甲司孔，理化之金廠溝，道孚縣之雄雞嶺夾卯瓦谷道，孚縣之磨子溝、偷科及木菇鄉、賽卡，雅江縣南之德差江岸，丹巴城南之絨劄溝，城北之巴底，及大渡河沿岸，九龍縣之瓦灰山、挑栝皮式溝，康定之古鎍坡、三家寨等處，均爲產金區域。

（c）新疆省：脈金爲塔城南之哈圖山，東北之于闐克里雅山及喀喇塔什山，焉耆喀佈尚嶺，土爾喀頭巴爾噶遜山等處。

砂金如阿爾泰在承化以西，烏蘇縣奎屯河在迪化西南，綏來瑪納斯河在迪化西北；他若奇台迪化東南綏西無遊溝，蔣昔孫勒都斯山，中尉卑大西溝，昌吉羅克金河，寧遠城北沁水等處，均產金砂；至新疆南部之和闐、于闐、且末墜，砂金尤著。

（d）貴州省：如黎平縣三什江，錦屏縣清水江，均產砂金。

（e）廣東省：如增城黃扁塘，惠陽淡水墟，羅定黃陂嶺，高要樓梅坑，信宜白石堡，恩平金雞水，清遠濱江頭石洞，及陽山白臺鄉，均有金礦發現；近又在羅定四綸銀嶺頭口，發現金礦甚豐。

（f）廣西省：如賀縣三岔，邕寧伶俐江，梧州金砂尾附白思林等處，亦有金礦發現。

（g）江西省：如臨川縣之雲山鎮，最近亦發現金礦。

（h）湖南省：如源陵、桃源、平江、會同之金礦，亦均有人開採。

（i）福建省：如建甌、建陽、邵武（卽閩江上游），及尤溪流域，皆爲產金區域。

（j）安徽省：如霍邱大嶺脚，山嶺產砂金。

（k）河南省：如嵩縣之高都里、左峰里、焦澗，洛寧之水源溝，盧氏文峪鎮，淅川金豆溝，均產砂金。

（l）山東省：如招遠、沂水、牟平，寧陰，均有富滿金礦。

（m）河北省：如遵化縣之茅山、片石峪、關山口，昌平縣之分水嶺，密雲之冶山西莊骨慢，柔縣之勞營山，興隆縣之大小倒流水，以及遷安縣、府縣、阜平縣，均已發現金礦。

（n）山西省：如代縣之金礦，刻已由山西兵工測探局從事開採。

（o）陝西省：如華縣、白河、藍田、南鄭、褒城、洛陽等處，均有金礦發現。

（p）甘肅省：如高台縣之擺浪河，張掖之梨園河，永登西南之鐵羌渠，均有產砂金之重要區域。

（q）青海省：如貴德、魯倉一帶，卽馬沁雪山坡，塁源西北約九十里之大梁紅砂場，卽大岔口附近一帶，又湟西之野牛溝，湟水流域，民和縣老鴉峽，楊家莊子對岸孫氏莊溝，與湟水會合處，樂東縣城東十五里閻子溝，化隆縣下六族科彥溝，與都蘭之大柴旦、小柴旦，貢爾勃塔烏佛溝，以及玉樹縣之楞錯、青錯地方，均有產金區域。

（r）東北四省：素以產金著名，値此特殊情形之下，目前無法勘查，暫不敍述。

綜觀以上金礦之儲藏，可謂實博；其中無大規模開採價値者，固屬不少，然礦量豐富，礦質優良者，亦必有相當之數量；尤以四川、西康、青海、新疆、山東等處，金礦最有價値，若能作詳細之勘查，精密之計算，而以科學方法從事開採，自不難有相當收獲也。

〔三〕脈　　金

（1）脈金與砂金之關係

金礦有脈金（Vein）砂金（Placer）之别。脈金爲岩漿充滿於岩石之裂縫罅中，以其構成時之環境溫度，與漿內所含成分，及化學作用之關係而構成。其礦脈多與石英及各種硫化物，如黃鐵礦、硫黃鐵礦、方鉛礦、砒黃鐵礦及黃銅礦等混合，有時與各種氧化物及碳酸鹽類等混合，均依構成時情形之不同，故其礦脈之成分亦各異。砂金爲脈金經風化剝碎作用，變爲碎粒，再經之以沖積作用而集成；其堆積層之厚度，或爲數尺，或爲數寸，均與當時構成之脈金，有相當之關係[illegible]

(2) 鑛脈構成及普通之概況

金鑛脈大概分爲線狀（Vein）樹枝狀（Stringers）及包狀（Pocket），尤以線狀爲最常見。鑛之組成，多爲含鐵、含銅，及各種微量之其他金屬之石英石，貴重金屬亦多存在於其罅隙中。金鑛脈既係岩縫構成，其兩旁之岩石多爲花崗岩、片麻岩，間有含砂之石灰石及白雲石者，但多見於接觸部份。兩旁之岩石若爲花崗岩與片麻岩時，則結晶之大小，頗與含金之成分有關：若結晶較大，當係構成時之溫度較高較久，由液體變爲結晶之時間亦較長，大部溶液易於浸入此鑛脈中，而起富厚作用。含金成分亦易於提高；若晶體甚小，則其情況自較遜。

(3) 鑛石之形狀及其概況

金鑛石中既多含鐵及含銅，故其形狀常爲紅綠色及蜂窩狀（Porous）之石英石，間有因硫化鐵較多而具黃白色者，俗所謂臭金（Fool's Gold）者是也。有時潔白之石英中，常含顯著之明金，用人眼頗易察見，但此種鑛石，殊不易得。

(4) 鑛石鑛脈之選擇

金鑛之開採及設計，視其鑛量及含金成分之關係而爲將來獲利預算之標準；故鑛石之分析及鑛量之估計，爲第一要義。如其冒昧着手，則將來之結果，恐難得預期之希望！

（甲）鑛石之分析：

（a）濕試法　用化學原理及步驟，證明其中之結果；此法手續較繁，多爲採金者所不取。

（b）乾試法　用試金原理及步驟，試得其結果，係將鑛脈取得砂樣，用鐵鉢研細，再根據對角部份半取法（Cone-Sampling），和勻後取其一試金噸（Assying Ton），加氧化鉛（Litharge）四十克至五十克，灰鹼（Soda Ash）三十克，硼砂二十克左右，石英粉五克至十克，再加還原劑或氧化劑，其分量照砂質計算，以能得約二十克之鉛餅爲目的。將全部藥品與鑛石攪勻，盛以坩堝，置於試金爐中，熱至一千度左右，若用汽油火焰，在四十磅壓力下，燒至半小時，使其熔化，將金銀完全混於其中；再用骨灰皿，將鉛蒸去，則可得金銀之合金。應用試金天秤，即可知每噸之含金量。復以硝酸將銀溶解，則純金部分即可證實無誤。

（乙）鑛量之估計：

先視察鑛脈露頭（Outcrop）之長度，及其鑛脈之厚度，再根據山形以估計其深度，即可知鑛量之概況。但此種預估計，不能十分準確；如欲得較近之估計；須有鑽探工作，以證其深度，方可得詳確之數據。其簡單計算法如次：

$$\frac{\text{露頭長度(英尺)}\times\text{深度(英尺)}\times\text{寬度(英尺)}}{10}=\text{噸數}$$

(5) 選鑛機械之選擇

金質既包含於石英質內，其提金之初步程序：必須先使金質與石英分離，以後再用提金法，方可得其結果。故初步工作即爲磨軋，其細度要以磨至百分之一英寸（100—mesh），有時更細至二百分之一英寸（200—mesh）。磨軋之程序及機械之適用如下：

（甲）第一部：大塊擊碎（Breaking）採用之機械應爲

（a）虎口機（Jaw Crusher），

（b）環動碎石機（Gyrotory Breaker），

此種機械，可由大塊碎至一英寸半至三英寸之大小。

（乙）第二部：將一英寸半至三英寸之鑛石，搗碎至能通過三分之一英寸（3-mesh）至六分之一英寸（6-mesh）之鐵篩者，其採用之機械應爲

（a）滾圓（Roll），

（b）鐵板軋石機（Disk Crusher），

（c）鐵搗（Stamp Mill），

（d）滾桶軋石機（Tube Mill）。

（丙）第三部：將第一部及第二部以後之鑛石，磨至百分之十五至二十，能通過二百分之一英寸（200—mesh）之鐵篩者，

其應用之機械應爲

（a）鋼球磨（Ball Mill），

（b）輾礦（Chilean mill），

（c）磨盤（Grinding Pan）。

（丁）第四部：將小於二十分之一英寸（20—mesh）之礦石，磨至百分之五十至百分之九十；要能通過二百分之一英寸之鐵絲篩；其應用之機械應爲

（a）鋼球磨繼之以滾筒軋石機，

（b）輾礦繼之以滾筒軋石機，

（c）磨盤繼之以滾筒軋石機；

近來國內金礦，多採用石碾；因購置及裝用較爲簡易，但其工作效率甚爲狹小，所磨之礦砂，不過爲三十分之一英寸（30—mesh）至四十分之一英寸（40—mesh）之大小，不能得滿意之結果。

〔四〕 脈金之提金法：

礦石因性質之不同，採用之方法亦各異；主要工作爲汞取法，氰化法，比重選礦法，漂流法，氯化法：

（1）汞取法（Amalgamation）：

註：水銀甚毒，切勿浸入皮膚及於汽化時吸入肺內，工作人員須特爲注意！

因金銀易與水銀結合，故提取多用塗以水銀之銅板，以爲攝取貴重金屬之用；凡自由黃金（Free milling Gold）不與石英相連者，均可由水銀攝取而成汞膏。

（甲）金礦石之適於汞取者：

（a）自由金，用水盤冲洗後（Panning）顯黃色者；

（b）大塊之金屑，不易應用於氰化提取者；

（c）金粒之多爲片狀者。

（乙）金銀之外，與汞結合之金屬及其化合物：

（a）氯化銀（Corargyrite），

（b）銅，

（c）鉛，

（d）錫，

（e）鋅，

（f）鐵，

（g）鉍，

（h）鎳，

（i）鉑，

（j）砷，

（k）銻，

（l）其他罕見之金屬（Rare Metals）；

以上各物之結合力，與溫度成正比例；故溫度愈高，則汞膏之雜質亦愈多。

（丙）汞膏之形狀：

（a）液體，濾過後，在華氏六十度含金百分之〇・一；

（b）固體，爲含有一定比量之金屬狀態物，普通含金自百分之二十五至三十五，但亦有因賤金屬（Base Metal）甚多，而成分較低者；

（c）大塊之金屑，外面爲水銀所包裹。

（丁）適用於汞取法之機械：

（a）錘搗，係將礦砂搗碎後，直接冲於汞板上；

（b）輾磨，係碾碎含金黑砂之利器；

（c）石碾磨（Arstra），其原理與輾磨相同，係將礦砂與水銀混合碾軋，爲舊時之用具，工作力甚小，現已不採用矣；

（d）汞板（Amalgamating Plate），爲最普通之汞取提金器具；

（e）水銀槽（Trap），置於汞板下端，以收取冲去之汞膏；

（f）轉筒（Barrel），係碾碎含金黑砂之利器，與輾磨之工作相同。

此外尚有各種相類之機械，不便一一枚舉，僅將最普通之用具及其使用法縷述如後：

（戊）汞板之製法：

汞板爲八分之一英寸厚，四英尺寬，八英尺長之銅板製成，其製法有三。

（a）塗汞銅板之種類：

（1）銅板面上僅塗汞膏：先用細砂將銅板之氧化面磨光，再由細砂混以氯化錏（NH_4Cl）及水銀繼續磨擦，不久水銀即附於銅板上，俟其全面成鏡狀，即將細砂用水冲去，該銅面變爲潔白色，但以銅與水起化學作用而成綠色斑膜（Green Coating），則可用稀氰化鉀（KCN）或氰化鈉溶液少許擦去之。該板若無金質在內，則攝金力甚微

；故須經過相當時間，積有若干金質後，始能變爲較佳之提金器也。

（2）銅板面上塗以金汞膏（Gold Amalgam）者：先照法製成塗汞銅板，置於相當之斜度，用水繼續冲洗十二小時；如有綠色斑膜，即用稀氰化鉀溶去，然後塗以水銀，再將板上之二三英寸地方，用金汞膏塗勻；至少須放置二十四小時以上，再爲使用，此板提金力稍强。

金汞膏之製法：將薄板之細金，用火燒下，混以水銀，用鉄鉢研細，即可得細金汞膏（Fine Gold Amalgam）。

（3）銅板面上塗以銀汞膏（Silver Amalgam）者：如金汞膏不易得，可將全板照法塗以銀汞膏。

銀汞膏之製法：將銀與硝酸加熱，溶解，蒸乾後，再混以水銀，即得銀汞膏；提金力較遜於塗金汞膏，但較諸銅則爲佳。

（b）汞版使用時，應爲注意之特點：

（1）斜度（Slope）：汞板須置於某種角度，使水流勻整。不可太高，太高則水急，金屑不易附着，不可太平，太平則黑砂易於堆積，使金屑不能接觸板面，減少板之提金力。普通斜度，自每尺起，高由一英寸至二・五英寸。觀察銅板之斜度是否適合，可以根據其水紋及水流速度而定；適合斜度爲水流成連續狀波紋（A Series of Current），速度每秒鐘二十三至四十二英寸。

（2）下降階（Drop）：礦石面置於板上，以水面張力作用（Surface Tension），常漂浮流下；此種情形，最易使金遺失，因其不能沈下與水銀接觸也；故於板前須置下降階，使砂面與水下降，沈底而不漂浮。此類下降階不可太大，因易使細金冲去，普通爲二英寸左右，但不可超過二英寸半。

（3）面積：汞板面積，根據流砂之多寡而定；要能提得全部砂內之金量爲宜。如金屑較粗，則需要之面積較小，細則反是；普通每一・五平方英尺每日可濾水砂一噸。

（c）水銀使用後之障礙，及汞板之調治：

（1）空氣與水分，最易使銅質起化學作用，構成綠色斑膜。間亦有黃斑(Yellow Stains)或綠斑，構成於含有銅汞膏（Copper Amalgam）之汞板上；其原因大概爲氫氧化銅與碳酸鹽之結合。

（2）如水中含有硫酸鹽（Sulfate），則硫酸銅常發現於綠膜上，此種綠膜，可用稀酸類、綠化銨、或稀氰化鉀溶液洗去，亦可用細砂磨去；最普通之用品，則以氰化鉀爲佳。

若用稀硝酸，則易使變爲銅鹽（Copper Salt）而構成綠斑，且易溶去板上之銀汞膏；故除另製新版外，必須加意避免也。

（3）綠斑亦有構成自礦石或水質者：例如礦石或水內含有由黃鐵礦經過氧化焙燒（Oxidizing Roasting）變成之銅鐵硫酸物，或其他有害之物質。此種斑痕，繼續不斷；雖間斷洗刷亦不能得完善結果。最便之方法，可將布袋盛氰化鉀一二小塊，置於板之上端，由水冲過，則因繼續溶解，板面亦得繼續刷洗，則綠斑即可不見；且因所需爲極稀薄之溶液，故所費亦甚少。若見板上又現綠斑，則爲氰化鉀溶液完盡之證，此時應再繼續添加藥品於布袋中，其效甚宏。

（4）水銀之粉碎(Sickening and Flouring)：水銀用稍久，則因含有油質、氧化物、硫化物、或賤金屬之砷化物甚多，水銀面上即有薄膜包圍，不能連合，變爲極細粉狀；此時卽失去提金功效，金質易於遺失。最有害之物質爲砷質與銻質，因其由於硫化物分解後，即變爲包圍水銀之薄膜也。易於氧化之金屬或礦石內，含有滑石、蛇紋石（Surpentine）石墨、或粘土，均能使水銀粉碎，爲提金之重大障礙。

（A）減少油質之困難：採礦之燈油及機械部分之滑油（Lubricates）均宜注意，不令使其混於砂內；一方用鹼性物或石灰加入於礦石內，以減種油性。

16933

（B）石墨所構成之灰綠斑：可於每小時加食鹽一錢於砂內，以減輕之。

（C）水銀用之甚久，則有大部賤金屬氧化物混合其中，故一方利用鈉汞膏（Sodium Amalgam）之還原作用，一方用蒸過蒸餾，去其雜質，則提金力稍強。

鈉汞膏之製法：將鈉質切成極小方塊，用木箸壓沈水銀中，任其發生輕微之爆炸聲；鈉塊不可太大，因有爆炸之危險也！繼續添加鈉塊於水銀中，俟其形狀稠黏，傾置鐵板上，即成塊狀之鈉汞膏。

取此鈉汞膏少許，置於含有賤金屬氧化物之水銀內，則賤金屬氧化物起還元作用而與水銀分離。

鈉汞膏不易存儲，須浸沒於煤油或汽油中，否則易變為流體。

鈉汞膏應用之分量，可以鐵釘置於加膏之水銀內試之，若鐵釘上有水銀珠附着，則其中之鈉汞太多，須再加水銀，以得適合之狀態為宜。

（5）刷板（Dressing the Plate）：汞板上之汞膏，須成適合之黏度（Consistency），方能有良善之結果。黏度不可太硬（即太乾），太硬則提金力弱；不可太軟（即水銀太多），太軟則水銀易於冲去，金亦隨之遺失。金屑小者宜於稍硬，金屑大者宜於稍軟；但普通使用則以稍軟為較善。

刷板時間，各廠不同，最普通為每十二小時至二十四小時刷板一次，尤以取汞（見下文）後工作者為最多。

刷板之法：先以橡皮將汞膏取下，如太近銅板，則易發生綠斑，用稀氰化鉀溶液將綠斑洗去，使板面光亮，再洒以少量之水銀，自板之下端起，用鬃刷或棉布用力磨擦，則水銀即附於板上，漸及於板之上端，俟全部附着水銀，變為潔白色時，此部之工作即告完成。

刷板時最忌者：為使水流繼續流行，因汞膏之塊屑易於冲去而遺失，是以舉行此項工作時，須先將水停流，方可再為着手。

（6）取汞（Cleanfng, or the Removal of Accumulated Amalgam）：汞膏之刮取時間，由一日至三十日不等，但以一日者為普通；所得之汞，亦以刮取次數愈多者其得量亦愈多，不過計算其所得者能否抵補時間之損失為要義耳。

刮取之法：係用半英寸厚，四英寸闊，七英寸長之橡皮平面，自板之下端，用力向上刮取；刮至上端之中部，再用鉄鏟將膏取下，仍用刷板法將其製好，以備作用。但該板若用之日久，則板上有極硬汞膏堆積甚厚，可先以大量水銀浸洗，使其軟化，再為刮取；若仍不能刮下，則可用鋼刀刮下，取得其中所積存之金質；否則存之太多，一方竊取金質，一方積壓資本太重，故不宜積存太厚也！間有用熱沙、沸水、或酸類使之軟化，然後再為刮取者。

（7）擠濾（Sgueezing）蒸餾及溶化：取出汞膏，用鹿皮羚羊皮或極細之帆布，用力擠濾，則流動水銀由皮孔或布孔擠出，而固體汞膏即存留皮內或布內；此種擠濾，小規模者可用手工作，大規模之金廠，則多應用擠濾機。擠濾後，將固體汞膏置於鐵製曲頸瓶（Retort）中，用乾餾法將水銀蒸出，其溫度熱至攝氏表三百六十度以上，使水銀氣化，經過冷却器，則得流動之水銀。瓶中殘餘之渣滓，即為金銀與賤金屬之混合物，再加以硼砂、灰鹼、石英，置於溶金爐中，即可溶成金銀之合金錠。

（8）標足法（Refining）：金銀易成合金，故欲得十足之金錠，除將賤金屬驅逐外，仍須使金銀分離；其主要方法約分三種：

（A）乾法（Dry Method）：使銀質於烘燒時，變為氯化物或硫化物，其程續係將溶化之金屬通過氯氣，使銀質與賤金屬變為氯化物，成煙狀而飛出，或在溶體之表面上成為漂浮物，可以隨時刮去之；所餘者即為純金。

（B）電解法（Electrolytic method）：根據電解化學原理，使金銀分別沉澱；所採之方式為 Moetius法、Balbach 法、及Wohlwill法等。

（G）濕法（Wet Method）：根據金銀對於硝酸或濃硫酸溶解性之不同；此等酸類可將銀質溶去，用以得其純金部份，尤以使用硝酸最為普通。茲將使用硝酸之程續，詳列於次：法將所得金銀之合金錠，加二倍至三倍之白銀，再為溶化，使其全部溶成液體狀，立即傾入冷水內，則因其驟然冷凝而變為多孔之白色合金塊；最易於浸酸溶蝕。使與硝酸共置加熱，將銀質溶解，使其變為黃黑色之粉狀物，不再起變化時，取出用熱水沖洗，將金塊上之硝酸銀洗淨，蒸乾後，再加硼砂、灰碱、石英等少許，共置罐中溶化，即得十足之金錠。若於所得之硝酸銀溶液中，浸以銅板，則白銀沈澱而出，俾無重大損失，且可繼續使用。

（已）汞板外最普通之汞取機械：

（a）水銀槽（Mercury Trap）：置於汞板之下端，以攝取遺失之汞膏。

（b）鐵磨或石磨磨：先將經過比重選集法（見下文）所得之富厚之黑砂數百斤，混以水銀五十磅或一百磅，置於磨內，使經長時間之碾軋，俟全部碾成粉狀時，即可得含金之汞膏；此種汞膏，因汞取時間較長，故雜質亦較多，須經硝酸浸蝕後，方可得有相當比例之混合物。其餘一切調治法，與前相同。

（c）轉桶：其原理與鐵磨相同。法於鋼球磨內裝以富厚黑砂，經過七八小時之碾軋，再加水銀數十磅，攪轉兩小時，亦可得相同之汞膏。調治法如前。

（庚）汞提法之效率：

普通水銀之提金效率，自百分之四十至百分之六十。遇有適宜之礦石，亦有增至百分之八十左右。但該種礦石，殊為罕見。若為含有黃鐵礦甚多之礦石，則僅用水銀提取時，所得效率甚微；因大部金質與鐵相連，不易攝取也。此種礦石，須先行烘烤（Roasting），使其變為氧化物或硫酸物，然後再用水銀提取，則手續較易。烘烤時之變化如次：

$$FeS_2+O_2 \xrightarrow{加熱} FeS+SO_2$$

$$FeS+3O = FeO+SO_2$$

$$3FeS+11O = 2SO_2+Fe_2O_3+FeSO_4$$

$$FeS+10Fe_2O_3 = 7Fe_3O_4+SO_2$$

（辛）汞之提清法（Purification）：

水銀經過提金後，其中尚有少量之金銀，頗有利於提金；但使用過久，或因礦石之性質，含有賤金屬甚多，則應先行提清，再為使用；因其為害甚大也。不潔之水銀頗易察看，其形狀為不圓之球形（PearShape），且不易連合（清淨之水銀則為光亮之半圓體，且易連合）；此不潔之水銀，可用濾紙或吸墨紙穿一針孔，將其濾清，即可將殘餘渣滓分離。若能加以少量之鹼或酸或氰化鉀，亦頗為有益。

（壬）汞質易於損失之特點：

（a）水銀經粉碎後，最易丟失。救濟之法，可用水銀槽，且刷拭須較勤。

（b）水銀易於附着金屬屑上，而隨水流去。

（c）水銀易與銅、鉛構成汞膏，因比重較輕，易於遺失。

（d）水銀亦多由不注意之取法而損失。

（e）經過蒸餾後，常有百分之 0.1以上，存留於鍋內，烙金時蒸發而損失。

（f）水銀在平常溫度下，有微量之揮發性。

（g）硫酸銅常分解水銀而成硫酸汞及銅汞膏，亦為損失水銀之重大原因。

（癸）金質易於遺失之特點：

（a）細微金屑，漂流水上，不與水銀接觸，因而遺失，可以多數之下降階救濟之。

（b）金質之包於石英內者，易於遺失。碾軋之極細，使其分離而救濟之。

（c）金質之為礦膜包圍，亦不能為水銀接觸。救濟法與（b）同。

（d）金質之化合物，如碲化物等，頗易漂流而去。但可取於比重選礦床（見下文）內。

（e）粉碎水銀之遺失，亦為遺失金質之重要點。應於使用前，先將水銀調治完善。

(2) 氰化法（Cyanidation）

將含金礦石磨碎後，通入空氣於稀氰化鉀或稀氰化鈉溶液內，使達飽和狀態，然後加以石灰，再將磨碎之含金礦石加入浸漬至相當時間，俾金質溶化，濾去其雜質，再用沉澱劑將金質沉澱而出。

氰化法為最經濟最有效之工作，凡不能以水銀提取之礦石，或用溶化法耗費太大者，均可以氰化法提取之。

（甲）礦石之性質及其與氰化法之關係：

（a）黏土性之礦石，最易產生細粉，淋濾最為困難，不能有完善結果。

（b）易於分離之石英礦石，可先將粗金用汞提法提取，其細金則適於氰化法；因粗塊之金屑，若用氰化法提取，則需時甚久，需藥亦多，頗不經濟也。

（c）硫化鐵礦石，因汞提法甚為困難，故以氰化法為宜。

（d）碲化物礦石，普通氰化鉀溶液不易浸蝕，其提取法宜先用比重選取後，再用溴氰化鉀（Bromocyanide，見下交）溶液浸透，或先將其烘焙後，再用普通氰化法亦可。

（e）銻礦石中之銻質，頗為提金之障礙，宜先行烘焙，再用強鹼性氰化鉀溶液，則較為便當。

（f）石墨礦石，最易使金質沉澱，故於氰化法最為障礙，宜先用漂流法（見下文）將其漂淨後，再為著手，俾易工作。

（g）銅礦石最易分解氰化鉀，而沉澱於鋅絲（見下文）之沉澱劑上，防害金質之沉澱；故宜先加醋酸鉛（Lead Acetate）於沉澱前之溶液內，以救濟之。但銅質過多時，對於溶解沉澱均有困難，須採用電解沉澱法。

（h）砷礦石宜先烘焙後，再為工作；否則殊不易得完善之結果。

礦石中若含砷黃鐵礦（Arsenopyrite），雖用極細之礦石，與充分之空氣及攪動，用溴氰化鉀溶液浸透，終無良完之結果。其主要原因，為金質之存於礦石中者，大部為其他物質之化學或物理作用所限制，使其不能由氰化鉀溶液溶解，故須經烘焙後方可得良善之結果。若於烘焙時無相當注意，則金質即有大部之損失；此種情況，當時頗為一般冶金者所驚異；後經多次試驗，因其燃燒溫度之不同，而知金質之損失量亦各異：其燃燒溫度大概在攝氏表四百度以上，則金質量之損失與溫度成正比例；在四百度時，則其損失甚微；故知此種烘焙，須用適宜之溫度，以防其損失，方為有益：否則冒昧行之，必致欲益而反損。試驗之結果，大概如次（表一，表二）：

礦質	百分率
鐵	二六·八五
砷	一五·五二
硫	一九·三二
銅	〇·二〇
銻	〇·一六
不溶解物質	一〇·一三
砂質	七·八

（表一）選出含金黑砂之分析

烘焙溫度（攝氏表）	重量減少之百分率	質量損失之百分率
四一二	三〇·七	〇·七
四九一	三〇·六	一四·五
六一五	三〇·六	一八·八
七〇〇	三〇·八	二八·一
八〇二	三二·〇	三三·七

（表二）含金黑砂烘焙後之結果

由上綜論，初步烘焙頗利於氰化法，但其烘焙須為不完全氧化之烘焙（Deed Roasting）：否則氧化金屬之鹽類為害甚鉅。烘焙可分解銻礦石砷礦石及碲化物礦石，但不能分解硫酸鎂（$MgSO_4$）與硫酸銅（$CuSO_4$），故含銅甚多之礦石，對於氰化法提取最感困難。

（乙）氰化法之反應：

金質遇備含氧氣之氰化鉀溶液即可溶解

$$2Au+4KCN+H_2O+O=2AuK(CN)_2+2KOH$$

再由強氰化鉀溶液內，遇沉澱劑之鋅，則復為金質之沉澱；

$$2AuK(CN)_2+2Zn+4KCN+2H_2O=2Au+2K_2Zn(CN)_4+2KOH+H_2$$

硫酸第一及第二鐵（$FeSO_4$及$Fe_2(SO_4)_3$）頗能沈澱金質，硫酸則易分解氰化鉀，故為害甚大；但遇石灰則變為無害物質之氫氧化鐵而使溶液之酸性中和；故加石灰於礦石內為極重要之工作。

$$FeSO_4+Ca(OH)_2=Fe(OH)_2+CaSO_4$$

$$Fe_2(SO_4)_3+3Ca(OH)_2=3CaSO_4+2Fe(OH)_3$$

$$H_2SO_4+Ca(OH)_2=2H_2O+CaSO_4$$

沈澱劑鋅經過溶液浸洗後，則有大量鋅質溶解於其內；

$$Zn+4KCN+2H_2O=K_2Zn(CN)_4+2KOH+H_2$$

此含鋅溶液極無功效可言，較新溶液之提金力相差甚遠；但加石灰或硫化鈉（Na_2S）於中性溶液中，仍可使其溶解力增加；

$$K_2Zn(CN)_4+Na_2S=K_2Na_2(CN)_4+ZnS$$

若沈澱劑為鋁，則其反應為

$$2KAu(CN)_2+4KOH+2Al=4KCN+K_2Al_2O_4+2Au+2H_2$$

（丙）氰化法與溫度之關係：

金質之溶解，以攝氏表八十五度為最高點；但溫度愈高，其溶解之難質愈繁，需藥亦愈多；在冬季或寒冷氣候地方，須用人工保持溫度在攝氏表一五．五度至二一度之間，否則其溶解力甚微。

（丁）損害氰化鉀之礦石及其他物質：

（a）硫酸銅與碳酸銅。

（b）不純之含水氧化錳（Hydrous Oxide of manganese）。

（c）鋅，例如鋅渣。

（d）新鐵片（Fresh Abraded Iron）。

（e）石膏及硫質之存於石灰內者。

（f）樹根、樹葉及其他有機物。

（戊）金質溶解與藥力之關係：

溶液愈強者，溶解力愈速，難質之困難亦愈少；但溶解之難質及藥品之消耗，亦因之而繁多（圖一）。強溶液不適於傾瀉（Decantation）之工作，因其損失甚大也。

（己）藥力及應用之藥品：

普通工作時，每噸之礦石，需氰化鉀溶

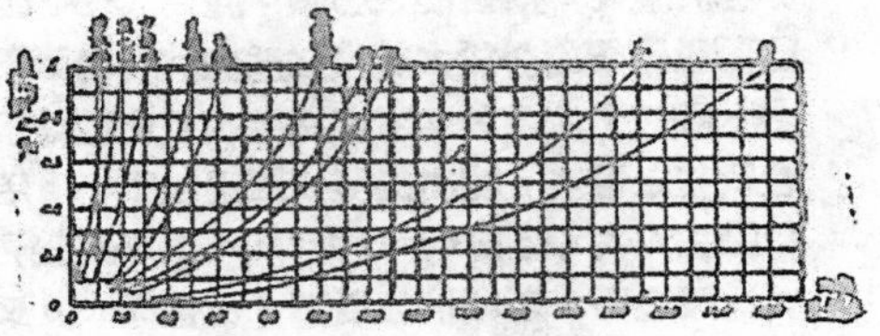

圖一：礦石與氰化鉀溶液之關係圖。

液一噸半，此種溶液之配成，則由每噸水內置兩磅至五磅之氰化鉀（氰化鈉亦可用，但與氰化鉀之溶解力之關係，為其原子量之反比例）。其次則約為每噸礦石需半磅爾化鉛，及四磅以上之石灰，或用少許之氫氧化鈉（$NaOH$），但普通以加較多之石灰為佳，因其需費甚廉而收效較大。

氧化劑亦有用氯酸鉀（$KClO_3$）、過錳酸鉀（$KMnO_4$）過氧化鉛（PbO_2）、過氧化錳（MnO_2）、過氧化鈉（Na_2O_2）、及過氧化鋇（BaO_2）等物質，使其發生氧氣以代空氣者；但以為費頗鉅，不宜採用。

（庚）氰化法之工作，可分為粗砂與細砂二部：

（a）粗砂提製法（Sand Treatment）：用木桶或鐵桶或洋灰池，裝成濾水之二層底（False Bottom），覆以捆笆蓆層，再用濾布置於其上，將礦砂混以石灰，傾於其中，普通三尺厚時，濾取不生困難；先將溶液引入浸透，至三日或四日（視其礦石之性質而定），然後濾過，再以濾出之溶液導入鋅絲箱（Zinc Box）或鋅屑沈澱器內，即可提得砂內之金質。在此設置，以無攪拌機（Agitator）及壓氣機（Compressor），故空氣供應不足！另法可用兩端開空之木筒數個，立置於濾布上以通空氣；另法經過相當時間，用鏟將砂移至第二池內，灌以溶液，照法提煉，再及第三池，以使新鮮空氣易於滲入。

（b）細砂提製法（Slime Treatment）：礦石為極細之粉狀者，若用簡單之淋濾法（Percolating Leaching）則因砂面蓋綢，濾取困難

16937

，空氣亦不易混入；故不能得良善之結果。宜用攪拌機，俾溶液易於浸蝕金質，而空氣亦易於混入。攪拌機之種類，甚爲繁多，但此種設備須適合於大規模之礦廠，若出產不多，或設備簡單者，不宜採用也。此種溶解金質後之溶液，濾出後須使經過粗眼布，用以除去泥質（名曰Clarification），然後再行沈澱金質，否則溶液混濁，爲害甚大。又以砂而甚細，其淋濾甚難，宜混入鋸末或粗砂，用以增其速率，可得滿意之結果。普通較爲適宜之機械，則爲旋轉淋濾機，然有時將成數寸厚之細泥層（Cake），甚爲堅固，頗爲淋濾之障礙。宜將濾布上面以活動網罩一層，則泥質不易凝結而堅附濾布上。

（辛）沈澱劑（Preciptatantes）之應用及其使用法：

金質溶解後，可用鋅絲（ZincShavings）鋅屑（Zinc Dust）鋅片（Zinc Wafers）鋁屑（Aluminum Dust）及木炭（Charcoal）以沈澱之；但普通用者爲鋅絲及鋅屑。含金溶液沈澱時，其氰化鉀之溶解量不得少於百分之〇・〇三，故在沈澱以前，須加足氰化鉀，以促其感應。

（壬）用鋅絲沈澱：

法以十二英寸高，十五英寸闊，二十英寸長之木箱或鐵箱數個，或於長箱中間分爲數格（圖二），以鐵絲底之小箱若干個，裝滿鋅絲，置於其中，導入含金溶液，繼續流通而過，俾與鋅絲接觸；但溶液內若含銅質甚多，則沈澱於鋅絲上而變白色，防害金質沈澱，此時宜繼續加醋酸鉛少許於箱之前端，或使浸入百分之十之醋酸鉛溶液內，再加較濃之氰化鉀溶液，以阻止銅質之沈澱，俟其沈澱金質經過相當時日，再爲清取。

清取之法：係先停止溶液之通過，改用清水，照樣流通，將第一箱之鋅絲用帶有橡皮手套之兩手，輕微搖動，則有黑色沈澱物及碎鋅墜下，但搖動不可過猛，過猛則水變黑色，因此損失沈澱之金質。俟沈澱物下落箱底，即由旁孔將沈澱物取出；同時取下第一箱之鋅絲，即爲所得之金沈澱物。再將第二、第三等箱，逐次移至前箱，並加新鋅於最末箱中，以備下次之工作。

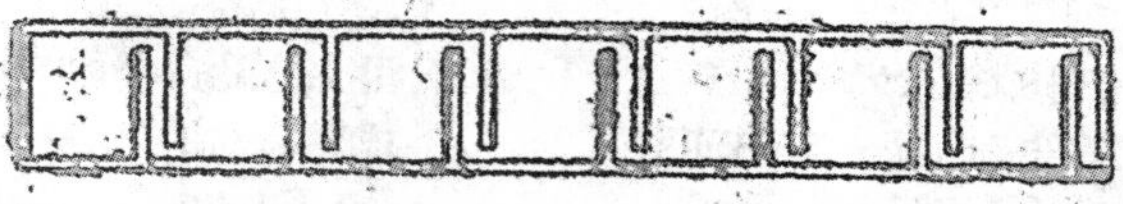

（圖二）　鋅絲沈澱箱：普通沈澱箱多具二層篩底以裝鋅絲，但爲工作便易起見，篩底可以免去。

（癸）用鋅屑沈澱：

係將含金溶液內之空氣，用抽氣機抽出，減少其中之氧氣，名爲（Deaeration），再用自動填砂器（Automatic Feedon）及勻拌器（Mixer）將鋅屑加入，與含金溶液接觸，則金質立即沈澱；再將霧狀之溶液，抽至淋濾袋內，將鋅屑濾出，再經相當提煉，即可得金。普通每一噸礦石須耗費鋅屑半磅，在第一次須將鋅屑加足，否則以不完善之沈澱，不能博得良善之結果。濾去鋅屑之淋濾袋以軟層棉布製成，待鋅屑裝入後，用力擠壓，則水分大部擠出，再將第一層布取出，用火烘燒，將其灰燼加入鋅屑內，以備提製。同時補加一層棉布於外面，如是每次移去一層棉布，同時亦另加一層。

（子）沈澱金質後之鋅絲及鋅屑之調冶法：

沈澱金質之鋅絲或鋅屑，加以硫酸，則因化學作用而起氣泡，少時漸止，用器攪動，再止則再加以硫酸及同量之熱水，並隨時攪動，繼續調冶，直至加酸不起變化時，即合放置一二小時，取出一部，用硫酸試驗，驗其分解是否完全；

此項工作，普通需時自四小時至六小時，再將此含有硫酸鋅之黑色混合物加以沸水，注於飾以鉛襄之濾壓器內以濾之，復將此混合物置鐵罐內，烤乾，俟其冷却，混以百分之五十之硼砂及少許之石英與灰鹼，因其質量甚輕，成灰狀易於吹起，宜小心放於化金爐中，將其熔化，傾出熔化體俟其冷却後，將再玻璃去淨，復爲熔化一次，卽可得所需之金體。

（丑）溴氰（Bromocyanogen）提金法：

鑛石爲硫錦化物，或爲可以氧化之硫化物，溶解金質時，必使極爲迅速，以防其混合之鑛石，經過較長時間，損害提金之溶液。溴氰溶液之溶解金質力極爲迅速，故適合之鑛石皆可設法採用。

（a）溴氰化物（Bromocyanide）溶液之調治：

（1）備容量二百加侖之密封木桶，中間置有攪動器，導入淸水，再使百分之六十三之硫酸五十磅繼續加入；

（2）硫酸完全流盡後，卽加已經溶解於水之氰化物二十三磅，繼續添加溴化鈉（NaB_r）二十三磅，與溴化鉀（KBr）二十四磅之混合物：

（3）以上物質完全加入後，則將木桶用水充滿，再爲攪動六小時，卽得所需之溶液。

（b）溴氰提金之應用：普通用溴氰提金時，先於木桶中加滿砂漿及氰化鉀，三小時以後，則加氰化溴（BrCN）溶液，攪搖二十小時，再加石灰，而後淋濾；則大部金質卽已溶解，可以備用沈澱法而提得之。

（寅）氰化物之毒質：

氰化物爲極毒之物質，若遇酸質，則生氰化氫（HCN）氣體，吸入易於中毒；調治之法，應特別注意！

（a）若吸入氰化氫之氣體，其中毒情形不甚劇烈時，則可深吸氧氣，或在新鮮空氣處，經過較長時間之呼吸以救濟之。

（b）若中毒甚劇，則宜打入百分之二三之過氧化氫（H_2O_2）溶液，甚至百分之十之溶液，或兼用（1）人工呼吸法，（2）嗅氣呼吸，（3）飲以新製之氫氧化鐵（$Fe[OH]_3$）溶液。

氫氧化鐵溶液之製法：以百分之二十五之硫酸鐵（$FeSO_4$）溶液與百分之五之氫氧化鈉（NaOH）或氫氧化鉀（KOH）溶液及氧化鎂（MgO），分別貯置於密塞之玻瓶中；當急用時，可將以上二種溶液各取三十克（Gram），混以兩克之氧化鎂，再加少量之淸水，使其變爲稀漿，灌入中毒人之胃中，少時再嘔出之。

若無以上之藥劑，則可改用百分之〇、三之硝酸鉀（KNO_3）溶液或亞硝酸鈷（$Co[NO_2]_2$）溶液，以洗其胃部。

（卯）氰毒之預防法：

（a）應備以多量之淸水於工作處，或有極好之通風。

（b）工作人不可與含氰之烟霧接觸。

（c）毒性多由於氰化氫，（或因含有砷質與氫氣YY成之砷化氫［AsH_3］），故工作人在有氰化物溶液時，不可俯身於淋桶內，以防吸入氰質分解之氣體。

（d）皮膚破裂處，從入氰化物溶液亦有危險，可用橡皮手套以避免之。

(3) 比重選集法（Gravity Concentration）：

鑛砂經過汞取法後，其中尙有一部分之金質，仍混於黑砂中；可施比重法以採收之，則其含金部分，卽以比重較大之關係而沈集。此種含金富厚之黑砂，再用鐵磨或石造磨或轉桶，用汞取法或用氰化法提煉，均能使遺集之殘金，重爲得出。凡產量較多之金礦，經過選集後，再爲提煉，則較爲經濟。

（甲）比重選集法所採取之機械：

（a）比重選礦床：爲一用以選砂之木台，利用機械前後不同之動力，及水流之冲洗，使輕重鑛石發生一種分級作用，再由床面上之凸條（Riffles）或凹槽（Grooves）之排列，富厚黑砂與殘砂卽各由不同之方向而分別流集。最普通之機械爲 Wilfley 選礦床、Overstrom 選礦床、Sperry 選礦床及 Deist or Plate等。

（b）氈台或帆布台：氈台係用絨氈或粗紋布，平鋪於木板上，使其布紋橫置，砂漿沖流時，較重之黑砂及遊離之汞膏即存於布紋內，每四小時將其清取一次，所得之黑砂量可達百分之十以上。此種工作，不需機力，且裝置亦易，故小規模之金礦頗宜採用。

（c）鑛淘器（Mineral Jigs）：爲一種木箱形之比重選礦機，分爲兩室，一室具有篩底，一室具有活塞，利用發活之動作，使水流發生跳盪作用，由篩底向上激起，與水混合之砂粒，其粗重者則因攀吸而繼續下降，隨即沈積於篩底，至相當高度，則經過旁門而再集一處，此即所得富厚部份也。近年來世界各金礦，多採用 Denver 鑛淘器，置於搗碎球磨與分砂器之間，以擷取粗粒之金屑，甚爲有效；且其裝置之處所，亦無容變更，故採用時甚爲便利。

(4) 漂流法（Flotation）：

金礦石有含半自由金，半爲化合金（Mineralized Gold），若僅用氰化法提取，其浸蝕部份每不能完全；此種礦石，最宜於漂流法，將其富厚部份取得，繼以治化，即可得滿意之結果。漂流係加油質及泡沫藥品（Frothers 或 Foamers）混合於鑛石中，使含金部份漂浮水面，而擷取之。

（甲）關於提金漂流之特徵：

漂流法對於自然金之效力甚大，較硫化鉛爲尤强；其漂流量之大小，當以漂流體之大小及表面之性質爲定衡。金質比重甚大，故漂流之體積須有相當限度，太重則不能爲氣泡所牽起。至於體積之限度，不能大於二百分之一英寸。

凡礦石中有自由金者，均能適用漂流法，但金質表面若爲氧化鐵包圍，則其工作效力甚微；故該種礦石，在選礦時，若無其他調治，難有較好之結果。實以漂流宜於硫化物而不宜於氧化物，因其易於爲水浸入而沈澱。

若自由金體爲粗塊時，則宜先用汞取法提取，然後再施以漂流法；如果僅用漂流法，則其損失亦太大。

（乙）關於提金漂流法之應用藥品：

（1）泡沫油（Froth Oils）；

水汽蒸餾之松油（Flotol 或即 Steam Distillated Pine Oil）。

（2）聚集劑（Collectors）；

氣浮藥（Aerofloat或即Phosphor-Cresylic Acid），

磷克利酸（Phosokresol亦即Phosphor-Cresylic Acid）。

（3）化學試劑（Reagents）：

Sodium or Potassium Ethyl Xanthate，

Sodium or Potassium Aryl Xanthate，

硫酸，

氫氧化鈉，

水玻璃（Water Glass），

硫酸銅，

硫酸鈉，

碱石灰（Lime Soda）。

若須增加氣泡作用，則宜加松油，松油最宜於漂流法，故初步烘焙若用木柴時，松木最易發生松油而混於其中，金質亦常隨之漂流而去，致爲重大之損失，故宜設法避免。近來國內金礦，用土法開採者，多以松木爲烘焙之燃料，惜其未諳實情，使金質遺棄，殊可惜也！

（丙）漂流法宜用於鹼性流體（Basic Pulp）中。

（丁）關於漂流法之機械及其使用法：

（a）金質以比重甚大，而其組合之鑛石，尤以石英居其大部；故對於漂流機械之選擇，亦須詳加考慮，按之各國金礦之試驗，攪動漂流機（Agitating Flotation Machine）甚爲適宜，因其漂浮力甚大，故粗粒之金化合物，均能提取。最普之攪動漂流機爲分鑛槽（Minerals-Separation Cell），此機包括多數相連之濾槽，其數目之多寡，視工作產量爲定衡。係將水砂之混合流動體，參以藥品，由水泵（Water Pump）自下部抽至槽中，並加以有壓力之空氣，使其全部變爲既汁狀沖，使其經過中間篩孔（Grate），注入池之上部，即有氣泡狀之黑色物質（名曰 Concentrates）漂浮水面，即為含金之富厚礦石。

至其不漂浮之礦液，則可導入第二池，如法提取；如是繼續為之，至最末池為止；照此則第一池之出品含金最多，第二池次之，第三池又次之，至末池之出品，則可與新砂混合，以備下次之提取。

(b) 若金礦石內，含有高嶺土（Kaolin）、黏土、及易成乳質狀之雜質甚多時，宜用加氣漂流機（Pneumatic Flotation Machine），最有效而易於設置者為 Callow-Macintosh Cell，此機係將砂漿用一薄之帆布或具孔之橡皮布之旋轉軸（Rotor）轉動，以增加勻整之空氣，該旋轉軸由三角鐵（Angle Iron）製成，使其一邊向外如螺旋形，以為旋動時將砂漿攪勻，而利於空氣之混入；因空氣之混入甚為勻整，故浮舉力甚大。該機對於具有壓力空氣之消耗甚低，在旋轉軸長度之計算，每公尺僅消耗〇·二氣壓之空氣三十立方英尺。

(戊) 提金漂流法與汞取法、氰化法相互之關係，及其應行採用之方式：

金礦石以性質之不同，在世界各金礦之經驗，有時僅用一種提金法，每不能收滿意之效果，故多用漂流法以補救遺失貴重金屬之缺點，每能得到較高之結果，故此法極為重要。

(a) 汞取法繼之以漂流法：此種方式，多用於礦石之含有自由金及多量之硫化物者，因第一部使其經過汞取法，則粗粒之金屬盡為攝取，細金粒及與硫化物混合者，則仍存於礦砂中，繼之以漂流法，則其未能以汞取法攝取之貴重金屬部份，即可完全漂浮水面。此漂浮出品即可直接冶化，或再經過其他溶液製煉（名曰 Lixivation），再為冶化亦可。此種提取可至百分之九十五，故為效甚宏。

(b) 漂流法繼之以氰化法：此法先將礦石內之金質，用漂流法取出，再以氰化法提取。礦石內若含黏土性太大，或含有害之硫酸鐵甚多，若直接施以氰化法，則不能得滿意之結果，宜先用漂流法將其富厚部份取出，再施以氰化法，則可減少一切困難。此種方式，初步之礦只須至相當細度，以便利於漂流法之攝取，較之直接施以氰化法則為經濟。該方式最宜用於含有化合金之礦石，及含大、非列帶之金質多者之。

(c) 先以不同之漂流法，繼之以氰化法：礦石中含有損壞氰化鉀之物質者：第一部宜先用漂流法，將有害之物質取出，其出品大概含大部之銅、鉛及自由金；繼之以第二次漂流法，加以適合之藥品，將硫化物內之金質及其他化合金由砂內取出，再施以氰化法，則可得較善之結果。此種方式，最宜於金礦石之不能直接施以氰化法者。

(5) 氯化法（Chlorination）：

此法係將烘焙後之礦石通過氯氣，使變為可以溶解之氯化金（$AuCl_3$），而後以水溶解，再用電解法以沉澱之。

（甲）礦石之適用於氯化法者：

(a) 凡金質之含於礦石內，成為極細之狀態，在此礦石內不含易與氯素結合之賤金屬，且不含銀質，遇氯素雖亦變為氯化銀，但可不包圍金質者，均可適用。

(b) 凡難熔化而含金頗高之礦石（Refractory High Grade Ores），若用氯化法，亦可得極佳之結果。

(c) 礦石之有含水（Hydrated）氧化鐵者，最不宜於汞取法；因其礦石易成細粉狀，汞取時每有過剩之紅色雜質，將水銀表面遮去，以致金質不能與汞面接觸而遺失。此種礦石，若用桶氯化法（Barrel-Chlorination），仍可得滿意之結果。

(d) 銀質之含於礦石者，每因氯化法而不能提出；因其變為氯化銀而不能溶解也。但含銀甚多之礦石，則宜加食鹽焙燒，使其全部變為氯化銀，再用次亞硫酸鈉（Sodium Hyposulfite）或氰化法以提取其銀質。焙燒之反應如下：

$$3FeS+11O=2SO_2+Fe_2O_3+FeSO_4$$

$$FeSO_4+2NaCl=Na_2SO_4+FeCl_2$$

$$4FeCl_2+6O=2Fe_2O_3+4Cl_2$$

$$Ag_2S+Cl_2+2O=2AgCl+SO_2$$

(c) 適用於氯化法之物質，必變為砂鐵之單體而後相宜，故其對於硫礦石必先經過不動之焙燒，使與硫質分離，驅除其硫質後，方能着手。

(d) 氯化法以需費較鉅，故宜先用於富礦石及選礦後之富庶部份。普通選礦後，多含硫化物，故先宜烘焙，將硫質驅除，否則硫化物易與氯素化合，而消耗甚鉅。初步烘焙時，先用低溫度將其全部烘焙，漸及攝氏表八百五十度，用以分解硫酸銅，然後加以食鹽，促進其反應；俟其全部分離，乃降低其溫度，以防金質之揮發。至其所加之食鹽量與烘焙之時間，及損失最少金質之溫度，均須於礦石之性質作詳確之考察，而後始能規定。近自氰化法發明以後，以為費甚省，收效亦大，此法多不採用矣。

（乙）氯化法之應用：

(a) 裝桶氯化法（Vat-Chlorination：現今採用者為 The Goldfield Chlorine mill Co.，第一部先將礦石碾碎至十分之一英寸（10-Mesh）至三十分之一英寸（30-Mesh）之細度，置於焙燒器內，經過氧化烘焙後，使其冷卻，用水浸濕，導於存砂室內，以備工作。

第二部將浸濕之烘焙礦石，裝滿於淋濾木桶內，用木蓋封閉，再導入每磅水含八磅氯之強溶液以浸透之；經過相當之時間，將其溶液濾出，導於溶液箱內，再行引至沉澱箱，施以電解沉澱法，將其金質沉澱，此沉澱箱內置有碳質之陽極片，及含百分之一鋅質之陰極片，以為導電體。其沉澱之砂質為含有金、鉛及銀之混合物，取出後，趁其濕潤時，即加以灰礦、碳酸鈉、石英等熔化劑，置於反射爐內熔化之，即可得其含鉛較多之金銀塊。再施以標是法，即可得出其純金。

(b) 轉桶氯化法（Berrel Chlorination）：轉桶之構造，與柔取法者大致相同；將礦石碾碎及烘焙後，裝於轉桶內，再導以氯溶液，將其金質溶化，濾出後，再行沉澱之。一切處治與（a）相同。

氯氣侵蝕金屬性甚強，故用於氯化法內之水泵管或其他接觸導管，均宜改用橡皮管，以防其侵蝕。

〔五〕砂 金

(1) 砂金之成因：

原生成之金礦脈，經過氣候變遷，及風化剝蝕作用，變為細碎之塊狀，再由水流之沖積分類，遂沉積於低窪之處，構成砂層。堆積物之重量，與水流之大小有密切關係，故砂層內貴重金屬，多因重量關係而匯集一處。

凡不同之圓形物質沉於水中，其速率與重量成正比，與阻力成反比；而阻力又與面積成正比。故石英以比重較輕，沉積最為遲緩；金質則因比重較高，故沉積甚速。是以貴重金屬，多因此而構成砂礦層。

砂礦中物質比重之關係：

石英（2.64），
長石（2.55-2.75），
鐵鎂矽酸物（2.9—3.4）
石榴子石（3.14—4.13）
金剛石（3.54）
剛玉（4.0）
單生礦（5.0）
磁鐵礦（5.0）
錫石（6.4-7.1）
黃金（15.6—19.3）
鉑（14.0-19.0，純質時21-22）

金質沉積，以比重之關係，多與錫石、磁鐵礦、單生礦、金剛石、及其他貴重礦石同時堆積，是以金礦層之檢定，亦當根據其混合之物質，方可作為探礦之導線。砂金為產金之主要來源，世界之黃金，多半出自砂金礦床。

(2) 砂金構成之種類：

（甲）殘留礦床（Fluvial or Residual Deposits）：

砂金層係因原岩石經過急速劇烈之沖刷作用而構成，其構成部份（圖三）多在積在原生礦床露頭之下，或集於露頭下之斜坡上；該種砂層含金多不豐富，且亦不易豐富。故此種礦床不甚重要。

（圖三）　殘留礦積與河成沙礦床圖

（乙）砂金之富厚作用（Concentration）：

原生含金之礦床經風化作用，變爲粉碎後，再經風力、水力或海潮關係，使其移動而聚積一處，遂卽構成富厚之礦床。

（丙）風成砂礦床（Eolian Deposits）：

在乾燥地區，砂礦床多因風吹作用而構成。原生金礦床因風化粉碎變爲細砂粒，再由風力之吹動，則體輕之砂石易於吹出，含金較重之物質卽行匯聚一處，構爲風成礦床：此種礦床，爲經 H.C. Hoover與T.A. Richard在澳洲之西部金礦脈附近發現。

（丁）河成砂礦床（Stream Depostis）：

河中之水流，具有相當運轉力；金質以比重甚高，約爲其他石質，如石英、長石等之六七倍；故金質易於沈積，不易爲河水冲去。積之日久，則河底砂層卽變爲有價值之礦床。緣其構成時爲含金礦脈，經過長時間之風化作用，則粉碎砂石之厚度常堆積至數百尺，經過水流之冲刷，砂石向前移動，金質之大塊者因下降力甚速，漸漸下降，此種作用，繼續進行，大塊之金質繼續下降，直至沈於砂底爲止。此種金塊以經砂石之磨擊，多爲片狀成圓粒形；小塊之金屑，則多混以砂石，仍向前進，候其流速漸減時，亦因運轉力與比重之關係，漸向沈積。此後山洪暴發，其運轉力至爲偉大，則全部砂石與其中金質仍不免向前移動，但除河水爆發量之界限，則又不爲前進矣。金質之大小塊，亦因多次之變動而堆積於河底，成爲礦床(圖三)。

（戊）海成砂礦床（Marine Placers）：

因海水之風浪及潮汐作用，將海岸之砂石漸漸冲刷，金質因比重較大而留積於海邊，積之日久，變爲海成砂礦床。

（己）埋沒砂礦床（Buried Placers）：

含金礦脈因風化堆積於較平之山坡上或存於較深之低窪處；該種金質，因水流之運轉力不能使其再爲移動，隨爲砂石掩埋，富厚作用亦卽停止。積之日久，其掩埋之砂層有超至數尺至數十尺者，該種礦牀，非用鑽探工作，不能得其詳確之概況。

(3) 砂金應具之特點

（甲）砂礦牀內金塊之大小及其混合之礦石：

金質之存於砂礦牀內者，常因構成於較富之石英脈中，而發現大塊之金屑：如California之金塊，重二千八百一十四兩；Hill Eng.New South Wales之金塊重達三千兩，遼寧省鐵嶺東南柴河堡附近之平式門溝，所產金塊重一百八十四兩，金廠溝者重五十三兩，均爲其傑傑大者。砂金礦床之構成，以有重量之關係，故其混合之礦物亦多爲磁鐵礦（黑色砂粒）鈦鐵礦（Ilmentite 黃色砂粒）石榴子石及鋯英石（Zircon白色砂粒）獨居鈰礦（Monazite 黃色砂粒）與原生礦床內之一切較重物質。

（乙）砂金之成色及與脈金之關係：

砂金之成色，自千分之五百至九百九十九，其混合體多爲銀質，但有時亦含少量之銅質；脈金之成色則大概自千分之八百至八百五十，其達於九百九十九者則甚鮮。其成色之高度，與運轉之距離，及其體量之大小，有密切之關係。是以轉運之距離愈遠，或其體量愈小者，則其成分愈高，蓋以外面之銀質多因浸蝕而遺失，所存者僅為大部之金質，故成分較原金質高。

（丙）砂金與底板岩石之關係：

金質以因重量而下沉，其大塊者多存於底板（Bed Rock）上，是以含金之成分愈在上部，則其價值愈小，但其富厚部分則又常存於假底板（False Bed Rock，在岩石上層之黏土層）上，故其金塊之體積，較其上部之金質為大；然與岩底板上之金質相較，則仍以為遜也。

砂金礦床若為石灰石，則每因其被溶解之部分甚多，金質常墜於其中，深至數尺至數十尺；故掘取甚難，非用炸藥轟炸，不能採取。其最善之地板，當以緊質黏土層之地板（Compact Clay）為佳。

（丁）構成砂金礦床之坡度：

坡度較大之河床，常有每里高至數百英尺者，但其含金量甚微；普通最佳之坡度，當以每里約高三十英尺者為最適宜，因金質在此種情形，其沉積之機會甚大。

（戊）砂金富線（Ray Streak）：

富厚金礦脈，存於河底者，多不規則；常為狹窄之河道，或偏於一邊，或兩邊交互串插，均以構成床之適宜坡度地帶為準繩。若僅由表面河道觀察，則不能覓得其相當地帶。

（己）砂金之開採價值：

砂金之價值，除以每噸礦砂含金量計算外，多以其每立方碼之含金量為計算開採價值之標準，普通砂金礦在中國情形，每立方碼含金在十元以上者，即有相當之價值。在（Seward Penisula）之砂礦，每立方碼含金自二毫至六元，據實際測驗在南漿河僅一噸砂礦，則含金自百萬分之一至百萬分之六。

(4) 開採砂金礦之用具：

（甲）淘金盤（Pan）：淘金盤為一圓形之鐵盤，其周圍具有相當坡度之盤邊。普通其上部之直徑為十英寸，十二又四分之一英寸，及十六又四分之一英寸；深度自二英寸至二·七五英寸；四周之坡度則自三十五度至四十度，重約量一磅半至二磅。

淘金盤應由輕質之物質構成，使用時便於操取，但須具有相當之堅固性，以防不測之損壞。其內部須光滑而為油質，故將製盤之材料及特點詳列如次：

（a）鐵板：價低而堅固。

（b）鋁：體輕而不易生鏽，但其堅固性則較遜。

（c）瓷器：不易生鏽，而易破壞。

（d）銅：普通盤底由銅質構成，周圍則用鐵質製造，其底塗以水銀，以為提取細金之用。

淘金盤之用法：盤中儲以砂石，須浸於水中，使其全部浸透水，用手搖動，將黏土塊分解，并將大塊砂石取出，再浸於水中，作旋轉之搖動，則輕浮物質漂浮水面而沖去；繼續搖蕩，使金質與殘餘之黑砂存於盤底，以火烘乾，用磁石吸取其鐵砂，使其與金質分離，或再加水銀，以提取其金質。

若為有經驗之工人，金質頗難遺失，且每十小時可工作一百盤以上。

盤之工作量，大約每六·五盤可以工作一立方英尺，或即一七六盤可以工作一立方碼。

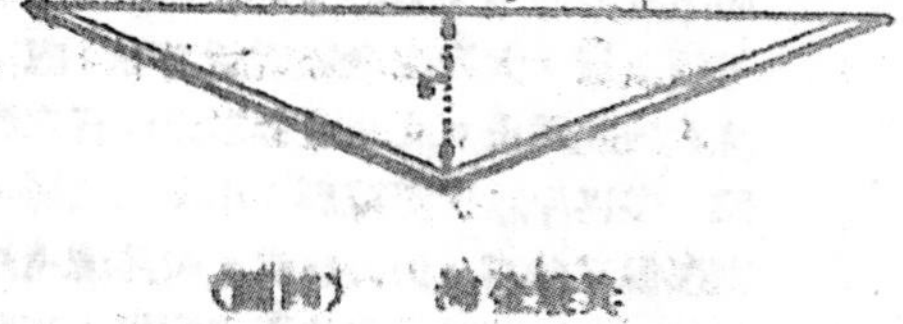

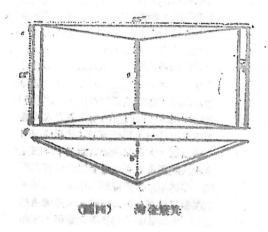

（圖四） 淘金盤

（乙）淘金槽：

為一長方形之淺木槽（圖四），約長二十英寸，寬十英寸。

用法與淘金盤相同，但其用力則稍異，我國淘金者多採用之，與淘金盤均為採金時之簡單器具。

（丙）錐形盤（Ratea）：

為一下錐形之淘金盤，用木或鐵皮製成，其直徑自十六英寸至三十英寸，墨西哥與美洲多採用之。

（丁）搖盤（Rocker）：

上部為鐵篩，下部為帆布台或氈台；其用法係將砂石置於篩上，用水冲洗，同時用力搖動，則水與細砂即冲於帆布台或氈台上，漸及於擋簷，以達於底砂板上；俟篩面上之砂石用水冲潔後，即可移去；如是照法工作，則大部金質即存於帆布台或氈台上，擋簷則因置有橫木檔，亦能攔取其冲下之金質。

（戊）長木槽（Long Tom）：

下端置一半英寸孔之鐵板篩，以相當之坡度通過細砂粒，再下為具有橫木檔之寬水槽，斜度稍平，以利於金質之存儲（圖五）。

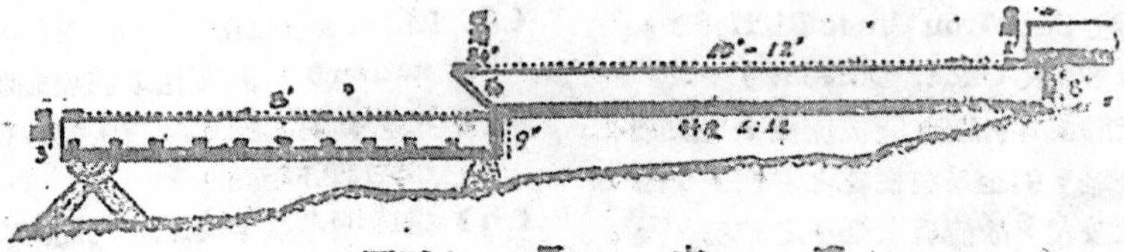

（圖五）　長　木　槽

使用時，係將砂石置於木槽中，用水冲流，大塊之砂石存於槽內，隨即移去，細粒之砂石則經板篩而至於寬木槽上，以其木檔及較小之坡度關係，大部之金質乃存於檔後。此種工作，加以水銀或不加水銀，皆不無可。

（己）槳板（Sluice）：

為長條形之木槽，中間橫置木檔或鐵檔，放於適當之坡度，以利水流之冲洗。使用時，係將砂石置於槽端，用水冲洗，砂中所含泥塊漸分離，金質則以水之分類作用，與砂石脫離而存於檔中。槳板之長度，與砂石之性質有密切之關係：如砂中含黏土較少而易於分離，則槳板可稍短；若黏土較多，則其黏著力甚大，槳板之長度必須增加，否則不能有滿意之結果。長度又以地形為根據，若地上面積較豐，則取板宜稍長，蓋極短之槳板，不能使金質有較大之沉積機會也。普通稍粗之金礦槳板，自三十六英尺至七十二英尺，若為極細質之砂石，需二百英尺至三百英尺始為適宜。

槳板之頂端置一木箱，箱內置鐵篩，以分離較大之石塊，如一英寸距離之鐵條篩，或鐵板之穿以½英寸，¼英寸，⅛英寸網孔者，均為適宜之器具。槳板之寬度，普通自十英寸至六英尺，深度則自一英尺至三四英尺。若有細微金粒存於細砂內，則宜用淺而寬之槳板，而置於較大之坡度。若為粗砂，則以較深較狹之槳板為宜。坡度則自百分之二至百分之十二．五；最小之坡度常用極細之砂粒，普通之坡度則為五百分之四．一六，或即十二英尺坡高六英寸也。

槳板之檔（Riffles）置於槳板內，橫置或竪置均可。普通材料，當以圓木塊或方木塊，飾以鐵邊之大木塊、圓石塊、鋼條、或其他金屬，最為普通。

（a）檔之功用：

（1）阻止砂石之轉動，以利其沈積。

（2）構成槽形（Rocket），以利金質之存儲。

（3）發生渦流（Eddies），俾使砂石分類，渦流之發生，與檔形及距離有關，但以渦流之淘洗力，使能攔留砂石為有效。

(b) 檣之設計，應加注意之要點：

(1) 與水之最低阻力相稱，以得水力最大之功效。

(2) 須有相當之堅固性，及較大之儲金力。

(3) 須具有相當數目，以攝取所有金質。

(c) 檣之種類：

(1) 木棍檣(Pole Riffles)，

(2) 石枕檣(Cobble or Rock Riffles)，

(3) 方木檣(Blick Riffles)，

(4) 豎置鐵條檣(Longitudinal Rail Riffles)，

(5) 橫置鐵條檣(Transversal Rail Riffles)

(6) 三角鐵條檣(Angle Iron Riffles)，

(7) 生鐵篦檣(Cast Iron Grade Riffles)。

(庚)底流木板槽(Under Current)：

係將條篩或穿孔篩，置於流板上，使細砂粒分離，引至具有檣枕之木板上；因其坡度較大，故流板上細小之砂粒，發生勻整之水流，其金質即存於檣內。又以利於細金之攝取，多以氈台或粗蓆置於篩底。普通底流板之寬度，自二十英寸至五十英寸，長度則自四十英尺至五十英尺。坡度自每十二英尺起高十四英寸、十六英寸、或十二英寸者最為普通。

(辛)水銀：

普通金質之攝取，多利用木檣之排列；但細微之金質，每不能完全取得；故須時加水銀於底流板上，則細金即沈積於水銀中，而變為汞膏。

(壬)鐵鍬(Shoval)：

凡小規模之砂金礦，掘取砂石，多用鐵鍬，以為工作之工具；然以工作量甚少，費用甚鉅，規模稍大之砂礦床，則多不採用。

(癸)水泵(Pump)：

普通砂礦床大都構成於低窪處，故常有多量之水，因此攝取金砂之初步工作，必須先將水量汲乾，然後從事掘取，否則大部為水量充滿，殊難為力。故水泵之吸水器具，極關重要。水泵之種類甚多，或為離心水泵(Centrifugal Pump)，或為活塞水泵(Plunger Pump)，均以視當時工作之利便而選擇之。

(子)挖砂機(Dredge)：

為最有效之挖砂器具，且有大量之工作能力。此機適用於砂礦之情形，及其特點，有下列數項：

(a) 深河槽堆積層。

(b) 廣大無坡度之堆積層。

(c) 不適於極窄之砂積層。

(d) 在水平面下最大深度，可達八十五英尺，但普通深度則自三十至四十英尺。

(e) 工作量以砂石之疏鬆程度及其性質為標準。

(f) 堅硬之砂石宜於較重構造(Heavy Conscruction)，且在挖取前須先將砂石轟炸。

(g) 砂層具有大塊之砂石，挖取費甚為浩大，其修理費亦極高。

(h) 挖取機之效率與底板之性質有關；因金質儲存之地帶不同，或聚於地板上，或陷入其中間故也。

(i) 軟底板易於挖取，硬底板則反是。

(j) 挖砂機在普通情形下，其使用之時間，約在十年左右。

(k) 挖砂機之形式：

(1) Continuous Bucket Dredge, Equiped With Close-Connected Bucket Run(適用於勻整較小之砂石)。

(2) Open Connected Bucket Run(適用於含大塊砂石較多之砂層)。

(丑)刮削機(Scraker)：

亦為刮取砂石之工效器具，且能將刮取之砂石運於較遠較高之距離，凡廣大之砂層均可採用，惟以所需之動力較大，故小規模之礦廠不能採用。

(寅)敦氏淘金機械盤(Denver Mechanical Gold Pan)：

為最輕便最經濟最有效，新發明之淘金器。其構造為平行擺動，具有篩底、托板、及橡皮氈盤(Rubber Matting)之搖砂攝金機器盤。此盤之普通狀況及其工作之特點，有下列數項：

（a）以離心軸之轉動，使其搖動，以分別貴重之砂石。

（b）每分鐘之迴轉率為二百四十轉。

（c）可以提取粗金及細金；普之取金部分，先使金砂經過汞板，再使經橡皮毯台，故其提取粗屑及金粉之效力，甚為宏大。

（d）其離心軸之構造，係用滾珠軸架（Self—Aligning Ball Bearing）減少其摩擦力；蓋以生鐵套，以防砂石之侵入；故其使用時頗能延久。動力係用立式之汽油引擎，每十二小時需油不過一磅半左右。

（e）便於運轉及裝置；該器以重量輕而體積小，故可以馬車、汽車裝載運輸，至為便易。

（f）提金效力甚大，故舊廢中含金極少之廢石，均能用以工作。

（g）需水量甚小；在普通情形，每噸砂需水兩噸；因其附有離心水泵，以為吸水工作，故工作地點甚易選擇。

（h）工作量：每小時工作之砂石量，自一·五立方碼至二立方碼。

（i）動力：自壹馬力至四馬力。

（j）器上可加裝滾篩（Trommel Screen），以分離較大之砂石。

(5) 砂金開採之方法：

（甲）掘砂：

第一部先用人工挖掘，或機械剷取，將表面之廢砂移去，再將含金砂石從事採掘，以備提取金質。若堆積層甚為堅固，宜先用炸藥使其疏鬆；若為堅冰凝結，則可用蒸汽軟化（Thawing）後，再為剷取，較為簡易。其最有效之剷取機械為 Sauerman 之 Power Scraper 及 Slackline Cable Way Excavator等。軟化之工作：砂礦在較寒之地帶。為 Alaska及North Western Canada之砂層，多為寒冰凝結，堅硬異常；若直接施以掘取工作，則難於進行；故須先用炸藥轟炸，方能採取；但需費較鉅，各礦亦多不採用。最有效最經濟之方法，則為引用蒸汽，將其溶化，而後再為發掘；所需熱量，以砂內所含冰塊之多寡為定衡；凡密實之石質，含冰氣少者，需熱甚微；但疏鬆砂石，含冰甚多者，則需熱頗鉅。

熱量損失之要點有三：

（a）固體之吸收，

（b）汽管之輻射，

（c）漏孔處汽體之損失。

（乙）拉流（Sluicing）：

（a）拉木流：將人力或機械力所掘取之含金砂石，置於木槽內，用水沖洗；則廢石隨卽沖去，金質之比重較大，因此存留於槽內。

（b）地流（Ground Sluicing）：引河水流於含金之砂石上，將砂石疏鬆，使大部之廢砂沖去，其含金部份則聚於一處，而構成富厚部份（Enriched Product），取出置於水流內，照（a）法處置，卽可取得其中之金質。

（丙）清流（Clean-Up）：

在流板內工作，至相當時間，須將流板內之金質清取。清取之法，係先以清水沖洗，就砂石沖去，再將第一層之槽取下，則金質汞膏及重砂部份聚於一處，用鐵鏟取出，其餘各槽，依次照法清取，俟全板工竣時，用淘金盤或搖籃，使之清淨，其中之黑色鐵砂用磁石移去，其流體水銀則用麂皮或帆布擠去。若金質為金粉時，則可用火烤乾，若為汞膏，則用蒸餾蒸取，再繼之以冶化，卽完成此部之工作。

(6) 漂積層採礦法（Drift Mining）

此法為對於砂礦堆積層所施用之地下採礦法。該法最適用於含金部份之沈積於狹窄河道中，或居於底板上之一定平面內者；普通需費較地面採取為高，但須將移去廢砂（Overburden）與採取金砂之合計費用，以為兩項之比較而選擇之。採取時，係向含金之砂層內穿一平洞，或先穿一立井，再篩含金砂層採掘。該種砂層為疏鬆質，不能與堅實岩石相比，故洞內之支柱宜特別注意，以防危險。

金典雜釋

高行健

〔一〕引言

Gold is for the mistress,
Silver for the maid;
Copper for the Craftsman,
Cunning at the trade;
"Good,, said the Baron,
Sitting in his hall;
"But iron, cold iron, is
Master of them all."

——Old Tale.

「有力出力，有錢出錢」，這是我們抗戰的口號！力，當然是鋼鐵；錢，當然是金子；Master出力，Mistress出錢，這是大家知道的事實。鋼鐵已經奮鬥一年半，金幣也已捐獻幾千萬；雖則我們的鋼槍鐵砲，外國來的，本國造的，連續不斷補充到前線上去，決不會發生缺乏的恐慌；難道我們的金飾法幣，也是始終獻不完的麼？

無論抗戰或建國，一切都要借重於黃金！這是顯而易見的，否則什麼都無法進行。尤以這次的抗戰，我們的敵人，總算是世界上產金國團體裏說得着的一分子；比英、美、俄、墨等國的產量相差尚遠，比我國的產金額卻要常年超出了兩三倍（表一）。抗戰着重鬥力，戰事決不會無限期延長下去，最後勝利就在眼前了；建國着重鬥富，我們爲將來百年大計打算，趁此開發西南的時候，對於西南的種種國寶，尤其是黃金，應該趕快挖掘，多多用以富國，多多用以發展一切未來新事業！

〔二〕五金之長

(1) 金誕溯源：

金子的發現，遠在石器時代，決不會逃過當時各野蠻民族的手眼。因爲天然出產的自然金，不會在通常環境裏發生化學變化，永久是黃澄澄亮晶晶的東西；所以各國的金字，考其語源，大都有燦爛輝煌的解釋。

16948

單位	國別／年份	中國	日本	美國	俄國	墨西哥	加拿大	(Transvaal)	全球產量
以美金千元為單位	1924	4,383	7,827	52,277	20,360	16,480	31,532	197,934	395,069
	1925	4,669	8,354	49,860	20,365	16,310	35,881	198,400	394,396
	1926	4,622	10,340	46,276	20,510	15,972	36,263	205,783	398,557
	1927	3,474	10,295	45,419	21,982	14,991	38,300	209,250	402,153
	1928	3,300	10,150	45,360	23,500	14,452	39,091		406,565
以英兩(ounce)為單位	1930	96,750	388,740	2,100,395	1,433,664	670,488	2,107,073		20,886,318
	1931	96,750	434,037	2,218,741	1,700,960	623,003	2,695,219		22,329,525
	1932	96,751	434,037	2,219,304	1,990,085	584,487	3,050,581		24,150,761
	1933	150,000	279,535	2,276,711	2,667,100	637,727	2,949,309		25,367,895
	1934	150,000	340,316	2,741,706	4,262,770	661,405	2,969,680	10,479,857	27,930,463

（表一）　世界歷年產金額。

註(1)：上表數據，錄自 Mining Yearbook, 1937, 及 Ullmann Enzyklopaedie dertechnischen Chemie, 2 Auf.

註(2)：中國1924－1928的數據，包括安南、緬甸等在內。

註(3)：美國1924－1928的數據，包括菲列濱在內。

註(4)：俄國的數據，包括西伯利亞在內。

16949

先民知道金子以後，銀、銅、鐵、錫、鉛等相繼發現；只是對於這些互相類似的東西，實在分不出一個確切的界限，因此混而統之，叫它是金；分別起來，就叫它們是黃金、白金、赤金、黑金和青金，彷彿我們現在把鉑叫白金，理由是一樣的。

說文上說：「金，五色金也，黃金爲之長」；天工開物上說：「黃金爲五金之長」。由此可知，五金的原意，本是說的五色金；換句現代的話說，便是五顏六色的金屬。漢書食貨志上說：「金有三等：黃金爲上，白金爲中，赤金爲下。註，師古曰：金者五色，黃金、白銀、赤銅、青鉛、黑鐵」；考工記上說：「銀與錫通稱白金」；爾雅上說：「白金謂之銀」；日知上錄說：「古金三品：黑金是鐵，赤金是銅，黃金是金」；本草綱目上說：「鉛，青金、黑錫」；這不是五色金的明證麼？

黃金是最早發現的金屬元素，可以確信不疑；其次是銀，再次是銅。顏氏家訓上說：「新論以銀爲金昆」；那就是因爲著顏先生（？）早知道銀的發現較後於金，所以假定金兄而銀弟，金旁加昆，成爲銀字。

銅的發現較金爲後，也有古籍可查！春秋左傳上說：「鄭伯始朝於楚，楚子賜之金，既而悔之，與之盟曰：毋以鑄兵！故以鑄三鐘」；考工記上說：「六分其金而錫居一爲鐘鼎之齊，五分其金而錫居一爲斧斤之齊，四分其金而錫居一爲戈戟之齊，三分其金而錫居一爲大刃之齊，五分其金而錫居二爲削殺之齊，金錫各半爲鑑燧之齊」。這許多的金字一定都是銅字的代表，既能鑄樂器又能鑄兵器的金屬，當然是赤金而非黃金；所以本草綱目上說：「銅與金同，故字從金同」。

古人稱汞爲水銀，意即液態的白金。古人又稱鋅爲倭鉛，意爲性猛的青金；性猛是爲了鋅沸點950°C低於鉛沸點1525°C，加熱易於揮發，類於倭寇的飄忽。日本稱鋅爲亞鉛，想是諱言倭字，我國又從而亞之，實在大可不必！由此一望而知汞的發現必定較後於銀，鋅的發現必定較後於鉛；我們所以敢決定黃金爲五金之長，相信它較早於任何金屬元素的發現，理由也是如此！

自然界裏的鐵、錫、鉛等，單體存在是很少的，大都要從礦石裏冶煉出來；所以這許多金屬的發現，斷然較金爲後。可是黃金的發現究竟是什麼年代，典籍上實在無法追考，只可借重於銀、銅的記載而略知其大概。

通考上說：「太昊高陽氏謂之金，有熊高辛氏謂之貨，陶唐氏謂之泉，夏、商、周謂之布，齊人、莒人謂之刀」；由此說來，太昊時已經有金或銅了。

書經上禹貢一篇裏說：「厥貢，惟金三品」；不管它有人以爲是金、銀、銅，有人以爲是三種的銅或是三種的銅齊；夏禹時一定有銅，那是無可疑慮的。金既遠早於銅，則知我國的發現黃金，至少四五千年。

若以埃及古塚內取出的銅絲、銅珠、銅針等物作依據，則知埃及的發現黃金，至少六千四百餘年；且知五千五百年前，埃及的黃金，法律上早有明文規定爲銀價的兩倍半了。

(2) 金幣臆始：

黃金的重要用途爲飾品與貨幣；最初找得的黃金顯然只用於裝飾，後來鑄爲金幣，最後又鑄爲金錢或金圓。

竹書紀年上說：「成湯二十一年，大旱，鑄金幣」；通鑑上也說：「成湯二十有一祀，大旱，發莊山之金，鑄幣，賑民」；這是我國史籍上關於金幣問題最早的記載。隋書孟子疏上說：「西施，越之美女，每入市，願見者輸金錢一文」；舊唐書上說：「明皇宴王公百寮於承天門，令左右於樓下撒金錢，許五品以下者爭拾之」；王建宮詞云：「寒食內人長白打，庫中先散與金錢」；似乎隋唐之時，我國已有金質刀錢了；只是自古以來的註釋者，都說是泛指五金而言，並不是真金錢的；獨有王莽的金錯刀，把黃金在刀錢上錯了五個金字，說是「一刀值五千」，勉強可以算牠是金錢罷了！所以我國的金幣，鑄用雖極早；金錢的考據，卻又渺茫難尋，甚至無法決定牠究竟有沒有這種東西！續漢書上說：「大秦國以金銀爲錢，十銀錢值一金錢」；由此可知西域諸國早已有了真金錢的，說不定楊貴妃的「鑄得金錢洗祿兒」，卻是鑄的真金錢，用以仿照當時胡俗的洗兒禮的。

這種的紀念金錢，後世也頗多鑄造，即以民國以來的大總統而論，已有袁世凱、徐世昌、曹錕諸位；甚至安徽督軍倪嗣冲，也曾鑄造過哩！只是以前的金錢是刀錢形的，後世的金錢卻是銀圓的變相，所以習慣上把牠叫做金圓。

我國開始鑄造金圓的時代，可以說是太平天國；民國以來，則有雲南、西藏、新疆等省，有的爲了督軍想發財，有的爲了宗教的背景，大都發行的數量有限，流通的地域不廣，使用的時期不久。

攷諸西籍所載，二千六百年前，黎提（Lydie）使用金圓，這是世界各國關於金圓問題最早的記載；不過史記上說：「安息國以銀爲錢，如其王面，王死輒更錢效王面焉」；明明是銀圓的樣子，却因我國當時並無銀圓，只好勉强說牠是銀錢；究不知續漢書上大秦國的金錢、銀錢，是否就是金圓、銀圓？若是金圓、銀圓的話，那末大秦國也並不較後於黎提啊！

〔三〕 金礦概要

(1)海水：

陶弘景說：「金之所生，處處皆有」；這句話雖已說過了三百餘年，若把現代科學家的眼光來看，依然一些也不差！不但大陸上有許多金礦，值得我們去開採；就是海水裏也有不少的膠金（Collo—idal Gold），值得我們去想法。

德國的哈柏氏（Haber）眞是無中生有的名角，你看他發明空氣製硝酸，原料不值一文錢，無論什麼地方都有空氣，最經濟又最方便，已經很足便宜了；可是他老是不滿意，現在又醉心於海水取金的問題上，好幾年重洋航海，到處把海水做分析，先要知道那一處的海水含金率最高，以便設法提取，這倒是第二樁的便宜生意，原料也是不值一文錢的！

海水含金，報告極多，摘其數據，略見一斑：

大西洋的海底水	百萬分之0.015 - 0.267,
新西蘭岸側海水	百萬分之0.005—0.006,
新南威爾斯附近	百萬分之0.032 - 0.065,
北冰洋海水約爲	百萬分之0.3—0.8

（表二）海水含金率

數據比值，似皆甚小；但若假定海水平均金含率爲百萬分之0.01，海水平均比重爲1.03則在1立方公里（Km^3）海水裏，所含黃金約重量應爲：

$$100000^3 \times 1.03 \times \frac{0.01}{1000000} \times \frac{1}{1000000} = 10.3\text{公噸}$$

，這數值不能說牠小了；若能設法取用，則其有利於國計民生，比諸空氣製硝酸或許還要進分些。

(2)礦　石：

含金的礦石可以分爲自然金和金化合物兩類：

（a）自然金：

自然金（NativeGold）通常又分爲山金（Mountain Gold）與沙金（Alluv—ial or Placer Gold）：

（甲）山金：　山金又叫做脈金（Reef or Vein Gold），大都夾含於石英或黃鐵礦等石縫內，因此我國又有葉子金的俗名；　另有成爲綫狀的，則稱爲蘚金（Moss Gold）絲金（Filiform Gold）鉉金（Wire Gold）髮金（Hair Gold）。天工開物上說：「山石中所生，大者名馬蹄金，中者名橄欖金、帶胯金，小者名瓜子金」；貨貨辨疑上說：「馬蹄金像馬蹄，難得；橄欖金出荆、湘、嶺南；胯子金像帶胯，出湖南、北；瓜子金大如瓜子，麩金如麩片，出湖南及高麗；葉子金出雲南」；異物志上說：「黍州瓜子金，雲南顆塊金，在山石間采之」。各書所說的某處出某種樣子的金粒或金塊，當係泛指其大概而言，並不是某處所產的黃金，一定是塊塊都這樣的。

（乙）沙金：　山石風化成沙，金亦隨沙流入江河，逐漸沉積，成爲沙金；如果日後江河乾涸，則稱爲田金。美國加州（加利福尼，Califonia）的沙金塊，最大重達一百九十磅，維多利亞（Victoria）的重達一百八十三磅，可以說是全世界最高記錄；我國史乘所載，則有宋朝慶曆四年五月乙亥，撫州獻生金山，重三百二十四兩，已經算空前絕後了。山海經上說：水出金，如糠在沙中」；又說：「成山，闔水出焉，南流注虖勺，其中多黃金」；天工開物上說：「水沙中所出，大者名狗頭金，小者名麩麥金，平地掘井得者名麵沙金，大者名豆粒金」；所以稱之爲狗頭金的緣故，想因通常的沙金都是略帶平扁而精光圓滑的；麵沙金、豆粒金都是田金一類，田金爲特種的沙金，因此平扁光滑，大小與豆粒相同的，就稱爲豆粒金了。天工開物上又說：「水金多者出雲南金沙江，古名麗水，此水源出吐蕃，遶流麗江府」；華陽國志上說：「麗水多金麩，蜀都江亦出麩金」；天工開物上又說：

「川中有金田，金雜沙土之中，不必深求而得」；嶺外代答上說：「廣西諸洞產生金，洞丁皆能淘取，大者如甜瓜子，世名瓜子金，碎者如麩片，則名麩皮金」；桂海金石志上說：「生金出西南州峒，生山谷田野沙土中，不由礦出也；峒民以淘沙為生，大者如麥粒，小者如麩片」；異物志上說：「金生麗水，黔南遂府、吉州，水中俱產麩金」。其他典籍尚多，不遑一一摘錄；不但古籍散漫，毫無系統，例如瓜子金、麩金等既說是山金，又說是沙金；甚且信筆耳食，頗多乖異難信的地方；嶺表異錄上說：「河皆產金，居人多養鵝鴨，取屎以淘金，日得一兩或半兩，有終日不獲一星者，其金夜明」；憑壁虛造，一望而知！

（b）金化合物：

天然出產的金化合物礦石，以碲化物為多；例如針碲礦（Sylvanite, $AuAgTe_4$），碲金銀礦（Petzite, $AuAg_3Te_3$或$Au_2Ag_2Te_3$）等。天然出產的自然金大都含有銀質，含銀10%以下的已為優良金礦；其他亦有含鉍、含汞、含銠、含鎢、含鉑的，這些的金齊，頗多為化合物狀態的合金，不易把金質游離分出。天然出產的金銀齊，含銀在20%左右的，色澤類於琥珀，故稱琥珀石（Electrum）；現在的人造金銀齊，不管牠銀質多少，只要色澤介於黃白之間，都把牠叫做琥珀石了。

（c）愚人金：

愚人金（Foll s Gold）為天然出產的黃鐵礦等，色澤與黃金相類，我國舊名偽金或假金。本草綱目上說：「水銀金、丹砂金、雄黃金、雌黃金、硫黃金、曾青金、綠金、石膽金、母砂金、白錫金、黑鉛金，並藥製成者；銅金、生鐵金、熟鐵金、鍮石金，並藥點成者；此十五種，皆假金也」；可見我國對於這一方面，早有相當的認識了。

〔四〕 生金採煉

採金是從金沙或礦石裏提取金子的方法，這種的金子叫做生金；生金含有銀齊及砷化合物等，精煉後方成黃金。古書上說：「生金有大毒殺人」，那是專指含砷生金而言的。

(1) 採金方法：

十九世紀以前的舊式採金，大都利用人力來採淘自然金，尤以淘洗金沙為主要；設備簡，費用省，產量也少。近年來新式採金，大都改用機械來操作，特別着眼於山金的採煉，設備繁，費用大，產量却特多。1875年時，舊式採金法所產的金子，還佔全世界總產量90%，1880年降為60%，1890年45%，1905年17%，1912年10%；由此可知採金方法的趨勢，幾將完全利用機械來代替人力，也可以說：幾將完全挖掘山金，放棄沙金了；關於未來的情況，如果海水取金法一旦發明完成，那末無論如何，採挖山金或沙金的方法，一定大受打擊，或許都要淘汰的！

採金的方法，可以大別為：淘汰、混汞、氰化、氯化、靜電、[illegible]等，分述如次：

（a）淘汰法（Concentration Process）：

淘汰是最簡單最經濟最適宜於小規模的採金方法，但須含金率極高的金礦，方能採用；又可分為：手拾、盆淘、板淘、槽淘、吹淘、乾吹、浮沈等。

（甲）手拾法：　手拾（Hand Picking）不過在富有金質的沙礫裏，用目力看出金粒或金塊，隨即用手揀出；方法極其簡單，根本不需設備，真是最便當沒有了；可是適用這種方法的金礦實在不多，不過歷史上發現金礦的消息，倒是大都由於手拾法的。柳宗元的披沙揀金賦上說：

「沙之為物兮，視污若浮，
金之為物兮，恥居下流；
沈其質兮，五材或闕，
耀其德兮，六府孔修；
然則抱成器之珍，必將有待，
當慎擇之日，則又何求？
配圭璋而取貴，豈泥滓而有儔！
披而擇之，斯為見寶；
豈淡泊而顧盼，指炫燿而探討；
動而愈出，將去幽以即明，
混而不磨，乃既堅而且好。
當既伏矣，誰則取之；
[illegible]之濁質，見[illegible]之殊姿；
久晦未彰，亦冀[illegible]，
先迷後得，孰謂[illegible]？
其[illegible]也，[illegible]，[illegible]；
[illegible]其清兮自寶；

和光同塵含合於至道；
其邇也，則攸弃弃，勤融融；
煥美質乎其中；
明道若昧兮契彼元同。
倘或俯而不棄？諒致美於振蔚！
欲靈而彰，故烱爾而見素，
不染何難，遂昭然而發蒙。
觀其振彼斧鑰，積以錙銖，
訢清輝而競出，耀眞質而將殊；
雖盈變而觀光乍比，
劍拭上而異彩相符。
用之則行，斯爲美兮，
求而必得，不亦悅乎」！

柳宗元是親眼看到手拾法的，也難怪他把手拾法寫得形容盡致了。我國習慣上所說的沙裏淘金，實際上大都是專說沙金手拾法。

（乙）盆淘法：　盆淘（Panning）和手拾的分別，不過在手拾以前，先用一個淘金盆（Washing Pan）做一番淘汰手續。簡單的淘金盆就可借用通常洗臉盆，最好要做成特別樣子，盆口直徑約爲 50 厘米（cm），底有凹陷部分。淘金時先置金沙於盆內水中，極力旋盪，使金屑因比重較大而聚於盆底凹陷部分內；倒去上層沙水後，再用手拾法揀取金屑或金塊。

（丙）板淘法：　板淘（Pulsating）是把淘金盆改用淘金板（Pulsator Table）的方法。淘金板亦稱淘金床，通常是一塊長約五六尺，闊約一二尺的木板，兩側沿邊稍高，斜擱在地上，把雜有金屑的沙泥，隨水由板的上端沿板流下；板上刻有橫溝，金屑就嵌在溝內。也有不刻橫溝而用大小木條釘成橫柵的；也有無溝無柵，在板上鋪以毛皮或布、革、氈的；也有鋪以塗汞銅板的；也有就在平滑板上塗以柏油或林膠油（Linoleum）的。據說古人在盆淘法尚未採用以前，板淘法早已正式使用；不過並非木板，只在扛造平滑石塊上鋪以毛皮，胡亂淘洗罷了。說文上說；「百陶不輕，從革不違；段注：從革見鎔範，謂順人之意以變更成器，雖屢改易而無傷」；未免想入非非，倒不如說他在皮革上淘洗而得，稍與事實相符！

（丁）槽淘法：　槽淘（Placer Mining）是板淘的變相，淘金槽（Sluice）的樣子亦與淘金板大同小異；不過規模較大，槽身極長，槽底較深，有時隨地勢而蜿蜒彎曲，並無一定的形式。

（戊）噴淘法：　噴淘（Hydraulic Mining）是用高壓水管，噴射激急水頭於含金的岩石或沙土，使土石崩解，流入淘金槽內，照槽淘取的；噴射管的出水口徑粗達十一英寸，水頭高達五百英尺。

（己）乾吹法：　乾吹（Dry Blowing）是先把含金的沙石磨碎，用篩子篩成差不多同樣大小的粉粒，置於簸箕內，隨風而吹揚；金屑比重大，當然吹得近，沙石比重小，當然吹得遠了；這種的稱爲簸揚法（Winnowing or Sifting）。如果不用簸箕，則可置礦石粉粒於風車漏斗內，由上漏下，經過風車的風道，也可使金屑和沙石分離。

註：新疆于闐的賽里阿克大金廠，因爲金礦附近沒有水的緣故，至今猶風揚沙以取金。

（庚）浮沈法：　金的比重爲19.3，沙石的比重還在10以下；若有某種液體，其比重在10以上，則將金屑及沙石粉末混置液內，金屑當然下沈，沙石自會浮上，工作簡單非凡。只是通常的液體，只有水銀的比重是13.6，但是一則汞價太貴，二則金、汞易於成膏，沙石雖可浮去，金卻混溶汞內，不成其爲浮沈法了。

註：浮沈法僅爲筆者個人的理想，並無與例可徵，將來亦未必成爲事實，因爲實在找不到適當的液體。

（b）混汞法（Amalgamation Process）：

混汞即爲利用汞、金的極易成爲金汞膏。舊式混汞，先把金沙等物盛於大鐵缸內，注入水銀，攪拌不停，待成金汞膏後，即將浮於水銀面上的沙石棄去，再把缸內的金汞膏用乾餾法分離金、汞。新式混汞，則以塗汞銅板置於淘金槽底部，使粉碎的金屑沙泥等，在槽內隨水漂盪，金卻與汞成膏；事後把銅板上的金汞膏刮下乾餾，亦可分離金、汞。雖則汞汽冷卻後仍可應用，可是汞價奇昂，非含金率極高的礦石不能採用；或因汞與鋅、錫、銅、鐵、鉛、銻等皆可互相結合，如果金礦裏含有那些雜質，那就完全不能應用這方法。

註：關於金汞相混成膏，若金汞比率約爲1：8時，則得金汞膏稠度如泥狀；據黨著上說：「光眞求元斜時對斜成求

，常聞有用玉槌、玉板，以水銀和金為泥」；由此看來，古代的封禪大典，不過像實驗室裏做些金汞齊玩玩罷了。

(c)氰化法(Cyanide Process)：

氰化是利用金能溶解於氰化鉀(KCN)溶液內的特性。氰化鉀價值不貴，比混汞法省事而經濟；所以新式的金礦工程，現在大都應用此法。先把磨碎的金礦石沙泥等物，置於氰化鉀溶液內，極力攪拌，利用空氣的氧化作用，把金質溶為亞金氰化鉀($KAuC_2N_2$)；濾去沙泥等沉澱後，加入鋅粉於亞金氰化鉀溶液內，金即游離代出。也有用鐵做陽極，鉛做陰極，電解亞金氰化鉀溶液；陽極發生亞鐵氰化鉀($K_4FeC_6N_6$)，隨時溶入液內，純金在陰極上逐漸附着的。

(d)氯化法(Chlorination Process)：

氯化是利用金能溶於氯水的性質。先把磨碎的金礦石沙泥等物，置於氯水或漂白粉溶液內，極力攪拌，使生氯化金；濾去沙泥等沉澱後，加入硫酸鐵($FeSO_4$)溶液，金即游離代出。也有閉置金礦石沙泥等物於氯氣室內，三數日後，用水浸取，然後濾去沙泥等沉澱，製成氯化金的。

註：金能溶解的液體，除上述的汞及氯水、氰化鉀溶液外，尚有溴水、矽酸鉀、硫化鉀、碘化鉀、氯化鐵等溶液，現在已有利用溴水以代氯水的，不過其他各種溶液，究竟能否適用於採金工業，至今尚無詳細報告。再有上文所說的氯水、溴水，不過舉其主要的基本物質而言，凡是可以發生氯或溴的，都可包括在內；例如：鹽酸與硝酸混合而成的王水(參閱下文鑑金一節)，鹽酸與重鉻酸鉀($K_2Cr_2O_7$)的混合物，漂白粉溶液等，都可視為氯水一類。至於氰化鈉、矽酸鈉、硫化鈉、碘化鈉的溶液，當然也有溶解金的性質，不再一一提及。

(e)靜電法(Electrostatic Process)：

研究海水取金，理想方法極多；較有希望的，應推靜電法。因為海水裏的金質，亦由山金沖刷而來；山石風化後；石中所含的金，受急雨豪洪的自然作用，隨沙沉瀉入江河；金塊愈大的停留在離山最近的地方，較小的沖流稍遠，最小的注入海洋；海水隨時蒸發，江河注金不息，海洋含金率以此日益增高。不過金粒漂流入海的，實已至微至小，不但為目力所不易覩，甚至有普通顯微鏡所不能察的，實際上成為膠金。膠金為帶有負電的微粒；若以帶有正電的陽極沈於海內，膠金自會在這陽極附近，密集相集；含金率大為增高，由此設法取金，他日或可達到目的。

註：海水取金，若非採用靜電法，則因海水含金率既為極小的數值，比海水中的鈉、氯、鎂、鉀等相差甚遠；欲將大量的氯化鈉、氯化鎂、氯化鉀等一一摒除，只提微量的金，事實上實在困難；倒不如不管一切，採用靜電法簡便可靠！

(f)蛻變法(Disintegration Process)：

馬丁氏(Martin)說：「中國煉丹術是化學的根源」，這句話雖有人加以不信任的批評，可是點石成金的理想，到了1922年以後，居然在科學雜誌上連篇累牘的登載出來了。鶴鼎新書上說，「汞石二百年成丹砂，三百年成鉛，又二百年成銀，又二百年化而為金」；不過是水銀變金的玄想罷了；實則汞、金的原子構造，只差最外一圈上的一個電子；所以德人米特氏(Miethe)日人長岡半太郎等，曾有設法利用之一質點，擊去汞原子上的一個電子，立即變為金原子的報告。只是這種實驗，至今尚無絕對可靠的成績，還須繼續研究。

(2) 精鍊方法：

寇宗奭曰：「顆塊金、麩金皆是生金，得之皆當鎔煉」；陳藏器曰：「生金與黃金全別也」；這都是我國以前早知道生金並不是純金的例證。金礦含銀，極為普遍；混汞法所得的金，常含銅、汞、鉛、錫、鋅等，必須設法除去。

精鍊生金的方法，可以大別為吹灰、氧化、硫化、氯化、電解等，分述如次：

(甲)吹灰法(Cupellation)：　使生金與鉛或他種易於氧化的金屬，鎔成金齊；置於敞口骨炭罐內。繼續加熱，吹送空氣於齊液面上，使鉛、鋅等雜質，受空氣的氧化作用，產生氧化物，浮於液面，成為灰渣，隨時為空氣所吹散；一部分的氧化物則為骨灰所吸收。最後所得的金，其中尚含有銀，可用硫化法或氯化法除去。

（乙）氧化法（Oxidation）：　置生金於坩堝內，加熱熔成金液，另用吹管吹射火焰於液面上，使金液中所含的賤金屬，例如鉛、銅、鋅等，因受空氣的氧化作用，產生氧化物，浮於液面，成為灰渣而除去。有時另加氧化劑於金液，例如二氧化錳或硝石，用以完成氧化。

（丙）硫化法（Sulfurization）　：撒佈硫粉於金液面上，亦可使賤金屬等變為硫化物而除去，尤以對於銀、鐵，較氧化法更為有效。鐵質完全變成硫化鐵灰渣後，銀亦隨即成為硫化銀而浮出。此法雖較氧化法為優，但亦有其所短：一為對於硫的存在，除去銀、鐵後，必須再以鐵棒在金液內攪拌數分鐘，使硫、鐵化合，成為浮渣；二為加以硫黃的緣故，坩堝不能用金屬，通常只能用石墨。

（丁）氯化法（Chlorination）：　金在赤熱溫度以上，不但不與氯化合，就是已經化合的氯化金，也要立即分解；其他各種金屬的氯化物，例如氯化銀、氯化銅等，那卻並不如此，故可利用這種性質精煉生金。通常使用的方法，把泥管通氯氣於生金液內，使氯化銀等完全成為灰渣而浮出。此法所得的金，純度可達99.5%。舊式氯化法，也有在金液內加入昇汞（$HgCl_2$），或硝石與硇砂（KNO_3+NH_4Cl）混合物，代替氯氣的。

（戊）電解法（Electrolysic Process）：如果生金裏銀的含量較少於金，則以氯化金與鹽酸混合物為電解液（Electrolyte），置生金於陽極，以純金作陰極，依法電解；生金裏的銀質成為氯化銀而沉積於陽極附近，可以設法取煉，收回純銀；金質逐漸趨附於陰極，也可隨時取出，熔鑄成塊。如果生金裏銀的含量較多於金，則可改用精煉銀質的電解法，以硝酸銀為電解液，置生金於陽極，以純銀為陰極，依法電解；生金裏的銀質趨附於陰極，金質沉積於陽極附近，可以分別取出，照樣熔鑄，成為金塊與銀塊。

〔五〕純金用途

金的用途，主要的是飾品和貨幣；其他雖也用於照相及玻璃、醫藥，事實上並不重要，可以略而不談，可是無論用於飾品或貨幣，無論用於照相或玻璃、醫藥，無非是用他的單體；所以我們儘不妨說：「金的用途，不過是純金的用途罷了！

(1) 黃金的演變：

關於黃金的用於裝飾方面：野蠻民族拾到了金子，早已把他應用。蘇浮白氏（Sowerby）的普通礦物學（Popular Mineralogy, 1850）上說：「上至帝皇加冕的王冠，下至村婦結婚的指戒，莫非都是黃金的藝術」；莎士比亞氏（Shakeskeare）的威尼斯商人劇本裏說：

"All that glistens is not gold,
Often bave you beard that told;
Many a man his life hath sold,
But my outside to behold。

雖則見仁見智，見解不同；實際上還是一個看他是飾品，一個看他是貨幣的關係！

純金硬度，介於莫司標（Mohs' Scale）錊、銅之間，也就是介於 -2.5—3之間，可以說是柔軟的東西；所以應用時一定要加入其他金屬，用以稍增其硬度。通常對於金質的成分，我國以「成」字代表，有時叫做「成色」；例如十成金便是 100%的純金，九成金是90%的金質；本草綱目上說：「其高下色分，七青、八黃、九紫、十赤」，便是說明七成金、八成金、九成和十足純金的色澤。歐美各國對於金質的成分，另以「開」（Carat，簡寫作K或ca.）者作標記；純金作為24開，含金23/24的稱為23開，含金22/24的稱為22開。茲將英國的標準金質，列表（表三）於次：

開數	金%	銀%	其他%
22	91.6	2.0	6.4
18	75.0	12.5	12.5
15	62.5	10.0	27.5
12	50.0	10.0	40.0
9	37.5	10.0	52.5

（表三）英國標準金質的成分；表中其他一項，以銅為主。

22開的主要用途爲鑄作婚戒，18開、15開用於高貴飾品，9開用於廉價飾品，也有不合法定而低於9開的。

如果金子做的飾品只不過王冠飾戒之類，那末自古至今，輪流使用，金子的數量，當然應繼續增加而一年多似一年；但在事實上到處有金荒的現象，這原因究的是什麼？日知錄上說：「漢時黃金上下通行，故文帝賜周勃至五千斤，宣帝賜霍光至七千斤，武帝以公主妻欒大，至賚金萬斤；衛青出塞斬捕首虜之士，受賜黃金二十餘萬斤；梁孝王薨，藏府餘黃金四十餘萬斤；王莽將敗，省中黃金，萬斤者爲一匱，尚有六十匱。梁書武陵王紀傳，黃金一斤爲餅，百餅爲簉，至有百簉。自此以後，則罕見於史。宋太宗問學士杜鎬曰：兩漢賜予，多用黃金，而後代遂爲難得之貨，何也？對曰：當時佛事未興，故金價甚賤。………吳志，笮融大起浮圖祠，以銅爲人，黃金塗身；孫皓使尚方以金作華燧、步搖、假髻以千數，令宮人着以相撲，朝成夕敗，輒出更作。魏書，天安中，造釋迦立像，高四十三尺，用黃金六百斤。唐書，敬宗紀，詔度支進金箔十萬翻，修清思院新殿及昇陽殿圖障。五代史，王昶以黃金數千斤鑄寶皇及元始天尊、太上老君像。宋眞宗 玉清昭應宮，所費鉅億萬，用金之數不能全計。金史，海陵本紀，宮殿之飾，徧傅黃金，而後間以五采金屑，飛空如落雪。元史，世祖本紀，建大聖壽萬安寺，凡費金五百四十兩有奇；繕寫金字藏經，凡糜金二千二百四十四兩。此皆耗金之由也。杜鎬之言，頗爲不妄」。日知錄雖僅舉例至元代而止，若以明、清兩朝及民國以來的史籍報章等作參考，則耗金記載，有過無不及；即以青海的塔爾寺而論，屋上蓋的是金瓦，宗喀巴的造像完全是純金鑄造，高達八尺餘；全寺的財產，據說和庚子賠款相等。不但佛寺皇宮，耗金不勝枚舉，甚至私人第宅，也照樣的金碧輝煌哩！

原來純金的展性、延性，金屬中無出其右。最薄的金箔，厚度不過0.000,000,002,3毫米（mm）；通常使用的大都在0.000,01毫米以上。最細的金絲，直徑不過0.006毫米，通常使用的大都在0.1毫米以上。以前雖有吹管鍍金的方法，或是現在雖知電鍍黃金，而原料爲[illegible]不易傳電，易於焚毀的物質，例如竹木泥塑之類，那就只有使用金箔，黏貼表面的辦法。佛像貼耗金箔，日知錄上已概乎言之！容齋續筆上說：「唐進士登科有金花帖子，以素綾爲軸，貼以金花」；太眞外傳上說：「帝與妃賞牡丹，命李龜年持金花箋賜李白」；崇禎宮詞註：「宮中燈燭金匣匣以藏之」；金花箋就是現在的描金箋或泥金箋，這種的金花、金匣匣等，當然都是白白消費掉！我們試再回想近十年來的南京：一幢幢的宮殿式大廈，都是描金、飛金的棟梁；千萬張的金箔，貼在竹木泥塑上，離京西走時，一張也揭不下來，這筆賬如何算法？如果在現在的獻金聲中，居然有人把這些的金箔蒐集起來，整個的獻給國家，那又是驚天地驚人的消息！

關於金箔的鑄造，我們早已很有研究了。天工開物上說：「凡造金箔，既成薄片後，包入烏金紙內，竭力揮椎打成。烏金紙由蘇杭造成，其紙用東海巨竹膜爲質，用豆油點燈，閉塞周圍，止留針孔，通氣熏染烟光而成；此紙每張打金箔五十度後棄去，爲藥鋪包朱用，尚未破損，蓋人巧造成異物也」。又云：「凡金箔粘物，他日敝棄之時，刮削火化，其金仍藏灰內，滴清油數點，伴聚落底，淘洗入爐，毫釐無恙」；這方法看似容易，實際刮削時，不但極費手腳，且有相當損失。

黃金的反射黃光是大家知道的事實，確切些說：應該是反射黃裏透紅的特種黃光；若使日光在平滑的金子面上一再反射，由這一塊金子面上反射到那一塊金子面上，最後就看到金面是紅色。若以厚度爲0.00009毫米的金箔夾在兩塊玻璃板內，對日而看，則見透過的日光是綠色或綠裏帶藍；如果金箔極薄，那末透過的日光也就換成紅光了。

意大利在吞滅阿比西尼亞的時候，提倡獻金運動，把鐵指戒掉換金指戒，黃金變成了黑金，究不知掉換的人，心中有何感想 我們在這抗戰時期裏，似乎也有照抄這篇老文章的必要；如果我們的政府眞有鑄造鐵指戒的一天，我敢首先在此提議：我們的鐵，應該用到前綫上去：我們要積極提倡鍍金或仿金的東西，代替我們的金飾！

（a）鍍金：

鍍金（Goldplating）是在銅、鐵、竹、木、橡皮等物外表上，鍍了一層極薄的金子，看上去當然和眞金一般無二，只是比重不同罷了。通常所用的鍍金方法爲電鍍法（Electroplating）；鍍金液可依下述方法製造：溶解2.34克（g.）的純金於王水（Agua Regia；比重1.1946的鹽酸200立方厘米（c.c.）與比重1.4的硝酸45立方厘米，加水245立方厘米的一般爲合理；純金1份，溶於這種的王水4.3份）內，置於蒸發皿中，以水浴（Water Bath）蒸乾，繼續蒸去多餘的酸氣，然後加入氰化鉀溶液，使沉澱完全發生爲度，切忌加入過多！用傾瀉法（Decantation）洗淨後，再加氰化鉀溶液，使沉澱逐漸溶去，加水成爲500立方厘米，即可以電鍍黃金。

此外，尚有吹管鍍金（Gilding）的方法，那是利用吹管把金箔吹熔在銅、鐵等物外表上而成，唐六典上說：「金十四種：銷金、拍金、鍍金、織金、研金、披金、泥金、鏤金、撚金、戧金、圈金、貼金、嵌金、裹金」；這裏的鍍金，當然是說的吹管鍍金，我國的銀樓、金飾店裏，至今還沿用此法。至於其他各種的金飾名目，那即無非是金箔、金絲一類的東西，不再詳爲說明了。

（b）仿金：

仿金（Imitation Gold）的種類甚多，大部爲銅齊，看上去也是黃澄澄亮晶晶的，不但可以鑄造仿金指戒，有的還可以代替金箔；略舉數例如次：

（甲）仿金箔（Imitation Gold Leaf）亦稱德意志仿金（Dutch Gold）或箔黃銅（Leaf Brass）；最薄可達$\frac{1}{52900}$英寸，其成分及色澤如次（表四）：

銅%	鋅%	色澤
91	9	稍紅
86	14	深黃
84.5	15.5	深金黃
83	17	高亮黃
78	22	純金黃
76	24	淡金黃

（表四）仿金箔的成分與色澤。

（乙）西彌仿金（Similor）亦稱孟海仿金（Mannheim Gold）；通常用製鈕扣等物，其成分如次（表五）：

銅%	鋅%	錫%
89.8	9.9	0.6
88.9	10.3	0.8
93.7	9.3	7.0
75	25	—

（表五）西彌仿金的成分。

（丙）法蘭西仿金（French Gold）亦稱烏利特（Oreide or Oroide）仿金；製造時先把銅86.21分熔融成液，即加鎂氧（Magnesia）6分，硇砂3.6分，生石灰1.8分，粗製吐酒石（Crude Tartar）9分；然後再加鋅31.52分，錫0.48分，鐵0.24分等，熔融35分鐘而成。

（丁）膺仿金（Mock Gold）的製法和法蘭西仿金相類，不過銅的成分爲100，錫的成分爲17，並不加鋅，這是牠們最大的區別。

（戊）鑲賽仿金（Mosaic Gold），亦稱漢密爾頓仿金（Hamiltons Metal），色澤甚爲鮮艷，成分爲銅100，鋅50—55。

（己）摩羅（Moulu）仿金亦稱烏摩羅仿金（Ormolu），成分爲銅58.3，鋅24.3，錫16.7。

（庚）品貝（Pinchbeck）仿金的成分爲銅8，鋅1；或銅5，鋅1。

（辛）鉑那（Platinor）仿金是含有鉑質的仿金；成分爲銅45，黃銅18，鉑18，銀10，鎳9；加有不溶於普通酸類的特性。

（壬）王孫仿金（Princes metal）的成分爲銅60—75，鋅40—25。

（癸）銅巴仿金（Tombac）的成分爲銅16，鋅1，錫1。

（子）銅奈仿金（Tournays metal）的成分爲銅82.54，鋅17.46。

（丑）碘化鉛仿金的製法，先加碘化鉀溶液於醋酸鉛或硝酸鉛溶液內，使生黃色的碘化鉛沉澱；滴入硝酸數滴後；加熱溶去碘化鉛，靜置任其自冷，則得明亮金黃色片狀的碘化鉛結晶；濾過、洗淨、晾乾後，即可用於泥金箋等。但此物有鉛，易爲空氣裏的硫化氫所作用，而變爲黑色。

（寅）天工開物上說：「假借金色者，杭扇以白銀為質，紅花子油刷蓋，向火薰成；廣南貨物以蟬殼殼調水描畫，向火一微炙而就」；這雖是最經濟最簡單的辦法，只是並不堅牢，金色亦稍差！

(3) 重量的標準：

現代科學上的基本單位，一克（g.）是4°C的純水，體積為1立方厘米（c.c.）的重量。通考上說：「太公立九府圜法，黃金方寸而重一斤」；漢書上說：「秦幣方寸而重一斤，以鎰為名」；淮南子上說：「秦以一鎰為一金而重一斤，漢以一金為一斤」；由此可知，我國古時的重量標準，便是一立方寸的黃金，所以一金一斤，音亦相似！若以現在的市寸、市斤計算，則知一立方市寸的黃金，相當 $\left(\frac{100}{30}\right)^3 \times 19.3 \div 500 = 1$市斤，7市兩。

我們所以選定純水作為重量的標準，並無科學上絕對的根據，無非是取其便利罷了；我國秦漢時所以選定黃金作為重量的標準，那倒為了牠是當時已知各物質比重最大的緣故。原來黃金的比重，在通常溫度是19.3，即以現代的眼光來看，比牠更重的只有鉑、鋨等幾種稀有元素；所以秦漢時選定黃金作為重量的標準，不能說沒有相當的理由。只是當時的定義，未免定得太不科學化，僅僅說明黃金方寸重一斤，並不把確切的溫度指定，這是絕對不妥的！不過在實用方面，究亦並無關礙；黃金的綫膨脹係數是0.000014，即以炎暑嚴冬，氣溫相差；45°C計算，重量的相差每立方寸僅約

$$0.000014 \times 3 \times 45 = 0.0030\text{斤} = 0.048\text{兩，}$$

或即4分8厘，通常實用上儘可略而不計的！

(4) 金齊的脆性：

純金的硬度在2.5－3之間，可以說牠是柔軟的；純金的展性、延性也是極大的；可是大部數的金齊却是很脆的：含鉍百分之0.025的鉍金齊，含鋁百分之21.5的鋁金齊，含鋅百分之25的鋅金齊，都是脆的；蘇軾的物類相感志上說：「金遇鉛即碎」，換句話說，就是鉛金齊也是極脆的罷了！

〔六〕尾聲

我國出產金子的地方，大體言之，只有西部及東北部兩大區域；東四省現尚淪陷敵手，我們的惟一希望，只有暫時採取西部的金礦了。西部的金礦，本是我們老祖先所特別注意的，後漢書上說：「益州金銀之所出」；說文上說：「金，西方之行也」；五行的西方庚辛金，正是專指西部的金礦而言；這是我們老祖先的發祥所在，也正是我們民族復興的所在啊！

關於黃金的趣聞逸典是推敲不完的，我且抽出拙著「微乎其微詞」裏的一闋「玉女搖仙珮」，作為結束：

淘沙人去，氰化魂銷，鎮日望洋興歎！
羽客洪爐，專家姹女，消息古今一貫；
蓮步珊珊遠；映明窗隱隱，斜陽紅圓。
更那堪凝箋花赤，細篋蛙青，明鱗魚茜；
爭如這風流，硝一鹽三，沉淪傑侻！
夙昔常緘其口，簡牒封誦，御手汞泥親焊；
命薄由天，樓空寰玉，悽切週遭九轉；
二十四開算！柰無名指上，終身仙眷。
問到底為誰憔悴，留伊倩影，還償心願？
惺忪眼，偷將電子微開看！

註：姹女是道家所稱水銀的別名。斜陽紅圓句，指紫紅玻璃的製造，有時加以金質而言。其次各句為金綫蛙、金魚、王水、金汞齊，吞金自盡，純金婚戒，以及氰化金的用於照相等。最後則為較佳驗電器中，非用金箔不可！

跋：本文倉卒脫稿，失檢難免；妄自推斷處；更怯吾心；倘祈方彥，隨時賜教，以便勘誤，並誌銘謝！

工　程　文　摘

〔一〕　四川鹽源縣金礦概況

(錄自地質論評三卷六期，二十七年七月十二日)

常隆慶　李承青

(甲)木里龍達沙金：　龍達僅係一小村，位於龍達谷右岸；在鹽源之西北約六百里，木里之西南約三百里，永寧之西北約一百五十里。在木里境內，凡龍達、岔子、黃利、沖天四河，以及金沙江沿河一帶，均產沙金，統謂之爲龍達礦區；其範圍縱橫有三里之廣。沙金體多產生於水流較緩之地，以河流灣曲處之突出部份爲最多。以龍達全區而論：產金之地雖多，或以範圍不大，或以開採甚爲，多無營業價值，惟龍達河自竹林坪以上，黃利河自毛非窩子以上，殘留之沖積層較多，當堪經營。

龍達開採於清道光年間，至光緒二十年以後，產金旺盛，始爲世人注目。民國五年，張午嵐駐防西昌，派員往採，一年之間，產金鉅萬；爲土司所忌，即聯合番匪，屠殺礦工千餘人，並禁人採金。二十二年冬，乃由川康邊防總指揮部商洽木里，派團長高澤涵爲金礦總監，入龍達招商辦理，然以每月礦廠之行政費開支過大，半年間成效不著。二十三年九月，川康礦務視察員李革甫至枯魯，與土司交涉，因發生爭執，被番人擊斃。二十四年十一月，高團全部撤走，龍達金廠遂從此停辦，木里土司亦禁人再採。二十二年試辦金廠時，係將產地劃爲四區，以便管理。開辦之初，由金廠收礦區稅，每畝洋五分。當時有工人六百餘，二十四年，在黃利河之毛牛窩子、下塞口、紅緣台子、黃用村，及在龍達河之樹達，竹林坪等地，均產旺金，終以駐軍撤走而停採。自經民國五年至二十三年事變後，龍達之名愈著，木里土司之諱言龍達亦愈甚。龍達在理論上並非一優良礦區；然若將其開放，招商自採，則邊荒之地，不難化爲繁庶之區，亦是墾邊之良法也。

(二)木里郎兵沙金：　郎兵在木里之北約三日程。民國十九年春，始有人採辦，主辦者爲李耳札巴，閱二月而停。其後李登雲繼之，亦無成績而罷。二十六年春，鄧秀廷、王旭東、李永孚又合股經營，僱冕寧金夫六十人採掘，但以山高地寒，金夫多不能支，又皆不服水土，未幾即入散事息。現有鄧樹凡及唐碧高二人，各僱金夫十數人來此，各開一洞，均因未近底層，尚無金砂發現。在溪溝之旁，每見長裙婦女，攜挈老幼，搖動竹篩，是即番米人淘取沙金之情形也，彼等現有四副金洞，每洞五人或六人不等，每日每洞至多可獲金二分。

(丙)木里麥地龍沙金：　麥地龍距龍達數里，包括上村、中村、下村三地，金產於泥土層及礫石層中。下村較爲著名，現有曾寵劉榮之及王大春合夥營業，二十四年四月開辦，資本七百元，初有金夫三十餘人，今僅存十餘人。中村有一礦洞，礦主劉潤然，初有礦工八十人，今僅有數人。上村有一礦洞，礦主呂石青，初有礦工四十人，今僅十三人，且尚未產金。各廠金夫之逐漸減少，多由於給養困難，及氣候不適，但若將設備改良，亦可以補救也。

(丁)瓜別窪里沙金：　窪里在鹽源之北約四百里，木里之東約三百二十里，位於雅礱江之左岸。窪里原屬木里，因係與瓜別聯姻，作爲嫁奩，改屬瓜別者。窪里所產之金，多爲碎塊狀及薄片狀，往往產巨大金塊，據聞光緒年間，所產一斤以上者在十塊以上；宣統元年，更有業姓文採的重達三十一斤之大金塊云。鹽源各地所產沙金，其純度往往

16959

存在，足見其沖流未遠。光緒二十五年，始由哈廠金廠派員來窪里開辦金廠，當時係招工開採，由金局驗金徵課，產十抽三，產金頗旺。光緒二十六年，設立窪里金礦局。光緒三十一年，課金達一七五五、五兩之多，爲窪里廠極盛時代。旋於光緒三十三年，開辦新溝、白碉、掩溝、陣營等區。又於三十四年六月劃出田坪子附近一百八十畝爲官礦區，民國二年始產金。計全區之產金量，在光緒三十一年以後，即逐年衰減，每年課金均在五百五十兩以下；民國六年，木里土司在白碉肇衅，殘殺甚亡以後，本區礦產更一蹶不振。

窪里現有礦商一百一十一家；礦工八百一十餘人；其中礦工人數在十人以上者，祇二十三家。窪里礦區範圍之廣及礦床之豐，在寧屬境內，可稱第一；雖開採已久，浮槽廢洞遍處皆是，但爲潛水所掩部份多未開採；尤以華泥脚及草坪子一帶，保存更多，設從此施用有系統之採掘方法，并以機器排水，此項天賦之財源，不難儘量利用也。（健）

〔二〕 西康歸來話沙金

（摘自科學世界八卷二期，二十八年二月號）

袁 見 齊

金之分佈，非常廣泛，這些散佈着的金，經某種地質作用後，集中在若干地點，可以從事於有利的開採時，就叫做金礦；含金百萬分之一以上的砂金，常是可以開採的；含金量在十萬分之一左右的砂金，即用極簡陋的土法開採，也可以獲利。

依金礦的產狀，可以分爲山金和砂金兩種。山金也叫做金礦脈，是岩漿中分泌出來的礦液，滲入岩石的裂縫中間沉澱而成的。大致成狹長的條狀。和金相伴而生的礦物，以石英爲主，有時還有些方解石和白雲石，金就散佈於其間，常和黃鐵礦、黃銅礦或者其他金屬硫化物相共生；這種硫化物顏色鮮黃，很像金粒，沒有經驗的人，往往受他矇混，所以叫做「愚人金」。

金礦脈裏的金，大多數是成小粒狀的自然金，也有碲化物或氯化物，或是混在黃鐵礦裏面。所以祇憑肉眼觀察，竟有許多著名金礦脈，連一點金影子都找不到哩！山金都產生在堅硬的岩石中間，開採很費工夫，如若礦脈較爲狹小，就難採取，所以現在所採的金，多數是從砂金裏淘出來的。

砂金的金粒，大都成鱗片狀，角上磨得圓圓的，顏色很鮮明，質地比較純淨，顆粒很小，有時因爲流水的沉澱作用，也可以成爲很大的金塊；但在西康，最大的只有五六兩，這也是地質環境使然。

砂金在那裏呢？大致有下列的幾個地點：

（1） 山金是砂金的老家，憑着白色石英脈和雜色圍岩的顏色差別，就是沒有地質知識的人，也很容易認識金礦脈；。不過脈裏含金很少，吾們只好參考附近地域已知的事實，加以推斷：例如西康的金脈都都在變質砂頁岩裏，尤其是黑色頁岩；湖南西部的金脈都在變質岩裏；這種事實都是各該區域裏的特點。（2） 金粒隨着河水往下游運動，粗大的金粒都不會走得太遠，所以最豐富的砂金還是在離山金不遠的地方；就拿長江來說：著名的砂金礦都在宜賓以上，像重慶附近的砂金，質量上都比上游的砂金差得多！（3） 在河底下，尤其是在河床坡度突然和緩的中間，礫石受了水力的沖激，不免有些振動，金粒漸漸地墜下去，一直到河底的巖石爲止，這樣就成了豐富的砂金；大都在淹水底下，只有冬天可以淘金，春夏都要停工；否則祇有造起大金船，用機械去從事工作。（4） 河水漲的時候所堆積下來的砂礫，當河水枯落的時候就露出在水面上來，這裏頭也可以有金；這種河壩的金，也叫做田金；不過含金的砂，並不一定在表面上，開採的時候，或須先掘一個井，工作就要麻煩得多。（5） 支流的河身坡度常比幹流大；因此支流的水流得格外快些；如支流所經過的地方有金礦脈存在，水裏帶有金粒，當支流流入幹流的地方，因爲水流變慢，其中所挾帶的泥和金粒，都得沉積下來；這種富砂的堆積，都在支流砂入幹流地點的下游。

中國砂金產地，以東北爲最著，其次就要算西南了；西南的砂金，以西康爲最多，四川、雲南兩省和西康接壤的各縣也都有；四川省的寧雅兩屬劃歸西康以後，西康的砂金益發多了。

大規模的開採，需要很多的設備，我們暫時不必管他。小規模的人工採砂工作，就和土工挖泥一樣，所用的工具不過是鐵鍬和鐵錘；河邊上的砂，都是露天採掘的，如若表面有一層相當厚的荒砂（

沒有金的砂土）蓋着，就要開掘直井來或平巷；好在砂金本在地面上堆積的，面上縱有掩蓋，也不會很厚，工程上沒有多大困難。開出來的砂，要運到水邊去淘洗，通用的淘金器具爲金床，最簡單的金床爲一塊五六尺長的木板，兩邊都釘上一條二三寸高的邊，板的下半設置了幾條橫槽；淘金的時候，將金床斜擱着成五度到十度的傾角，金床的上端接着一個蓄水的小壩，小壩開放後，水流在板上奔瀉下去，淘金人隨時把拌了水的砂金放在板的上端，砂和金都隨着流水向下流動，金因比較沉重些，就向下沉積而集在金床下部的橫槽裏面。除金床外，金盆也是常用的器具：用金床淘金的時候，都要用金盆來做最後淘洗的工作，此外也有專用金盆淘金的。金盆多半木製，大的長二三尺，寬一尺許，底平圓，淘的時候，兩個人把盆抬着，將金砂放在裏邊，在水裏盪動，盆裏的砂土，漸漸隨水漂去，較大的石礫都在上面，可以用手揀出來，到後來剩在盆裏的雜砂已經很少，就連金和砂一起倒出來，積了若干次淘剩的砂，合併起來再淘一次，就可得到黃金。這種方法，比較費力，所以不常用，小淘金盆都和金床聯合使用，盆的直徑不過七八寸，人家家裏用的舀水木勺，就很合用。

大規模的金床，應該有一百尺以上的長度，才可以避免細粒金的逃遁。現在各地所用的金床，只有五六尺長，細的金粒當然留不住，就是粗的金粒，也往往被泥砂所夾，不能留在金床裏，這種逃遁的金粒，以後很不容易收到，真是極大的損失。以後不妨把金床改做兩節，每節六七尺長，用的時候把兩個床連接起來，同時在第二節金床下半段加鋪嗶嘰或氈單子（西康羊毛織的布）。這方法輕而易舉，不妨試一下。

現在各地的淘金工作，都是亂挖亂淘，碰碰運氣；我們看到衣衫襤褸的金夫子，簡直不敢相信他是淘金人。若要在目前增加金的產量，下面所說的兩點，就是很容易辦到的基本原則：（1）在範圍較大的沙金礦區裏，應當由政府或者私人企業組織去開發；開採的規模不妨大些。（2）在範圍狹小的礦區裏，可以在政府管理之下，由人民自由採淘；政府的管理，要偏重於技術方面，減低稅率，以鼓勵內地民衆去開發。

拿破崙說：決定戰爭勝負的因素：「第一是錢，第二是錢，第三還是錢！」淘取黃金是用力少而成功多的找錢方法，在這抗戰期間，金子不可不淘，並且要多淘，要快淘，還要有計劃的淘！（鑑）

〔三〕黃金世界的青海

（摘自到青海去，商務二十四年再版）

顧執中　陸　詒

青海原是黃金世界；大通、貴德、都蘭、玉樹、同仁等縣，湟水流域、黃河支流及大通河各地，每年產金約七千兩左右。湟水流域金礦，以前農民於農隙時淘取，現因徵收淘金稅而相率裹足。楊家莊子對岸孫氏莊濠與湟水會合處沙金頗富，農民曾以二十人工淘得沙金二十兩，爲有權者所阻而罷。大通河之金礦昔時多由有權者强徵民夫淘洗，工頭層層剝削，鄉民所得無幾，甚有負債不得歸者，反視淘金爲畏途。其他則互助縣之楊錯、青錯，都蘭縣之大柴旦、小柴旦，以及貢循勒、並烏佛海、駱駝山、雪山等，或爲各會所把持，或爲寺院所封禁，大都未能開闢也。（鑑）

〔四〕青海之八寶山

（摘自到青海去，商務二十四年再版）

顧執中　陸　詒

青海化隆縣之八寶山試行開採金礦案發後，番民以迷信山神，力事反對，引起一度劇烈械鬥。科彥濠有金礦一處，清末開採五六年之久，金苗甚旺，大如蠶豆，惜當時無甚組織，技術亦明不下萬人，終以番民反對，以爲有傷山脈元氣而中止。（鑑）

〔五〕甘肅之金

（摘自新經濟一卷十期，二十八年四月）

霍　世　誠

在祁連山一帶的花崗岩附近，黃黑褐色的石英脈裏，往往含金；這是脈金。被水浸蝕後冲積於河流兩岸；這是沙金。在現金缺乏的我國，產金量的增加，不啻爲一個病人輸入血液，解決這個問題，可從三方面着手：

（甲）發動民衆，搶淘取金　淘金的結果視礦週期，往往辛苦累日，一無所獲，河北省有句諺語：「十日淘金九日空，一日做了十日工」。形容得維妙維肖；因此一般山民寧肯耕種幾畝瘠苦的薄田，不願冒險淘金；政府須獎勵他們工作，特別是農閒的時候，必要的話，還可津貼或借與食糧。

（乙）擇定地點，利用機器　沙礫含金的多少，與地形及距離金脈的遠近有關；政府可選擇幾個好的地點，利用機器採取，或可於短期內即能獲得大量的金質。

（丙）收買　淘金工人多很貧苦，不得不將辛苦換來的資貝，賤價賣於商人；假如政府在礦區內設立機關，定價公平收買；定可吸收民間大量的存金。　（健）

〔六〕陝西安康區之砂金

（摘自地質評論；三卷二期，二十七年四月）

白士儒

安康區產金之處，多在漢江北岸各小支流之河床中（即由秦嶺南流之各河流）。砂金來源原屬山金。蓋山金產於火成岩、變質岩、或片麻岩中之石英岩脈內，因受天然風雨及其他動力作用所破碎，形為砂礫；然後又為風雨河流所攜帶，砂礫與金粒遂相混而沉積河床之內，成為砂金層。就此砂金成因而論，則安康區砂金之來源，當屬秦嶺山脈。蓋以發源於巴山山脈之支流中，少有產砂金者，故知巴山山脈非產金之所也。安康區砂金可略分為洵河流域區、越河流域區、傅家河流域區、漢江沿岸區等四區。

總上四區，含金砂礫面積共達五百平方里。區域內各處含量，頗不平均：（1）河床灣曲之處，以及灣內長州；（2）支流交入之處；（3）舊河床之下；（4）峽外深潭。

洵河、越河、傅家河所產之砂金，色黃亮，大如普通米粒，亦有大如豆者，毫無稜角，俗名豆瓣金。重二三錢以上者則鮮有發現。漢江沿岸所產之砂金，色澤稍暗，粒亦較小，俗稱麩金。

洵河流域之草平鋪，有洵陽人王明德，以金床兩架，從事掏採，每床一次，可淘砂十二噸，平均可得金一錢三分，約為每噸含金一分。越河流域之張家圳，含金砂礫層厚約三公尺至五公尺不等，每噸約含金八厘。傅家河流域之官田，每人每日可有七八角之收入，每噸砂礫之含金量約近四分。漢江沿岸，每人每日淘砂金約七噸，可得價值六角之金砂。　（健）

〔七〕河南浙川縣之金礦

（摘自地質評論；三卷五期，二十七年十月）

張人鑑

淅川、南召兩縣礦產，頗稱富饒，如鉛、銀、煤、鐵、螢石、砂金、石棉、石膏均產之。淅川縣金礦在縣城之西北約一百二十華里，紫金關附近之金豆溝及柳林溝內；以當地人民掏金之經驗，每立方公尺砂層內，約可產金一錢。金之總儲量約為四十三萬二千兩之譜。

〔八〕湘西沙金之調查

（摘自時事新報；二十八年一月五日）

去年八月中旬，毛慶祥氏主持之中國戰時生產促進會，派遣會員羅啟叔、唐桐蓀二君赴湘西一帶視察金礦，以作開發之準備；歷時一月，以戰事迫近三湘，未能繼續工作。頃已繞道返渝，記者昨晤二君，承告湘西一帶砂金概況甚詳。爰亟紀之：湘南之金礦，通分「脈金」與「砂金」二種。脈金產於山中，又稱「山金」；砂金每掘自田間，故又名「田金」。就產區分佈論，砂金較為遼闊，幾沅水所經，無不有其蹤跡。由開發方面言之，淘砂金遠不如開採脈金，洗河砂則又遠不如掘挖田金；但開採脈金需要採冶技術及各種機械設備；淘洗河中砂金係為少數貧民日謀升斗之計，故此次所勘者，均限於田金一類。至於砂金之富集情形，言之極為簡單：根據河床之自然狀態，如（1）水流之速度（2）河床之斜度及曲度，（3）沙灘之形成原因，（4）河床之岩層（河床為岩層橫切，則停滯力強），（5）河身變化（古老河道沉積之時期甚久）等，皆可藉以說明其富集條件。

金質比重較大，先行下沉；故依地理變遷，即可知其富集區域：（甲）鄰近金礦區之溪口處，（乙）沅水中湧出之沙灘及沖積而成之洲地，（丙）沅水河床灣度最大地點，（丁）沿沅水之山谷與盆地。據一般老淘金者之經驗，率皆有二語，即「小河淘灣，大河淘灘及潭口」。據云：小河中較水流淌急，所謂淺水者，則淘「淺水」及「步水」，在淺水側之草皮草根上，亦可洗得細粒金屑；此次在澄溪口曾親見之，聞當地人民每人每日可淘得三釐至五釐者；但在水流平緩時，金粒即放停滯河，隨處可淘。在大河中，凡沙灘沖積之處，富集最高；其次爲河身灣曲處所，惟兩側不能同時富集，祗可淘河身之一側。此種砂金，土名「腰黃金」，因其集於河腰也。通常謂田金曰「崙金」，其來源爲「崙脈」；崙脈之岩石爲灰綠色之頁岩，掘及灰綠色之岩層即可取以淘洗，而得金砂。

沅水清浪灘以下，沅、桃、常三縣之砂金產區，向爲土人淘金處；較爲有望者：計有（一）沅陵縣屬之大別溪口及泥灣里口（流經洞冲壽金礦區）、廬衣洑、熊公冲（牯牛背脈之衍支）柳林、沙灘；（二）桃源縣屬之二洑溪口（流經麥葉溪金礦區）、羅家灣、陳家灘、夷望溪口（源人金牛山金礦區）、何家灣（河身曲度最大）、鄭家河、澄溪（源人冷家溪）、水溪（盆地）；（三）常德縣屬之白羊河，孔家河、德山口、逆江坪等處（常德、漢壽等處，均屬沅水之沖積層，故沙金產區，亦至廣闊）。

據水溪淘金者談：每人每日所獲通常在五角左右，多者可得二三元；即淘之洗尾砂之幼童，亦云：一日可得一二角之譜。至該處砂金蘊量，據余等估計，在水溪方面，自印家埔起迄常德之逆江坪止，其間長九十五公里，兩側寬約二公里之範圍內，現有儲量，當不下一萬兩云。　　（健）

〔九〕湘川黔新西青外蒙之金礦概況

（摘自中國經濟年鑑，二十五年第三編）

（甲）湖南省：　桃源縣冷家溪之金礦，相傳始於明初，民元間曾鼎盛一時，後爲盜匪所毀，民十六七年間先後成立利華、新華、富華等公司，後以糾紛，新華讓與建設廳開採。採礦純係土法，選礦分研磨及淘洗兩步：研磨先用人工將礦石鎚碎，約雞蛋大小，移置水磨內研之；研磨手續完畢後，即可取出淘洗，淘洗器具用金床，金床爲木製，長六英尺半，寬二英尺半，內有小格四五十，格木厚約半英寸；金床斜度十五度，首端滿鋪布一塊，利用其阻力以延滯金沙之下滑；金床木格內之金沙，最後另用金盆淘洗之，所得者稱爲毛金。毛金先置銅瓢內烤熱，再置瓷鉢內加硝酸處理之；毛金每兩需硝酸〇・二六兩，俟氣泡盡後，傾去廢液，洗淨、烤乾，置於塗敷硼砂之坩堝內，酌加牙硝（即硝酸鉀）爲氧化劑，傾入塗敷菜油之鐵模內，冷後取出，再用鹽硝酸處理之，即得純金。

本礦自民國二十二年產元月起始開採，每月出五兩上下，十一月間驟增至四十七兩，二十二年度平均每月十二兩，二十三年度平均每月三十六兩，二十四年度一月至七月平均每月三十八兩；其中永興隆占74%，木欄灣17%，此外亦有淘自水溪民砂及收買私人零淘所得者等。

（乙）四川省：　安縣水災後，人民生計維艱，縣府特許挖金，金廠不下百餘家，每日出金百餘兩，尤以麻柳灣一帶，爲旺盛。

（丙）廣西省：　最近（二十四年二月）上林縣萬嘉墟附近，鎮鄒鄉勘治水台等礦區，工作者不下四千餘人，產量每日約五百元；惟農民用土法開採，祗掘表面，埋藏餘量尚多。

（丁）西康省：　西康礦藏甚富，尤以黃金爲最；清末川邊大臣趙爾豐聘美籍礦師往西康查勘調查，自光緒三十四年至宣統元年止，勘查結果，認：祗宜土法開採，不宜機器採挖。因此鐘礦提倡採金，多係土法而已！民十以前，礦金甚旺，後以盜匪出沒，逐漸停歇。

茲將二十四年度各金廠工作人數略列如次：

（一）康定縣：捷波九十餘人。魚子石六十餘人，三道橋、瓦斯溝、偏岩、魚通各二十餘人，孔玉四十餘人。

（二）九龍縣：三埡、羊橋皆在籌辦中。

（三）理化縣：昌會十六人，各母三十六人，曲科十九人，沙馬三人，褐科、卡龍各五人。

（四）瞻化縣：麥科一百餘人，曲衣三十餘人，甲司空二十餘人，雜母十餘人。

（五）德格縣：柯鹿洞三十餘人。

（六）鑪霍縣：鑪霍六十餘人。

（七）道孚縣：將軍橋四百餘人。河溜四十餘人。柏楊樹、泰寧各三十餘人。瀘水墻、蒙自古各二十餘人。

（八）得榮縣：得榮在開辦中。

（九）瀘江縣：崇西不詳；密西溝，梘馬沖各十餘人。

（戊）新疆省：　新疆產金區域，計有阿山、和闐、且末、塔城等縣；以阿山為最著。民國七年開始採掘，挖金者約計五萬人；二十二年遭匪亂而停頓，二十四年該省農礦廳又有重設金鑛局之議。阿山最旺之區為東義河、西義河、哈熊溝、三道橋、前溝、東山等處，金質以哈熊溝者最佳。開採方法，分水窩及乾窩兩種：乾窩即挖掘山金，水窩為淘洗沙金；但以水窩較乾窩獲金為多。開採時，每年三月至七月查探礦苗，七八月至十月正式淘洗；十月後河水冰凍，工作即告停頓。

于闐金鑛為新疆唯一官金鑛，共有五廠：

（一）阿哈他克大金廠：　金砂頗厚，然雖遠多雪，一年中惟四月至八月可以工作，故出產不多；有金夫千餘名。

（二）雷里瓦克大金廠：　附近無水，故僅藉風揚沙以取金；金夫一千五百餘名。

（三）卡巴山小金廠：　所以終年工作，惟頗缺水；金夫三百餘名。

（四）某羌小金廠：　為卡巴之支廠。

（五）蘇立克小金廠：　金夫僅數十人。

（己）寧夏省：　中衛沙壩頭附沙有金鑛，尚未開採。

（庚）青海：　青海金鑛，分布甚廣。就縣區言之，則西寧、大通、貴德、民和、樂都、臺源、化隆、都蘭、玉樹、同仁等縣年產一萬二千餘兩，運至甘肅蘭州銷售。以河流言之，則黃河流域、大通河流域、通天河流域、柴達木河流域及湟水流域各地皆產之。全省產金區約計十四萬平方英里，幾佔全省之半，估計當可產生金五百八九十萬兩，以八成計之，可得純金四百六十八萬兩。惟土法採掘，所得甚微，迷信風水，動輒阻撓，金苗雖旺，未見有利：若能大肆開採，其利必可建設新青海而有餘也。

（一）瑪沁雪山：　產金甚旺，採工二百餘人；若用機器開採，其貯藏量不亞於世界聞名之舊金山云。

（二）八寶：　產金甚旺，採已多年，採工當地稱沙娃。

（三）俄博：　產金甚旺，沙娃約一百二十餘人。

（四）大峽口及

（五）南川工門關：　以上兩處，產金區皆不大，近年始從事採掘，採工自給，無勞資之分。

（六）二古隆寺灘：　產金甚旺，以前寺僧禁止採取，近已開放。

（七）西川銀佛山：　產金甚旺，番人視以為金沙為靜，大雨後樵牧間有拾得者。

（八）中紅溝河灘：　產金區不大，沙娃四十餘人。

（九）享堂：　產金區不大，附近居民於農隙時淘採。

（十）貴德黃河沿：　產金區大，採淘費力，回民約伴淘採，若遇番人來採即遠避。

（十一）柴旦：　產金甚旺，番人阻止採淘，加以路遠，往者亦少。

（辛）外蒙古：　蒙科爾沙金公司自一九〇二至一九二九年採得一〇五〇磅布。(續)

消　息

目　次

〔一〕 採金局最近之工作

（甲）經濟部採金局，　已於五月一日正式成立：　自抗戰以來，政府對於西北與西南之建設，進行不遺餘力；尤於關係外匯之黃金生產，倍極注意！前由資委會所主持之各金鑛，現均改歸新設之採金局辦理，以專責成。聞該局內分總務、工務、業務三科，並設技術一室，計有技正四人至六人，技士八人至十人。局長劉蔭茀氏及各科人員，已於五月一日在重慶棗子嵐埡開始辦公。

（乙）採金局奉令接收資委會所辦各金鑛：採金局自奉令組織成立，旋奉到經濟部訓令，將資源委員會所轄之西康金鑛局、四川金鑛辦事處、青海金鑛辦事處、及其他金鑛，一律劃歸該局接管；並將重工業事業費項下，所列之西康金鑛局等三機關經費，預算內未領各款，悉數劃歸該局具領應用，聞會局兩方，正在辦理移交接收云。

（丙）平桂鑛務局所經營之金鑛，仍由資委會管理：　平桂鑛務局所經營之廣西上林金鑛，因係平局整個業務範圍之一部，未便分割，故該鑛現仍由平桂鑛務局主持，歸資委會管理云。

（丁）採金局派員赴貴陽及湘西一帶實地調查：　湘西金鑛儲藏豐富，採金局日前特派技士向道與工務員李子棠前往該地調查，　並指導人民開採金鑛工作；同時在貴陽附近，詳加查勘，一俟該員等返局報告後，再行斟酌情形辦理。

（戊）採金局加組機械探勘隊，從事探勘：採金局自成立後，工作異常緊張，聞除青海，西康、四川、湖南、河南、廣西、已有之各金鑛，仍繼續資源委員會辦法進行外；更積極籌組多數之探勘隊，擬採用機械，在各地從事大規模之探勘；一俟有所發見，便即着手興工。並聞對於向用土法淘採之沙金鑛，亦正編印說明小冊，設法予以指導與改良，以期產量日增云。

（己）採金局函請各建設廳填送表格：　採金局為明瞭各省金鑛之實在情形起見，特製備表格一種，函請各省建設廳，將其境內所有立案之各金鑛，開採狀況及其他有關係之各點，按表逐項填寄，以供參攷云。

〔二〕 久大自貢鹽廠籌備及開工情形

林

暴日侵華，海疆肖被佔據，中國沿海三大鹽場之長蘆、山東、兩淮，幾爲敵人所劫奪。久大鹽業公司之製鹽工廠在塘沽、青島、大浦者，先後淪陷，損失之巨，在民國實業史中，無與倫比！

鹽爲民食之需，同時亦爲國稅主要收入；武漢尚未淪陷以前，政府擬將內地產鹽最富之四川，設法增加其產額，以裕國課而足民生；不過內地製鹽技術古拙，欲求大量生產，亦勢所難能。

二十七年春，久大鹽業公司經理范旭東先生入川考查實業，四川鹽務當局邀赴自流井參觀，先是該地原有自貢模範鹽廠之設備，戰事猝起，在外訂購之機件無法運入，幾停止進行。鹽務當局因增產勢在必行，乃商得范先生同意，請其接辦該廠；同時范先生對於當地同業表示兩點意見：(一)將來久大工廠設立後，技術儘量公開，藉資同業參攷。(二)該同業中有因籌辦鹽廠之設計工程須要指導者，久大在雙方合意之下，允爲負責代辦。爰經各方數於久大夾與川鹽之誠意，均表示歡迎。范先生旋即回漢，其時我軍猶扼守徐州，一方面設法搶出大浦工廠一部分機器材料運漢，一方面在漢口購買大批鋼板及五金材料，由漢運宜轉川；同時派定人員，接收模範鹽廠，準備一切；並在渝、蓉兩地設立辦事處以資聯絡。計自二十七年四月初開始工作，九月初大致完成，遂於九一八紀念日正式開工出貨。

工廠製鹽，因戰時大宗機器不易入口，並因急於生產，故採用鋼板製成之平鍋熬鹽法。預定建置鍋灶十套，如滷煤得充分供濟，每日可產一千二百市担；其動力有柴油發電機兩部，其他電焊機及抽水機等，莫不應有盡有。規模雖不大，實已具有近代工廠之雛形。

讀者或以為久大以不滿半年之時間，即能完成較大規模之設置；一若獲得各方之同情，故能進行迅速圓滿者；不知鹽為中國特殊事業，既有新舊之爭，加以地方觀念，情形複雜，阻礙重重。故自開建日起，猜忌譏諷，環攻無已，各方推波助瀾，更有山雨欲來之勢，甚且有勞地方最高當局及行營之關懷；惟久大公司認為事實上非增產無以舒西南民食之憂，非堅貞苦幹不足以排外力阻撓之厄；即使政府對於久大公司加以無理之限制，亦決不因之而氣餒。在現階段辦實業似應較平時順手；而鹽業獨不然；好在吃鹽飯人大家嘗過這樣滋味，故亦安之若素。

所可惜者；內地工業落後，一切工業用之器材無從採取，影響生產，早在意中。滷煤既經統制，理應供給裕如，無如根本之產量不夠，巧婦不能為無米之炊，而運輸之難，整個西南固如此，自流井當難逃例外。筆者於民九曾往自流井考查，當時曾勸鹽務當局建議速修由井至鄧井關一段鐵路，使鹽煤出入便捷；乃事隔二十年，現時始有輕便鐵路興設之舉，久大公司且不無微勞；內地建設之難，不禁人感慨係之！

〔三〕 大鑫鋼鐵廠

最近出品情況

抗戰以來，我國之重要工業區域，大半淪陷敵手；所幸政府當局，於上海未陷前，即着手遷移各工廠，大鑫亦其一也。惟以戰線關係，交通阻塞，歷八閱月之久，方始入川；購地建廠，費時五月，始陸續復工，加緊生產，一方添製本廠機件，同時供給政府及社會各方之需要；茲再就該廠最近之出品情況，略述梗概如次：

該廠自去年七月間開始復工以來，因積極趕造自用機器，如車鑽床、軋鋼機、汽錘、拉絲車、抽水機等；同時應外界之要求，代製壓瓦、拌泥、鼓風、造紙等機，並供給運輸會熱風爐，民生公司油池管與鋼錨、鋼纜架等件！

重慶已為戰時新都，因人口激增，而於交通建設實屬急不容緩；徒以山城狹窄，三面臨水，擴展實非易易；西南公路局有鑒及此，為謀重慶與兩岸問之聯絡，以利交通計，故投資數十萬元，籌設活動碼頭，使兩岸車輛，不論水平漲落，皆由渡輪直駛達岸，較之現時經過躉船跳板，何可同日而語！業已着手在海棠溪儲奇門兩岸動工建築，裝設斜軌，上置平車抬，隨水勢漲落，可以升降合度；惟因鋼軌缺乏，無法趕造，致懸擱多時。現已由該廠承製特種鋼軌四十餘噸，車輛輪架等齊全，限兩個月內交貨；其有利於交通實非淺鮮也。

抗戰期間，加增生產，實為後方要務。惟生產有賴於器具，故原料於器械之供給，尤屬重要。查近來市上缺乏純潔硫酸，聞中央工業試驗所擬利用東陽鎮硫酸廠出品，加以昇提純潔；惟煎鍋須用耐酸鐵製成，現亦由該廠配成高矽耐酸鐵煎鍋十具，以供應用。

目前鐵荒問題之嚴重，自不待言。但各鐵工廠之對於車鑽、刨床等機下之鐵屑，往往視同垃圾，棄於無用；物雖微細，然集腋成裘，如能集儲有數，亦屬可觀！該廠為提倡節約運動起見，特登報收集該項鐵屑，以十噸掉換生鐵一噸。廢物利用，實亦抗戰建國聲中所值得注意者。

〔四〕 上海機器廠

之經過及其近況

顏　耀　秋

農業國家若不輔以新穎工具，決難與他國抗衡；故上海機器廠先從灌溉、碾米着手，專造柴油發動機與農用器具，慘淡經營之，略有成就，江南大旱，影響至鉅！未幾復遭以一二八之役，滬上

16966

工業幾全體一蹶不振。幸賴兵工方面，借用國貨機器，工業得以稍事振興。不圖敵人侵我滬濱，幸事前略有準備，遷出一部份母機，同時政府爲保全生產命脈，免資敵用起見，令各工廠從事內遷，乃遵命遷移武昌，復工未久，敵人進迫，我政府再令遷渝，途經三月，始克抵達。今日之能繼續生產，亦政府扶助之力也。抵渝之後，覓屋建廠，匝月方始復工。初感母機之不敷應用，特加以補充；半年以還，約略俱備；工人已達二百，分日夜二班工作。製品大宗皆係兵工器材；現爲發展後方農工計可利，特添造工作母機與瓦斯引擎。復以川中水源，多用，更擬試造水力透平，以資節省物力。茲將處於後方之工廠目下最感難者，依本人年來服務經驗，分述如下：

（甲）原料：　生鐵價格，每噸原在百元左右，現已漲至八百元，猶感缺貨。深盼公私機關所建之冶鍊爐，早日出品，以資接濟。至於鋼鐵，較戰前已漲十倍有奇，尤盼我政府大量輸入，俾平其價。

（乙）工人：　入川工友，爲數有限，工廠驟增，勞力不敷支配，廠家如不提高工資，即無法招致工人。思及當年歐戰之時，英法有遠至我國招雇華工者；深盼政府設法將游擊區中之難工救出，既可增加後方生產，復可免爲敵人利用，誠一舉數得也。

（丙）經濟：　渝市物價，日益高漲，工廠一經接受定單，即須將所有材料購齊，欲謀穩妥計，更須稍有蓄儲；於是資金呆滯，難於周轉。在滬時銀錢業可以放款，五金業可以欠賒，此間則大小月底，結清帳項，因之時有擱淺之虞；今且下令疏散，並須自備動力。處茲艱難困苦之際，深盼有以調整，並盼金融界多多協助，俾後方工業不致崩潰，建國前途實利賴之。

〔五〕第一區機器工業同業公會

籌備經過

顏　耀　秋

各工廠自奉命西遷以來，陸續到渝之後，即本過去團結精神，組織遷川工廠聯合會，以整個力量，籌劃各遷川工廠之建廠開工等事宜。努力進行，略有成效；嗣以各工廠之性質既有不同，所感之困難自難一致。以原料一端而論，當時鋼價高漲，恐慌驚人，機器工廠首遭嚴重之打擊，於是乃有先就機器業另行組織團體之議。

二十七年十月二十二日，以遷川工廠聯合會名義，召集遷川工廠銅鐵機器業同業聚餐會，討論進行。當時出席者：新昌實業公司、永利化學工業公司、中國實業工廠、大鑫鋼鐵廠、周恆順廠、華生廠、啓文機器廠、老振興機器廠、四方企業公司、上海五金鋼砂廠、新民廠、鼎豐廠、精一廠、張瑞生鐵工廠、啓新電焊廠、中華無線電社、美藝鋼鐵廠、裕興廠、通惠廠、合作五金公司、大公鐵工廠、德興鐵工廠、順昌公司、魔大鐵工廠、暨上海機器廠等二十五家。經濟部中央工業試驗所顧一泉所長及經濟部胡博淵技正、歐陽崙科長等，亦出席指導，多方贊助。在加強本市同業工廠之團結，以增厚抗戰實力之同一目標下，一致主張籌組重慶市機器工業同業公會。當經決議：此次聚餐會即爲公會發起人會議，以出席之二十五廠，連同未經公請之民生、華興兩廠爲本會之發起工廠；並推定民生、華興、大鑫、周恆順、順昌、大公、合作五金、華生及上海機器廠等九家爲發起工廠代表，除負責籌備組織公會外，並負研究促進：（a）技術合作，（b）工人訓練，（c）原料來源，（d）分工合作等任務。

嗣迭經開會討論，當決定以下各重要事項。

（甲）決定以重慶市、巴縣、江北縣之行政區域爲本會之區域。

（乙）決定將本會事務所設於重慶市。

（丙）本會之任務，最低限度，應做到下列各點：（a）使同業間工作性質相同之工廠，彼此澈底合作；（b）對於同業間範圍較小之工廠，竭力輔助其發展；（c）以團體之力量，維護同業之利益；（d）以互助之精神，解決同業之困難；（e）以誠意之態度，矯正同業之弊害；（f）辦理工業同業公會法第五條各款規定之任務。

以上三點既經決定以後，復先後籌：（a）本會區域範圍；（b）本區域內同業工廠總數及分佈情形；（c）本區域內交通情形；（d）本區域內金融情形；（e）過去及現在同業間，經濟上、技術上及營業上之關係；（f）過去及現在同業工廠對

16967

於其他工業之關係等調查詳悉。

旋即依照法定手續，於二十七年十二月二十日，呈請經濟部核准區域，同年十二月二十九日奉經濟部核准，並指定名稱為第一區機器工業同業公會。復於本年一月十九日備具理由書，呈請中央社會部許可設立；旋經社會部於本年二月一日發給許可證。乃召集原發起工廠推選籌備委員，計當選者：順昌、華興、大公、日昶、華生、合作五金、蜀興、萬華、民生、恆順、大鑫、天成、及上海等十三家；並決定以上海機器廠為主任籌備委員。

籌備會成立以後，當即擬定章程草案，於本年三月一日第一次籌備會議時通過，分別呈請社會部、經濟部鑒核；現已將印製之會員工廠詳細狀況表，分發各會員工廠填報；並將會費單位額、表決權、選舉權、及應派代表人數等計算表，印發各會員參考。俟將代表個歷表檢送各會員工廠，請其依照法定人數選派合格代表。當可於最近期間，召集成立大會矣。

〔六〕經濟部核准工廠登記一覽表

廠名	廠址	廠長或經理姓名	主任技師姓名	出品種類	登記號數	登記年月
華豐機器碾米廠	浙江鄞縣西鄉張家潭	陳爾詠	王錫三	米	四一九一	二十八年二月
義泰興號電機碾米廠	浙江鄞縣塘河街	林渭卿	黃河韓	米	四一九二	同上
乾泰木行分廠	浙江鄞縣江東後塘街一三二號	李令德	舒武才	米	四一九三	同上
華興機器造紙廠	浙江鄞縣江東東郊路田羊巷	茅振庭	應炳南	黃紙板	四一九四	同上
徐萬興米廠	浙江鄞縣江東敬鄉橋十七號	徐孝行	章肯玉	米	四一九五	同上
芷江縣民生工廠	湖南芷江南街	張延桂	彭光輝	布疋巾襪衫竹器	四一九六	同上
上海機器餅乾廠	四川成都西門[illegible]字街七十八號	胡兆英	蔡文明	餅乾麵包點心糖菓	四一九七	二十八年二月

〔七〕非常時期專門人員服務條例

（廿七年十二月十日國民政府公佈）

第一條　本條例稱專門人員者，謂下列之人員：

（一）曾在國內外專科以上學校之理工醫農法商或其他學科畢業者。

（二）對於科學有專門著作或發明者。

（三）曾受機械電氣土木化學等工程醫藥致置審驗或其他特殊技術之訓練者。

（四）曾任前款技術工作一年以上者。

（五）備有第三款技術有豐富之經驗者。

第二條　專門人員應向行政院指定之機關為下列各款之登記：

（一）姓名年齡性別籍貫及居住所。

（二）學歷及經驗。

（三）現有職務者之職務。

（四）願担任有關抗戰之工作。

第三條　非常時期專門人員之總調查，由行政院令地方政府限期辦理；關於僑居國外人員之調查，令使領館負責辦理。

第四條　行政院或軍事最高機關，按抗戰工作之需要，命令專門人員分別担任工作。

第五條　專門人員有團體之組織者，政府得命令各該團體，協助辦理指定之事項。

第六條　專門人員担任指定工作，著有功績者，應分別予以獎勵。

16968

第七條 奉命担任指定工作之專門人員，應給予旅費及生活費用前項人員原有職務者，保留其原職，得支原薪。

第八條 經指定担任工作之專門人員，非具有正當理由呈請原指定機關核准，不得免除工作。

第九條 本條例施行細則，由行政院定之。

第十條 本條例由公佈日施行。

〔八〕非常時期專門人員服務條例施行細則

（二十八年二月二十日行政院公布）

第一條 本細則依非常時期專門人員服務條例，第九條之規定訂定之。

第二條 專門人員之登記，由左列機關辦理之：

（一）中央 中央建教合作委員會。

（二）各省及各直轄市 建教合作委員會（省市建教會未成立者由該省市政府於建設教育兩廳或社會局各機關中指定辦理之）

（三）各市縣： 市政府、縣政府。

（四）國外： 使領館。

第三條 專門人員之登記，除照依非常時期專門人員服務條例，第十二條規定各款，填具表格（附表一）三份外，並須粘貼本人二寸半身相片，暨呈驗學歷及經歷各項證明文件。前項證明文件，經核驗後，即行發還。

第四條 專門人員登記後，登記機關須造具名冊，連同登記表二份，逕呈行政院。前項名冊，各登記機關須於登記表收到後一個月呈送。

第五條 非常時期專門人員之總調查，由第二條所列登記機關辦理之（附表二）。總調查完畢後，應造具名冊（附冊式），逕呈行政院。各調查機關自奉令之日起，至遲須於三個月內辦理完畢。

第六條 行政院或軍事最高機關，命令各專門人員担任工作時；應於接到命令後，於限期內前往指定地點工作。

第七條 專門人員有團體組織者，於奉到政府命令，協助辦理指定之事項後，應即進辦；其所需經費，得呈請政府給予補助。

第八條 專門人員或團體，担任工作，著有功績者，分別予以左列之獎勵：

（一）明令嘉獎，

（二）頒給獎狀，

（三）給予獎章。

第九條 奉命担任指定工作之專門人員，由令派機關給予旅費，並按其資歷及工作性質，給予相當生活費；其原有職務者，並保留其原職，得支原薪，不另給生活費。

第十條 經指定担任工作之專門人員，非具有左列情形之一，呈經原指定機關核准者，不得免除工作：

（一）身體疾病或體力衰弱，不堪工作，經指定之衛生檢驗證明屬實者。

（二）指定之工作非其專長者。

第十一條 凡服務於公務機關，及有關國防生產事業之專門人員，經原機關或其主管機關認爲不能離其原職者，得免予調任指定之工作。

第十二條 本細則自公布日施行。

編輯之言

璪

照原定計劃，本刊第二期的中心問題是「金」與「煤」。黃金與黑煤並列，表示兩者在抗戰建國的途程中，有同樣的重要。黃金的有價值，盡人皆知；黑煤在產業上的價值，實亦不亞於黃金。在外國，煤有「黑金鑽石」之稱，實是一個絕好的比擬。關於這兩個問題的論文，收到的很多，原擬併為一期的，因為印刷關係，結果還是分成兩期了。

關於「金」的論文中：胡博淵先生的「關於我國後方各省金礦之建議」，是胡先生在抗戰以後，實際調查之結果；李鳴龢先生是經濟部礦業司司長，他的「西南、西北各省之採金事業」一文給讀者一個鳥瞰的論述；關於金礦採冶技術問題，有經濟部礦冶研究所丙堃先生的「金礦開採及選冶之研究」一文，惜以篇幅關係，圖文略有刪減；西康是後方重要產金區域，我們有西康建設廳廳長葉秀峯先生的「西康之金」一文，概括的說明西康採金事業的方向；高行健先生以前主編過「科學世界」，他的科學文字散見各處刊物，現在協助本刊編輯，特撰「金典雜釋」一文，以生動的筆調，論述一個專門的問題，使讀者格外增加對於「金」的興趣。

從這期起，我們添了「工程文摘」一欄。我們感覺到抗戰期中，國外的雜誌書籍固難讀到，即國內的專門雜誌書籍，也不易得隨意閱覽的機會。得不到新的文化食糧，我們很難跟着飛速進步的工程前進。因此想利用各機關及各大學的圖書，特別希望地區優越的各大學，有教授指導三四級的工程學員，就新到雜誌書籍中，擇要摘譯，刊登本刊。在各校工程學員，既可以增進專門學識，練習譯述作品；在工程界的讀者，亦可以藉此而得些新的文化滋補品。我們發出這辦法後，頗得各方贊同，所以就從這期起開始（詳見「工程文摘」欄徵稿辦法）。

這次文摘內，大半還是關於金的文字。銀樓出賣的金飾，後面常有「十足赤金」的字樣，本期的稿件，也可比照加上這符號。

抗戰需要「金」，建國也需要「金」，我們希望本期金的文字，打動了社會上採金、掏金的熱忱。

我們感謝經濟部部長翁文灝先生，為本刊題詞勗勉我們工程師。

軍事委員會政治部部長陳誠先生，教育部部長陳立夫先生，皆曾出席本會在渝分會之會員大會，並各有講演。「工程師與軍事」及「工程師與抗戰建國」兩文，是兩位陳先生演詞的摘要。照原定計劃，本刊擬加短評一欄，刊登策勵工程師的文字，這期就以兩位陳先生的演詞摘要代短評。

本會原刊行「工程」季刊，後改為雙月刊，此次出版之工程月刊，方式雖不同，而為繼續負担以前刊物之使命，為維持刊物的賡續性，所以從本期起，卷數及期數均有更改。

因為重慶印刷的不方便，加以數次轟炸，本期出版一再延緩，編輯全人深覺抱歉。而目下情勢，一時無法改善。以後的本刊，是否能準期出版，實在很難斷言，這一點要請讀者原諒的！

工程月刊

編輯者：中國工程師學會工程月刊社

發行處：中國工程師學會工程月刊社
重慶上陝西街十號

零售：本期特售四角

預定：全年十二冊　國內三元五角
香港四元
國外四元五角

工程周刊

16973

工藝風序

工程週刊

中國工程師學會發行

上海甯波路47號

電話14545

北平分會：西單牌樓報子街
電話：西局809

南京分會：中山路新街口興業里

中華民國二十一年
一月一日出版

第一卷　第一期

中華郵政特准掛號認為新聞報紙類

定報價目：每期二分
全年 52 期
連郵費國內一元國外三元六角

本期要目

恭賀新禧

隴海鐵路潼關通車

粵港長途電話

隴海鐵路靈寶鐵橋通車攝影

(圖中行駛橋上者係工程料車，每車約拖引300公噸，每小時約行駛15—20公里

工程週刊之旨趣

編者

本刊第一期與讀者諸君相見，願先揭布本刊之旨趣，及將來努力之途徑，為諸君告。

本刊之旨趣，可分三層，(一)聯絡我國工程界同志，(二)協力發展我國工程事業，(三)研究促進各項工程學術。蓋本刊之旨趣，即依照中國工程師學會之宗旨，輔佐其達到目的之一種工具也。

中國工程師學會今有會員二千餘人，遍佈全國各地，以云聯絡團結，已非容易；況我國工程界同志之未加入本會者，為數當亦甚衆。彼此聲應氣求，端賴唇舌筆墨，若無一總樞機關，公開發表經驗工作，何能聯絡團結？前者中國工程學會有會務月刊，係對內一種刊物，祇得聯絡各會員間之感情，今改編此週刊，範圍擴充，與會外工程同志相見；更進一步，且謀工作之聯絡，與精神之團結，夫然後可發展事業與促進學術。

工程事業並非做文章，說空話，須要有實質的成就，有數量的表現。工程事業之發展，不靠宣傳。惟工程計劃之實行，工作之成功，則不可不有詳細紀錄，及圖樣照片。以備日後參考；尤不可自秘，應盡量公佈，貢獻給全工程界，庶得互相切磋引證，工程週刊之謀發展工程事業，僅注重於此點，非欲以滿紙空中樓閣之計畫，即謂爲發展工程事業之責任也。

至於研究及促進各項工程學術，係向高深一方面之工作，由本會會刊「工程」，負其大部分宣達之使命；本刊不過供給研究所需之基本材料，如種種調查， Data，原料產地，試驗結果之類，及介紹國外工程情形，與最新工學理論。同時亦希望以淺近之工程智識，灌輸至非工程專家之腦海中，以謀普及於全民衆，養成業餘工程家，如歐戰後美國無線電之急速促進，業餘人員亦大有功績也。

本刊既懸斯旨，以我國唯一工程團體作基礎，復恃二千餘會員爲後援，願貢獻有系統有價值之記載，與讀者諸君共勉之。

隴海鐵路靈潼段工竣通車

王江陵

隴海鐵路西段，由豫境靈寶，至陝境潼關之展築工程，計長七十二公里，經最近一年來之積極進行，業將軌道鋪達潼關。沿段橋工亦大致完竣，其在工程期間之材料車行駛，即附掛客貨營業，並依鋪軌工事程序，逐站向前推進。迄二十年十二月二十日，已能直駛潼關，現定本年一月起，即開行正式客貨車。多年要工，告一段落，在從無鐵路線之陝西省內，今已開始破一紀錄矣。

此段路線穿函谷，越潼城，並沿黃河河岸，經行工程頗爲艱巨，計共有山洞十座，橋工則有三十公尺長鐵橋三十孔，二十公尺長鐵橋二孔，民國十四年即開始興築，中間迭因軍事停頓，直至過去之一年中，方能繼續進行不斷。現在通車雖已抵潼，而穿潼城之大山洞，尚在日夜趕修，潼關大站設備，亦正招標興築，他如路碴鋪墊，河岸防護，以及一切碎修等工程，完竣尚須數月，然目前已不礙及日常行車矣。

關於該段工程，有詳細報告刊載中國工程學會「工程」季刊第六卷第三號內，（民國二十年七月出版）；關於全路山洞，則有總段副工程師李樂知先生爲文"隴海隧道之過去與現在"，刊載於「工程」季刊第六卷第二號內，（民國二十年四月出版）；關於潼關穿城山洞，則有工程局局長凌竹銘先生，在中國工程學會第十四屆年會（民國二十年八月）中宣讀一文，（將刊印於「工程」第七卷第一號內），詳盡靡遺，無庸多述。惟當今通車之始，對於全路重要各點，亦可重行一提，以作簡要報告，藉備參考耳。

靈潼段自靈寶車站起，至潼關西關外車站止，共長72公里，自鄭州以西，蓋總共已357公里。建築費總數約在9,000,000元左右。

全段路線曲度，最大半徑2,000公尺，最小半徑350公尺。全線最大坡度爲1%

全段共有山洞10座，均屬土質，最長者爲潼關穿城山洞，長1080公尺，在隴海全路已成各段中爲第二最長之山洞，（最長者在硤石驛，計長1780公尺，亦爲我國最長之隧道）。

又第10號及11號山洞，因於民國十五年坍塌，故此次臨時修築便道，繞越該山洞，

16976

靈寶鐵橋架設時情形

(30公尺橋梁每孔重約75公噸)

以應通車。該新計畫之第10號B山洞，長至2800公尺，須建築費約一百萬元，尚未施工。

全段車站，計有靈寶，常家灣，閿鄉，高碑，盤頭鎮，文底鎮，潼關，及交車驛站四處。

本段鐵橋，大多為上軌式，約合 E45 Copper's規範，以靈寶大橋為最長，計30公尺跨度12孔，即360公尺。而建築則以稠桑大橋最費，該橋為30公尺跨度3孔，因橋墩較高，故包工在110,000之上。

鋼軌係比國運來，每根長12公尺，每公尺重42.164公斤。軌枕有鋼枕與木枕兩種，每根鋼軌之下，墊軌枕17根。鋼枕每根重量為62.45公斤，木枕每根約60公斤。

全段建三水塔，靈寶站水塔儲水50立方公尺，閿鄉站100立方公尺，潼關站150立方公尺，各置唧水機。

沿路風景有函谷關，潼關，華山諸勝，陝省物產，有羊毛，棉花，及同官煤礦，將來惟特隴海為運輸之孔道也。

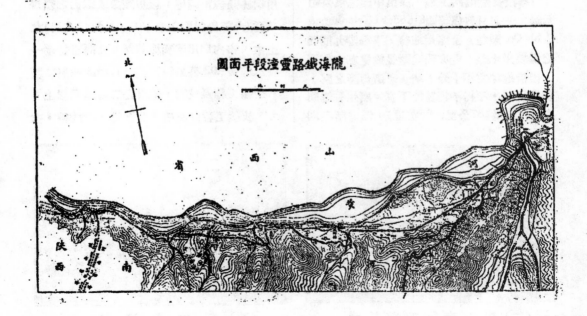

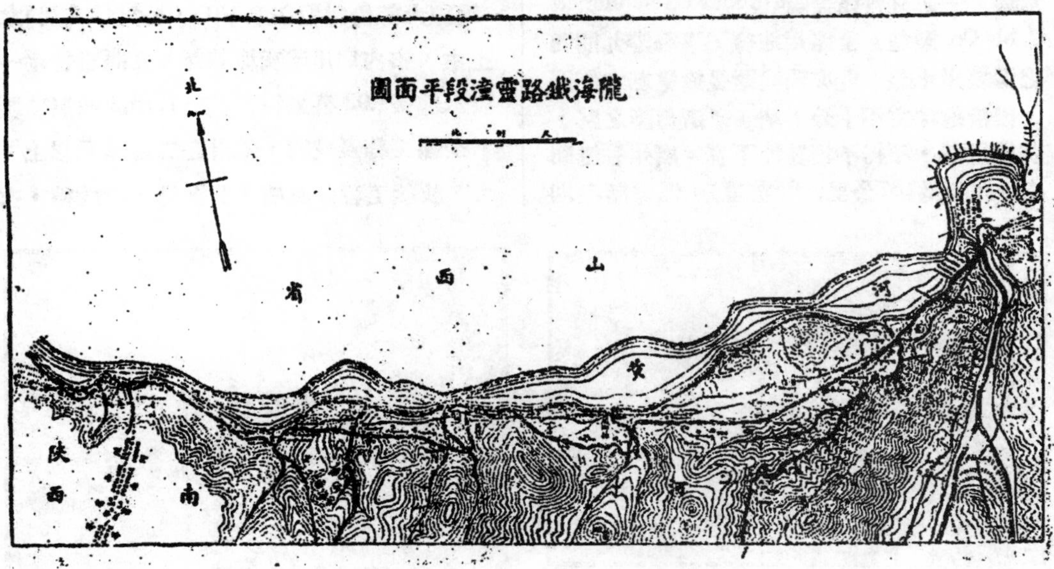

廣州香港間之長途電話

張濟翔

(一)港粵長途電話線沿途風景

(三)火車上備放之電纜

去年(民國二十年)我國電訊事業，當認廣州香港間之長途電話敷設成功，爲一大事。此項工程，自一月十七日動工，至八月十日完工，約二百天，九月一日正式通話，由廣東政府主席林雲陔氏，與香港總督 Sir William Peel，舉行通話典禮，復傳遞電報照相，及試驗打字電報機，成績均佳。

粵港長途電話工程，係由中國電氣公司承辦，一切材料係美國Standard Telephone& Cable Co.製造。全路用地線，過香港九龍間之海峽用水線，此亦開我國長途電話之創例，因沿途地方不十分平靖，恐遭剪斷之虞，保護困難，不得不埋在地下也。廣州香港間空中距離爲137公里(85英里)，惟電話線則長194公里(120英里)，因路線大部份沿廣九鐵路，依山勢曲折，起伏甚多。埋線最高之處高出海面計120公尺(400英尺)。

地線共20對，成10組，即有20號實線路，及10號虛線路，故同時可有30號接通講話。電纜係乾心式，用鉛皮包，外用鋼條纏繞作護甲。過海之水線，及有數處過河之水線，則用鋼絲纏繞作護甲，以防鐵錨或鐵篙之損害。地線大部份即埋在地下0。6公尺(2英尺)之土中，市內則用洋灰地線管。九龍至香港一段水線長1.93公里(1.2英里)，中間並無接頭。全線工程及設備，總計在二百萬元以上。

放線工程分四項，先掘溝，次放線，次

(二)廣州市內放線情形

(四)接線頭工作

16978

接線頭，後試驗。由萬國電報電話公司派工程師Burnett君主其事，工人共150人，則在本地招募，加以訓練者。放線用火車裝載電纜，沿路放下，工作多在夜間，因避免日間行車也。過河則僱民船載電纜放下，在石龍河面最闊，有1000公尺。又過一鐵路山洞。

以上為大概情形，其詳細報告，當再整理，隨後發表。

日本在東三省之電業侵略

王崇植

日本在我東三省經營之電業，包含電力，電信兩類而言。國人對於日本侵略東三省之重要工具，認為惟有南滿鐵路，而不甚注意於電力及電信之侵略，實則鐵路有如骨幹，而電力電信，無異肌肉與神經，有骨而無肉，則無力量，有骨有肉而無神經，則無由指揮。查工業之發達，電力之關係甚重，軍事政治商業之情報，電信負司其責。日本在我東三省，思與朝鮮打成一片，故電業侵略之進行，不遺餘力。茲先將日本在我東三省之電力侵略情形，略述於後：

日本在東三省之電力公司，多在所謂南滿鐵路附屬地內，共有160,000以上基羅瓦特發電量，（內有130,000係鑛山用電），以南滿洲電氣株式會社總其成，大連，撫順，長春，安東等處均有發電所。其大概情形，分述於下：

一·大連發電廠，規模甚大，發電量約40,000基羅瓦特，除供給大連市外，並輸電力於旅順，金州，普蘭店，大石橋等處，其電氣網之架設，較戚墅堰電廠之供電於常錫兩地者為多。

二·瀋陽發電所，以機力不甚充足，發電頗欠經濟，已改用撫順煤礦電力，撫順發電量有100,000基羅瓦特，除煤鑛自用外，輸送電力至瀋陽，遼陽，煙台等處。其高壓線為44,000伏而次，在中國為最高之高壓線。撫順電廠因有廉價之煤，將來發展，極堪注目。我國在瀋陽有自辦發電所一，約8000基羅瓦特，供電於城內及商埠地。該地電車用電，亦由該公司供給，惟九一八後，據報載日人已強迫該廠停電，購用撫順電力，殊可悲也。

三·安東發電廠，有10,000基瓦電力，送電至朝鮮之新義州，並供鴨綠江製紙公司之用，連接兩國國境，亦一極可注意之電氣網。將來沿鐵路而行，可接連山海關，並可進而與本溪湖礦山電廠相接。安東方面，我國新近亦設一電廠，備受壓迫，九一八後，已被日人強取豪奪而去矣。

四·長春發電所，規模較小，供電於長春麵粉廠及其他工業原動力之用，並計劃送電至公主嶺。

以上為日本在東三省經營電力之大概情形，將來計劃，一方以大連為中心，發展至海城，並與營口水電會社互供電流。一方以撫順為中心，向四面發展，以長春為中點，可北下四平街。以安東為中心，可沿安東路而達撫順。一旦打成一片，則其重要與南滿鐵路毫無軒輊。日本在我東三省，想以電氣造成與鐵道為同樣重要之侵略工具，足以制我工業之死命。且日本侵略東三省之電氣事業，無微不至，我國在東三省之小電廠，多有日人投資，即如鄭家屯電廠，亦因借有日債而實權不操自我。誠可慨矣。

紀念詹博士

趙世暄

中華工程師學會與中國工程學會，去年合併改組，成立中國工程師學會，並定民國元年爲創始之年，當時工程界先進詹天佑博士任廣東粵漢鐵路總理，約集同志，在廣州創立中華工程師會，後於民國二年成立中華工程師學會，公舉詹博士爲第一任會長。詹博士傳記已刊中華工程師學會會報第九卷第五六期，茲將博士贈像製版刊錄，以誌景仰紀念，並抄民國八年七月大總統頒給之碑文如下：

海通以來，吾國選派士人，遊學東西洋，四十餘年，項背相望，以迄今日，其間興教育，修法律，整軍政，及以一材一藝，效用於國家者，多不可僂指數，求其功績昭著，堅苦卓絕，爲海內外同聲贊美，蓋未有若詹君者也。君之遊美國也，年甫十二，時清同治十一年，爲我國派學生出洋之始，至光緒七年畢業始歸。其所入學校爲美之威士哈吩小學，紐哈吩中學，耶路大學，其充教員則爲福州船政局，廣東博學館，廣東海圖水陸師學堂，其充工程師則爲天津，津盧，錦州，萍醴，新易，潮汕各鐵路；其充總工程師則爲京張，張綏，川漢，粵漢各鐵路；最後任漢粵川鐵路督辦，而以京張路工爲尤著。京張路者，自京師達張家口，長三百七十餘里，南口以北，岡巒重疊，溪澗紛歧，地險而工艱，出居庸關，則八達嶺橫蔽於前，其上爲古長城，峭壁百尋，駭心怵目，君初履勘，擬由石佛寺向西北行，當鑿洞六千餘尺，其後乃改由東面斜行，就青龍橋施工關峽，僅鑿洞三千五百餘尺耳。當是時君所攜習工程學者僅二人，晝則繭足登山，夜則繪圖計工，無一休息之安，既而其二人者，或以事他調，議者竊以謂吾國人未有當此任者，君益冥心孤往，不以無助而少弛其志，凡十八月而山洞蕆事，四年而全路告成，開車之日，王公士庶，及東西人士，觀者數萬，咸嘖嘖嘆爲前古所未有，時予方任郵傳部尙書，親視其盛，實君生平莫大之榮譽也。君之督辦漢粵川鐵路也，國人以所信君於京張者，策功之必成，日夕跂望，君已先成湘鄂之武長一路，及漢宜路之首段，而君遽以民國八年四月二十四日歿於漢上，年五十有九。其遺呈三事，語不及私，知與不知，罔不嗟悼，鐵路同人請於八達嶺立祠鑄像，以志景行，予故舉其犖犖大者，著之於碑，以詔邦人，而訊異世，君名天佑，字眷誠，廣東南海人，所著有京張工程紀略及圖，各一卷。銘曰，

繄昔輪輿，多官所掌，知者創物，制器尙象。泰西新術，淩越先民，鼓鑄風火，千里比鄰。君以弱齡，遨遊海外，擷精抉微，

超然神會。十載畢成，譽重宗邦，量材司契，並世無雙。神銳西北，透迤凥隰，飛梁穴山，雷殷電翕。君之始事，中外危命，及其成功，鬼設神施。衆歸君能，異喙交譽，君則撝謙，蕭然無與。楚材用晉，客卿入秦，惟君兟兟，吾國有人。川粵萬利，經營伊始，周道四闢，冀昭同軌。命則有終，名則不磨，勒詞貞石，永鎮山河。

◉上海市工業試驗所更名

上海市社會局工業物品試驗所，今奉行政院令，改稱上海市工業試驗所，電話因改裝自動電話，亦改爲83466號。

按該所在上海霞飛路和合坊3—4兩號，於民國十八年六月成立，現任所長爲沈熊慶(夢占)博士。設備有化學分析應用之各種儀器，及試驗煤，水，潤滑油之儀器，又置備高溫電爐，燃燒爐，電氣烘箱，大小磨碎機，抽空氣機，榨濾機，油類輕化機，及離心分液機等，爲化學工業試驗用。又置備紡織工業用之拉力機及磨擦機，總計設備費已三萬餘元，遠勝在滬西人所設之化驗室。

該所業務分試驗與研究兩項，各處委託辦理者，多有成効。詳細情形，已編印特刊一册，於去年十二月中出版，內容報告一類，有70種煤樣分析表，本色粗棉布試驗結果，食米化驗報告，均極有參考價值。(韋)

◉開成造酸廠定期出貨

上海開成造酸公司廠房建築已竣工，刻正安裝機器，今年四月中可先出硫酸，將來再擴充造鹽酸硝酸。(安)

◉北寧路標購機車

北寧鐵路局此次招標購辦機車，展期至三月二十二日下午三時，在天津開標。(安)

◉建委員獎勵民營電業

建設委員會前頒布獎勵民營電氣事業暫行辦法，審查各廠成績，予以獎勵。十九年份榮譽獎狀已頒發，獲得者爲上海浦東電氣公司，蘇州電氣廠，及崑山電燈公司三廠。蘇州廠之主任技術員爲張寶桐，崑山廠之主任技術員爲文秉淵。(中)

◉蒸氣透平發電機最近之成功

(榮志惠)

去年爲法拉台氏(Michael Faraday)發明電機之百年紀念，前年爲愛迪生氏 (Thomas A.Edison) 發明電燈泡之五十年紀念，爲世人所崇敬，惟電氣事業發展至今日之情景，則派生氏(Charles Parsons)發明蒸汽透平機，實亦大有功焉，蒸汽透平應用發電，迄今不過四十五年，最初僅75瓩電量，今則最大者至160,000瓩。蒸汽壓力亦高至105大氣(每平方英寸1500磅)，汽熱至450°C,(840°F.)蒸汽消耗量僅每瓩計3.487公斤(7.687磅)，熱力效率高至38.5%，比較內燃機尙高，而所佔地位甚小，如紐約Hell-Gate發電所，有610,000瓩發電量，平均每平方公尺(10.8平方英尺)機器間面積，可容155瓩，比較他種引擎，高過八倍餘也。

◉益中磁磚行銷甚旺

上海益中機器公司，自製造磁磚以來，成績甚佳，出品頗受各界歡迎，最近京滬新建各大廈採用益中磁磚者極多，如南京陸家灣郵政總局新屋，上海法租界靑年會，圓明園路女靑年會等，又上海電話公司在保定路，麥特赫斯脫路，及敏體尼蔭路建築接線間，亦選定益中磁磚，南京路電力公司新屋，及九江路大陸銀行大廈，訂購爲數甚巨云

(舫)

◉茂菲氏演講中國建築復興

國民政府美顧問建築家茂菲氏 (Henry K. Murphy)於十二月八日晚間，在上海西人青年會，演講"中國建築之復興"。茂菲氏在華十六年，提倡我國之古式建築，以配合至現代房屋，謂中國式建築有五特點，(一)曲線ㄷ之屋脊，(二)布置端正，(三)結構宏敞，(四)設色鮮豔，(五)進道坦直，自成一體，堪比美西方也。而對於我國寶塔，讚譽更多，稱爲中國風景之特徵。茂菲氏所建築之北平協和醫院，及南京金陵女子大學等，均採用此項主張。 (自強)

◉歐美各工廠出版之月刊

歐美各大工廠，均有定期刊物，以宣傳其新出品之構造及優點，按期寄贈各主顧閱覽，有相當職務關係者，亦可函索，其中不之技術參考材料。玆調查機械及電機各種刊物名稱列下，餘尙待續錄:—

(1) Revue Skoda, (Skoda Works.)
(上海斯可達洋行經理)
(2) A.E.G. Progress (Allgemeine Elektricitäts Gesellschaft.)
(上海禪益吉洋行經理)
(3) Siemens Zeitchrift (Siemens-Schuckert Werke)
(上海西門子洋行經理)
(4) Siemens Review, (同上，英文本)
(5) Demag News (Demag Aktiengesellschaft)
(上海謙信洋行經理)
(6) Brown Boveri Review (Brown, Boveri & Co.)
(上海新通公司經理)
(7) A S E A-Journal, (Allmanna Svenska Elektriska A.B.)
(上海懋利洋行經理)
(8) M.V. Gazette, (Metropolitan-Vickers Electrical Co.)
(上海安利洋行經理)
(9) G.E.C. Journal, (General Electric Co. England)
(上海英國通用電器公司經理)
(10) English Electric Journal (English Electric Co.)
(上海怡和機器公司經理)
(11) The Line, (Line Material Co.)
(上海羅森德洋行經理)
(12) Distribution of Electricity Henley's Telegraph Works Co.)
(上海怡和機器公司經理)
(13) G-E Digest, (General Electric Co.)
(上海慎昌洋行經理)
(14) Westinghouse International, (Westinghouse Electric Co.)
(上海茂和公司經理)
(15) Lubrication, (The Texas Co.)
(上海德士古洋行經理)
(16) Oil Power, (Standard Oil Co.)
(上海美孚火油行經理) (植三)

書報介紹

◉揚子江水道整理委員會第八期年報

(出版者南京揚子江水道整理委員會，附英文譯報。)

此係民國十九年年終之報告，訂一厚册，中文109頁，英文66頁，圖133張，極爲精詳，爲治水利者不可少之參考書。

報告共五章，第二章測量成績，分水尺，流量，雨量，蒸發量，河床變遷，泥沙檢驗各節。第三章整理揚子江下流之資料，

16982

分擬航地點，淺灘長度及高度，測量工作等各節。第四章水準及坡度，分精確水準，普通水準，水準標點，同時水面線各節。第五章爲金水整理計劃。

所附圖表有歷年水位漲落圖，鄱陽及洞庭湖測站斷面及直測流速曲線圖，流量曲線圖，各洲灘流向流率及河床高度圖，變遷圖等，均極明晰。（張自立）

◉介紹代訂英美雜誌

訂閱英美雜誌者，若直接向出版家訂定，照定價毫無折扣。惟向經理處代訂，則同時訂定二份以上不同之雜誌，有減價利益。此項雜誌經理處在美國甚多，本刊所知者 Moore-Cottrell Subscription Agencies Inc, North Cohocton, New York, 創設已六十餘年，信用甚孚，可爲介紹。若讀者托本刊代定亦可，價目及詳情函詢即覆，以工程及科學性質者爲限。

工程週刊 The Chinese Engineering Weekly
（每星期五出版）　Published by
總編輯　The Chinese Institute of Engineers
張延祥　(Amalagated With The Chinese Engineering Society)
Editor: Jameson Y. Chang

16983

恭賀新禧

中國工程師學會上海分會

會長	徐佩璜	(市教育局)
副會長	朱其清	(無線電管理局)
書記	李俶	(交通大學)
會計	鄭葆成	(市公用局)

及全體會員同鞠躬

恭賀新禧

中國工程師學會南京分會

會長	程振鈞	(實業部)
副會長	吳承洛	(實業部)
書記	張自立	(建設委員會)
會計	薛紹清	(中央大學)

及全體會員同鞠躬

恭賀新禧

中國工程師學會杭州分會

會　長　李熙謀　（浙江大學）

副會長　胡仁源　（浙江大學）

書　記　茅以新　（杭江鐵路局）

會　計　孫雲霄　（建設廳）

及全體會員同鞠躬

恭賀新禧

中國工程師學會青島分會

會　長　鄧益光　（膠濟路局）

副會長　朱鏘鳴　（膠濟路局）

書　記　嚴宏溎　（市工務局）

會　計　姚章桂　（膠濟路局）

及全體會員同鞠躬

恭 賀 新 禧

中國工程師學會濟南分會

會　長	張含英	（教育廳）
副會長	王洵才	（膠濟路局）
書　記	宋文田	（建設廳）
會　計	陸之順	（陸大鐵工廠）

及全體會員同鞠躬

恭 賀 新 禧

中國工程師學會唐山分會

會　長	羅忠忱	（交通大學）
副會長	宮世恩	（北甯鐵路）
書　記	陸增祺	（北甯鐵路機廠）
會　計	伍鏡湖	（交通大學）

及全體會員同鞠躬

恭 賀 新 禧

中國工程師學會武漢分會

繆恩釗

朱樹馨

張有彬

高凌美

陳彰琯

同 鞠 躬

恭賀新禧

中國工程師學會

北平分會負責召集人

趙世暄 俞同奎

同鞠躬

恭賀新禧

中國工程師學會

天津分會負責召集人

邱凌雲 華南圭

同鞠躬

恭賀新禧

前中國工程學會美洲分會

會長 顧毓珍

副會長 石充

書記 梁與貴

會計 楊景熽

同鞠躬

恭賀新禧

中國工程師學會

廣州分會負責召集人

陳良士 胡朝棟

同鞠躬

恭賀新禧

中國工程師學會

長沙分會負責召集人

余籍傳

鞠躬

恭賀新禧

中國工程師學會

太原分會負責召集人

唐之肅

鞠躬

16987

中國工程師學會會務消息

◉執行部職員接事

本會新選職行部職員，于十二月八日下午七時，正式就職，同時接收中國工程學會舊職員移交一切文件賬款，到者有胡副會長及全體新舊職員云。

◉職員及辦事員值日表

本會總會辦事處，繼續聘請程智巨及金之傑兩君爲辦事員，執行部各職員復規定輪值日期，以謀會務進展。特將值日表錄下：

	上午	下午		晚間
	9—12	1—3	1—5	5—7
星期一	程智巨	徐學禹	程智巨 金之傑	胡庶華 金之傑
星期二	金之傑	張孝基	程智巨 金之傑	裘燮鈞 程智巨
星期三	金之傑	徐學禹	程智巨 金之傑	金之傑 程智巨
星期四	程智巨		程智巨 金之傑	全體到
星期五	程智巨		程智巨 金之傑	莫衡 程智巨
星期六	金之傑	張孝基	程智巨 金之傑	裘燮鈞 程智巨

◉上海分會定期舉行交誼會

上海分會定於一月九日(星期三)下午六時，假新新酒樓，舉行交誼會。去年該分會之新年聯歡會，到者達五百人，今年諒當格外熱鬧。

◉南京分會第二次常會

南京分會於十二月二十四日(星期四)下午六時，假新街口白宮飯店聚餐，餐後赴新會所舉行第二次常會，並請總理陵園管理委員會總務處夏光宇處長，演講陵園建築工程，詳情於下期本刊發表。

◉南京分會宿舍出租

本會南京分會，在新街口興業里23—24號設立會所，樓上有宿舍六間，分甲乙丙三種，甲種(前樓)每月$22，乙種(後樓)每月$13，丙種(亭子間)每月$15，專供本會會員租住之用。會所地點適中，空氣新鮮，光線充足，電燈熱水僕役俱全，樓下且有大客廳二間，更形舒適，女眷恕不招待。若臨時有空房，則外埠到京會員，亦歡迎暫住。有意寄住者，請早與南京分會會所經理王崇植君接洽。

◉濟南分會選舉職員結果

會長	張含英
副會長	王洵才
書記	宋文田
會計	陸之順

◉濟南分會章程

(民國二十年十一月十五日預備會通過)

第一條　組織　本分會遵照中國工程師學會章程第一章第四條之規定組織之。

第二條　定名　本分會定名爲中國工程師學會濟南分會。

第三條　會員　凡中國工程師學會會員之居留濟南市及其附近地點者，均爲本分會會員。

第四條　職員　本分會設會長，副會長，書記，會計，各一人，遇必要時，得由會長指定會員若干人組織特種委員會，辦理特種會務，並得聘任他種職員助理一切。

第五條　職務

(一)會長　總理本分會事務，並為本分會對外代表。

(二)副會長　輔助會長辦理會務，會長不能到會時，其職務由副會長代行之。

(三)書記　掌管本分會一切文書，及不屬於會計之事務。

(四)會計　掌管本分會一切會計事務。

(五)特種委員　受會長委託處理一切特殊事務。

第六條　經費　本分會會員應遵照總會章程第五章第三十八條之規定，照繳會費於本分會，由本分會遵照第四十一條之規定處理之。

遇有特別需要時，得由常會通過臨時徵收之。

第七條　選舉

(一)本分會選舉事務應於每年總會年會以前最後一次常會時，由出席會員公推司選委員三人辦理之。

(二)司選委員提出各職員三倍人數候選人，用通訊法由本分會全體會員選舉之，若當選人因事離去本地，或不得已事故，經常會議決認為理由充足時，得准其辭職，並以得票次多數者遞補之。

(三)選舉被選舉之資格，遵照總會會章第二章第十二條之規定辦理之。

第八條　開會　本分會每月舉行常會一次，每年年終舉行聯歡會一次，遇必要時得由會長召集臨時會議。前項會議遇有表決事項，須有會員二分之一以上出席方得開議，但市外會員不計在內，如人數不足時，得用通訊法公決之。

第九條　修正　本分會章程得由會員五人以上之提議，及由出席常會會員三分之二以上之贊成，修正之，並由分會報告總會核定施行之。

第十條　附則

(一)本分會章程自總會核定之日發生效力。(二)其他事項均依照總會會章辦理。

◉青島分會會務錄

民國二十年十月二十三日，下午七時，中國工程師學會及中華工程學會在青會員，假國際俱樂部開聯合會，並選舉兩會合併之中國工程師學會青島分會職員。緣中國工程師學會臨時總辦事處來函，召集會員大會，參考分會標準草案，選舉職員，進行會務，並推定林鳳岐鄧益光二君，負責辦理召集開會事宜云云，故林鄧二君本日召集是會，計到會者三十三人，如左：

孫寶墀	郭寶琛	陳衡璋	陸家駒
謝　仁	凌鳳岐	黃蔭澤	陳定保
欒寶德	施恩曦	姚章桂	金士奎
朱　樾	嚴宏淮	許守忠	田金相
葉　鼎	韋國傑	謝學瀛	唐恩良
王節堯	趙培榛	徐　堯	劉雲書
謝學元	朱運曦	王德昌	杜寶田
張名藝	宋鏘鳴	魏菊峯	崔擎光
鄧益光			

首由林鳳岐君報告兩工程團體悠久歷史，及謀合併之經過，今年八月在南京開會實行合併，故分會亦當然合併云云。次公推孫寶墀君為臨時主席，孫君先報告中國工程學會青島分會上年經過，並說兩會合併後之利益，次討論分會職員額數，議決設會長一人副會長一人，書記一人，會計一人，即行選舉，公推候選職員各三人，然後當場就候選人中票選開票，結果：

會　長	鄧益光
副會長	宋鏘鳴
書　記	嚴宏淮
會　計	姚章桂

新會職員舉出，中國工程學會青島分會同時結束，其分會長孫寶墀，書記嚴宏淮，總會計林鳳岐，均報告上年度經手事務，移交

16989

新會職員。

新會成立，對於分會標準章程草案多所討論，因時間倉卒，難即表決，乃推定魏菊峯，陳定保，嚴宏淮三人，審查此案，俟下次開會表決，九時散會。

◉繳清永久會費名單

前中國工程學會已繳清永久會費一百元者，共52人，（二十年十一月三十一日止），本會仍繼續承認為永久會員，除將名銜列表懸於會所外，特刊錄如下：

張延祥君	方子衛君	王國樹君
陶鴻燾君	李熙謀君	錢昌祚君
張自立君	劉　頤君	鮑國寶君
裘燊祥君	胡國明君	邱凌雲君
丁嗣賢君	楊承訓君	黃家齊君
胡庶華君	鍾兆琳君	黃伯樵君
張惠康君	顧毓琇君	徐恩曾君
嚴宏淮君	過養默君	程耀椿君
曾昭掄君	陸銘盛君	顧道生君
吳承洛君	華蔭相君	朱其清君
惲　震君	姚文琳君	賈榮軒君
陸成爻君	陳祖燕君	劉其淑君
楊　毅君	李屋身君	鄭家覺君
朱樹怡君	吳道一君	胡端行君
裴　雄君	楊景時君	程干雲君
壽世赫君	龔積成君	沈良驊君
譚伯羽君	黃文棣君	王崇植君
高凌百君		

至於已付半數以上者，尚有71人，名銜刊錄於會員錄內。已認而未繳者，亦有37人。

為省除每年繳費麻煩起見，望各會員踴躍認繳永久會費，即一次繳足會費國幣$100，或先繳$50，餘數於五年內繳足，以後得免繳常年會費。此項會費係作本會基金，由基金監保存，故更望會員全體加入，使基金愈形充實。

年會中決定凡舊會會員欠繳會費者，均應向新會繳清舊欠，或繳登記費$15，惟即日付永久會費，則可不必補繳舊欠，亦不必繳登記費，望舊會會員注意及之，尤望各地分會會計努力。

◉工程週刊徵稿

（一）工程紀事報告　歡迎短文，每篇自500字至2000字為最適宜。以紀載眞實，數目準確為主，題目範圍不論巨細，不分科別。

（二）施工實地攝影　不論篇幅大小，以新穎明晰為主，請附簡要說明。原照製版後可寄還原寄人。

（三）工作詳細圖畫　即各項墨繪工作圖畫，或建築圖樣，請附說明，原圖製版後可寄還原寄人。

（四）工業商情消息　包括工業新聞，購料招標，市價升降，進出口消息等。

（五）書報介紹批評　以工程學術，及關於國內工程之書籍為度，不限中西文。

（六）會務會員消息　本會各分會消息，及會員工作狀況等。如寄贈照片，更為歡迎，當保存於會內。

本週刊每期16頁，橫排，每頁二格，每格38行，每行19字，來稿能橫寫者最好，稿紙函索即寄。語體文體均可。

訂閱本週刊之定報款項，除郵費外，全充稿費，以酬謝寄稿者。預算若定報有1000份，則稿費每頁約二元。

來稿請寄本會會所，封外請標明『工程週刊』字樣。

工程週刊廣告刊例

本週刊每期印行2500份，除訂閱外，本會會員2000餘人按期贈閱。各廠商公司刊登廣告，收效必宏，特將定價列下：

每期定價：				
	全面	$12.00	1/3面	$4.00
	3/4面	9.00	1/4面	3.00
	2/3面	8.00	1/6面	2.00
	半面	6.00	1/12面	1.00

16990

工程週刊

中國工程師學會發行

上海甯波路47號

電話 14545

中華民國二十一年
一月八日出版

第一卷　第二期

中華郵政特准掛號認爲新聞紙類

本期要目

北平分會：西單牌樓報子街
電話：西局809
南京分會：中山路新街口興業里

定報價目：每期二分
全年52期
連郵費國內一元國外三元六角

總理陵墓墓壙內靈櫬及大理石臥像

(陵園祭堂內不准攝影,此銅版係承陵園管理委員會特許惠借刊印者,併此誌謝)

工程週刊之使命

編者

工程週刊第一期出版，記者已艸佈旨趣；又覺使命之重要，特再申述一二。

查我國關於工程學術之定期出版物，前有中華工程師學會之會報，出版至十七卷，原爲月刊，後因種種關係，三月併出一期，至去年停刊。又前中國工程學會出版『工程』季刊，歷時六載，內容豐富，足以代表我國工程學術紀載。自該兩會合併組織爲中國工程師學會後，決定繼續出版『工程』季刊，第七卷第一號卽可於本月底印竣，爲年會論文專號，第二號起且得沈君怡先生任總編輯，當爲我工程論文之圭臬也。

惟季刊每三月出版一册，集稿付梓，又需時日，內容多爲學術研究，長編巨峡，故不能採納新聞消息，或短文紀事，蓋亦格於學術團體會刊之地位也。此外關於工程學術之定期刊物，有建設委員會之『建設』季刊，有上海市工務局之『工程譯報』，亦爲季刊『電工』雜誌爲雙月刊，而月刊週刊，實不多見，有之，則惟中華礦學社在長沙出版之『礦業週報』，專論礦事，及最近濟南出版之『新電界』半月刊，專論電業，水利工程學會出版之『水利』月刊，礦冶工程學會出版之『礦冶』月刊，上海時事新報每週有建築附刊，紀載尙新穎，惟帶廣告色彩，蓋均不足以應我工程界全體之需求，而普遍全國也。今日而欲尋求國內工程之紀載，反以上海英人主辦之『遠東時報』爲唯一參考，消息敏捷，圖畫精美，但該報論調袒日，定價又昂，（月出一期，全年十元），且係英文，恐吾會員中定閱該報者，不及百分之一。然吾人又不能閉目坐井，不一問國內工程進行狀況，日報又無片段記載，奈何？

再觀歐美工程先進之國，除各學會會刊之外，週刊月刊不下數百種，此中普及全球，資格最老者，在美國，如土木工程科之Engineering News-Record, 已出至107卷，（每年二卷），銷數每週 30,000 册；電工科有Electrical World, 已出至 98 卷，銷數每週17,000册；動力門有Power, 已出至74卷，銷數每週26,500册；鐵道科有Railway Age, 已出至91卷；鋼鐵則有Iron Age,化工則有Chemical Abstract, 其他更不勝枚舉。在英國則以The Engineer,及Engineering 兩種週刊爲最著，每期八開本一百餘頁，正文亦佔三四十頁，銅版紙圖畫及攝影每期有四頁至八頁，關於工程事務之商業消息，亦盡量採集，故銷數極廣。在德國，則德國工程師學會出版Nachrichten der V.D.I. 週刊風行各國，均足爲發展工程事業，促進工程學術之一助也。

本會鑒於吾國工程界出版週刊之急要，以德國V.D.I. 爲楷模，出版本刊。故本刊之使命，卽努力造成吾國之 Engineering News Record, 或Nachrichten der V.D.I.。幸與各會員及讀者共勉之。

總理陵墓及陵園工程

夏光宇

總理陵墓工程自民國十四年四月起始籌備，依照總理遺志，擇地鍾山之陽，選定呂彥直建築師之圖案，於十五年總理逝世紀念日奠基。工程分三部進行，第一第二兩部，卽陵墓，祭堂，平台，石階，圍牆，石坡，墓道，路基等，於十八年奉安時已完成，第三部碑亭，陵門，牌坊，墓道，衞士室等，於二十年十月完成，先後歷六載有餘，最初主持者爲孫中山先生葬事籌備委員會，十八年七月改組爲總理陵園管理委員會。

第一部陵園工程，由上海姚新記營造廠承辦，於十五年一月十五日開工。承包合同

16992

總理陵墓前景及牌坊
（內爲陵門，碑亭，及祭堂。）

造價共爲443,000兩。第二部工程由新金記康號營造廠承辦，於十六年十一月二十四日開工，承包合同造價共爲268,084兩，第三部工程由上海馥記營造廠承造，於十八年八月底開工，承包合同造價爲419,706兩。此外墓道工程，由新金記康號承辦者，合同造價爲規元76,870兩，由馥記承辦者，合同造價爲規元66,000兩。總計陵墓工程費至二十年六月止，共支二百二十餘萬元。

關於陵墓建築之詳細圖樣，共數百號，

另刊報告，今將簡單說明條下：

1.墓室　形如覆金，直徑16.45公尺(54英尺)，高10公尺(33英尺)，外部以香港石舖面，中部爲鋼骨凝土，分兩層建築，自室內觀之，圓頂作穹窿形，飾以砌磁之黨徽，四壁爲妃色人造石，舖地爲大理石。室之中央卽大理石壙，直徑4公尺(13英尺)，圍以石欄，壙之中央設長方形之墓穴，爲總理靈櫬奉安之所，墓穴上覆以總理大理石臥像。墓室之門凡兩重，內設機關，外門二扇係銅製，門外以黑大理石砌成外框，卽通祭堂。

2.祭堂　長27.4公尺(90英尺)，廣22.6公尺(74英尺)，自堂基至脊頂高26.2公尺(86英尺)，堂之外部全用香港石砌成，頂爲琉璃瓦，堂門凡三，各設樓空花格之紫銅門二扇。堂之四隅各建堡壘式之方屋，堂中間供總理石像。堂中左右前後有直徑0.76公尺(2½英尺)之青島黑石柱12根，各以大理石盤承之。堂頂作斗形，其上施以雕刻鑲花砌磁，舖地全用大理石，四壁之上半部純用人造石粉飾，下半部均用黑色大理石爲護壁，左右護壁之上，有紫銅窗各八。

3.平台　祭堂外爲大平台，闊30.5公尺(100英尺)，長137公尺，(450英尺)，左右兩方及北部左右，均爲花岡石擁壁，前爲石欄，步道均爲蘇石。台旁築立華表二座，用福建石建成，高11.5公尺(38英尺)，直徑下部1.83公尺(6英尺)，上部0.92公尺(3英尺)，

4.石階　自平台下至碑亭，有石階八段，共340級，均採用蘇州花岡石。上三段石階旁均置石欄，中部并建護欄。全部石階兩旁築成斜坡，舖大草坪，東西各約15畝。

5.碑亭　在墓門之內，石階之下，形式與祭堂相彷彿，高17.3公尺(56.75英尺)，闊12.2公尺(40英尺)，全部石建，頂用琉璃瓦，中立黨碑，連座高8.25公尺(27英尺)，闊4.88公尺(16英尺)，福建石製，全塊鑿成者也。

6.陵門　陵門高15.1公尺(49.5英尺)，闊24.4公尺(80英尺)，深8.1公尺(26.5英尺)，爲三拱形門，全部以石建，頂用琉璃瓦，陵門左右有串環之擁壁，與陵墓之圍牆相連，兩旁各建衞士室一所。

7.甬道　自陵門石級而下爲甬道，長442公尺(1450英尺)，闊39.6公尺(130英尺)，分闢三道，中道闊12.2公尺(40英尺)，爲鋼骨水泥路，左右兩道闊4.5公尺(15英尺)，係柏油石子路。墓道之南端建三門大理石牌樓一座，高11公尺(36英尺)，寬17.4公尺(57英尺)，福州石製。

陵墓之外，陵園共佔地四萬五千餘畝，環陵四十餘里，包括紫金山全區，其中建設尙有足述者，再分述如下：

1.永慕廬　在茅山頂萬福寺旁，爲總理家屬守靈之用。內設客廳一間，臥房四所，風景清幽，建築古樸，設計工程者爲陳均沛建築師，於十八年春落成。

2.奉安紀念館　係將小茅山頂之萬福寺修葺整理者，各室護以鐵柵，爲陳列總理奉安紀念物品之用，亦於十八年間完竣。

3.委員會辦公房屋　地址在小茅山南山坡，由李錦沛建築師繪製圖樣，裕信營造廠承造，於二十年春完竣，造價洋63,017兩，辦公房屋後，另建宿舍一所，

4.溫室　係漢口總商會捐建者，由朱葆初建築師繪圖，新康記金號承包，合同造價爲25,325元。十九年四月竣工。計全鐵骨溫室7間，面積32平方公尺(3415平方英尺)內加溫設備係熱水管式，由華東公司承包。

5.華僑捐建紀念石亭　地點在陵墓東首之小東山頂，圖案完全係東方建築，由劉士能建築師設計，福州著名石廠蔣源成號承辦

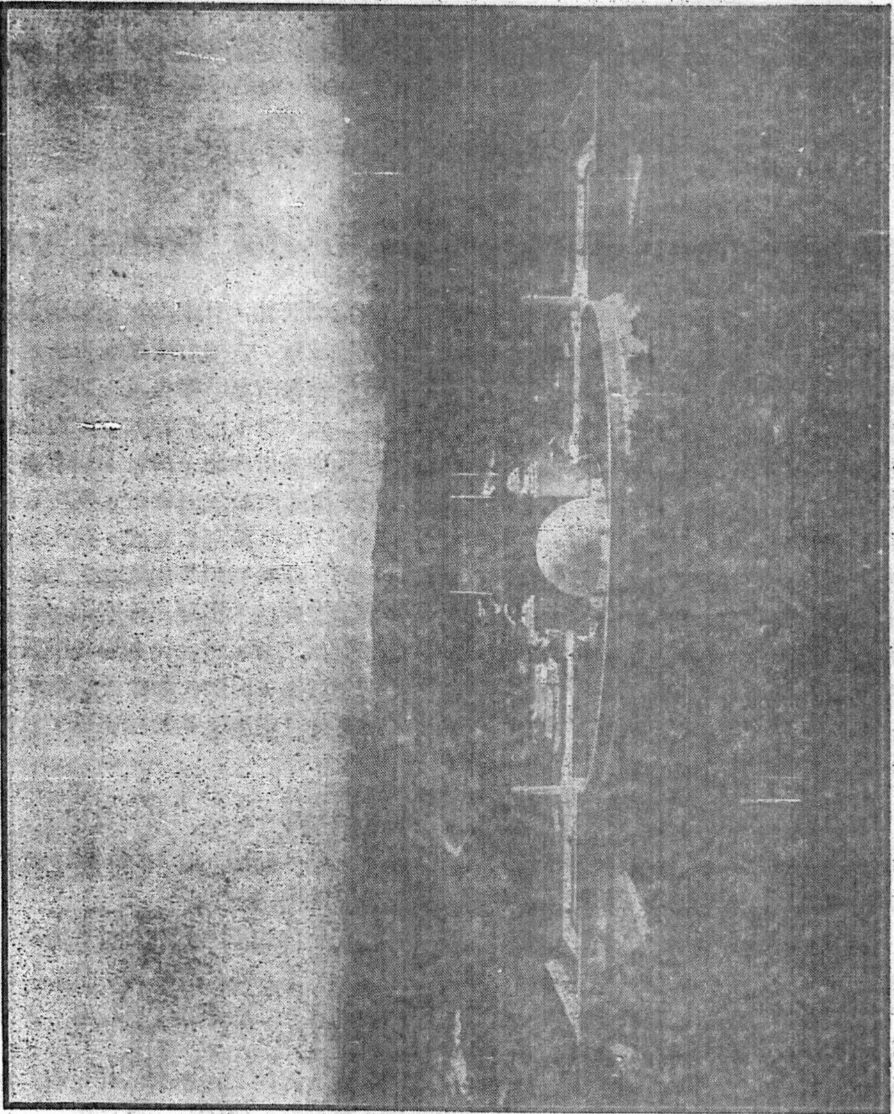

總理陵墓後部全景

，於二十年夏間開工，約一年始能告成。

9.梅林紀念亭　地點在二道溝池塘後面小山頂，爲葉譽虎先生捐建，由劉士能建築師設計，馥記營造廠承辦，尚未竣工。

7.音樂台　地點在墓道前面東側，爲美國三藩市華僑捐建。圖樣由基泰工程公司設計，土方工程已動工。

8.廣州市政府紀念亭　地點在陵墓大道與通明孝陵馬路之交叉處，圖案由趙深建築師設計，由王競記營造廠承辦，今已開工。

9.道路工程　道路工程計陵園大道長3475公尺(11,400英尺)，環陵馬路4700公尺(15,400英尺)，明陵及靈谷寺路等，連各項橋樑涵洞等工程亦在三十萬元左右也。

10給水工程給水工程由中華鑿井公司承包，開鑿四井，另建蓄水池，裝置水管，共費十三萬餘元，詳當另文紀述。

總共陵園建設費，迄今計四百四十萬元，而在計劃或建築中者，尚有圖書館，博物館，植物園，紫金山天文台，陣亡將士公墓，全國運動場，新村，哥爾夫球場，遺族學校，政治學校，菓園，苗圃，魚塘，等等，均當另文紀述，足爲全國工程界之參考也。

日本在東三省之電信侵略

王崇植

日本在東三省之電力侵略，已於上期本刊中略述之，茲再論其電信侵略。

日俄之役，日本在戰地架設電報電話各線，幾經交涉，始費五萬元而將南滿鐵道區以外之桿線收回。至鐵道區域以內之線，屢經交涉，迄無辦法。去年年底期滿，日人亦不允交還，故至今日本在滿鐵沿線，均有電報。收發速而取費廉，營業異常發達，旅客在火車上，各站均可發電。其長途電話，則由大連直通長春，價較我京滬線低而會話異常清晰。此項電話線路，且與新義州平壤等處連接，使東三省與朝鮮打成一片。我國平津京滬廣港等處，雖均有長途電話，皆不如日本在東三省所設之規模。一切機件，日人自造者多。日人不獨注意於收發機之佳良，尤注重於線路之佈置，因電路之阻礙，線路殊關重要也。

電報電話而外，日本於無線電事業之進行，亦毫不放鬆，大連有廣播電台兩座，司東三省日僑重要消息之報告及一切娛樂。其餘如長春，公主嶺，瀋陽等處，亦均設有無線電台。此項電信機關，由日本關東廳管理，其北平上海等處日本領事館，亦均有無線電台之設置，可以與東北通信。我人如不設法早日收回，非特有損我國電政之主權，於國防及商業之前途，影響亦殊匪細。

電力電信二者，爲近代利用科學以侵略他人之重要利器，因國人對鐵道侵略，已有認識，故再鄭重提出電業侵略問題，以促國人之注意焉！

大學工科課程標準

教育部於去年設立大學課程標準委員會，聘請國內專家，分科担任起草。工科方面，分土木，機械，電機，礦冶，建築，化工六系。起草之課程表，(1)計分各學院共同必修課目，(2)本院必修基本課目，(3)本院分組必修課目，(4)本系必修課目，(5)本系選修課目，(6)先習課目，(7)學年學期，(8)每週上課時數，(9)每週實習時數，(10)學分，各項。

編制課程外，再起草各項課目之內容大綱，及課程指導書。又對于各學系設備，如各項必需之圖書，儀器，標本，模型，房舍，場所，用具，物品等之種類及數量，亦規定一最低限度之標準。

各學院第一學年不分系，第二學年起分系，惟各學系必修課目，逐年遞減，而多列選修課目。學分前兩年以36-40學分爲限，後兩年以30-36學分爲限。

茲將工科課程標準起草委員名銜列下：

土木工程系 茅以昇 盧恩緒 李協 沈君怡 沈百先 陸志鴻 吳鍾偉 李書田 朱廣才

機械工程系 周仁 程孝剛 杜光祖 笪遠綸 毛毅可 錢祥標 錢昌祚

電機工程系 朱物華 張貫九 裘維裕 吳玉麟 薛紹清 譚伯羽 顧毓琇 王崇植

礦冶工程系 孫昌克 胡庶華 謝樹英 薛桂輪 何杰 魯循然 楊公召 胡博淵

建築系 劉福泰 貝壽同 唐英 汪申

化學工程系 吳承洛 曾昭掄 丁嗣賢 李壽恆 湯騰漢 吳欽烈

隴海鐵路靈潼段山洞大橋表

隴海鐵路靈潼段通車，爲近五年來我國鐵路界之一大事。上期本刊曾蒙王江陵君賜文報告大略，茲又承戴雲登君寄示二表一圖，亟再刊錄，以存紀載。隴海路局工程處近又印「靈潼段路工紀略」一小册，內有詳圖二，工程攝影八幀，風景攝影六幀，及路工建築概要八頁。

靈潼段山洞表(共十座)

號數	地 點	長 度	坡 度	造 價
	公里	公尺		
6	286	90.50	0.8%	26,955元
7	287	621.20	0.8	163,685
8	287	90.30	0.8	33,320
9	287	107.40	0.8	37,943
12	291	622.60	0.7	176,714
13	324	695.00	1.0	173,000
14	330	631.84	0.62	147,000
15	339	395.00	1.0	95,320
16	351	910.00	1.0	227,500
17*	353	1080.00	0.5	292,452
		5243.84		1,373,889

*公里數由鄭州起計。

* 第10第11兩號山洞坍塌以後，曾有第10號A山洞之設計，未經適用，卽復測定第10號B山洞之路綫，該綫正在研究尚待解決。

* 第17號山洞正在建築之中。

站號	站名	公里程	站距
G63	靈寶	285+108	
			7+178
G65	稠桑	292+385	
			7+615
G67	常家灣	300+000	
			8+225
G69	西閻	308+225	
			5+789
G71	閿鄉	314+014	
			8+224
G73	高碑	322+238	
			8+762
G75	盤頭鎮	331+000	
			6+100
G77	十二里河	337+100	
			6+600
G79	文底鎮	343+700	
			5+850
G81	七里村	349+550	
			2+800
G83	潼關東站	352+350	
			4+200
G85	潼關	356+550	

路線縱截面

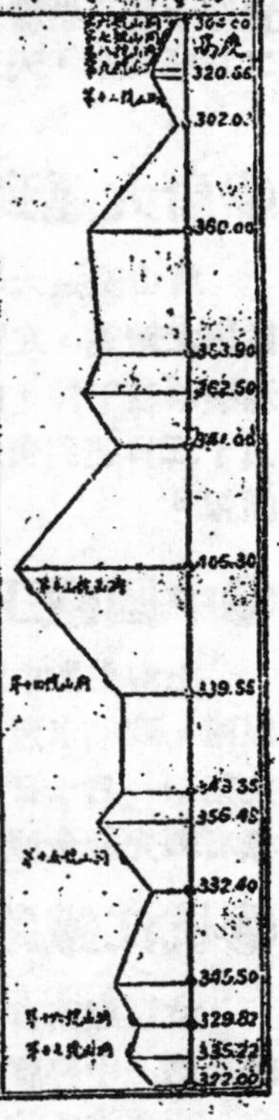

靈潼段大橋表

橋工類別	地 點	孔數及跨度	橋墩工料價	鋼梁價格 元	架梁工價 元	總 數 元
靈寶大橋	286+318 Bis	12×30 m	99,195元	155,610.00	20,400	275,205.05
稠桑大橋	294+230	3×30	*110,220	41,705.86	5,100	157,025.86
閿鄉大橋	315+125	2×30	43,583	27,803.91	3,400	74,786.91
盤頭大橋	328+800	3×30	55,000	41,705.86	5,100	101,805.86
盤頭大橋	329+280	10+30+10	57,661	17,583.03	3,665	78,909.03
文底鎮大橋	336+063	4×30	70,000	55,607.82	6,800	132,407.82
文底鎮大橋	341+636	4×30	50,061	55,607.82	6,800	112,468.82
潼關大橋	352+116	1×30	22,000	13,901.95	1,700	37,601.95
潼關大橋	354+011	2×20	35,000	15,585.02	2,000	52,585.02
共計		30×30m, 2×20m, 2×10m.	542,720	425,111.27	54,965	1,022,796.32

*稠桑大橋之橋墩比他橋較高。

架橋工程因標價太高，槪由自行僱工架設，製此表時工程尙未完竣，上列工價僅計其約數。

◉自造天王式機車完全竣工

北寧鐵路唐山工廠自造天王式機車四輛，第一輛曾於去年七月一日出廠，報紙登載宣傳中國自造機車之成功，現第四輛亦於十二月底出廠，天王式機車製造遂告完成。

(祺)

◉唐大運到大批試驗機器

唐山交通大學自成立研究院以來，力求設備之擴充，定購價值三萬元左右之大批試驗機器若干件，由大昌公司承辦，已於十二月十三日運到交大，將從事建立，詳情容後續報。

(祺)

◉中國鐵工廠標賣

上海吳淞中國鐵工廠，因押借金城銀行銀兩，到期未還，故將全部廠屋機器標賣、定期于一月十日午後二時在上海開標，欲投標者須先赴金城銀行交納保證金一萬元。

◉杭江鐵路通車至義烏

杭江鐵路自杭州西興江邊站，已通車至義烏站，中經蕭山，臨浦，諸暨，牌頭，安化，蘇溪鎮各站，該路工程詳情，當于本刊下期發表。

◉交通部標購電料

交通部擬標購電報用材料數十萬件，定一月十二日下午三時在該部開標，投標章程可向南京交通部臨時購料委員會索取。

工程週刊 The Chinese Engineering Weekly
(每星期五出版) Published by
總編輯 The Chinese Institute of Engineers
張延祥 (Amalagated With The Chinese Engineering Society)
Editor: Jameson Y. Chang

◉工程週刊徵稿

(一)工程紀事報告 歡迎短文，每篇自500字至2000字爲最適宜。以紀載眞實，數目準確爲主，題目範圍不論巨細，不分科別。

(二)施工實地攝影 不論篇幅大小，以新穎明晰爲主，請附簡要說明。原照製版後可寄還原寄人。

(三)工作詳細圖畫 即各項墨繪工作圖畫，或建築圖樣，請附說明，原圖製版後可寄還原寄人。

(四)工業商情消息 包括工業新聞，購料招標，市價升降，進出口消息等。

(五)書報介紹批評 以工程學術，及關於國內工程之書籍爲度，不限中西文。

(六)會務會員消息 本會各分會消息，及會員工作狀况等。如寄贈照片，更爲歡迎，當保存於會內。

本週刊每期16頁，橫排，每頁二格，每格38行，每行19字，來稿能橫寫者最好，稿紙函索即寄。語體文體均可。

訂閱本週刊之定報款項，除郵費外，全充稿費，以酬謝寄稿者。預算若定報有1000份，則稿費每頁約二元。

來稿請寄本會會所，封外請標明『工程週刊』字樣。

◉工程週刊廣告刊例

本週刊每期印行2500份，除訂閱外，本會會員2000餘人按期贈閱。各廠商公司刊登廣告，收效必宏，特將定價列下：

每期定價：	全面	$12.00	1/3面	$4.00
	3/4面	9.00	1/4面	3.00
	2/3面	8.00	1/6面	2.00
	半面	6.00	1/12面	1.00

17000

17001

請聲明由中國工程師學會『工程週刊』介紹

17002

17003

中國工程師學會會務消息

◉總會執行部第一次會議紀錄

日期：二十年十二月八日下午七時
地點：上海四川路大中華菜館
出席者：胡庶華 裘燮鈞 沈怡 張孝基 徐學禹 莫衡
主席：胡庶華 紀錄：莫衡

報告事項：

主席報告董事會南京開第一次會議情形。

討論事項：

(一)工程材料試驗所進行案：
議決：遵照第一次董事會議決，先向市政府訂購市中心區地四畝，以利進行。

(二)會所遷移案：
議決：請徐學禹君先行接洽，房租以每月百元為限。此項逾出房租，由上海分會會員担任，每月每人五角。

(三)催繳會費案：
議決：依據年會議決辦法，通知各會員。

(四)整頓美國分會案：
議決：(一)會員資格須經董事會審查合格後，方得認為會員。
(二)會員所繳入會費及常會費半數，應按期寄交總會。

(五)執行部職員集議案：
議決：每星期四下午五時半在會所接洽一次。

◉總會執行部第二次會議紀錄

日期：二十年十二月十七日下午七時
地點：上海四川路大中華酒樓
出席者：韋以黻(胡庶華代) 胡庶華 裘燮鈞 莫衡 張孝基 徐學禹
主席：胡庶華 紀錄：莫衡

主席報告：

(一)關於呈請上海市政府在市中心區內購地，建築本會工程材料試驗所事，現已備文呈請。

(二)關於函向中英庚欵委員會請欵書，業經辦妥，卽日繕發。

(三)濟南分會來函報告，該分會已於十二月六日正式改組成立，選出會長張含英，副會長王洵才，書記宋文田，會計陸之順。以上各職員亦均就職，函請備案。

(四)本會工程週刊定於一月一日出版，並接張總編輯延祥君來函，請總會執行部及董事部登賀年廣告一頁，業經裘總幹事函復照登。

(五)接收前中華工程師學會，已快函華通齋及俞人鳳二君辦理。

討論事項：

(一)關於接收北平中華工程師學會案：
議決：加推張孝基君赴平協助接收中華工程師學會資產及書籍文件。

(二)淩董事竹銘提議關於新會員請求入會手續案：
議決：交總幹事及文書幹事分別辦理。

(三)關於會員李元君等請求證明無技師登記法第五條情事案：
議決： 周銘波 王昭溶 李錫釗 周仁齋 江元仁 吳慶衍 許元啓 李祖賢 陸敬忠君等九人追認通過。
李善元 葉植棠二君先行調查後，再行決定。

(四)關於執行部辦事細則案：
議決：推舉總幹事裘燮鈞，文書幹事莫衡，兩君起草。

(五)關於刊刻新圖章案：
議決：刻中文西文各一個，收件同單一。

(六)中華國貨指導所函請本會爲顧問機關案：
議決：函復贊成。

◉總現實業計劃實施研究委員會籌備會議紀錄

日期：二十年十二月九日(星期三)下午五時

17004

地點：交通部會議室。

出席者：惲 震 吳承洛 夏光宇 薩福均 鈕因梁。

擬定事項如下：

(一)定名總理實業計劃實施研究委員會。

(二)組織：由董事會就本會會員中，妥慎推選對於左列各項建設最有學識經驗，或其現任職務與各該項建設最有關係者十三人，爲委員會委員。

1.鐵路 2.公路 3.航業 4.電信 5.航空 6.商港 7.市政 8.動力 9.水利 10.工業 11.鑛業 12.兵工 13.墾殖

由各委員互推委員長一人，主持委員會事務，並設幹事三人，處理召集會議，整理報告等事務。

委員會設十三組，總委員會委員爲各組主任委員，由其推選各組委員，支配其工作，並報告總委員會。

(三)會議：委員會每兩月至少召集會議一次，各組每月至少集會一次，討論調查研究之範圍方法等，及擬就之實施計劃。

(四)研究目標：以有關係於民生國防，急要建設，爲研究之總目標。

(五)工作程序：先擬五年計劃，限六個月內完成。一切計劃，須就經濟人才之可能範圍內，規定可以切實施行之詳細辦法。

◉建築總會會所委員會第一次會議紀錄

日期：二十年十二月十五日下午五時。

地點：交通部會議室。

出席委員：夏光宇 惲 震 關頌聲 朱神康 戴占奎 卓 樾 劉夢錫(夏光宇代)

主席：夏光宇 紀錄：卓 樾

決議事項：

(一)決議建築地點擬在城內中山路西文化區，選購適中便利地點十餘畝，爲建築總會會所及將來擴充之用。

(二)決議建築經費概算，及籌款方法如下：

(甲)經費概算1.購地 $ 20,000
2.建築 50,000
3.設備 10,000
以上總共洋 $ 80,000

(乙)籌款方法1.會員捐款 $ 20,000
2.有奬募捐 $50,000實得45,000
3.特別募捐 15,000
以上總共洋 $ 80,000

(三)決議建築圖案須別出心裁，以表現工程學術之特點，公推關頌聲，朱神康，戴占奎三委員，先行擬具草圖，在本年年底以前交夏委員長光宇，報告董事會核定。

◉ 戰時工作計劃委員會結束

臨時總辦事處前組織戰時工作計劃審查委員會，爲對日動員之準備，自十月二十九日至十二月二十二日，開會四次，決定計劃14種，乃告結束。所有四次會議紀錄，於下期本刊發表，詳細計劃可否發表，應先經董事會決定。標題爲(1)兵器彈藥，(2)戰地工程材料，(3)鋼鐵，(4)煤，(5)油料，(5)酸及氮(7)銅鋅鋁，(8)酒精，(9)皮革，(10)糖，(11)紙，(12)機器，(13)電工，(14)運輸。

◉上海分會舉行交誼大會

上海分會新年交誼會，所有一切籌備事宜，均已就緒。日期爲一月九日晚六時，劵價每位二元五角。茲將籌備委員名銜列下：

印刷股 楊錫鏐(主任)

銷劵股 支秉淵(主任) 全體委員

節目股 姚長安(主任) 朱有騫 徐學禹 顧道生 金之軒

佈置股 薛次莘(主任) 張惠康 包可永 徐學禹 陳良輔 李鴻儒 黃元吉

招待股 劉錫三(主任) 李 俶 張惠康 嚴 珊 張廷榮 周少珍 張孝基 陳俊武 唐仲希

贈品股 馮寳齡(主任) 陳俊武 鄭葆成 朱其清 柴志明 陳良輔 張惠康 徐學禹 周少珍 金之軒 王善新 徐文泂 朱樹怡

本會唐山分會成立會攝影

◉ 唐山分會第一次常會紀事

唐山分會于十二月六日下午四時，假伍會員寓所，開第一次常會，到會員異常踴躍，共計十五人，由羅會長主席，陸會祺記錄，行禮如儀。主席致開會辭後，先由書記報告，(一)十一月十日呈報成立大會情形，及選舉結果備案。(二)十一月十一日將大會詳情投寄月刊，附照片，並查問會章。(三)十一月廿八日收到張君延祥復信，云會章草案原有四十八條，修正後減為四十三條等情。(四)十一月卅日見報載本會會長副會長已選出，當由書記用快郵代電致賀。(五)由書記草就本分會章程。(六)十二月四日發出開第一次常會通告。繼即傳觀分會章程，及改月刊為工程週刊徵求意見公函，眾無異議。主席宣佈本擬請劉會員仙洲演講，適前日因公離唐，不克如願，遂由各會員自由談論，所可記錄者：(一)交大有三位專任試驗教授，(都屬本會會員)，對於機械化學等試驗，都有心得，可為鐵路工廠効力，而唐山工廠方面則缺少試驗，有交大之幫助，實屬不勝歡迎之至，唐廠曾於上月底將電燈廠所用硫酸，送交大試驗矣。(二)李君書田，石君志仁，華君鳳翔三位發問，並討論汽車，詳細而有趣，石君對於汽車之構造，及最新發明，以及各公司出品之優劣，價值經濟等問題，無不詳悉。七時入席聚餐，八時散會。是日加入新會員二位，徐君澤昆，由天津來，現任職交大，朱君泰信係新會員。

工程週刊

中國工程師學會發行
上海甯波路47號
電話 14545

中華民國二十一年
一月十五日出版
第一卷　第三期
中華郵政特准掛號認爲新聞紙類

北平分會：西單牌樓報子街
電話：西局809
南京分會：中山路新街口興業里

定報價目：　每期二分
全年52期
連郵費國內一元國外三元六角

本期要目

首都鐵路輪渡設計圖

統一度量衡

編　者

我國政局不統一，尙幸民意無南北之分。我國幣制不統一，尙幸銀圓能流通各省市城鎭。我國言語不統一，尙幸有文字可通達各族。我國曆法雖尙不能完全遵從陽曆，惟陰曆已廢，於法律上已無地位。今與我工程師最有關係之度量衡制度，則尙未能見其早日全國統一，亦吾儕之責也。

關於度量衡統一計劃，前工商部呈准國府，公布新法，以萬國公制爲標準制，以與有最簡單折合之三一二制爲市用制，又復分全國爲三期劃一。沿江沿海各省市原列在第一期，卽民國二十年一月起實行，至年底完成劃一，乃至今只上海，南京，鎭江，杭州，

17007

濟南，漢口，稍有推行，可望成功，其他多推行不力，將來邊遠之地，推行成績，更屬可慮，或可謂爲吾國國民惰性之一種表現。

度量衡關係工商者最大，今祇言工一方面，則吾工程師亟應提倡推行，不可再因循於舊制之下。度量衡統一後，各種統計比較，可更明瞭。惟在吾國歷久沿用英美制之社會，一旦改易萬國公制，困難自亦難免，大概我工程師可遇下二種困難：

(一)參考表式　吾國工程之士，多半讀英美教本，一切參考算式表數，皆爲英美制者，欲求用公制之表式，則均係德文法文，不習者不能解，以致草算計劃之時，極感繁複困難，耗費時間。

(二)商品材料　工程材料，除大批訂購可規定爲公制尺寸者外，市上商品，多屬英美制。如電線尺寸用英美線規，壓力表用每平方英寸磅數計，工字鐵三角鐵以英寸英磅計，木料以B.M.計，若以公制尺寸購買現貨材料，恐不易得。

對於第一點，本刊願盡些微貢獻，設法介紹公制參考表式，本期先請吳承洛(澗東)先生編公制折合表一頁，可常備參考。又正在搜集各項常數(Constants)，如g=980.7，待後發表。至於本刊各文中，自當一律採用公制，若原文爲英美制者，必代爲化成公制，而以英美制加註於後，以資醒目比較，亦可爲一助。

對于第二點，則希望以後各工程師於大批定貨時，能儘量採用公制，又望與進口業洽商，改訂公制尺寸，以公制計價，則亦不難轉變習俗也。

首都鐵路輪渡工程

毛　起

京滬津浦兩路橫隔大江，致下關浦口近在對岸，可望而不可卽，行旅往來，貨物起卸，展轉費時，極不經濟。前北京交通部有鑒及此，早有輪渡之籌劃，曾歷派專家赴歐美各國考察調查，以期擇善採倣，而利交通，便貨運，意固至善。惜內亂頻年，國是未定，此項交通要政，遂亦隨之延擱。迨國民政府奠都南京，地位所關，益形重要，首都鐵路輪渡之建設，遂爲便利交通之最大前提，有刻不容緩之勢。鐵道部整理路政，不遺餘力，各項建設積極提倡，對此輪渡計劃尤爲重視。工務司薩司長因查交通大學唐山土木工程學院院長鄭華，於六年前在津浦路時，曾擬有活動式橋梁輪渡計劃，呈報在案，乃請調鄭院長回部，任設計科長，同時計劃輪渡事宜。計劃旣就，復經設計專門委員會委員顏技監德慶，薩司長福均，技正金濤，鄭華，盧維溥，委員黃振聲，程孝剛，K. Cantlie，暨京滬津浦兩路處長吳益銘，I. Tuxford，王金職，王承祖，工程司 Hearne 等，專家十餘人，會議數次，詳加審核，討論進行，遂決定首都鐵路輪渡辦法。吾人盼望多年之輪渡計劃，至此始有實現之希望。

京浦間聯絡交通問題　先總理建國方略，擬在長江下面穿一隧道，以鐵路聯結之。昔年交通部曾廣徵國內外各工程專家之意見，主張不一，有擬建築浮橋者；有擬將輪渡船面裝置可以升降之鐵架，上舖軌道，按水面之漲落，使於江岸之路軌銜接，俾便裝卸者；有擬建築船塢，利用水閘，使輪渡得屯落平穩者；有擬在兩邊江岸建築固定坡道，裝置有輪之木架路軌，聯以活動跳板，隨江水之高度，配置木架之地位，使輪渡靠岸時得平穩通車者；尙有其他各種方法，大部倣

長江兩岸鐵路輪渡計劃平面圖

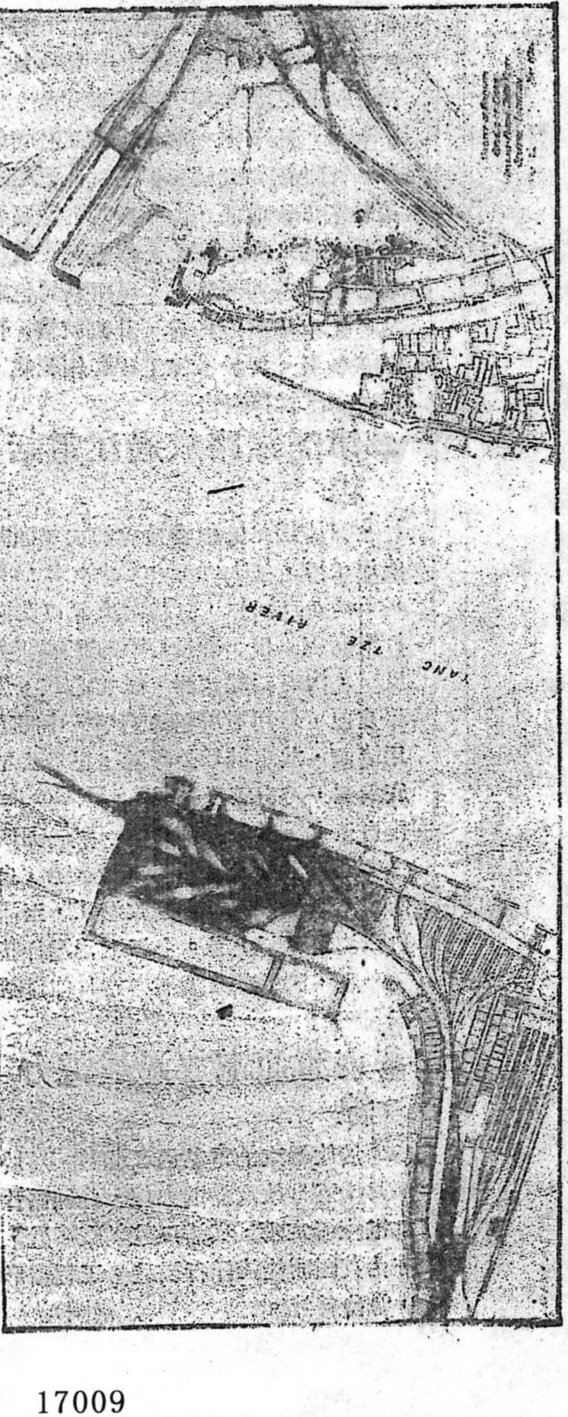

照各國計劃之先例，理論甚是。惟考歷年紀載，長江水位漲落相差 7.3 公尺(24英尺)之多，鐵道部爲求經濟適當之辦法起見，擬具活動式橋梁計劃，即於兩岸擇適宜地點，建築活動式橋梁四孔，每孔長45.7 公尺(150英尺)，聯以6.1公尺 (20英尺)長之跳板，使可隨江水升降，俾合適當之坡度，(最大之坡度係2%），輪渡停泊時，即與橋端之跳板接軌，車輛得上下自如。至升降機件之設備，係位置於橋墩之上部，其總機則置於近船之橋墩上，每座橋墩上裝螺絲軸二根，其螺絲母與橋梁相聯，使用電力旋轉螺絲，則橋梁即能升降。渡輪計長 110 公尺(360英尺），寬17公尺(56英尺），吃水3.66公尺(12英尺)。船面舖軌道三股，能荷載 40 噸貨車 21 輛，或客車12輛，另載機車一輛，以備調度之用。輪渡行駛速率每小時約 22.2 公里(12海里)。

工程預算

渡輪約英金	£80,000	
橋梁8孔約	£58,000	
機車一輛約	£6,000	
裝架費約國幣		$300,000
橋墩基礎十座約國幣		$500,000
共計約	£144,000	$800,000

據歷年運輸紀錄，經專家之研究，認爲京滬津浦兩路，每日往來貨物當有3000噸之譜，將來輪渡完成，所有過江貨物，每噸收費一元至二元，似不過多，則總計每年收入已達一百二十萬元。假定渡輪由下關浦口兩方管理橋梁員工薪金，及燃料等，每年約二十萬元，則每年淨餘仍有一百萬元之鉅。

工程狀況 全部橋墩基礎工程，

活動式橋樑及輪渡裝載車輛計劃圖

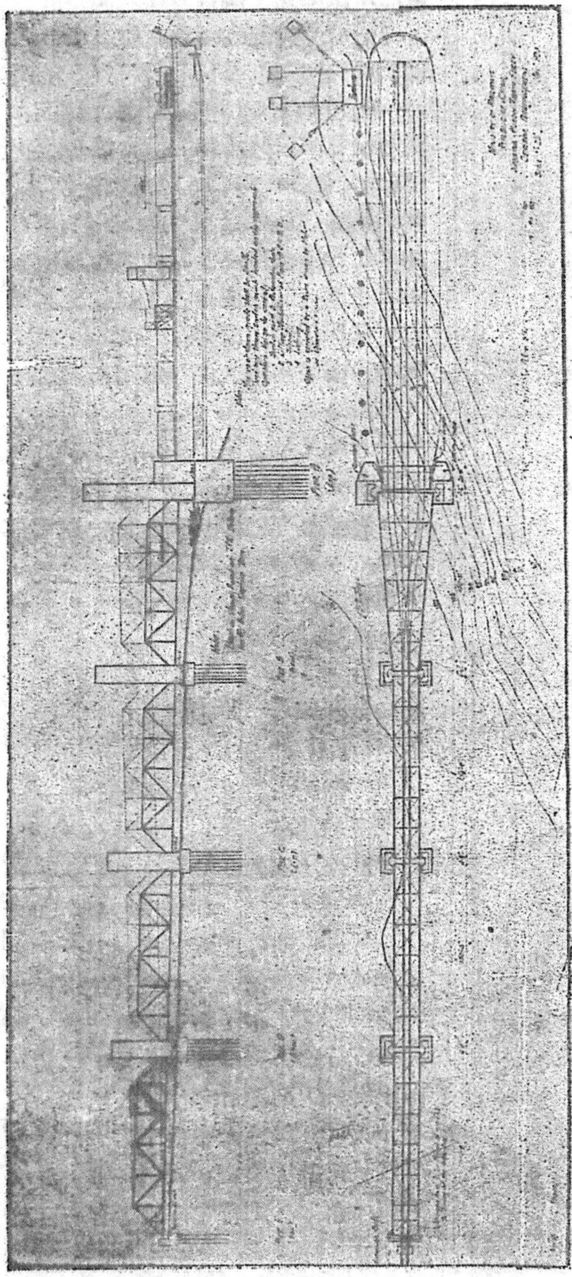

自十九年十二月一日開工迄今，其已完成者，係下關方面三座，浦口方面三座；其尚在進行中者，共四座。現浦口方面利用國府工賑會工人，挖掘土方，係工務組長吳啓佑接洽辦理。下關方面正從事第一號橋墩工程，係梅福強，汪菊潛，許鑑，諸工程司管理。至於橋樑輪渡各項工程，已經英庚款董事會通過，由倫敦購料委員會簽訂合約。預計橋樑今年七月交貨，渡船於十一月可到京。現兩路局已將江岸至車站岔道佈置，計劃就緒，預備接軌矣。至於各種工程詳細紀載，當待整理後再報告。

◉津浦鐵路放過江電話線

津浦鐵路管理委員會前向英國開能達洋行，（Callender Cable & Con-structions Co.），訂購南京浦口間過江電話線一根，計長1.60公里(5280英尺），內有話線25對，係乾心式，用鉛皮包，外用單層鋼絲護甲，中間不用接頭，共重計10公噸餘，已於去年底到滬，乃由該行經理 A.H. Gordon 親自至京，監視放線工程，於一月四日，僱用小火輪，拖載電纜躉船，自南京下關澄平碼頭，直放過江，至浦口津浦路碼頭上岸。全部工程進行甚爲順利，試驗結果極佳，當日卽通話云。　　（槃淵）

◉京浦通電放過江電力線

於放置京浦電話過江線後，將於一月十五日放京浦電力線，此線係首都電廠所定購，與浦口電氣廠接通，亦由英國開能達洋行製造。工程情形，當待後述。　　（槃淵）

17010

上海電力公司加價

惲震

上海電力公司最近於二十年十二月間，偏登廣告，修正電氣價格，其實則爲加價。茲爲論列此事件起見，特將上海各電氣公司電價列表如下：

公司名稱	電燈每度價	電力每度價	電熱每度價	去年發電度數（連購電在內）
華商電氣公司	$ 0.18	$0.062—$0.042	$0.042	31,124,200
閘北水電公司	0.18	0.07 — 0.046	0.055	47,130,670
浦東電氣公司	0.22	0.095— 0.06	—	2,052,134
翔華電氣公司	0.18	0.095— 0.05	0.07	1,870,910
寶明電氣公司	0.21	0.10 — 0.08	0.09	585,036
上海電力公司	0.164	0.0615 — 0.041	0.055—$0.041	626,743,000
	(= ₸0.12)	(= ₸0.045 — ₸0.03)	(= ₸0.04₸ — 0.03)	

此表中最堪注意者，厥惟上海電力公司之電價。普通人士，均以爲上海租界電價最廉，其實大謬不然。試思每年發電僅三十一兆度之華商電氣公司，其電燈價目尚爲每度一角八分，翔華公司每年發電購電合計不滿二兆度，其電價亦爲一角八分，而魄力雄厚之上海電力公司，每年發電至六百二十兆以上，其電燈價亦祇一角六分四厘，試問可稱公平否？再察其普通電力用戶價目，與華商亦相彷彿。若論電熱，則且高過華商，尤屬可驚。查上海電力公司，擁最雄偉之資本勢力，據中國最優越之地位，機器精良，則燃料之成本小，營業區域集中，則綫路之損失微，以如此易於獲利之營業，尚復不自滿足，擅收高昂之電費，掠取用戶之金錢，此等電氣事業，實爲世所希有。該公司依托租界勢力，不受任何中國官廳之監督取締，此次公告修改電價，電燈價原爲銀一錢一分，則增爲一錢二分，電熱價原爲一律銀三分，則改爲四分及三分兩種。掩耳盜鈴，偷天換日，官廳無從糾正，用戶不知反對。該公司近又大招其六厘優先股，一方面以薄利吸收中國資本，供其擴充之用，一方面使一般中國用戶與該公司發生利益關係。緩和其反對外人之空氣，以便遂其侵略之野心，隨時加價。其用心之狡詐，手段之惡辣，可謂高人一等，幸我政府及人民注意及之。

上海電力公司新屋攝影

在四川路南京路角，建築師 Elliott Hazzard

度量衡公制折合表

吳 承 洛

中華民國度量衡標準

1公尺 (Meter) =3市尺
1公升 (Liter) =1市升
1公斤 (Kilogram) =2市斤
1公里 (Kilomoeter) =2市里=1000公尺
1平方公尺(sq. m.) =9平方市尺
1公畝=100平方公尺 =$\frac{3}{20}$市畝
1市畝=666$\frac{2}{3}$平方公尺=6000平方市尺
1公頃=15市畝 =10,000平方公尺
1立方公尺 (cu. m.) =9立方市尺=1000公升
1公噸 (metric ton) =1000公斤=20市擔

英美制折合

(1)長度

1英寸 (in) =2.54公分 (cm.)
1英尺 (ft.) =0.3048公尺 (m.)
1碼 (yd.) =0.9144公尺 (m.)
1英里 (mile) =1.609公里 (km.)
1海里 (naut) =1.853公里 (km.)
1量鏈 (Surveyor's Link)=0.2012公尺 (m.)

(2)面積

1平方英寸 (sq.in.)=6.452平方公分(sq.cm.)
1平方英尺 (sq.ft.) =0.0929平方公尺(sq.m.)
1平方碼 (sq.yd.) =0.8361平方公尺(sq.m.)
1英畝 (acre) =4.047平方公尺(sq.m.)
1平方英里 (sq.mile) =2.590平方公里(sq.km.)
1圓釐 (Circuriar mil.)=5.067×10^{-6}平方公分
1平方量鏈 (sq-surveyors Link) =0.04047平方公尺(sq.m.)

(3)體量

1立方英寸 (cu.in.) =16.39立方公分(cu.cm)
1立方英尺 (cu.ft.)=0.02832立方公尺 (cu.m.)
1立方英碼 (cu.yd. =0.7646立方公尺(cu.m.)
1英品 (pt.) =0.5682公升(l.)
1英夸 (qt.) =1.136公升(l.)
1英伽倫(Imp.gal.)=4.546公升(l.)
1英桶 (bushel) =36.37公升(l.)
1美品 (pt.) =0.4732公升(l.)
1美夸 (qt.) =0.9464公升(l.)
1美伽倫(U.S.gal)=3.785公升(l.)
1美桶 (bbl.) =119.2公升(l.)
1英畝英尺 (acre-ft.)=1234 立方公尺(cu.m.)

(4)衡重

1格林 (gr.) =0.0648公分(g.)
1盎斯 (oz.) =28.35公分(g.)
1英磅 (lb.) =0.4536公斤(kg)
1英擔 (cwt.) =50.80公斤(kg.)
1英噸 (ton) =1016.1公斤(kg.)
1美噸 (short ton)=907.2公斤(kg.)

(5)衡重(珍品 Troy weight.)

1格林 (gr.) =0.0648公分(g.)
1盎斯 oz.) =31.10公分(g.)
1英磅 (lb.) =0.3732公斤(kg.)
1卡金 (carat) =15.55公分(g.)
1卡鑽石 (carat) =0.2053公分(g.)

(6)密度

1磅每英尺 (lb./ft.) =1.488公斤每公尺(kg./m.)
1磅每碼 (lb./yd)=0.496公斤每公尺(kg./m.)
1磅每立方英寸 (lb./cu.in.) =27.68公分每立方公分(g./cu.cm.)
1磅每立方英尺 (lb./cu. ft.) =16.02公斤每立方公尺(kg./cu.m.)
1磅每立方碼 (lb./cu. yd.) =0.5933公斤每立方公尺(kg./cu.m.)
1磅每平方千分英寸每英尺 (lb./sq.mil.ft.) =2.936公斤每立方公尺(kg./cu.cm.)
1磅每平圓千分英寸每英尺 (lb./cir. mil. ft.) =2.306公斤每立方公分(kg./cu.cm)

17012

(7)壓力

1磅每平方英寸 (lb./sq. in.) = 0.07031公斤每平方公分 (kg./sq. cm.)

1磅每平方英尺 (lb./sq. ft.) = 4.883公斤每平方公尺 (kg./sq. cm.)

1英噸每平方英尺 (longton./sq ft.) = 10.94公噸每平方公尺 (kg./sq.m.)

1美噸每平方英尺 (short ton/sq. ft.) = 9.765公噸每平方公尺 (kg./sp.m.)

1英寸水高 (in. of water) = 2.54公分每平方公分 (g./sq.cm.)

1英尺水高 (ft. of water) = 30.48公分每平方公分 (g./sq.cm.)

1英寸水銀高 (in. of mercury) = 34.53公分每平方公分 (g /sq.cm.)

1大氣 (Atmos) = 1.033公斤每平方公分 (kg./sq.cm.)

(8)工能

1英尺磅(ft. lb.) = 0.1383公斤公尺(kg. m.)
= 0.324×10^{-3}公熱單位(kg.cal)

1英熱單位(B.t.u.) = 0.252公熱單位 (kg. cal.)
= 0.2928瓦特小時(watt-hr)

1英熱單位每磅 (B.t.u./lb.) = 0.556公熱單位每公斤 (kg.cal./kg)

1馬力小時 (H.P.Hr) = 2.737×10^{5}公斤公尺(kg. m)
= 641.2公熱單位(kg.cal)

(9)工力

1馬力(H.P.) = 746瓦特(watt)
= 4564公斤公尺每分鐘 (kg.m./min.)
= 76.06公斤公尺每秒鐘 (kg.m./sec.)
= 10.70公熱單位每分鐘 (kg.cal./min.)

1鍋爐馬力 = 9804瓦特(watt)
(Boiler.H.P.) = 8447公熱單位每小時 (kg.cal./hr.)

1英熱單位每小時 (B.t.u./hr) = 0.2928瓦特(watt)

1英尺磅每秒鐘 (ft.-lb/sec.) = 1.356瓦特(Watt)

(10)熱度

1度佛氏(F°) = $\frac{5}{9}$度攝氏(C°)

X佛氏度數(°F) = $\frac{5}{9}$(X—32)攝氏度數(°C)

中國工程人名錄

韋以黻(作民)先生

韋以黻，字作民，年四十四歲，浙江吳興籍，郵傳部高等實業學校畢業，留美康乃爾大學工科學士。歷任上海製造局兵工學校機械科主任，北京大學教授，交通部技士，技正，路政司科長，技術廳科長，津浦鐵路機器廠長，京綏鐵路機務處長，兼代路局局長，魯案善後督辦公署第二部委員會機械主任，兼評價分委員會委員，全國路線審查委員會，職工保育研究委員會委員，審議鐵路法規委員會運轉股主任，鐵路技術委員會機械股主任，車輛調度處機力股主任，交通史編纂處編纂，國民政府交通部技術委員會主任，技監，遞升常務次長，前中國工程學會會員，暨前中華工程師學會會員，會計，總幹事，理事，本年兩會合併當選會長。

◉書報批評

The China Architects and Builders Compendium, 1931.

書爲上海新瑞和洋行建築師英人J.T.W Brooke及R. W. Davis所編纂，字林西報館出版，每年一册，民國二十年爲第七期，定價每册六元。(英文本)。200頁。

書名雖稱中國建築師手册，但其中所載，十之九爲上海公共租界及法租界之情形，惟甚詳盡，非美國出版之參考書內可尋得者也。書分四部，第一部爲關於土地，房屋，建築等須知章則各事；第二部材料價格，估計，及工程上之參考表格等。此後爲廣告。

上海兩租界之地產交易手續，掛號註册章程，地價高低，讓路付價辦法等等，與建築方面均有關係，故書中記述頗詳，次如地稅房捐，及裝接自來水，電氣，電話，煤氣各種手續，價格，等均詳悉臚列，又次刊載兩租界全部建築條例，及附圖。又刊載上海保險公會各種章程，及限制建築避火之條件。

在第二部中，工程材料價格，多以上海工部局歷年投標價格爲準，種類多至數百項，且有比較表，自屬有參考之價值。工程技術方面之參考紀錄，如土質壓力，木料比較，自流井水質化驗，本地各種材料重量，估計房屋成本，裝置電梯設備，溝渠設計，等段，均屬上海建築師所不可不知者。

此項參考書極有用處，惟著者爲外人，對於租界外之情形完全不及，且係英文本，故甚望國人能取作藍本，推而廣之，加入上海市府所頒布各項規程等，及各地之情形，編成中文本，則造福於同業匪淺也。

(薛以鄉)

The Engineer's Manual, by Ralph G. Hudson, (John Wiley & Sons出版)

內專載各種算式，爲土木及電機工程師需用之參考書。(龍)

◉中華化學工業會年會

一月二日，中華化學工業會在蘇州怡園舉行第七次年會，選舉曾思審，吳蘊初兩君爲會長，三日參觀華盛紙版廠，大中華火柴公司，瑞中正玻璃廠等。(善)

◉航空學校遷至杭州

軍政部航空學校，前在南京，去年年底遷至杭州莧橋飛機場。(莘)

◉國聯派史維金氏來華

國際聯盟派德國工程專家史維金氏 (Seizeking)，來華視察建設事業，已於六日抵滬。

◉Nobel氏獎金

去年 Nobel 氏科學獎金，化學部份給予 Prof. Carl Bosch 氏，及 Prof. Freidrich Bergius 氏分領，前者發明由空氣中製造亞摩尼亞，後者發明由煤中提煉汽油，及木料中提煉糖，於十二月十日在瑞典京城給獎。

◉工程週刊徵稿

(一)工程紀事報告	(二)施工實地攝影
(三)工作詳細圖畫	(四)工業商情消息
(五)書報介紹批評	(六)會務會員消息

◉工程週刊廣告刊例

每期定價：				
	全面	$12.00	1/3面	$4.00
	3/4面	9.00	1/4面	3.00
	2/3面	8.00	1/6面	2.00
	半面	6.00	1/12面	1.00

工程週刊 The Chinese Engineering Weekly
(每星期五出版) Published by
總編輯 The Chinese Institute of Engineers
張延祥 (Amalagated With The Chinese Engineering Society)
Editor: Jameson Y. Chang

中國工程師學會南京分會會友公鑒

現在我們有了一個會所了。想望了許多年，今天居然辦成功。這就是我們永久會所的先聲。大家必須要熱誠愛護他，培植他，使他成為我們南京工程師共有的家庭。關於這個會所，有十件事要報告，列舉如下：

(一)地點在新街口興業里二十三號，交通便利，地位適中。如與朋友約會談話，最好約在會所。

(二)會所內有極大的交際室，火爐沙發俱全，雖不華美，却也雅潔可喜。工程師本不講究奢侈，祇要合於實用就好。

(三)會所內有清淨寬暢的臥室六間，月租分二十二元，十五元，十三元三種，床舖桌凳俱全，且有忠實的老僕服侍茶水，日後還要添一個伶俐的少年僕。附近包飯，亦尚可口。

(四)臥室中有一間特備潔白衾枕被褥，專供外埠來京會員住宿之用，房金每晚一元。

(五)會所隔壁，是「上海咖啡」「白宮」兩爿西菜館，在會所內宴客，叫菜甚為便利。

(六)會所內開茶話會，甚為妥當，因為「上海咖啡」的咖啡特別高明。

(七)會所隔壁是世界大戲院，跛出去看戲，無須車錢。有影戲癖者，不可不住在會所。

(八)會所內備有中西書報，可供閱覽。并設有南京會員調查錄。可資問訊。如蒙會員捐助或借放書籍，尤為感激。

(九)會所內開會，可坐五六十人，如有學術討論集會，在此舉行最宜。鑛冶學會水利學會經濟學會等光顧，尤所歡迎。

(十)會所經理王君崇植，每日五時半至六時半，在會所內辦公一小時。其他時間，如有事問訊，可電話22913與名譽幹事惲蔭棠夫人接洽。

●中國工程師學會南京分會謹啓 二十年十二月廿八日

17016

17017

中國工程師學會入會志願書

1. 姓名＿＿＿＿ 籍貫＿＿＿＿ 生於＿＿＿＿年＿＿月＿＿日

2. (甲)在＿＿＿＿＿＿＿＿學校畢業

　　年份＿＿＿＿科目＿＿＿＿學位＿＿＿＿

　(乙)如未畢業者曾在＿＿＿＿＿＿學校肄業

　　在＿＿＿＿＿＿本科習滿＿＿＿年

3. 工程經驗

由		至		所任工程事務之詳細記載	經驗全部		負責之部	
年	月	年	月		年數	月數	年數	月數
				合共				
				連學歷合計				

4. 本人志願入會為 (一)會員 (二)仲會員 (三)初級會員(不用者劃去)

5. 本人資歷由下開會員證明 (至少三人)

　(1) 姓名＿＿＿＿＿＿ 住址＿＿＿＿＿＿

　(2) 姓名＿＿＿＿＿＿ 住址＿＿＿＿＿＿

　(3) 姓名＿＿＿＿＿＿ 住址＿＿＿＿＿＿

　(4) 姓名＿＿＿＿＿＿ 住址＿＿＿＿＿＿

6. 現在服務機關＿＿＿＿＿＿ 職務＿＿＿＿＿＿

7. 分會會長審查意見

請求人簽名＿＿＿＿＿＿

＿＿年＿＿月＿＿日 ＿＿住址＿＿＿＿＿＿

中國工程師學會會務消息

◉通啓

逕啓者，閱報知國難會議或國民救國會議，將有以職業團體推舉代表組織之說。吾會爲全國工程師之唯一團體，自有推派代表之資格，凡屬本會會員有提出議案之權利，與貢獻意見之義務，尙望發抒偉論，寄交本會，以便彙集整理，由本會代表提出爲荷。此致會員諸君公鑒　　中國工程師學會啓

二十年十二月十七日

◉上海分會常會紀錄

上海分會於十二月七日舉行常會於立道飯店，到會者四十餘人，會長徐佩璜主席。餐畢，會長致詞，略謂此次謬承諸位選爲分會會長，才識淺陋，彌虞隕越，屢欲辭去，而未獲如願，惟有竭其棉薄，以圖報稱，凡我會員，務祈隨時賜教，匡其不逮。

報告事項

(一)分會上屆移交款項，共有八百餘元。

(二)黃前會長曾提出意見，擴充會所，添加設備。

(三)分會向來辦法，爲按期舉行常會，藉敘餐演講參觀等以聯絡感情，討論學術，本年度擬照前進行此種工作。

討論事項

本會於新年常舉行聯歡大會，目下國難當前，吾人有何心緒，從事娛樂，但此會目的之一，爲提倡國貨，際此抵貨聲中，似宜更努力宣揚國貨，促社會之注意，且吾會會員辦工廠者爲數不少，藉此機會，亦可使國人知工程師於國貨製造之努力。至於游藝等項似應删去，多數贊成舉行一交誼會，當推定徐學禹，劉錫三等二十餘人爲籌備委員云。

◉杭州分會演說會

十二月二十六日下午六時，杭州分會，在青年會舉行聚餐大會。並請易鼎新，劉崇漢，洪傳炯三先生主講，題爲"杭州電廠"。是日到會者十三人，由會長李熙謀主席。首由易鼎新先生講杭州電廠概況，略述自接收大有利電廠後之改良，及營業進步狀況，數年來營業盈餘已達一百十餘萬元，均作償還舊債之用。至於新廠資本，全恃企信銀團透支款項。又謂杭州市路燈用電每月達117,000度，並不收費。次由劉崇漢先生講艮山門發電廠發電情形，自民國十七年接收以來，用煤方面已大見節省。從前並無任何記錄，現已購有各種儀器，以作全廠試驗。選煤亦爲重要之一，從前多用日煤，火力雖大，但價格甚高，現決用國產長興煤，價廉，質雖較遜，仍爲經濟。又鍋爐爐篦亦經改造，以適合燃燒劣煤。末又詳述如何減輕成本之各種有效方法，頗饒興趣。次由洪傳炯先生講閘口新電廠之工作，謂選決廠址，水源爲最大關鍵，至於鹽水問題，則因補水量不多，故決選閘口。高壓線則分二路，一達艮山門，一達清和坊，然後分送各地。新廠機器之標購，不全購一廠，如透平及配電設備爲英國製造，鍋爐爲美國製造，凝汽器爲瑞士製造，價值共爲四十七萬美金云。房屋工程已在建築中，機器亦均運到，全部工程約需國幣三百五十萬元。會至九時半方散。

◉南京分會第二次常會

時間：民國二十年十二月廿四日下午六時

地點：聚餐白宮飯店　開會本分會會所

出席者：會員五十一人

主席：程振鈞

1.會所經理王崇植報告籌備會所經過，開辦費因電燈傢具兩項超出原定預算，俟明目整理後，再報告常會請求追加，會所樓上有房五間，可供會員或經會員三人以上之介紹

17020

租住，(現已定下三間)，又客房一間，被舖均全，可供京外會員來京寄住之用，每日擬收費一元。

2.惲會員震提議每兩週應在會所舉行工程講演一次，敦請會內外人士担任案。 決議通過。

3.夏會員光宇講演"總理陵園建設"。演稿另登。十時散會。

◉美洲分會消息

中國工程學會美洲分會於二十年十一月發行會務報告一册，因尚未接總會合併消息，故仍沿用舊名。內有會長啓事，年會委員會主席報告等。

美洲分會在去年九月11日至13日，在紐約International House,與中國科學社美國分社舉行聯合年會，成績極為美滿，有參觀工廠，宣讀論文，年會宴等項。詳細報告，當於下期刊載，茲先錄論文題目如下：

石充　A Graphic Analysis of Chinese Mineral Industry

陳耀眞　Trachoma, China's National Scourge

李郁榮　Electric Circuit Theory

劉紹光　New Chemical Dynamics

黃育賢　Rock Island Hydroelectric Project

周傳璋　Airpropellers and Autogiros

郭殿邦　Random Experiences in Designing long Span Bridge

嶽光墉　The Development of Cotton Textile Industry in America and China

潘履潔　Electroplating of Precious Metals

陳宗羙　Economic Loading of Generating Units

熊學謙　Reactions of Alkyl Sulfides with Metallic Salts

年會臨別聚餐畢後，舉行會務會議。到會會員共十六人，已逾法定人數。主席顧毓珍，記錄余宰揚。議決案如下：一

1.各區會所在地點之會員，應由區會職員代徵會費，彙寄分會會計。如區會徵費成績在百分之九十以上(應繳費會員百分之九十)。分會會計應將該區會所代徵總數三分之一，退還區會，作為補助區會之用。會員所在地點，如並無區會組織，應由分會會計直接徵收會費。

2.追徵上屆欠繳會費，應由分會會計直接辦理。

◉中國工程學會南京分會十九年度會計報告

(民國二十年十一月七日會計薛紹清報告)

收入之部		總支出之部	
十八年度餘款	$ 132.73	匯總會永久會費	$ 150.00
永久會費 高凌百	100.00	匯總會入會費	106.00
譚伯羽	50.00	匯總會學生會費半數	14.00
入會費(11人，見註)	106.00	匯總會常年會費半數	157.50
學生會員會費(14人，見註)	14.00	聚餐會貼費	12.00
常年會費(50人，見註)	300.00	郵費	4.00
補徵預徵會費(3人，見註)	15.00	送信車力，校工津貼等	9.23
共收	$ 717.73	共支	$ 452.73
(註)名册存會計處備查		現存	265.00
	$ 717.73		$ 717.73

17021

◉國外會員通信地址

1123.1 張乙銘 Chang, C.Y.H.
3200 Fran klin Blvd.,
Cleveland, Ohio, U. S. A.

1123.1 張功煥 Chang,K.H.203 College Ave.,
Ithaca, N.Y., U.S.A.

7529.2 陳德生 Chen, D.S.
530 Riverside Drive,
New York, N.Y.,U.S.A.

7529.4 陳士衡 Chen, S.H. 84 Ellery St.
Cambridge, Mass. U.S.A.

7722.2 周傳璋 Chow, George C.
246 Lexington Ave.
New York N.Y., U.S.A.

7778 歐陽藻 Eoyang, T.
500 Riverside Drive,
New York City, N.Y.,U.S.A.

3112 馮桂連 Fong. K.L.,180 Chestnut St,
Cambridge, Mass., U.S.A.

2122 何之泰 Ho, T.T., 133 Linden Ave,
Ithaca, N.Y.,U.S.A.

4480.0 黃育賢 Huang Y.H.,515 West 124th
St, New York City, N.Y.U.S.A.

4480.3 黃澄淵 Huang, Z.Y. 421 Harrison St.
W. Lafayette, Ind., U.S.A.

0022 高麒璀 Kao,S.C.,203 College Ave.,
Ithaca, N.Y.U.S.A.

3128 顧毓珍 Koo,E.C., 180 Chostuut St,
Cambridge, Mass., U.S.A.

4040.1 李建斌 Li,C. P.,706 Stoughton St.
Urbana,Ill., U.S.A.

7210.6 劉思毅 Liu,Sidnoy,Downtown Y.M.C.
A, Pittsburgh, Ind., U.S.A.

6091 羅榮安 Lo, J.A. c/o Curtis Aeroplane
Motor Co. Konmoro aud Vulc
an Sts Buffalo, N.Y.U.S.A.

7421.6 陸貫一 Lu, K.I. 2600 Etna St.
Berekley, Calif., U.S.A.

◉會員通信錄更正

本會會員通信錄於去年十二月出版，已經分寄各會員，如未收到，可函致本會補寄。此次會員錄共有80頁之多，依王雲五氏四角號碼排列，惟印刷匆促，調查未週，或地址更易，故特隨時在本刊更正。希各分會職員注意通知爲幸。

7529 陳輔屏 (職)常州小南門外民豐紗廠
1010.1 王元康 (住)上海辣斐德路桃源邨17號
0864 許行成 (職)鎮江建設廳
6091 羅孝倬 (職)安慶國府救濟水災委員會第三區工賑局
1010.4 王世圻 (職)上海靜安寺路583號北極電氣冰箱公司
3216 潘蘊山 (職)上海大西路113號上海機器公司
(住)上海靜安寺路百祿里8號
2121 何昭明 (職)江蘇吳江縣建設局
4480. 黃 炎 (住)上海康腦脫路福康里302號
1010.6 王昭濬 (住)上海辣斐德路瑞華坊49號
1020 丁紫芳 (職)安慶工務局
7529.3 陳宗漢 (職)南昌開明電燈公司

◉會員通信錄補遺

本會民國二十年十二月編刊之會員通信錄，有遺漏數項，至深抱歉，特行訂正。

7722 周 琦 (季舫) 電機 正
(職)上海浦東陸家木橋益中機器公司

◉會員哀聞

會員黃寶潮君在汕病故。

17022

工程週刊

中國工程師學會發行

上海甯波路47號

電話 14545

中華民國二十一年

一月二十二日出版

第一卷　第四期

中華郵政特准掛號認為新聞報紙類

北平分會：西單牌樓報子街

電話：西局809

南京分會：中山路新街口興業里

定報價目：　每期二分

全年5期

連郵費國內一元國外三元六角

本期要目

整理海河委員會在屈家店建築之船閘弔橋

計劃與實施

編　者

蘇俄五年計劃，擧世談者色變；我國孫總理實業計劃，則迄未發生任何影響；此無他，一則努力實施，一則未曾實施耳。蘇俄五年計劃，近且縮短至四年完成之；而我國孫總理實業計劃，發表已十餘年，孫總理逝世亦逾五年，尚未見同志有實行之準備，更不知何日完成其中之最小一部份也。

工程師之計劃，一經專家研究討論決定後，應努力求其實現，雖盡畢生之力，以求一事之成，亦可告慰。在計劃未實施之前，不宜過分宣傳，惟政治家始可宣傳其種種計劃，如孫總理之實業計劃，實一種政治之上計劃。工程師之計劃不尙宣傳，惟求實施，故本刊編輯方針，專注重實施工程報告，不及空中樓閣之計劃。本期載『海河治標工程』一文，爲已將完成之工作，海河整理委員會克實施其計劃，足以稱賀。

計劃不能實施，比較計劃實施失敗，更爲慘痛，蓋計劃實施失敗，卽係經驗，經驗爲國家社會及個人之資產。若計劃不能實施，則徒耗心血，爲國家社會及個人之損失也。如英國製造氣艇，計劃失敗，今R—100號亦將廢棄，（詳見本期第55頁），惟其換得之經驗，使其專向飛機一途發展，亦值得其試驗所耗之資財。

我國各種工程計劃不能實施，要由於人才與經濟兩方面之關係。非謂我國缺乏工程人才，不過不安定不能工作；非謂我國財富不足，不過內戰二十年，徒耗於軍費槍砲耳。工程人才之保障，著者曾發表一文於『中國建設』第四卷第四號內（民國二十年十月出版），茲不贅，最近中央及該省府改組，仍有大批更調，蕭規曹隨，恐不可得，計劃本身且動搖，何能期其實施。嘗有人言『中國五年不內戰，卽是五年計劃』，若中國五年不內戰，則對於人才及經濟兩點，均得解決。中國工程師學會第一次董事會中，曾討論及反對內戰問題，惟停止內戰，纔可期望整個計劃之實施。

海河治標工程

高鏡瑩

海河爲河北省永定，大清，子牙，北運，南運，五河入海之唯一尾閭，含沙甚多，沉澱甚速，民國十六年冬，海河淤墊極甚，吃水較深之輪舶，不能行駛入口，天津商埠幾有廢棄之虞。整理海河委員會決定治標工程六項：（一）北運河堤防加高培厚，（二）三角淀周圍之堤增高，（三）北運河北倉以北開一新引河，通金鐘河入海，（四）新引河口下建一洩水閘，及船閘一座，（五）利用塌河淀區卑地沉澱新引河挾帶之泥沙，（六）統一操縱機關。該項工程於今春可以全部完成，整理海河委員會曾有詳細報告刊在『水利』月刊第二卷第一期內（民國二十一年一月出版），玆因工程週刊徵詢，特將施工狀況，約略分段紀述如下，附刊各圖，亦由『水利』月刊借用。

(一)北運河堤防加培工程　北運河東堤，由天齊廟至楊村一段，計長25.9公里；西堤由唐家灣至屈家店一段，計長7.7公里。洪水位之記載，最高紀錄，在屈家店約爲大沽水平線上7.5公尺，在北倉約爲7.28公尺，三角淀內歷年最高水位爲7.98公尺。將來洪水除一部份仍由北運下注海河外，其他部份水量，卽由新引河分洩。北運河堤應加高至大沽水平線上9公尺，頂寬6公尺，其兩旁坡度，沿河一面用1:3坡，堤內用1:2坡，俾免潰決而策安全。東堤加培工程，由二十年四月開工，至七月工竣，共計土方2?0,000立方公尺；西堤加培工程，由二十年十月開工，十二月竣工，土方約264,000立方公尺。

(二)永定河南堤防加培工程　永定河南堤唐家灣至二十二號房子一段，計長16.2公里。由唐家灣地方起，堤頂爲大沽水平線上9公尺，並用20,000:1之傾斜坡度，至二十二號房子堤頂高度爲9.81公尺，兩旁坡度亦爲1:3及1:2。該項工程於二十年四月開工至五月底完工，土方共174,000餘立方公尺。九月間復將二十二號房子附近堤頂，增高至大沽水平線上11公尺，計長700餘公尺，土方13,200餘立方公尺。

17024

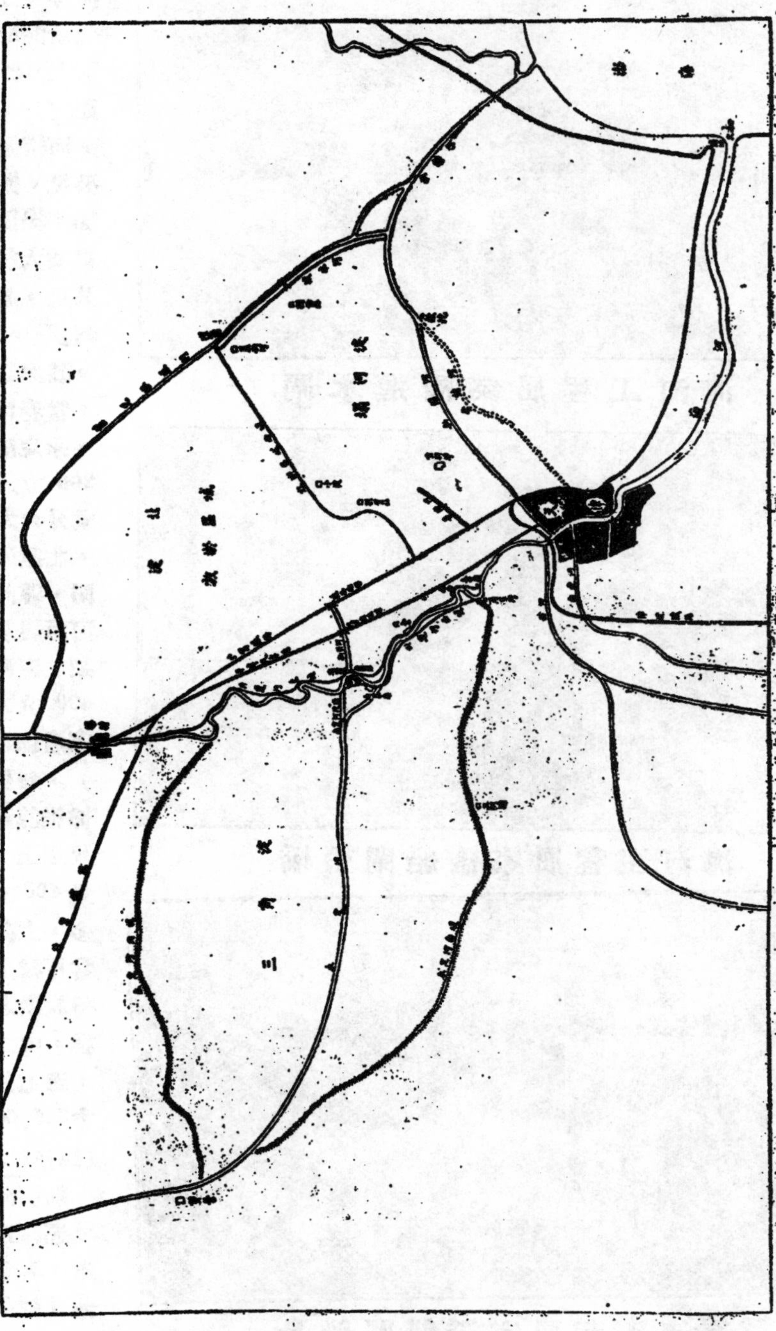

海河治港工程計劃全圖

海河工程屈家橋進水閘

海河工程屈家橋船閘吊橋

海河工程屈家橋船閘身

(三)新引河工程　新引河專爲分洩永定河渾水達新淀地而設，佔地寬200公尺，(卽河堤外邊距離)，河長4400公尺，河槽掘土深度約0.6公尺。掘出之土盡築兩堤，堤頂高度在新引河口爲大沽水平線上 7.7公尺，並用2000:1之傾斜度，直達北寧鐵道，該處以東卽任水漫流。當春汛或大汛初起時，永定流量在每秒50—200 立方公尺，挾泥沙成分最大，故當此時期，北運河節制閘應行關閉，導此渾水逕入新引河而達新淀地。洪水時期北運河容納最大洩量400 立方公尺，(卽屈家店以下北運最大容量)，新引河最大流量，據推算可在700 立方公尺以上，較前北運河洩量400立方公尺加增甚多，上游三角淀之水患當可減少，而新淀地亦得放淤之益矣。此項工程，由二十年四月開工，至七月竣工，共計土方355,000餘立公尺。

(四)新引河進水閘工程

新引河進水閘，建於北運河東面新引河進口處，專爲分洩永定河渾水，使由新引河入淀地而設。閘身共分六孔，每

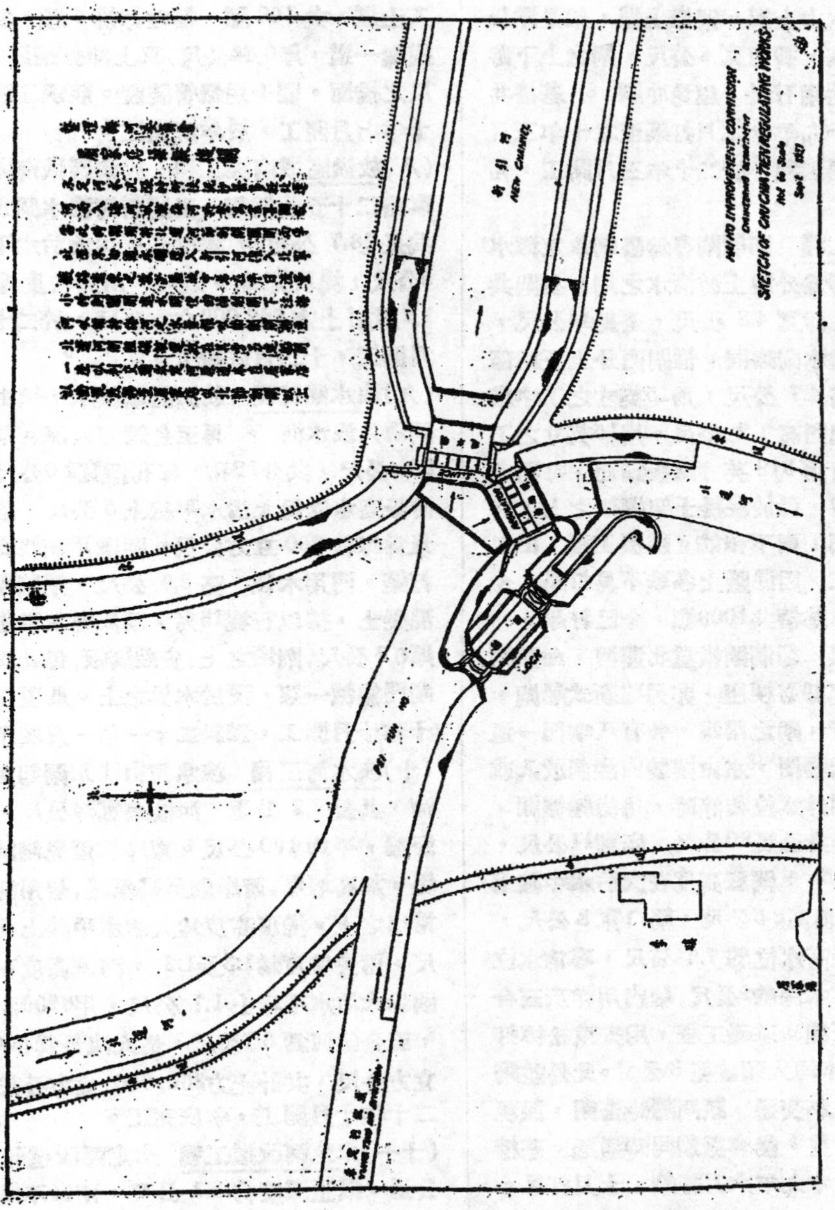

整理海河工程屈家店操縱機關圖

孔淨寬6公尺，閘墩寬1.6公尺，共全長44公尺，門高6公尺，用18英寸高之工字鐵六條，3/8英寸厚之鋼板鋪面，門重十噸，依閘墩安置鐵滾軸上下直滑，每墩備有起重機二架，按設於洋灰混凝土機架上，以司啓閉。閘墩岸牆及翼牆之混凝土上，均摻以15%石塊，以省工料。閘基用大頭直徑25公分長10公尺之木樁，深入土層。閘門上下游用洋灰混凝土築成閘底，以免上游之高壓水力滲漏及地層下水力上衝。閘墩上端，架設洋灰混凝便橋一座，橋面寬4公尺，閘之上下游護岸工程，均用石料，以免冲刷。基樁共1914顆，由十九年十二月打築至二十年三月打畢。進水閘工程，於二十年三月開工，九月完工。

(五)節制閘工程　節制閘專為限制永定渾水下注海河，并為分洩上游清水之用。全閘共分六孔，每孔淨寬4.8公尺，全長44公尺，閘身構造與進水閘略同。惟閘門分上下兩部，上部閘門高4.7公尺，用15英寸之工字鐵五條，下部閘門高1.2公尺，用15英寸之工字鐵三條，皆用3/8英寸鐵板鋪面，每門各備起重機二架，置於混凝土架機架之上，啓閉時上下閘門，兩不相妨。該項工程，由二十年十月開工，因混凝土冬季不易打築，今春始可竣工。基樁共1068顆，今已打畢。

(六)船閘工程　節制閘橫亘北運河，如該閘關閉時，航運勢必梗阻，非另建新式船閘，船隻難期通行。閘之兩端，各有八字門一道，運用時兩門緊閉，水由閘牆內涵洞放入或洩出，俟閘內外水位相等時，用齒輪機關，開啓閘門。閘身全長80公尺，底寬11公尺，兩旁坡度用1:2，閘底高度在大沽水平線上1.3公尺，牆頂高8.5公尺，閘口寬8公尺，門為木質，最高水位約7.5公尺，尋常水位約4公尺，航行水深約2公尺，牆內用洋灰三合土摻以二成石塊。基礎工程，用安東松桿打築長10公尺，平均大頭直徑3公寸。此外並築吊橋一座，以利交通，該閘隨時啓閉，照現在通行最大船隻，能容數艘同時通過。基樁共1250顆，由十九年六月打築，十月打畢。船閘工程由二十年二月開工，八月竣工。

(七)平津汽車路樁橋工程　平津汽車路經過新引河之處，須建橋樑一座。該橋完全用鐵筋混凝打築，計長170.7公尺，闊6.1公尺，共分28孔，橋柱為0.3公尺方形，置於基樁之上，基樁為4公尺八角形，長12.2公尺，打入土層，共108顆，橋柱每排4顆，其上架橫樑一道，厚0.54公尺，再上即打築厚0.38公尺之橋面，欄干用鐵管裝設。該項工程於二十年七月開工，於年底完工。

(八)放淤區域南堤工程　放淤區域南堤自北寧路二十五號橋起，至蘆新河洩水閘止，計共長18.7公里。堤頂高度為大沽水平線上6公尺，堤頂寬為6公尺，兩旁坡度為1:3及1:2，共計土方882,000立方公尺。於二十年十月開工，十二月底竣工。

(九)洩水閘工程　放淤區域積水，須由洩水閘導入洩水河，再至金鐘河入海。閘身長36.4公尺，共分12孔，每孔淨寬2.6公尺。上游最高水位為大沽水平線上5公尺，最大洩量為每秒200立方公尺。閘墩用鋼架混凝土打築，門用木製，高2.9公尺，閘牆用洋灰混凝土，摻以石塊15%，閘底洋灰混凝土，厚0.6公尺，閘墩之上，安設橋板，每孔備啓閉閘門機械一架，置於木樑之上。此項工程二十年十月開工，預料二十一年一月竣工。

(十)洩水河工程　洩水河由洩水閘起至金鐘河，共長6.2公里，河槽底寬34公尺，兩堤距離，平均100公尺。東岸就筐兒港減河西堤，加高培厚，西岸則另築新堤，皆用河槽內挖出之土。堤頂高度為大沽水平線上5.5公尺，兩旁坡度為1:3及1:2，河底高度在洩水閘為大沽水平線上1.7公尺，用6200:1坡度，至金鐘河為0.7公尺，最大洩量為每秒200立方公尺，共計土方360,000立方公尺。於二十年十月開工，年底完工。

(十一)永定河改道工程　永定河改道計長1.7公里，掘土深度約3.3公尺，兩岸不築堤，洪水時任其漫溢。舊河槽內，築欄水土壩四道，掘出之土，亦盡量填入。並於舊道與北運河匯流處，築混凝土涵洞一座，以洩積水。共計土方220,000立方公尺。于二十年十月開工，年底竣工。

17028

英國廢棄R-100號氣艇

錢昌祚

英國R—100號氣艇，將在Cardington地方拆卸廢棄，該艇值價美金$2,500,000,拆卸之後鋼料不過原值十分之一，自後英國恐將不再造大氣艇矣。

英國建造氣艇，以1919年造成之R—34號始著名，是年七月該艇飛渡大西洋，以108小時飛抵紐約，後以75小時飛回，至1921年在Howden地方遇險。1921年英國代美國造R—38號氣艇，八月24日試航時即中裂焚燬，死44人，越數年，造R—100及R—101兩艇，計成本包括艇棚繫柱等共在一千萬元美金之數。R—100號預備為航行美國及加拿大之用，R—101號則預備為航行印度之用。R—100號先竣工，於1930年七月28日自Cardington出發，以79小時之紀錄，飛越大西洋至加拿大之Montreal。R—101號於1930年十月四日第一次試航印度，翌日早在法國Beauvais地方觸山巔，全艇焚燬，艇中54人，遇險者48人，航空大臣Lord Thompson及其他空界知名之士均與焉。英國自此之後，遂決計拋棄其氣艇計畫。

世界輕氣飛艇，仍以德國齊柏林稱霸各國。齊柏林廠在Friedrichhafen地方，創始於1900年，專門製造氣艇。惟歷年來亦不少不幸之事，如1913年九月13日，L—1號在Heligoland地方遇險，死船員15人，同年十月16日L—2號在柏林炸裂，死28人，大戰中飛往英倫擲彈，大著奇效。戰後該廠限制製造，至1925年始重興工作，乃向全國募捐二百萬馬克，製造Graf Zepplin號，於1928年造成，十月一日飛向美國，載船員40人，乘客12人，以111½小時之航程至Lakehurst城，聲名大震。迄今該艇已飛航90次，綜共航程240,000公里(150,000英里)，在空中經過2300餘小時，蓋為有史以來，氣艇最大之成功，亦德國工程界最榮譽之一事也。

美國氣艇界亦多不幸，1925年9月Shenandoah號在Ohio地方遇險，死艇員14人，余曾於『工程』季刊一卷四號中記美國硬式氣艇之遇險一文，即述該事。1922年亦有一艇名Roma號炸裂，死35人，該艇則自意國購來者也。美國現有大氣艇Los Angeles號，亦係德國製品，為戰債賠償之一，迄今已飛過20,000公里(12,500英里)。去年美國又自造Akron號，已經完成，容積175,000餘立方公尺，為世界最大之氣艇，惟其設計，仍多賴諸德人云。

航空界除英德美三國外，次當推法意二國。法國祇建造小式氣艇，僅3500立方公尺(123,500立方英尺)之Vedettes式，為巡海岸之用。及10,000立方公尺(353,000立方英尺)之Escourteur式，為運送之用耳。戰後，德國賠償條件中有L—72號氣艇一具，法人更名為Dixmude號，於1923年駛往非洲，遇險不回。

意大利建造大氣艇僅二具，一具題名The Norge,為1925年Roald Amundsen氏駕以探險北極者，詳情余記於『工程』季刊二卷三號北極飛行之成功一文內。又一具則1927年Umberto Nobile氏亦用以探險北極，惟於歸途中毀焉。故今日世界之氣艇，惟美德兩國爭雄也。

英意二國，雖先後因氣艇失事，取消極政策，而美德二國，仍在努力進行。蓋自氣艇發明以來，其出品之數量，不及飛機百分之一，現在未臻完善之處正多，儘有改良餘地，不可以偶而之失敗，即斷為毫無希望也。

◉Graf Zeppelin氣艇行蹤

德國Graf Zeppelin氣艇，將於今年三月間駛赴澳洲雪黎(Sydney)，參與該處一大橋之落成典禮，澳當局已籌備歡迎。又據報告，則該艇將於今年三月19日駛往南美洲Brazil城，夏季則擬往南冰洋云。(華)

◉上海華懋新屋

上海華懋飯店，在江西路福州路角，建造第二旅舍，定名爲Metropole Hotel，已告落成，由公和洋行打樣。對角建造Hamilton大廈，同一式樣，亦華懋產業，約於本年二月間可工竣。玆刊該屋攝影一幀如下。（費霍）

◉中央工業試驗所設立電鍍工廠

南京下浮橋實業部中央工業試驗所，近設電鍍實驗工廠，除有鍍銅鍍鎳普通設備外，並裝有電鍍鉻（Chromium Plating）之設備；試驗以來，頗著成效。現已開始營業，接收外間各種電鍍工作云。（襄我）

◉日本電氣年鑑出版

日本東京電氣之友社，逐年編印電氣年鑑一種，本年（即昭和六年）版，業已出版，全書八百餘頁，定價日金五圓，寄費在外。日本東京市京橋區電氣之友社出售，上海北四川路內山書店，亦可代購。

該書首述日本一年來電氣事業之進展，舉凡(1)電氣供給事業，(2)電信事業，(3)電氣鐵道，及(4)電氣工業等，莫不提綱挈領，紀載無遺。次爲日本全國電廠一覽及電氣工商一覽，均極詳盡。

語云，"知彼知已，百戰百克"。留心東亞電氣事業，願作抗日工作者，曷各設法一閱。（襄我）

◉美麥運到數量

國府救濟水災委員會借美麥合同，總數爲450,000噸。據運輸部主任F.B. Lynch氏報告，迄上年年底止，共到華22批，內一部份爲麥粉，共麥83,551噸，粉31,696噸，全數至今年四月中可運完。該會主任爲Sir John Hope Simpson氏，長江各埠已設立工賑局，辦理放賑事宜。（洛）

◉戚墅堰工廠地出租

常州戚墅堰電廠旁，有地三百餘畝，願出租或廉價出售，該地旁近運河，鐵路支線復可直達，水陸交通，均極便利，戚電廠可供給四五千馬力之電力，以供原動之需。國人經營工商業覓地者，此誠極佳之機會，可與該廠吳玉麟廠長接洽云。（崔）

◉工程週刊徵稿

(一)工程紀事報告　(二)施工實地攝影
(三)工作詳細圖畫　(四)工業商情消息
(五)書報介紹批評　(六)會務會員消息

◉工程週刊廣告刊例

每期定價：	全面	$12.00	1/3面	$4.00
	3/4面	9.00	1/4面	3.00
	2/3面	8.00	1/6面	2.00
	半面	6.00	1/12面	1.00

工程週刊 The Chinese Engineering Weekly
(每星期五出版)
Published by
The Chinese Institute of Engineers
(Amalagated With The Chinese Engineering Society)
總編輯 張延祥
Editor: Jameson Y. Chang

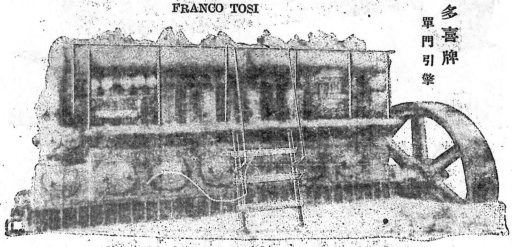

17033

◉更正　第三期第37面銅版，上海電力公司新屋攝影，誤將華懋飯店房屋攝影排入，特此更正，並申歉意。

17034

中國工程師學會會務消息

◉董事會第二次會議紀錄

日期：二十一年一月七日下午七時

地點：假南京分會會所

出席者：韋以黻 胡庶華(韋代) 夏光宇 顏德慶(夏代) 薩福鈞(淩代) 淩鴻勛 吳承洛 黃伯樵(吳代) 惲震 薛次莘(惲代)

主席：韋以黻　紀錄：鈕因梁

討論事項

(1)程瀛章先生來函，懇辭編譯工程名詞委員會委員長案。

決議：准辭，另推顧毓琇先生繼任編譯工程名詞委員會委員長。

(2)南京分會，青島分會，均寄送各該分會會章請求通過案。

決議：南京分會會章通過，青島分會會章修正通過。

(3)通過新會員入會案。

議決：通過 翁為 張鑾 陸學機 沈文泗 周恩紱 陳昌齡 劉錫彤 林平一 王璇軌 俞亮 十人為正會員。

通過 趙世昌 李金沂 胡祖壽 單炳慶 詹永合 王又龍 周勵 江昭 唐光祖 趙鶴皋 鄭汝翼 顧鼎祥 夏循鏗 林海明 翟鶴程 王九齡 宋煥章 錢宗賢 王師羲 李清泉 陳遵平 劉瑾 高澤厚 封雲廷 楊竹淇 二十五人為仲會員。

通過 趙文欽 董繼鄴 劉樹鈞 盧鉞章 翁鍊允 五人為初級會員。

尚有十三張志願書須發還重填，再行審查。

(4)審查新會員資格案，

決議：推薩福鈞，惲震，吳承洛，組織審查新會員委員會。

(5)從速徵求新會員案。

決議：催請總會執行部，從速將入會志願書于十日內印就，分發各分會。

(6)建築總會會所案。

決議(甲)地點以商業中心太平路及其附近為原則。

(乙)籌款方法採用有獎捐款，及特別募捐二種。

(丙)建築圖案定名為工程大樓，請夏光宇通知關戴朱三委員進行。

(7)總理實業計劃實施研究案

決議：(甲)夏薩惲吳鈕五員所擬方案，修正通過。

(乙)推韋會長為總委員會委員長：

淩竹銘 鐵路委員
孫 謀 公路委員
夏孫鵬 航業委員
陸桂祥 電信委員
聶開一 航空委員
李書田 商港委員
沈 怡 市政委員
惲 震 動力委員
張自立 水利委員
程振鈞 工業委員
胡博淵 礦業委員
楊繼曾 兵工委員
李儀祉 墾殖委員

夏光宇 吳承洛 鈕因梁 為幹事。

(8)戰時工作計劃案。

決議：全文抄錄後，送呈行政院，請吳承洛先生擬具呈文。

(9)基金監裘燮鈞被推總幹事，推候補人遞補案。

議決：基金監由候補李俶先生遞補。

(10)會計及證書式樣案。

議決：交執行部從速擬具，交下次會議討論。

(11)聘本會會員之任各大學材料試驗教授，爲材料試驗委員會委員案。

決議：交執行部函請王繩善先生參考。

(12)下次會議請執行部參加案。

決議：下次會議定爲執董聯席會議。

)13)國難會議提案案。

決議：函詢國難會議籌備處，工程師如何貢獻意見。

◉工程材料試驗所已購定所址

本會工程材料試驗所，本在上海楓林橋購有基地，嗣以市中心區設於江灣，楓林橋基地不適應用。刻已向市政府購得第14區第12，14，17，1[illegible]號地，約計四畝，本年春卽將招標建築，大約可與市政府同時完工云。

◉新會員入會志願書已印就

新會員入會志願書，自合併以來，卽重新訂定格式，將本會會章，摘要印在背面，並經擬定入會須知四條，以便入會者有所遵循，現已完全印就。除一部份已分寄各分會外，凡本會會員需要該項志願書者，函索卽寄。

◉總會會所已另行租定

本會會務，年來日有進展，合併以後，一切更見進步。原有會所過狹，不能容納，所有書櫥，亦均儲滿，不能不再添置；而辦公會客，集於一室，殊覺有另行租屋之必要，特於月前，由上海分會會長徐君陶先生代表，租定南京路大陸商場四號樓屋兩大間，以作新會所。該屋大約三月底四月初完工，總會及上海分會辦事處，將同時遷入辦公，已由徐事務幹事籌備一切矣。

◉會員通訊錄更正

本會新編會員通信錄，已分寄各會員，惟因校對忽促，調查未週，致錯誤不免。茲承各會員賜函更正，極深感荷，當假本刊逐期披露，以免傳誤也。並希分會職員注意。

3128.	顧毅同	(職)無錫振新紗廠
4422.	蕭賀昌	(職)上海市公用局
3121.	江超西	(職)浙江筧橋軍政部航空學校
3611.	温毓慶	(職)南京財政部
5798	賴其芳	(職)南京下浮橋實業部中央工業試驗所
1314	武作哲	(職)南京下浮橋實業部中央工業試驗所
4040.1	李瑞圭	(職)天津北甯鐵路局
4480.8	黃公淳	(職)天津中國電氣公司
7210	劉 頤	(職)天津開灤礦務局
7529.0	陳靖宇	(職)天津倪克紡毛廠
7712	邱凌雲	(職)天津英租界拔拍葛鍋爐公司
0164	譚 真	(職)天津法租界榮華工程公司
		(住)天津英界56號路義達里6號
0164	譚金鏜	(職)天津北甯鐵路局材料課
0722	鄺兆祁	(職)天津河北工業學校
0742.4	郭嘉棟	(住)已遷，不詳
1123.3	張潤田	(職)天津北洋工學院
1123.8	張鍾崧	(職)天津特別一區井陘礦務局
2121	盧炳玉	(職)已更易，不詳
2221	崔鶴峯	(職)已更易，不詳
2691	程志頤	(職)上海沙遜房子安利洋行
2691	程耀辰	(職)天津華北水利委員會

◉會員哀聞

會員錄中7529.2陳繼翰君故已兩年。

會員2742鄒維潤君已故。

17036

美洲分會年會主席報告

Joint Annual Convention of The Chinese Engineering Society, American Branch and The Science Society of China, American Branch

GENERAL REPORT

The purpose of this report is to set forth all the events and proceedings of the 1931 Annual Convention as a matter of record. It is also hoped that for the benefit of those members who could not attend the Convention in person, this report may describe the things to them, which they otherwise would have missed entirely. To those who rendered service, facility, or any form of assistance to the Convention, this report is intended to express our thanks and appreciation.

As in previous years, the preparation of the Convention began with the organization of a committee to handle its affairs. This was done by Dr. Y. T. Ku, former president of the Chinese Engineering Society, who appointed the writer as Chairman of the said Committee with four members namely: E. C. Koo of M. I. T., T. H. Chen of Cornell, S. C. Kao of Ill., and C. T. Liu of Ind. These members were wisely chosen to represent as many localities as possible. It seemed at first that this advantage would be offset by the fact that the Committee-members would have difficulty to get together, in order to decide a definite program for the Convention. However, things could be discussed by mail just the same. It was through this procedure and with the good cooperation of the Committee-members, a definite outline was agreed and then the details were carried out accordingly. The outstanding accomplishment was the participation of the Science Society of China in order to make this Convention a joint affair for these two sister societies. Such precedent was established in 1930 and its repetition was not only logical but also desirable. Mr. Y. C. Mei, president of the Science Society appointed Mr. G. T. Wang as their chairman to co-operate with us. Thus we were able to organize several sub-committees to take care of various responsibilities. First, we had the Committee in charge of technical and Scientific papers, which was entrusted to E. C. Koo of the Engineering Society and Dr. P. S. Teng of the Science Society. The second was a Social Committee headed by G. T. Wang and assisted by C. L. Hsiong. Mr. Wang is a member of both Societies. Then the writer, with the suggestion of our committee-members, went ahead to find a speaker for the opening session and the dinner party and places of interest for the inspection trip. Then we had K. S. Lee, member of the Engineering Society to take care of our accommodation matters. The time for the Joint Convention was decided on September 11 to 13 inclusively, and the place in New York City. The meeting rooms of the International House were used for all the meetings, and Chin Lee Restuarant was chosen for the social and dinner party.

The opening session of the Joint Convention was held in the International House Sept. 11 at 7-30 P. M.; 38 full members registered, of which 8 come from Ithaca, 9 from greater Boston, 2 from Ann Arbor, Michigan, 3 from Illinois, 2 from Baltimore, Md., 1 from Baffulo, 1 from Lowell, Mass. and the rest from greater New York City. Outside guests in that meeting numbered more than twice as many as our members. The writer as Chairmen of the Joint Convention presided, made a brief remark and greetings to the members, and then introduced the speakers. E. C. Koo, President of the Engineering Society for the year 1931 to 1932 made a short address about the aims and activities of the society, Dr. P. S. Tang did the same thing for the Science Society in place of Mr. Y. C. Mei, president of that Society, who was unable to come in person on account of urgen matters in Washington. The next speaker was Mr. Thomas H. Wiggin, Chief Engineer of the "Federal Water Service Corp". Mr. Wiggin, who for two years was chief engineer of the Grand Cannal of China Board of Improvement, spoke on various flood control measure now being adopted to prevent a repetition of the disastrous floods which have played such a tragic part in Chin's histroy. Our last speaker was Judge Paul Linebarger, Adviser of the Chinese Nationalist Government. His subject was "From Literati to Scientists through the San Min Ju I". It was a very impressive speech pointing out the responsibilities of the Chinese Literati. We were fortunate to have those speakers in addi-

17037

tion to several press agents to give us some publicity. Refreshments were served shortly before mid-night and the meeting was adjourned without further discussion.

The inspection trip was made in the morning of Sept. 12. A group of about 20 members with a few guests went to the George Washington Bridge accross the Hudson River between N. Y. and N. J., the longest single span bridge in the world at present. The writer secured permission from the Port of N. Y. Authority to visit the said bridge and obtained a guide to show us the points of interest, when we arrived there. The weather was fine and we all had a nice walk over the bridge. The fact that the Convention was held in a week-end made it hard to obtain entrance into other places. Nevertheless, arrangement was made to visit the Bell Telephone Laboratories and this had to be done in the morning of Sept 14. Fifteen members went there, and I was told that they enjoyed the visit. This was the first time in our Convention history where an inspection trip was actually made. The writer hopes that in the future better and more interesting places can be arranged for this purpose.

There were two sessions for the presentation of scientific and technical papers; one in the afterno n of Sept. 12 and the other in the morning of Sept. 13. P. S. Tang presided the first session and E. C. Koo the second. All the speakers demonstrated splendid learning and preparation. Time and space do not permit the writer to give any summary or comment of the various papers presented. These papers expected to be but into written shape and sent to the Secretary so that they can be published in the Engineering Journal in Shanghai.

The dinner and social party was by no means an unimportant part of the Joint Convention. The interchange of knowledge is desirable, but the acquisition of friendship among the members is equally important. Besides, everybody likes to have some pleasure and recreation. The dinner party was therefore designed to fulfill that requirement. It was held at 7-00 P.M. Sept 12 in Chin Lee Restaurant, where dinner was served and music provided for the members to dance with their fair ladies. The party was attended by more than 50 persons including the guest speakers, namely Judge Paul Linebarger, Prof. C. H. Robertson, and Mr. Y. T. Ling, the members, and their guests, mostly lady guests. G. T. Wang in charge of the Social Committee was the Toast Master and introduced the guest speakers. We were glad to have the prominent guest speakers with us. We all had a wonderful evening and enjoyed ourselves with dancing and getting acquainted with one another.

A farewell lunch was served at noon 13. Judge Linebarger's suggestions were brought up for discussion. These resolutions called for a vote of thanks to President Hoover for his "Wheat loan to China" and another to the China American Union for its valuable service to China. It was thought that the wheat loan was more or less a business proposition, and much as we appreciated the generous attitude of the American government toward China. The writer was unable to furnish any information concerning the activities of the China American Union, so the members could not offer any official expression. However, we all appreciated Judge Linebarger's effort and wished him all success in his service to China. The Joint Convention was thereby adjourned.

The report will not be complete without a word of thanks to those who helped in one way or another to carry out the Convention's program. The splendid support and co-operation given by all the members were very gratifying to the Committee members. It is the writer's hope that spirit will be maintained and increased for all the future scientific and engineering undertakings and developments. Thanks are also due to those forementioned speakers for their kind effort and intention to talk to us. We want to thank Mr. C. L. Hsion without whose voluntary assistance our dinner party would not be as satisfactory and enjoyable as it had been. A word of gratitude is hereby expressed to the officials of the International House, who gave us the liberty to use their quarter and other facilities for our convention without charge, and who gave reduced rate to our members who stayed there during the Convention. Mr. Y. C. Mei contributed us $20.00 to meet the expenses of the Joint Convention. He did so in his capacity as Director of the Chinese Educational Mission in Washington. His generous and thoughtful contribution was very much needed and therefore appreciated. Mr. E. C. Stone rendered many valuable assistances to the Convention without taking any specific post. He deserves a word of thanks here. Others who helped us greatly but whose names are not mentioned here are equally thanked. Finally, the writer wishes to thank all the Committee members for their highly appreciated co-operation and support. It is as it was without having had a single plenary session of all the Committee members.

Mr. K. S. Lee, Treasurer of the Engineering Society was also Treasurer for the Joint Convention. He has already given me this statement which shows a total receipt of $122.25, a total expences of $112, 83, and thus leaving a balance of $9.42. The balance, according to past practice was turned over to the account of the Engineering Society. I want to thank him for taking all the trouble in that matter.

If the writer had failed to mention any particular event that should have been mentioned or express a word of recognition and appreciation to any particular person, that should have been expressed, it is done through oversight but not intentional neglect.

Very respectfully submitted,
Richard S. M. Li.
Chairman of Joint Annual
Convention, 1931

October 17 1931
Room 905 150 Broadway,
New York, N. Y.

17038

工程週刊

中國工程師學會發行

上海甯波路47號

電話 14545

中華民國二十一年
一月二十九日出版

本期要目　第一卷　第五期

中華郵政特准掛號認爲新聞報紙類
(第一八三一號執據)

北平分會：西單牌樓報子街
電話：西局809
南京分會：中山路新街口興業里

定報價目：　每期二分
全年52期
運郵費國內一元國外三元六角

廈門市鷺江道海堤第二段工程(水泥樁頭鑄場)　二十年十二月

工程師與數字

編　者

工程師之工作，隨處與數目字聯絡，無論爲理論，設計，或實施，均須用數目表明，故工程學課以數學爲基礎。

我國讀數之法以萬進，世界各國讀數法則以千進，故千以上之數，中外異其讀法。我國萬進法至億兆京垓，因有數種解釋，故多不採用，而以百萬，千萬，萬萬，萬萬萬，等重疊複名詞表明，不便實甚。去年中國工程師學會年會中，會員惲震，王崇植，陳中熙三君，提出『建議統一數字讀法』一案，主張採用千進法，以10^3爲千，10^6爲兆，10^9爲京，10^{12}爲垓，詳見該會會務月刊第一期（二十年九月二十日出版）。後經董事會通過待徵求科學社，經濟學社，統計學會等同意後，再呈教育部。自該提案發表後，頗引起工程界之興趣與討論，會員程瀛章君主張留用古字『秭』『極』二字，則可不必另鑄新字，同時對于小數，亦有規定，詳見本刊本期第71頁，已經原提案人惲王陳三君贊同，今當謀推行方法矣。

工程師讀數字固求統一正確，惟寫在紙上，則數目字比較文字爲簡捷明晰，如三百另六公尺七十六公分，寫來看來，非常麻煩，今寫數字作 306.76 公尺，一望即知，且在腦中得留較深切之影象，故本刊各篇文字中，儘量用數目字，利弊所在，望閱者賜教討論。工程師之各種報告，亦應注重數字。

廈門海堤工程

彭禹謨

(一)<u>廈門之位置</u>　廈門約位東經 118°5′，北緯 24°25′，通商近八十年，內扼漳泉之交，中當港滬之衝，外通南洋羣島，水深港靜，暗礁少有，港口砲壘，互爲犄角，靑嶼烈嶼，大小橫擋，屏藩於外，鼓浪嶼延伸內港，減殺風浪，自成一天然防浪堤，形勢優美，除上海靑島外，罕與倫比。

(二)<u>昔日沿堤景況</u>　五六年前，有三十餘萬方丈面積，十餘萬人口之廈門市，僅有 9 公尺(30英尺)寬之開元路一條，由海邊起築，長不過600餘公尺 (2000英尺)，市內情況，不在本題之內，無論矣。沿海一帶，自海軍船塢起，迄於廈門大學，3000餘公尺之海岸線，除外商建造一新式太古碼頭外，號稱我國南部通商口岸之一之廈門，猶爲一天然不治之海岸。沙灘任其停流，潮汐任其鼓盪，極簡單之石條碼頭，隨意伸鋪，極簡陋之住屋任其搭蓋，汚水盈灘，人畜同居，外人圖籍，指廈市爲世界上最汚穢之地區，聞之可恥。

(三)<u>築堤之經過</u>　廈門海港之地位，旣如是之優美，而廈門沿堤之景況，又如是之簡陋。際此科學昌明，物質進化時代，駐廈海軍起而提倡，於民國十五年設立閩廈警備司令部堤工辦事處，任市政會會辦周醞南主其政。委廖希谷爲工程師。初時規劃，不過試築由海軍船塢向南，至開元路 610 公尺 (2000英尺)一段之海堤，以出售新塡灘地之値，供工程費之支用。開工後，規定新塡之灘地，即告售罄，於是乃有沿長堤線之動機，直由開元路向南，伸築至廈門港電燈公司以南爲止，比較初時堤線長度，竟達五倍。此3000公尺(10,000英尺)海壁。因當時規劃時間怱促，對於觀察，鑽探，定線，諸手續，極爲簡單，僅以普通松樁基礎，及塡水石基礎，兩種包括之，合溝渠，碼頭，塡土，海堤諸項，其總共工程費爲469,525.50元，分全線爲四段，由海軍船塢起，至開元路止，長約 560 公尺(1850英尺)爲第一段；由開元路起，至常關碼頭，長約400公尺(1300英尺)爲第二段；由常關碼頭，至海壓路，長約1100公尺(3580英尺)爲第三段；由海壓路至電燈公司南，長約 760 公尺(2500英尺)爲第四段。

開工未及一年，第一段築起之部，因地質太軟，樁力不足，隨築隨陷，於是全線停工，靜待解決。

十六年夏，作者被聘爲堤工工程師，重行測探，更改計劃，然因當時堤基已成者已有二三處，各包商因停工損失，均待速決，祗能就原定堤線地位，儘量更改基礎工程，重行興工。

因堤線規定未妥，試測海底地質未詳，經濟有所限制，設計未能完善，加以工作設備未精，自郵政局向南至太古碼頭，約長 250 公尺(800) 英尺，曾先後陷沉三次。

該部經美，德，嗬，法，以及港，滬，建築包商之試探，均認爲險工，非有精美之器械，施工不易。

至二十年夏，鷺江海堤成者近2500公尺(8000英尺)，將 607 公尺(1989英尺)之海堤，包與嗬蘭治港公司承築，於二十年五月二日正式簽字。

預計2500公尺之海堤，將於二十年底完竣，嗬商承築之 600 公尺，將於二十二年五月完工。

三千餘公尺海堤，約計總共工程費達四百五十萬元，詳細工程計劃，容後再另編述之。

二十一年一月，於廈門堤工處

17040

廈門海堤第二段太古機前打12公尺長花旗樁
（十七年五月攝）

廈門海堤已成各段狀況
（十七年九月在虎頭山頂俯望攝）

廈門海堤建築第一段鷺江道路基
（十八年四月攝）

廈門海堤第一段已成一部份
（二十年二月攝）

天津電燈電車公司

天津各租界均各有其自設之電燈房，如英工部局電燈部，法國電燈房，日本租界電燈部等是；各自進展，不相爲謀，而其中容量最大範圍最廣者，則允推天津電燈電車公司。近因增加車資，發生風潮，玆將陳蔭穀，倪道修，兩君之參觀報告，重刊於此，以爲工程土之參孜。

天津電燈電車公司爲比商所經營，設立於光緒三十年，主其事者爲比人Crommar氏，工程方面由 Rouffart 氏總其事。

電燈公司在金剛橋北金家窰獅子林，全廠容量爲15,800 瓩,均爲 Sociétè de Lameuse 出品之旋輪發電機，另有比製之 900 瓩電動發電機一座，化交流爲直流，以供電車之用。

廠中電系爲 3 相 50 週波制，發出電壓，交流爲 5250 伏，直流爲550 600 伏；輸電電壓，則交流爲5000伏，直流爲 500 伏。每日發電，頂荷時約 7,000 餘瓩，平常平均負載，則自 4,000瓩至5,000瓩不等。

發電機通風設備，與他處不同。其濾氣器(air filter)係Cleworth Wheal & Co.出品，濾氣門呈圓形，可以旋轉，以電動機拽動之；下有水槽，濾氣門之下部，卽浸滲其中。空氣中之塵埃，經過濾氣門時，卽附着其上，而藉水槽中之水滌除之。

鍋爐室有鍋爐十座，均 B & W 水管式，其一正値新建，裝砌猶未竣。爐排爲鍊式，上有煤斗，以爲飼煤之用。蒸汽壓力每平方公分爲 12 公斤。

取水房與鍋爐室頗近，內有閘門，可以自由校準水量，分給各處之用；水頗渾濁，故入鍋爐時，必先濟煉。

全廠發電工人，約計二百餘。

電車廠在天津南開，予等參觀時由官人 Cortinovis 親爲指導，詳釋一切。

17041

該廠有機車78輛，拖車85輛，每機車下有電動機2，以製備年限爲別，可分三種.

(1)1906—7	容量35馬力	齒輪比例	72:15
(2)1912	,, 40	,, ,,	64:14
(3)1927	,, 40	,, ,,	64:14

各電動機大半均德國西門子廠出品。

廠中修理工場，規模頗鉅，較之國內各電車公司，均遠過之，茲將各場情形，略記於下。

繞線間專司纏繞電銜及磁極等事，電銜線捲，波式摺式不一，波式者多每圈2匝，每匝有導體3根；摺式者則每圈4匝，每匝僅1導體。電銜普通均37齒，通風隙一個。主要磁極，每機4個，整流極則2個4個不等，視電動機容量而變。

線捲繞成，裝入電銜後，先施以黑漆，送入眞空壓榨器中，將空氣壓出，黑漆浸入，然後入烘爐焙乾，此種眞空手續，普通壓力爲每平方公分4公斤，溫度爲攝氏110°—120°，烘焙時間，約24小時。

金工廠範圍亦甚廣，舉凡車床，刨床，鑽床等，均應有盡有。電桿間有二，均用Slavanoff Process，其一利用交流電，電壓220伏。又一則利用直流電，經過補償線捲，而自其間引出線頭，各別種種電壓，各致其用。

打鐵間有打鐵錘一，重150公斤，以電動機拽動之。翻砂間有冶鐵爐二，小者每次可冶鐵10噸，另一大者，則不常用。打風機在另一室中，以直流電動機鼓動之風，由地下管分送打鐵間及冶鐵爐中。

電車事務，較發電事務爲繁，故車廠修理工人連售票開車等員司，統計約300人。

實業部獎勵工業

鈕因梁

國政府於十八年七月三十一日公布特種工業獎勵法，並於十九年二月二十七日公布獎勵特種工業審查暫行標準，即於四月十五日成立獎勵工業審查委員會，由實業部，財政部，交通部，鐵道部，及建設委員會派員組織，屬實業部主管，迄今將近二載，審查會議舉行十次，議決獎勵案11起，詳細錄下。國府雖訂有此項獎勵法，而請求者並不踴擠，亦可見國內工業之不振，其責任應由工程師負其大部分，望同仁注意及之。

議決日期	呈請者	獎勵方法
20年11月19日	上海天原電化廠	出品免予納稅一年。
20—9—13	重慶求新製皮公司	出品免稅三年，並咨四川省政府免一切雜捐。
	哈爾濱裕慶德毛織廠	原料及出品減低國營交通運費五成，以二年爲限。
	上海章華毛絨紡織公司	出品免予納稅三年。
20—7—15	上海天原電化廠	用鹽繼續免稅一年。
	營口中業化工公司	在營口市50公里以內享靛粉專製權五年。
20—5—9	上海澳棻公司	鍾靈印字機准免出品稅三年。
	上海公勤鐵廠	元釘免征出品稅，以三年爲限。
20—4—15	杭州緯成公司	機製絹絲准在浙江省內享專製權三年，材料及出品減低國營交通事業運費三成，以二年爲限。
19—9—30	上海江南製紙公司	蘆漿製紙完全免稅五年，紙張運費減二成，以二年爲限。
19—7—28	上海商務印書館	華文打字機續免出品稅三年。

17042

總理陵園之自流井

區國 著

總理陵園因紫金山無河流，及大面積不涸之湖塘，所有山溝，雨時積水盈滿，雨後數天即行涸竭，不得不開鑿水井，乃由上海中華鑿井公司承包，訂立合同，先後開鑿四井，第一井在陵園苗圃內，第二井在陵墓之西隅，第三第四兩井亦在陵墓之西，水量尚旺，水質為南京最佳者，因將各項紀錄及化驗結果，列表刊佈，以供參考研究。

	第一號井	第二號井	第三號井	第四號井
開鑿年月日	17—9—21	18—3—20	19—9—2	20—1—12
完工年月日	18—1—18	18—5—28	20—1—11	20—3—2
包價(銀數)	3000兩	5800兩	5800兩	10,000兩
深度	150公尺(493)	64公尺(210′)	98公尺(320′)	78公尺(255′)
井中鐵管直徑	10公分(4″)	20公分(8″)	20公分(8″)	25公分(10″)
開始試驗時出水量	5700公升	22,700公升	28,800公升	9,500公升
(每小時)	(1500美加侖)	(6000美加侖)	(5000美加侖)	(2500美加侖)
設備引擎	6馬力2具	10馬力2具	10馬力1具	7.5馬力1具
壓氣機	1具	1具	1具	1具
抽水機	1具	1具		
最下層地質	硬子母石	砂石		

化學檢驗 (100,000分中含量)	第一號井	第二號井	第三號井	第四號井
水中固體物質之含量	42.8	16.5	21.0	15.0
總硬度(用酸鹹滴定法)	29.0	11.0	7.5	7.5
(甲) 暫硬	29.0	9.5	6.5	7.25
(乙) 永久硬	0	1.5	1.0	0.25
氯(以氯化合物計算)	3.0	1.4	1.3	1.5
氮(以硝酸根 NO_3 計算)	0	0	0	0.0024
氮化鹹	0	0	0	0.0007
由蛋白質分解而生之錏	0	0	0	0.013
有毒性金屬 (如鉛，銅，鋅)	0	0	0	0
亞硝酸化合物(N_2O_3)	0	0	0	0
燐酸化合物(PO_4)	0	0	0	0
硫酸化合物(SO_4)	0	0	0	0
一點鐘內能吸收之氧氣量	0	0	0	0.0541
游離鹹金屬重炭酸化合物	4.8	—	—	—
鐵	—	0.9	0.015	0.047

總告報 第一號井水含有之礦物質并不多，氯化物之含量頗不低，其硬度較之普通深井水為高，(但其硬係暫硬性)。

第二號井水對於已溶解之固體物質，及鈣鎂等，其含有量極少。此水與普通深井之水不同，實際上與江水相似。此水雖含有少量之鐵，但此井久用之後，其鐵量或可減少。

第三號井及第四號井水含有已溶解之固體物質，及氯等極少。此水與普通深井水不同，若久流而清，則極適合於飲料之用。

17043

民國二十年風雨表

許應期

中華民國二十年一月至十二月

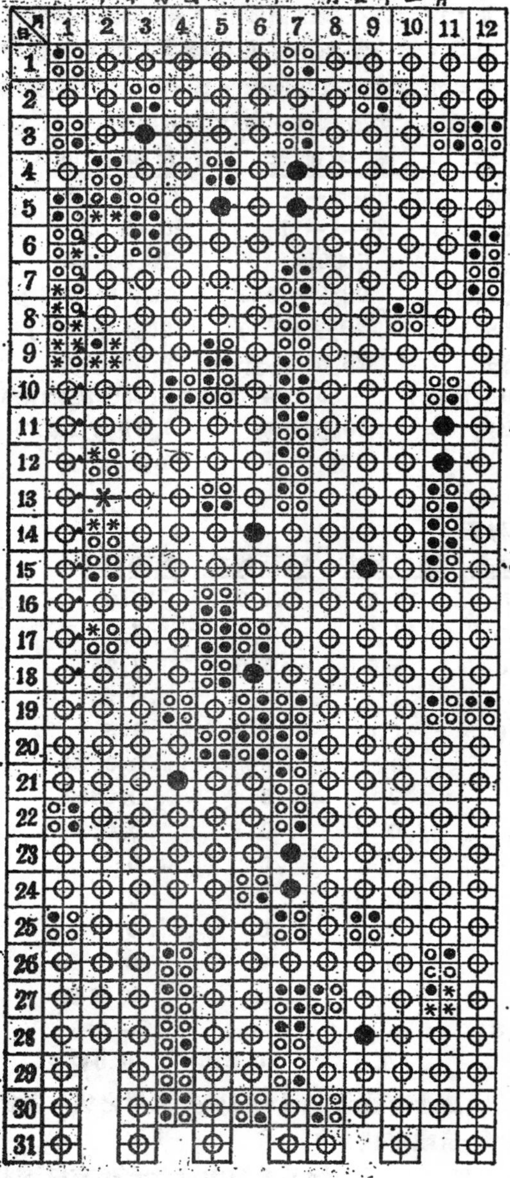

○ 晴天　　＊ 雷天

● 雨天　　▲ 溫度在攝氏零下

每日四格，上二格爲上午6—9, 9—12, 下二格爲下午0—3, 3—6。

數字記法及讀法商榷

程瀛章

數可概分爲大數及小數二類，一以上曰大數，一以下曰小數，其記法及讀法各異，宜分別述之。

大數　億，兆，京，垓，等字有古義今義之分。古義十萬曰億，十億曰兆，十兆曰經，十經曰垓，十垓曰秭，十秭曰選，十選曰載，十載曰極，（見太平御覽七百五十引漢應劭風俗通義）。此係上古迄東漢用十進法紀大數之大概。逮漢末學者注古書籍時，有主萬進法者，即萬萬曰億，萬億曰兆等。亦有用萬萬進者即萬萬曰億，萬萬億曰兆，萬萬兆曰京。明清之世，概用萬進法。此三法，均與西洋近代通用之千進法不同，故自西學千漸以後，有人復取古十進制之兆以譯million（百萬）。然除用古義兆字外，並不採用千進法，一般人以爲既有萬字，就不易採用千進法。其實一方面留萬字，一方面採用千進法，並無不可。此層已由王偉諸君等於中國工程師學會年會提案中言之，但王君等所製之新字，似可不必，蓋古十進法之『秭』即10^9，『極』即10^{12}，吾人只須留『兆』『秭』『極』三字，放棄億經垓選載等字可也。如此，則360,523,725,520,000可讀作三百六十極五百二十三秭七百二十五兆五十二萬。

小數　元朱世傑所著『算學啓蒙』（1299），以分，厘，毫，絲，忽，微，纖，沙，作十進，沙以下用塵，埃，渺，漠等字作萬萬進，即萬萬埃曰塵，萬萬渺曰埃，萬萬漠曰渺等。如此，若以公分爲分，則10^{-7}分爲沙，更小之數不妨沿用塵埃渺漠等字而改爲十進。如此，則10^{-11}爲漠，而常用之Anstrom unit 10^{-8}即爲塵。

極　秭　兆　千　個

3,21 0,98 7,65 4,32 1 . 1 2 3,4 5 6,7 8 9,0 1

分　厘毫絲忽微纖沙塵埃渺漠

中國工程人名錄

胡庶華(春藻)先生

胡庶華，字春藻，湖南攸縣人，年四十七歲，前北京譯學館畢業，德國柏林工業大學畢業，得有冶金工程師學位，曾充克虜伯廠見習工程師一年，歸國後任湖南楚怡工業學校教員，湖南公立工業專門學校事務主任兼教員二年，任國立武昌大學總務長兼教授一年，江蘇教育廳廳長一年，上海煉鋼廠籌備處長一年，上海煉鋼廠廠長一年，并歷充漢陽兵工廠廠長，烈山煤礦局局長，農礦部技監兼司長等職，現任實業部國營煤鐵事業籌備委員會委員，立法院立法委員，國立同濟大學校長，中國工程師學會副會長。著有鐵冶金學，冶金工程，各一卷，由商務印書館出版。

書報介紹

◉電工雜誌第一卷第二卷

（出版者：　杭州浙江大學工學院內中國電工雜誌社，定價三元。）

電工為二月刊，顧毓琇博士主編，民國十九年五月創刊，第一卷共四期，492頁。第二卷共六期，550頁。為我國二年來電氣事業之有價值紀錄。

電工注重電氣學理，亦兼載國內外電廠狀況，下列各篇可概見內容一斑：

關於電廠者，如1—1杭州電廠工務概況，1—3杭州新電廠，1—2安慶電廠之整理，1—4上海閘北新電廠，2—1上海電力公司送電配電，2—2上海南市華商電廠，2—3戚墅堰電廠，2—6首都電廠新發電所，等篇。

關於電信者，如1—1京滬滬改裝自動電話經過，1—2武進電話公司換機，2—1國際無線電台，2—2浙江省廣播無線電台公共傳話機，2—5浙江省有電話事業之概況，中國之電信事業，各篇。

關於學理及電機者，多用英文發表，如

Transient Analysis of an Alternator.

Synchronizing of Induction Synchronous Frequency Set.

Representation of Polyphase System by Multi-Dimensinal Vectors.

Transient Analysis of Artifical Lines.

Oscillographic Records for High Voltage Mesurement.

A General Study of Automatic Telephone System.

A Study on Thyratons.

Spinning Machine Drive.

Asynchronous Opesation of Synchronous Machines.

此外如傳記，實習報告等甚多，而顧毓琇博士譯之 Longsdorf—Direct Current Machines（直流電機原理），按期在該誌發表，便利初學甚多。

17045

◉益中公司變壓器之新紀錄

益中機器公司爲國內變壓器唯一可靠之製造廠，經營此業十載于茲，現所經造變壓器最大之容量已達 1000 KVA，如附圖所示。民國二十年定戶之多，又突破空前紀錄，足爲國貨電機製造業賀也。　　（舫）

◉新疆試飛成功

歐亞航空公司試飛新彊迪化，已告成功，駕機者爲 Captain Walter Lutz, 李景樅博士，機師Wilhelm Schmidt, 及 Max Springweiler。　　（益）

◉上海建築留聲機製片廠

美國 R.C.A. Victor Co.近在上海平涼路建築留聲機製片廠，規模頗大，於收音後卽可壓製唱片，尙爲國內初創云。　（李）

◉淮南煤礦輕便鐵道通車

建設委員會在安徽省蚌埠西九龍崗，開辦淮南煤礦，距洛河集二十里，運煤須由洛運蚌，故築輕便鐵道通洛河口，訂購火車頭一輛，煤車15輛，於今年一月一日舉行開車典禮，以後每日可開車八次，每次載煤50噸。（景）

◉英國工業展覽會

英國工業展覽會（British Industries Fair）將於今年二月22日在倫敦及伯明罕兩處舉行。今年係第17次，會場佔地120,000平方公尺，比較以前將更熱鬧。　　（辛）

◉馬可尼氏試驗短波無線電

馬可尼氏（Marchese Marconi）去年十二月回抵倫敦，發表其最近試驗短波無線電之結果，波長僅20公分，將來效用於海面上及飛機間之通信，可守十分秘密。又此項短波射向天空，不見反射回來，或於空間消滅去矣。　　（清）

◉工程週刊徵稿

(一)工程紀事報告　　(二)施工實地攝影
(三)工作詳細圖畫　　(四)工業商情消息
(五)書報介紹批評　　(六)會務會員消息

◉工程週刊廣告刊例

每期定價：	全面	$12.00	1/3面	$4.00
	3/4面	9.00	1/4面	3.00
	2/3面	8.00	1/6面	2.00
	半面	6.00	1/12面	1.00

工程週刊 The Chinese Engineering Weekly
（每星期五出版）　Published by
總編輯　The Chinese Institute of Engineers
張延祥　(Amalagated With The Chinese Engineering Society)
Editor: Jameson Y. Chang

17047

17048

17049

中國工程師學會會務消息

◉二屆司選委員會通告

謹啓者，本會第一次年會代行一屆司選委員會職務，選出董事十五人，會長副會長各一人，基金監二人之三倍人數，用通信法由全體會員複選，其複選結果，已於會務月刊第三期發表。本委員會委員五人，係第一次年會依據章程第二十一條推定，專任二屆司選事宜。當於本年一月十六日下午二時舉行第一次會議，用抽籤法抽定各董事及基金監之任期如下：

(1)任期三年之董事　夏光宇　陳立夫　徐佩璜　李屋身　茅以昇
(2)任期二年之董事　淩鴻勛　惲　震　顏德慶　吳承洛　薛次莘
(3)任期一年之董事　黃伯樵　李書田　華南圭　薩福均　王寵佑
(4)任期二年之基金監　朱樹怡
(5)任期一年之基金監　李　俶

目前本委員會之任務，爲依據章程第二十一條之規定，提出下屆各職員三倍人數。查董事黃伯樵，李書田，華南圭，薩福均，王寵佑五君，會長韋以黻君，副會長胡庶華君，基金監李俶君，至本年秋季第二次年會時，均將任滿。以上八職員之三倍人數，爲二十四人。本委員會爲集思廣益起見，決定先向我全體會員徵求意見，賜於下列候選人之人選，請各會員自由推舉，以供本委員會之參考：

(1)董事候選人十五名
(2)會長候選人三名
(3)副會長候選人三名
(4)基金監候選人三名

徵求日期在本年三月底爲止，過期即當開會決定候選人名，並進行全體會員複選事宜。謹此公告。

二屆司選委員　夏光宇　王崇植　徐恩曾　沈　昌　惲　震　同啓

◉執行部第三次會議紀錄

日期：民國二十年十二月廿九日下午五時。
地點：本會會所。
出席者：胡庶華，裘燮鈞，徐學禹，張孝基，莫　衡。
主　席：胡庶華。　紀錄：莫　衡
討論事項：

(一)材料試驗所地點案：
議決：遵照市政府核准定購市中心區闸殷路南三民路北第十四區第 12,14,17,18號，計地四畝，並先付定洋貳千元。

(二)本會鈐記案：
議決：照本市教育局規定文化機關鈐記標準格式，速刻。

(三)原有之新西區基地處置案：
議決：俟時局稍定，再行設法出售。

(四)新會員入會志願書格式案：
議決：照擬定格式，付印二千份。

(五)季刊格式案：
議決：兩會合併後之季刊定爲第七卷第一號，並定三月一日出版，封面格式改良，並不登廣告。
廣告紙張應較論文紙稍好。

(六)季刊廣告價目，重行核訂案：
議決：底面外面全面(無半面)每期$60，封面及底面之裏面全面(無半面)每期$50，普通地位每面每期$30，半面$20。

◉執行部第四次會議紀錄

日期：廿一年一月七日。
地點：本會會所。
出席者：胡庶華　沈　怡　裘燮鈞　莫　衡
主席：胡庶華。　紀錄：莫　衡
討論事項

(一)季刊印刷應交何家付印案：
議決：交科學印刷所承印，價目由沈總編輯與之磋商後再定。

17051

◉總理實業計劃實施研究委員會之方案

定名 總理實業計劃實施研究委員會。

組織 由董事會推定委員長一人，幹事三人，並就本會會員中推選對于左列各項建設最有學識經驗，或其現任職務與各該項建設最有關係者，十二人爲委員會委員。

(1)鐵路 (2)公路 (3)航業 (4)電信 (5)航空 (6)商港 (7)市政 (8)動力 (9)水利 (10)工業 (11)礦業 (12)兵工 (13)墾殖

本委員會設十三組，各委員分任各組主任委員，由其推選各組之委員四人至六人，支配其工作並報告委員會。

會議 委員會每二個月至少召集會議一次，各組每月至少集會一次，討論調查研究之範圍方法等，及擬就之實施計劃。集會方式由各組自定之。

目標 以有關係于民生國防，急要建設，爲研究之總目標。

工作程序 先擬五年計劃，限六個月內完成之。一切計劃須就經濟人才之可能範圍內，規定可以切實施行之詳細辦法

◉上海交誼大會贈品致謝

本會上海分會，於一月九日，在新新酒樓舉行交誼大會，海上著名廠家，爭贈贈品，以助餘興。本會接領之餘，無任感荷；除由該分會專函申謝外，玆將各廠家列名如下，以誌謝忱： (以收到先後爲序)

1.錦雲織綢廠
2.唯一襪廠
3.西門子洋行
4.奇異安迪生公司
5.震旦機器鐵工廠
6.科發藥房
7.亞光製造公司
8.電工雜誌社
4.東方年紅公司
10亞洲機器公司
11五和織造廠
12恆記照相材料行
13企業銀行
14大東書局
15興[illegible]聯合營業所
16大華鐵廠
17大康公司
18益利汽水公司
19機製國貨聯合會
20華大洋行
21永和實業公司
22振華油漆廠
23中國化學工業社
24華精機器廠
25五洲藥房
26天廚味精廠
27章華毛織廠
28安利洋行
29華益吉電廠
30興華公司
31美豐手套廠
32德律風根廠
33亨達利公司
34四達公司
35榮業紙袋公司
36亞美公司
37益中機器公司
38美孚洋行
39合作公司
40亞浦耳公司
41馬爾康洋行
42亞司令公司
43大陸報館
44勝德織造廠
45華生電氣公司
46飛利浦公司
47滬江水電公司
48商務印書館
49世界書局
50天一味母廠
51勝船電池廠
52康元製罐廠

◉南京分會舉行公開演講

南京分會於一月二十二日星期五，下午五時，在中央大學，請德國 Dr. Fahrenhorst of Deutsche Stichstoff Geselshaft一演講「空中固定淡氣工業之進步」The Development of Synthetic Nitrogen Industry. 及英國 Major Sampson of Imperial Chemical Co. Ltd.—演講「現在世界人造肥料工業之現狀」The Present World Position of the Fertilizer Industry。詳情續記。

◉南京分會職員更動

南京分會書記張自立君，因公離京，故職員會推定陳體榮君代理。又會計薛紹清君因事辭職，職員會決定由次多數惲震遞補。又分會會所經理王崇植君離京辭職，當公推鈕因梁君繼任。

◉會員統計

依據本會民國二十年十二月之會員通信錄，統計得本會會員數如下：

正會員	1882	人
仲會員	195	人
初級會員	92	人
總共	2169	人

機關會員　9

◉會員通信錄更正

2829.1徐百揆　(職)松江城內樣子衖江南海塘松江段工務處
4692.3楊毓輝　(住)上海馬斯南路92號
8315　錢崇薇　(職)上海閘北公共汽車公司　(住)上海西門秦亨里7號
7529.6陳明壽　(職)吳淞京滬鐵路機務處
7529.7陳長源　(職)上海愼昌洋行動力部
4499　林德昭　(職)杭州閘口滬杭鐵路機廠
8060　曾養甫　(職)杭州浙江建設廳
2643.0吳競清　(職)杭州浙江建設廳
3411.4沈莘耕　(職)常熟電燈公司
5320　盛祖江　(通)上海康悌路盛昌當轉
1010.8王錫蕃　(職)遼寧復縣復州灣煤礦
4040.8李範一　(職)南京交通部電政司
1010.2王崇植　(職)上海民國路國際電訊局
1123　張自立　(職)杭州浙江省水利局
7529.9陳燿祖　(職)南京市工務局
4490.　葉家俊　(職)南京市工務局
4490.　葉家垣　(職)南京市工務局
7722.8周鎮倫　(職)杭州浙江建設廳
2590.9朱耀庭　(職)杭州浙江建設廳

◉國外會員通訊近址

本會新編會員通訊錄內，因旅居國外會員之地址時常變遷，調查難正確，故均不刊地址；而總會中另編詳册，以備稽考，且可隨時更改。會員如欲查國外會員最近通信處，可來函詢問。本會得到變更地址消息後，亦在本刊披露，並望各會員報告爲荷。

1249.　孫導衡　55 London Road, Blackburn, England.
1010.　王景春　Chinese Government Purchasing Commission, 21 Tothill Street, London S.W.I, England.
4474.　薛迪彝　1449old Ashton Street,Higher Openshaw, Manchester England.

◉美國會員最近通信處

6 40　田鴻賓　Tion, H. P,201 RidgedaleRd Ithaca, N. Y, U.S.A.
1020　丁緒惟　Ting, H.H, 1217 Willard St. Ann Arbor, Mich. U.S.A.
8211　鍾兆銑　Tsoon Z. H., R. P. I. Troy, N.Y. , U.S.A.
4491　杜長明　Tu, C.M. 130 Chestnut. St, Cambridge, Mass. U.S.A.
3819　涂允成　Tu, Y.C. 301 Bryant Ave, Ithaca, N.Y. U.S.A.
1010.1王建珊　Wang, C.S. 10 Howland St. Cambridge, Mass., U.S.A.
1010.9王愼名　Wang S.R., 56 Boylston St, Cambridge, Mas, U.S.A.
1010.2王憲邦　Wang,T.C., 218 East 7th St. Plainfied, N.J.U.S.A.
1010.8王毓明　Wang,Y.M., 301 Bryant Ave, Ithaca, N.Y., U.S.A.
4692.6楊景通　Yang, C.T.,10 Howland St., Cambridge, Mass., U.S.A.
3390.0梁興貴　Liang, S. K., c/o Mr. H. T. Liang, 1421-Twelfth St., Boulder, Colorado., U.S.A.

介紹訂閱工程週刊

工程週刊係中國工程師學會第二種定期刊物，內容注重：

工　程　紀　事　報　告　施　工　實　地　攝　影

工　作　詳　細　圖　畫　工　業　商　情　消　息

爲全國工程師及執行業務之工業技師，及服務政府機關之技術人員，及工科學生，及關心國內工程建設者之唯一參考雜誌。

全　年　五　十　二　期　每　星　期　五　出　版

連　郵　費　國　內　一　元　國　外　三　元　六　角

介紹同時訂閱全年五份，贈閱一份；或介紹同時訂閱全年六份，酬謝現款一元。若介紹同時訂閱全年十五份，除上述利益外，加贈『工程季刊』全年一份。

茲將第一期至第五期要目列下：

隴海鐵路靈潼段工竣通車	王江陵
廣州香港間之長途電話	張濟翔
日本在東三省之電業侵略	王崇植
紀念詹博士	趙世暄
蒸汽透平發電機最近之成功	桑志惠
總理陵墓及陵園工程	夏光宇
日本在東三省之電信侵略	王崇植
大學工科課程標準	
隴海鐵路靈潼段山洞大橋表	淩鴻勛
首都鐵路輪渡工程	毛　起
上海電力公司加價	惲　震
度量衡公制折合表	吳承洛
海河治標工程	高鏡瑩
英國廢棄R-100號氣艇	錢昌祚
廈門海堤工程	彭禹謨
總理陵園之自流井	區國著
實業部獎勵工業	鈕因梁
民國二十年風雨表	許廠期
數字紀法及讀法	程瀛章
中國工程人名錄	
書報批評介紹	
工程消息	
編者小言	
中國工程師學會會務消息　等等	

定報處：上海寧波路四十七號中國工程師學會

（注意）　匯款五元以下可用一分及四分郵票十足代洋。

工程週刊

中國工程師學會發行
上海甯波路47號
電話 14545

中華民國二十一年
二月二十六日出版
第一卷 第六期
中華郵政特准掛號認為新聞報紙類
(第一八三一號執據)

北平分會：西單牌樓報子街
電話：西局809
南京分會：中山路新街口興業里

定報價目： 每期二分
全年52期
連郵費國內一元國外三元六角

本期要目

中央氣電試驗所
七十種煤樣分析

中央電氣試驗所內較準電度表工作攝影

試驗，研究

編 者

工程建設，首重材料，材料良窳，宜加試驗。近來國內工程事業發展，亟求國產材料之自給，而國產材料之性質特長，尤非經試驗，不足證信應用。若謀製造之改進，出品之精良，則試驗後，更須繼以研究。蓋近世種種發明及創製，均為試驗所研究室中之產物，而非偶爾之事也。

前中國工程學會自民國十四年始，提倡工業材料試驗事，籌款建築試驗所，荏苒七載，迄尚未觀厥成。顧七年以還，以我國有創設試驗所之必要之各項理論，流布於政學工商各界，收效之宏，乃出乎意料之外。如近今實業部有各種商品檢驗所及中央工業試驗所之設立，各省市亦有工業物品試驗所之籌設，最近軍政部兵工署有理化試驗所之建築，建設委員會有中央電氣試驗所之開辦，（見本期第82頁），而中央研究院之工程研究所，理化研究所，等等，則更規模宏遠；在私人方面，有上海中華化學工業研究所之創設，更屬難能可貴。散播種子僅七載，不可謂無成功，可見事都在人爲。

自中國工程學會合併改組爲中國工程師學會後，一秉前旨，積極進行建築材料試驗所，捐款已得二萬餘元，基地亦已購定在上海市中心區，約於今年四五月間可開工。同時仍沿用前定辦法，與國內各大學及試驗所合作，分任試驗工作，試驗結果之已公布者，如磚頭試驗，（刊『工程』季刊第一卷第二號第三號，民國十四年六月九月出版），國產洋灰之物理性質試驗，（刊『工程』季刊第六卷第四號，民國二十年十一月出版），均爲有價值之參考，又如上海工業試驗所化驗之七十餘種煤樣報告，（見本期第84-85頁），更爲國煤救濟問題中之重要參考。試驗及研究之重要，烏可忽哉。

中央電氣試驗所之設備

陳中熙

國民政府建設委員會，因鑒於電氣試驗及電量檢定工作之重要，特創辦電氣試驗所，籌備經年，於今年一月一日正式成立，地址卽在南京西華門建設委員會內，特建試驗所房屋二間，設備各項儀器等，總共計經費$30,000餘元，玆將其中設備，略記一二於下。

電氣試驗所設備分三部，第一部發電設備有馬達發電兩座，一座係26馬力3相380伏感應馬達，直接轉動二座8基羅瓦特115伏直流發電機。該二座直流發電機接成愛迪生3線式，成115—230伏，又有炭片電壓調整器，故可供給穩定之電壓，以供給試驗所之需要。

又一座馬達發電機，係15馬力直流分捲式馬達，由試驗所愛迪生3線系統供給電流。馬達磁場爲115伏，電樞可用115伏或230伏，接用115伏時，馬達速率減半。該馬達直接轉動二座發電機，一座爲1基羅瓦特600伏直流發電機，一座爲8開維愛3相正絃波(True Sine Wave)發電機，電壓爲110及220伏兩種，週波爲25，50，60三種，以供試驗之用。

發電機之外，又備6伏100安培小時之蓄電池4具。

試驗所第二部設備，爲電氣標準儀器。其中最高標準，有電阻及電壓標準二種，最高電阻標準爲錳格寧(Manganin)線製造，有二具：

(1) 0.01歐姆，100安培，德國油冷式標準電阻。

(2) 1歐姆，0.1安培，美國標準局密封式標準電阻。

此2具均經美國標準局檢驗過，準確度在攝氏20°—30°溫度內，爲0.000,05。此外尙有常用標準2只，一爲0.1歐姆，15安培者，一爲0.001歐姆，300安培者。

最高電壓標準爲Weston不飽和式標準電池2只，亦經美國標準局檢驗證明。此種電池陽極爲水銀，陰極爲混水銀鎘(Amalgamated Cadmium)，電液爲硫酸鎘與硫酸汞。電壓爲1.0186伏。在攝氏4°—40°溫度內，不變電壓。該器係密封，不透水，不透風。此外另有常用標準電池2只，亦Weston製造。

試驗所又備電氣天秤一座，係用下三列種儀器接成，以試驗電表之準確者：

(1)美國Leeds & Northrup公司K式電位

中央電氣試驗所內設備之馬達發電機及配電版

表(Potentiometer),電壓爲0.16,1.6,16伏三種,亦經美國標準局檢定,準確程度在0.0001以內。

(2)電壓箱(Volt-Box)一面爲1.5伏,接至上述之電位表,一面爲3,7.5,15,30,75,150,300,750,伏八種,以應付各種檢驗電表之需要。

(3)測電表(Galvanometer),靈活程度爲0.000,000,5安培。

用此項準確電氣天秤所得之結果,至少在0.001以內,故足以檢定國內各種電氣試驗儀器等。

次要之標準,試驗所亦有數種,如:(1) Weston直流電壓表,3,15,150及600伏一具;(2) Weston 341式電壓表二具,600—300伏,係最準確之Electrodynamometer式;(3) Weston 370式電流表,10—5安培一具,2—1安培一具;(4) Weston 326式電力表一具,電壓爲75—150—300—600伏,電流爲10—5安培。(5) Weston 310式電力表一具;電壓爲300—150伏,電流爲1—0.5安培。此種標準電表每三星期與電氣天秤較準一次,準確程度在.0025以內。

標準電度表備有美國G.E.公司IB—8式標準電度表(Standand Watt-hour meter)二具,電壓爲110—220伏,電流爲1—5—50—50—100安培,準確程度在0.005以內。此表係手攜式,故出外檢驗工作攜帶甚便。

試驗高電壓,則置有3000—750至150伏之電表變壓器(Potential Transformer)一具。試驗大量電流,則置有25—50—100至5安培之電表變流器(Current Transformer)一具。

其角差比差，均經正確測量。

試驗所第三部設備爲配電版二塊，電度表試驗枱一具，直流交流電表驗枱一具，使試驗所用之電流電壓隨意變更。直流檢驗範圍爲 750 伏 200 安培以下，交流檢驗範圍爲 3000伏1000安培以下，週波自60至25，電力因數自0—1，(因有移相器Phase Shifter一具)。

中央電氣試驗所爲全國最高之電氣標準機關，作電氣研究之中樞，以補助國內電氣製造之進步。成立以來，正在積極擴充，添置儀器設備。凡各省市電氣較驗機關，發電廠，或工廠等，所用之標準及電表，均得送至該所試驗，其他一切電光電力電熱之試驗或研究工作，該所亦可代辦。是亦我國近年建設之一端也。

七十餘煤樣分析報告

沈熊慶

煤爲工業之原動力，其成分性質，須分析檢驗，以調節燃燒，而求効率增高。惟市上日煤充斥，安南台灣煤亦競銷，國產煤僅佔十分之一二。抗日起後，亟求國煤替代，運輸方面已由各鐵路組織救濟國煤運輸委員會辦理，惟各工廠向用某種日煤者，今改用國煤，必須先將二種煤樣分析化驗，以期燃燒經濟。上海市工業試驗所爰自動採集煤樣七十餘種，逐一分析，特將結果公布於下，以備參考。

品名	水分%	揮發質%	灰分%	固定炭質%	硫黃%	熱量 公制	熱量 英制	產地
白眞赤池塊	6.43	18.01	13.03	62.53	2.99	6830.9	12295.6	
同興塊	1.65	16.74	5.83	75.78	2.75	7889.1	14200.4	
同興塊	4.38	36.54	11.63	47.45	0.59	7279.2	13102.6	
同興屑	3.41	18.19	14.01	64.39	2.81	7019.6	12635.3	
膠州塊	2.07	11.47	14.92	71.54	0.55	7196.3	12953.3	
明治洗屑	3.33	37.71	11.29	47.67	1.57	7339.9	13211.8	
岩屋塊	2.23	40.72	11.07	45.98	1.03	7488.1	13478.6	
岩屋塊	2.55	38.98	10.31	48.14	0.38	7566.5	13619.7	
岩屋洗屑	3.12	34.07	26.15	36.66	1.92	6042.3	10876.1	
岩屋屑	5.72	39.94	10.09	44.25	1.46	7243.0	13037.4	
左賀塊	3.71	42.28	17.22	36.7[illegible]	0.28	6869.7	12365.5	
左賀納子	1.39	39.17	11.90	47.54	2.12	7421.8	13359.2	
大隈屑	2.09	32.68	19.54	45.69	0.65	6786.0	12214.8	
大子浦	1.73	37.94	8.90	51.43	0.43	7757.6	13963.7	
大和塊	3.98	30.52	28.88	36.62	1.09	5780.8	10405.4	
大瀨塊	2.03	31.38	23.55	43.04	0.68	6440.1	11592.2	
大草煤	4.15	43.75	5.08	47.02	2.65	7742.8	13937.6	江蘇
大同煤	3.21	30.56	8.68	57.55	0.64	7281.0	13106.0	山西
大根別土塊	4.06	36.37	21.14	38.43	0.51	6483.7	11670.7	
中山田洗粉	2.37	35.88	18.75	43.00	0.23	6856.3	12341.3	
中興煤	2.66	27.89	11.41	58.04	0.86	7431.5	13376.7	山東
元山塊	10.55	42.23	15.90	31.32	2.13	6275.0	11295.0	
元山屑	7.44	28.96	49.18	14.42	2.55	3521.3	6538.3	
金村屑	3.37	25.86	28.42	42.35	0.31	5922.0	10659.6	
金村福島塊	3.00	37.99	16.54	42.47	0.56	6973.6	12552.5	
新手洗屑	3.91	35.07	22.82	38.20	1.97	6260.5	11268.9	
新高松屑	4.34	26.11	45.23	24.32	0.62	[illegible]54.3	7837.7	

品名	水分%	揮發質%	灰分%	固定炭質%	硫黃%	熱量 公制	熱量 英制	產地
新牛屑	8.14	37.94	17.60	63.32	0.95	6409.5	11537.1	
順順塊	7.43	40.35	5.74	46.48	0.58	7527.2	13549.0	
撫撫屑	9.76	37.53	7.15	45.56	0.65	7181.8	12927.2	
撫撫納子	9.77	38.18	12.29	39.76	0.56	6754.1	12157.4	
江粉屑	4.17	24.02	47.57	24.24	0.63	4164.6	7496.3	
松浦塊	3.59	34.28	21.26	40.87	1.33	6463.6	11634.5	
松浦屑	6.86	33.20	25.34	34.60	1.10	5837.6	10507.7	
四脚亭	4.92	28.23	24.71	42.14	1.18	6056.5	10901.7	
紅梅屑	6.65	40.24	20.07	36.07	4.72	6355.8	11440.4	
芳雄塊	3.09	38.86	20.77	37.30	1.29	6552.3	11794.1	
芳雄屑	3.58	30.39	40.06	25.97	1.88	4793.1	8627.6	
海豐塊	4.19	6.63	17.24	71.94	0.69	6800.9	12241.6	
克拉子塊	1.47	38.83	14.13	45.57	2.49	7197.9	12956.2	
馬克屑	9.73	7.93	32.24	50.10	0.64	5015.0	9027.0	
飯塚塊	2.26	38.83	8.79	50.12	0.43	7721.1	13898.0	
博山塊	6.20	17.29	8.92	67.59	0.56	7358.6	13245.5	山東
東京塊	2.00	12.38	11.07	74.55	0.81	7521.7	13539.1	
東京屑	3.05	10.80	11.62	74.53	0.72	7387.9	13298.2	
赤池塊	2.81	37.93	15.32	43.94	0.61	7093.3	12767.9	
小松洗粉	3.55	37.46	12.62	46.37	0.60	7264.6	13076.3	
長城塊	4.45	10.21	27.04	38.30	0.47	5938.6	10688.9	
長城屑	4.20	8.76	31.32	55.72	4.53	5337.2	9607.0	
洪山屑	4.12	18.19	19.31	58.38	3.18	6473.4	11652.1	
北票塊	2.83	28.87	35.72	32.58	1.12	5283.3	9509.9	遼甯
北票屑	2.88	31.90	25.20	40.02	0.52	6232.2	11218.0	遼寧
豐國屑	4.83	33.11	28.68	33.38	1.22	5716.1	10289.0	
御德特粉	3.53	29.26	34.36	32.85	0.75	5363.6	9654.5	
滿之浦粉	2.68	39.38	9.29	48.65	0.87	7613.8	13704.8	
杵島納子	2.46	42.18	16.76	38.60	3.01	6850.5	12330.9	
田川塊	3.19	44.59	7.99	44.23	1.16	7664.8	13796.6	
高尾屑	5.00	31.32	34.75	28.93	2.27	5107.9	9194.2	
五段塊	9.55	40.47	21.72	28.26	4.95	5681.5	10226.7	遼寧
五段統	9.86	38.17	24.25	27.72	2.41	5590.6	10063.1	遼寧
五段屑	9.95	37.16	28.27	24.62	1.99	5258.5	9465.3	遼寧
通裕煤	0.90	26.77	17.68	54.65	5.61	6746.1	12143.0	安徽
峙戶屑	1.73	38.10	10.83	49.34	1.86	7501.4	13502.5	
開平屑	1.76	28.21	25.01	45.01	0.93	6320.2	11376.4	
開平特別屑	3.84	28.79	19.39	47.98	0.74	6382.0	12027.6	河北
開平頭號屑	1.86	30.36	22.47	45.31	1.06	6525.6	11746.1	河北
開平二號屑	1.69	29.11	22.80	46.40	1.36	6493.1	12687.6	河北
華斯屑	4.84	27.21	16.75	51.20	0.91	6773.5	12192.2	河北
大通煤	3.0	37.2	10.8	49.0	1.1	6950.	12.500.	安徽
烈山煤	1.21	19.3	9.2	71.50	0.44	8415.	15.142.	安徽
淮南煤	1.04	34.6	7.50	57.90	0.32	7420.	13.343.	安徽

氮氣工業發達史

Dr. I.G. Fahrenhorst演講 吳欽烈譯記

今天承中國工程師學會之邀，來此演講，覺得非常榮幸。但鄙人既不會中國話，又不能用英語來演講，只好用德語來說話。關於這一層，鄙人極為抱歉。幸有吳先生幫忙，彼此言語隔膜困難，當可籍以減除。

現在鄙人所要講的，是氮氣工業的發展歷史。氮氣工業的歷史，到現在尚不過三十年。但鄙人從事此業，亦有二十一年之多。故對於此業，不無相當之認識。惟今日為時間所限，不能盡道其詳。姑為諸君約略述之。

按農作物之發育滋長，須賴肥料為之栽培。燐，鉀，氮為肥料之三大要素，其中尤以氮為最重要。農業所需之肥料，古昔大抵為人畜之排泄物。自十九世紀初年南美洲有天然硝礦之發現，而天然硝遂為氮肥料之大宗來源。厥後煤氣煤焦兩業，日臻發達，而副產硫酸錏又成為重要之氮肥料。十九世紀中葉以來，世界食糧供給問題益趨嚴重，而肥料供給問題，亦隨之而成為全世界科學家所注目而急待解決之問題。然須延至二十世紀之初，各國科學家利用空中氮氣以製造肥料之研究，才得先後成功。計其製法有三，茲分述之：

一，電弧法 此法工業上之成功，乃那威人Birkeland與Eyde二氏努力之結果。第一工廠成立於1905年。在那威之Notodden。法為藉強電之力，使空氣中之氧與氮直接化合而成氧化氮，并令其為水或鹼液所吸收，而成硝酸或硝酸鹽及亞硝酸鹽。商業上所稱之那威硝，乃屬硝酸鈣，在氮肥料業中早已占有重要地位。此法製造雖極簡單，但消費電力極多，固定氮氣一公斤，約需電6000瓦特小時。故除富於瀑布電力極廉之地外，應用此法，極不適宜。

二，石灰氮氣法 此法為德國化學家Frank與Caro二氏之發明。第一工廠成立於1906年。原料為石灰，木炭，無烟煤，或焦煤與氮。其製法為：

(1)由石灰石燒取石灰(Kalksticks toff)

(2)由石灰與炭或焦煤，藉高電熱製得炭化鈣，

(3)由空氣中提出純粹氮氣，

(4)由炭化鈣與純粹氮氧之化合，取得石灰氮。

所得石灰氮，即可直接用作肥料。此種石灰氮製造廠，在實業先進國中，分佈頗廣。蓋因其需用電力較少，廠址受天然力之支配，不如電弧法廠之甚也。

三， Haber-Bosch法，或錏直接合成法(Das Synthetiche Ammoniakverfahren)

於各國科學家努力研究電弧法與石灰氮法以固空中製氮氣之時，德國物理化學素斗南斯德氏，亦致力於氮與氫直接化合之試驗。此種研究，在試驗室中雖不無相當之成績，但在工業上終覺毫無應用之可能。後經Haber氏之繼起研究，至1908年，成績乃斐然可觀。氮與氫之化合速度由接觸劑為之促進，所得錏之百分率，則由利用高壓為之提高。此種試驗室中之研究結果，乃漸覺具有工業製造之價值。旋巴地氏色精曹達廠(Badische Anilin-und Sodafabrik)即有應用此法建設大規模錏之合成廠之企圖。其技術上之困難，大都由Bosch氏為之指揮解決。故此法通常亦稱為Haber-Bosch法。計當時技術上之困難問題有三：

(1)接觸劑之選擇 Haber氏原來係用鋨Osmium為接觸劑。鋨為一種稀有金屬。大

規模之錏合成工廠，應用鉄爲接觸劑，材料之取給旣難，成本又貴，終非所宜。幾經旁求精研，得知磁鐵礦具有優良之接觸作用。其中尤以瑞典出產之礦砂爲最合用。蓋因硫燐與砒化物，均屬接觸毒 (Kontake gifte)，瑞典礦砂，質較純淨也。後又改用特製純鐵接觸劑。其中略加特種氧化物。此種接觸劑之效能，不特不較鉄爲劣，且較任何單純元素爲優。

（2）接觸爐(Kontaktofen)之製造　氫與氮在接觸爐中化合之際，溫度高至攝氏 600—700 度，壓力高至 200 氣壓，當時冶金術尙未十分進步，求一種旣能抵抗高熱又能抵抗高壓之鋼鐵爲製造接觸爐之材料，極感困難。最初試驗，係用普通鋼鐵。氫在攝氏 500 度以上，每可攻擊鋼鐵。旣能與其中所含之炭化合，而成甲烷質，又能透過鋼鐵以致鋼鐵變爲脆弱。故在試驗初期，接觸爐之爆炸，遂爲習見之事。後經極力研究，此種

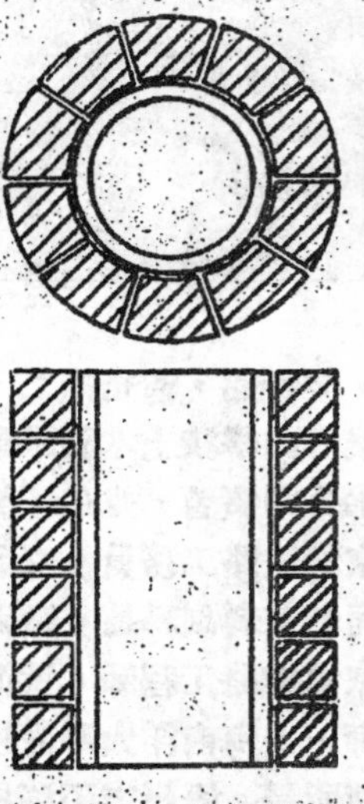

難題，因亦得以解決。法爲應用兩個同心鋼管。內管較薄，係含炭極少之特種鋼。外管係極厚之普通鋼，備有許微孔。前者可抵抗攝氏600—700度高熱氣體之攻擊，後者可抵抗 200 氣壓高壓之壓迫。雖仍有微量氫由內管滲出，但卽可由外管中之微孔散逸以去，不致鬱積爲患。接觸爐炸裂之危險，遂得消除矣。

（3）純潔氫之製取　氫氣係由水煤氣（Wassergas）中提出。水煤氣係由通過水蒸汽於紅熱之焦煤而得。其中含有多量之一氧化炭，接觸劑易受其毒而失效，故必須預爲除去。最初擬用液化與分別蒸溜法，使此二種氣體互相分離。但此兩種氣體之沸點，均極低下，且亦頗相接近。故應用此種分離方法，技術上極感困難。後乃另出心裁，將水煤氣通入水煤氣接觸爐，藉氧化鐵爲接觸劑使與水蒸氣在攝氏 500 度之高溫下起作用，俾一氧化炭得被氧化爲二氧化炭，並同時新生相當容積之氫，$CO+H_2O=CO_2+H_2$，大部二氧化炭，可於25—30氣壓下，在炭酸消除器內爲水所吸收。殘留之一氧化炭可在200 氣壓下，用亞摩亞性之第一氯化銅爲之除去。其最後殘剩之少量炭酸氣，可用苛性鈉液爲之除去。

所需氮氣，則由發生爐煤氣 Generotor gas, Producer gas) 爲之供給。發生爐煤氣所受之處理，與水煤氣相同。

實際製造，則先以發生爐煤氣一容積與水煤氣二容積相混合後，再以上述處理水煤氣之方法處理此種混合氣體，藉以除去其中之一切雜氣。如此製得之混合氣體中，所含氫旣極純潔，其中氫與氮之比，亦已爲3與1而適於合成錏之用矣。

計德國現在應用此法製造錏之大工廠有二，一在 Oppau, 完成於 1911—1912 年間，戰前己有出品，現時每日可固定氮 600 公噸。一在 Merseberg, 每日可固定氮 2500 公噸，每年約 800,000 公噸。規模之大，誠爲其他任何氮氣工廠所不及。

其他各種錏合成方法，在今日略有成績者，如法之 Claude, 意之 Casale, 及 Fauser, 德之 Mont Cenis, 及美之 Nitrogen Engineering Corporation，各法原理均與 Haber-Bosch 法相同，不過細小節目，略有更改而已。

日文電碼

陳　章

日本文電報用電碼，有二種，一種直接用英文字母拼音，如日領名『村井』英文譯音爲MURAI，卽以英文MURAI譯電碼拍發；又如海軍司令名『鹽澤』英文譯音爲SHIOSAWA，卽以英文SHIOSAWA譯電碼拍發。其他動詞助詞等，均用英文字母拼音轉譯拍發，如我國文字之羅馬字拼音法。

又一法用日本 48 個字母編電碼拍發，列表於下：

イ・－	ロ・－・－	ハ－・・・
ニ－・－・	ホ－・・	ヘ・
ト・・－・・	チ・・－・	リ－－・
ヌ・・・・	ル－・－－・	ヲ・－－－
ワ－・－	カ・－・・	ヨ－－
タ－・	レ－－－	ソ－－－・
ツ・－－・	ネ－－・－	ナ・－・
ラ・・・	ム－	ウ・・－
ヰ・－・・－	ノ・・－－	オ・－・・・
ク・・・－	ヤ・－－	マ－・・－
ケ－・－－	フ－－・・	コ－－－－
エ－・－－－	テ・－・－－	ア－－・－－
サ－・－・－	キ－・－・・	ユ－・・－－
メ－・・・－	ミ・・－・－	シ－－・－・
ヱ・－－・・	ヒ－－・・－	モ－・・－・
セ・－－－・	ス－－－・－	ン・－・－・

゛(濁點)・・　゜(半濁點)・・－－・　－長音符號・－－・－

(備考)濁點及半濁點非附字母不得用之。

査日文字母計 51 個內中因(ヰヱヲ)三字母均係重文，故共計 48 個電碼。

日本無線電台聲浪甚特別，我國濱海各處接收甚易，亦可於此中探得各項消息，望國內軍事交通機關注意習練。

中國工程人名錄

淩鴻勛(竹銘)先生

淩鴻勛，字竹銘，清光緒二十年生於廣州，上海工業專門學校土木科畢業，交通部派赴美國橋梁公司實習，並在哥倫比亞大學肄業，歷充京奉鐵路工務員，交通部技士，技正，路政司考工科副科長，鐵路技術委員會專任員，京漢鐵路工程師，黃河新橋設計審査會工程師，上海南洋大學教授，校長，兼工業研究所所長，梧州市工務局局長，鐵道部技正，隴海鐵路工程局局長，現任隴海鐵路潼西段工程局局長，兼總工程師，並主辦靈潼段工程。前中華工程師學會會員，理事，前中國工程學會發起會員，歷任董事，副會長，兩會合併當選董事。

益中公司新式瓷窰

周琦

上海益中機器公司因瓷磚及電瓷銷路日增，供不應求，特於去秋造成新式窰一座，略如下圖所示。

此窰優點較圓式窰甚多，其最顯明者如下。

(一)全窰溫度平均，最低最高處相差不過攝氏40°。所燒瓷磚，瓷料，顏色鮮潔一律，又耐用。

(二)窰分兩層，上燒新缽，下燒貨缽，(即裝瓷件之器)。裝窰，出窰，異常妥速。

(三)爐旁輸入熱空氣，助煤之完全燃燒。此空氣系經過烟路中無數鐵管受熱而來，用煤極省。

(四)窰中拉風出烟，特馬達拖動風箱而節制。馬達速度，風箱活門，均可調整，以供給相當風量，而成完全燃燒。

(五)窰中餘熱均可由風箱吹送于烘室，為烘乾各用。

該窰為國內空前創舉，已燒用廿餘次，成績美滿，與最初計劃，不甚相殊。現出瓷磚，瓷料，色澤光潔較前大有進步。

益中公司新建長方瓷窰

益中公司新建長方瓷窰

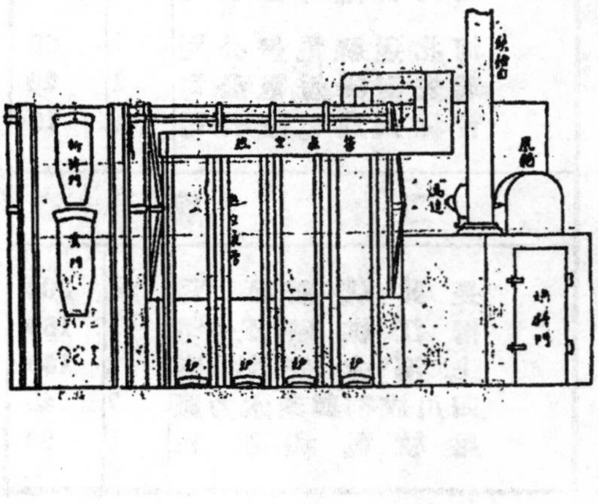

◉上海工務局招標建造浦東橋梁

上海市工務局為建造浦東路第 1,3,9號橋梁工程，招商投標，於二月三日下午二時，在南市毛家弄該局當衆開標。

◉瑞士定期舉行工業展覽會

瑞士巴色城工業展覽會(Basle Industries Fair)，今年定於四月二日至二十日舉行，詳情可詢上海瑞士國駐華總領事。

◉台山新甯鐵路鐵橋

廣東新寧鐵路在台山公益埠單河，架建鐵橋一座，已於去年六月開工，約二十二年春完竣。橋共9孔，中有1孔可升高。每孔距離49.5公尺(162英尺)，升高一孔為21.6公尺(71英尺)，總長為422公尺(1388英尺)。橋面闊4.88公尺(16英尺)，距高水面約12公尺(40英尺。承包建築者係天津馬克敦工程建築公司，承包鋼料者為美國橋梁公司，承辦設計升高橋孔者為紐約Scherzer Rolling Lift Bridge Co.,而上海慎昌洋行為該項工程之顧問。

◉海甯艦在滬動工製造

海軍部近向上海江南船塢訂造砲艦兩艘，名『海寧』及『江寧』，於一月十五日安放龍骨，每船造價約為100,000元。 (盧)

◉工程週刊徵稿(每星期五出版)

(一)工程紀事報告　(二)施工實地攝影

(三)工作詳細圖畫　(四)工業商情消息

(五)書報介紹批評　(六)會務會員消息

(稿請直接寄交總編輯張延祥)

The Chinese Engineering Weekly
Published by
The Chinese Institute of Engineers
(Amalagated With
The Chinese Engineering Society)
Editor: Jameson Y. Chang

華南圭著

房屋工程	八編	定價十二元
土石工程	二編	定價三元
鐵路	二編	定價六元
公路	一編	定價二元
建築材料	二編	定價二元
圬工橋梁	一編	定價二元五角
圬工橋梁撮要	一編	定價二元五角
鐵筋混凝土	一編	定價二元五角
材料耐力	一編	定價二元
力學	二編	定價二元
算尺及算機	一編	定價四角
算學啓蒙	一編	定價一元

代售處　北平報子街
中國工程師學會北平分會

中國工程師學會出版

平綏鐵路工程紀略
定價三元會員購者八折

實用曲綫測設法
定價一元會員購者七折

發行所北平報子街北平分會

新中叢刊之二

電業叢談

電氣工業技師張延祥著

函索每册附郵票十分

新中叢刊之一

灌溉新編

黃炎　支秉淵　等合著

定價每册大洋三角

新中工程股份有限公司發行
上海江西路三七八號上海銀行大廈

從歷史與經濟眼光
研究中國及國際國內無線電與水線問題

無線電與中國

王崇植　惲震　合著

道林紙精印一厚册　實售一元四角　郵費一角

代售處
(一)上海生活週刊社　(二)南京建委會圖書館　(三)北平圖書館　(四)上海甯波路四十七號中國工程師學會　(五)各地無綫電台　(六)京滬平津商務印書館及各大書坊

中國工程師學會會務消息

◉建築材料試驗所籌備近訊

本會工程材料試驗所建築事宜，業已籌備甚久。建築地點，原定滬西楓林橋市政府路，早經前中國工程學會購地四畝，並設立建築工程材料驗試所委員會，籌備一切。工程圖樣，亦經本會會員董大酉君計劃竣事，是項工程，可早日開工，嗣因執董聯席會議對於地點問題，認為目今上海市政府正以全力經營市中心區域，將來市政府遷往江灣以後，楓林橋一帶地位，頓形冷落，對於建築試驗所，殊不相宜。爰經議决，另在市中心區域購地四畝，即日從事建築，並由執行部備文向上海市政府正式呈請，業已於上年年底將地購妥。該地適在道路轉角處，沿靠道路二條，形勢極佳，距新市政府亦不遠。聞前擬工程圖樣，因建築地點變更，已不適用，現正由董君重新設計。其布置，中央二層為辦公室，左右兩翼概為平屋：一端為試驗室，一端為大會塲。一俟圖樣完成，即將招工建築，大約本年四五月間或可開工云。

◉董事會開會

本會董事會照原定開會期，准一月三十一日下午，在上海會所內開會，會長副會長均將親自出席，詳容續錄。

◉南京分會第三次常會

南京分會於一月二十八日下午七時半，在新街口興業里該分會會所內，舉行第三次常會，請陳中熙先生演講『中國電器標準之檢定工作』。此次僅演講討論，無聚餐。

◉韋會長勗勉工程動員

上海分會于一月九日舉行交誼大會，總會會長韋作民先生親自出席，演辭中有勗勉工程動員，特錄大意如下：

“諸位要知世界未達到大同的境域以前，國家是不能不要的，既是要有國家，就不能不有抵禦外侮的方法。這抵禦外侮的方法，就直接的說，固然是軍事，然而就間接的說，究不能不在工業了。何以呢？現在專就戰爭說罷，古時的戰爭所用的武器，是干戈，可以叫作器械的戰爭，自從有了機器以後，那戰爭的武器，就一變而為槍砲了，可以叫作機器的戰爭，到了最近，有所謂毒瓦斯，有所謂流液焰，更有所謂烟幕等等，於是戰爭的武器，又再變而為化學的了，可以叫作化學的戰爭。此外與戰爭有關係的工業，還多得很，亦不必一一舉出，所以近代的戰爭，就前方說，是軍人的動員，就後方說，又是工程師的動員了。須知我們工程師的天職，本是在為人類為國家謀和平底幸福的，但在此弱肉強食時代，我們為抵禦外來的橫逆，然不能不負與軍人同等的任務，以保障我們的國家。”

◉天津分會職員選出

天津分會，前由臨時總辦事處委請邱凌雲及華南圭兩君召集，原定去年十一月九日開會，嗣因津地變故，改期延緩。後於一月二十八日星期四，下午六時，假法租界大華飯店開會，到會員 31 人，選舉職員結果：

會長 華南圭君　　副會長 邱凌雲君

書記 嵇 銓君　　會 計 楊先乾君

◉南京分會宴英德專家

一月二十一日下午時，南京分會及中央大學工學院，請德國Dr. I. G. Fahrenhorst及英國 Major Sampson 演講，已誌上期本刊。是日到者頗衆，德文由吳欽烈先生口譯，演詞見本期第86頁。二十二日下午六時，本會及中央大學工學院，讌請二講者於安樂酒店，由分會程振鈞會長主席，以聯情誼，頗得賓主之歡。

17068

●會員通信新址

1010.2王繩善 (職)上海京滬路局機務處
4422. 茅以昇 (住)鎮江樓巷13號
7210.2劉仙舟 (職)唐山交通大學
4480.6黃恩渠 (職)灤縣北甯鐵路工程處
4410. 黃貽安 (職)天津華北水利委員會
1010.4王華棠 (職)天津華北水利委員會
3411.8沈智揚 (職)江蘇常州京滬路工務段
1010.4王蔭平 (職)武昌湖北省政府水利局
1010.4王枚生 (職)安慶安徽建設廳
4490. 蔡復元 (職)安慶安徽建設廳
1123 張 超 (職)黑龍江齊克鐵路
4480.2黃作舟 (職)濟南山東實業廳
4980.8趙舒泰 (職)濟南小清河工程局
4073. 袁翊中 (職)濟南小清河工程局
2791. 紀鉅紋 (職)濟南運河工程局測量隊
2829. 徐 清 (職)濟南小清河工程局
4980.2趙維漢 (職)濟南山東建設廳
8742. 鄭家覺 (職)南京交通部電政司
2691. 程宗陽 (職)浦口津浦鐵路局材料課
8711 鈕因祥 (住)哈爾濱興隆胡同4號
4443 莫 衡 (住)上海寶通路505號
1123.4張孝基 (住)上海滬南學院門口2號
2643 吳 健 (住)漢口揚子街9號
2724. 殷受宜 (住)南京沈舉人巷3號內6號
1010.6王國勳 (職)天津北寧路局工務處
1123.7張熙光 (職)漢口湖北長途電話管理處
1111 甄雲祥 (職)河北蘆溝橋永定河堵口工程監修處
5560 曹會祥 (住)漢口義和里5號
4040.2李維第 (職)天津整理海河委員會
2590.3朱紳康 (住)南京張府園63號
3213 濮登青 (職)上海京滬鐵路工務處
4980.4趙世暹 (職)黑龍江安達站中東鐵路工務第五段辦事處
2691 程正予 (職)津浦路張夏站工務巡查段
4040.1李瑞琦 (住)廣州河南後樂新街45號
7529.0陳彰琯 (職)武昌湖北水利局
7722.4周樹煌 (職)陝州隴海鐵路工務處
2829.2徐紀澤 (職)湖北大冶廠礦工程段
4480.8黃錫蕃 (職)南通江家橋大生副廠
1010.3王心淵 (住)上海西門外萬生橋路三星里7號
6080 貝壽同 (住)南京網巾市梅花巷4號
4792 柳希權 (職)南京交通部
0022 高凌美 (職)湖北武昌水利局
2122 何緒禮 (職)河南焦作福中大學
4040.4李林森 (職)武昌湖北省會工程處
4040.3李良士 (住)上海北四川路橫浜路大興坊13號
6716 路秉元 (住)唐山大學路16號
2791 程耀椿 (職)廣州中山大學化學系
4480.5黃振廷 (住)江蘇崇明橋鎮太平街
4980.2趙曉三 (住)北平頭髮胡同25號
4499 林天驥 (職)上海四川路6號大中華火柴公司
1241 孔令瑢 (職)濟南運河工程局
1010.4王華棠 (職)天津義租界華北水利委員會
1010.4王蔭平 (職)武昌湖北水利局
3111 汪胡楨 (職)蚌埠救濟水災委員會第十二區工賑局
8090 余謙六 (住)北平南長街頭條錢寓
7712 邱凌雲 (住)天津英租界中街173號
2771 包可永 (住)上海金神父路金谷村5號
4040.6李果能 (職)廣州沙面怡和機器公司
4480.4黃壽頤 (住)九江三馬路三益里69號
1010.6王恩明 (職)秦皇島耀華玻璃廠
7210.1顧發燦 (住)武昌延望街30號
4692.2楊繼曾 (住)上海薩坡賽路280弄30號
2829.0徐文潤 (住)上海九畝地185號

17069

4385 戴濟 (職)上海交通大學研究所
1710 鄧福培 (住)上海靜安寺路滄州別墅4號
7121 阮宗和 (職)浙江諸暨杭江鐵路工務第一總段
4073 袁葆申 (職)湖南長沙湘鄂鐵路
0864.7 許樂生 (住)上海呂班路萬宜坊55號
1123.3 張謹農 (職)南京錦繡坊22號福華工程公司
5580 費霍 (職)杭州市政府工務科
4980.6 趙松森 (住)南京西華門三條巷32號
0022 唐堯衢 (住)南京夫子廟鈔庫街21號
4040.3 李濬三 (職)南昌鴻聲中學校
7210.2 劉崇謹 (住)漢口三德里6號
3128 顧振權 (住)北平西四禮路胡同2號
2590.4 朱樹馨 (住)武昌西廠口1號
1010.2 王季同 (職)上海霞飛路899號中央研究院工程研究所
3390 梁朝玉 (住)天津英租界耀華里26號
1123.2 張德慶 (住)上海環龍路60號花園別墅34號
4480.3 黃澄滀 (住)北平東城遂安伯胡同9號
2721 危文翰 (住)武昌西廠口1號
4442 萬承珪 (職)山東張店膠濟鐵路工務分段
3060 容琪勳 (職)廣州十三行粵漢鐵路株韶段工程局
4092.8 楊公庶 (職)天津英租界7號路渤海化學工業公司
4040.3 李福景 (職)天津北寧路局工務處
0742.4 郭蔭柏 (職)揚州交通部江北長途電話管理處
3128 顧雄 (職)山東兗州津浦鐵路工務分段
2691 程耀崑 (職)豐台北寧鐵路工務段
4762 胡儀凡 (住)漢口橫堤下街龐家二巷13號
1249.4 孫杏濱 (住)湖北蘄春縣張家碑
7421.7 陸同書 (職)蘇州三元坊工業學校
4490 葉楠棠 (職)上海博物院路20號杜施德工程事務所
2691 程干雲 (職)北平西城端王府夾道北平大學工學院
3128 顧世楫 (職)杭州鎮東樓浙江省水利局
0040 章臣梓 (職)河南靈寶隴海鐵路工程局
1123 張瑨 (職)濟南小清河工程處
1123.3 張濟翔 (職)汕頭市電話管理委員會
1123.3 張清漣 (職)河南焦作工學院
1123.4 張志禎 (職)已更易，不詳

◉本會會員專長分析

(依據二十年十二月編印會員通信錄)

	人數	%
土木(公路，鐵路，測繪，民事)	898	41.5
建築	35	1.6
水利(河海)	49	2,3
市政(衛生)	5	1.2
電機(電工，電氣，電料)	389	17.9
電信(無線電，電話，電報)	27	1.2
機械(造船，航空，兵工，汽車)	321	14.8
化工(理化，陶工，製糖)	154	7.1
紡織(染色)	38	1.7
礦冶(冶金，礦工，地質)	137	1.3
其他(數學，運輸，林工，管理)	4	0.2
不詳	112	5.2
總共	2169	100%

◉本刊特別啓事

本刊本期於一月二十七日編竣，因暴日侵滬，出版愆期，下期當於三月中趕印，同時徵求軍事工程稿件。

工程週刊

中國工程師學會發行
上海南京路大陸商場五樓
電話 92582

北平分會：西單牌樓報子街
電話：西局809
南京分會：慈悲社6號
電話：22913

中華民國二十一年
五月十九日出版
第一卷　第九期
中華郵政特准掛號認為新聞報紙類
（第1831號執據）

定報價目：每期二分
全年52期
連郵費國內一元國外三元六角

本期要目

珠江鐵橋全橋模型
（上圖係全橋形式，下圖為中間橋面吊起形式）

紀錄，統計

編者

工程為實用科學之一。純粹科學根據理論，實用科學則根據理論之外，尤注重已往之經驗，加以推測或試驗。故工程師之經驗實施，應有一種紀錄，貢獻給全體工程界參考。此項紀錄，若為成功之經驗，則可謂戰勝自然之一步；若為失敗之經驗，亦可戒後人勿趨同轍，再從此研究失敗原因，而達成功之境。吾工程師對於自己之經驗，實有紀錄之價值，對於他人之紀錄，尤有參考保存之必要。

年來吾政府發表之建設計劃，幾全等於紙上空談，所見諸實施者，曾未百分之一。種種計劃大都係吾工程師所寫，說者謂吾工程師亦中孔子『述而不作』之毒。惟計劃之不能實施，自有其政治與經濟之背景，不能全歸咎於吾工程師。觀察國內今日工程界之情形，一部份工程師『述而不作』，他一部份工程師則『作而不述』。因國內工程進行狀況，究竟尚有可紀述者；在十萬元以上之工程，各地均易見到；在百萬元以上之工程，屈指亦多，惟因實施工程者，終日置身工場，不願埋頭執筆，以致遠道同志，罔若無聞，若欲考求其詳，亦難得片羽隻字。如廣州珠江鐵橋，工程約四百萬元，進行已一年有餘，華北華中各省恐鮮有知之者。本刊承沈君怡先生以其索得之廣州市工務局紀述概要及圖片見示，亟刊載之，(見本期第126頁)，惟其他詳細紀錄，尙待徵求，如承包工程者何公司，設計者何人，計劃根據若何。此原因亦吾工程師『作而不述』耳。

大概實施工程者，不欲喜出風頭，專心實事求是，不願他人贊揚，故不多著述。惟吾工程師之著述，當視作一種義務，爲同道參考之需，不可因避釣名沽譽之嫌，而放棄此項責任。歐美先例，於每一工程進行之中，按期發表報告，公諸各界，良以各一工程進行，於社會各方面，均有密切關係，須時時得各方面之明瞭實際狀況。如美國紐約，建造 Hudson River 及 Kill Van Kull 橋二座，已經四載，每年有極詳細之報告刊印，內載施工圖影，分段工價，每册綜百數十頁，(大要載本刊第129頁，書可向 The Port of New York Authority 函索)。頗希望國內各項工程，亦有此項報告。

紀錄之綜合爲統計，吾國因向缺工程紀錄，故亦無工程統計。編者有一友，荷蘭人，數年來搜集吾國各地橋樑之照片及紀錄，蔚爲大觀，惟終嫌不全。國人中恐亦無比較完美之統計。若執一土木工程師而詢之曰；『吾國古式橋樑，最長者在何處』？恐鮮能應者。若著名之漳州江東橋，四川鐵索橋，究長若干，難於稽考。即以近代工程，如京漢及津浦之兩座黄河橋，各長若干，請讀者向圖書館中尋求，恐費一二小時之光陰，不一定能求得也。吾國工程師對於紀錄，既不注意，對于統計，更加漠視，望有以糾正之。本期第130頁載『世界著名之長橋』，希望能得『中國著名之長橋』一文，以貢獻給讀者。

中國統計學社成立已數載，深望其能與中國工程師學會合作，以編纂工程方面之統計，庶於工程設計時，能作爲根據及推測。惟統計之來源，仍恃吾工程師之紀錄。吾工程師於工作中，勿忘寫一些忠實的，簡明的紀錄。

建築珠江鐵橋之經過

廣州市工務局

世稱模範都市之廣州市，中隔珠江一水，界分南北，交通往來既難，厲揭而行，徒恃舟揖之濟。今海珠堤岸不日建成矣，洲頭嘴內港堤岸亦將告竣矣，地面形勢當然爲之一新，商務交通當然爲之一變，矧商務與交通實有連帶關係，因勢利導，捨溝通南北，聯成整個的都市，以求交通無阻，則商務地位，祇可與言保守，未足與言進步及繁榮。改廣州與國外早已通商，商業雖興，水路交通雖便，論者且謂廣州占國中首要地位，而形格勢禁，非改造無以利民生。市政當局因而有建築珠江鐵橋之成議，務將交通窒礙點打破，使廣州市一躍而爲世界商港，模範都市之名益彰。茲將經過工程，分段臚列，附圖註說，俾知梗概焉。

橋之設計

(一)橋身之長寬度及橋底至水面高度

橋身長度擬定183公尺(600英呎)，南岸橋頭直臨廠前街，而至土主廟馬路，左右貫通東西各路。北岸接駁維新南路，直達中央公園，均連東西各大馬路。橋之橫面，中段係車輛往來之路，寬度12.2公尺(40英尺)，兩傍行人路寬度3.05公尺(10英尺)，祇准行人。全橋寬度總共18.3公尺(60英尺)。橋底至水面距離高率，平均8,35公尺(24½

河北橋躉地基打樁時之攝影

(此樁係十二英寸方木樁，係用汽錘打下，壓力叁噸重)。

英尺)。

(二)橋身之載重

橋身載重之限制，定橋之中段路面，任載車輛往來，以20噸重之貨車爲準。兩傍行人路每平方公尺任重量390公斤(每平方英尺80磅)。

(三)橋身之構造

橋之構造係用鋼料造成，南北兩頭堤岸橋躉，至河中橋座，兩相距離，由中綫起度，係67公尺 (220英尺)。該段橋面鋪石碎士敏三合土，再用蠟青沙蓋面。其高度接駁堤岸斜坡，而斜坡斜度北岸3%，南岸4%，車輛往來直通維新路，而東西兩頭堤岸行人，欲由橋上過河，可由步級上升橋面。

(四)斜坡至橋與堤岸交通

斜坡底至堤岸路面高度，有4公尺(13英尺)，車輛均可由斜坡下通行。如要上橋，可由維新南路斜坡口直達橋上，而通河南廠前街馬路。河中橋身中段可開合，兩橋座中綫距離48.8公尺(160英尺)。該開合處橋身亦係鋼料造成，而橋面鑲木，取橋身重量減少，體質堅結。其開合機關係用電力機，得以震動快捷，約兩分鐘時間卽能開起，輪渡往來交通可無阻。

施工情形

(一)北岸第一部橋躉施工情形

維新路口橋躉工程，自民國十八年十二月一日興工，先將橋躉位置用鋼板長樁圍擋，期免水淹，然後施行工作。圍樁而後抽水出外，施以挖坭。面層浮坭掘去之時，發現亂石無數，隨卽施工炸碎，繼以起重機器抽石出圍。續又現出石碎士敏三合土地基，復以人力鑿碎起去。最下一層尙有舊時橋址，木樁滿佈，全由人工拔起，繼續掘坭。同時並用水泵抽出浮坭，加以水力機器衝動，乃易施工。迨浮坭出淨，驗明實土，遂用0.3公尺(12英寸)方形松木樁，施以汽錘壓下，汽錘爲5噸重，壓至不能再下時，然後停止。樁既完全打妥，修正樁頭，始落石碎士敏三合土。該橋躉先後經過兩載，現在已告完成。今又開始設計安裝鐵橋工作。

(二)北岸第二部西便橋座施工情形

河中西便橋座，自前年興工建築，其始妥定位置，先將橋座基礎外圍裝妥。該外圍係用鋼板構造，深入河床之下，約有6-9公尺，連上層高度總共16公尺(52英尺)，以爲阻攔河水淹入，便於工作而設。裝妥後興工挖坭，并用水力機器衝動浮坭，同時亦用水泵

橋頭斜坡路正面建築時之情形

連同浮動沙坭一併抽出，抽至實土時，施行打樁工作。所打之樁木爲0.3公尺(12英寸)方施用汽錘壓下，錘重3噸，壓至該樁不能再下時爲止。壓妥後遂落石碎士敏三合土，基礎約深2.7公尺(9英尺)，當時尙未賡續造上層工作，意欲俟該基礎堅結後再行施工。不料外面水力過強，致將鋼板圍擋浮起，緣該鋼板圍擋內部空虛，壓力輕薄，不敵外面重大水力，兩者互相比較，內外相差約有100餘噸，更加汽輪往來，水力衝動，又受風力搖蕩，地基樁木連帶動移，圍擋因而浮起，工程經過數月，一旦化爲烏有，此係去年一月底之事。隨將所造之石碎士敏三合土基

河中橋座建築工竣攝影

礎鑿碎，并將所壓下之樁木一一起出清除。繼用水泵水力機抽出餘坭，抽至紅色硬土，本應行打樁工作，惟河底紅色硬土性質堅實，樁嘴雖經打斷，未能打入毫厘。不得已而擬將打樁計劃取銷。第是地脚土質所受壓力若干，未能明瞭，故用一鋼樁試驗。試驗時鋼樁切近硬土處面積共有0.186平方公尺(2平方英尺)，經於樁頂施以14噸之重量壓下，歷時5日夜，其變動結果僅始初之二三日時間，壓下約2.2公分(7/8英寸)，迨後則絕無變動。試驗若此，計劃自應變更，遂即飭工下水，將該地脚四圍審察，絕無沙石浮土，始行落石碎士敏三合土，約深4.9公尺6(1公尺)，作爲地脚頭層之用。旋復賡續接連造上層工作。西東兩橋座亦如法建築，今已完全告竣，近且設計架橋，先將橋梁鐵件運上，以備裝置，其經過時日亦已兩年。

(三)南岸第一部橋躉施工情形

河南橋躉去年亦已興工，打下鋼板樁，該項鋼板樁有內外層之別，內層即橋躉地基之護壁，此層鋼板樁深入河床之下，永不起上。外層鋼板樁作圍擋，抵攔河水，以免侵入，致礙工作。此層一俟工竣時，重行起出。現正用汽錘壓下，尙未壓落完竣。此種汽錘可在水之下打樁，因另有一空汽機，將樁頂之水吹開，俟汽錘壓下時，不致受水之阻力。

(四)南岸第二部東便橋座施工情形

河南東便橋座亦用鋼板圍擋，深入河床之下，所有一切工作，與河北橋座相同。建築現已造至水平面外，石牆造至第九層，正賡續進行。

(五)南岸第二部西便橋座施工情形

河南西便之橋座鋼板圍擋，早已放下，深入河床。惟浮坭尙未清出，一俟浮坭清出，飭工下水查察情形，與夫坭土平正，始落石碎士敏三合土。現正清除河底。所有河南各工程，均在積極進行中。

◉更正

本刊第八期110頁杭江鐵路軌重每公尺17.35公斤，即每英碼35磅，誤刊作每英尺，特此更正。

又第123頁之銅版照相，係天津分會一月二十八日開會之攝影，漏刊說明。

◉編輯啓事

本刊編輯發行及廣告，統由張延祥君負責。以後除定報仍可與上海南京路大陸商場五樓中國工程師學會接洽外，如荷惠稿，或咨詢他項事宜，請直接函致南京西華門首都電廠轉張延祥君爲荷。

美國紐約新落成二大鐵橋之紀錄

趙祖康

美國紐約城東以 Hudson River 爲界，過河卽屬 New Jersey 州，故發展 Hudson 河上交通，由兩省合組管理局辦理，名稱 The Port of the New York Authority。Hudson 河上原有Washington Bridge, Goethals Bridge, Outerbridge Crossing, 及 Holland Tunnel 隧道，

最近又建築 Hudson River Bridge 及 Kill Van Kull Bridge 二橋，施工五載，均于今春落成。前者工程費用達美金 G$60,000,000元，後者亦計美金 G $16,000,000 元，爲世界著名之工程，玆紀其大要如下：

<u>Hudson River 橋，縣式(Suspension Type)</u>

中央跨度(Span)距離	1068公尺(3500英尺)
錨樁間距離	1450公尺(4760英尺)
橋總寬	36.6公尺(120英尺)
鐵塔高出水面	193.5公尺(635英尺)

鋼索吊纜共4根，每根圓徑91.5公分(36英寸)，係用 26,474 根鋼絲組成，鋼絲之圓徑爲0.5公分(0.196英寸)，鋼絲之拉力規定爲每平方公分15,500公斤(220,000磅每平方英寸)，鋼索吊纜總重計28,450噸。

橋面分兩層，上層可容八輛汽車並行，兩旁各有3.3公尺(10′—9″)之人行道。下層爲快車道，可容電車及火車四輛並駛。上層橋面高出河面76.2公尺 (250英尺)，下層橋下離水面在河中心計65公尺 (213英尺)，在紐約鐵塔處計59.5公尺 (195英尺)。第一期工程先完成上層橋面之四車道。

該橋所用鋼料，兩岸鐵塔總重 40,200 噸，橋架建築總重73,000噸。鐵塔及橋基樁礎共開石約230,000立方公尺 (300,000立方

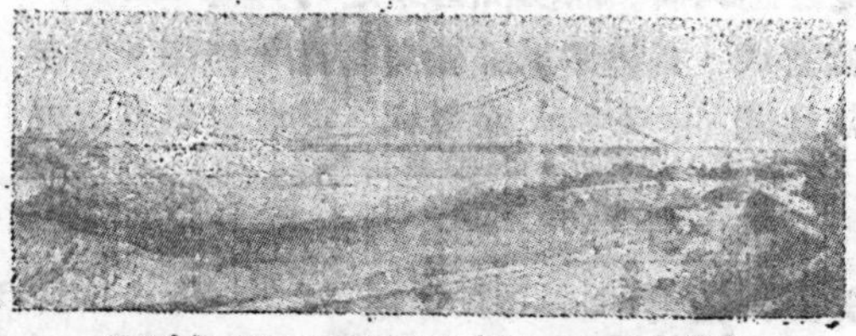

紐約 HUDSON RIVER 橋

碼)，共做水泥工程約153,000立方公尺(200,000立方碼)。

橋工係于1927年五月動工，今年(1932)春可通車，完成第一期工程。工程費用共美金 G$60,000,000元，內 G$10,000,000係由兩州政府撥款，分五年撥清，又 G$50,000,000係發行橋工公債，於1929募足全數。

<u>Kill Van Kull 橋，拱式(Arch Bri ge.)</u>

拱架跨度距離	510 公尺(1675英尺)
拱寬度	22.5公尺(74英尺)
橋底高出水面(在橋之中央)	45.7公尺(150英尺)
弧頂高出水面	100 公尺(327英尺)
下層拱架高度(Rise lower Chord)	83.5公尺 (274英尺)

該橋建築鋼料，亦有30,000噸總重。橋樁基礎用水泥工程共25,200立方公尺(34,000立方碼)，兩岸上橋碼頭自6—33.5公尺高(20—110)英尺，用水泥工程共 23,000 立方公尺(29,000立方碼)。

橋工係於1928年九月動工，今年(1932)春可通行。橋面先建四道車道，及一道人行道，將來可添建三道車道，或二道快車道。工程費用共美金 G$16,000,000元，內 G$4,000,000 係由兩州政府撥款，分五年撥清，又 G$12,000,000係發行橋工公債，於1928年募足。

世界著名之長橋

徐節元

近十年來，造橋工程進步極速。今年美國紐約Hudson River 橋落成，爲世界最高最長之懸式橋，而澳洲雪梨之Sydney Harbour 橋落成，爲世界最高最長之鋼架拱橋。二年前法國 Plougastel 橋落成，爲世界最長之混凝土拱橋。至于臂式橋仍以15年前在加拿大建築之 Quebec 橋爲最長。爲比較起見，特將世界著名之長孔橋列表如下，至於圖式，可參考 Engineering News-Record, 1932年2月4日，181頁。

懸式橋(Suspension Bridge)	橋孔跨度	離水面高
美國紐約 Hudson River 橋 (1932年)	198—1068—198公尺 (650—3500—650英尺)	57.6公尺 (240英尺)
美國 Detroit, Ambassador 橋 (1929年)	297— 564—249公尺 (973—1850—817英尺)	46.4公尺 (152英尺)
美國費城 Camden 橋 (1926年)	219— 534—219公尺 (719—1750—719英尺)	41.2公尺 (135英尺)
美國紐約 Brooklyn 橋 (1883年)	286— 476—286公尺 (936½—1595½—936½英尺)	40.6公尺 (133英尺)

鋼架拱橋(Steel Arches)	橋孔跨度	離水面高
澳洲雪梨 Sydney Harbor 橋(1932年)	504公尺(1650′)	52.6公尺(172′-6″)
美國紐約 Kill Van Kull 橋(1931年)	505公尺(1652′)	45.8公尺(150′)
美國紐約 Hell Gate 橋(1916年)	298公尺(977′-6″)	41.2公尺(135′)
美國 Croton Lake 橋(1931年)	228公尺(750′)	

混凝土拱橋(Concrete Arches)	橋孔跨度	離水面高
法國 Plougastel 橋 (1930年)	187—187—187 公尺 (612—612—612 英尺)	36公尺 (118 英尺)
美國東畢芝堡 George Westinghouse 橋(1932年)	59.8— 90—140— 90—84.5公尺 (196—295—460—295—277英尺)	47.4 公尺 (155′-6″)
美國聖保羅 Cappelen Memorial 橋 (1923年)	68.6—133—68.6 公尺 (225—435—225 英尺)	26.8公尺 (88英尺)

臂式橋(Canlilever Bridge)	橋孔跨度	離水面高
加拿大 Quebec 橋 (1917年)	157— 549—157 尺公 (515—1800—515 英尺)	45.8 公尺 (150英尺)
蘇格蘭 Firth of Forth 橋 (1890年)	209— 528— 528—209 公尺 (685—1700—1700—685 英尺)	45.8 公尺 (150 英尺)
美國華盛頓 Long view 橋 (1930年)	232— 366—232 公尺 (760—1200—760 英尺)	59.7 公尺 (196 英尺)
美國紐約 Queensboro 橋 (1909年)	143— 360—192—300—140 公尺 (469½—1182—630—984—459 英尺)	41.2 公尺 (135 英尺)

美國加省 Carquinez 橋 (1926年)	152— 336— 46—356—152公尺 (500—1100—150—1100—500英尺)	48.2 公尺 (158英尺)
加拿大 Montreal, South Shore 橋 (1929年)	128—334—128公尺 (420—1097—420英尺)	47.2公尺 (155英尺)

隴海鐵路準備展築至西安

凌 鴻 勛

隴海鐵路自去歲十二月通達潼關後，所有潼關至西安一段展築工程本已在籌畫之中，自東北事變發生，上海寇氛繼起，國府決定以洛陽爲行都，西安爲陪都，此路地位益形重要，潼西一段之完成，更爲各方所注意，究其工程計劃如何，需款數額，以及工事期限，想必爲國人所急欲明瞭者。

照中央歷屆議案，隴海路係以俄庚款興築，限五年完成，潼西一叚自去年五月起卽由鐵道部規定在俄庚款未撥到以前，暫由部每月籌墊若干，先行動工，工程局旋奉命成立，由潼關至華陰24公里一叚卽開始興築路基，華陰至西安一叚亦續經細測定線，乃計劃甫定，而國內風雲忽起，工款停頓，嗣賴津浦與本路管理局協助，先後借墊十數萬元，及部撥三萬元，第一叚路基已竣工，地價亦已淸發，第一叚之涵洞及橋工亦不日動工。

潼西叚長131公里，所經華陰，華縣，渭南，臨潼，長安各屬沿渭河南岸，地勢多屬坦平，最大坡度衹爲0.5%，除近西安有灞滻二橋工程較鉅外，其餘無大困難，爲減抑漏扈起見，所有橋梁已極力多用混凝土拱橋，惟仍須築鋼橋若干，現經通盤估計，其用於國外購辦之橋梁鋼軌機件等，約需6,000,000元，機車車輛價款約需4,300,000元，其直接用於國內工程部分者，如地價，土工，橋洞，及鋪軌，鋪碴，架橋，房屋等用款，連總務費等約需3,700,000餘元。共約14,000,000元左右，若能將外洋材料部分於各國退還庚款中設法周轉墊購，則國內現款部分月需不過200,000餘元，籌集應非大難，現在工程局在未得大宗款項以前，除繼續目前已進行之工程外，並積極準備一切，如華陰至西安之定線打樁，丈量地畝，計算土方，並在重要橋梁地點探驗河底，俾藉以設計，又準備一切材料之估算，及圖樣說明書，以便款項一集，卽可興工，不至延滯。

倘使工款旣集，則開工前先須積極規畫

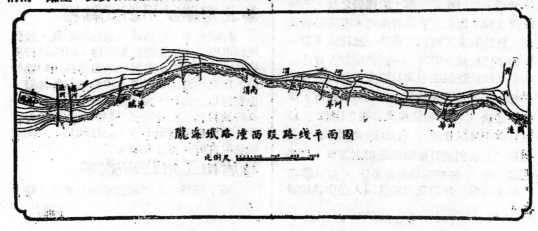

隴海鐵路潼西段路綫平面圖

比例尺

之事，乃爲材料之運輸，計潼西段材料如鋼軌配件等計18,000噸，枕林村等 16,000 噸，大小橋梁約3000噸，他項機件等約1000噸，國內採辦之洋灰約8000噸，總共材料數量爲46,000 噸，每列料車以400噸計算，即須料車120列，假定組織專用料車5列，每列向各海口1000餘公里之路程往返裝運，如無天時人事之阻礙，十天一次，即每月可15列，須八個月始能勉強運畢，各路車輛本已缺乏，又須顧及營業，故爲便利計，必須先購機車車輛一批，專供運料之用，否則料運不濟，工事無從妥爲規畫也。

目今全國目光已轉移於西北，潼西一段鐵路恨不得立現於眼前，告以竣工須一年半之時間，每以爲過於遲緩。不知材料運輸之困難，既如上述，而工事上尚有受天時之支配者，如橋墩工作及鋼橋上梁須趕河中發水以前，涵洞圬工亦須在冰寒前後着手，均爲天然之限制，故工事規畫須使經濟時間天氣工料互相緊湊，一有延誤，即全盤爲之牽動。假便地方秩序安寧，政府用充分之力量督促，各方盡同舟之情誼協助，則十五個月當可勉能粗成。

或以爲此段路線需要如此之急，曷不暫且因陋就簡，先設法早行通車，以慰衆望，不知此段路線爲西北大幹線之一部，將來直達甘新，皆以此爲先導，故經營之始，不厭審慎求詳，力求合乎技術原理，不宜因陋就簡，致妨將來工商業之發展，且鐵路事業一面固須應目前之需要，一面仍須顧及自己之生存，故於路線經過與及坡度曲線及橋梁車站等，均須按運輸情形，妥爲研究設計，俾路成之後，不致因使用與修養之困難，以致自身不足以自活，貽日後無窮之累，是以從工人員對於目前國家急切之工事，自必加緊工作，但亦不敢舍去事實，好大喜功，草率從事，此則我工程界同人必能共諒者也。

國內工程學術團體調查（二）

7.中美工程師協會

地址：北平棗場胡同6號

職員：會長楊豹靈　副會長T.N. Miller,金濤
　　董事王金職，W.A. Mitchell 等九人。

刊物：中美工程師協會月刊

8.中國紡織學會

地址：上海愛多亞路80號

職員：主席　朱仙舫
　　總務主任吳襄雲　　秘書錢貫一

刊物：紡織年刊

9.中國汽車工程學會

地址：上海北揚子路3號

職員：總務委員李果能　　書記委員吳去非

10.中國建設協會

地址：南京西華門狗兒巷

職員：會長張人傑　　副會長李煜瀛
　　總幹事曾養甫　　副總幹事陳國鈞

刊物：中國建設（月刊）

◉粵漢鐵路

粵漢鐵路自武昌至株州一段，共418公里，廣州至韶州一段共235公里，均已通車，株州至韶州一段，長435公里，已興工建築，共長1088公里。　（張錫蕃）

◉北甯路試用新式軸箱

行駛列車，每因油料及棉絲不良，發生燒軸事項，工廠修理既屬困難，而關於行車損失亦不爲不多，最近北寧路遂採用勻熱軸箱，以期減免上項難題。按此種勻熱軸箱，能盛適量之油料，並不需附裝棉絲，自經一次貯油料後，在行駛三月期內，無須重行貯油，現已裝妥貨車十輛，先行試用，一俟試驗結果良好，再行普遍裝置。　（祺）

◉唐山工廠修車效率

現下唐廠平均修理機車每月規定十輛。

（祺）

17080

膠濟鐵路行車時刻表

民國二十年七月一日改訂實行

下行車

車次	青島開	大港開	南泉開	膠州到	膠州開	高密到	高密開	咋山開	坊子到	坊子開	濰縣到	濰縣開	昌樂開	青州到	青州開	張店到	張店開	周村到	周村開	普集開	棗園莊開	黃臺開	濟南到
五次車	七·〇〇	七·一一	八·一二	八·五九	九·〇一	九·三八	九·五三	一〇·五四	一一·三九	一一·五四	一二·一四	一二·一七	一二·五四	一三·四四	一三·四六	一四·五三	一五·一〇	一五·三八	一五·四〇	一六·二六	一六·五一	一七·四四	一七·五六
三次車	一二·〇一	一二·一一	一三·一二	一三·五三	一三·五五	一四·二六	一四·四一	一五·四〇	一六·二二	一六·三七	一六·五七	一七·〇一	一七·三七	一八·一八	一八·二〇	一九·二五	一九·四六	二〇·一一	二〇·一三	二〇·五六	二一·二一	二二·一三	二二·二五
十一次車	一五·〇〇	一五·一二	一六·三三	一七·三〇	一七·四九	一八·三一	一八·四九	二〇·一四	二一·一〇	二一·二五	二一·四九												
十三次車										七·〇〇	七·二四	七·三四	八·二六	九·二六	九·四一	一一·〇三	一一·一八	一一·五二	一二·〇二	一三·一四	一三·四六	一四·五八	一五·一二
一次車	二二·〇〇	二二·一一	二三·〇九	二三·五〇	二三·五二	〇·二三	〇·三八	一·二七	二·〇六	二·二四	二·四四	二·五〇	三·二一	四·〇二	四·〇四	四·五六	五·一四	五·三九	五·四一	六·二一	六·四三	七·二八	七·四〇

上行車

車次	濟南開	黃臺開	棗園莊開	普集開	周村到	周村開	張店到	張店開	青州到	青州開	昌樂開	濰縣到	濰縣開	坊子到	坊子開	咋山開	高密到	高密開	膠州到	膠州開	南泉開	大港開	青島到
六次車	七·一五	七·三〇	八·二六	八·五四	九·三三	九·三五	一〇·〇〇	一〇·二〇	一一·三一	一一·三四	一二·二五	一三·〇四	一三·〇八	一三·二八	一三·五〇	一四·二五	一五·四二	一五·五七	一六·三五	一六·三七	一七·二二	一八·二五	一八·三〇
十二次車													六·三〇	六·五六	七·一〇	八·一三	九·二二	九·三九	一〇·二三	一〇·三三	一一·二五	一三·〇七	一三·一三
四次車	一二·一五	一二·二九	一三·二二	一三·五〇	一四·二六	一四·二八	一四·五〇	一五·一二	一六·一九	一六·二一	一七·〇三	一七·四一	一七·四五	一八·〇六	一八·二二	一九·〇四	一九·五九	二〇·一三	二〇·四五	二〇·四七	二一·二六	二二·三〇	二二·三五
十四次車	一四·一〇	一四·二六	一五·四六	一六·三二	一七·二一	一七·三一	一八·〇一	一八·三三	二〇·〇六	二〇·一九	二一·二五	二二·〇六	二二·二六	二二·四二									
二次車	二二·〇〇	二二·一四	二三·一〇	二三·二六	二三·五九	〇·〇一	〇·二三	〇·四一	一·三六	一·三八	二·一九	二·四八	二·五四	三·一五	三·三六	四·一五	五·〇一	五·一六	五·四八	五·五〇	六·二九	七·三〇	七·三五

隴海鐵路靈潼段工程列車附帶營業通告

本路爲便利客商發展交通起見定於本月二十五日起靈潼段工程列車附帶營業暫將後溝車站作爲潼關臨時客運車站七里村車站作爲潼關臨時貨運車站全段各站售賣客票行李包裹票及零担貨票惟此段工程尚未完竣不能駛行重載列車所有大批整車貨物以及車運等項運輸暫難接受該項工程列車每早七點二十分自陝州向西開行下午二點二十分到達潼關下午三點三十分自潼關向東開行下午十點二十五分到達陝州凡由第一次特別快車到陝州之旅客可與西行第十九次車銜接前往潼關每早自西安乘坐長途汽車出發之旅客到潼關後可乘當日東行第二十次車到達陝州與第二次特別快車銜接直達各站並可在鄭州改乘平漢車或徐州改乘津浦車前往全國各大埠此後往來豫西陝甘各地旅客較往日愈爲便利矣恐未週知特此通告

隴海路局車務處啓

中華民國二十年十二月二十五日

行車時刻表

站名	列車次數（自右向左讀）	上下午	列車次數（自左向右讀）	上下午
	第一次特別快車自西向東每日開行 / 第十九次客貨車自東向西每日開行		第二次特別快車自西向東每日開行 / 第二十次客貨車自西向東每日開行	
徐州府	第一次 八點十分開	上午	八點〇五分到	下午
碭山	十點十六分到 十點二十六分開		五點五十四分到 六點〇四分開	
商邱	十二點〇九分到 十二點二十九分開	下午	四點〇二分到 四點十七分開	
開封	四點三十二分到 四點五十二分開		十一點五十五分到 十二點十五分開	上午
鄭州南站	六點五十一分到 七點十一分開		九點四十二分到 十點〇二分開	
汜水	八點三十三分到 八點四十三分開		八點四十分到 八點四十二分開	
鞏縣	九點二十三分到 九點二十五分開		八點〇四分到 八點〇六分開	
孝義	九點四十七分到 九點四十九分開		七點四十六分到 七點四十八分開	
洛陽東站	十一點十二分到 十一點四十二分開		六點十五分到 六點三十五分開	
新安縣	一點二十二分到 一點三十二分開	上午	四點五十分開 五點開	
澠池	三點二十一分到 三點四十一分開		三點十八分到 三點二十三分開	
觀音堂	四點三十七分到 四點四十二分開		二點三十一分到 二點三十六分開	
會興鎮	六點〇八分到 六點十八分開		〇點四十二分到 〇點五十二分開	
陝州	六點五十分到 第十九次 七點二十分開	上午	十點二十五分到 第二次 〇點〇五分開	下午 / 上午
靈寶	八點三十二分到 八點四十七分開		九點〇一分到 九點十六分開	
閿鄉	十點二十分到 十點三十五分開		七點十三分到 七點二十三分開	
盤頭鎮	十一點五十二分到 十一點五十五分開		五點五十三分到 五點五十六分開	
文底鎮	一點二十分到 一點二十三分開	下午	四點五十二分到 四點二十八分開	
潼關	二點二十分到		第二十次 三點三十分開	下午

17082

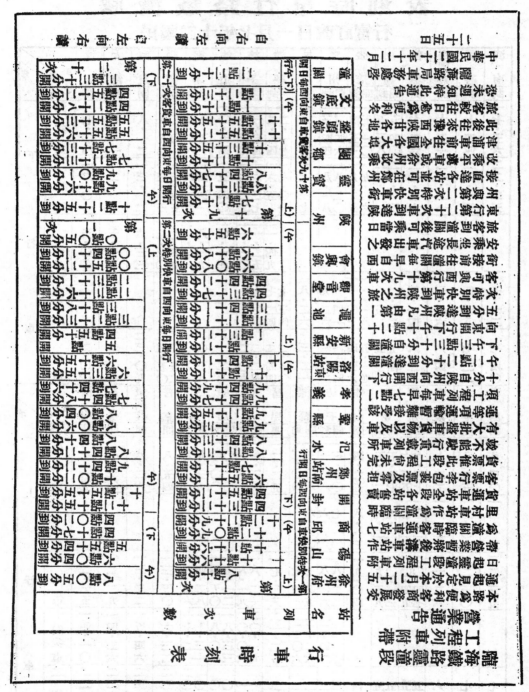

17083

中國工程師學會會務消息

◉董事會第四次會議紀錄

日期：二十一年四月二十八日

地點：南京分會會所

出席者：惲　震　薛次莘(惲震代)　陳立夫　胡庶華　韋以黻(胡庶華代)吳承洛　夏光宇　徐佩璜(陳立夫代)　淩鴻勛(吳承洛代)　華南圭(夏光宇代)

列席者：張延祥

主　席：胡庶華　　紀錄：惲　震

報告事項：

(一)華南圭兪人鳳二委員來函報告接收北平舊會財產正在進行中。

(二)四月底，上海總會及分會可遷至南京路大陸商場五樓。

(三)本會向實業部立案事已批准。

(四)司選委員會報告工作經過情形。

討論事項：

(一)唐山天津武漢三分會章程請核定案：

議決：准予備案。

(二)工程週刊進行案：

議決：(一)工程週刊廣告發行事務，請總編輯張延祥全權辦理，並負責聘定其他會員助理。(二)週刊出版期數，由總編輯負責決定。(三)週刊自第九期起，每期出版由總會津貼至多四十元，(印刷費郵費封袋均在內)。

(三)總會最近收支不敷應如何救濟案：

議決：請執行部負責催收會費。

(四)本會年會時間地點案：

議決：地點仍定在武漢，但將旅行西安作爲會程之一部份，時間定在科學社年會以前數日，並指定武漢分會會長，爲年會籌備委員會委員長。

(五)本會會針案：

議決：照中國工程學會會針舊樣，加一『師』字定製。

(六)夏光宇，胡庶華，吳承洛，張延祥，惲震，提議介紹中國電工雜誌社，及中國化工雜誌社，爲本會團體會員，(免繳常年會費)，並將其雜社封面載明『中國工程師學會合作刊物』字樣案：

議決：通過，由執行部分別函達顧毓琇吳承洛二君轉致。

(七)通過左列五人爲本會會員：

吳士恩　趙福基　林建倫　陸爾康　李儀祉

(八)通過左列一人爲本會仲會員：

王超鎬

(九)通過左列二人爲本會初級會員：

周　新　趙祖庚

◉第六次執行部會議紀錄

日　期：廿一年三月廿四日下午二時

地　點：本會會所

出席者：韋以黻　胡庶華(韋以黻代)　裘燮鈞　張孝基　徐學禹

主　席：韋以黻　紀錄：莫　衡(程智巨代)

報告事項：

(一)第三次董事會議決各項已分別辦竣。

(二)工程週刊第一卷第六期已出版，分寄各會員。

(三)各地分會除已改組成立者外，已分函請趕行辦理。

(四)廣州分會事，已函請卓康成，容其勳，梁永槐三君進行組織。

討論事項：

(一)孔祥鵝君提議於工程週刊內增設工程論評一欄案；

議決：交由張延祥君參酌辦理。

(二)淩鴻勛君提議關於入會須知第二項頗似欠妥，應加以修改案：

議決：以第二項併入第三項，其條文應

中國工程師學會會員通訊箋

本箋備會員通訊之用　凡有關於會務之建議　本人最近工作或生活之狀況　本人最近之著作提要及出版處　本人所在機關之進行狀況
本人所在地之社會近況　其他一切能引起興味之報告　均所歡迎

君現住

中華民國　　年　　月　　日

改如下：

『本志願書塡寫後，送交總會，經本會董事會審查合格者，卽由總會正式通知，惟須先繳入會費及會證印花稅乙元，再由總會發給會證，方得認爲會員，不合格者亦應由總會正式通知』

(三)中華留德機械電工學會函陳各節，應如何辦理案：

議決：因該會會員並非皆本會會員，未便認爲留德分會。

(四)王　瑋送國難提案：

議決：送請胡庶華先生參攷。

(五)戰時工業計畫書應否呈政府案：

議決：先函吳韞東君請將是項計畫書內各項條文，會同戰時工作計劃審查委員會諸委員，詳加復審，再由總會核辦，以昭鄭重。

(六)遷移會所案：

議決：與上海分會協商辦理。

(七)孫洪芬君提議舊有會員重行登記，舊欠會費一併豁免案：

議決：提交大會討論。

(八)登記費應否照常年會費半數之例，津貼分會案：

議決：應照例津貼，並通知各分會查照

(九)訂購雜誌案：

議決：因經濟支絀關係，故暫定二百元爲限，以作定書之費，一面分函國外各工廠行家學術團體及出版界，商請交換

(十)關於週刊經費及季刊酬勞案：

議決：函請顏德慶，薩福均兩君，向各鐵路照前中華工程師學會辦法，津貼本會，以資彌補。

(十一)永久會員題名銅牌案：

議決：就會所所懸之大鏡框，改爲永久會員題名牌。

(十二)會旂及會針如何進行案：

議決：請楊錫鏐，董大酉二君，草擬圖樣，以便參酌辦理。

(十三)科學咨詢處應否設立案：

議決：暫緩。

(十四)基金所缺之數似應補充案：

議決：原則上通過，惟須俟時局稍定，再行辦理。

◉武漢分會三月份常會紀錄

開會地點：漢口交通路謙月樓

時　　間：三月六日上午十二時

(甲)報告事項：由陳委員彰琯報告開會及收發選舉票情形。

(乙)開票結果：

會長朱樹馨15票　副會長高凌美16票

會計駐武昌繆恩釗13票　駐漢口方博泉9 票　文牘陳彰琯11票

(丙)討論事項：

一，下次例會決定至珞珈山武漢大學。

二，會費每人自備一元。

三，函總會及中央技術合作委員會，詢技術委員組織及辦法。

四，總會本年決定在武漢開大會，應如何籌備案：

議決：由現有職員，擬具辦法，提出下次例會討論。

◉上海分會常會紀要

上海分會於四月十日正午，假座大中華樓，舉行常會，到會者有來賓殷汝耕先生，及會員三十餘人，餐畢，卽由徐會長報告會務，(甲)總分會辦事處現決定租南京路大陸商塲四樓。(乙)發行之新會所紀念劵，前以日兵犯境，展期舉行，現定本月內補行開奬。(丙)國防技術委員會工作仍照常進行，諸會員如有意見，請與該會接洽。報告畢，卽介紹殷先生演講，殷先生旅日數十載，洞悉彼國情形，于日本之社會，政治，經濟狀況

，極多闡發。詞畢，由會長致謝而散。

◉北平分會消息

北平分會于四月三日召集會員，開會選舉職員，惟正式紀錄，尚未寄到，容待續錄。

◉上海分會新會所紀念贈獎號碼

頭獎	1986						
貳獎	1833						
叁獎	232	1081					
肆獎	190	346	1478	1484	1778		
伍獎	53	111	140	663	691	923	934
	1079	1320	1847				
陸獎	17	26	34	54	58	68	81
	82	85	120	124	158	165	170
	172	175	247	280	305	329	314
	337	345	368	385	411	413	490
	508	536	558	631	632	636	655
	660	679	697	707	744	795	813
	826	876	882	903	915	989	1047
	1068	1082	1092	1106	1115	111	1141
	1146	1151	1168	1178	1185	1206	1221
	1229	1234	1240	1260	1270	1304	1305
	1348	1368	1385	1393	1431	1527	1528
	1548	1549	1561	1565	15?7	1571	1587
	1597	1672	1688	1756	1786	1792	1812
	18?6	1838	1842	1876	1897	1946	1954
	1960	1965					

監視委員　胡庶華　李屋身　薛次莘

◉會員通信近址

3111.3江祖岐　(職)南京鐵道部

2642.2吳保豐　(職)南京交通部

2819.3徐寬年　(職)上海寧波路40號上海銀行大廈徐寬年工程師

8010.金耀銓　(職)南京中央黨部無線電台

7529.2陳崇晶　(職)鎮江省句路工程處

4692.楊錫鏐　(住)上海愛文義路1723號

4490.葉家俊　(職)南京鐵道部

4424　蔣易均　(職)上海南市毛家弄工務局

4980.4趙松森　(職)南京軍政部交通兵團

7529.2陳德銘　(住)福州螺洲倉裏巷

1010,4王聲灝　(職)蚌埠淮南煤礦局

7210.4劉松僑　(職)南京鼓樓電話北分局

4762.胡瑞祥　(職)南京電話總局

1010.2王紫君　(職)青島電話局

2721.倪松壽　(職)南京交通部

3090.宋國祥　(職)上海電話公司

3111.汪　煦　(職)上海圓明園路怡和機器公司

3411.8沈鎮南　(職)上海虹橋路晶華製糖廠

4422.茅以昇　(職)天津大陸銀行

7210.4劉孝懃　(住)上海福履理路12弄12號

7210.5劉振東　(職)南京中央政治學校

8315.錢福謙　(職)杭州電廠

4385　戴　祁　(職)蚌埠第十二區工賑局

6091　羅瑞芬　(職)重慶交通部無線電台

7529.8陳曾植　(職)杭州浙江建設廳

1123　張　寶　(職)北平鐵路大學
(住)北平東四乾面胡同44號

4762　胡品元　(職)揚州便益門第十四區工賑局

4692.楊　毅　(職)南京鐵道部

4692.1楊承訓　(職)南京三牌樓小門口妙鄉街12號

◉總會遷移通告

本會以寧波路47號舊址，不敷辦公，於五月一日遷入上海南京路山東路口，大陸商場五樓，第542號室辦公，電話亦已改裝，新號數爲92582。

嗣後各界及會員接洽事項，及投遞郵件，希逕寄新址爲荷。

工程週刊

中國工程師學會發行
上海南京路大陸商場大廈五樓
電話 92582

北平分會：西單牌樓報子街
電話：西局809
南京分會：慈悲社6號
電話：22913

中華民國二十一年
六月三日出版
第一卷　第十期
中華郵政特准掛號認為新聞紙類
(第1831號執據)

定報價目：每期二分
全年52期連郵費
國內一元國外三元六角

中央大學電機實驗室攝影

技術合作

編者

當滬戰正殷之時，國民政府行政院通過設立技術合作委員會，並于各大城市設立分會。委員會中分若干組，關於工程者有土木，電氣，機械，化工，礦冶等，此外有救護，糧食，經濟，運輸，總務等組。組織後，曾開會數次，因目標未定，經費無着，以致定頓。

技術合作範圍廣大，所云技術，不僅指工程，實包括各項科學商業之專科而言。假若技術合作委員會能得進行，可成爲全國學術之總匯，互相聯絡。上次技術合作委員會所以停頓之故有二：一因未標定鮮明宗旨，究不知其性質爲建議的或實行的；若祇建議，則種種計劃，草竣束諸高閣，曾未採用百一；若由技術合作委員會去實行，則事權又與行政院之各部及建設委員會與經濟委員會等發生衝突。二因經濟方面無辦法，蓋每一計劃，動輒數十百萬元之創辦費，無處籌款，有人建議附加捐稅，遠離技術合作之本意，故無結果。

鄙意，技術合作自爲我國當今之急，惟組織可不必由國家政府委聘個人作會員，應由全國學術團體與職業團體參加組織，以團體法人作會員。辦法則選定題目，研究討論，並扶助各方面工作之進行。實際上負責辦事者，自不必由技術合作委員會去做也。

我國學術團體，向缺少聯絡，不相往還，實力因以減低。黨部及教育部登記亦不詳不盡，本刊增加調查，今尚未蕆事，（見本刊一卷八期115頁，及一卷九期132頁），望能互相團結，以趨合作途徑。若以各學術及職業團體爲基礎，組織委員會，效果必大。至於委員會之工作，可假定對象，各別研究，互相討論，以收合作之効，使全國力量，集中同一方向，不致分散。當混戰方殷之時，目標自爲對日戰事問題，今則對日問題固不可放棄，而收回東北問題，對俄復交問題，開發西北問題，廢止內戰問題等，均需要全國技術專家，併力合作。其中如開發西北問題，尤與工程界有甚大之興趣。西北現狀如何，恐鮮知者，本刊本期載陝西工程建設一文(見 142 頁)，不過一鱗半爪，若倡言開發西北，尤非集合土木，機械，電氣，化工，礦冶，經濟，運輸，農林，等專門人材互相討論規劃不爲功。若於討論之時由技術合作委員會倡導，於進行之時由技術合作委員會予以種種智識方面之接濟介紹，則技術合作委員會之設，爲不虛矣。

陝西工程建設

李儀祉

今年中國科學社將至西安舉行年會，中國工程師學會亦將于武漢年會後來西安參觀，足證國內科學專家，已注意於開發西北問題，鄙人實深歡迎。就陝西一省內之工程建設而言，隴海鐵路已穿潼關而西，華陰路基已築，由潼西段工程局局長淩竹銘氏主其事，詳細記載見工程季刊第六卷第三號及第七卷第一二號，與工程週刊第九期。隴海鐵路之外，當以引涇灌溉工程爲最巨，亦曾由陸爾康君記其大要於工程季刊第六卷第四號內。茲舉一年來本省公路交通狀況，及延長石油礦廠情形，與引涇工程之進展，約略述之，以爲來會諸君告，即不克參加年會者，或亦可得窺一二也。

(一)公路

本省建築公路，不過最近數年間，就原有大道，路事開拓，通行汽車，坡度灣道，多不合法，橋樑涵洞，設備甚少。前年十二月始組織公路局，着手作整個之籌劃。現通行汽車者，有幹線5條，可列舉如下：

1. 西潼路——自西安至潼關，爲入豫要道，長約155公里
2. 西長路——自西安至長武，爲入甘要道，長約225公里。
3. 西鳳路——自西安至鳳翔，爲通本省西南部漢中等處要道，亦爲入甘路線之一，長約195公里。
4. 咸原路——自延陽至三原，長約43公里。

17090

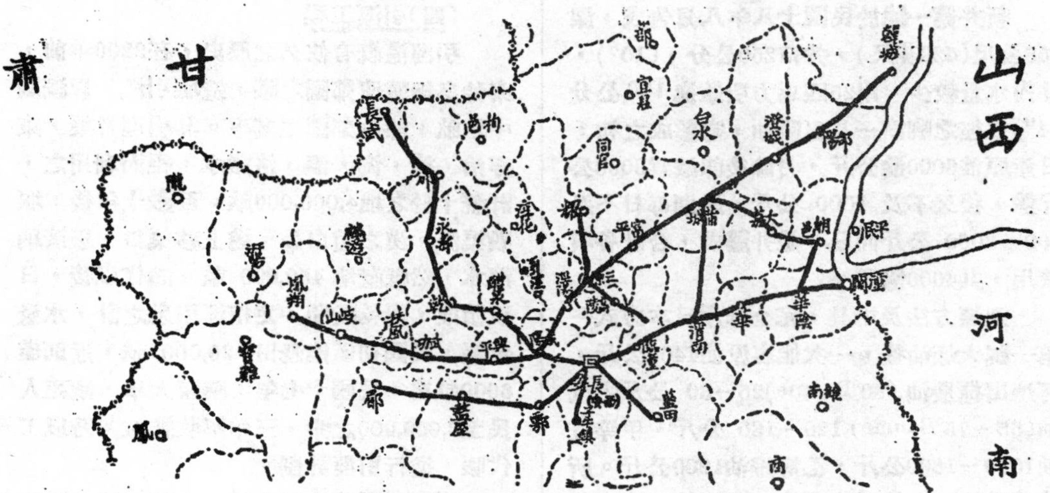

陝西省已成公路路線圖

5 原耀路——自三原至耀縣，長約43公里。

以上五路，前四路已通長途汽車，後一路尚未通車。此外有支路八條如下，1—3已通汽車，4—8未通車：

1. 原三路——自三原至大荔，長約95公里。
2. 大潼路——自大荔至潼關，長約37公里。
3. 西鄠路——自西安至鄠縣，長約155公里。惟通車者祇97公里。
4. 西原路——自西安至三原，長約48公里。
5. 原交路——自三原至交口鎮，長約40公里。
6. 渭韓路——自渭南至韓城，長約195公里。
7. 西藍路——自西安至藍田，長約32公里。
8 西午路——自西安至午鎮，長約27公里。

(二)長途電話

陝西長途電話局于去年二月成立。已敷設四幹綫，多依公路路線豎桿，即西潼線，西鳳線，西長線，西榆線(至耀縣)，均已開放通話。支綫有鳳翔至隴縣，西安至鄠縣，渭南至大荔三線。於潼關，鳳翔，三原，咸陽等處設立分局。現在通話縣分計20餘，每月話費收入亦千餘元。

(三)石油礦

陝北油田，分佈極廣，面積占全省之半，油苗及瓦斯汽體之發現，已有三十餘處，露頭景象，常由砂頁岩石隙罅中溢出地表，蘊量豐富，可見一斑。

延長設石油官廠，分東西兩廠，東廠爲製煉儲油處所，西廠專爲鑿井取油之地，共占地基十餘畝。

油井係於民國前五年(1907)聘日人開鑿，費時三月，鑿第一井深74公尺(243英尺)，每日可吸得原油5000公斤。後又於民國前二年，(1910)，再試鑿數井，未見良好效果。至民國四五年間，中美合辦陝北石油事業，鑽探油井7處，耗款2,500,000 元，全無結果。至民國十七年，陝西省政府，又從事重行勘測，開鑿新井，迄今計鑿就新井 4 眼，第一新井成績較佳，每日亦可產原油5000公斤，今第五井亦將動工開鑿，希望甚佳。

老井迄今已25年，尚繼續產油，井深74公尺(243英尺)，井口200公分 (8")，井內水量甚多，用25馬力之引擎拖50公分(2")口徑之唧筒 4 具以吸油。當初日產原油至5000公斤之多，後逐年減少，民國四五年間，產量忽陡增，日出6000—7000公斤，惟爲時不久，近則日產200—300公斤而已。

新井第一號於民國十八年八月告成，深158公尺(520英尺)，井口250公分，(10")，井內水量較少，用25匹馬力引擎拖100公分(4")口徑之唧筒一具以吸油，當鑿成之初，日產原油6000餘公斤，月餘後卽減爲3000公斤餘，後又不及1000公斤，近則每日不過200—3000公斤而已。是井鑿成，合計各項費用，共4000餘元。

製煉方法及用具，完全採用日本方式。第一號大煉油釜，一次能容原油4400公斤，可煉出揮發油(80°Baume)25—30公斤，汽油(65—75°Baume)120—180公斤，甲等燈油1000—1800公斤，乙等燈油1200公斤。所餘爲重油，大釜不能再煉，則移於二號小釜內煉之。小釜一次容積爲1100公斤，仍可煉出二等油450—550公斤。此外尙可提出各種副產品，如從油渣中可提取機油50公斤，並可由機器油晒製擦槍油。在二等油中並可提出白原蠟塊50公斤，黑原臘塊30公斤。餘者爲渣油，可以防腐或舖路。原蠟塊可提淨蠟塊，尙可烘出軟蠟油，爲製火柴之用，淨蠟塊則爲製洋蠟燭用。

民國十七年至十九年三年內產量統計列下，十七年僅恃舊井，十八年起因新井成功，故產量增大。

	十七年	十八年	十九年
原油	56,300	165,000	160,000公斤
揮發油	137	1,230	488
汽油	——	6,040	5,260
甲油	21,000	83,400	65,500
重油	2,930	59,500	42,500
安全油	13,850	54,500	51,000
機器油	4,450	3,500	1,100
擦槍油	30	——	——
渣油	3,100	9,150	15,650
蠟塊	——	2,590	3,250
軟蠟油	430	903	2,830
蠟燭(支)	6,850	1,940	35,452支

(四)引涇工程

引涇灌溉有攸久之歷史，在2200年前，秦始皇納韓使鄭國之議，造堰引涇，以漑關中地畝，卽命鄭國主其事。其引涇幹渠，東穿治，淸，濁，温，洛諸水，絕而利用之，計漑十縣之地4,000,000畝。百數十年後，堰毀渠淤，漢之趙白公，遂上移渠口，以接納涇水，然祇漑地450,000畝。漢代以後，日就墮敗，淸乾隆間，定拒涇引泉之計，水量愈微，民國初僅能漑田 20,000畝，近則僅6000畝矣。民國十七年，陝西大旱，餓死人民至2,000,000之衆，三年不收顆粒。乃以工代賑，進行引涇計劃。

引涇工程分上下兩部，上部鑿洞及開8公里之幹渠，由華洋義賑會捐助500,000元，又檀香山華僑捐助140,000元，爲造水壩之用，故名Honolulu壩，朱子橋將軍亦捐洋灰20,000袋。下部工程由省政府撥款500,000元，設渭北水利工程處辦理。

華洋義賑會於十九年十一月開工，由總工程師O. J. Todd氏主其事，概要及圖說見工程季刊第六卷第四號內陸爾康君之報告，各項工程，已次第完成，大要如下：

(甲)水壩　東西長70公尺，最高處11公尺，頂在最大洪水面下18公尺(464-18=446)，地點在進水洞口下游60公尺，完全以三合土建築。

(乙)引水隧洞　引水洞在廣惠渠上100公尺處，隧洞長359公尺，現已穿通，正加工寬展，頂爲半圓形，半徑2.5公尺，底寬5公尺，高3.5公尺。

(丙)進水閘　閘建於引水洞口，以混凝土築之。閘分3門，鋼製，每門重1400公斤可受6400公斤之水力，高各1.5公尺，寬1.75公尺，閘門上口比水壩頂低1.5公尺。水流經過時，其流速爲每秒2.03公尺，流量爲每秒16立方公尺。

17092

(丁)石渠　石渠緊接於引水隧洞，渠底加寬至 6 公尺，渠牆垂直，渠底坡度爲1:2133，流速定爲每秒11.68公尺。

水利工程處于十九年七月成立，銜接義賑會所修之上部工程，分段派員測量，並計劃分水閘，斗門，橋樑，涵洞，渡槽，繼續施工。現在總幹渠下段3430公尺，早經完成，南北幹渠土工，已各完成12公里。正在施工者共長約 9 公里，進行頗速。橋樑，涵洞，渡槽，分水閘等亦已完成大半。

(五)神木官鹼

神木縣在極北邊界，有官鹼局，爲官商合辦者，創始於民國紀元前十二年(1900)，係用土法開採，製成紅白番鹼，紅鹼每錠重45公斤，白鹼每錠重51.2 公斤，玆將近三年之產額列下：

十六年度	16,738錠
十七年度	21,891錠
十八年度	11,292錠(因受匪災影響)

(六)陝西製革廠

廠在西安，創於民國元年，歷經變遷，摧殘靡已。設備分灰傷，藥場，整理，成品等四場，材料如牛皮羊皮馬皮均取給本地，藥品如紅礬藍礬等西藥，必須向津滬購運外，本省盩厔鄠縣山中所產之槲樹皮，因含有單寧酸，故亦採用作單寧酸皮，成本較低，皮色鮮亮。此法漢口白沙洲製革廠應用最早。

(七)水力測量

壺口有黃河瀑布，位於宜川縣東北境，黃河至此，河身寬由 200 餘公尺束至20餘公尺，懸崖直瀉，上下水面高低相差至15公尺以上。去年五月間小水期內，曾派員實地測勘，其流量爲每秒 173 立方公尺，計能產生水力35,000匹馬力。

蒲城澄城兩縣交界之洑頭村附近，有洛河瀑布，寬11公尺，分老小洑頭，水勢甚急，尙未測量。

榆林北之榆溪，有紅石崖，清光緒八年間築石壩一座，長45公尺，高12公尺，頂寬 9 公尺，流量每秒有 6 立方公尺，或亦可利用作水力發電也。

中央大學電機實驗室之設備

單基乾

工程教育，除講演之外，對於實驗殊重要。凡工科大學，無不力求其機械儀器等種種設備之充實，俾學者得實地練習及研究。中央大學電機科，當創辦之初，深覺設備之簡陋，機械儀器之缺少，及房屋之不敷應用。乃設法籌建電機實驗室一所，與本校發電所相毗連。地面計350餘平方公尺(3700餘平方英尺)。其設備情形略記如下：

全室約可分爲三部。西部爲儀器儲藏室，教員預備室、及修理室。樓上爲實驗室，

旋轉電機試驗室

試驗室之配電板

17093

及學生預備室。中部爲旋轉電機（如馬達發電機等）試驗之所。有大小機器櫈子22個，上備雙層鐵軌，俾大小電機均能隨意裝置。東部爲試驗變壓器等之用。并裝有馬達發電機兩座。

電力供給，分交流直流兩種。交流電有兩路，一由首都電廠供給之3相380伏60週波電力，一由本校發電所之100瓩3相220伏50週波發電機供給。直流電係由33瓩 110 伏蒸汽引擎直流發電機供給。惟試驗時須求其電壓十分穩定，且能隨意變動，所以另備馬達發電機一座，用感應馬達拖動15瓩 115 伏之直流發電機。將來擬裝置電壓調整器以求其電壓之穩定。尙有直流馬達拖動5開維愛220伏 3 相50週波交流發電機一座，該機可變更馬達速度，而得各種週波之交流電。

所有各種電力均通至配電板。再由該處通至各地面，成牆上分電板(Terminal Board)。配電板共10塊。自右而左，第一塊爲搖動電板（Swinging Panel），上裝週波表，電壓表，及同步表（Synchroscope）。第二爲交流進電板。第三爲交流發電機電板，該板可接於室內任何交流發電機，並可與本校發電所之發電機並連，供學生實習。第四塊爲多頭單圈單相 15 開維愛變壓器之配電板（Auto-Transformer Panel），可得自10伏至550伏各種電壓之單相交流電。第五塊，上爲 220 伏 3 相交流電及地綫插頭，中爲三只單相多頭單圈變壓機之插頭，由此可得各種電壓之 3 相交流電，下爲通至馬達交流發電機各分電板，及本院無線電實驗室，材料試驗室等處。第六塊各插頭通至各地面及牆上分電板。第七塊上爲380伏3相交流插頭，中爲 115 伏直流插頭，下爲他種電壓之直流電插頭（連接於第九塊之直流發電機電板），及遙制水箱（Remote Control Water Box）插頭等。（該水箱係用小馬達轉動）。第八塊爲 110 伏直流進電板。第九塊爲直流發電機電板，能接於室中任何直流發電機。第十塊爲交流馬達轉動之直流發電機之電板，現正在裝置中。分電板分地面及牆上兩種；裝在地面者（在機器櫈子之間）係鐵板製，上用特製隔電磁料，每塊有線頭 6 個，上蓋鐵板，與地面平，用時揭開。裝在牆上者用大理石製，亦有線頭 6 個。在室之東部有大分電板一塊，現暫作380伏3相交流進電之用。凡預備室，修理室及樓上均裝分電板，以便各種電流均可通至該處。所有配電板全用大理石製，除電表，及開關外，餘均係本院機工場及本室自造，所費較省。

全室各種電綫，均裝在地下，取其整潔。從配電板至各地面分電板電綫，均裝在線溝之內，因其易於更調及視察，且裝置時亦較容易。此外各線均裝在鋼管內。線溝底面及左右兩面均塗 Plastic Asbestos Cement，爲防濕之用。上面蓋油毛氈，再蓋鐵板。所有鐵軌，鋼管，電板架子等，均接連至地氣線。

機械儀器等設備限於經費，未能多量擴充。目前所有者計直流電機17只，最大者15瓩。交流電機11只，最大者15開維愛。變壓週13只，變流機2只，馬達發電機2座。各種直流交流電壓表，電流表，電力表，週波表，速度表，電位表，等共70餘只。各種阻力箱試驗桌，磁性開關，自動交流馬達開關，標準阻力，電容器，水箱，10,000 伏變壓器等均全，凡普通試驗均能舉行。將來希望能繼續充實設備，俾除供學生實驗及研究之外，尙能接受外界委託，作各種學術上及商業上之試驗。如是，則該室之應用，不僅限於一院一科，而能供之於社會，實所願也。

◉科學社將在西安舉行年會

中國科學社今年年會定在西安舉行，會期自八月二十五日起。

17094

澳洲雪黎港鐵橋

趙祖康

全橋正面攝影

兩端建築中攝影

澳洲雪黎海港鐵橋，於今年三月十九日正式行落成通車典禮，爲世界大工程之一。橋工係英國道門鋼廠(Dorman Long & Co.)承包，於1924年三月間訂立合同，造價計英金£4,218,000磅，再加兩岸道路及收用地畝等，全部工程約計英金£10,000,000磅。

橋之設計係道門鋼廠顧問工程師Ralph Freeman計劃，由政府顧問工程師 Dr. J. J. C. Bradfield 監督，而駐雪主持工程進行者爲Lawrence Ennis氏。

橋爲拱式，中間一空計504公尺(1650英尺)，南端上橋路有五孔，其一孔爲73.8公尺(242英尺)，四孔各54.2公尺(178英尺)。北端上橋路亦五孔，每孔52.1公尺(171英尺)。故橋總長爲1149公尺(3,770英尺)，南端上橋路之坡度爲1:40，北端上橋路之坡度爲1:39。橋中心183公尺(600英尺)一段距離水面計51.8公尺(170英尺)高。

橋寬共48.8公尺(160英尺)，中間17.4公尺(57英尺)爲車道，兩邊各有火車軌二道，共4道，軌係標準1.435公尺(4′－8½″)寬。鐵軌外邊各有人行道3.05公尺(10英尺)寬。

橋拱設計之尺寸列表如下：

橋墩支點鋼架

橋頂完工後攝影

橋拱跨度，卽橋墩支點(Hinge)距離

	504公尺	(1650′)
橋墩支點離水面高	8.4公尺	(27′−6″)
下層拱頂至支點高	106.6公尺	(350′)
拱頂鐵架深度(Depth at crown)	18.3公尺	(60′)
支點處鐵架深度(Depth at hinge)	58公尺	(190′)
四分之一處鐵架深度	26.5公尺	(86′)
橋中點離水面總高	134公尺	(440′)
橋邊版數(Panel)	28	
毎版寬度	18公尺	(59′)

總計全橋所用鋼鐵共重52,000噸，所用石塊共16,800立方公尺(22,000立方英碼)，所用混凝土共98,000立方公尺(128,000立方英碼)。所用三角鐵大至 30×30×3.25 公分($12''\times12''\times1\frac{1}{4}''$)，所用鋼版厚至54公分($2\frac{1}{8}''$)，寬至2.51公尺(8′−3″)均特製者。鋼料鋸解鑽孔等工作，均在雪黎建築地點設工場工作。

橋墩兩端各造高塔二座，塔高離水面計87公尺(285英尺)。橋墩基礎係鐵筋混凝土，計27.4公尺長，12.2公尺寬，16.75公尺高，(90′×40′×55′)，用4:2:1混凝土。拱橋支點所用鋼鐵，每處約重300噸，支點鋼軸徑36.8公分($14\frac{1}{2}''$)，長4.1公尺(13′−6″)，鋼座成倒V字形。

建築時，兩岸先造橋墩，鋼架卽自兩岸橋墩築出，伸展至中心，兩端會合。自1926年動工後，至1930年八月十九日兩端工程會合。所用起重機卽在鋼架上隨橋工進行向中心進展。鋼料置駁船上，由起重機吊上，放置於應裝之處，起重機前後左右上下行動必須極準確靈便，有電話與各處通達命令。起重機可吊120噸重之件，共二座，南北二端同時進行工作。起重機共用電力馬達57具，最大馬力120匹，總共馬力計2000匹，可覘工程一斑。

該橋工程進展情形，有詳細紀錄在倫敦泰晤士報週刊(The Times Weekly Edition)今年三月十七日，第313−328，頁閱者可資考證。茲以篇幅所限，未克盡量譯述也。

中國工程人名錄

徐佩璜(君陶)先生

徐佩璜，字君陶，江蘇吳江人，現年四十四歲，畢業於郵傳部高等實業學校，(卽今交通大學)，考取留美庚款第一次官費生赴美，入威廉司登高等學校，旋入麻省理工大學，得化學學士位，卽被聘為該學襄教，繼續二年，為中國畢業生任教之第一人，約滿，歷任白弗鹿城拉金公司化學研究師，半雪那脫坡柏洛克脫更白爾公司化學工程師，芝加哥城麥愛諾顧問公司工程師。1923年返國，相繼任五洲固本皂藥廠製造部主任，南洋大學教授，兼中學部主任，浙江工業專門學校講師。國軍奠定東南，被任命為中央政治會議上海臨時分會秘書長，上海特別市政府農工商局社會局科長，兼上海市國貨陳列館館長，工業試驗所所長，十七年升任市政府參事，十九年調任上海市教育局局長現職。前中國工程學會董事及會長，現中華化學工業會董事，及上海分會會長，中國工程師學會董事，及上海分會會長。

17097

17098

膠濟鐵路行車時刻表

民國二十年七月一日改訂實行

下行車

站名	開到	五次車	三次車	十一次車	十三次車	一次車
青島	開	七·〇〇	一二·〇一	一五·〇〇		二二·〇〇
大港	開	七·一一	一二·一一	一五·一二		二二·一一
南泉	開	八·一二	一三·一二	一六·三三		二三·〇九
膠州	到	八·五九	一三·五三	一七·三〇		二三·五〇
膠州	開	九·〇一	一三·五五	一七·四九		二三·五二
高密	到	九·三八	一四·二六	一八·三一		〇·二三
高密	開	九·五三	一四·四一	一八·四九		〇·三八
岞山	開	一〇·五四	一五·四〇	二〇·一四		一·二七
坊子	到	一一·三九	一六·二三	二一·一〇		二·〇六
坊子	開	一一·五四	一六·三七	二一·二五	七·〇〇	二·二四
濰縣	到	一二·一四	一六·五七	二一·四九	七·二四	二·四四
濰縣	開	一二·一七	一七·〇一		七·三四	二·五〇
昌樂	開	一二·五四	一七·三七		八·二六	三·二一
青州	到	一三·四四	一八·一八		九·二六	四·〇二
青州	開	一三·四六	一八·二〇		九·四一	四·〇四
張店	到	一四·五三	一九·二五		一一·〇三	四·五六
張店	開	一五·一〇	一九·四六		一一·一八	五·一四
周村	到	一五·三八	二〇·一一		一一·五二	五·三九
周村	開	一五·四〇	二〇·一三		一二·〇二	五·四一
普集	開	一六·二六	二〇·五六		一三·一四	六·二一
棗園莊	開	一六·五一	二一·二一		一三·四六	六·四三
黃臺	開	一七·四四	二二·一三		一四·五八	七·二八
濟南	到	一七·五六	二二·二五		一五·一二	七·四〇

上行車

站名	開到	六次車	十二次車	四次車	十四次車	二次車
濟南	開	七·二五		一二·一五	一四·一〇	二二·〇〇
黃臺	開	七·三〇		一二·二九	一四·二六	二二·一四
棗園莊	開	八·二六		一三·二二	一五·四六	二三·一〇
普集	開	八·五四		一三·五〇	一六·三二	二三·二六
周村	到	九·三三		一四·二六	一七·二一	二三·五九
周村	開	九·三五		一四·二八	一七·三一	〇·〇一
張店	到	一〇·〇〇		一四·五〇	一八·〇一	〇·二三
張店	開	一〇·二〇		一五·一二	一八·三三	〇·四一
青州	到	一一·三一		一六·一九	二〇·〇六	一·三六
青州	開	一一·三四		一六·二一	二〇·一九	一·三八
昌樂	開	一二·二五		一七·〇三	二一·二五	二·一九
濰縣	到	一三·〇四		一七·四一	二二·〇六	二·四八
濰縣	開	一三·〇八	六·三〇	一七·四五	二二·二六	二·五四
坊子	到	一三·二八	六·五六	一八·〇六	二二·四二	三·一五
坊子	開	一三·五〇	七·一〇	一八·二二		三·三六
岞山	開	一四·二五	八·一三	一九·〇四		四·一五
高密	到	一五·四二	九·二二	一九·五九		五·〇一
高密	開	一五·五七	九·三九	二〇·一三		五·一六
膠州	到	一六·三五	一〇·二三	二〇·四五		五·四八
膠州	開	一六·三七	一〇·三三	二〇·四七		五·五〇
南泉	開	一七·二三	一一·二五	二一·二六		六·二九
大港	開	一八·二五	一三·〇七	二二·三〇		七·三〇
青島	到	一八·三〇	一三·一三	二二·三五		七·三五

隴海鐵路靈潼段工程列車附帶營業通告

本路為便利客商發展交通起見定於本月二十五日起靈潼段工程列車附帶營業暫將後溝車站作為潼關臨時客運車站七里村車站作為潼關臨時貨運車站全段各站售賣客票行李包裹票及零担貨票惟此段工程尚未完竣不能駛行重載列車所有大批整車貨物以及車運等項運輸暫難接受該項工程列車每早七點二十分自陝州向西開行下午二點二十分到達潼關下午三點三十分自潼關向東開行下午十點二十五分到達陝州凡由第一次特別快車到陝州之旅客可與西行第十九次車銜接前往潼關每早自西安乘坐長途汽車出發之旅客到潼關後可乘當日東行第二十次車到達陝州與第二次特別快車銜接直達各站並可在鄭州改乘平漢車或徐州改乘津浦車前往全國各大埠此後往來豫西陝甘各地旅客較往日愈為便利矣恐未週知特此通告

隴海路局車務處啓

中華民國二十年十二月二十五日

行車時刻表

站名	自右向左讀（西行）列車次數	自左向右讀（東行）列車次數
	第一次特別快車自東向西每日開行	第二次特別快車自西向東每日開行
徐州府	第一次（上午）八點十分開	（下午）八點〇五分到
碭山	十點十六分到 十點二十六分開	五點五十四分到 六點〇四分開
商邱	十二點〇九分到 十二點二十九分開	四點〇二分到 四點十七分開（下午）
開封	（下午）四點三十二分到 四點五十二分開	十一點五十五分到 十二點十五分開
鄭州南站	六點五十一分到 七點十一分開	九點四十二分到 十點〇二分開
汜水	八點三十三分到 八點四十三分開	八點四十分到 八點四十二分開
鞏縣	九點二十三分到 九點二十五分開	八點〇四分到 八點〇六分開
孝義	九點四十七分到 九點四十九分開	七點四十六分到 七點四十八分開
洛陽東站	十一點十二分到 十一點四十二分開	六點十五分到 六點三十五分開
新安縣	（上午）一點十二分到 一點三十二分開	四點五十分開 五點開
澠池	三點二十一分到 三點四十一分開	三點十八分到 三點二十三分開
觀音堂	四點三十七分到 四點四十二分開	二點三十一分到 二點三十六分開
會興鎮	六點〇八分到 六點十八分開	〇點四十二分到 〇點五十二分開
陝州	六點五十分到	第二次（上午）〇點〇五分開
	第十九次客貨車自東向西每日開行	第二十次客貨車自西向東每日開行
陝州	第十九次（上午）七點二十分開	十點二十五分到
靈寶	八點三十二分到 八點四十七分開	九點〇一分到 九點十六分開
閿鄉	十點二十分到 十點三十五分開	七點十三分到 七點二十三分開
盤頭鎮	十一點五十二分到 十一點五十五分開	五點五十三分到 五點五十六分開
文底鎮	（下午）一點二十分到 一點二十三分開	四點五十二分到 四點二十六分開
潼關	二點二十分到	第二十次（下午）三點三十分開

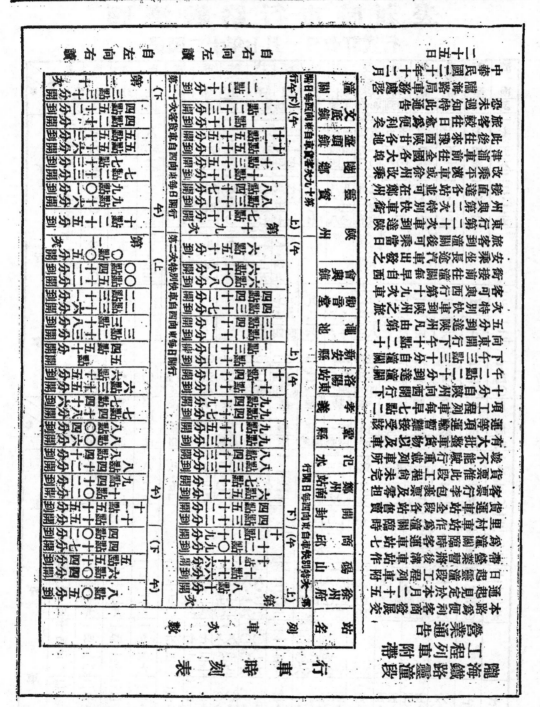

中國工程師學會會務消息

◉年會預告

本會今年年會地點，根據去年議決案，在武漢舉行，已由總會通知武漢分會積極籌備，並聘該分會會長為年會籌備委員長。日期定八月十八日星期四開幕，會場擬借珈珞山武漢大學。在武漢開會三天後，即乘平漢鐵路火車至鄭州，換隴海鐵路火車赴潼關參觀山洞工程，再乘汽車至西安，參觀引涇工程。約二十六日可回鄭州，或仍由平漢路同至漢口，或逕至徐州換津浦路車北上或南下。此屆年會及參觀，有極大價值，望各會員踴躍參加是幸。車船優待事請與總會接洽，其他各事請與武漢分會會長朱樹馨高凌美兩先生接洽為荷。

◉第七次執行部會議紀錄

日期：二十一年五月十二日下午五時半

地點：上海南京路大陸商場本會新會所

出席者：韋以黻　胡庶華　張孝基　裘燮鈞　徐學禹(包可永代)

主席：韋以黻　　紀錄：裘燮鈞

報告事項：

(1) 京滬杭甬鐵路管理局來函佚營業恢復再行送登廣告。

(2) 教育部來函籌備教育年鑑，屬填表格。

議決事項：

(1) 會員趙志游君來函責問本會參加政治案。

議決：函復聲明參加抗日救國團體，與參加其他政治運動不同。

(2) 世界動力協會中國分會請改派代表案。

議決：推楊毅，惲震，二君為本會代表，並推定惲震君兼任該會評議員。

(3) 本會年會籌備案：

議決：函武漢分會籌備，並推定武漢分會會長為籌備委員會委員長，各組籌備委員除提案委員論文委員由總會會長指定外，其餘概由籌備委員會委員長指定。

年會時期定八月下旬，確定日期由籌備委員會決定。

年會後旅行西安一節，應由總會即行通知各會員，預先報名。

(4) 職業介紹委員會委員長黃伯樵君來函徵詢意見案；

議決：對於該函徵求意見各條應即切實函復。

(5) 續印機車概要案：

議決：再版印一千五百本。

(6) 下屆職員選舉票案：

議決：由總會另印單張選票分發會員。

◉北平分會宣告成立

北平分會已於四月三日改組成立，選舉結果，趙世暄當選為會長，俞同奎當選為副會長，孫洪芬為書記，郭世綰為會計。

◉武漢分會第三次大會

時間：二十一年五月一日。

地點：珈珞山武漢大學。

出席人數：會員二十四人，來賓六人。

(甲)報告事項：

一．報告上次選舉開票結果。

二．歡迎凌先生鴻勛，史先生青，及汪先生桂馨。

三．凌先生鴻勛演講。

四．報告本會近來費用甚感困難，希望各會員按期繳費。

五．會員住址及職業如有變更者，請在會員錄內更正，嗣後亦請通知本會文牘，以便登記。

(乙)討論事項：

一．總會本年秋季在鄂開年會，應如何籌備案：

決議：上次例會已推現任職員五人為籌備員，現朱會長在京，請就近與總會接洽，並陳述本分會經費困難情形，請總會設法補助。

二．下次開會地點案；

決議：漢口宗關水廠，請水電公司會員交涉，派專輪在江漢關等候。

17101

◉唐山分會消息

唐山分會會長羅公建侯，任職唐山交通大學，已逾廿載，鐵道部特頒褒獎狀，教育部亦送匾額，唐院定於五月十五日該院二十七週紀念會時，行授羅教授褒獎狀及匾額儀式，開會詳情不贅述，茲將分會頌詞錄后：

淵深玉絜，明時膺華國之聲，望重德高，盛世有旌閭之典，恭維會長羅公，三山望族，上國明師，志切育才，施化雨者已逾二十載，情殷濟物，坐春風者奚啻三千人，桃李盈門，豈乏棟梁之選，圭璋在抱，允協砥石之稱，宜也寵錫褒章，報功崇德，特開盛典，禮士尊賢，同仁等時親芝釆，竊有附驥之榮，敬獻蕪詞，忘其攀龍之誚，謹頌。

羅先生答詞除謙虛外，以四字勉工程學子，『天職(Honour)和負責(Responsibility)』是也。加以比喻，剴切陳明，全堂肅然，傾耳而聽。

此次唐山工程學院廿七週紀念會，適值國難期間，遂將游藝娛樂改為工程討論會，於是日下午三時舉行。事前由李會員書田提議由分會贈奬，經全體會員贊成，即於十四日由書記陸君，將大銀杯一座同公函送該院查收。工程討論會題目為工程師與工程，加入比賽者五名，由茅以昇博士主席評判，結果林君第一，論文由分會書記接洽以後，送寄本刊發表。

◉國民政府主計處統計局函復本會統一數目讀法議案

甲・原方案尚有未能盡善之點：

(一)字體進位過多，則甚為複雜。

(二)發音似略係用拼音方法，然同一聲母Consonant累拼之餘，應用將窮，譬如『亖』讀如『挑』，挑為『挑』與『兆』之拼音，如略去T音則不自然，如用T音則與挑為重複。

(三)我國『億兆京垓』之單位，因有大小之用，至普通人民不甚明瞭，似不如另定字體，以避『億兆京垓』等字樣。

乙・擬供為參攷之意見：

(一)關於字體者　查數字既以千進，不妨以千為主體，而以其倍數表之。譬如兆為千之平方，書作『乇』字，其形與兆相近，然後 Billion 用乇，即等於1000^3, Trillion 用乇，即等於1000^4，意義既明，字體亦簡。

(二)關於音讀者　其一，擬將『乇』仍讀為『兆』字，『乇』字以下則以數目字與『兆』字反切，如『乇』讀為『邵』字，『乇』讀為『蕭』字，『乇』讀為『堯』，以次類推。其二，以甲乙丙丁等字與兆字反切，『兆』字之音首適與甲字同。故『乇』則讀『要』，與『乙』字之音首同。『乇』則讀『報』，與『丙』字之音首同，『乇』則讀『到』，與『丁』字之音首同。其三，按我國註音字母聲母之次第，除與『兆』相同之一聲外，其餘順序應用。

◉職業介紹消息

本會初級會員于志和待聘，略歷存會備詢。北平大學工學院託聘漂染教員，月薪約二百元，教授鐘點十小時。詳情詢本會介紹委員會。

17102

◉總會遷移通告

本會以寧波路47號舊址，不敷辦公，於五月一日遷入上海南京路山東路口，大陸商場五樓，第542號室辦公，電話亦已改裝，新號數爲92582。

嗣後各界及會員接洽事項，及投遞郵件，希逕至新址爲荷。

◉會員通信新址

1123.0 張言森　(職)黑龍江呼海鐵路局
1123.2 張象昺　(職)黑龍江博克圖中東鐵路工務第三段
7421.3 陸士基　(職)黑龍江綏芬河中東鐵路工務第十一段
4980.4 趙世暹　(職)黑龍江窰門中東鐵路工務第十二段
1010.1 王正黼　(住)北平八面槽9號
7210.8 劉鍾瑞　(住)天津河北五馬路魁安里13號
3411.8 沈銘盤　(住)上海薩坡賽路三德坊9號
0460. 謝雲鵠　(住)上海環龍路花園別墅50號
2829.4 徐世民　(住)上海辣斐德路亞爾培路西穎邨1號
4722. 郁秉堅　(住)上海海格路海格里44號
1750. 尹國墉　(住)南京四象橋劉公祠10號
1710. 孟廣照　(住)南京竺橋桃源新邨21號
7210.2 劉以鈞　(住)漢口模範區昌業里10號
7777. 闕祖章　(職)漢口平漢路工務處
2691. 程孝剛　(職)浦口津浦鐵路機務處
8022. 俞汝鑫　(職)上海浦東交通部電報機器製造廠
4692.4 楊樹仁　(職)南京估衣廊無線電台
8060. 曾心銘　(職)廣州士敏土廠
2643.1 吳承洛　(住)南京周必由巷底新安里16號
4980.3 趙祖康　(職)南京鐵湯池全國經濟委員會
3216 潘尹　(職)漢口平漢鐵路機務處
4241 姚頌馨　(住)上海西蒲石路466弄4號
4040.3 李良士　(住)上海辣斐德路桃源邨31號
3474 薛祖康　(職)無錫南門外華新製絲養成所
0023. 應尙才　(職)南京鐵道部技術標準委員會
2643 吳清泉　(職)上海福建路上海電話公司工程處
7529.2 陳傳瑚　(住)北平西城兵馬司38號
1123.5 張輔良　(職)南京兵工署理化研究所
0022 方仁煦　(職)南京軍政部兵工署
3216 潘保申　(住)上海亞爾培路亞爾培坊6號
7722.8 周公樸　(職)上海麥根路辛宇32號電政同人公益會
(住)上海拉都路224號
8742 鄭葆成　(住)上海辣斐德路金餘坊1號
1021 夏光宇　(職)南京鐵道部
(住)南京浮橋南60號
1004 聶傳儒　(住)南京新街口鐵管巷40號
1060 雷以綸　(職)河北長辛店平漢鐵路機廠
4480.2 黃秉政　(職)武昌湖北省政府水利局
3111 汪啓堃　(職)青島電話局
4301 尤佳章　(住)蘇州齊門外北橋鎮
2829.6 徐日恭　(職)南昌江西公路處
4040.1 李瑞琦　(職)廣州萬福路顯澤建築公司

◉會員哀音

4040.8 李人楷　已故

◉徵求各種中西文工程雜誌啓事

逕啓者，本會圖書室爲收藏各種中西文工程雜誌，以便會員參考起見，凡會員諸君如願將珍藏中西文工程雜誌，無論全部或一部份，捐贈本會者，請先將雜誌名稱，及卷數開示，如本會尙闕者，再商請捐讓，至希公鑒爲荷。

17103

17104

工程週刊

中國工程師學會發行
上海南京路大陸商場大廈五樓
電話 92582

北平分會：西單牌樓報子街 電話：西局809
南京分會：慈悲社6號 電話：22913

中華民國二十一年
六月二十四日出版
第一卷 第十一期
中華郵政特准掛號認爲新聞紙類
（第1831號執據）

定報價目：每期二分
全年52期連郵費
國內一元 國外三元六角

本期要目

北甯鐵路自造之天王式機車327號
（左邊係唐山機廠最初自造之〇號機車，合攝一影，以資比較）

公用事業與工程

編者

工程師爲全民衆服務，即工程師之工作，原以全民衆之福利爲前提也。如造鐵路，疏濬河道，以及電燈自來水電話等等，均非爲特殊階級而建設，乃爲民衆公用而工作。故公用事業爲我工程師除國防外之第二種職務。

公用一名詞肇始於美國，即 Public Utility，在我國應用尚不及二十年。市政府組織法中有公用局，一般解釋乃以公用事業備爲

17105

市政範圍中狹義的事業，如電，煤氣，自來水，輪渡等。但在美國則鐵道，水利，等均屬公用範圍，自爲正當解釋。

公用事業之發達與否，可覘民衆生活程度之高低，公用事業非僅爲民衆之消費，亦以幫助增加生產。譬如電，電燈固爲消費，而亦輔助商業發展，電力則直接增加出品。譬如水，家常日用之外，工業用水亦佔一部份。如鐵道，輸運貨物；如水利，灌溉農田。我國以農立國，惟水利久廢，江河失治。陝西引涇，創修於民國十年，兵禍肇於豫陝間，政府無暇及此，乃有民十八之大旱饑荒，此爲公用事業不修之惡果。引涇工程於今年六月二十日舉行涇惠渠放水典禮，（見本刊第十期144頁，及工程季刊第六卷第四號），自後當可繼續進行，推而及於他省。灌溉工程則僅江南一小部分實行利用機械，且無大規模之計畫。江蘇武錫及蘇州提倡電力灌溉，武錫區辦理七年，至今僅溉田46,000畝，（見本刊本期第158頁），蘇州恐尚不及此數，實有推廣之必要。以比諸埃及電力灌水墾田，（見本刊本期第162頁），僅及 3－4%，以吾中華富饒之區，應用電力灌溉，尚不及埃及殖民地之十一，亦可慨矣。

辦理公用事業，自較其他事業爲困難，因意志衆多，工程浩大，非個人所得專擅。故公用事業必須由政府辦理，或政府准許公司專利辦理，我工程師之辦理公用事業者，於學術之外，更須研究管理方法，使人民知公用事業之利，自不難解決一切也。

公用事業非慈善事業，我國古時修橋舖路，認爲慈善事，今則如美國紐約 Hudson 河造隧道，造鐵橋，均發行公債，收通過稅，以商業爲例則。引涇工程尚待華洋義賑會之捐助，則吾國政府實有愧也。吾工程師辦理公用事業，當從商業之立場出發。

武錫區電力灌溉

孫輔世

建設委員會鑒於我國以農立國，關於農業上最重要之灌溉事業，尚無專設指導提倡之機關，爰有模範灌溉管理局之設立，二十年四月先成立武錫區辦事處，就前第一灌溉區委員會及戚墅堰電廠已辦之電力灌溉，加以擴充，改善管理。組織人員，力求減省，設正副主任各一人，總務工務股長各一人，工務員一人，事務員二人而已，本年辦理以來，雖覺人員缺少，但亦足以應付。

武錫區電力戽水站戽水機進水裝置

武錫區所灌溉之農田，均爲高田，由河中戽水入田中，且以稻作時期爲限。自開辦以來，以迄於今，其歷年田畝增減情形，如下表。

17106

年份	十三年	十四年	十五年	十六年	十七年	十八年	十九年	二十年
畝數	2,000	10,809	39,514	42,714	42,884	38,884	49,033	46,333

就武進無錫兩邑而言，耕種田畝，可二百五十萬畝，現已實施電力灌漑者，為數實僅百分之二耳。

武錫區電力戽水站之一

戽水機均用電力，計武進境內有45站，無錫境內7站。共計52站。設備專用桿線65公里(120餘里)，應用電力80瓩，關於設備情形，約述如下：

甲，桿線之佈置　桿線之佈置，分6路：

(一)自武進戚電廠向北為一路，有戽水站 8 處，現停辦5處。

武錫區電力戽水站出水溝設備

(二)自武進馬杭橋鎮戚廠變壓間，向南一路，計21站。

(三)自武進馬杭橋東北面，向南支線一路，計7站。

(四)自武進牛塘橋鎮，向南一路。計5站。

(五)自武進湖塘橋鎮，向西一路，計2站。

(六)自無錫藕塘橋鎮，向西北一路，計2站。

(七)在戚廠桿上之戽水站，計10站。

上項桿線，均係以木桿豎立，各段均裝有開關，以便管理及修理，每年於戽水業務開始以前，派員視察整理，灌漑開始後，派工巡查管理，以免發生障礙，或有停電之虞。

乙，變壓器之裝置　變壓器之為各站應用者，大都以木架設於站附近之木桿上，一以減少低壓路線之損失，一以便於管理。間有二站合用一變壓器，為數不多。各變壓器上裝高壓鉛絲，以保護變壓器，及低壓修理時，可將電流斷絕。

丙，電動機及戽水機之裝置　電動機及戽水機，係裝於一相連之木架上，可使開動便利，底脚偶有鬆動，亦較易於修理。電動機為感應式，戽水機為離心方式。以1000畝之站，約用馬力20匹，25公分

(10英寸)進水戽水機一具。此項戽水機，其效率約爲50%。各站水頭，自4.5公尺至7.5公尺(15—25英尺)不等。

丁，戽水站之設備　其最重要者，爲進水處之河岸，須堅固及適宜。次則置電動機及戽水機處之底脚須穩定。現所有各站設備，雖房屋等因經費關係不能一致，對上述兩項，則均甚注意，大部已趨劃一。

戊，水溝之設備　水溝爲引水致遠設備之一，歷年以經濟關係，均未能對於此項佈置，有詳密之測繪與分布，大都均就田旁，開溝引水，漏水甚多，而高低不一之處，更有多量之水，因停滯而耗失，現正在設法改善中。

己，專用電話線之敷設　灌漑業務，關係農產節候，其成效均係時間上之關係，故對於實施灌漑時，電力輸送，機件修理，均須有切實之聯絡，與迅速之工作，方可不致有礙農田戽水。故敷設專用電話線，於二十年戽水業務開始以前竣工應用。其電話線之分布，使附近20餘站，均得聯絡，互通消息，此項電話綫設立後，於戽水工程上，大有補益。

電力灌漑，自辦理以來，已有八年，開始於民國十三年，當時應用機力戽水尙少，電力更非農民所信任，故取用包田制，每畝價洋一元二角及一元七角不等。後以包田制，用電一無限制，水旱相差甚大，故改爲包度制，每畝包用10度(KWHR)，每度價洋6分，其餘一切機件費用，均由農戶負擔。後改訂每畝包用電度15度，每度價洋7.5分，每站機件租費350元，承辦者每站給予辦公費200元，用電節省者，給獎勵金50元。今年又加修改，所收戽水費，分爲電費，租費，事務管理費，工程管理費等數項，其他消耗材料，及站屋水溝壩道等修理費，均按實攤派收取，計電度每畝包用10度，每度價洋7.5分，事務管理費每站150元，工程管理費每站100元，租費350元，加以他項費用，每畝約合戽水費一元五六角。此項章程，刻已實行。

稻作戽水之時期，就武錫兩邑而言，約自六月初至十月底止(芒種至霜降)，二十年份計田46,595.69畝，用電365,418度KWHr，平均每畝7.84度。按月用電度數及雨量數，列表如下：

月份	六月	七月	八月	九月	十月
電度	58,665	44,008	171,487	75,621	15,634
雨量	146.1	515.7	23.7	159.1	0.3

用電度數與雨量，本有相當之關係，但因時期上之參差，及雨量之大小，未能卽成相當之比例。如雨率甚大，反使田中積水過高而放去，過若干時後，仍須用電戽入田中。又稻作有一乾稻時期，在此期中下雨，均須全部放出，與用電度數一無補益。

二十年度收入，以電費爲大宗，包田戽水費次之，租費又次之；玆將收入各費，列表如下：

項別	洋數	百分數
電費	32,763.56元	76.75%
包田戽水費	6,947.41	16.30
租費	2,965.20	6.95
合計	42,616.17	100.00

上項收入除去各項費用，計行政費，電費，工費，材料，折舊，旅費，雜費，各站辦公費等共35,951.96元，尙餘6,664.21元。

去年除上述各站外，又試辦芙蓉圩灌洩。芙蓉圩處於武進無錫兩邑之間，占地約100,000畝，耕田約60,000餘畝，四週築以土圍，形如仰釜，圩內高低之差，約爲1.3公尺(4英尺)。歷年患水，稻收旣歉，麥收僅十分之一二，農產損失，估計年達400,000元。圩內農民，各自爲政，且年有糾紛。蓋該圩地勢旣屬如此，排水自覺困難。去年秋季海水爲災之後，先設法試辦武進區內一部分之電力灌洩計畫，現已有種麥者三千畝，使農民知電力灌漑之效力，以爲將來全圩協辦之先聲。

北寧鐵路自造天王式機車

陸增祺

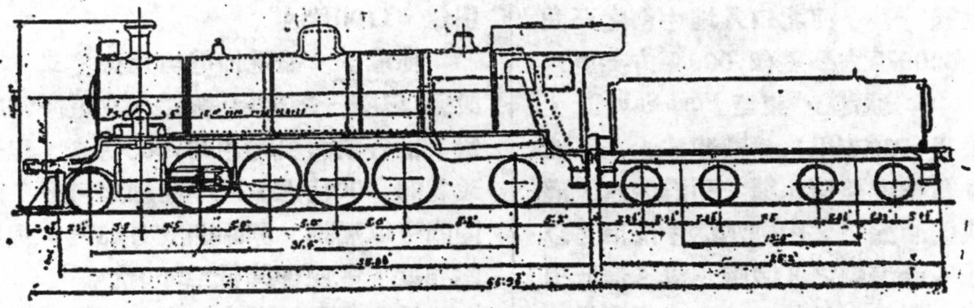

重量 8.0625 14.825 15.6875 15.7625 15.665 10.965 53.8625

北寧鐵路自造天王式機車，(Mikado 2—8—2)，詳情已由陳體欽君著文於『工程』季刊第七卷第一號中述之。唐山機廠製造機車，遠在民國二年。最初製○式。後製蒙古式(Mongul)，今製天王式，民國十二年已造成11輛，自後因修理工作較忙，無暇製造，去年又製造4輛，均已工竣。今在工作中者有太平洋式(Pacific)客車機車2輛。北寧路本為全國各路最發達者，去年又招標購買天王式機車14輛，太平洋式機車6輛，乃以東北事變猝起，延期訂立合同，在目前情勢中，恐不能再添購機車矣。

自製天王式機車第四輛，即327號，承路君伯善惠贈盧段長所攝一影(刊本期封面)，與唐廠自造之○號合為一影，得比較車身之大小。天王式之圖樣，併刊於下。其大要Data 為：—

軌距 1.435公尺(4′—8½″)
焰管 24根一徑 13.6公分(5⅜″)
159根一徑 5.1公分(2″)
焰管長 5.5公尺(18′—1″)
兩端接鈎間總長 23.21公尺(67′—9⅝″)
機車總重 載重時80.97噸 空車70.41噸
煤水車總重 載重時53.86噸 空車23.04噸
汽甯 徑 53.4公分(21″)
衝程 71.2公分(28″)
汽壓 每平方公分12.65公斤(每平方英寸180磅)
受熱面積
火箱 13.55平方公尺(146平方英尺)
焰管 195.平方公尺(2095平方英尺)
過熱面積 46平方公尺(493平方英尺)
爐篦面積 3.85平方公尺(41.4平方英尺)
主動輪直徑 1.37公尺(4′—6″)
前轉動輪直徑 0.95公尺(3′—1½″)
前轉動輪直徑 1.09公尺(3′—7″)
牽引力 15.850公斤(35.000磅)
黏附力比 3.93
煤水車容水量 22.730公升(5000英伽倫)
煤水車容煤量 8.5噸

◉北甯路機車之限制條件

每個主動輪軸之重量 不得超過16噸
車寬 不得超過3.05公尺(10′—0″)
車高 不得超過4.575公尺(15′—0″)
轉盤 19.8公尺(65′—0″)
橋樑載重 Copper E 45.(不得超過4%)
車軌灣度最小半徑 304.公尺(1000′)
岔道灣度最小半徑 182.9公尺(600′)

埃及尼羅河口電力灌水墾田

李開第

埃及尼羅(Nile)河北口入地中海之三角地，面積計5200平方公里(2,000平方英里)，西自Alexandria城起，東至Port Said止，長約160公里(100英里)，爲鹽滷沙土，不能耕植之地。昔曾開鑿清水渠，引導淡水，灌注田中，使鹽滷漏下，由排水溝中流出，以入于海，或入近海處之3個鹽水湖。惟此項方法極遲緩，須費年代甚久，清水渠與排水溝高低相差不大，水流不能迅速。埃及政府乃决定採用電力灌水墾荒，使能種植甘蔗，棉花，稻作一類植物。其情形與我國江蘇省長江北岸東海濱一帶土地相若，故介紹彼邦情形，爲國人告。

埃及電力灌水墾田，並非灌溉淡水，而以鹽滷之水從排水溝打出，使排水溝之水位降低，田中淡水得加速流下，多帶鹽滷，以期墾田成熟時間提早。是項計畫自1930年始動工，今已完成。機械多係向英國茂偉電機製造廠(Metropolitan Vickers)訂購。分述如下：

發電廠　計有3處，總共23,500瓩(Kw.)分佈於下列地點：

Atf 在西岸，有3座2500瓩之蒸汽透平機，3相，3300伏，50週波。

Belqas 在中區，有4座3500瓩之柴油提士引擎。

Seru，在東岸，有4座500瓩之柴油提士引擎，1100伏。

佈電線　輸電佈電均用架空式，有雙重設備，以防一線損壞。線路現在電壓爲33,000伏，惟各項材料均用66,000伏者，以備將來改爲66,000伏之輸電網。線路可分7區，各開關可以隔斷。開關間共有13處，與抽水機站相近，電壓卽降低至650伏。

抽水機站　共有15處，水量水高各處不同，惟因水面高度相差甚低，僅1.5至3公尺(4.9—11.8英尺)，故各處抽水機均用45°傾斜軸式，觀下圖可見大概。抽水機之葉子爲Gill式，常在水中，開動時可毋須引水。此種抽水機底脚載重亦均匀，因裝機處地土多鬆浮也。

15處抽水機站中共裝抽水機68具，各用電動機轉動，惟用減速齒輪，其馬力，速度，水量，水高等，可擇數具列表如下以見一斑。

每秒水量立方公尺	最高水位差	每分鐘轉數 抽水機/馬達	馬力
33	2.3公尺	138/982	432匹
16.5	2.25	152/978	216
14.6	3.1	178/978	289
10.43	2.5	158/978	238
8.0	1.6	164/977	81.2
6.0	2.35	202/975	121.8

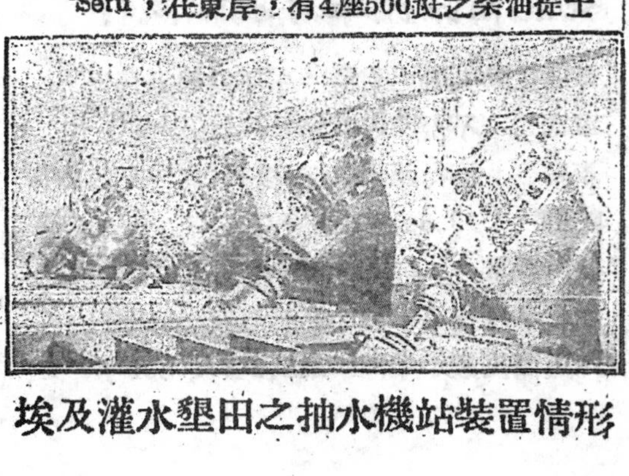
埃及灌水墾田之抽水機站裝置情形

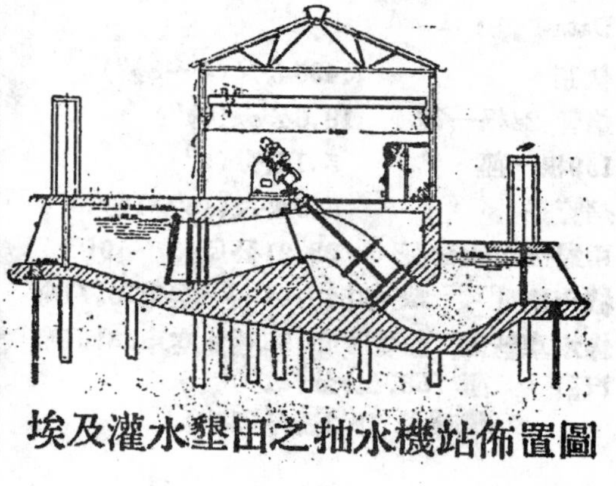
埃及灌水墾田之抽水機站佈置圖

17110

軍械一覽表

張輔良

自暴日侵佔東北，挑釁滬戰後，國人莫不注重國防，吾工程人士亦以國防爲種種計畫之目標。顧吾國國民對于軍事常識，實太淺薄，當局者又以軍事秘密爲藉口，唯恐人民知之。故吾國海軍軍艦內容如何，航空飛機究有若干，及陸軍槍械種類數量等，均非一般人所能得知，而敵人所知關于吾國之軍實，則恐較吾當局更調查明確也。茲承張輔良先生寄示軍政部之軍械一覽表，雖非吾國現在情形，亦可爲吾工程界之參考，下期有毒瓦斯一覽表。國防計畫均有待於吾工程界，軍械一項於機械及化工冶金等科，有密切關係，幸祈注意焉。——編者

步槍

名稱	國號	口徑	彈重	裝藥量	初速	最大射程
		公厘	公分	公分	公尺/秒	公尺
毛瑟 (Mauser)	德	7.9	10.0	3.2	885	2000
曼利夏 (Manlicher)	奧	8.0	10.0	2.75	870	2250
李恩飛 (Lee Enfield)	英	7.7	11.275	2.53	756	1800
陸伯 (Lebel)	德	8.0	12.8	3.0	720	2000
納甘 (Nagant)	俄	7.62	9.2	3.25	880	1900
克拉格 (Kag-Jorgenes)	丹	8.0	12.7	3.20	770	2100
斯普靈 (Springfield)	美	7.62	9.72	3.15	823	2000
三八式	日	6.5	9.2	2.0	765	4000
卡罕諾 (Carcano Palabichino)	意	6.5	10.45	2.28	720	2000
失密德 (Schmidt Rubin)	瑞典	6.5	11.3	3.2	800	2000

機關槍

名稱	國別	口徑	全重	全長	發射速度
		公厘	公斤	公尺	公尺/秒
馬克沁 (Mazim)	英德俄中	7.9	42.2	1.3	500/600
勃郎林 (Browing)	美	7.62	37.10	—	400/525
哈其開斯 (Hotchkiss)	法	8.0	57.—	—	500
失瓦慈 (Schwarzlose)	奧	6.8	35.—	1.4	500/600
三十節	中	7.9	46.2	1.23	500/600
三八式	中日	6.5	49.6	1.448	500/600
可爾特 (Colt)	英	7.7	26.5	1.998	750/500
輕機關槍					
哈其開斯 (Hotchkiss)	法	8.0	8.34	1.15	300
啓拉里 (Kiraly)	瑞士	7.9	7.70	1.186	400/500
羅威司 (Lowis)	英美	7.62	12.00		250/500
馬德先 (Madsen)	西丹荷挪	7.92	7.50	—	200/300
不利西亞 (Brixia)	意	6.5	12.0	—	600
十一年式	日本	6.5	10.20		
捷克式 Ceckoslovenska	捷	7.9	9.55	1.2	

高射機關鎗					
1921式 0.5吋	美	12.7	71.20	—	450/500
13.2公厘	法	13.2	165.00	1480	450
飛機機關鎗					
駕駛員用 Hotchkiss	法	8.0	9.0	1085	1000以上
觀察員用 Hotchkiss	法	9.0	22.44	—	1000上以
手提機關鎗					
湯姆生 Thompsen	美中	11.43	5.58	815	300/400
梅格門 Bergwan	德中	7.65	5.32	820	600/700

火砲

名稱		口徑	砲管長	彈重	初速	最大射程	射擊時重量
		公分	徑倍數	公斤	公尺/秒	公尺	
步兵砲	奧	4.4	37	1.2	850	8000	200
迫擊砲	法	8.1	15.5	3.5		3000	58.4
迫擊砲	法	15.0		20.		4000	4005
野砲	法	7.5	40.6	6.3	675	13000	137.
山砲	法	7.5	18.6	6.3	400	9500	800
輕溜彈砲	荷	10.5	22.	15.8	440	10358	1540
野戰加農砲	美	10.5	36.	16	686	6000	2470
野戰溜彈砲	美	15.0	15.6	40	410	10000	2820
高射砲	荷	7.5	4.5	6.5	750	遠14600 高 9500	4520
高射砲	荷	10.5	60	16.	1050	32000 17000	11750
要塞砲	美	40.6	50	1064	820	40800	453590
鐵道砲	美	35.6	50	707	—	38390	340000
長距離砲	德	21.0	36	120	1500	122000	
海軍砲	美	40.6	45	952	854		

世界氮化物之產額及銷費

沈熊慶

世界氮化合物之產額，除智利硝石不計外，本年估計約有3,000,000 公噸，上年度(即 1930 年七月起至 1931 年六月止)祗有1,694,288公噸，較前年度(即 1929 年七月起至1930年六月止)約減23%，至上年銷費亦較前年減少329,492公噸，約17%

下表所示，係美國工商部化學科發表之統計，見J. Ind. and Eng. Chem. Vol. 10, No.4

硫酸錏	1929—30	1930—31
副產物	424,440	359,594
人造	442,100	349,087
	866,540	708,681
硫錆化合物	263,800	200,932
硝酸鈣	130,500	110,585
其他氮化合物*		
人造	427,300	393,150
副產物	51,400	30,940
智利硝	464,000	250,000
總產額	2,203,540	1,694,288
氮化合物	1,586,904	1,377,005
智利硝	363,893	244,300
銷費總數	1,950,797	1,621,305

17112

17113

17114

中國工程師學會會務消息

◉年會改在天津舉行

本會今年年會，原定在武漢舉行，茲接該分會六月十七日來函，因故不及籌備，當經第九次執行部會議討論，改變年會地址，因去年之議決案，本由武漢及唐山兩地中決定武漢，今武漢既不能開會，則自當往唐山，惟唐山會員不多，地稍僻靜，乃決定離唐山最近之大埠天津，爲本會今年年會地點，會程中將往北平及唐山參觀，詳待後佈，日期亦未十分確定。茲錄武漢分會來函如下：

敬啓者，頃奉大會五月二十七日及六月十日兩函，暨印刷品均誦悉。查本會本屆年會，既經第四次董事會議決在武漢舉行，本分會同人當極表歡迎，自應亟積籌備。惟經會商討論結果，有下列困難四點。(一)大會開會時正爲大水期間。武漢自上年大水後，至今人人猶談虎色變，本年水勢情形如何，未能逆料，倘再有同樣情形，則不獨武漢會員無暇顧及，卽外埠參加會員，亦當感不快。(二)現距開會期間爲時僅將兩月，本分會員或在教育服務，已放假他去，或工作甚忙，無暇籌備。(三)武漢各機關經濟困難，募捐旣難，卽設法將會員本年會費收齊，亦屬不易。(四)鄂省匪患，此出彼沒，時時可慮。基以上四點故，本分會同人咸以爲請大會改期舉行，或緩期開會，或改至下屆，悉聽鈞裁。所有種種困難情形，及請改期開會各緣由，理合函陳，卽乞鑒察。並盼示復。此上

中國工程師學會總會　　武漢分會謹啓

◉第八次執行部會議紀錄

日期：二十一年六月十六日下午四時半。

地點：大陸商場本會新會所。

出席者：胡庶華　裘燮鈞　莫衡　張孝基　徐學禹

主席：胡庶華　紀錄：莫衡

報告事項：

(1) 會所房租房捐及電燈費，概由上海分會付給，總會貼還分會每月三十元；又分會貼還總會辦事員酬金每月五元。

(2) 本會會員陳長源君捐助本會工程書籍一千册，不日卽可去取。

(3) 膠濟路局來函，允自六月份起，按月撥給本會會刊廣告費三十元。

(4) 推莫幹事衡，爲科學名詞審查會本會出席代表。

(5) 陝西涇惠渠定於六月二十日舉行放水典禮，本會推董事凌鴻勛代表參加，並致祝詞。

討論事項：

(1) 已收永久會員會費應如何撥存基金案。

議決：撥二千元交基金監保管，(合前數共存九千八百元)

(2) 本會圖書室徵求各項中西文工程雜誌（不論新舊）應如何進行案。

議決：在本會出版之週刊及季刊登載徵求廣告。

(3) 公用局來函，借用本會楓林橋基地作爲球場案。

議決：在本會尚無用途以前，暫准借用，但得隨時收回。

(4) 前中華工程師學會北平會所，迄今尚未接收，應如何辦理案。

議決：函催兪華兩委員從速接收報會。

(5) 山西太原分會，尚未改組，應如何辦理案。

議決：函催該分會從速改組成立分會。

(6) 上海分會來函，請求轉呈本市當局，禁止外人參觀吳淞及獅子林要塞，以維國體案。

議決：轉函軍政部，陳述意見。

(7) 會員過養默請求發給技師登記證明書案

。

議決：通過照發。

(8) 武漢分會請求補助年會經費，應如何辦理案。

議決：暫由總會墊付壹伯元。

(9) 總會職員程王兩君，請求增加薪金案。

議決：自七月份起，各加月薪五元。

◉第九次執行部會議紀錄

日　期：　二十一年六月二十日下午五時。
地　點：　南京路大陸商場本會新會所。
出席者：　胡庶華　裘燮鈞　莫衡　張孝基　徐學禹(胡庶華代)
列席者：張延祥
主席：　胡庶華　　紀錄：莫　衡

報告事項：

(1) 武漢分會函請年會改期舉行；

(2) 陝西實業考察團函告組織成立。

討論事項：

(1) 中華職業教育社在福州開年會，函請推派代表參加案。

議決：推沈觀宜為本會代表參加。

(2) 隴海鐵路局函請推派代表參加陝西實業考察團案。

議決：下屆會議再行決定。

(3) 魏如及支秉淵二君函請發給技師登記證明書案。

議決：通過照發。

◉陝西實業考察團邀請本會參加

隴海鐵路局及鐵道部及陝西省政府，組織陝西實業考察團，邀請有關係各界派員參與，並聘各專家參加，本會亦蒙相邀派代表赴會，現尚未決定請何人為代表。茲將隴海鐵路管理局來函錄下：

敬啓者，我國西北各省區，物產豐饒，礦藏甚富，年來以道途梗阻，災旱頻仍，致無開發之機，遂乏救濟之策，民困可憫，棄利可惜，有識之士靡焉憂之，本年中央議決，以西安為陪都，藉謀地方之繁榮，限期修築。敝路潼西段，先求交通之便利。陝西省政府亦復積極進行，力圖實業之發展。敝局疊與協商結果，由敝局發起組織陝西實業考察團，除請有關係各部各界派員參與外，並敦聘國內各大學專門教授，暨經濟實業專家參加，由陝西省府派員分組領導，並派兵警隨行保護。對於陝西全省農業，林業，礦業作具體之考察，並瀏覽名勝古蹟，實地瞻仰，我國文化之源流。旋即以考察所得，公諸國人，以期喚起注意而達共同開發之目的。所有本團旅行交通方面，由陝省政府負責籌辦，其膳宿各費敝局應竭誠招待，並每人另致徵費百圓，備作途間零雜之需。素仰貴會研精宏業，於陝省建設大端，需要正殷，故特函懇選約代表一位參加，以期借重偉見，裨益斯舉。茲定於八月十日在鄭州集合，預計九月中蕆事，來回程約需三十餘日，以程期甚暫，擬從西安起點，分南北兩組，分道進行，附奉陝西實業考察要覽一冊，所有陝省沿途概況，及旅中須知，均已揭載，請轉交詧閱。並希將代表之名甫住址，及願加入南組抑北組各節於七月十日以前賜示，以便直接寄奉來鄭車票，並掃塌迎駕，無任企禱之至。敬上

中國工程師學會

隴海鐵路管理局局長錢宗澤
隴海鐵路潼西段工程局局長兼管理局副局長淩鴻勛

◉本會新聘辦事員

本會前辦事員金之傑君辭職後，祇有智巨君一人辦理會中事務，不及兼顧內外，當經執行部物色委聘王錫綸君為本會辦事員，已到會辦公矣。

17117

◉本會會所佈置情形

本會自遷入大陸商場新會所後，頗覺精巧舒服，一切佈置裝修及器具，統由會員楊錫鏐先生義務設計，十分美觀。房租每月40兩，外加房捐及電燈，本會實付30元，餘數係由上海分會負担。會內有書櫥7只，書架1只，滿貯圖籍，為工程圖書館之胚點，望各會員能盡量利用之也。

本會會所隔壁541號為南洋公學同學會，中間闢一門可往來。南洋同學會內有宿舍四間，取費極廉，本會會員亦得介紹寄宿。且清華同學會及梵王渡俱樂部均設在大陸商場四樓，本會會員中亦頗多係該會等之會員，故外埠來滬會員，來本會可多得便利也。

會員駕臨由二馬路電梯登樓為近，登樓後左邊第一間卽本會會所，電梯自上午八時起，至夜半十二時停。

◉美國分會消息

美國分會於今年五月廿八日出版第十四卷第三號會務報告一册，內載該分會消息摘錄如下。

選舉結果：

正會長	顧毓珍	副會長	王國松
書　記	張昌華	會　計	李錦瑞
電機股長	歐陽藻	機械股長	馮桂連
化工股長	潘履潔	土木股長	沈錫琳
礦冶股長	朱玉崙	建築股長	鮑　鼎
紡織股長	于聲銘	航空股長	羅榮安

區會：普渡區會　康乃爾區會　紐約區會三處

參觀：普渡區會曾參觀Indinapolis自來水廠及排污廠。

康乃爾區會曾參觀 Morse Chain & Co. 及 Smith Corona & Co., Willers Maller & Co.

演講：普渡區會曾開演講會，劉樹鈞講高射砲，林海明講電話價率，孟廣哲講高壓蒸汽爐等。紐約區會於二月二十一日請新由中國返美之United Aircraft Export Co 副總裁 Mr. Mc-Cornell演講中國飛行事行。

◉本會分會職員錄

上海分會

會長 徐佩璜(君陶) 副會長朱其清

書記 李　俶(泰雲) 會計 鄭葆成

南京分會

會長 程振鈞(弢甫) 副會長吳承洛(澗東)

書記 陳體榮(天雄) 會　計惲震(蔭棠)

杭州分會

會長 李熙謀(振吾) 副會長胡仁源(次珊)

書記 茅以新　　會　計孫雲霄(云逍)

唐山分會

會長 羅忠忱(建侯) 副會長 宮世恩(子光)

書記 陸增祺(曾祺) 會計 伍鏡湖(澄波)

青島分會

會長 鄧益光(述之) 副會長 宋鏘鳴(蘭佩)

書記 嚴宏溎(仲絜) 會計 姚章桂(榮伯)

濟南分會

會長 張含英(華甫) 副會長 王洵才(幼泉)

書記 朱文田(硯耕) 會計 陸之順(遊撫)

北平分會

會長 趙世暄(幼梅) 副會長 俞同奎(星樞)

書記 孫洪芬　　會計 郭世琯(絳儀)

天津分會

會長 華南圭(通齋) 副會長 邱凌雲(漱虛)

書記 嵇銓(衣衡) 會計 楊先乾(君實)

武漢分會

會長 朱樹馨(木君) 副會長 高凌美(叔俊)

書記 陳彰琯(來伯) 會計 繆恩釗 方博泉

美國分會

會長 顧毓珍　　副會長 王國松

書記 張昌華　　會　計 李錦瑞

中國工程師學會會員通訊箋

本箋備會員通訊之用　凡有關於會務之建議　本人最近工作或生活之狀况　本人最近之著作提要及出版處　本人所在機關之進行狀况
本人所在地之社會近况　其他一切能引起興味之報告　均所歡迎

君現住

中華民國　　年　　月　　日

17119

◉徵求(工程)季刊

一卷三號 一卷四號

二卷一號 二卷二號

三卷一號 三卷三號 三卷四號

四卷一號 四卷二號 四卷三號

可換七卷一期以後各期季刊，願割受者請寄至上海南京路大陸商場五樓本會。

◉會員通信新址

0180 裴積成 (職)濟南新城兵工廠
3722 初毓梅 (住)濟南市皮家胡同8號
0022 齊鴻猷 (職)濟南建設廳
0023 康時振 (住)上海辣斐德路淞雲別墅4號
0040 辛文琦 (職)濟南實業廳
0040 章書諫 (職)上海仁記路25號阜豐麵粉公司
0466 諸水本 (住)無錫藥門
0741 郭承恩 (職)南京軍政部兵工署
0864 許 鑑 (職)南京煤炭港首都輪渡工程處
1010 王 虔 (住)蘇州蔡匯河頭50號
1010.2 王魯新 (職)上海九江路大陸商場新通公司
1010.3 王心淵 (住)蘇州城內廟堂巷46號
1010.4 王孝華 (職)上海外灘沙遜房子興華公司
1010.7 王祖同 (職)青島市財政局
1123.4 張世耀 (職)濟南膠濟鐵路工務段
1123.4 張聲亞 (職)濟南膠濟鐵路工務段5號
1123.5 張孝敬 (住)濟南學院門口3號
1123.0 張彥修 (職)濟南緯二路機械製造廠
1123.4 張孝基 (住)上海小西門內吳家支弄
1123. 張 堅 (住)上海大陸商場南洋學會
1080. 賈榮軒 (職)天津河北省政府實業廳
1123. 張 鑾 (職)天津北寧鐵路局
1040. 于皥民 (職)濟南小青河工程局
1123.5 張惠康 (職)上海靜安寺路興和里16號東方年紅公司
1123.6 張貽志 (職)上海寧波路47號和昌商行
1241 孔令垣 (職)濟南實業廳
1249.1 孫瑞璋 (職)濟南膠濟鐵路機務處
1249.2 孫維翰 (住)濟南縣東巷20號
1249.8 孫孚衍 (職)上海楊樹浦申新五廠
1710. 孟永壁 (職)漢口特區工務處
2121. 盧其駿 (職)浦口津浦鐵路局
2121. 何墨林 (職)漢口中國銀行
2190. 柴志明 (職)上海靜安寺路興華里16號東方年紅公司
2324. 傅 銳 (住)上海愛文義路聯球里1561號
2590. 朱 倬 (住)浙江平湖東城河灘朱宅
2590.0 朱詠沂 (職)杭州江邊杭江鐵路局機廠
2590.1 朱瑞節 (職)杭州浙江大學工學院
2590.6 朱恩錫 (職)安慶安徽省建設廳
2590.9 朱耀庭 (住)杭州法院南司弄6號
2641. 魏祖摩 (住)蘇州城內横街
2643. 吳 卓 (住)上海靜安寺路柳迎村29號
2643.0 吳慶衍 (職)南京新街口忠林坊49號大昌實業公司
2691. 程瀛章 (住)上海梅白格路三德里14號
2721 倪鍾澄 (職)漢口華商街美孚行
2742 鄒勤明 (職)滕縣津浦路工務段
2792 繆蘇駿 (住)上海康腦脫路永寧坊588號
2829.0 徐文台 (職)杭州復旦中學
2829.0 徐文洞 (職)上海江西路212號華發公司
2829.3 徐渭三 (職)杭州浙江大學工學院
2829.3 徐澤昆 (職)唐山交通大學
2829.6 徐鳴鶴 (住)揚州城內南門大街朱府巷口
3021. 宛開甲 (職)上海九江路14號益泰祥

17121

造公司
3090. 宋子明 (職)濟南二緯路機械製造廠
3111. 江元仁 (職)上海寧波路40號華啓公司
3111. 江世䗖 (職)廣州粵漢鐵路株韶段工程局
3112. 馮 雄 (住)南通城內中學街2號
3112. 馮朱棣 (職)南京軍政部兵工署
3128. 顧 振 (職)上海外灘12號開灤煤礦務局
3216. 顧穀成 (職)濟南津浦鐵路機廠
3128. 顧耀鎏 (職)上海圓明園路29號光裕機器 公司
3216 潘廉甫 (職)杭州電話局
3216 潘承梁 (住)上海姚主教路大同坊10號
3216 潘晦根 (住)漢口特三區湖南街元智里10號
3216. 潘縉芬 (住)濟南飲虎池街 2 號
3426. 褚鳳章 (住)嘉興南門
3530. 連 濬 (職)上海仁記路35號成城公司
3712 滑建山 (職)山東建設廳
4040.4 李葆華 (職)木治華利煤礦公司
4040.8 李善元 (職)上海四川路29號孟阿恩公司
4040.8 李鑑民 (住)成都焦家巷10號
4073. 袁翊中 (住)濟南萬貝巷13號
4373. 裘 榮 (職)南京兵工署理化研究所里6號
4385 戴 濟 (職)上海交通大學研究所
4410 藍 田 (職)重慶成瑜鐵路局
4422.0 蕭慶雲 (職)上海新閘路南安里1096號
4422.7 蕭開瀛 (職)鎮江建設廳
4442 萬 選 (職)濟南膠濟路工務分段
4474 薛次莘 (住)上海赫德路陟德里48號
4480.0 黃 潔 (住)上海麥特赫司脫路481
4480.0 黃 炎 (住)上海康腦脫路福康里302號
4480.9 黃炳奎 (職)上海華德路申新第五紡織廠
4480.2 黃作舟 (住)濟南城內富官街12號
4480.4 黃壽益 (職)杭州杭江鐵路局
4480.7 黃閎道 (職)上海四川路中國旅行社
4490.5 蔡邦霖 (職)天津河北新車站
4490.7 蔡民章 (職)濟南實業廳
4490. 葉 鼎 (職)青島膠濟路工務處
4490 葉家垣 (住)上海辣斐德路益餘坊3號
4491.2 杜德三 (職)濟南建設廳
4497.3 杜寶田 (職)山東四方膠濟鐵路機廠工場
4499 林廷通 (職)杭州杭州電廠
4499 林逸民 (職)南京鐵道部
4692.0 楊立惠 (職)上海老北門國際電信局
4490.5 蔡邦霖 (職)天津河北新車站
4490.7 蔡民章 (職)濟南實業廳
4490. 葉 鼎 (職)青島膠濟路工務處
4490. 葉家垣 (住)上海辣斐德路益餘坊三號
4491.2 杜德三 (職)濟南建設廳
4491.3 杜寶田 (職)山東四方膠濟鐵路機廠二場
4499. 林廷通 (職)杭州電廠

◉本刊啓事

本刊現每期印 2200 份，已有定戶 200 餘，尚謀積極推廣，以期經濟自立。會員按期贈閱，深盼盡力介紹新定戶，並求指教改進。

本刊印刷費大部份賴廣告費挹注，因廣告不多，故未克每週出版，尚望各會員踴躍介紹廣告，以裕財源，庶可按期出版，幸甚。

17122

工程週刊

中國工程師學會發行
上海南京路大陸商場大廈五樓
電話 92582

北平分會：西單牌樓報子街
電話：西局809
南京分會：慈悲社6號
電話：22913

中華民國二十一年
七月十五日出版
第一卷 第十二期
中華郵政特准掛號認為新聞報紙類
（第1831號執據）

定報價目：每期三分
全年52期連郵費
國內一元 國外三元六角

本期要目

杭州自來水廠沈澱池及混凝槽

杭州自來水廠沙濾池及調
節間殺菌間

自來水工程

編者

我國各地已辦自來水者，僅僅二十處，上海自來水公司及上海法商水電公司，及天津英工部局水道處，係屬外人經營，撫順，大連，南滿，玉川，則為日人經營，青島之自來水廠係接收德人創辦者，此外官商合辦者為吉林，雲南昆明，及廣州增埗水廠三處，而商辦者為上海內地自來水公司，漢口既濟水電公司，汕頭自來水公司，上海閘北水電公司，北平，廈門，及鎮江之自來水公司，寥寥若此，深可慨已，去年得見杭州自來水廠初期建築成功出水，亦可告慰，此外在進行中者有南京及廣西梧州兩處，今年或明年亦可望完成出水。

自來水關係市民飲料及衛生，原係水火不可一日或缺者，但竟不能普及各城市，吾工程師亦有責乎？考其不能普及之緣由，(一)資本巨大，至少須在一百萬元左右，初辦時利益不厚，(二)性質永久，不能隨時變易更改或出售，(三)範圍廣大，及於全城市，與全市民衆均有關係，辦理措施不易，(四)工程專家缺少，關于水源紀載之材料，更難覓求，設計又隨地而異，(五)材料大部份爲鐵管，須有賴外國貨，價值高昂。惟此種種困難，吾工程界人士應可制勝之，至於資本則近日影片公司招股，有五百萬元者，有一百五十萬元者，以視自來水工程，孰緩孰急，不待智者而知，則亦惟在人爲耳。

自來水既爲公用事業，似以市辦爲最適宜。杭自來水廠攤派公債，由市民負担，仍爲市營性質，即如建築中之南京及梧州兩自來水廠，亦均係市營。惟市營經費太窘迫，杭市發行自來水公債二百五十萬元，強制攤派亦不過得六十萬元，南京發行公債四百萬元，則至今尙以經費無着，工程不能迅速進行，梧州以政局疊經變動，遲延三載，尙未告落成，則市營實亦戛乎其難。且自來水實係一種社會事業，決不可受政治影響而更動人員，今則國營事業，莫不隨人之進退而變動，於事業之進展實大有害也。

市政府尙以位處重要，能籌款創辦自來水，至于縣政府則恐無力顧此，於此，不得不提倡商辦水廠，吾工程界同志應居於創議者地位，以促其成。國人每鑒於招商局及杭州電廠等收回國營，不敢投資，惟今民營公用事業條例已經公布，專利由二十年增至三十年，則似亦有相當之保障矣。

自來水創始也難，維持更難，創始維持，均吾工程界本分內之事，盍勉之乎！

杭州自來水廠工程

程士範

杭州市自來水廠自民國十七年起籌備，原計畫在富陽社井建進水廠，後因經費關係，縮小計畫，先取水於清泰門外貼沙河，於民國十九年六月開工，九月建造水池，十一月進行敷設供水管網，歷經艱險，始於二十年七月底完工，八月十五日正式通告供水。此項初期建築工程範圍雖小，而完成已大不易，爰述概要，爲工程界同志參考也。

籌備杭自來水由省政府組織委員會主其事，後改屬市政府。聘美人 H.A. Petterson 氏任總工程師，士範於十八年八月受委任爲工程師兼工程處主任。經費方面發行市公債 2,500,000 元，實募得747,353元，又向各銀行抵押公債借到 467,875 元，省政府撥發籌備經費148,231元，總共計 1,363,459 元。初期工程支出決算爲1,112,134元，分列如下：

地基	37,218元
房屋	42,385
水池水井及聯絡管線	196,438
供水管網	485,889
公共給水設備	32,603元
用戶給水設備	904
機械及附屬設備	55,891
滬製設備	16,320
鑿井	7,372
材料關稅運費	99,781
預備費及工程剩餘材料	137,329

關於工程方面者，玆分段述之：

(一)水源 進行自來水工程之首要，厥爲探覓水源，第一注意水源距離供水管網中心點之遠近，第二注意水質，第三注意水量大小。杭市水廠水源，屢經勘察，復由地質專家探究，有4種計劃，(1)建造蓄水池，築壩蓄水，以理安及梵村二處最爲適宜，而理安尤省經費。理安蓄水池經計劃每分鐘可出水8500公升(2500美伽倫)，水面高度58公尺(190英尺)，面積360,000平方公尺(538畝)，各項建築費須 750,000 元。築壩地點地質，亦經礦產調查所探鑽，(在徐村)，均可滿意，惟因計劃太大，一時不能動工。(2) 試鑿自流井，選定湖墅仁和倉後地址，鑿至160 公尺（520 英尺），尙無充分量水源發見，遂行廢止。(3) 社井北套江之水，化驗水質極佳，並經詳加測量，勘定作爲水源，但經十八年秋冬之亢旱，五閱月未雨，江水乾涸，鹽份增多，故又廢棄此計畫。(4) 最後決定在清泰門北取貼沙河之水，因自來水總廠地址，原定在清泰門外貼沙河旁，今在貼沙河暫行取水，自極便利，將來逐步擴充，籌建永久水源，亦有從容時間。惟貼沙河僅爲臨時水源，每日平均供水量在 3,785,000 公升(1,000,000伽侖)之內，且水質不甚佳，須特別濾製，費用頗重。將來杭市發展，供水量增加，則理安及梵村之蓄水池必須建築，而北套江周家浦上游入口處濬深，取爲水源，日可供一百兆伽侖之水，不虞竭也。

(二)總廠 總廠在清泰門外，基地計97.4市畝，有進水機間，沉澱池，沙濾池，貯沙池，調節間，殺菌間，清水池，出水機間，電氣變壓所。所用各項材料，用招標方法决定由下列行家承辦：

1. 打水機廠由上海捷成洋行承包，高壓低壓離心式打水機各兩座，直接電動機，電力爲 3 相，380 伏，50 週波。價英金 £1784—，上海至杭州運費 £50—，裝置費$1850—。
2. 供水管綱材料由上海西門子洋行承包，總共計美金137,195,20元。
3. 生鐵開關，水管接頭等材料由上海公勤鐵廠承包，合計國幣 20,116.43元。
4. 公用龍頭水表由上海新通公司承包，共美金G $1500.—
5. 錐形量水表向美國 Simplex Valve

沈澱池壁鐵筋結構工作

混凝槽及進水機間及調節間

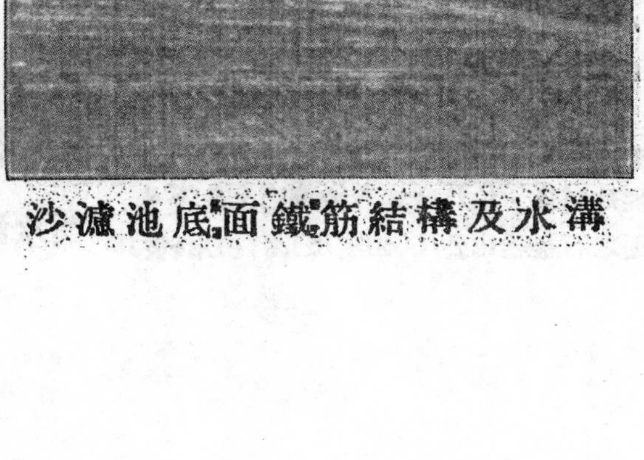

沙濾池底面鐵筋結構及水溝

& Meter Co.直接定購，計美金G$1500.—

6. 氯氣殺菌機及加礬機由上海馬爾康洋行承包，共計美金 G$1615.—

7. 氯氣由上海禪臣洋行承包，每噸價英金£21—4—2。

8. 自動水平測量器（紫陽山蓄水池與總廠間之聯絡）由上海西門子洋行承包，計美金 G $236.50

9. 修理廠用車床鉋床鑽床及截管絞紋機，由上海愼昌洋行承辦，共價規元 3720兩。

10. 浮力開關直接向美國 Golden-Andersen Valve Speciality Co. 訂購，計美金 G $682.—

11. 電力由杭州電廠供給，3相，50週波，380/220 伏，每月照最高負荷每基羅瓦特(KW)電費 $4.00，加電度數在每日〇點至17點間所用者，每度 2.24分，在17點至24點間所用者，每度8分。保證金2000元。

12. 用戶水管材料由上海捷成洋行承包，共計英金£1050—13—9.

（三）土方工程　總廠土方係由上海協興營造公司承包，價目自地面挖至10英尺深，每英方$0.61，自10至16英尺深，每英方$1.10，自16英尺深以下，每英方尺$1.70，填方每英方$0.30，抽水及板樁工作，由會自辦。先後購辦5馬力火油引擎抽水機二部，4馬力柴油引擎抽水機一部，2馬力火油引擎抽水機一部，及手搖抽水機二部。該處土質係屬流動之游沙，故開挖深度有至地面下 6.7 公尺（22英尺）者，總共包工價$7068.90。挖土時在5公尺(16英尺)下，四面沙土坍塌特甚，後打板樁，始克完工。

紫陽山調劑蓄水池之土石方工程，由宣榮山承包，開炸巖石時，以蔴袋裝土覆蓋開炸部分，故炸時無石塊飛揚之危險。西面之石巖達12公尺(40英尺)高，初用斜坡度，不幸至嚴冬雨雪冰凍時，開成之石壁崩裂數次，乃用『分兩層跌進一步』法開鑿。開土石方工價，訂定每英方平均價 $2.60; 共計$7,020.—

清水池底木樁及版樁

（四）水池工程　水池均用鋼骨三和土建築，在清泰門者有；

和藥槽間　1座，　清水儲藏池　2座，
沉澱池　1座，　洗沙池　1座，
慢性沙濾池1座，　儲沙池　1座，
濾水調節間1座，　泄水井　1座，
清水槽管　1座，　抽水井　1座，

此外有紫陽山調劑水蓄池1座，全由上

清水池壁及柱竣工，旁爲出水機間

海南洋建築公司承包，總價$148,000.—

施工時原擬將最艱難最危險之清水池工程先趕做，旋以土方工程進行困難，乃改計先趕做泄水井。惟該處之板椿又極難打，每塊7.5公分×30公分×5公尺(3″×12″×16′)之板椿，用1¼噸椿錘，須打至130—140次始得打下，而挖土至極深處尚差0.6公尺(2英尺)，無論如何設法，不能到底，工事稍一停頓，土反漲高。後因此井無須如斯之深，故改將井底提高0.6公尺(2′)，並施用水底打洋灰法，將井底於一晝夜築成，底既完工，泥沙及水之湧出亦止，乃將圓牆壁及頂蓋繼續施工完成。後趕做沈澱池，池中部底下原擬用0.6公尺(24″)三和土水管，後亦因挖土困難，改用0.4公尺(16″)生鐵管。繼建沙濾池，及清水池。清水池底先鋪28公分(11″)厚之碎磚三和土，再做一層7.5公分(3″)鋼骨三和土，後做一層125公分(5″)厚之鋼骨三和土底。因池深達6.1公尺(20′)，地下水上攻之壓力殊高，水向上沖，殊難做成不

建築在紫陽山上之調劑蓄水池

進水機間內低壓打水機及電動機

氯氣殺菌機

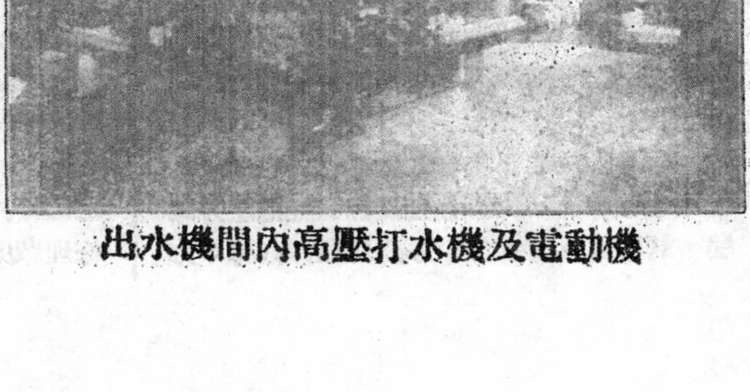

出水機間內高壓打水機及電動機

17127

透漏，後將罅點補好，始做最上一層，故不透漏。

紫陽山之調劑蓄水池，高5.2公尺(17'—0½")，長闊各27.7公尺，(90'—9¾")容水4,000,000 公升。池底用125公分(5")厚之鋼骨三和土，後試水時發見裂縫，乃在該部份上補用100公分(4")鋼骨另做一層三和土，方得完全不透漏。嚴冬時巖石因冰凍坍塌，乃冒險在巖石下砌石塊作護牆，以擋坍下之巨石衝撞，池壁得免損失。

(五)安管工程　總廠各池間之聯絡水管，係由協興營造公司承包，水管用45公分(18"),60公分(24"),及90公分(36")之三和土管，亦由協興營造公司製造。放管時加打板樁，及做三和土基礎。此種三和土水管，將來必須改用鋼管或鐵管，否則泥沙任其滲漏，必將影響於其他各水池建築也。水管工價如下：

	製造價	裝置工
45公分(18")	每根$3.85	每英尺$0.20
60公分(24")	5.60	0.30
90公分(36")	9.56	0.60
總共	$4919.21	$7196.41

至於全市供水管網之敷設，由上海萬順公司承包。所有安管經過馬路之修復，請工務局代辦。後因萬順公司設備簡陋，工作遲緩，乃收回自辦，而將開槽還土等工作包與周永記繼續。開槽寬度規定如下；

400公厘及300公厘水管，挖路面不得過700公厘寬，接頭處不得過1公尺寬，900公厘長。

150公厘及100公厘水管，挖路面不得過600公厘寬，接頭處不得過900公厘寬，700公厘長。

水管埋於地下平均深度爲1公尺，(以水管之中軸線算)。水管安置後須經過壓力試驗，試驗之壓力爲每平方公分7公斤(每平方英寸100磅)。試驗時漏水不能超過下列公式；—

$$\text{最大透漏限度(公升)} = \frac{2\times\text{水管長(公里)}\times\text{水管徑(公厘)}}{5}$$

安管時雖不免因材料及人工關係，稍有愆期，幸少隕越。街上安置消防龍頭，每座相距約100公尺，多在十字路口。安管工程連穿過城牆，穿過鐵路，與穿過貼沙河底，及盤上紫陽山，總計工價在36,000元以上，又工務局修復路面工價，計4077元。

(六)各種房屋建築　水廠各種房屋，僅造低壓打水機廠一所，高壓打水機廠一所，修理廠房屋一所，皆由上海南洋建築公司承

總廠貼沙河中進水口及進水管

總廠泄水井頂蓋

杭州自來廠安管工程攝影

(一)供水總管穿越貼沙河底

(三)管線穿越滬杭鐵道

(二)水管工竣試水察驗有無罅漏

(四)廠中水管安竣試水水頭直噴

包，總共包價24,000元，外加機器基座341元。房屋尺寸，高壓打水機間爲12.45公尺(40′−10″)寬，16.4公尺(53′−9″)長，低壓打水機間爲8.75公尺(28′−10″)寬，14.7公尺(48′−3″)長。屋頂架樑柱等初擬全用鋼料建築，後改用鋼骨三和土建築，以省經費。辦公室房屋尚未建築。此外附屬建築有電氣變壓間，氯氣殺菌間，和藥間，亦均交南洋建築公司承造。

(七)結論　貼沙河水源，原係臨時初期辦法，亦爲將來之預備水源。永久水源，前已言之，須在社井建進水閘，在里安建蓄水池。今因經費不能籌得2,500,000元，故以1,250,000元之限度，先建初期計劃，以一年半之時間，卽得出水。去年杭水廠自出水後，卽于九月十六日移交杭市政府接辦，回顧初期工程全部之建築，範圍雖小，而應有盡有，要皆以節省經濟，安全爲前提。然策及將來，目前猶有亟須籌辦者，如沙濾池原僅造成一座，出水後六個月內必須着手另造一座，庶可輪流洗刷或修理，在每日平均供水量未達15,000,000公升(4,000,000伽倫)時，足敷應用。沈澱池容量較大，一時可勿添造；將來可自低壓打水機廠另安一管，與沙濾池聯絡，則混水可直接打入沙濾池，可備沈澱池修理或洗刷。穿過貼沙河底之總水管，為安全計已敷設兩道，應再沿河邊接通一總管，而免斷水之虞。至於出水後製水方法，亦應研究，如：

(甲)打水機間中打水之時間，用電之多寡，進水量之大小，

(乙)和藥間加藥量之多寡，混凝時間之久長，

(丙)沈澱池之水深，及沈澱時間之久長，

(丁)沙濾池之有効水深，及濾出水之速度，

(戊)調節間中閘口上水頭之高低，出水之速度，

(己)氯氣間中加氯氣之份量及水壓；

(庚)清水池中之水深，

(辛)供水機間用電之多寡，出水量之大小，壓力之高低，及打水之時間，

(壬)紫陽山蓄水池中進水時水深之高漲速度，供給時水深之低落速度，

(癸)各部份水質之化驗。

必須有以上各項記錄表格，始可統盤計劃，則遇水質不良，可隨時變換各種藥品，各種份量及時間，以改進之。如土性重時應加幾許明礬，帶有腥味時應加幾許石灰(Sterizing)，帶有多量之有機物質時，應加幾許過氧酸鉀($KMnO_4$)，混凝時間應較長，沈澱時間應較久，沙濾池上之有効水深應減低，濾過速度應較緩。此種方法應由維持管理者善加研究，蓋設計建築自來水廠，原非製造一架自動 Automatic Fool-proof 之機器，可完全不用人腦控制也。今幸得見水廠之成，深盼此後之蒸蒸日上。

火藥一覽表

名稱	發明者及年代	成分		爆發溫度	爆發速度
黑藥	中國古代發明	硝酸鉀	75%	2583攝氏	300公尺/秒
	德人 Schwartz, 1913年	硫黃	10%		
	美人 Rodman, 1861年	木炭	15%		
棉藥	德 Schonbern, 1845年	强棉藥	13%	2710	6343
		弱棉藥	12%	1940	
硝酸甘油	意 Sobrers, 1846年	$C_3H_5(OH_3)_3$		3470	
Dynamite	瑞 Nobel, 1866年	硝酸甘油	75%	2999	6818
		硅藻藥	25%		
B-Powdr	法 Vielle, 1884年	强棉藥	68%		
		弱棉藥	30%	2400	
		Diphenylamine	2%		
Conlite	英 Abel, 1889年	硝酸甘油	58%		
		强棉藥	37%		
		粗製華斯林	5%	3488	
Ballistite	瑞 Nobel, 1889年	硝酸甘油	40-50%		
		强棉藥	50-60%	3384	
		Aniline	1%		
黃色藥	法 Turpin, 1886年	$C_6H_2(NO_2)_3OH$		2498	8183
T. N. T.	德 Biehel, 1906年	$C_6H_2(NO_2)_3OH_3$		2428	7185
雷泉	英 Howard, 1800年	$Hg(CNO)_2$		3530	——
淡化鉛	德 Hyroniwns, 1907年	$Pb(H_3)_2$		——	——

17130

毒瓦斯一覽表

種類	名稱	化學式	分子量	常温時狀態	比重 氣體(空氣=1)	比重 液體(水體=1)	氣體一立方尺之重量	沸騰點攝氏	由液狀化爲氣狀時容積變化之倍數	揮發性每立方公尺千分公厘	毒性徵數
窒息性	Chlorine	Cl_2	71	氣	2.44	1.426	3.18	-33.6	463	氣狀	7500
	Bromine	Br_2	160	液	5.525	3.12	7.139	63.5	450		7500
	Phosgene	$COCl_2$	99	氣	3.505	1.392	4.42	8.2	324	氣狀	300
	Diphosgene	$ClCO_2CCl_3$	198	液	6.83	1.6525	8.84	1.27	187	43000	500
	Sulfuryl chlorine	SO_2Cl_2	135	液	4.66	1.66	6.03	70.5	275		
	Dichloromethyl ether	$ClCH_2OCH_2Cl$	115	液	4.66	1.37	5.13	105	266	137000	500
	Dibromomethyl ether	$BrCH_2CH_2Br$	224	液	4.07	2.18	9.11	150	239	14500	500
催淚性	Benzyl bromide	$C_6H_5CH_2Br$	171	液	5.90	1.44	7.63	198-199	189	2400	3000
	Xylyl bromide	$C_6H_4CH_3CH_2Br$	185	液	6.40	1.31	8.27	215	159	5200	3000
	Bromo acetone	CH_3COCH_2Br	137	液	4.81	1.4	6.12	136.5	229		3000
	Chloromethyl formate	$ClCO_2CH_2Cl$	128	液	4.49	1.53	5.76	190	266	46333	
	Bromoethylmethyl Ketone	CH_3COCH_2CHBr	151	液	5.22	1.74	6.73	50-52	241		
	Chloropicrin	CCl_3NO_2	164	液	5.675	1.69	7.325	113	230	175000	1000
	Acrolein	CH_2CHCHO	56	液	1.897	1.0以下		52.4			3000
	Chlorophenylcarby lamine	$C_6H_5NCCl_2$	174	液	6.01	1.29	7.77	208	167	2100	1500
	Bromobenzyl Cyanide	$C_6H_5CHCNBr$	196	固		1.54					
	Chloroacetaphenone	$CH_2ClCOC_6H_5$	155.5	固		1.33		275			
噴嚏性	Diphenylchloroarsine	$(C_6H_5)_2AsCl$	264.5	固		1.4		105		0.25	不定
	Diphenylcyanoarsine	$(C_6H_5)AsCN$	225	固				196		0.12	不定
	Ethyl dichloroarsine	$C_2H_5AsCl_2$	175	液	6.04	1.68	7.81	256	215	21900	1500
	Ethyl dibromoarsine	$C_2H_5AsBr_2$	264	液				192			1500
	Ethyl carbonyl	$(C_6H_5)_2NC_2H_5$	195	固				130			
中毒性	Hydro cyanicacid	HCN	27	液	0.96	0.697	1.206	265	578		1000
	Methy cyancarbonate	$CNCOOCH_3$	85	液	2.94	1.08	3.79	97	285	187000	2000
	Carbon monoxide	CO		氣	5.5						
糜爛性	Dichlorethyl suphide	$(C_2H_4Cl)_2S$	196	液		1.26	7.01	217	178	500	300
	Chlorovinyl dichloroarsine	$CHCl:CHAsCl_2$	207.5	液				96			300

17131

中國工程人名錄

華南圭(通齋)先生

華南圭，號通齋，年五十五歲，前清秀才，江蘇高等學堂北京大學堂師範館肄業，1903 年赴法國留學，1910 年畢業于巴黎 E.T.P. 工程專門學校，歷充前京漢鐵路工程師分段長，北京交通部技正，科長，汴洛鐵路局長，前京漢工務處長，北平特別市工務局局長，北寧鐵路首席秘書，工務處副處長，歷次任內，兼充交通傳習所工程專科教務長，交通博物館館長，巴拿馬賽會交通出品主任，鐵路法規委員會工程股主任，鐵路技術委員會建設股主任，鐵路詞典編纂員，京漢黃河新橋設計審查會副會長，留學生甄拔考試襄校員，古物保管委員會天津支會委員，天津市政府設計委員會專門委員，整理海河委員會審查主任委員，著作則有力學撮要，材料耐力撮要，建築材料撮要，圬工橋梁撮要，土石工程撮要，鐵筋圬工撮要，公路工程，鐵路工程，鐵路分道岔算式，房屋工程等書。

國內工程學術團體調查(三)

11. 中國經濟學社

地址：南京立法院經濟委員會
職員：理事長　馬寅初
　　　理事　劉大鈞等八人
　　　書記　王永新
刊物：經濟學季刊

12. 中國度量衡學會

地址：南京下浮橋度量衡檢定人員養成所
職員：會長　吳承洛
　　　理事　陳儆庸等九人
刊物：度量衡同志(月刊)

13. 中國地質學會

地址：北平西城兵馬司9號地質調查所
職員：理事長　翁文灝
　　　理事　李四光　丁文江等八人
　　　書記理事　孫雲鑄
刊物：中國地質學會誌(季刊)

◉唐山德盛窰業廠發展情形

該廠創設有年，於前歲更爲擴充，唐廠設於唐山市北雹神廟旁，緊沿北寧路岔道，運輸便利，佔地約百畝逕。分爲三廠，第一廠爲細瓷廠，第二廠爲火磚缸管廠，第三廠爲窰業原料研製廠，設置立式柴油發動機及電動機各數架，引動製瓷機輪，軋碎及球磨等機，建有新式倒燄窰，出品以火磚及瓷器爲大宗，餘如缸管火土長石石英及各種建築石料，應有盡有，火磚火土石料等項，歷年供給華北各大工廠兵工廠等，耐火力至一千七百餘度，瓷器一項，聘請技師及江西工人，綜合中西製瓷之優點，出品精良，均屢經各廠家用戶及工業試驗所證明合用。該廠津廠設於天津陳家溝，總批發處設於天津娘娘宮東口河邊，定購便利，且爲完全國人資本經營，望各廠家及愛國諸君注意焉。(青)

◉新書介紹

實業部技正兼中央工業試驗所事務長孔祥鵝君，著日本電氣事業概觀，全書一萬餘言，對於日本國內電氣供給事業，電氣鐵道，電信事業，電機工業，電氣化學工業及官商電廠等，均能提綱挈領，敍述簡當。

17133

膠濟鐵路行車時刻表

民國二十年七月一日改訂實行

下行車

車次	青島開	大港開	南泉開	膠州到	膠州開	高密到	高密開	岞山開	坊子到	坊子開	濰縣到	濰縣開	昌樂開	青州到	青州開	張店到	張店開	周村到	周村開	普集開	棗園莊開	黃臺開	濟南到
五次車	七·〇〇	七·一一	八·一二	八·五九	九·〇一	九·三八	九·五三	一〇·五四	一一·三九	一一·五四	一二·一四	一二·一七	一二·五四	一三·四四	一三·四六	一四·五三	一五·一〇	一五·三八	一五·四〇	一六·二六	一六·五一	一七·四四	一七·五六
三次車	一二·〇一	一二·一二	一三·一二	一三·五三	一三·五五	一四·二六	一四·四一	一五·四〇	一六·二二	一六·三七	一六·五七	一七·〇一	一七·三七	一八·一八	一八·二〇	一九·二五	一九·四六	二〇·一一	二〇·一三	二〇·五六	二一·二一	二二·一三	二二·二五
十一次車	一五·〇〇	一五·一二	一六·三三	一七·三〇	一七·四九	一八·三一	一八·四九	二〇·一四	二一·一〇	二一·二五	二一·四九												
十三次車										七·〇〇	七·二四	七·三四	八·二六	九·二六	九·四一	一一·〇三	一一·一八	一一·五二	一二·〇二	一三·一四	一三·四六	一四·五八	一五·一二
一次車	二二·〇〇	二二·一一	二三·〇九	二三·五〇	二三·五二	〇·二三	〇·三八	一·二七	二·〇六	二·二四	二·四四	二·五〇	三·二一	四·〇二	四·〇四	四·五六	五·一四	五·三九	五·四一	六·二一	六·四三	七·二八	七·四〇

上行車

車次	濟南開	黃臺開	棗園莊開	普集開	周村到	周村開	張店到	張店開	青州到	青州開	昌樂開	濰縣到	濰縣開	坊子到	坊子開	岞山開	高密到	高密開	膠州到	膠州開	南泉開	大港開	青島到
六次車	七·一五	七·三〇	八·二六	八·五四	九·三三	九·三五	一〇·〇〇	一〇·二〇	一一·三一	一一·三四	一二·二五	一三·〇四	一三·〇八	一三·二八	一三·五〇	一四·二五	一五·四二	一五·五七	一六·三五	一六·三七	一七·二二	一八·二五	一八·三〇
十二次車													六·三〇	六·五六	七·一〇	八·一三	九·二二	九·三九	一〇·二三	一〇·三三	一一·二五	一三·〇七	一三·一三
四次車	一二·一五	一二·二九	一三·二二	一三·五〇	一四·二六	一四·二八	一四·五〇	一五·一二	一六·一九	一六·二一	一七·〇三	一七·四一	一七·四五	一八·〇六	一八·二二	一九·〇四	一九·五九	二〇·一三	二〇·四五	二〇·四七	二一·二六	二二·三〇	二二·三五
十四次車	一四·一〇	一四·二六	一五·四六	一六·三二	一七·二一	一七·三一	一八·[illegible]	一八·三三	二〇·〇六	二〇·一九	二一·二五	二二·〇六	二二·三六	二二·四二									
二次車	二二·〇〇	二二·一四	二三·一〇	二三·三六	二三·五九	〇·〇一	〇·二三	〇·四一	一·三六	一·三八	二·一九	二·四八	二·五四	三·一五	三·三六	四·二五	五·〇一	五·一六	五·四八	五·五〇	六·二九	七·三〇	七·三五

中國工程師學會會務消息

◉年會定八月二十日在津舉行

本會今年年會，已定於八月二十一日至二十六日在津市舉行，並假南開大學及新學學院爲會場，及外埠來津會員寄宿之處，現已推定華南圭爲年會籌備委員會委員長：邱凌雲，稽銓，楊先乾，茅以昇，李書田，陳廣沅，楊豹靈，王季緒，魏元光，李吟秋，馮鶴鳴，石志仁，羅忠忱，趙世暄，俞同奎，王承祖，譚眞，閔啓傑，宮志恩，王華棠爲委員；着手籌備一切，屆期在津開會四天，討論會務及各項工程問題，發表年會論文，並邀請名人演講，及參觀各處，在津會畢，全體會員赴唐山參觀，再轉赴北平遊覽，詳細路程已另發通告致各會員矣。

◉第十次執行部會議記錄

日　期：　廿一年六月廿七日下午五時。

地　點：　上海南京路大陸商場本會新會所。

出席者：　胡庶華，裘燮鈞，莫衡，張孝基，徐學禹(包可永代)。

主　席：　胡庶華　　紀錄：莫衡

報告事項：

(一)董事黃伯樵，李屋身，吳承洛，薛次莘，徐佩璜五先生來函均贊成在天津舉行年會；又張延祥君來函：稱董事薩少銘，夏光宇，惲蔭棠三先生贊成均在天津舉行年會，如不能去，改在上海舉行。

(二)天津分會來電歡迎在天津開年會。

討論事項：

(一)年會地點重行決定案。

議決：　根據多數董事意見改在天津舉行開會，日期擬定八月二十日以後，九月十日以前，由天津分會確定，並定參觀唐山及津沽各工廠，暨遊覽北平名勝，爲本年會會程之一。

(二)推舉年會論文委員會委員案。

議決：　推舉委員長華南圭，副委員長沈怡，委員楊公兆，茅以昇，王子良，徐名材，李書田，羅忠忱，凌鴻勛，王龍佑，邱幼三，倪濟寬，周良欽，張含英，顧毓琇，夏光宇，程貫如，趙曾珏，徐世大，楊公庶，戚鳴鶴，沈泮元，唐炳源，王季緒，王子佑，侯德榜，胡嵩嶽，楊先乾。

(三)推舉年會提案委員會委員案。

議決：　推舉委員長徐佩璜，副委員長邱凌雲，委員黃伯樵，吳承洛，鈕因梁，李熙謀，胡仁源，羅忠忱，宮世恩，鄧益光，宋銑鳴，張含英，王洵才，華南圭，朱樹馨，高凌華，趙世暄，俞同奎，稽銓。

(四)唐山分會報告當選新職員姓名請求備案案。

議決：　准予備案。

◉第十一次執行部會議記錄

日　期：　二十一年七月四日下午五時

地　點：　南京路大陸商場五樓本會新會所

出席者：　胡庶華　裘燮鈞　莫　衡　張孝基　徐學禹

主　席：　胡庶華，　記錄：莫衡

報告事項：—

(1) 參謀部函復關於本會前函請禁止任人參觀吳淞等處炮台一節，業飭屬辦照。

(2) 唐炳源來函請辭論文委員。

討論事項：—

(1) 徵求廣告事項如何進行案。

議決：推張孝基徐學禹二君切實進行。

(2) 推派陝西實業參觀團本會代表案。

議決：推派沈會員怡前往。

17135

◉致各分會通告

逕啓者，查本會本屆年會，原定在武漢舉行，嗣武漢分會以地方不靖，函請另改地點舉行，經總會執行部函徵多數董事贊同，改在天津舉行，會期約在八月二十日以後，九月十日以前，並經天津分會推定籌備委員十二人，積極進行，歷年會員赴會搭乘車船，向有減價辦法，本屆亦擬照向例由總會備文向政府請求，惟須先調查赴會會員名單，用特函達，自希 查照，調查 貴處赴會會員姓名，及其經過路程，開單於七月十五日以前寄下，以利進行是荷，此致

各分會台鑒

◉呈鐵道部爲援例優待出席年會會員事

呈爲呈請援例優待出席年會會員，仰祈鑒核施行事，竊屬會會章規定每年開年會一次，宣讀論文，暨研究當地工業狀況，以供探討，藉助建設。本屆年會業已決定於八月下旬，在天津舉行，除例行會程外，尙須考察華北一帶重要工廠礦場，關係吾國工程界至爲重要，出席人數必衆。按泰西各國對於學術團體會議，交通機關皆有優待，以示提倡，復查屬會歷年在青島，瀋陽，南京等處，舉行年會，會員往返所經各鐵路，均蒙 大部批准減半取費，際茲年會行將重開之時，對於鐵路優待亟應先事決定。俯念 鈞長素以獎掖學術，嘉惠工程爲懷，用敢先行呈請 鑒核，准予轉飭各路局收取出席會員半價乘車費，以示優待，實爲德便。謹呈

鐵道部部長　　中國工程師學會

◉本會致參謀本部等函請禁止外人參觀淞口砲臺戰跡

總會根據上海分會函請，分函軍政參謀部及上海市府函，特錄下：

逕啓者，據敝會上海分會函稱，本會會員爲憑吊淞滬戰跡起見，曾組織憑吊團，於月之十二前往淞滬一帶考察戰後遺跡，目睹昔日繁華之地，今已盡成瓦礫之場，尤以吳淞獅子林兩要塞損壞程度爲最，原有防禦設備今已被毀無遺，所見者祗有數十年以前舊式火砲數尊而已，且見外國人士舉相攝影，互爲譏評，會員等目擊心傷，不忍卒視。查各國要塞爲軍事重要之地，不能任人參觀，攝取影片尤絕對禁止，此次報載國際調查團團員在大連要塞攝影，被日兵侮辱一節，卽其明證。吳淞及獅子林砲台內部設備現雖被毀，四周形勢並未變更，使今日任人參觀攝影，非僅暴露我國防弱點，見經於國際，且於將來修復後亦多不利，會員等多數意見，請卽轉呈軍事當局，飭令該兩要塞保管人員，與當地官廳，會同禁止任人參觀攝影，並一面從速設法派工整理，將舊式大砲儘先移去，如當局欲重建新式砲台，需人設計，會員等願盡其所知，貢獻意見，以備當局採納等情到會，查該分會所稱各節，不無理由，理合錄呈，用備參考，此致

軍政部，

參謀部，

上海市政府。

◉參謀部復函

逕復者，頃准 貴會號日箋函，所陳各節，慮遠謀長，深有見地，本部派員考實後，亦正着手處理，足知所見甚同也。現已分電江蘇省政府，及軍政部，飭屬辦理矣。至重新建設砲台，需款甚巨，現正在計劃中，如 貴會中有此項專門人才，請卽發抒偉見，俾資採納爲荷，此復

中國工程師學會　　參謀本部啓

二十一年六月廿八日

◉唐山分會下屆選舉結果

會長　石志仁　副會長　顧宜孫

會計　伍鏡湖　書記　陸增祺

17136

◉天津分會職員互調

天津分會書記嵇銓君，在良王莊辦公，距津遙遠，因年會在卽，函件往返，每因時間忽促，頗感不便，故由大會議決，准與會計楊先乾君對調，楊君在天津北寧路局廠務處文牘課，與分會華會長同在一處，當可照顧到年會各事也。

◉會員通訊近址

5560 曲鵾新 (職)濟南建設廳
5560.9 曹煥文 (職)山西太原修械所火藥廠
5580 費福燾 (職)上海九江路大陸商場新通公司
6022.2 易俊元 (職)青島膠濟鐵路第一段
6060 呂謨承 (職)南通大生第一紗廠
6624 劉元熙 (住)上海小沙渡路998號
6624 嚴崇教 (通)杭州市政府
7210.1 劉元瓚 (職)南京中央大學
7210.2 劉以鈞 (住)漢口模範區昌業里10號
7210.3 劉澄厚 (職)鄭州隴海鐵路潼西段工程局
7210.4 劉增冕 (職)濟南山東氣象測候所
7421.3 陸逸志 (職)杭州浙江省公路工程處
7421.4 陸桂祥 (住)上海格羅希路九弄10號
7529 陳 章 (住)南京毘盧寺大悲巷2號
7529.2 陳步韓 (職)上海南市同昌紗廠
7529.2 陳俊武 (職)上海南京路大陸商場聯合工程師
7529.2 陳德銘 (職)杭州建設廳
7529.2 陳贊臣 (住)廣州黃沙馮家直街14號
7529.7 陳長鉞 (職)濟南膠濟路工務分段
7529.7 陳體誠 (職)杭州省公路局
7722. 周 琳 (住)上海九畝地青蓮街潤身里1號
7722.1 周厚坤 (職)上海招商局船務科
7722.2 周樂熙 (職)上海中央路25號同福公司
7722.2 周贊邦 (職)上海市工務局
7722.4 周大璐 (職)上海博物院路商品檢驗局
7722.4 周增奎 (職)南京審計部
7777 闕頌聲 (職)上海寧波路上海銀行大廈基泰工程公司
8010 金問洙 (住)上海亞爾培路亞爾培坊14號
8060 曾 鴻 (職)杭州浙江水利局
8060.6 曾昭桓 (職)陝西潼關隴海鐵路工程處
8090.1 余石帆 (職)杭州浙江省公路局工程處
8742.0 鄭方珩 (住)上海福熙路多福里378號
8742.3 鄭治安 (職)武昌徐家棚粵漢鐵路工務處
8742.6 鄭日孚 (住)上海三馬路鄭福蘭堂
9022 常作霖 (住)上海戈登路29號
9990 榮耀馨 (職)上海博物院路三號合中企業公司
(住)上海金神父路金谷邨6號
7132 馬軼羣 (職)安慶建設廳公路處
2691 程振鈞 (職)安慶建設廳
2829 徐芝田 (職)上海愛多亞路35號中南建築公司
8315 錢豫格 (職)江蘇奉賢南橋鎮滬杭公路工程處
3411 沈 昌 (職)上海西咸斯路249號江南塘工善後委員會
8090 余耤傳 (職)南京市工務局
4623.3 吳達模 (住)上海延平路188號
4623.7 吳學孝 (職)杭州建設廳
3216 潘禹昌 (職)鎮江電話局
8315 錢鳳章 (職)南京首都電話局
2164 譚友岑 (職)南京首都電廠
4040 李範一 (住)南京陶谷村4號
4421 莊智煥 (職)上海交通大學
3418 洪 紳 (職)安徽建設廳

4449 林士模 (職)上海牛淞園路建委會電機製造廠
7529 陳裕華 (住)南京四根桿子15號
4762 胡 霨 (職)南京軍政部兵工署
4474 薛紹清 (職)杭州浙江大學工學院
1123.5 張成儉 (職)杭州滬杭路工程處
0022 高麒謹 (職)鄭州隴海鐵路機務處
7722.8 周鎮倫 (住)杭州白傅路湖邊邨15號
7424 陸增祺 (職)洛陽隴海路西廠
4212 彭禹謨 (住)上海北浙江路六桂坊12號
1010.4 王枚生 (住)青島萊蕪路新47號
2643.7 吳際春 (職)濟南小靑河工程局
4450 華 起 (住)濟南靑龍後街北首班荆里5號
7529 陳 蓁 (職)濟南津浦鐵路工務段
3722 初毓梅 (職)濟南復興公司
1750 尹國墉 (職)南京建設委員會
1014 聶傳儒 (職)南京交通部
6650 單基乾 (職)南京建設委員會

◉會員錄補遺

2691 程國曄 正宇 土木 正 (職)濟南津浦鐵路
7722 門錫恩 子沐 土木 正 (職)濟南運河工程局

◉會員哀音

1123 張傑 故
3128 顧雄 故
0821 施道元 故
7529 陳中正 故
7722 周迪訓 故
7923 滕洒寬 故

◉本屆新會員已繳入會費名單

陸學機 正 $15.00 (職)常州京滬路工程處 (土木)
夏循鍶 仲 $10.00 (職)上海愚園路368.乙號 (土木)
翁 爲 正 $15.00 (職)浦口津浦路電氣廠 (電氣)
鄭汝翼 仲 $10.00 (住)上海孟德蘭路仁里103 (化學)
王超鎬 仲 $10.00 (職)潼關隴海路第三分段工程處 (造船)
陳昌齡 正 $15.00 (職)天津華北水利委員會 (土木)
劉錫彤 正 $15.00 (職)天津華北水利委員會 (土木)
吳士恩 正 $15.00 (職)鄭州隴海路工務處 (土木)
趙福基 正 $15.00 (職)陝西省公路局 (河海)
林建倫 正 $15.00 (職)潼關潼西段工程處 (土木)
盧鉞章 初級 $5.00 (通)64 Mo t St., New York City U.S.A. (機械)
周新 初級 $5.00 (職)鄭州隴海路潼西工程局 (土木)
趙祖庚 初級 $5.00 (職)潼關隴海路潼西一分段 (土木)
王九齡 仲 $10.00 (住)南京焦狀元巷49號 (電機)

◉本刊啓事

本刊現每期印2200份，已有定戶200餘，尙擬積極推廣，以期經濟自立。會員按期贈閱，深盼合力介紹新定戶，並求指教改進。

本刊印刷費大部份賴廣告費挹注，因廣告不多，故未克每週出版，尙望各會員踴躍介紹廣告，以裕財源，庶可按期出版，幸甚。

關於本刊編輯發行及廣告，均由張延祥君負責，函件請直接郵寄南京西華門首都電廠轉交可也。

17138

工程週刊

中國工程師學會發行
上海南京路大陸商場大廈五樓
電話 92582

北平分會：西單牌樓報子街 電話：西局809
南京分會：慈悲社6號 電話：22913

中華民國二十一年
七月二十九日出版
第一卷 第十三期
中華郵政特准掛號認爲新聞報紙類
(第 1831 號執據)

定報價目： 每期二分
全年52期連郵費
國內一元 國外三元六角

本期要目

上海鋼鐵試驗場中之電力鍊鋼爐

工程經濟

編者

工程師之定義爲：「做成一件工作，用最經濟之方法」，故工程不能脫離經濟，卽凡一工程師應於其計畫一中，處處顧到經濟的方法也。

工程經濟可分二層，一爲材料，一爲人工。材料之經濟，依材料之強弱，於安穩程度中利用之，不使徒廢材料於不用力之處，亦不使材料過其負載而遭折裂之禍，在戰時更屬重要，在大批生產中，則節省一分材料，可省無數金錢。節省材料尤當注意廢棄材料，廢棄材料愈少，則成本愈低，競爭愈利。我國工程材料，多仰給國外，則吾工程師對于材料經濟一點，更須三致意，而塞漏卮。

人工經濟則頗有持反對之見者，以爲吾國材料雖缺乏，而人工則工資極低，工人極衆，爲救濟失業起見，似不宜過分節省。惟經濟之原則，本與利用機械以代人工不同，以圬工爲例，則砌牆本不能用機器代人工，惟美國用種種方法，使一人之力，一天所成就者比較往時可增加二三倍，則此爲利用天然之力，以扶佐人力，非不用人力也。吾國工人雖衆，而精于技能者實不多，必須使精於一技者，能一人兼二人三人之事，則人工經濟之目的達到，而出產增高。即普通不精技巧之工人，亦當使其增加生產額，以增進吾國富庶也。

工程經濟於人工材料之外，尤須注重時間，若鐵路更換橋梁，（見本刊本期第 192 頁膠濟鐵路一文），以時間爲重，而同時顧到成本，故可介紹給吾工程同志，以爲模樣，而爲施工時之標準焉。

國立中央研究院工程研究所鋼鐵試驗場之工作

周仁

一、創辦之目的　我國工業自歐戰以來進步較速，其最著者爲紡織，其他如橡皮，搪瓷，水泥，製鹼，電機等工業亦均有相當成績。惟於近代工業所資賴之機械，所需要之材料之製作，即鋼鐵之鑄鍊，鮮有注意及之者，誠爲一大缺點。查國內翻砂廠對於機鑄鐵件，多仍沿用數十年前英人教授之陳法，至鑄鋼，特種生鐵等之製鍊，則雖曾有數廠投資試辦，均已歸於失敗。工程研究所自籌備以來，即深以研究此問題爲重要，故以全力籌設鋼鐵試驗場於我國工業中心之上海，場址在白利南路兆豐花園對面。大部份之設備已於民國廿年春季裝置完竣，遂於是年五月間開始鑄鍊，雖以學理及應用上之研究爲目的，然深感國內各機關及工廠應付其鑄鋼機件之困難，頗願予以援助，故對於其委託代製鋼鐵鑄件，合金鋼，及研究熱處上之問題，亦盡量接受。一年以來此項服務社會之計劃，頗受各地工廠之贊同，此後與國內工業之合作，當更有增進之趨勢焉。

二、設備　鋼鐵試驗場設備現已裝置完竣者，有：

(1)500 公斤Moore式電爐一座，連200開維愛變壓器及自動控制配電版。
(2)烘模爐一座。
(3)溫煉爐一座。
(4)1 公噸吊車一部。
(5)500 公斤鎔鐵爐一座。
(6)拌砂機一部。
(7)舊鋼去銹機一部。
(8)600 公斤機動鋼澆筩一只，并配備90公厘方鋼錠模子十餘只。
(9)氧氣燒焊器一套。
(10)造木模設備。
(11)化學分析設備。
(12)金圖學研究設備。

此外已經訂購尚未運到，或正在設計圖樣預備增製者，有：

(1)770公斤(¾英噸)汽錘一座。
(2)燃煤熱鋼胚爐一座。
(3)空氣壓機一部，每分鐘空氣容量13立方公尺(460立方英尺)，氣壓每平方公分5公斤，(71磅每平方英寸)，用電動機轉動。
(4)高30公分，寬60公分，長90公分電力熱處爐一座。
(5)60公分圓鋼鋸機一部。
(6)5公噸電吊車一部。

鋼鐵試驗場之南設有金工場一所，內置1.83公尺(6英尺)，及3公尺(10英尺)車床各一部；大小刨床各一部；鑽床一部；銑床一部及零星應用精細量器刀具等。此項機器大部份備本所研究工作之用，至各處工廠委託代鑄之件，大都以毛坯交貨；由各廠自行製精。

三・工作種類 (一)鑄鋼：照目前設備，最大機件能澆重360公斤(800磅)，所用鋼汁依其性質約分為低炭鋼，中炭鋼，高炭鋼，及各種合金鋼。鑄鋼之分析成分可由委託者指定之，否則本場當予以最適宜之成分。

(二)低炭素鑄鐵(亦名鋼性鐵)鑄件：此項鑄件亦以電爐鎔鍊，性質堅韌，適用於汽缸，汽缸彈簧，搪瓷鐵模，及其他需要鐵質堅密之鑄件。

(三)堅性鑄鐵(High test cast iron)及特種鑄鐵：生鐵鎔化後，經過一定高熱度，則其澆成鑄件之強度增加。此種處理方法係近來鋼鐵研究之成績，本場即利用此法以製成所謂堅性鑄鐵。至生鐵內加入其他原素如鎳，鉻等，使其性質改善，則稱為特種鑄鐵，本場亦已有相當研究。

(四)工具鋼及合金鋼：本場電爐採用鹼性法，故對於製鍊工具鋼及合金鋼最為適宜，因其可使燐硫兩原素減少也。現已製成者有炭素及合金工具鋼數種，惟汽錘尚未裝就，由鋼胚製成商品，尚須時日耳。

(五)熱處及加硬：本場所鑄之鋼件均經溫煉(俗稱退火)後方始交貨，其需特種熱處或加硬者亦可代辦。本場置有高熱度計及金圖學設備，對於此項工作甚有把握。

四・出品及用途之一般 本場鋼鐵鑄件出品繁多，茲特刊照片一幀，以見對於各項工業關係之一般。

此外如鐵路機車之鑄鋼吊鉤，機器廠用之鑄鋼大小齒輪胚，煤球廠用之鑄鋼軋煤球輪，搪瓷廠用之低炭素鐵模，造船廠用之鑄鋼輪件，低炭素鐵汽缸及汽缸彈簧圈，滾路機前輪鑄鋼架，石粉廠用之硬質鋼碎粉機件，軋鋼廠用之鑄鋼滾筒，玻璃廠用之玻璃器低炭素鑄鐵模，等等，不能盡述，要亦可助吾國工業之發展，又可作鋼鐵上種種問題之研究，實一舉而兩得焉。

鍊鋼場最近出品之一般

1.本場電力鑄鋼爐 2.水泥廠用齒輪 3.水泥廠用錠鋼板 4.5.6.水泥廠用隔板 7.虎鉗 8.鋼砧 9.橡皮廠用齒輪 10.橡皮廠用離合子 11.橡皮廠用滾筒 12.煤球廠用模輪 13.電車上車盤托架 14.引擎上用軸領 15.礦車上車輪 16.火車頭上風扇

膠濟鐵路更換橋梁之一

孫寶墀

本路爲德人建築，民國紀元前十年完成。正綫長約400公里。鋼軌每公尺30公斤，每根10公尺，每軌用鋼枕31根。大小橋梁千餘孔，合長約$8\frac{1}{2}$公里，載重量均在古柏氏E20級上下。民國十二年我國接管以來，鑒於路上最大機車與古柏氏E35級相當，將來營業發展尚須購用更大之機車，而軌道橋梁如此薄弱，認爲有積極改良之必要。決定以更換橋梁爲第一步，更換重軌爲第二步。所有新橋概歸工務處工程課橋梁室設計。依照前交通部鋼橋規範書，以古柏氏E50級爲標準活重。10公尺以下用工字梁或鋼筋混凝土橋；自10公尺至30公尺用鈑梁橋，30公尺以上用花梁橋。遇有適當地點則改建鋼筋混凝土拱橋，或增築橋墩將跨度改小。自民國十三年起逐年更換，迄今已換竣50%強，用款共3,000,000餘元。現在本路青島至張店280餘公里間祇餘濰河，淄河，兩大橋未換，張店濟南間自10公尺以下之小橋亦不久可以更換完竣。此膠路更換橋梁之大概情形也。

茲篇所述爲本年更換小橋工事之一。係利用換下之10公尺舊鈑梁橋兩孔併作托式雙鈑梁橋一孔。舊橋原重$10\frac{1}{2}$噸，製成之雙鈑梁橋重15噸。本年擬用此式更換者計14孔。所有修改裝鉚以至抽換一切工作，皆由濟南工務第二段辦理。其每孔價格如下：—

廢棄舊橋一部份8.5噸	595.元
淨用舊橋鋼料12.5噸	875.
其他新料	835.
製橋工費15噸	390.
鋪設枕木31根	250.
修改橋台5公方	150.
抽換工費	135.
收回舊橋一孔10.5噸	—735.
共計	銀元 2495.元

由此觀之，即以廢棄鋼料併入計算，新雙鈑梁橋之價值不過每孔2695元。倘向外洋購買10公尺托式鈑梁橋，照目前金價加上運費關稅等項，每噸約爲340元。以每孔12噸計之需4080元。兩相比較每孔計省1385元，14孔共省20,000餘元。

此項小橋更換之法，先搭木垛兩座承托舊橋，然後修改橋台頂部。俟混凝土堅強後能承受活重時即可將木垛拆除。另於橋旁加搭木垛兩座，以備抽換時安放新橋之用。至更換之日，將新橋裝上平車，隨同吊車，用小機車運送至橋頭。(1)將新橋從平車上吊起，安置於臨時木垛上。(2)拆除舊橋上之軌道。(3)吊出舊橋置於道旁適當地點。(4)從木垛上吊起新橋安置於橋台上。(5)裝設錨釘及鋪接軌道。如事先籌備充分，臨時不生困難時，此項抽換所需之時間如下：

新橋吊上木垛	15分鐘	共計 100分鐘
拆除軌道	20	
吊去舊橋	15	
吊進新橋	20	
鋪接軌道	30	

附刊之相片係本年七月三日淄河店站之東公里245+456處，抽換10公尺雙鈑梁橋時所攝。是日天晴日朗。新橋及30噸吊車預先掛上小機車停於淄河店站之岔道上。俟至下午二時零八分西行五次客車出站後，即開至橋頭，二點二十分到達。立即按照預定步驟進行工作。至四點鐘接軌告竣。小機車即牽引吊車平車退回淄河店站。其時東行四次客車已進站，於四點零五分放行，僅躭誤五分鐘耳。

本工事最後負責者工務處長鄧益光，設計者幇工程師李爲駿及筆者，督率辦理者工務第二段正工程司王洵才，及青州工務分段工程司陸之昌，監督工事者工務員朱連城。

膠濟鐵路更換橋梁攝影

(1) 十公尺雙鈑梁橋在淄河店站

(4) 吊出舊橋

(2) 十公尺舊橋預備更換

(5) 從木垛上吊起舊橋

(3) 新橋與吊車到達橋頭

(6) 置新橋于橋台上

我國鐵道統計表

顧同慶

	幹線	支線	總計路線長	全路建築車輛經費	平均每公里建築及車輛經費	叉道，雙軌
平漢鐵路	1,214.493公里	106.798公里	1,314.046公里	合國幣123,690,990.元	94,129.88元	406.839公里
北寧鐵路	846.737	241.319	1,099.875	111,396,327.	101,280.90	629.797
津浦鐵路	1,009.160	96.470	1,105.630	120,119,203.	108,643.22	266.550
京滬鐵路	311.040	16.093	327.133	33,634,653.	102,816.45	90.187
滬杭甬鐵路	280.652	5.880	286.532	24,463,262.	85,377.07	66.319
平綏鐵路	817.862	58.669	871.957	57,916,030.	66,420.74	256.595
正太鐵路	242.950	——	242.950	26,143,148.	107,607.11	108.354
道清鐵路	150.000	2.440	152.440	8,367,611.	54,891.18	31.380
吉長鐵路	123.180	4.560	123.610	9,194,080.	74,379.74	35.460
廣九鐵路(華段)	143.300	——	143.300	15,901,634.	110,967.44	21,046
粵漢鐵路(南段)	235.	51.4				
湘鄂鐵路	417.624	5.021	422.645	59,345,242.	140,413.92	44.652
萍株鐵路	96.561	——	(現併入湘鄂路)			
四洮鐵路	312.110	114.130	424.910	19,724,473.	46,420.36	76.700
膠濟鐵路	395.200	58.099	453.299	39,331,236.	86,766.65	189.536
南潯鐵路	128.346	——	128.346	11,895,621.	92,684.00	12.472
隴海鐵路	897.					
呼海鐵路	216.500	8.000				
南滿鐵路	964.500	160.600		日金750,190,879	圓	
廣九鐵路(英段)	350.118	11.665		國幣 20,258,448	元	
中東鐵路	1073.	345.		俄幣 1,221,617	盧布(五英尺軌距)	
滇越鐵路	464.000			法幣 19,250,000	法郎(一公尺軌距)	

17144

	起始建築年份	通車年份	創建時總工程師	現任總工程師	民國19年總收入	比較18年收入	民國19年總支出
平漢鐵路	1898	1905,十月	M. Jean Jadot	王金職	37,439,842.元	− 1.03%	
北寧鐵路	1880	1907	Claude W. Kinder	W.O.Leitch.	38,819,626.	+ 3.35%	22,136,528元
津浦鐵路	1908,六月	1912,一月	{北段J. Dorpmuller. 南段T. W. T. Tuckey}	吳益銘	13,377,322.	+11.20%	11,202,295
京滬鐵路	1904	1908,八月	A.H.Collinson	I. Tuxford	12,598,638.	+ 3.94%	8,645,039
滬杭甬鐵路	1907,五月	{1909,九月 1212,十二月	滬杭段 甬段D.P. Griffith.}	I. Tuxford	6,641,712.	+12.85%	4,680,959
平綏鐵路	1905,十月	1909,九月	詹天佑	金濤	6,205,545.	+10.73%	5,927,435
正太鐵路	1904	1907,十月	M.Espanet	M. Urbain Martin	5,844,200.	+12.99%	
道清鐵路	1900	1904	T.J. Bourne	孫成	1,406,273.	+41.85%	
吉長鐵路	1909,十二月	1912,十月	T. Magario	M. Sonota	.		
廣九鐵路(華段)	1908,四月	1911,十月	F. Grove	W.M. Stratton	1,626,912.	+12.25%	1,523,598
粵漢鐵路(南段)	1904 一月			伍希呂	5,670,454.	+56.39%	
湘鄂鐵路	1914	1921,一月	A.G.Cox	J. C. Steen	1,472,330.	−32.76%	
株萍鐵路(支路)		1902					
四洮鐵路		1923,十月	J.Fujine	C. Suzuki	7,387,246.		
膠濟鐵路	1899	1904,七月	P. Hildebrand.	鄧益光	12,314,937.	+ 0.92%	
南潯鐵路	1907	1915	Okasaki	張祥基	1,234,379.	−14.23%	
隴海鐵路	{汴洛段1905 海汴段1914	1910,一月 1916,七月	}E. Ebray	{吳士恩 H. Lambert.			
呼海鐵路					3,244,157	− 3.26%	
南滿鐵路	1896 八月	1906,八月	Dr. Shimbei Kunisawa.	Ojiro Satow.	日金95,300,730圓	−22.0 %	日金36,768,576.圓
廣九鐵路(英段)	1906	1910,十月	Graves W. Eves	Robert Baker.	港幣 983,531元	− 9.4 %	港幣 840,022.元
中東鐵路	1897	1903,七月	A. Yugovitch	A.I. Emshanoff	俄金49,921,501盧布	− 28.6 %	俄金28,629,185盧布
滇越鐵路	1904	1910,四月	M. Guibert	M.M. Getten	法幣50,192,577法郎	7.4 %	法幣44,370,563法郎

中國工程人名錄

夏光宇先生

夏光宇，年四十三歲，江蘇青浦縣人，民國二年國立北京大學土木工科畢業，歷任交通部技士，技正，視察工程科副科長，考工科科長，美國巴拿馬賽會中國交通部代表出席，萬國工程大會及萬國水利工程大會代表，鐵路名詞委員會，鐵路技術委員會，鐵路法規委員會各委員，廣三鐵路局長，京漢鐵路所長，處長，新工總段長，南段局長，漢口第二特區主任，總理葬事籌備處主任幹事，兼江蘇建設廳秘書，技術科長，南京市參事，揚子江水道整理委員會委員，總理奉安委員會秘書，建設委員會秘書，等職，現任鐵道部參事，總理陵園管理委員會總務處長，兼民國二十年全國運動大會主任幹事，首都建設委員會專門委員，建築陣亡將士公墓[illegible]常務委員。中國工程師學會董事。

◉書報介紹

攝影測量學術刊

南京參謀本部陸地測量局發行，民國二十年十月初版，每本定價三元。

民國十九年參謀本部陸軍測量局成立航空測影測量研究班，聘瑞士德國教官，購備儀器，實習研究。此書為其講義摘錄，分五編，(一)總論，(二)陸地攝影測量，(三)空中攝影測量，(四)自動測量機，(五)雜組。圖解明晰，印刷亦精，為中文航空攝影測量之唯一書本，足為介紹也。

◉粵漢鐵路金債券付息

粵漢鐵路前于民國紀元前一年發行五厘金債券英金6,000,000鎊，自民國十五年後停付本息，茲據匯豐銀行報告，1928年6月15日到期之英，法，美三國發行之息票，及1926年6月15日，1927年6月及12月15日，到期之德國發行之息票，可以于今年6月15日付款，延期已四年。(植三)

◉芝加哥展覽會消息

美國芝加哥城明年舉行世界展覽會，亦稱百年進步展覽會，會場建築設計由工程師 Louis Skidmore 主持。(錫)

◉上海永安公司添建高廈

上海南京路永安百貨公司，將在其東首天蟾舞台基地上，蓋造高廈一座，為上海最高者，已由英人 Elliott Hazzard 建築師擬具圖案，于五層樓築天橋，架過浙江路，以與舊屋相連。　(棣)

◉上海自來水公司招優先股

上海公共租界自來水公司招募七厘積利還本優先股 100,000 股，每股 10 兩，共 1,000,000兩，六月一日起登記認購，一日間全數認足，可證上海一隅現金壅塞，而外商經營吸收華資，其侵略方法為可驚。(伯滌)

17146

國立中央研究院
工程研究所

鋼鐵試驗場

場址 上海白利南路兆豐公園對面

辦公處 上海霞飛路八九九號工程研究所

電話 七〇三六三

價目 普通鑄件每公斤收費洋八角八分(每磅洋四角)
低炭素鐵鑄件及堅性鐵鑄件每公斤收費洋四角四分(每磅洋二角)

THE IRON AND STEEL LABORATORY
OF
THE NATIONAL RESEARCH INSTITUTE OF ENGINEERING
ACADEMIA SINICA

WORKS: 37b BRENAN ROAD, SHANGHAI
OFFICE: 899 AVENUE JOFFRE, SHANGHAI, TEL. 70363

膠濟鐵路行車時刻表

民國二十年七月一日改訂實行

下行車

車次	青島開	大港開	南泉開	膠州到	膠州開	高密到	高密開	岞山開	坊子到	坊子開	濰縣到	濰縣開	昌樂開	青州到	青州開	張店到	張店開	周村到	周村開	普集開	棗園莊開	黃臺開	濟南到
五次車	七・〇〇	七・一一	八・一二	八・五九	九・〇一	九・三八	九・五三	一〇・五四	一一・三九	一一・五四	一二・一四	一二・一七	一二・五四	一三・四四	一三・四六	一四・五三	一五・一〇	一五・三八	一五・四〇	一六・二六	一六・五一	一七・四四	一七・五六
三次車	一二・〇一	一二・一一	一三・一二	一三・五三	一三・五五	一四・二六	一四・四一	一五・四〇	一六・二二	一六・三七	一六・五七	一七・〇一	一七・三七	一八・一八	一八・二〇	一九・二五	一九・四六	二〇・一一	二〇・一三	二〇・五六	二一・二一	二二・一三	二二・二五
十一次車	一五・〇〇	一五・一二	一六・三三	一七・三〇	一七・四九	一八・三一	一八・四九	二〇・一四	二一・一〇	二一・二五	二一・四九												
十三次車										七・〇〇	七・二四	七・三四	八・二六	九・二六	九・四一	一一・〇三	一一・一八	一一・五二	一二・〇二	一三・一四	一三・四六	一四・五八	一五・一二
一次車	二二・〇〇	二二・一一	二三・〇九	二三・五〇	二三・五二	〇・二三	〇・三八	一・二七	二・〇六	二・二四	二・四四	二・五〇	三・二一	四・〇二	四・〇四	四・五六	五・一四	五・三九	五・四一	六・二一	六・四三	七・二八	七・四〇

上行車

車次	濟南開	黃臺開	棗園莊開	普集開	周村到	周村開	張店到	張店開	青州到	青州開	昌樂開	濰縣到	濰縣開	坊子到	坊子開	岞山開	高密到	高密開	膠州到	膠州開	南泉開	大港開	青島到
六次車	七・一五	七・三〇	八・二六	八・五四	九・三三	九・三五	一〇・〇〇	一〇・二〇	一一・三一	一一・三四	一二・二五	一三・〇四	一三・〇八	一三・二八	一三・五〇	一四・二五	一五・四二	一五・五七	一六・三五	一六・三七	一七・二二	一八・二五	一八・三〇
十二次車													六・三〇	六・五六	七・一〇	八・一三	九・二三	九・三九	一〇・三三	一〇・三三	一一・二五	一二・〇七	一二・一三
四次車	一二・一五	一二・二九	一三・二二	一三・五〇	一四・二六	一四・二八	一四・五〇	一五・一二	一六・一九	一六・二一	一七・〇三	一七・四一	一七・四五	一八・〇六	一八・二二	一九・〇四	一九・五九	二〇・一三	二〇・四五	二〇・四七	二一・二六	二二・三〇	二二・三五
十四次車	一四・一〇	一四・二六	一五・四六	一六・三二	一七・二一	一七・二一	一八・三〇	一八・三三	二〇・〇六	二〇・一九	二一・三五	二二・〇六	二二・二六	二二・四二									
二次車	二三・〇〇	二三・一四	二三・一〇	二三・三六	二三・五九	〇・〇一	〇・二三	〇・四一	一・三六	一・三八	二・一九	二・四八	二・五四	三・一五	三・三六	四・一五	五・〇一	五・一六	五・四八	五・五〇	六・二九	七・三〇	七・三五

請聲明由中國工程師學會『工程週刊』介紹

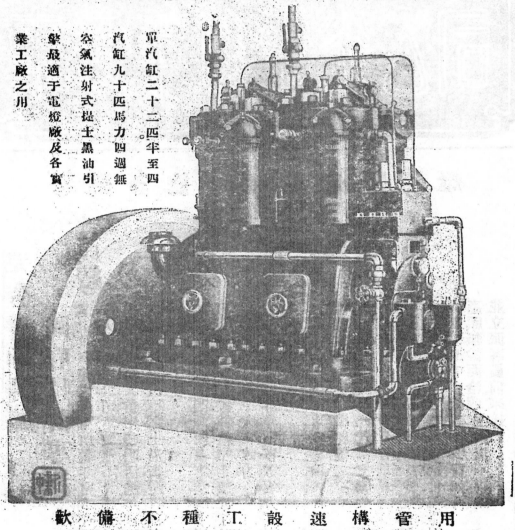

中國工程師學會會務消息

◉年會通告一

會員先生大鑒，逕啓者，本屆年會決定八月二十一日起，至二十六日止，在天津舉行，出席會員往返乘車票價，已得國民政府鐵道部核准減半收費，並囑迅將會員姓名，乘車等級，起訖地點，及往還日期，詳明列單報部，以憑飭辦，用特專函奉告，並附上回卡一張，務請卽日填明，寄交上海南京路大陸商場五樓總會，以便核轉爲荷，餘俟續告，此請大鑒

中國工程師學會第十五屆年會委員會啓

◉年會通告二

會員先生大鑒，本會舉行年會要旨，在聯絡感情，交換學識，討論會務，及工程問題，其關於本會基礎之鞏固，前進之發展，至爲重大。本年第十五屆年會，原由上屆年會決定在武漢舉行，現因武漢方面諸多不便，經董事會議決改在天津舉行，同人等被委籌備進行事宜，雖爲期短促，仍當竭盡綿薄，力謀蒞會會員之便利。惟本會之精神端賴到會人數之踴躍，天津爲華北工商經濟中心，交通四達，年來道路之展布，海河之整理，水利之疏濬，屋宇之建築，均有相當進步，且北負舊都，歷史遺蹟，足供瀏覽，東接唐山，礦山工廠，規模宏大，實華北工業之重地，各項建設事業，足資吾工程界觀摩探討者不勝枚舉，以北方氣候適宜，尤以西山冷翠，風景清幽，夏令登臨，胸襟一爽，務希先生惠然蒞止，共襄盛典，無任企幸。如能挈眷同來，更所歡迎。玆將年會概略，列舉如下：

開會地址：天津南開大學 新學學院

會　期：二十一年八月二十一日至二十六日

會　程：

第一日　八月二十一日(星期日)
到會會員註册。

第二日　八月二十二日(星期一)
- 上午　開會典禮　名人演說。
- 正午　分會歡迎宴。
- 下午　會務會議。
- 晚　機關公宴。

第三日　八月二十三日(星期二)
- 上午　論文。
- 正午　學校公宴。
- 下午　會務會議。
- 晚　團體公宴。

第四日　八月二十四日(星期三)
- 上午　論文　公開演講。
- 正午　鐵路公宴。
- 下午　參觀。
- 晚　年會宴。

第五日　八月二十五日(星期四)
- 唐山參觀。
- 午　唐山分會歡迎宴。
- 晚　地方招待宴。

第六日　八月二十六日(星期五)
- 北平游覽。
- 午　北平分會歡迎宴。
- 晚　地方招待宴。

住宿：本委員會特商定南開大學宿舍，爲年會會員寄宿之用，該校風景頗佳，氣候涼爽，殊爲消夏盛地，惟請自備被褥，以免蚊患，此外並商定法租界北辰飯店，廉價優待。

會費：年會費每人五元，團體游覽參觀及聚餐均在內，但旅館費用由會員自備。

舟車：已由總會向各交通機關交涉，照往年成例減價優待，請逕向上海總會索取優待證。

參觀：整理海河委員會放淤區域進水閘，新

17151

河閘及船閘工程。天津電車電燈公司，濟安自來水公司，北洋大學，河北工程學院，唐山交通大學，唐山開灤煤礦，北寧鐵路唐山工廠，啓新洋灰工廠，永利製鹼工廠，久大精鹽工廠。

遊覽：天津北寧鐵路事園，北平故宮，三海，西山，清華園。

附則：會員諸君如有事與本委員會接洽，請寄天津北寧鐵路局廠務處楊先乾君轉交。

中國工程師學會第十五屆年會籌備委員會謹佈

◉年會籌備消息

此次年會由委員長華南圭先生等積極籌備，每星期一及星期四開會一次，討論各項接洽事宜。七月十四日星期四下午八時，由華委員長柬請各委員假大華飯店屋頂餐聚，七月二十八日星期四下午七時，又由會員李郭舟，馮鶴鳴，羅英，丁崑，閔啓傑，歐陽誠六位作東，在惠中屋頂開全體會員大會，討論招待諸事，佈置均已周到，望會員踴躍參加為幸。

又年會通告及回信明信片，已由籌備委員會印刷分寄各會員，諒均收到矣。

◉電工雜誌優待本會會員訂閱

本會團體會員電工雜誌社，所出版之『電工』二月刊，為本會之合作刊物，已于第三卷第三號起，在封面刊載『中國工程師學會合作刊物』字樣，並承優待本會會員訂閱，照定價八折計算。該刊全年六册定價一元五角，八折為一元二角，郵費國內每册四分，國外每册二角五分。會員中訂閱者，請直接函致杭州浙江大學工學院轉中國電工雜誌社，或上海靜安寺路馬霍路口興和里十八號裘惠康君。

二十一年度新職員選舉發表

謹啓者，本司選委員會此次共收到複選票368張，於七月二十四日在南京慈悲社六號正式開票，委員到場者夏光宇徐恩曾惲震三人，不在南京者王崇植，沈昌二人。茲將開票結果照錄如下：

會長	顏德慶	172票	（當選）
	淩鴻勛	159票	華南圭33票
副會長	支秉淵	158票	（當選）
	薩福均	123票	王寵佑82票
董事	胡庶華	268票	（當選）
	韋以黻	253票	（當選）
	周琦	198票	（當選）
	程振鈞	174票	（當選）
	任鴻雋	165票	（當選）
	楊毅	129票	唐炳源66票
	孫謀	118票	鈕孝賢60票
	關頌聲	86票	須愷53票
	吳健	82票	陳良士41票
	鄧益光	79票	張行恆39票
基金監	黃炎	177票	（當選）
	朱其清	112票	潘銘新56票

除總幹事總編輯等應由新董事會成立後選舉外，本屆新職員及上屆應留任之職員名單如下：

會長	顏德慶	副會長	支秉淵
董事	胡庶華　韋以黻　周琦　程振鈞		
	任鴻雋　（以上任期三年）		
	夏光宇　陳立夫　徐佩璜　李厚身		
	茅以昇　（以上任期二年）		
	淩鴻勛　惲震　顏德慶　吳承洛		
	薛次莘　（以上任期一年）		
基金監	黃炎　（任期二年）		
	朱樹怡　（任期一年）		

新舊職員于本屆年會開幕以後交替。

司選委員會謹啓

◉美國會員最近通信地址

陳來義 Frank Chan,
Univ. of Washington,
University Y. M. C. A.,
Seattle, Wash., U. S. A.

張光華 K. H. Chang,
Central Y. M. C. A.,
Rochester, N. Y., U. S. A.

張有穀 York Chang,
M. I. T. Dormitory,
Cambridge, Mass., U. S. A.

陳世攄 S. F. Chen,
301 Dryden Road,
Ithaca, N. Y., U. S. A.

賈元亮 Y. L. Chia,
Box 158, Potsdam, N. Y.,
U. S. A.

莊前鼎 C. T. Chwang,
Y. M. C. A., 3039 E. 91st. St.,
Chicago, Ill., U. S. A.

歐陽藻 T. Eoyang,
500 Riverside Drive,
New York City, U. S. A.

何永濂 W. T. Ho,
Box 713, E. Lansing,
Mich., U. S. A.

侯德榜 T. P. Hou,
1412 Geddes Ave.,
Ann Arbor, Mich., U. S. A.

黃篤修 T. S. Huang.,
497 Hungtington Ave.,
Boston, Mass. U. S. A.

黃古球 K. C. Huang,
c/o R. G. Coggshall,
International G. E. Co.,
Schenectady, N. Y., U. S. A.

任之恭 C. K. Jen,
16 Wendell St.,
Cambridge Mass., U. S. A.

金開永 K. Y. King,
John Jay Hall,
Columbia University,
New York City, U. S. A.

郭殿邦 T. P. Kua,
c/o Modjeski & Chase,
369 Lexington Ave.,
New York City, U. S. A.

鄺耀厚 I. H. Kwong,
1305 W. Univ. Ave.,
Urbana, Ill., U. S. A.

李錦瑞 K. S. Lee,
526 W. 123rd. St.,
New York City, U. S. A.

李嗣綿 S. M. Li,
Rm. 905, 150 Broadway,
New York City, U. S. A.

林碧滓 P. C. Lim,
408 Hamilton Place,
Ann Arbor, Mich., U. S. A.

林玉璣 Y. C. Lin,
Box 836 E. Lansing,
Mich., U. S. A.

劉乾才 C. Y. Liu,
419 Harrison St.,
W. Lafayette, Ind., U. S. A.

劉茀祺 F. C. Lu.
c/o Hazen & Everette,
25 W. 43rd. St.,
New York City, U. S. A.

劉遵憲 T. H. Liu,
Box 1261 Stanford Univ.,
Calif., U. S. A.

盧祖棣 C. T. Loo,
1174 Young St.,
Honolulu, T. H.

潘履潔 L. C. Pan,
419 W. 115th. St.,
New York City, U. S. A.

彭官贊 John Pang,
605 E. Daniel St.,
Champaigne, Ill., U. S. A.

蕭達文 Darwin Sew,
2107 Davonshire Rd.,
Ann. Arbor, Mich., U. S. A.

丁緒惟 H. H. Ting,
531 Forest Av.,
Ann Arbor, Mich., U. S. A.

鍾兆琥 Z. H. Tsoon,
137 Troy,
N. Y., U. S. A.

崔學韓 J. H. Tsui,
c/o Westinghouse Elec. & Mfg. Co.,
Trafford, Pa., U. S. A.

杜長明 C. M. Tu,
180 Chestnut St.,
Cambridge, Mass., U. S. A.

阮傳哲 D. D. Uong,
c/o Fitchburg Paper Co.,
Fitchburg, Mass., U. S. A.

王建珊 C. S. Wang,
15 Remington St.,
Cambridge, Mass., U. S. A.

王貴循 K. H. Wang,
c/o American Bridge Co.,
Elmira Heights, N. Y., U. S. A.

王毓明 Y. M. Wang,
208 Delaward Ave.,
Ithaca, N. Y., U. S. A.

吳華甫 Wm. H. F. Woo,
612 W. Dayton St.,
Madison, Wisc., U. S. A.

葉雲樵 Y. C. Yeh,
21 Inman St.,
Cambridge, Mass., U. S. A.

原景德 C. T. Yuan,
c/o Chinese Students' Club,
University of Wisconsin,
Madison, Wisc., U. S. A.

榮伊仁 E. Z. Yung,
53 Mt. Hope St.,
Lowell, Mass., U. S. A.

◉本刊啓事

本刊現每期印2200份，已有定戶300餘，尚謀積極推廣，以期經濟自立。會員按期贈閱，深盼盡力介紹新定戶，並求指教改進。

本刊印刷費大部份賴廣告費挹注，因廣告不多，故未克每週出版，尚望各會員踴躍介紹廣告，以裕財源，庶可按期出版，幸甚。

關於本刊編輯發行及廣告，均由張延祥君負責，函件請直接郵寄南京西華門首都電廠轉交可也。

工程週刊

(內政部登記證警字第788號)

中國工程師學會發行

上海南京路大陸商場大廈五樓

電話：92582

中華民國二十二年
一月二十五日出版

第二卷 第二期(總號23)

中華郵政特准掛號認為新聞報紙類
(第1831號執據)

定報價目：每期二分， 全年52期， 連郵費， 國內一元， 國外三元六角

本期要目

湖南之木炭長途汽車

動力原料

編者

工程之進行，全恃動力與原料。動力最初用人力，獸力，現則全恃機械力，電力，化學力；原料則鋼鐵，五金，木石，等。但在吾國，工程之動力與原料，十分之九用外國貨；煤鐵五金，雖有蘊藏，而未採煉，機械電器，又多係進口，故工程之發展，適足為外商增加產銷，吾工程界應切急注意於基本工業。

動力之原料，以水力，煤，木材，及油為大宗。原動之機器可用十年二十年，價值雖高，尚較經濟，但動力所耗費原料，則日日刻刻需要，其總價值不止機器之百倍，若亦不能自給，則漏巵更巨。動力原料，在我國則水力尚未發展，（我國水力發電事業見本刊上期第2頁），油類亦無出產，木材在東北尚有森林，他處均已採伐盡淨，祇有煤

礦可特。最近因日煤傾銷，煤礦又多亟亟可危。國人急應自籌動力原料供給方法，以備平時之工程進行，及戰時之國防策略。去年湖南及陝西兩省之煤氣木炭汽車，（見本刊第18頁），亦爲研究解决此問題之一法，國人不可不注意。惟根本仍在煤與油二種也。

湖南二一七型之煤氣車

向惪 柳敏

湖南建設廳於去年十月十六日，在長沙試驗二一七型煤氣汽車，招待各界參觀，中國工程師學會亦派代表楊卓新先生莅臨，玆將二一七型之各點，約略述之。

二一七型係於民國二十一年七月造成，故名。煤氣發生爐外有清潔器及管件，汽車則用ＡＡ式福特車。玆先將車之特徵及燃料與煤氣之限制列下表：

ＡＡ式福特車

汽缸直徑$3\frac{7}{8}$"(9.85公分)

活塞衝程$4\frac{1}{4}$"(10.8公分)

迴轉數 每分鐘2200轉

實效馬力(用煤氣)30匹

燃料 (木炭)

炭	90%以上
灰分	3%以下
水分	7%以下
顆粒大小	$\frac{1}{8}$"－$\frac{1}{2}$"

煤 氣

CO	28%以上
CO_2	1%以下
O_2	1.8%以下
H_2	1.5%以下
熱力值	100－103英熱單位

二一七型煤氣發生爐之圖樣，製版刊於右格，玆將各項尺寸錄下：

(一)形式	圓形吸力上行式
(二)內直徑	16英寸
(三)外直徑	18英寸
(四)爐內燃料層高度	46英寸
(五)爐身總高度	74英寸
(六)進氣管	花孔板式，過氣面積共7平方英寸
(七)出氣管直徑	4英寸
(八)爐橋	固定爐格式
(九)重量	210 公斤

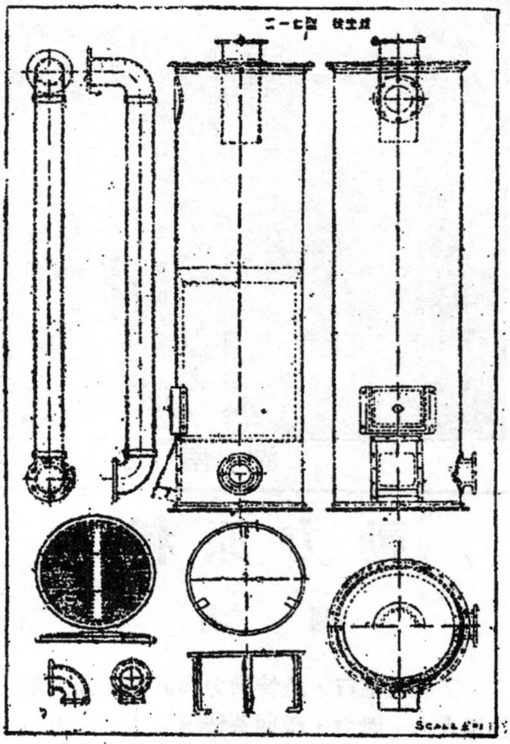

煤氣發生爐裝於車後，旁裝第一清潔器，直徑15英寸，總高60英寸；復於下面裝長方形第二清潔器，長48英寸，寬12英寸，高10.5 英寸。清潔方法，降低氣流速率，並用

木炭鋸屑木絲，分為三層裝置，作隔濾物；以空氣冷却；用油料作吸塵劑。此外裝調節器及鼓風機，調節器上裝有二節制門，一為節制空氣門，與汽車駕駛盤上原有之手動節氣桿相聯；一為節制混合氣門，與原有足踏增速桿相聯。汽車上原有之化油器及汽油管件，一併取消，將發動機上之總進氣管改造，使與調節器相聯。手搖鼓風機為作最初發生煤氣之用。

煤氣發生爐重量為326磅，清潔器重量151磅，管件重57磅，總重534磅。

炭代汽油之實驗，既已大致成功，則於固體燃料之選用方法，煤氣發生部分總重之再謀減輕，以及改造各部之益求精巧，自皆尙須繼續研究。竊以為凡此皆可歸納為一燃料問題，推廣言之，於其與一切發動機及熱力工作之連鎖，對於國家國防社會經濟，關係俱極重要而密切，欲求根本解決，須將研究範圍擴大。謹就管見所及，列舉數端如次：

（一）特種發生爐及固體燃料之製作問題 欲求一能於適用各種燃料之發生爐，或欲求一能於完全合用之燃料，其事俱不可能。其次為謀使用普及，亦非設計特種發生爐及實行人造燃料不可。於是改變發生爐之氣化燃燒方法與通風方法，選擇各種天種燃料作適當之配合製成煤球，改良木炭之製法增加其採收率，及收集一切副產物以謀經濟等等，皆為題中應有之義。

（二）低溫蒸溜煤料問題 適用於汽車煤氣發生爐之燃料，其品質既有嚴格之限制，而天然出產燃料之品質又不一律，卽上等無烟煤之產額近代以來亦日見低減，救濟之法，唯有求諸烟煤與劣等煤之利用。查低溫蒸溜法（攝氏450度至550度之蒸溜）可將烟煤製為無烟煤，卽劣煤亦可利用，又於蒸溜時得以提取石油，其利益尤大。

（三）特種汽車製造問題 現時行駛國內之汽車，其發動機之汽缸構造，幾全以用汽油為準，今改用煤氣雖能適用，然其動力及效率，未必已盡臻完善之境。如汽缸之直徑，燃燒室之形狀尺度壓縮比例發火位置等，皆宜分別精密研究之。又為發生爐清潔器之裝置，汽車底盤之構造亦須酌加變改。凡此問題如已俱獲最後之解決，則可製造專以煤氣為燃料之特種汽車。

（四）壓縮煤氣應用問題 將煤氣發生爐裝於汽車上，因地位及重量之限制，以致構造裝置使用各方面均感不滿。若將發生爐裝於車廠，而以高壓力將煤氣壓縮貯於密閉桶中以供汽車之用，如供給問題無多困難，則加於車上之裝置極為簡單，重量將與用汽油者無異；同時，發生爐之構造，燃料之選用，以及煤氣之成份，俱可儘量隨意伸縮矣。上述數端，願與國人共研究之。

青島自來水

青島市工務局

民國紀元前十四年，德人租借青島，當以飲水為急務，於市內鑿井160餘個，但水量不足，水質不良，終非長久之策，乃於民國紀元前十三年，開闢海泊河水源地，於河畔及河中，穿井數十，用火油發動升水機大小各二台，將水由350公分內徑鑄鐵管，送至觀象山貯水池，竣工時民國紀元前十年也。每日送水400噸，後於民國紀元前六年，廢棄舊井，添設新式鐵管井13個，每日供水1000噸，同時開闢李村水源地，設銅管井若干，及升水機室，民國紀元前三年竣工。後繼續增井，至民國二年，此種井共有14個，均在今之東林內。該水源地送水由400公分幹管，沿小水清溝，小村莊，東鎮，至貯水山東池。所有匯泉，大鮑島，大小港等處配水幹管，均以次安設。民國三年，德日交戰，德人縮短防線，於九月二十七日放棄李村水源地，而燒燬機關室，炸燬煙筒，復專用海泊河水源地，以水量不足，只供官署及軍用，居民限用市內舊井之水。至民國三年十一月四日，日軍奪取海泊河水源地，德人因飲料斷絕降服，後日人設法恢復李村河水源地，修理升水機鍋爐煙筒等，費時年餘，始告成功。六年，在今南林地內設銅管井5個，七年，又在此處增銅管井 8個。凡此新舊水井，於夏日地下水位低落時，上水困難，乃於河東岸安設附屬升水機室，其位置在地面下公2尺，由德人安設之14井，吸水經200公分鐵管，送至集合井，以供主機吸送。此附屬升水機室，卽今所謂第一應急升水機室也。嗣以水位低時，上水不暢，於八年乃添設下流二，三，四號應急升水機室，二號有井5個，三號有井5個，四號有井 6個，各升水機直接由各井吸水，經別管送入集合井。李村水源地經此擴充，每日最大送水量可達6000噸以上，原有汽機三台，除一台預備修理外，餘二台實不敷用，乃於九年在廠內增設旋輪升水機三台，另設變壓所，用電動機，每台電機150 匹馬力，每日送水約3600噸。民國八年，着手開闢白沙河水源地，越年告成，共設銅管井15個，安設送水幹管至李村水源地，七年，貯水山西池開工，八年告竣。十一年白沙河水源地復向西增井12個，幷延長送水幹管，由李村水源地經四流路，（滄口至青島道路），至貯水山西池，使白沙河之水由此分道至貯水山。至是白沙河每日送水4000噸，凡滄口，四方，東鎮，及青島北部配水管，均由日管時漸次增設焉。民國十一年冬，我國收回青島，越二年，送水量逐漸增加。民國十五年，白沙河水源地增設銅管井4個，磚井1個。十七年又在同處增設磚井5 個，每日水量可增3000噸。三水源地每日最大送水量共15,000噸，但仍不敷用。十八年規劃在白沙河水源地西，另闢西廠，設大鐵筋混凝土井 5個，升水機室一所，是年底告成，每日送水量再增3500噸。三水源地每日最大送水量約18,000噸。

水源

青島居膠州灣東岸，其東北有嶗山主峯，距青島30公里，地勢向西南傾斜，因水流發源不遠，且地勢急斜之故，雖有沙河數道，除雨期外，涓涓細流，不久卽涸，地面淡水取得甚難，是以鑿井取泉，爲開拓青島以來最簡之求水法也。

海泊河水源地，在台東鎮西北，居海泊河下流，地勢卑窪，河發源於浮山北麓，全河長10公里，因河道甚短，故潛流不富。

李村水源地在閻家北，李村張村二河合流處，地勢開闊，沙層較厚，上流李村河身長13公里，張村河身長18公里，均發源於嶗山西麓，大雨之後，潛流立漲。

白沙河水源地在白沙河下流，仙家寨附近，上流河身長28公里，發源嶗頂，全年河面有八九個月水流不斷，其有補於潛流甚大。

地質

水源地各河流，均由青島東方及東北一帶大山發源，雨後山洪暴發，挾石含沙而下，距山稍遠，大石停留不進，而小石子及沙順流推移，以迄海岸，因經多年冲積之故，河下地層極不一致，若沙層，土層，土沙混合層，石子土沙混合層，等等不同之質，互相綜錯，最深處岩石層在河床下自 10 公尺至 20 公尺不等，其厚莫測，槪爲花崗岩石，隙縫極小，含水有限，故鑿井不必穿過此層也。

水質

井水透過沙層，有自然淸潔之功效，色味俱無，有機物固體物微菌成分不大，石卵沙粒均爲花崗石原料，石灰成分不多，故水之硬度亦小，各水源地供水，無需人工清潔，自可適用也。茲將化驗水質，列表如左：

溫度	16.°C
味	無
色	無
混濁度	4.79
固體物	164.00
浮游物	27.90
阿母尼亞	0.0145
氧氣消費量	0.54
硬度	30.29
酸性	29.54
氯	45.75
微菌數	108.0

井之構造

各水源地所用之井有四種，甲種井筒為鐵製，徑約40公分，深10公尺，下端 2公尺處周圍鑽有圓孔，其外周用粗石子包圍，厚30公分，再外周用細石子包圍，厚25公分，井中插一 5公分內徑吸水管，上端與總吸水管連。此井鑿法係先樹立 5公尺徑鐵套管，於其中挖出沙土，使之下沉，至適當深度，再於其中置小套管，小套管中置鐵井筒，乃於井筒外兩層空間填石子，而後將二套管用起重機提出，地水卽可浸入井內矣。海泊河井及李村河中四井，皆此類也。

乙種井為15公分內徑，銅管製成，內外包以錫皮，自底向上 0.5公尺為銅管，自此向上 3公尺為帶長方孔之銅管，稱為濾管，地水由此浸入井內也。再上為嚴密銅管，其頂上安裝鑄鐵井頂。全井深12—13公尺，井頂有15公分管口，橫出與吸水幹管連接，井水上升，經此入幹管。鑿井之法係先置50公分之熟鐵套筒，於其內用挖沙旋斗，挖出沙土，使之下沉，至相當深度，再將全井投合，放置中央，然後於四週填入石子，套筒卽可用起重機提內，而井工完矣。李村水源地東林與南林之井，及白沙河水源地31井，均屬此式。

青島市水源地及管線略圖

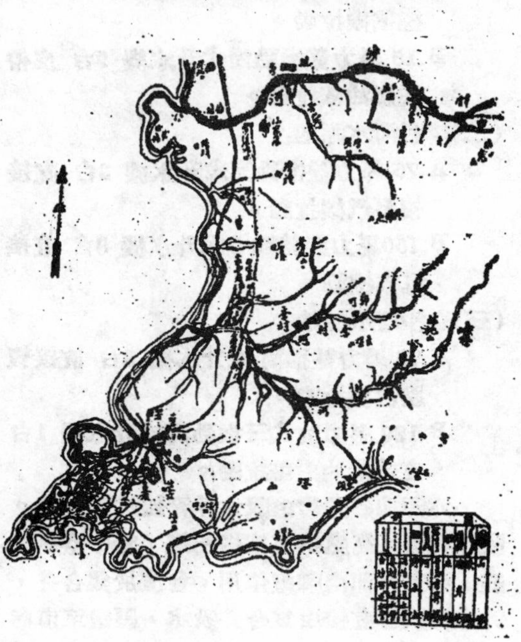

丙種井為磚砌大井，內徑 2.6公尺，無底，地水卽由下上湧，其中設15公分吸水管，鑿法卽係由內挖沙，使其自沈。白沙河河中有六井，屬此式。較上二種井出水尤旺。

丁種井係鐵筋混凝土製，鑿井法與丙種同，此為最近計劃，用於白沙河水源地西廠者。

升水機

現用之升水機有五種：

(一)15馬力雙推動筒式(Double acting plunger pump)

(二)25馬力雙推動筒式

(三)75馬力雙推筒動式

(四)旋輪離心式(Centrifugal pump)

(五)120馬力立式三推動筒式(Vertical triplex Plunger Pump)

三水源地升水機分配如下：

(一)海泊河水源地

A.25 馬力雙推動筒式升水機 2台 皮帶繞電機拉動。

B.15 馬力雙推動筒式升水機 2台 皮帶繞煤油機拉動。

(二)李村河水源地

A.75 馬力雙推動筒式升水機 3台 直接複壓汽機拉動。

B.150馬力旋輪離心式升水機 3台 直接電機拉動。

(三)白沙河水源地

A.75 馬力雙推筒 式升水機 3台 直接複壓汽機拉動。

B.120 馬力立式三推動筒式升水機 1台 直接柴油引擎拉動。

水源地各井均由吸水幹管接於集合井。吸水幹管最高處與真空機相連，管中空氣排盡，各井水卽由唧虹作用，會流於集合井，升水機吸管直接由集合井吸水，壓送至市內貯水山上水池。貯水池高於升水機約65公尺，各水源地水管阻力及靜止水頭不同，故各升水機總壓力亦異，約分列如下：一

海泊水源地每平方公分7公斤(100磅)

李村河水源地每平方公分10公斤(145磅)

白沙河水源地每平方公分9.2公斤(130磅)

送水管

海泊河水源地，由35公分鑄鐵管，送水至貯水山東北池，共長2800公尺。李村水源地，送水管為鋼製內徑40公分，全線自該水源地至貯水山東北池，(通稱舊池)，長11,500公尺。凡最高處設有空氣門，最低處有撤水門。白沙河水源地，送水管為鑄鐵製，內徑40公分,該管自白沙河水源地南行,10,700公尺至李村水源地，復西至四流路折南，循該路經四方，11,397公尺，至貯水山西水池，(通稱新池)，全線共長22,097公尺。高低處設置空氣門及撤水門，與李村水源地送水管同。白沙河送水管綫在西流莊，15公分支管，西行入滄口，以供該處用水，又在李村水源地分40公分支管，與之相連，使李村水源地於必要時，得吸收白沙河水，或借用白沙河南段水管，送水至青島。又在李村河四流路交分15公分岔管，至滄口給水，又在四方大馬路近兩端,分20公分支管,與15公分配水管連，以供四方之水。新建設之白沙河水源地西廠，由30公分管，與本廠40公分送水管相接，會合送水，此管長 700 公尺，為離心法鑄鐵製，量輕而堅，為青島初次試用。

貯水池

貯水山上有貯水池二個，東池容水2000噸，西池容水4000噸，共6000噸，為調劑每日水量長落之用。觀象山貯水池容量 300噸，專供觀象台之用,該處甚高,貯水山水壓所不到也。

配水管

全市大小配水管共長約 100公里，配水管徑小自 5公分，大至40公分，均為鑄鐵製。5公分管亦有為熟鐵製者。凡125公分徑以下之鑄鐵管，長為 3公尺，15公分以上之鑄鐵管，長為 3.7公尺。一端為承口，一端為插口，以鉛接合，與水門接合之處用凸緣。由貯水池而下之配水總管，沿綫分岔為較小之管，以備用戶接岔。凡35公分及40公分之總配水管，向例不許專用水管於其上接岔子，因恐該項岔子發生事故，修理時勢須閉總管水門，妨礙多數人用水也。配水管之壓力，因地與時而異。凡位置高者，壓力小；位置低者，壓力大。再因水流阻力之故，距貯水池近者，壓力大；遠者，壓力遞減。夜間水流微細，壓力大；晝間壓力小。

消火水龍係由配水管分 8公分岔管至邊道,其分岔之處,設有水門。消火水龍多在街口，每個與其他距離約為200公尺.消火水龍有立式及地下二種。消火水龍出口徑為50公分,消防隊用之水龍帶亦為50公分徑。射水銅管嘴徑為12公分，射水頭高視當地之水壓而

異。在普通平地上高至 8公尺，在較高之地以次遞減。因全恃水壓不能有顯著之功效，民國十六年消防隊採用摩托救火機，以增加水頭。

公共用水龍設於邊道旁，有人專司啓閉，售水與附近居民未備專用水管者。

洗衣池設於人煙稠密之處，以供附近貧民自由浣洗，開用之時池水長流不斷，廣州路黃島路東鎮等處有之。

飲水龍設於邊道旁，以供苦力飲水解渴

專用水管

專用水管係由道路幹管，引水至用戶之管。管之內徑視用水量之多少而定，通常爲19公分($\frac{3}{4}''$)，有用25－50公分者。管爲熟鐵製，內外有鍍鋅包皮。房地內有消火水龍設備，如大公司或大工廠，其分岔水管則用75－150 公分鑄鐵者，於每用戶設水表一個，以計水量，現共安設水表約3000個。

水費

專用給水一個月給水量之價目列下：——

一·3 立方公尺以內，銀四角五分；但使用期間未滿一個月者仍按一個月計算。

二·100 立方公尺以內，每一立方公尺銀一角五分。

三·超過 100立方公尺者，其超過量每一立方公尺銀一角二分。

四·超過 500立方公尺者，其超過量每一立方公尺銀一角一分。

五·超過1000立方公尺者，其超過量每一立方公尺銀八分。

上海交通大學今年舉行工業及鐵道展覽會

上海交通大學原定於前年十二月十二日，舉行新工程館落成禮時，兼開工業及鐵道展覽大會，廣徵國內外工業用品，及鐵道材料，陳列展覽，以引起國人對於工業與交通上之注意，且使各製造廠家有所觀摩，競思改進。嗣以九一八及一二八突生事變，進行中輟。現鑒于斯會之未容再緩，議決賡續辦理，定於二十二年三月三十日至四月八日舉行。

展覽範圍，凡關於中外工業各種用品，機械儀器，圖表冊籍，照片樣本，及鐵道各項物料機件，圖表冊籍，照片樣本，等項，屬於下列門類範圍之內者，均可陳列展覽。

工程 管理，航空，農業，建築，汽車，化學，土木，教育用品，電機，道路，水利，航海，機械，冶金，採礦，市政，造船，準確儀器，冷氣，試驗，紡織。

鐵道 一，鐵道管理：組織表，各項文件，會計，統計，材料，車務，警務，管理器具，教育用品，二，鐵道工程：土木工程，機械工程，電機工程，教育用品。

上海交通大學成立以來，于茲三十六載，創立於遜清光緒二十二年三月，由盛宣懷先生奏准開辦，原名南洋公學，幾經變遷，迭易名稱，迨于民國十六年，將唐山第二交通大學，北平第三交通大學合併後，始定今名，直隸鐵道部，現全校共有七學院，分設于上海，唐山，北平，三處，在上海者有科學學院，管理學院，電機工程學院，機械工程學院，土木工程學院，北平則有鐵道管理學院，唐山工程學院分爲土木，採冶兩系。研究所則設總所于上海校內，設分所于北平唐山各學院。上海校基開辦之始，占地一百餘畝，地段狹小，近乃擴充，計有校地二百五十餘畝，展覽會會場卽在校之西邊，地面廣闊，足容多量物品，校內樓宇鱗比，新舊錯列，除原有上院，中院，南院，圖書館，體育館，執信西齋，調養室外，尙有新建之總辦公廳，鐵木工廠，工程館等，而工程館更爲最新式之建築，有面積 21,000平方尺，除內有課堂，繪圖室，陳列室，大講堂，教授室外，并有電機工程試驗室，機械工程試驗室，水力試驗室，內燃機試驗室，汽車試驗室，滑油燃料試驗室，材料試驗室，衞生試驗室，鍋爐間，機器廠等，將來展覽會開會時，輕小物品在該館內陳列。

天原電化廠概況

天原電化廠由吳蘊初君創辦，工廠在上海白利南路，建於民國十七年，用電化原理，分解食鹽，以製鹽酸，燒碱，與漂白粉，去年添製氯化硫一種，以應橡膠工業之需要。該廠用鹽及出品，蒙國民政府財政部特准免稅。

該廠設備有愛倫氏電解槽120具，一切應用機械裝置，如變壓器，變流機，蒸發罐，熬鹼鍋，壓縮機，燃化爐，鹽酸塔，漂粉機，蒸汽爐，以及其他排氣，抽氣，與抽水機等，均按照此120具電解槽之出產量，計劃裝置。

開成造酸廠概況

開成造酸廠在上海吳淞，由林大中及高銛二君計劃，先開辦硫酸廠，自民國十九年動工，於去年出貨，每日產硫酸15噸，用鉛室法製造，共有正方形鉛塔3座，1座爲格魯威式（Glover Tower），2座爲格呂薩克式（Gay-Lussac Tower），塔邊長各2.8公尺（9′2″），高度一爲8.25公尺(27′)，二爲12.8公尺(42′)。鉛室亦有3，闊各爲9.15公尺(30′)，高各爲12.2公尺(40′)，深第一室18.3公尺(60′)，第二室15.2公尺(50′)，第三室9.15公尺(30′)，容積三室共2,160立方公尺（168,000立方英尺）。盡量製造每24小時可出50^0 Baume硫酸30噸，折合66^0 Baume濃硫酸18噸左右。

該廠燒礦石爐用英國式塊礦爐，共30座，容積每座爲 1.83 × 1.525 × 1.525 公尺（6′ × 5′ × 5′），可燒礦石13噸。提濃爐用Cascade式，共2座，各裝蒸發皿100只。全廠固定設備貲計630,000元，原料用硫化鐵，來自諸暨及瑞安二處。

塘沽永利製鹼公司燒鹼廠建築落成

去年中國工程師學會同人，聚集津門，曾於八月二十六日赴塘沽，爲永利製鹼公司新設之燒鹼廠行奠基禮，已誌前刊。該廠所有土木工程已於上月告竣，各種重要機件，如鹼化桶，澄清桶，眞空蒸發器，熬濃器，熔鹼鍋等，均由該公司鐵工部自製，業已裝置完畢。一俟在德國所購另星機件到達，即可出貨，從此我國鹼業，可以完全獨立，而一般造紙，製胰，煉油，漂染各工廠，亦可不再仰給於舶來品，誠吾國實業界一好消息也。

（陳德元）

◉ 工程週刊徵稿

(一)工程紀事報告
(二)施工實地攝影
(三)工作詳細圖畫
(四)工業商情消息
(五)書報介紹批評
(六)會務會員消息

稿請直接寄交總編輯張延祥（南京首都電廠）

◉ 工程週刊廣告刊例

每期定價：全面$12.00其他尺寸照比例算

17163

北寧鐵路出租花車包車廣告

本路所設備招待國聯調查團之專車，外觀內容俱極美備，該團臨別特贈本路以最榮譽之贊美書，久為社會共知共慕，無待夸飾。此項美備之車輛，現在公開出租，特將詳細辦法列後，敬希各界人士惠臨租用，無任歡迎。

一，車租　車租按照公里計算，本路各站間公里數均詳載本路發售之時刻表中，或請就近詢問各站及本路局營業課，計開：

(甲)　花車每公里收大洋三角五分，至少以五十元起碼。

(乙)　包車每公里收大洋二角五分，至少以三十五元起碼。

(丙)　小包車每公里收大洋一角五分，至少以二十元起碼。

二，票價　租用上列各車，除照付車租外，乘客照人數按頭等票價計算，僕從照人數按二等票價計算。

三，設備　車中睡舖臥具及一切設備，均已齊全，不另收費。

四，停留費　乘客如欲在中途車站，或到達站，(無論任何路，任何站之地點，向無旅館設備者)，停留此項包車，以代旅館，亦極方便，但須事先聲明，以便照辦。每停留一小時，或不及一小時，每車收費大洋一元。每次每車停留收費，至少以五元起碼。

五，定金　乘客如欲定用花車包車者，須於二十四小時前通知本路運輸處長，或車務段長，或站長，以便調備，隨繳定金大洋十五元，定而不用概不退還。

六，餐膳　車中用餐，本路可為承辦，請於租車時聲明，若願自帶廚役及餐膳器具，自辦飲食者，聽便。

七，代辦　乘客如欲將此項包車掛赴各路，以圖安適，其一切手續本路均可代辦。

北寧鐵路管理局佈告　第三一號

為佈告招租市場地號事，查本局前為維持平民生計，及繁榮天津東站市面起見，特在地道外新闢市場，劃分地號，公開招租，業經於本年六月三十日，在該市場內當衆抽籤，分配地號，並經於八月二十日開市起租各在案，所有抽中地號各戶，大致均已照章繳租，領取證書，惟尚有張巨川等十八戶，抽中地號二十四號，計為丁二 22 28 32 38 61 62 63 64 65 66 67 69 70 71 72 73 75 76 77 78 79 97 103 號，又韓寶善等四戶，抽中地號四號，計為 4 5 6 12 號，迄未照繳租金，領取證書，除照市場招租章程第六條第二項規定，取消其抽中地號，沒收前繳押金外，合再佈告招租，如願承租上列地號者，仰逕向東站本局平唐地務段接洽可也。此佈。

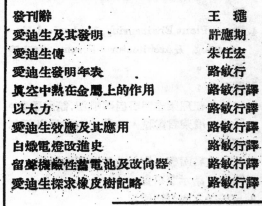

中國工程師學會會務消息

◉司選委員會通啓

敬啓者，本會民國二十一年天津年會，選出本委員會委員五人，專任民國二十二年司選事宜，其任務爲依據本會會章第二十一條之規定，提出下屆候選各職員之三倍人數，以便會員圈選。查二十二年秋季年會開會時任期將滿之職員，爲董事淩鴻勛，惲震，顏德慶，吳承洛，薛次莘，基金監朱樹怡，會長顏德慶，副會長支秉淵。以上八職員之三倍人數爲二十四人，本委員會爲集思廣益起見，決定先向我全體會員徵求意見，關於下列之人選：

(一)董事候選人　15名，

(二)會長候選人　3名，

(三)副會長候選人　3名，

(四)基金監候選人　3名，

請各會員自由推舉，函知本委員會，以憑參攷。未滿任期董事及基金監請勿重推，計董事未滿任期者爲夏光宇，陳立夫，徐佩璜，李屋身，茅以昇，胡庶華，章以黻，周琦，任鴻雋，楊　毅；基金監未滿任期者爲黃　炎。徵求日期至二十二年二月底爲止，屆時本委員會卽將候選人名單，郵寄全體會員，舉行複選，特此通告。

司選委員張自立，陳廣沅，嵇　銓

羅　英，楊先乾，仝啓

(通信處)天津河北大經路北寧鐵路廠務處楊先乾收。

◉董事會開會

本會第八次董事會，於一月十五日（星期日），上午十時，假南京楊公井國民大戲院會議室舉行，由幹事鈕甸夏君印發通告，會議記錄待整理後在下期本刊公布，副會長支秉淵君特由滬赴京出席，董事淩鴻勛君亦由鄭州趕到云。

◉第三次執行部會議記錄

日　期：二十二年一月十二日下午六時。

地　點：上海南京路大陸商場五樓本會會所。

出席者：支秉淵，裘燮鈞，莫　衡(裘燮鈞代)，張孝基，馮寶齡。

主　席：支秉淵；　記錄：裘燮鈞。

報告事項：

1. 廣東分會已成立，淩鴻勛爲會長，容祺勳爲副會長，桂銘敬爲書記，李卓爲會計。
2. 新會員錄不日可出版。
3. 各分會除北平，杭州外，已將改選結果報到。
4. Power Plant Engineering, Mechanical Engineering, 及Architectural Forum，均已續定一年。

討論事項：

1. 出版部經理柴志明君因事離滬，請辭職業。
   議決：准柴君辭職，聘黃　潔君爲出版部經理。
2. 趙世瑄君函復，對於北平會所意見案。
   議決：請示董事會。
3. 詹氏徵文應否繼續案。
   議決：一面調查詹氏論文基金，一面請示董事會。
4. 工程週刊應否仍定星期出版一次案。
   議決：每星期出版。
5. 汪禧成君願以家藏日文經濟書籍，捐贈本會案。
   議決：因現有圖書室地位狹小，徵求書籍暫以工程爲限，函復汪君現在不能接受爲歉。
6. 會員欠繳入會費應如何辦理案。
   議決：未繳入會費會員，應照新章程收入會費。在未收入會費以前，停止其會員權利。
7. 催收經常會費案。
   議決：再發函催索，限四月一日以前繳付

17166

，如到期未繳，應照會章第四十二條辦理。

8. 張延祥君提議週刊稿費案。

議決：候本會經濟稍裕後，再行辦理。

9. 陳六琯李錫釗兩君請給向實業部登記證明書案。

議決：照發。

10. 美國分會會員孟廣喆請認會員案。

議決：查歷年會員錄並無其名，應請補具入會手續。

11. 沈簗淵君請求恢復會員資格案。

議決：須繳登記費可以恢復。

◉廣州分會正式成立

組織廣州分會情形，已誌本刊第一卷第二十一期315頁，司選委員梁永槐，容祺勳，陳良士三君，於十二月十五日舉行臨時會議開票，選舉結果，凌鴻勛君以23票當選爲會長，容祺勳君以18票當選爲副會長，桂銘敬君以26票當選爲書記，李卓君以18票當選爲會計，廣州分會卽於是日正式成立。玆將該日會議記錄刊下：

日期：二十一年十二月十五日。

地點：一德路二五二號三樓。

到會人：李　拔，鄭成祜，桂銘敬，司徒錫，容祺勳，黃禮垣，梁永槐，何裕初，李　卓，李瑞琦，許延輝，李果能，梁漢偉，呂炳灝，陳良士，梁永鎏。

臨時主席：容祺勳，記錄：桂銘敬。

報告事項：

(1) 司選委員梁永槐等報告，選舉結果，以凌鴻勛23票當選爲會長，容祺勳18票當選爲副會長，桂銘敬26票當選爲書記，李卓18票當選爲會計。

(2) 梁永槐君報告合衆貿易股份有限公司總經理司徒震東贈送本會印字機一具，請函道謝盛意。

討論事項：

(1) 會費交收應以大洋或小洋爲本位，請公決案。

議決：照章以大洋爲本位。

(2) 李卓君提議應徵求會員，請公決案。

議決：通過，定一個月爲徵求會員時期，由書記將入會志願書分寄各會員，請其担任徵求，幷限至二十二年一月十五日以前，塡妥寄回十三行聯興路本會臨時地址。

(3) 關於會址及通信處問題，請公決案。

議決：通信住址暫定十三行聯興路株韶段工程局，開會地點臨時決定。

(4) 李卓君提議，司選委員報告，選舉結果請公認案。

議決：照案通過，幷將選舉結果報告總會。

◉杭州分會新職員

杭州分會去年用通信選舉，開票結果如下：

職　別	最多數	票數	次多數	票數
正會長	陳體誠	18	薛紹清	13
副會長	張自立	14	趙曾珏	11
書　記	周玉坤	15	朱重光	9
會　計	陳大燮	14	周玉坤	9

並於一月十二日(星期三)下午六時，假迎紫路聚豐園，舉行全體大會，討論本年會務新發展，本屆新職員幷同時正式就事，各項紀錄待寄到下期刊載。

◉上海分會常會誌盛

上海分會於十二月二十六日下午六時，假香港路三號銀行公會，舉行十二月份常會。出席者王爾綱君等二十九人，先行聚餐，繼由會長徐佩璜君致開會辭，並討論明年新年聯歡會籌備事宜，推定朱其清楊錫鏐君等爲籌備委員，積極進行。次請鐵道部顧問Mr. C. R. Mayo 演講『對於中國鐵道之管見』，略謂此次來華考察中國鐵道事業，覺其進步甚速，與所聞迥異，倘再能逐漸改良，不難與歐美並駕齊驅云云。末由會員張惠康君演講『年紅電光燈之構造與應用』，講年紅電光之製造方法，並攜有年紅應用器械，當場試演，頗饒興趣。散會已九時餘矣。

◉上海分會籌備新年交誼大會

上海分會每年一年一度，有新年交誼聯歡大會，其盛况為滬上所稀有，去年到者六百餘人，今年已定於二月十一日星期六晚舉行，已推舉各籌備委員進行，茲先將委員名銜列下：

籌備委員會主任　朱其清，副主任朱樹怡。

印刷股　楊錫鏐(主任)

銷劵股　支秉淵(主任)

節目股　薛次莘(主任)　姚長安，包可永，蘇祖修。

佈置股　黃元吉(主任)　楊錫鏐，李鴻儒，黃自强。

招待股　徐佩璜(主任)　黃伯樵，沈　怡，王繩善，張孝基，嚴　珊，李　俶

贈品股　馮寶齡(主任)　陳俊武，鄭葆成，朱有騫，朱其清，張惠康，徐學禹，金芝軒，朱樹怡，顧道生，姚長安，周　琦，嚴　珊。

◉南京分會一月份開會紀錄

南京分會於一月十日午後六時，假夫子廟萬全菜館，舉行新年聚餐會，到會會員四十一人，開會情形如下：

(一)本分會會所設備太簡，平時到者寥寥，等於虛設，經衆討論，議決將會所取消，所有傢俱公推鮑君國寶，鈕君因梁，前往會所查看，核實估價，開列清單，分送各會員，任憑選購。

(二)本會通信地點議定暫由鐵道部收轉。

(三)惲震先生新自四川考查回京，卽席演講長江上游水電計劃，大致謂此次考查長江上游水力，係由建設委員會，揚子江水道委員會，及國防設計委員會，三處派員會同前往，經考察結果，測得在宜昌附近葛洲壩黃陵廟二處，有終年不斷之水頭四十二英尺，最小流量每秒鐘有三千五百立方公尺，水力足敷發電一百萬基羅瓦特，現可先建一十萬基羅瓦特之水電廠，有兩個計劃，在葛洲壩建造經費預估約需三千三百萬元，在黃陵廟建造經費預估約需四千萬元，將來卽可在宜昌附近利用此項電力，製造氮氣化合物，以及其他用途。該項計劃擬就後，除分送各機關外，卽在本會會刊內登載，以供各會員參考。

惲先生演講畢，時已十時，卽散會。

◉天津分會改選新法

查分會職員，照章應於年會後一月改選，天津分會曾於九月卅日開會，因不足法定人數，未能舉行，照章應用通訊法選舉，當由第一屆職員提議，連舉不得連任，因津分會人才甚多，均應有為會服務之機會，舊職員仍願從旁贊助，本日既不能選舉，應用通訊法，請推定司選委員舉行初選。如大家同意，以現任職員為次屆職員司選委員，作為定例，以後每年改選，均依此辦法。當經議決照辦，由司選委員選出三倍人數，通訊選舉，結果已誌本刊第一卷第二十一期316頁，可謂本會分會改選之新法也。

◉北平分會會計報告

（民國二十一年四月至七月底止）

收方		付方	
前兩會合併存	$ 388.57	四月份經常費	$ 98.96
北甯路局廣告費（廿一年二月至五月份）	$ 200.00	五月份經常費	$ 51.75
會員會費	$ 6.00	六月份經常費	$ 57.42
殷智怡先生捐助	$ 20.00	七月份經常費	$ 54.82
中孚銀行利息	$ 3.02	餘	$ 354.67
共	$ 617.59	共	$ 617.59

◉會員通訊新址

2133. 熊說巖 （住）漢口湖北建設廳
7210.1 劉震寅 （住）漢口模範區昌業里10號
7210.9 劉光宸 （職）漢口江漢工程局
（住）漢口市政府後芝星里6號
7210.2 劉以均 （住）漢口模範區靈樵路39號
4490. 蔡 紘 （職）漢口市政府
3216. 潘承斑 （住）漢口平漢路局機務處
3216. 潘晦根 （職）湖北建設廳省會工程處
8315. 錢慕班 （住）漢口特三區聯怡里14號
6091. 羅 武 （職）湖北大冶大冶鐵廠
3128 顧廷孝 （職）漢陽兵工分廠無烟藥廠
3418. 洪嘉貽 （職）安慶安徽省公路局
1010. 王 璋 （職）天津航政局
1010.2 王伊曾 （職）江蘇東台裏下河工程局轉
1010.2 王師義 （職）鎮江建設廳轉
8022. 俞子明 （職）上海四川路29號華達工程社
4762. 胡亨吉 （住）上海南市海潮路天德里16號
3312. 浦應鑄 （職）杭州浙江水利局
0040. 章天鐸 （職）上海外灘6號全國經濟委員會工程處
0742.0 郭龍驤 （職）上海工部局測量處
2643.4 吳南凱 （職）南京鐵道部
2643.6 吳鳳樓 （住）蘇州迴龍閣25號
2829. 徐 騏 （職）鎮江建設廳
3216. 潘詠棠 （職）蘇州太湖流域水利委員會
3612. 湯震龍 （住）上海福履里路148號
3730. 過祖源 （職）南京衛生署
4692.4 楊士廉 （職）漢口江漢工程局
7529.2 陳和甫 （職）南京導淮委員會
3411.4 沈莘耕 （職）上海齊物浦路231弄32號時運鐘錶廠
7529. 陳彰琯 （職）武昌全國經濟委員會江漢工程局
7529.4 陳克明 （住）武昌黃鶴樓下送子巷6號
7529. 陳 英 （住）漢口漢陽門三義院3號
7529.4 陳士鈞 （職）漢口平漢路局電務課
4480.1 黃瓊初 （住）漢口湖南街
4480.5 黃耕生 （住）武昌多公祠街3號
4442. 萬希章 （職）漢口湖北省立職業學校
1060. 雷峻聲 （住）漢口濟生一馬路新興里1號
4980.3 趙福靈 （職）漢口平漢路局
（住）漢口湖南街得鄰樓房18號四樓
4980.2 趙儼曕 （住）漢口湖北建設廳
4474. 薛紹清 （職）杭州浙江大學工學院
2560.2 朱物華 （職）北平清華大學土木工程學院
3411.8 沈鎮南 （住）上海靜安寺路極司非而路柳迎村23號
1024. 夏憲講 （職）南京三元巷2號
3412. 沈 怡 （住）上海亞爾培路亞爾培坊26號

17169

2231. 鮑國寶 （職）南京西華門首都電廠
（住）南京漢口路陶谷村3號
5560. 曹 斑 （職）九江江西省印花菸酒稅局
3612. 湯雲臺 （職）天津華北水利委員會
9705. 惲丙炎 （職）漢口京漢鐵路局地畝處
7210,6 劉國珍 （職）甯波滬杭甬鐵路工程處
8711. 鈕因祥 已故
4490. 葉植棠 （職）上海福州路匯豐銀行一樓 138號室杜施德工程事務所
9705. 惲 震（住）南京漢口路陶谷村1號
4980.8 趙曾珏（職）杭州浙江省電話局

◉世界動力協會今年開會

世界動力協會今年六月二十六日起至七月十日止，在瑞典京城 Stockholm 舉行分組會議，已由實業部函致本會，自行選派代表參加，惟須自籌經費，如有論文，請將題目先行通知世界動力協會中國分會。

本年開會請柬，係由瑞典分會，與丹麥芬蘭，挪威三國分會，會銜發出。會議題目限於兩組，(1)大規模工業之動力，(2)運輸動力。前一組包括各門：

1. 力之供給；
2. 動力與熱力；
3. 蒸汽熱力工業之特種力的問題；
4. 鋼鐵工業之特種力的問題；
5. 電熱應用；
6. 工業機械之力的傳動與用法。

後一組包括各門：

7. 鐵道；
8. 城市與省市交通；
9. 海洋運輸。

◉贈送軍用電氣小叢書

技術合作委員會上海分會電氣組，刊印軍用電氣小叢書數種，本會會員欲閱者可來函索取，惟每人以一份爲限。書名列下：一

（2）架設軍用電話淺說
（3）軍用電報淺說
（4）聲音定向機
（5）軍用電氣淺說
（8）每師有綫電話通信隊之組織

◉工程會刊通啓

逕啓者，本會工程季刊出版以來，諸賴各界之愛護，及各會員之贊助，得以推行全國，銷路日增，本刊同人與有榮幸。玆因稿件擁擠，原定每年四期，不敷登載，爰決自今年八卷一號起，改爲全年六期，每兩個月出版一次，力求進展，以副社會之期望，所有本刊價目，業經重訂，玆特附奉，即希台詧，嗣後如蒙賜訂，請照新價辦理爲荷。

工程兩月刊新價目表

全年六册，零售每册定價四角。

每册郵費本埠二分，國內五分，國外四角。

預定書價連郵費：一

		本埠	國內	國外
半年	三册	$1.10	$1.20	$2.30
全年	六册	$2.10	$2.20	$4.20

新疆蒙古日本照國內，香港澳門照國外。

◉本刊與上海晨報合作

本刊爲傳達本會會員工作，及敍述國內工程狀況起見，特與上海晨報合作，每星期三日在晨報附刊『現代工程』半版，即摘錄本刊稿件，以廣流傳。第一期已于一月十一日出版，第二期于一月十八日出版，隨晨報附送。本刊則因廣告及經費問題尙待磋商，故暫定每二星期發行一次。因晨報合作辦法需稿更多，故請各會員源源賜寄爲幸。

◉工程週刊第一卷合訂本

工程週刊第一卷共二十一期，已有數期售罄，殘缺不全，本會特設法搜羅齊集全卷三十份，用硬布面裝訂，背盪金字，前附總目，可作一年來之我國工程紀錄參考。存書無多，每册實價國幣貳元，掛號郵費在內，全書共332頁，插圖百餘幅，分科十餘，欲購備皮藏者，希早函洽爲荷。

工程週刊

中國工程師學會發行

上海南京路大陸商場大廈五樓

電話：92582

(內政部登記證警字第788號)

中華民國二十二年三月八日出版

第二卷 第四期(總號25)

中華郵政特准掛號認為新聞報紙類

(第1831號執據)

定報價目：每期二分，全年52期，連郵費，國內一元，國外三元六角

本期要目

韶州大橋民國二十二年元旦試車

國難當前吾人所期望於吾國之工程師者

編　　者

自熱河失陷平津告急，吾國已臨到生死關頭，處此暴風疾雨時代，欲圖自由生存，除速堅誠團結拼血肉以禦侮外，惟有積極從事於國防之充實。然欲充實國防必需注重軍事工業之設備，此則非吾前敵將士所能勝任，凡吾工程界人士，應負最大之責任也。編者謂事至今日，空談救國固非其時，紙上計畫，亦迫不及待，惟有催促政府，迅行明令全國各大小工廠，立即改為軍事工業之製造所，從事於自衛利器之製造，並將重要各工廠移設於相當安全地點工作，庶能長期抵抗，而期達到最後之勝利。於此吾乃不得不有望於

吾國工程界人士者數事，茲述於次：一

(一)製造工業端賴原料，近數年間，國內各種工廠，雖有長足之進展，但試一攷其內容，則關於原料方面，尚大都仰給於人，一旦海口被封，來源斷絕，危險殊甚。此種情形，吾工程界人士必知之綦詳，何者應即購辦，何者國內尚可勉强設法，亟應有一詳密之統計。本刊爲吾工程界之喉舌，際茲國難，深願略盡棉薄，望各工程專家，對於此點，多所指示，本刊當儘先爲之披露，以收切磋之效，或設法呈請政府當局促其注意。

(二)吾國仿製能力，年來顯見進步，就國內大部份工廠之設備及人才言，如果改爲軍事製造所，事屬可能，惟廠主方面，往往不願將廠供製造他種工業之用，亦有不知其廠能改作軍器之用者，此則有待於工程家之指示與協助者也。

(三)夫一工廠欲於短時期內改造他項工業，自難望有若何成績，但吾人目的不在苛求出品之如何精良，而在舶來品斷絕時，仍能有替代物可以使用，苟能如此，於戰事前途，已獲到極大之裨益，故同時深盼各工程專家，應努力於國貨原料之搜求與利用，如最近國人製造之木炭代用汽車以及火花式之短波無線電機等，姑不論其成績如何，但其對於國防上確有相當之價值，可無疑義，吾工程師其勉旃。

此外深望各門工程專家，能切實參加前後方之軍事工作。查一二八滬變，吾國兵士，因聞敵方之用毒瓦斯，電網等等消息，異常恐慌，是皆缺乏科學人士指導之故，嗣經多位熱心專家之說明，告以種種破除之方法，軍心始大慰。此有關於作戰前途極鉅，吾人不欲抗日禦侮則已，否則惟有各竭其力，各盡其能以從事於軍事工業之供應與改進以期達最後之勝利也。時亟矣！勢迫矣！吾工程界其速起！！

長沙工業狀況

皮 鍊

第一紗廠　設在長沙河西銀盤嶺，開辦於民國九年，始由商人經營，至十六年後收歸省辦，現在廠長彭斟雉。資產共約3,400,000元，計固定資本3,050,000元，流動資本 350,000元，內有紗錠50,000 枚，布機 250 檯，自備有透平交流發電機四部，電力 2,800瓩，鍋爐係拔伯葛式，(B&W)。工人約2,300餘人，分日夜兩班工作，每班工作10小時，平均生產16支紗80件，(480磅＝一件)。織布以13磅布及16磅布爲主。棉花由本省常德，津市，九都，安鄉，南縣等處供給，有時亦用湖北棉，印度棉，英國棉。工人工資以電汽機械兩部工人爲高，每人每日平均以$.84爲標準，其餘紡織工人每人每日平均 $.60，尚有論貨給資之工人，技工每日約 $.50，小工約$.40。該廠因係官辦，故內部關于安全設備，衛生設備，工人娛樂，工人教育頗週全。

黑鉛鍊廠　廠址在長沙南門外六舖街，歸建廳辦理，廠長賀益泌。資產 300,000 元，固定資本計 200,000 元流動資本計100,000元。工人約500餘名。專承鍊湖南水口山鉛砂，每月最大產量 800 噸，現因水口山鉛砂不能供給，每月只有400噸冶鍊，生鉛條 3200 石。全廠機械運轉，用小引擎發動，如兩部壓砂台用20匹馬力引擎一只，鼓風爐用15匹馬力引擎一只，烘砂爐鼓風用15匹馬力引擎一只，淨鉛爐攪車用 5 匹馬力引擎一只，打水機用20匹馬力引擎一只，共計引擎馬力75匹，日燃煤8噸。鉛砂成份含鉛質60%，含銀質25%。照上月份市况砂價每噸 8 元，鍊成鉛條後，每石售銀11兩，每鍊一噸砂，平均支出$162.60，收入 $173,00，收付兩抵，可贏利10元餘。該廠自賀君接辦以來，內部大事整頓，十九年度贏利 120,000 元，二十年度贏

80,000元。惜水口山鑛產已開採三十年，蘊藏已盡，倘不能覓得新苗，則湘鉛事業勢必成爲驅弩之末矣。

湖南麵粉廠　設在長沙北門外新河，現在主辦人黃藻奇。工人約100名，內有大麵粉機四部，日夜可產麵粉400石，小麵粉機四部，日夜產麵粉200石。原料由湖北巴和，湖南常德，津市等處供給，每日開單機需麥子600石，開雙機900石，全廠機器用蒸汽引擎發動，馬力計160匹。

寶華玻璃廠　設在長沙南門外猴子石，民國九年夏季開辦，現在主辦人蕭澤。資產共計300,000元，固定資本100,000元，流動資本200,000元。工人約200名，最大工資每日4元，最少1角。內部分玻璃，磁器，坩鍋三大部分。原動力用煤氣引擎發動，馬力計30匹，大宗出品以玻璃，磁器，及電料爲主，推銷于河南，湖北，四川及本省。該廠規模，雖不宏大，然內部設備頗稱完善。

湖南電燈公司　由湖南電廠及光華電廠于民國二十年合併而成，兩廠電力共計5500 K.V.A.，電汽係交流五十週三相四線制。湖南電廠設在南門外六舖街江邊，有電力5000 K.V.A.，鍋爐分拔伯葛(B.&.W.)與司綠林(Stirling)兩種，傳熱面積計10,600平方呎。光華電廠設在北門外開福寺，內有電力520 K.V.A.，鍋爐係拔伯葛式，傳熱面積計2,000平方呎。兩廠每日共發電35,000度，用于電燈者30,000度，用于馬達者5,000度，燒煤約80噸。電燈每度價$.18(雜捐在外)，普通裝二，三只電燈之用戶，起碼租3安培電表一具，繳押金40元，固定低度5度，接火材料等費另外開銷。馬達電價自$.145至$.14之間，普通租一只10匹馬力馬達工作，須納馬達租金200元，租30安培電表一具，繳押金50元，每月繳固定低度30度，照燈價計算，繳$.54，其餘購料接火設備等費另外開支。該公司白天不發電，營業專注重燃燈方面，用戶之要用馬達工作者，須在下午二時至六時，及十時至十二時之間，此外皆無工作時間。

和豐火柴公司　設在長沙北門外農業學校後背，開辦于光緒二十一年，現在係官商合辦。資本共計90,000元，商股30,000元，財建兩廳60,000元，主辦人黃藻奇，陳友梧。工人分流動與固定兩種。流動工600人，固定工人200人。工資每人每日平均約$.30產火柴20大箱，大半推銷于本省。

嶽華製革公司　設在南門外靈官渡，于民國十年由湘工業領袖霍步程，皮芷聯等繳集股本開辦，現在資本約100,000元，內有藥水池30只，灰水池10餘只。工人約100餘名，以製底皮爲大宗，間亦製紋皮，推銷于湖南湖北，自該公司興辦後長沙市面皮革業之舶來品，大受打擊，可見國貨工廠，苦于無人經營也。

嶽嵩製革公司　設在北門外新河與湖南麵粉廠毘連，內部規模比較嶽華製革公司爲大，後嶽華開辦，資本約200,000元，主辦人黃藻奇，工程師由嶽華工程師黃雲鶴兼，其出品與營業狀況均與嶽華相伯仲。

長沙第一自流井　長沙無自來水廠，住于城西一帶之市民，以湘江河水爲飲料，住于城中之市民，以井水爲飲料，水內苦含有機物質及石灰質過多，市民年罹災疫者不知凡幾長沙市政籌備處，于民國二十年招上海東方鑿井公司，就興漢門外留芳嶺，開鑿第一自流井，深98公尺，每小時出水2200加侖，水質純潔，用一只10匹馬力柴油引擎拖動一台壓氣機，所出之水另售于市民，全部鑿井工程機件設備，及房屋建築，共用去18,000元，長沙市民300,000需自流井50只，經費1,000,000元，方能解決全市民飲料。

湖南公路修車廠　設在長沙如意街，隸屬湖南公路局，內部分機械與修車兩部。工人約40名，動力用一只10匹馬力柴油引擎，每日燃柴油22磅，將來擬改用直流發電機，以

17173

馬達轉動機器。該廠機件房屋多由他人之公產駁來，故現在之設備費只30,000元，每月經常費 3,000 元，由路局發給。內部佈置尚未就緒，主其事者黃綸，每日工作專修理路局車輛，每月成品之計價，有5000元，出入相抵尚可生利 2,000 元，由此足徵該廠辦事員爲公服務之重慎也。

湖南機械廠　原名民生工廠，設在長沙南門外六舖街，就從前之鑄幣廠舊址及一部份之機器改成。直隸建設廳，廠長白德，內部廠房頗大，然適用者甚少，機器亦多陳舊。固定資本計有 300,000 元，流動資本 30,000 元。工人 300 餘名。現在專製燈頭五金傢具及修配外間另件。動力用蒸汽引擎，馬力60匹，每日燃煤約 2 噸。

其餘之工廠　長沙市內有印刷工廠數家，用小柴油引擎工作，有機器米廠 800 餘家大半用10匹至20匹馬力之馬達工作。西湖橋一帶，有小機械修理店數家，內部皆不過一二部車床刨床而已，發動亦用柴油引擎。北門外新河有湘粵路機務第三段修理處，內部有車床二部，刨床鑽床各一部，工人 200 餘。興漢門外有一軍械修理處，昔名金工廠，五年前要算湖南完善之機械廠，近年因政局變遷，時改爲製造工廠，時改爲軍械工廠，幾經更替，至今廠房多已倒塌，機件已搬散，僅求一部份機械，由第四路總指揮部管理，作爲軍械修理廠。嶽麓山湖南大學，有一較爲完善之機械場，但專備爲學生實習之用。瀏陽門外有一民生工廠，專織布匹，尚用徒手工作，現歸市政籌備處管理。其餘小織布廠，織襪廠，成衣店，及繡花店，因尚未利用機械工作，故不能詳實備記。

考察後之感想　綜上所言，長沙工業，除省政府辦有一，二較大之工廠外，私人所經營者寥寥無幾，且已有之成規，岌岌難保。推厥原因，固由于政局不上軌道，社會經濟衰落，而原動力之無從供取，亦未嘗不是長沙工業不能發達之一大梗阻。觀各工廠之運用機械者，除一部分米廠利用小馬達工作外，其他之各工廠，皆自設備極舊式之蒸汽機，或柴油機，（因湖南電汽公司馬達電，每度平均$.13，工作時間限于上午二時至六時，及十時至十二時，此外皆無工作時間）。以高價之燃料，消耗于低率之機器，而要在被資本國家經濟侵略下之市場中，謀工業發育，其可能乎？吾人知長沙住中國之中部，市纏繁盛，人口達 300,000 餘，全湘之農礦，磁器，土產，皆由是輸去，倘粵漢鐵路完成後，無論交通，軍事，政治，皆握南北之樞紐，爲東西屏蔽，其工商業之滋育，勢必成爲自然之趨勢。欲謀工商業之振興，須先有大規模之動力廠發現，方能鞏固其基楚，或謂現有之湖南電燈公司何獨不可，知其原委者，湖南電汽公司之光華電廠，內部規模甚小，容量只550K.V.A. 之低壓（350伏）。廠址低窪，背負湘江沙灘，吸取爐水頗不相宜，大水年程又遭淹沒之虞。城南電廠坐落于市民稠密之區，每限于廠址狹隘，無法擴大，全廠機器力量雖有 5,000K.V.A.，唯只能供給市面現在燃燈之用，且機器多係十年前之製品，蒸汽飼量既大，欲全部更替，不唯經營之人無此眼界宏圖，且經濟能力亦不許可，是則長沙現有事業之電汽勢已成翻砂廠之廢鐵，湘省政府，應急謀救濟，以培植省工商業之生基。據鄙人之觀察，長沙現在300,000 餘人口，以每人享受33%瓩之電力計算，則急需1,000瓩之高壓（14,000伏）電廠，暫備十年之用。地點以去南門十里之猴子石附近爲最適宜，因此處地臨湘水之濱，當粵漢路之要頷，江水湛清，原野開壑，以資建築電廠，實無以復加，鄙人不惴，並記于此，以供關心工業之大家參攷，並希指教。

17174

粵漢鐵路韶樂段工程紀略

株韶段工程局

(一)引言　粵漢鐵路爲南北交通重要幹綫，關係至鉅。自民五南段，通達韶州後，卽無若何進展。北段通達株州後，工程亦歸停頓。中間尙餘未成路綫400餘公里，現在兩段營業，在南段則路綫太短，粵湘交界又多山嶺之地，目前營業未見發展。北段更以水運競爭關係，難以維持，故本路一日未完成貫通，不特我國整個經濟與國防備受影響，卽本路已成之兩段，亦不足以生存，按諸總理實業計劃擬闢廣州爲世界大港，而揚子江鐵橋亦在興築計劃之中，若完成粵漢之後，則自中國南部最大之海港，可以直達中部之漢口，再循平漢以至北平，西經平綏，而達甘寧，東經北寧，繞南滿中東，以至哈爾濱，滿州里，再由西伯利亞直達歐洲，故完成粵漢鐵路不特於本國商旅上增加無數便利，卽在世界交通上，亦負有極重大之使命。

鐵道部有鑒於此，乃於民國十八年春，間提議繼續復工，派隊測量，并於是年設立株韶段工程局，主理其事，同時籌備興工建築。

由韶州至樂昌，爲株韶段之第一總段，最先開工。在民元以前至十九年春起繼續復工，歷時三年有奇，用款達$5,700,000餘，中間因時事影響以及包工資本短少，能力薄弱，進行頗爲延緩，其後改用判工制度，管理上更覺繁瑣。開工以來，復因路款未有整個計劃，工程未能積極推進，至二十一年春以路款支絀，工程頗受影響，幸由廣韶路局竭力維持，十一月間鐵道部向庚款董會商借$700,000從此工款有着，本段工事，始能繼續進行，以底於完成。

現由韶州至黎舖頭一段，於本年二月十五日告成。韶州至樂昌一段，於本年五月底工竣通車，粵漢已成路綫，增多條50公里。至於樂昌至株州之工程，歷經規劃，擬由兩端同時並進，定期四年完成，依此計劃逐步實施，於四年後，全路告成，則其營業之發達，自可蒸蒸日上矣。

(二)韶樂段建築概要　韶樂全段路綫，界於廣東曲江，樂昌兩縣之轄境內，路綫平坦，大致沿武水河流方向而行。定綫測量係於民國初年間，由前粵漢鐵路工程師維廉氏實測，其後依照原綫，略加修改。路綫灣度之最陡者，爲千分之九，祗有二處，且爲程甚短。曲綫灣度之最大者爲4度(公尺制)。全段土石方工程土方約2,040,000公方，石方約475,000公方。橋梁工程之最大者，爲韶州大橋計10公尺鋼鈑橋一孔60公尺下，承桁橋一孔。30公尺鋼鈑橋五孔，18公尺鋼鈑橋一孔，其次爲長塝橋計30公尺下承桁橋三孔，18公尺下承鈑橋一孔。又其次爲大旗嶺橋計30公尺上承桁橋一孔，10公尺上承鈑橋二孔。此外尙有上承鈑橋計10公尺二孔，12公尺二孔，15公尺二孔，18公尺一孔。鋼筋混凝土橋計18座。涵洞水渠大小計109座。隧道一座，爲高廉村隧道長約426公尺。路工所用鋼鐵材料及鋼軌鋼橋等，皆由比國退還庚款購備，汽壓機則向怡和洋行訂購，其代理之美國應加索蘭公司出品洋灰，有一部分由部購料委員會向上海中國水泥公司訂購泰山牌，有一部分就近向香港青洲洋灰公司訂購，又有一部分係採用廣州西村士敏土廠之五羊牌。各項木料木枕則大批由部購料委會訂購澳州枕木，惟因工程急需，就近購有木枕約30,000根。種類不一，有山梓，荚木及梅榻，丕榻等數

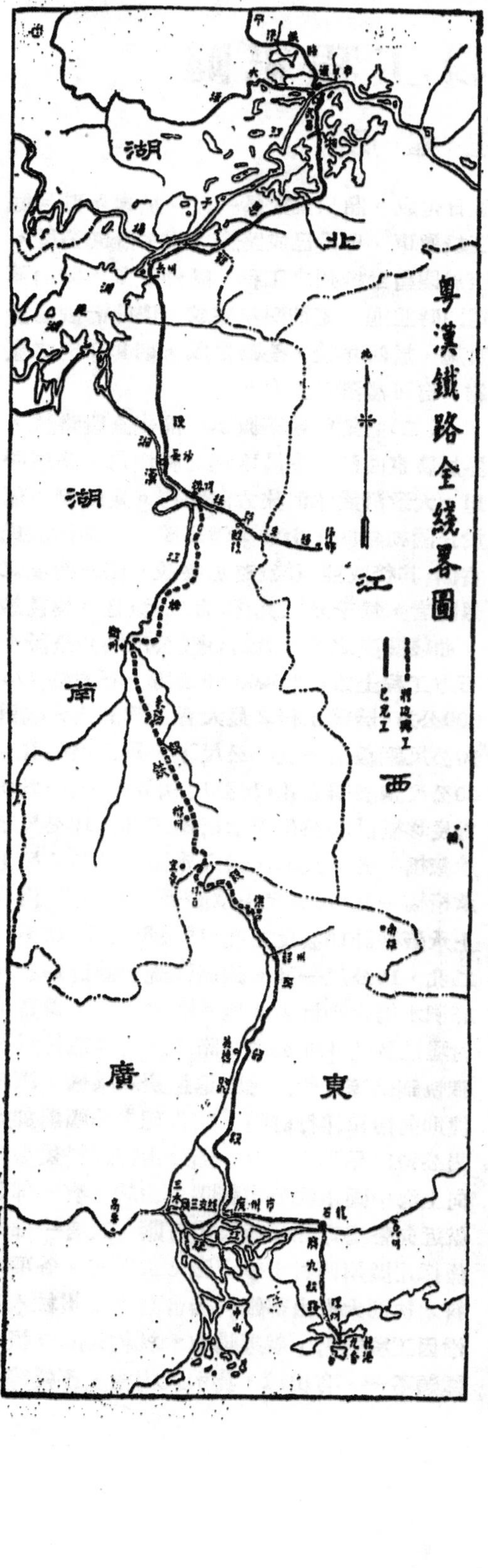

種。沙石則取諸沿綫之河流及砍石山麓。

（三）建築時期　本段開始建築，遠在民元以前，中間久經停頓，至民國十九年春繼續開工。其中韶州車站至東河壩大橋，位置之土方工程，于民五以前，業經建造，惟時隔多年，尚未鋪軌，低陷之處甚多，須略加修補，自繼續開工起至十九年底，本段完成土石方約佔20%至二十年底約佔72%至二十一年底約佔95%至二十二年四月完竣。

全段之橋梁工程，以韶州大橋爲最大，其橋墩係建于民元前二年，至民國三年始行告竣，自復工後，因鋼橋式樣，與原定計劃不同，須將已成之橋墩上部重加改造，以期適合新橋之高度，是項工事于二十年十月間開始鑿低，及至架橋時，在二十一年四月間，洪水暴漲，橋下之托梁木架，爲水冲去，略有損失，工程爲之阻滯。至十月開始修復，二十二年一月一日全橋裝勘完竣試車。綜計全段橋梁涵洞至十九年底已成部份約佔7%至二十年底已成部分約佔16%二十一年底已成部分約佔92%至二十二年三月全部工竣。

高廉村隧道在公里標247附近有一部分工作長約206公尺，於民五以前築成，現於民國十九年九月繼續動工，歷時一載半，於廿二年三月九日完竣。

鋪軌工程，其始因工作分配關係，暫由裏工敷設，每日進行約160公尺，判工工作效率較大約500公尺，計至廿二年五月底全段鋪竣。

（四）建築工款　建築工款來源：（一）由部借用英庚及直接撥用者，約計大洋1,000000元。（二）中比庚款協定之比庚退還，指定在歐購料者，約大洋2,600,000餘元。（三）由廣韶段按月代部撥付，前後撥過款項用於韶樂段工程者，計大洋2,100,000餘元，以上三項，合計該段新工之建築經費，連總務費等一切在內，總數約大洋5,700,000餘元。其在民五前所用之工款尚不在內。

17176

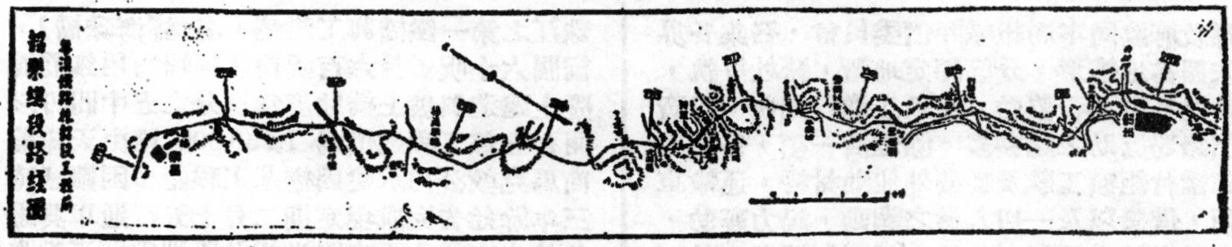

韶樂段逐年工程進行統計表

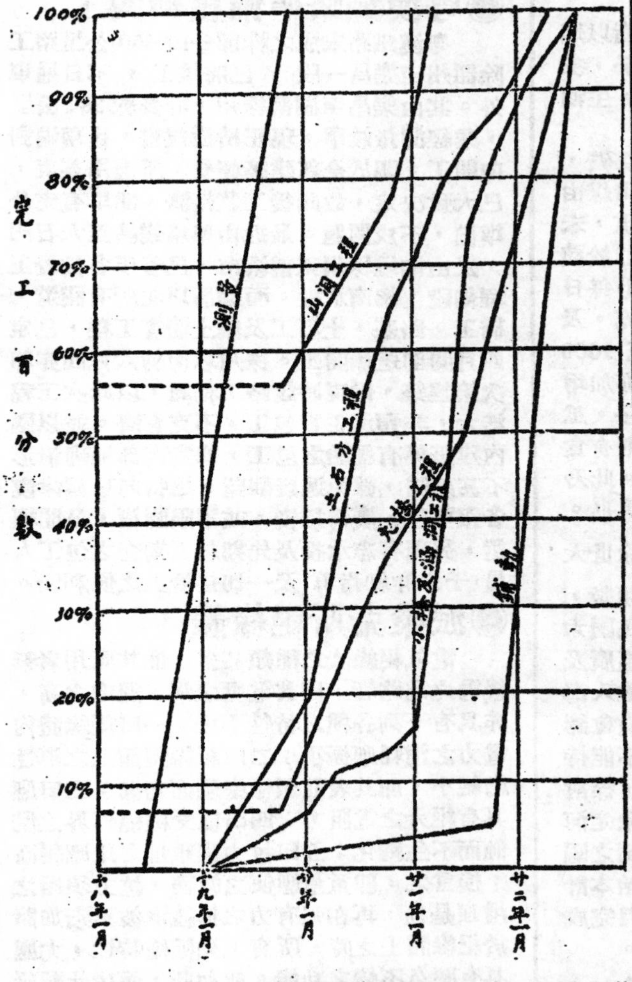

韶樂全段大橋位置表

橋　名	地　點	孔數及跨度
韶州大橋	Km. 226+413	1—18M 上承鈑橋 5—30M 上承鈑橋 1—60M 下承桁橋 1—10M 上承鈑橋
皇岡橋	227+710	1—10M 上承鈑橋
猢猻坑橋	234+202	1—15M 上承鈑橋
牛頸坡橋	242+648	1—15M 上承鈑橋 1—12M 上承鈑橋
長流坑橋	246+578	1—10M 上承鈑橋
大旗嶺橋	249+824	1—10M 上承鈑橋 1—30M 上承桁橋 1—10M 上承鈑橋
安口橋	261+286	1—18M 上承鈑橋
長垓橋	265+098	1—18M 下承鈑橋 1—30M 下承桁橋
留村橋	270+240	1—12M 上承鈑橋

（五）全段里程　韶樂全段建築里程，計長50公里，韶州至黎舖頭兩站間之距離爲16公里，黎舖頭至楊溪兩站間之距離爲20公里，楊溪至樂昌兩站間之距離爲14公里。

（六）各方面對韶樂段建築上之協助本路韶樂段施工地點，全在廣東省境內，一切實施，幸得省方軍民各機關之同情協助，能使進行順利，在工程期間工段一帶，幾經變故，迭經當地駐軍，予以維持，不致中輟。施工各地，收用沿線地畝，由曲江樂昌兩縣縣政府協同本局組織評價委員會，召集各界依照當地情形，分等評定地價，藉杜爭執，其他各事多予協助。又新工進行期內，得廣韶路局協助之處甚多，除經濟一項，每月代部撥付鉅額工款及經費外他如材料，運輸車輛，借撥以及一切人員之調動，竭力襄助，本局以種種便利。此外在工程期間因工款不濟，廣州各銀行常極協助，藉以週轉。以上各方同情贊助，均應亟誌謝意。

（九）物產及工商業情況　沿路物產以烟葉，紙張，麥子，煤，穀，蔗糖，瓜子，冬菇，猪，牛，茶葉，土磁，蛋鳥，煙，生油等爲大宗。

在黎舖頭附近之河邊，厰有富國煤礦，經開採有年，在鐵路未通以前，每日出煤由50噸至200噸。因運輸不便，成本較重，未能與洋煤競爭。自鐵路通過黎舖頭，卽於該處，建設岔道以達煤場，從此交通便利，每日出煤數量驟增至500噸。現正極力擴充，及改良開採方法，預計一年後每日可增至1000噸。當地居民，前往礦場作工者，日亦加增。至於該處輸出品以煙葉，紙張，麥子，瓜子，猪，牛爲出口之大宗。其輸入品則有食鹽，洋麵，白糖，生菓，柴，豆等類。此乃韶樂一段沿綫出產及工商業之大概情況也。

◉永定河治本計劃完成　徐世大

華北諸水，首推永定，其災害之頻數，爲其他河道所罕有。最近期間，已有民國六年十三年及十八年之三次大決口，災區廣及數千平方公里。又以該河挾沙甚多，輸入海河，致天津航運大受影響。華北水利委員會認爲非謀根本解決之計，任何工程，均不能持久，故自十八年起，卽從事搜集資料，探討治法，歷時二載，於二十年冬，完成永定河治本計畫；並經全國經濟委員會所聘請之國聯水利專家，及該會所召集之永定河治本計劃討論會，詳細討論，於二十一年九月完成最後之修正，呈請內政部籌款興修矣。

◉廣州珠江鐵橋落成開幕

廣州市建設事業，近年以來，頗爲發達，珠江河流之北較之河南，更爲繁盛。河闊六七百尺不等，渡河多用小艇，及小電船，諸多不便，歷經規劃建橋。至十八年冬始將珠江之第一鐵橋興工建築，名爲『海珠橋』，橋闊六十呎橋長六百呎南北兩端均用鋼筋混凝土建造斜坡上橋坡度爲百分之五中間可以開合全部工程造價爲 1,350,000 兩由天津美商馬克敦公司承建因橋基工程諸多困難歷時三年餘始告完成現定期二月十五行通車典禮此外尙有在太平南路鐵橋及粵漢與廣三鐵路接駁之鐵橋在興築計劃中

◉粵漢鐵路準備積極興工

粵漢鐵路未成之株韶一段 450 公里路工除韶州至樂昌一段，已將竣工，不日通車外。其由樂昌至湖南株州，計長約 384 公里，業經測量竣事，現正積極規畫，由兩端對向開工。關於全部建築經費，係撥用英庚，已大致決定，故此後工款接濟，間早有充分準備，不成問題。最近由粵境樂昌至大石門，及由湘境株州至雷溪市，已着手各設置工程總段，招商承投。而樂昌以北所有隧道，橋工，路基，土石工及禦土墻等工程，已定四月間卽運標開工。株州以南約六月間亦卽次第趕築，惟現時該路工程局，以此次工程浩大，非預選妥實包工，不克有濟。並以國內建築界有經驗之包工，或對南部地理情形不甚熟諳，難免遲疑觀望。近特向京滬津漢各報登載，廣爲招投，並不限國籍，公開標選，另對有志承投及先期赴工勘查之包工人員，于以詳細指導，及一切接洽上之便利云。

◉派萊克斯絕緣體

電氣絕緣體之種類甚多，惟其應用者無綫電之電路者，因其電壓之强，週率之高，非具有下列各種之特性不可。一曰絕緣體內電力之消耗應極小；二曰絕緣體面上之導性應絕小，而其表面須極堅硬而光潔：三曰應具有絕大之電阻力；四曰能受種種外界之侵蝕而不生變化；五曰拉力與重量之比應絕高；換言之，卽重量應使之減輕，拉力須續之增强是也，再在强有力之無綫電波不斷加諸於絕緣體上之時，所有上列種種特性，尤應具有歷久不變之功能。能如此，而後此類絕緣體，方合乎於無綫電路之侵用。派萊克斯絕緣體，爲能符合上列各種條件絕緣體中之一種。玆將其各種特性，用數字表示之如次：

絕緣係數在740000週波時爲4.5；

（下文接 64 頁首段）

工程週刊招標廣告

（本刊投登各項投標準廣告，本年三月以前免費贈刊。詳細規程亦所歡迎。稿請提早寄本刊以免過期爲盼。）

鐵道部購料委員會招標廣告

啓者：本會現代滬杭甬鐵路管理局購辦鋼料一批。凡曾在本會登記商號，有意承辦是項材料者。請即來會繳納章程費大洋二元。領取第二七六號章程。于本年二月十五日照章投標可也。

交通大學工業鐵道展覽會籌備委員會啓事

本校工業及鐵道展覽會定於三月三十日起舉行，業經登報通告在案。現查徵求各項展覽物品，陸續運送到校者，已不下千餘件，惟學術方面之展覽品，尚付闕如，殊非物質文化同軌並進之道。當經常務委員會議决，徵求本校同學著述作品，用備陳列，以資觀摩。因念吾校同學先後輩出，研求學術者，誠不乏通博之儒，提綱挈領爲先河之導，新進之士，探賾索隱，昭刮垢之光。彙萃藝林，啓迪後學，在此一舉，務望　台端慨發陳篋，不論舊著，新作已印未刊之本，儘於三月二十日前，惠寄來校，以便編號陳列，誠恐函約不周，用登報徵求，敬希察檢寄是荷。

外交部招標承辦新辦公處水電工程啓事

本部新辦公處之衛生暖氣及電氣工程，現已設計，繪圖完竣。凡有殷實資本，曾經在京滬一帶，承辦規模之水電工程者。請自二月二十日起，隨帶曾經承辦各項工程歷略。經本部認爲合格後，可交保證金國幣五百元，向領圖費十元，本部庶務科，或上海甯波路四十號華蓋建築事務所領取圖樣，暨說明書及招標簡單，投標格式，包工合同格式等件可也。特此通告。

株韶段路工將大舉進行

美庚公債案經董事會通過。樂昌以北工程下月即招投。山洞八座土石方工程繁難。

粵漢路株韶段工程進行，現正積極從事。計由韶州至黎舖頭一段，舖軌已竣，本月中旬即可通車。而黎舖頭至樂昌之一大段工程，本年五月內即可到達。現聞該路對於借用英庚發行公債完全粵漢一事，前經鐵道部將整個計畫提交英庚董事會，茲該會據财委會審查結果，認爲妥善，業於本月六日董事會會議時將全部提案通過，公債發行，諒不久即可開始進行。此後粵漢工程經費大部分不虞缺乏，唯鐵道部爲積極進行起見，决於庚款未發到前，先由部墊撥款項，爲株樂段工程之用，俾得繼續施工。現在工程局擬分南北兩段，對向展築於樂昌株州，各記工程處。南段由樂昌至羅家渡，四十五公都一段，擬於本年三月間先成立工程處，四月間開始動工，該段大橋計有數處，山洞共八座，土石方及防護工程甚繁多，亟欲覓得良好包工承辦，以免延誤工程，特將該項工作，公開招標投承，現在草擬承辦細則，分載港津粵滬各報，俾各處包工得有充分時間來段視察，再行定期開標云。

17179

隴海鐵路靈潼段行車時刻表

（上半表）自右向左讀

站名	潼關	文底鎮	盤頭鎮	閿鄉	靈寶	陝州	會興鎮	觀音堂	澠池	新安縣	洛陽東站	孝義	鞏縣	汜水	鄭州南站	開封	商邱	碭山	徐州府
列車次數：第一次特別快車自東向西每日開行										(上午)					(下午)				(上午)
第一次						六點五十分到	六點〇八分到 六點十八分開	四點三十七分到 四點四十二分開	三點二十一分到 三點四十一分開	一點十二分到 一點三十二分開	十一點十二分到 十一點四十二分開	九點四十七分到 九點四十九分開	九點二十三分到 九點二十五分開	八點三十三分到 八點四十三分開	六點五十一分到 七點十一分開	四點三十二分到 四點五十二分開	十二點〇九分到 十二點十九分開	十點十六分到 十點二十六分開	八點十分開
第十九次客貨車自東向西每日開行	(下午)		(上午)																
第十九次	二點二十分到	一點二十分到 一點二十三分開	十一點五十二分到 十一點五十五分開	十點二十分到 十點三十五分開	八點三十二分到 八點四十七分開	七點二十分開													

（下半表）自左向右讀

站名	潼關	文底鎮	盤頭鎮	閿鄉	靈寶	陝州	會興鎮	觀音堂	澠池	新安縣	洛陽東站	孝義	鞏縣	汜水	鄭州南站	開封	商邱	碭山	徐州府
第二十次客貨車自西向東每日開行	(下午)																		
第二十次	三點三十分開	四點五十二分到 四點二十八分開	五點五十三分到 五點五十六分開	七點十三分到 七點二十三分開	九點〇一分到 九點十六分開	十點二十五分到													
第二次特別快車自西向東每日開行						(上午)											(下午)		
第二次						〇點〇五分開	〇點四十二分到 〇點五十二分開	二點三十一分到 二點三十六分開	三點十八分到 三點二十三分開	四點五十分到 五點開	六點十五分到 六點三十五分開	七點四十六分到 七點四十八分開	八點〇四分到 八點〇六分開	八點四十分到 八點四十二分開	九點四十二分到 十點〇二分開	十一點五十五分到 十二點十五分開	四點〇二分到 四點十七分開	五點五十四分到 六點〇四分開	八點〇五分到

中國工程師學會會務消息

◉中國工程師學會廣州分會第一次常會記錄

中國工程師學會廣州分會於二月一日假座永漢路太平館支店開第一次常會，到會十八人，聚餐後，由會長淩竹銘君致詞旋請廣州市工務局局長袁夢鴻君演講，其題目爲『珠江鐵橋之進行情形』。玆將袁君演講大致情形誌之如下：——

今日淩會長請兄弟演講廣州市之建設，自覺學問敷淺，頗爲慚愧，工程演講與普通演講不同，須有影片圖說參照方易於明瞭。廣州市之珠江鐵橋，河北在維新路跨越。於民國十八年十一月開始動工，由北至南共長600 英尺兩端各有 220 英尺，跨度下承桁橋一孔，中間有 160 英尺兩方開合式鋼橋一孔，橋闊40英尺，兩旁行人路10英尺，做價爲1,350,000兩。鋼料由愼昌洋行供給，石料係用香港之花崗石及英德之黑石。洋灰則採用天津啓新洋灰公司之馬牌。原定計劃，橋之位置較現有高度爲低，蓋由維新路一方及長堤馬路兩方均可沿斜坡直接上橋，此種辦法於交通上頗易發生危險，復經各工程師之考慮，始將橋面提高，改由維新路一面上橋，而使長提馬路，則在橋下穿過，但爲利便長堤馬路與鐵橋之交通起見，另在維新路之兩傍新闢迴龍路及五仙門路，以爲救濟，此計劃是否完善，仍望指正，俾將來建築太平南路鐵橋有所參考，建築方面有數點可令工程界注意，卽現定之北端橋臺，基礎之下，爲原日拱橋地脚舊址，尙有破碎大塊石甚多，有此障礙施工頗覺困難，挖深約50英尺，地下爲沙石質，共用杉樁 196 根，每三天方能打完一樁，施工將近半年，打樁工作方告完竣。然後落 1:3:5 洋灰混凝土，其河中之兩墩每墩有30英尺直徑之鋼鐵圓形地脚井圈（Open Caisson）兩個，每個包含鋼十塊，下層四塊，做成圓圈，用鉚釘釘固，將之留存在地脚下，以爲保護墩基之用，在上再接鋼鈑六塊暫用螺栓釘合。挖濬工作完畢，卽行拆去。橋之中線，係直接量度，并用測量方法核對。中線旣定，卽將井圈吊起，移放於橋墩之適合位置，然後徐徐放下，將圈內之沙和浮泥挖濬和抽出，并打30英尺長樁木108 根，打樁工作完竣，卽落混凝土，至是井圈內外兩部所受壓力不均，浮力較大，便將井圈全部及樁木全數拔起。經過此次之意外發生，金錢和時間，均受損失不少，不得不改變原定計劃，將地脚再挖濬，直至紅石地層，並經試驗此種地質，確能承托應負荷之力量，且毫無變動，轉後決定採用此計劃，當進行挖濬地脚之時，井圈之上部安置重量 200 噸鋼軌壓實將水抽乾，卽落混凝土及砌結墩面石牆等工作，進行尙稱順利。南端橋臺，打樁工作，較北端爲易，玆不再贅。綜計以上橋墩工作經過兩年半，始告完成，至於鋼橋之鉚合工程，係先搭木架，承托鋼梁，逐部鋼料，用螺栓暫釘，使全部豎立。然後將螺栓，逐漸拆去，開始鉚合工作，橋面用洋灰混凝土舖造，再加臘青油塗面在開合部分，橋面用油製，木料舖造，在上再加壹寸餘厚之臘青塊，橋之開合時間如用電機，每次爲一分鐘，設電力斷絕供給，可以人工替代，以上爲海珠鐵橋之建築進行情形。遺漏之處，尙多望加以指正云云。

演講畢，會員梁永槐君，亦將其在廣九鐵路石灘，石龍等橋工程之進行經過，略爲敍述，亦頗有興味。

17184

新會員通訊錄

二二・一・十五・第八次董事會議通過

姓名	(職)職業地址(住)住宅地址(通)通信處	專長	級位
郭恆年	(職)山東東阿縣建設局	礦冶	正
朱學勤	(職)上海市工務局	水利	正(仲升級)
陸超	(職)上海外灘六號全國經濟委員會工程處	土木	正(仲升級)
沈濬	(職)上海九江路大陸商場新通公司	機械	正
閻書通	(職)天津英法交界路信義里中國工程公司	土木	正
周庸華	(職)上海五馬路一號公和洋行	土木	正
李圭璞	(住)濟南中西旅館或遠東建築公司	土木	正
劉兆璸	(職)青島市港務局	土木	正
胡天一	(職)濟南新城兵工廠	機械，鋼鐵建築	正
莊堅	(職)南京鐵道部	礦冶	正
朱光華	(住)上海福煦路成和邨七十三號	土木	正
潘立夫	(職)上海閘北中山路共和新路口興業瓷磚公司	化學	仲
史久榮	(住)上海愚園路四明別墅五十五號	機械汽車	仲
吳訥	(職)山東益都建設局	土木	仲
葛蘊芳	(職)濟南建設廳	土木	仲
蔣曰庶	(職)濟南市工務局	土木	仲
王熙績	(職)山東濱縣建設局	土木	仲
金德俊	(職)山東商河建設局	水利	仲
王翻槐	(職)山東禹城縣建設局	土木	仲
胡愼修	(職)濟南建設廳	鐵路	初級
朱國洗	(職)濟南津浦路工務處	土木	初級
耿煥明	(職)山東滋陽建設局	土木	初級
張善淮	(職)山東館陶建設局	土木	初級
宋磊	(職)山東高苑建設局	土木	初級
唐鶴如	(職)山東小淸河工程局	鐵路	初級
邵成仁	(職)山東鉅野建設局	土木	初級
彭樹德	(職)鄭州隴海鐵路管理局工程處	土木	初級
李維一	(職)山東長山建設局	土木	初級
王作新	(職)濟南市工務局	土木	初級
蓋駿聲	(職)山東文登建設局	土木	初級
戚葵生	(職)山東招遠建設局	土木	初級
李振聲	(職)山東運河工程局	土木	初級
孫錦	(職)山東金鄉建設局	土木	初級

17185

(上文接 56 頁「派萊克斯絕緣體」)
電力係數在470000週波時爲。18%;
比重爲2,24;
在攝氏 19 度與350 度間其澎漲系數爲0·0000032:
絕緣體表面上之導性極低通常幾等於零

由上表觀之，足見該項絕緣體，頗適合於無綫電機，用，而置於天綫電路中時，尤爲適宜也。

◉電工雜誌優待會員訂閱

電工雜誌係本會合作刊物，四卷一號卽將出版，優待本會會員，凡在三月底以前訂閱全年六期者，僅收國幣一元，國內郵費在內，國外郵費另加一元八角。該社社址在杭州惠興路24號

◉徵求土木人才

玆有長沙湖南大學，擬聘土木教授一人，月薪至少二百六十元，如會員諸君，願就斯職者，請開具詳細履歷，逕函本會接洽可也。

◉會員通信近址

2	文樹聲	(職)廣州廣東建設廳
8	伍希呂	(職)廣州粵漢路廣韶段管理局
11	何寬容	(住)廣州寶和里 2 號
11	何國梧	(職)廣州廣東建設廳
11	余騏	(職)廣東台山新甯鐵路機務課
11	余立基	(職)安慶市工務局
15	李卓	(職)廣州靖海路西三巷裕泰建築公司
15	李青	(住)廣州蓮塘路雙槐洞20號
15	李拔	(住)廣州惠愛路紙竹街108 號
22	卓康成	(住)廣州東山寺貝通津 9 號
26	金肇組	(職)廣州電力委員會
30	胡棟朝	(職)廣州廣東建設廳
38	高文伯	(職)廣州粵漢路廣韶段管理局
44	梁惠	(職)廣州石井兵工廠
44	梁啓英	(住)廣州逢源正25號
49	陳贇臣	(住)廣州大沙頭葵園
50	陳錦松	(職)廣州光孝街工務局
54	温其濬	(職)廣州增步工業專門學校
57	馮偉	(職)廣州省政府
58	黃禮垣	(住)廣州狀元坊同安皮箱店
60	楊元熙	(職)廣州建設廳
65	廖灼華	(住)廣州西關華貴新街 6 號
69	劉澄厚	(職)廣州粵漢路株韶段工程局
73	鄭成祐	(住)廣州豐寧路261號二樓
9	朱允	(職 南京益仁巷江蘇電政管理局
12	全蕃傳	(職)長沙湖南建設廳
19	李範一	(職)武昌湖北建設廳
27	侯家源	(職)南京市工務局
31	郁秉堅	(職)上海南市電話局
34	孫清波	(職)無錫劉撫院戚墅堰電廠
58	黃叔培	(職)上海交通大學
29	洪中	(職)南京軍政部兵工署
51	陳禮榮	(職)福建福州建設廳
59	黃樸奇	(職)上海華德路 965 號康元製罐廠
28	施孔懷	(職)上海市公用局
19	李貫一	(職)山東博山膠濟鐵路發電所
25	易俊元	(職)廣州十三行粵漢鐵路株韶段工程局測量隊
26	金士蓋	(職)仝上
27	姚文蔚	(職)青島蒙古路中國青島石公司
27	姚章桂	(職)青島膠濟鐵路工務處 (住)青島太平路二十五號乙
62	葉奎書	(職)仝上
72	蔣振南	(職)仝上
49	陳衡漳	(職)青島膠濟鐵路材料處
66	翟賡錡	(職)山東張店膠濟路機務分段
77	謝汝英	(職)山東坊子膠濟路機務分段
78	謝學元	(職)山東坊子膠濟路工務分段

工程週刊

中國工程師學會發行

上海南京路大陸商場大廈五樓

電話：92582

(內政部登記證警字第788號)

中華民國二十二年
四月五日出版

第二卷 第六期(總號27)

中華郵政特准掛號認為新聞紙類
(第1831號執據)

定報價目：每期二分， 全年52期， 連郵費， 國內一元， 國外三元六角

漢鎮既濟水電公司

總動員!!!

編 者

自從九一八瀋陽事件暴發以後，我們就有過這樣的呼聲——總動員！到一二八淞滬慘案的時候，吾人更大聲疾呼着「總動員」！的確，在那個時候，我們的上海分會都有過很激烈的表示，同實際的工作，我們雖不敢承認那個時候的我們是總動員了，但是我很相信，當時我們工程界的人士，對於抵禦暴日帝國主義者，確有相當的貢獻。可是現在呢！吾們受敵人的壓迫，比從前更加利害，熱河失陷，平津危急，眼見江南，就要緊張。然而本會的工作，反日漸沉銷了！這是多麼可痛的一件事！上期本刊載有"日本全國工廠總動員"的紀事，大概讀者都看見過了，關於戰時總動員的情形，各國都有祕密或獨立的機關確立着種種國防計畫；例如法國在高等國防會議下，設有設計委員會，和常備事務局，他們重要的工作是：(1)文武官員們動員時的訓練，(2)軍需工業的籌畫，(3)原料準備，(4)燃料準備，(5)食糧準備，(6)化學戰爭的對策，(7)大量生產計畫，(8)工場動員等等。美國的一切國防工作是全由陸軍部主持，另外再設一個陸海空聯合軍需委員會，在中央統制下，施行以下的事務：(1)確定總動員的計畫，(2)國民軍事訓練(3)準備

軍需工業(4)維護軍事工場，(5)化學戰事準備，(6)資源調查，(7)動員演習等……意大利是由國防最高會議會同事務局，國家總動員準備委員會，和產業局等機關一同組織來担負這國防大事，英國和德國雖然沒有設置獨立的國防機關，但是他們因有大戰的經驗，對於實際的計劃，臨時可以有有效的處置。日本是由國家頒佈一種軍需工業的動員法，另外再設立一個獨立機關，叫做「資源局」，等到戰爭的時候，所有動員準備計劃實施等工作，統歸資源局主持，那時所有全國的軍需工業品，都收歸國家暫時管理，他們所規定的軍需工業品範圍，包括下列各項：(1)兵器，艦艇，飛機，彈藥，和其他軍用器具，(2)凡可以供軍用的船舶鐵路和海陸空聯絡輸送的一切設備，(3)凡可以供軍用的燃料，被服和糧秣，(4)凡可以供軍用的衛生材料和獸醫材料，(5)凡可以供軍用的通信器材，(6)關於以上各項物料的製造或修理上所需的一切原料和設備等。可見他們對於國防的準備是何等的精密啊！從上面所敍的各國情形來看，大部分的工作可以說都是要借重於工程師的，那末工程師在戰爭的時候，他的責任和關係是何等的重大呢！

我國全國的工程師，當然不在少數，上面所列的各種工作，我們不見得不能担任，我們各有各的專長，同時也各有各盡其力的義務，目前國家存亡，繫於一髮，正是我輩報國的時候，希望全國的工程界，快快大家起來實行總動員，要知道現在不努力，來日徒悲傷，莫要等待悲傷時，恐怕努力已無及啊!!! 我們瀋陽的分會，現在在那裏？還不是我們前車之鑒麼？

漢鎮既濟水電公司

自來水概況

一・沿革　漢口爲吾國內地之首要商埠，華洋薈萃，工商雲集，當前清光緒末葉，市內人烟日趨繁密，以致時疫流行，火災頻見，當道患之，力倡補救之策，既濟水電公司遂得應運而生；初招商股3,000,000元，同時籌辦水電兩項事業。水廠工程較鉅，由英工程師穆爾設計，從事建造，於前清宣統元年七月落成，通告出水。自創辦以迄竣工，適經三載。全部工程建築費預定為2,400,000元，惟因實施各項建築較原擬計劃，多所擴充；且機械均向英美定購，付價時適值金磅增漲，故照原估溢用600,000餘元。嗣將股本增至5,000,000元，基業遂以穩定。

二・水源　水廠位於襄河口上12華里之韓家墩，環境異常簡潔，渾水起自河面，因上游居民寥落，污穢無由混入；該公司水質得享清潔盛名，良以是故，惟幹管線路延長，送水費用亦不免增高。

查襄河在襄陽近山之處，河面寬約457公尺(1500 呎)，下游漸形扁窄，及達該廠附近，僅寬244餘公尺(800餘呎)，故水流湍急，常易汎濫，夾帶泥砂之成分，高至千分之二，製水工作，頗感困難。且河面起落不常，冬夏之差約達 13 餘公尺(40餘呎)，進水機間設計，實費籌謀；蓋浮船常因河水之漲落，而須加縮水管，更移位置，費工誤時，難稱美滿。固定水井則須能應付最低及最高之水位，高度必超出15.24公尺以上，工程浩大，建築頗不易舉。

三・設備　工程設備大要分起水，製水，送水，原動機四類，分述如下：——

(1)　起水方法係採用鋼製浮船，以裝配打水機，由活動出水管將渾水引送河岸總管，直達沉澱池之進水口。

17188

（2）製水步驟計分沉澱，砂濾，存儲三項，各有一池其地位及尺寸等，略如下表：——

項	別	地位	構造材料	深(每座公尺)	寬(每座公尺)	長(每座公尺)
沉澱池	舊式	地面之下	鋼筋三合土底磚墻	2.44	4.88	82.30
	新式	地面之上	全部鋼筋三合土	3.66	42.37	85.34
砂濾池	慢性	地面之下	鋼筋三合土底磚墻	2.44	11.89	61.87
	快性	地面之上	全部鋼筋三合土	2.74	3.04	15.24
蓄水池		地面之下	鋼筋三合土底磚墻柱頂	4.88	58.52	65.23

慢濾池濁砂係由人取出，用機工洗清。快濾池砂層則每日用壓氣及清水冲洗一次，以暢水流。

（3）送水之重要設備為出水機，水管，水塔三項。出水機計有蒸氣電力兩種。蒸氣機為水筒式，裝置最早。電力機又分直流交流兩種，其出水機皆係離心式效率甚高。清水由廠送市，計有76.20公分鋼管一道，50.80公分生鐵管兩道，每道長約13華里。50.80公分至10.16公分之幹管為生鐵製，7.62至1.27公分之支管為熟鐵製，均滿佈於全市街巷。漢市中心建有水塔一座，水櫃圓形，用鋼板構造，深6.71公尺，直徑17.37公尺，以20.32公分支管兩道與50.80公分幹管連通；供給超過需要時，水即被擠升塔，反之，則櫃內存水流回總管，以作補充之需。

（4）渾水及清水打水機轉運所需之原動力，計有蒸汽，直流電，交流電三種。蒸汽係賴鍋爐供給。直流電則由該廠發電機製備，或由電廠供給交流電，經變流機而成。交流電則由電廠直接輸送。現時全廠所需電力，夏季約800KW，冬季約達1000KW；約計半數由電廠供給。

四．質量　該廠之清水水質，素稱純潔，其混濁度平均為百萬分之十九，最高不過300．微菌簇數平均每平方公分為115，最高不過250．所含硬變，約百萬分之九十。每遇襄河陡發急流，或出水量猝增時，管察必須慎密，藉保清潔之標準。

該廠原來設計，每日僅足供給水量22,730,000公升(5,000,000加倫)。近年以來需要增加，曾陸續擴充設備，故現時出水量，冬季每日約54,552,000公升(12,000,000加倫)，夏季最高達77,282,000公升(17,000,000加倫)。

該公司前與各租界所定給水合同，均曾規定市內水壓最低37磅，最高87磅。現時水壓情形，廠內為60至70磅，水塔為40至50磅。

五．營業　近年以來，市政建設猛進，工商日趨發達；給水之需要因之逐漸增益。平均計算，用戶戶數之增加，年約60%，收入之增加，年約15%；惟工料昂貴，捐稅繁重，開支之增加率亦幾足以吸盡收入超長之數額。

售水辦法，除特區及租界各裝總表外，其他多按包月制度；浪費頗多，而水量之需要，亦漫無限制，近年該公司擴充設備，不遺餘力，平均每年支撥擴充費用，約達100,000元。

自水廠開辦以來，投資共4,700,000餘元，現時估計，應值價約4,000,000元。依平均出水量折算，每日出水每4,546公升(1,000加倫)所需建設資本約為300元。

茲將該公司民國十八年度，工程及營業狀況，及水廠設備，列表如下，藉見一斑：一

水廠設備紀要

類別	機件	數目	每件容量或其每日能力
(甲)	1.馬達船	2	(1)1.83×6.25×14.17公尺 (2)1.83×6.25×16.00公尺
起	2.渾水幫浦	6	(1)2—115 (2)4—130 馬力 (3)6—172
水	3.管路	2	(1)50.80公分,76.20公分60.96公分 (2)60.96公分,76.20公分50.80公分
(乙)	1.定水池(舊式)	53	954,660 公升
製	2.定水池(新式)	3	12,284,200 公升
	3.凝聚池	1	545,520 公升
	4.慢性砂濾池	26	1,818,400 公升
	5.快性砂濾池	7	4,546,000 公升
	6.蓄清水池	2	11,365,000 公升
	7.溶礬池	3	(1)20,002.4公升 (2)25,457.6公升 (3)12,728.8公升
	8.洗砂機	4	12 方
水	9.管路	2	(1)45.72公分60.96公分76.20公分 (2)76.20公分
(丙)	1.進水井	3	(1)2.13公尺×10.97公尺×7.62公尺 (2)3.05公尺× 6.10公尺×5.87公尺 (3)1.83公尺× 4.57公尺×5.87公尺
送	2.清水幫浦(蒸汽)	3	250 馬力
	3.清水幫浦(電力)	3	(1)2—340 (2)3—305 馬力
	4.出水幹管	3	(1,2)50.80 (3)76.20 公分直徑
水	5.出水總表	3	(1,2) 45,460 000公升 (3)109,104,000公升
(丁)	1.鍋爐	3	3,140方呎 熱面積
原	2.凝汽缸	3	1,000方呎 冷面積
動	3.發電機	2	500KW
力	4.發電機	2	150KW
機	5.變壓器	6	250KW
械	6.變流機	2	500KW

旣濟水電公司工程及營業狀況摘要表

營業事項

(1)營業區域		漢口全市
(2)股本		2,500,000元
(3)資產概數		4,000,000元
(4)註册		農商部
(5)水廠地址		襄河沿岸韓家墩
(6)水廠面積		260畝
(7)開辦日期		前清光緒卅二年商辨
(8)包月戶數		20,023
(9)裝表戶數		910
(10)供給人口	華界	531,000
	特區及租界	40,000
	總計	571,000
(11)銷水性質分配	住戶	90%
	實業	10%
	總計	100%
(12)銷水地域分配	華界	16,964,117,268 公升
	特區及租界	3,281,948,332 公升
	全年總計	20,246,065,600 公升
(13)全年收入	包月	772,666元
	憑表	336,737元
	特區及租界	435,691元
	總計	1,545,094元
(14)全年支出(資產折舊未計)		1,287,701元
(15)官息		八厘
(16)水價	華界水表(每4546公升)	.84-1.20 元
	租界總表(每4546公升)	.40兩
(17)水量成本(每4546公升)		.289.元(折舊未計)
(18)平均實收水價(每4546公升)		.347元
(19)職員總數		88人
(20)工人總數		478人
(21)經理		2人
(22)廠長		1人

工程事項

(31)進水機		種類	電力離心式
		數目	6
		馬力	共834H.P.
(32)沉澱池	舊式	數目	53
		總容量	50,596,980公升
	新式	數目	3
		總容量	36,368,000公升
(33)礬池		數目	1
		總容量	545,520公升
(34)砂濾池	慢性	數目	26
		濾水面積	19,122,72平方公尺
		總流水量(每日)	47,278,400公升
	快性	數目	7
		濾水面積	325.15平方公尺
		總流水量(每日)	31,822,000公升
(35)清水池		數目	2
		總容量	22,730,000公升
(36)出水機	蒸汽	種類	水筒式
		數目	3
		馬力	共645H.P.
	電力	種類	離心式
		數目	3
		馬力	共985H.P.
(37)鍋爐		種類	水管式
		數目	3
		總受熱面積	875.12平方公尺
(38)發電機		種類	蒸汽直流機
		數目	4
		總發電量	1,300KW.
(39)變流機		數目	6
		總容量	17,000KW(交流一直流
(40)變壓器		數目	6
		總容量	1,500KVA(6,600-2,300)

(23)工程處長 1人

(24)營業處長 1人

(25)水務工程師 1人

(26)機械工程師 1人

(27)電氣工程師 2人

(28)

(29)

(30)

說明
1.全年收入係將應收水款減去廢單欄收單及兌換損失等再扣足十二個月以期核實
2.全年支出係將水部開支加入其他未能劃分水電各款(如總公司開支稅捐利息等)之半數並扣足十二個月所得

(41)水塔 高度 櫃底高於平地28公尺
容量 1,363,800公升

(42)幹管 種類 (公分)76.2,61,50.8,45.7,38,30.5,25.4,20.3,15.2,10.2,
綫長 100.51公尺

(43)支管 種類 (公分)7.62,6.4,5.1,3.8,2.5,1.9,1.3,
綫長 632.16公尺

(44)水門(1.98公尺) 543

(45)海淀(6.35公分) 463

(46)混凝劑 明礬

(47)消毒劑 綠气(現在籌設中)

(48)出水壓水 每方寸40至50磅(市內)

(49)每日平均出水量 55,824,880 公升

(50)平均每人每日用水量 100.01公升

(51)每日最高給水量 77,282,000 公升

(52)每日最低給水量 45,460,000 公升

(53)平均微菌數 115(每立方公分)

(54)平均混濁度 19(每百萬方中分數)

四川瀘縣濟和水力發電廠之概況

文啓蔚

(一)導言 據本刊第二卷第一期載惲震君所著「我國水力發電事業之現況」一文內，所載關於四川瀘縣濟和水力發電廠之調查情形，與該廠現況，約有出入。蓋惲君所用根據，多係最初設計。茲就現況詳述於後，以供參考。

(二)工程情形 該廠於民國十二年創辦，發電所在龍溪洞窩，距城約8公里左右，水源爲龍溪，長約120公里，已成水壩三：第一長70公尺，高3公尺，係用條石作1.5公尺厚之整弧式。可以蓄水至2公里之第二壩下，蓄水量足作現時5夜之用；第二壩在第一壩上游2公里。長90公尺，高1.5公尺，係用單條立石作分弧式，砌入石灘盤上，可以蓄水至10公里之第三壩下，蓄水量足作現時30日左右之用；第三壩在第二壩上游10公里，長60公尺，高1.8公尺，亦係單條立石分弧式，可以蓄水至上游7公里之遠度，蓄水量足作現時20日左右之用。在第一壩左端用閘門放水入水溝，溝長140公尺左右，溝末引水經.7公尺直徑之水管，以至發電所之水輪，實得水頭30公尺，流量每秒1立方公尺。出水管高8公尺，夏日長江洪水，足以淹沒。但以吸力效率太低，現只得有3.5公尺之水位差。

該廠設臥式水輪一座，係德國 Hausere-

17192

werk 廠所造，計320匹馬力，每分鐘旋轉750轉。有發電機一座，係德國Bergman廠所造，容量 140 瓩，以皮帶連接發電機及水輪，以便發電。現須原動力，僅及其半，故發電容量，尚可擴充。所用電流方式爲交流 3 相 50週波。至於輸電配電，則以變壓器將發電電壓220伏升高至6,000伏，然後輸電至 8 公里外之負荷中心，由變壓室四所降低至 220 伏，以供給用戶。

(三)經濟及業務情形 該廠資本現已籌足216,000 元，其中土木工程費用如修築水壩水管等等，約佔25%每年平均收入，約60,000元，平均支出，除債款利息而外，約計20,000元。

其營業種類，常川只有電燈一項，約 6,000盞，其中包燈 3,000 盞，連同260只電度表。每日送電時間 12 小時，最高負荷爲110瓩，爲發電總容量之80%。電價：包燈16支光每月每盞1元4角，表燈每度 4 角，電力每度 1 角 6 仙，公用路燈折半 7 角，軍政機關則强以 8 角計算。(該地用角洋，合國幣9折)電力用戶爲碾米，平均每月約 600 度，但以該地爲產米區域，碾米事業，以米之出口量爲轉移，故不可靠。其他如鋸木汲水等用途，現時川局如此，尚談不到。

世界動力協會1933年分組會議會程

世界動力協會將於今年六月二十六日起至七月十日止，在瑞典京城 Stockholm 舉行分組會議之消息，已於本刊第二卷第二期 32 頁內爲之發表。茲復探得該會會程秩序，特爲譯佈於次：——

日 期	時間	程 序	所在地
六月二十六日	13點	歡迎會	Copenhague
(星期一)		科學演講	
	16點	乘汽車遊覽本市各名勝	
	20點	公宴	
六月二十七日	9點	參觀各工業區域及電力廠	
(星期二)	12點	宴會並遊覽 Tivoli 公園	
	24點	專車赴 Stockholm	
六月二十八日	11點	專車到達 Stockholm	Stockholm
(星期三)	13點	會員註册	
		職員會議及其他各種會議	
	15點	大會開會	
	19點	分類工業之分組會議	
		(會員中於到達 Copenhague 時有不願即赴Stockholm 參加開會典禮等者可乘特備專車赴瑞典攷察瑞典之國營電氣鐵道。可預定於今日晚間仍乘專車到達 Stockholm)	
六月二十九日	10點	討論會：	
(星期四)		關於大工業之功能供給種種問題	Stockholm

17193

	14點	討論會：(繼續討論關於動力及熱力問題)	
	20點	公宴	
六月三十日 (星期五)	10點	討論會： 計分兩組一組繼續討論功能供給問題，一組討論鐵路上各功能問題該兩組會議同時舉行。	
	14點	討論會： 關於工業機械力的傳動與用法	
	20點	特備會程：會員中如有願往 Finland 者可於20點乘船出發前往	
七月一日 (星期六)	上午	遊覽 Västerås, Norrköping及Hallsta 會員中不願遊覽上列地點者可於今日乘飛機至 Finland	
七月二日 (星期日)		全日休息	
七月三日 (星期一)	10點	討論會： 討論關於鋼鐵工業之特種力的問題	
	14點	討論會： 電熱應用 (前往遊覽 Finland 者應於今日仍乘飛機飛回 Stockholm)	
七月四日 (星期二)	10點	討論會： 計分二組：一組討論蒸汽熱力工業之特動力的問題。另一組討論海洋運輸。	
	14點	討論會(續)	
	晚	出發遊覽	
七月五日 (星期三)		在瑞典遊覽	Sweden
七月六日 (星期四)		在瑞典遊覽	
七月七日 (星期五)	晨	到 Sarpsborg (Norway) 參觀工業區域及電力廠 汽車赴 Oslo.	Sarpsborg
	21點	非正式歡迎會	Oslo
七月八日 (星期六)	10點	歡迎大會 科學問題演講	
	13點	遊覽 Oslo 市	
	20點	宴會	
	晚	出發遊覽	
七月九日 (星期日)		至 Rjukan 遊覽願赴 Nore 者可改赴 Nore 遊覽	Rjukan或Nore
七月十日 (星期一)	晨	遊覽完畢歸返 Stockholm	
	12點	閉會	

民國十九，二十，廿一，三年內德國輸至中日貨物比較表

（數量單位爲噸，價值單位爲一千馬克）

		鋼鐵品		機械		電用品		車輛		紡織品		化學品		其他	
		數量	價值	數量	價值	數量	價值	數量	價值	數量	價值	數量	價值	數量	價值
民國19年	中	33,697	11,672	2,539	5,490	647	3,442	791	3,429	743	5,951	58,536	30,359	109,967	75,170
	日	92,232	22,095	7,815	14,701	974	3,624	226	1,879	467	4,480	207,506	56,568	322,593	114,871
民國20年	中	37,690	10,123	2,243	4,258	594	2,362	1,127	4,166	823	4,666	87,402	35,888	141,344	71,262
	日	54,190	11,528	4,062	9,807	628	2,581	130	1,093	593	4,462	141,803	40,735	210,091	79,902
民國21年	中	17,587	6,708	2,032	3,618	265	1,270	562	1,467	702	2,946	51,761	16,194	87,147	43,302
	日	45,162	9,502	2,318	4,967	363	1,716	261	1,088	81	909	52,969	22,831	112,387	48,212

民國十九，二十，廿一，三年間吾國輸入德國產物數量價值表

（皆以半年計算，數量單位爲噸，價值單位爲一千馬克）

	玉蜀黍		茶		雞蛋		蛋黃		蛋白		腸肚		生煙草		花生		花生仁		麻		大豆	
	數量	價值	數量	價值	數量	價值	數量	價值	數量	價值	數量	價值	數量	價值	數量	價值	數量	價值	數量	價值	數量	價值
民國19年	105	14	376	1,036	3,155	4,315	5,300	11,445	920	1,272	607	3,441	295	397	2,385	862	31,968	12,362	1,859	405	494,089	98,583
民國20年	1,294	142	342	710	2,512	3,015	4,510	6,529	471	647	582	2,888	347	435	5,534	1,580	7,498	1,836	3,123	593	473,268	68,943
民國21年	7,797	681	197	417	773	666	4,293	5,492	332	469	356	1,281	425	511	4,798	1,160	17,231	3,803	3,554	551	529,537	55,191

	乾蛋白		豆油		桐油		粗棉		皮革		毛羽		豆餅		紡織品		其他	
	數量	價值	數量	價值	數量	價值	數量	價值	數量	價值	數量	價值	數量	價值	數量	價值	數量	價值
民國19年	326	1,072	3,785	2,175	3,270	4,342	4,702	5,115	935	2,854	1,048	4,298	2,555	434	43	2,020	33,918	19,597
民國20年	312	806	4,257	1,830	2,451	2,058	4,055	2,918	771	1,718	774	2,640	3,121	416	120	3,436	15,725	9,632
民國21年	162	565	3,533	1,013	2,392	1,664	3,385	2,052	397	807	998	2,378	7,993	847	48	1,340	8,392	4,284

六河溝煤礦公司煉鐵廠近訊

六河溝煉鐵廠，爲中國目下一唯之出鐵廠。該廠屬於六河溝煤鑛公司，廠址在漢口近郊之諶家磯。煉製生鐵，已有十餘年之歷史，一切工程設施，向由該廠總工程師陳次青先生主其事，每日出鐵，約在95噸左右。其生鐵分類，一係按其斷面結晶之粗細定之。結晶最粗者，爲壹號(No.1F)，次爲二號(No.2F)，晶粒最細者，爲三號(No.3F)，二係根據化學分析定之，列表如下：

成分＼類別	高矽 High Silicon	一號 (No. 1 A)	二號 (No. 2 A))	三號 (No. 3 A)
Si	3.0 % 以上	2.50—3.00%	2.00—2.50%	1.50—2.00%
S	最高 .03 %	最高 .03 %	最高 .05 %	最高 .05 %
P	.05 %—.13%	.05 %—.13%	.50%—.13 %	.05%—.13 %
Mn	.50 %—.80%	.50 %—.80%	.50%—.80 %	1.00 %

按化學分析法所定之各類生鐵，不能復驗其結晶之粗細；反之，按斷面分類之鐵，該廠亦不担保其化學成分。

爐渣Slag爲煉鐵爐副產品之一種，性質與水泥相似，可供造路建屋之用，其平均成分約如下：

SiO_2	$Al_2O_3Fe_2O_3$	CaO	MgO	Fe	Mn	S
31.37 %	19.41 %	47.03 %	1.22 %	.80 %	.70 %	1.00 %

該廠所用原料：鐵砂來自湖北建設廳之象鼻山公鑛；石灰石來自漢口附近諸地；錳鑛來自湖南，進炭由該公司鑛廠供給，但亦有來自中和中興萍鄉等處者。

據該廠本年二月份統計：每噸生鐵，約需焦炭1.34噸，鐵砂1.82噸，石灰石0.63噸，錳鑛.017噸。

該廠生鐵行銷於全國，惟最近因日鐵賤價傾銷，國人只知圖利，不惜認賊作父以致銷路殊爲暗淡。又該廠鑑於中國翻沙工業之不振，現正積極研究並利用新式技術，擬自製出品，以廣生鐵之銷路云。(仲)

中國工程師學會會務消息

◉青島分會三月份常會記錄

三月二十四日下午六時半，青島分會假膠濟鐵路交通大學同學會開三月份常會。到會員及來賓四十二人。聚餐後，由書記葉鼎君報告，一月份常會議決，本分會可否以團體名義爲「青島工商學會」發起人，徵求會員意見之結果，贊成爲發起人者四十二人，不贊成者三人，未回信者九人。旋由會長林鳳岐君報告，已根據會員大多數同意，發起工商學會。繼稱上月份常會，本意擬參觀津浦路新購過青之機車，乃以該機車大拉桿卸船遲延，未果。本月適有美國鮑爾文廠製造機車之影片在青，遂定於本晚開會，放映是項電影。嗣由來賓工商學會理事周志俊君演講，希望技術家與企業家合作，發展工業。詞畢，開映鮑爾文廠製造機車之活動電影，由模型鑄鋼起。至行駛止，層次井然，規模宏備，頗有意味。十時半演畢，散會。

隴海鐵路靈潼段行車時刻表

自右向左讀

站名	徐州府	碭山	商邱	開封	鄭州南站	汜水	鞏縣	孝義	洛陽東站	新安縣	澠池	觀音堂	會興鎮	陝州	靈寶	閿鄉	盤頭鎮	文底鎮	潼關
列車次數	第一次特別快車自東向西每日開行													第十九次客貨車自東向西每日開行					
	(上午)			(下午)						(上午)				(上午)				(下午)	
	第一次 八點十分開	十點十六分到 十點二十六分開	十二點〇九分到 十二點十九分開	四點三十二分到 四點五十二分開	六點五十一分到 七點十一分開	八點三十三分到 八點四十三分開	九點二十三分到 九點二十五分開	九點四十七分到 九點四十九分開	十一點十二分到 十一點四十二分開	一點十二分到 一點三十二分開	三點二十一分到 三點四十一分開	四點三十七分到 四點四十二分開	六點〇八分到 六點十八分開	六點五十分到 第十九次 七點二十分開	八點三十二分到 八點四十七分開	十點二十三分到 十點三十五分開	十一點五十二分到 十一點五十五分開	一點二十分到 一點二十三分開	二點二十分到
	第二次特別快車自西向東每日開行													第二十次客貨車自西向東每日開行					
	(下午)			(上午)										(下午)					
	八點〇五分到	六點〇四分開 五點五十四分到	四點十七分開 四點〇二分到	十二點十五分開 十一點五十五分到	十點〇二分開 九點四十二分到	八點四十二分開 八點四十分到	八點〇六分開 八點〇四分到	七點四十八分開 七點四十六分到	六點三十五分開 六點十五分到	五點開 四點五十分到	三點二十三分開 三點十八分到	二點三十六分開 二點三十一分到	〇點五十二分開 〇點四十二分到	第二次 〇點〇五分開 十點二十五分到	九點十六分開 九點〇一分到	七點二十三分開 七點十三分到	五點五十六分開 五點五十三分到	四點二十八分開 四點五十二分到	三點三十分開 第二十次

自左向右讀

17197

第九次董事會議紀錄

日　期　二十二年四月二日上午十時

地　點　上海南京路大陸商場五樓五四二號本會會所

出席者　支秉淵　李屋身　惲　震　陳立夫（惲震代）韋以黻　楊毅（韋以黻代）薛次莘　周　琦　徐佩璜　夏光宇　茅以昇　吳承洛

列席者　裘燮鈞　莫　衡　馮寶齡　張孝基

主　席　支秉淵　紀　錄　莫　衡

報告事項

(一)北平分會改選業已選出正會長俞人鳳副會長金濤會計郭世綰書記孫洪芬會長及會計就職惟副會長金濤書記孫洪芬現已離平應予補選尚未辦竣

(二)本會立案事已經上海市教育局審查合格並轉呈市政府轉咨教育部批准備案

(三)上次董事會應交執行部各案如建議中央籌設西北工程學院及建議中央制定技師公會法規兩案業已由會辦訖

(四)夏光宇報告籌建南京總會會所

討論事項

(一)本年年會地點及開會時期應在何處案

議決：年會地點決定武漢時間由籌備委員會決定

(二)年會壽備委員會應如何指聘案

議決：聘邵逸周爲籌備委員會委員長陳崢宇李範一爲副委員長高淩美賀闓李敬思周鐘歧袁開帙劉明遠吳國柄陳崢宇王金職楊士廉錢慕寧邱鼎汾孫慶球華蔭相王伯軒吳國良周公樸史青曹會祥周雄異繆恩釗高則同邱秉剛錢鴻威盧偉王蔭平趙儀瞻汪華陸李林森陳大啓方博泉錢慕班層慰曾朱家炘王寵佑陸寶愈張延祥君等爲籌備委員

(三)提案及論文委員應如何指聘案

議決：一，聘張延祥君爲提案委員會委員長陳崢宇高則同高淩美陳彰琯君等爲委員

二，聘沈君怡君爲論文委員會委員長邵逸周王寵佑王星拱郭霖君等爲委員其餘委員名單由委員長提出執行部加聘

(四)年會經費應如何籌措案

議決：仍照向例由籌備委員會設法籌募並由總會墊付百元作爲籌備費

(五)建築材料試驗所應如何進行案

議決：先將試驗所籌備經過情形及建築計畫預算等作成簡明報告書印成單行本正式函請下列各機關補助建築及設備經費推定下列委員負責接洽

一，鐵道部及各路局　夏光宇薩少銘二君

二，交通部及各郵電局　韋作民吳保豐二君

三，實業部及各局所　劉蔭茀吳承洛二君

四，建設委員會及電廠煤礦　惲震君

五，軍政部及兵工署航空署　楊繼曾錢昌祚二君

六，各大廠商　李屋身徐君陶二君

(六)外籍工程師請求入會應否照准案

議決：在本會會章未修改前未便照辦

(七)審查會證式樣案

議決：照董大酉君擬就式樣通過惟分二種印刷第一種分發二會合併前之會員第二種分發合併後入會之會員

(八)審查新會員資格案

議決：高景原，陸寶愈，黃大恆，張金鑅，殷傳綸，施炳元，婁道信，袁其昌，錢鴻威，饒大鏞，王振祥，鄒頌清，李炳星，竇瑞芝，陳丕揚，曾叔岳，周煥章，梁漢偉，黃子焜，馮鳴珂，章名濤，徐升霖，君等廿二人通過爲正會員

高常泰，高則同，曹竹銘，王恩涵，翟佩英，孫光堉，君等六人爲仲會員，馬雲鵬，鄭海桂，徐堯堂，黃權，葉明升，張瀚銘，汪原沛，馬師亮，雷從氏，王傑和，高福申，黃弁羣，王敬立，李謨熾，邵德彝，伍榮林，君等十六人通過爲初級會員

商辦閘北水電公司通過爲團體會員

17199

新會員通訊錄

二十二年四月二日第九次董事會議通過

高景原	(職)北平東單儲才里九號洋溢胡同內 耐安營造公司	建築	
陸寶愈	(職)漢口建華機器油漆公司	化學	
黃大恆	(職)河北臨城礦務局	採冶	
	(住)北平崇內范子平胡同六號		
張金鎏	(職)天津華北水利委員會	土木	
	(住)天津東門內舊道署西箭道		
殷傳綸	(職)上海江西路278號茂益洋行	土木	
	(住)上海霞飛路亞爾培路西餘祥里15號		
施炳元	(職)天津特一區中街113號興華公司	機械	
婁道信	(職)安徽省公路局安合路車務管理處	電氣	
袁其昌	(職)南京京滬路機務處	機械	
錢鴻威	(職)漢口江漢三路吉慶里建華油漆公司	化學	
饒大鏞	(職)武昌徐家棚湘鄂路局車務處電務課	電信	
王振祥	(職)上海廣東路二號中國航空公司	無線電	
	(住)上海拉都路224號		
鄒頌清	(職)浦東周家渡電信機械製造廠	無線電	
	(住)上海西愛咸斯路愼成里八十號		
李炳星	(職)上海南市華商電氣公司	電氣機械	
	(住)上海南市滬軍營信賢里十九號		
黃瑞芝	(職)南京鐵湯池全國經濟委員會	土木	
陳丕揚	(職)廣州西村士敏土廠	化學	
曾叔岳	(職)廣州粵漢鐵路局機務處	機械	
周煥章	(通)漢口葉開泰藥舖轉交	化學	
梁漢偉	(職)廣州市工務局	土木	
	(住)廣州市一德路252號三樓		
黃子焜	(職)廣州粵漢路廣韶管理局機務處	鐵路機械	
	(住)廣州市東山啓明四馬路五號		
馬鳴珂	(職)廣番禺縣建設局	土木	
	(住)廣州惠吉東路20號		
章名濤	(職)北平清華大學	電機	
徐升霖	(職)浦鎮機廠	鐵路機械	
高常泰	(職)南京靈谷寺將士公墓委員會	地形	仲
高則同	(職)漢陽湖北省立第二中學	機械	仲
	(住)漢口唐家巷51號		

17200

◉南京分會消息

三月二十四日下午七時南京分會假座中華路老萬全菜館舉行常會，到會會員35人。

會員侯家源君演講杭江鐵路建築狀況，該路自民國十八年春開辦，初次測勘係由杭州起點，沿錢塘江而西，估計經費約需24,000,000餘元，為數過鉅，改由杭州對江，蕭山起點，先築至金華一段，用輕便鐵道，鋼軌重每公尺35磅，軌距仍用標準制，橋梁建築用古柏氏E—20之負荷，該段長200公里，現已通車。每月收入約有100,000元。而支出每月約為70,000元。自金華至玉山一段，長150公里。籌措款項，稍有把握，經將橋墩橋基，定為永久性質，改用古柏氏E—50之負荷，而橋面仍為臨時建築。該段工程預定至本年底完成，該路以限於經費，一切建築，均以節省為主，經過種種困難，卒能底於成功，洵為吾工程界努力建設之良好模範。

會長薩福均君，繼起，述及對於各處擬築狹軌鐵道之意見，以為建築鐵道欲圖經費節省，不妨即照杭江鐵路之辦法，一切仍用標準制，鋼軌則可向外洋購用舊貨，價格甚賤。而車輛則現在各國有鐵路有載重較小之車輛，不甚合於運輸狀況之用，可以設法互商讓售，各大路並可因此全部改用大車輛，便利運輸，一轉移間彼此均為有益云云。

會計鈕因梁君報告當會所傢俱，均由各會員分別購用，僅餘一火爐尚未出售。

會員惲震君提議，以後開會宜改用極簡單之餐菜，以備多留時間，可以彼此談話討論各項問題，經衆贊成。

十時散會。

濟南分會會長由宋文田遞補

濟南分會會長原為張含英君，玆因張君因事離濟，特致函分會，請准予辭去會長職務，當經該分會第五次常會提出討論，結果准其辭職，即以本屆會長候選人得票次多數宋文田遞補。但以當時出席人數不滿在濟會員之半數，未能即時表決，當用通訊法表決，去函後截至三月十五日，計共收回表決票63紙，佔該分會全體會員之半數以上，盡係贊成票，該會之意以為宋文田應即遞補為濟南分會會長，除由該分會呈報總會外，聞宋君已于三月二十三日就職任事云。

◉更正　上期本刊(第26期)第52頁長沙工業狀況篇末第7行33％俉係3％之誤，第6行1,000俉係10,000俉之誤。又第64頁末第6行葉奎書及末第5行蔣振南兩君地址係「青島聯益建築行」，並非膠濟鐵路工務處。特此更正。

函件無從投遞經郵局退還者

姓名	寄往地址	退回原因
胡儒珍	漢口平漢路工務處	該處無此人
胡儀九	武昌馬王廟街40號	移居
方剛	安慶公路局工務處	返籍
王弼	北平平綏路機務處	此人已走
沈瑨	北平平綏路局工務處	此人已走
蘇紀忍	北平平綏路局工務處	此人已走
鄭大和	北平平綏路局工務處	此人已走
邢道	北平平綏路局	此人已走
陳西林	北平平綏鐵路局	此人已走
金濤	北平平綏路局工務處	此人已走

金猷樹	南京東牌樓65號潘宅收轉	潘宅云不收
周茲緒	上海康腦脫路188號	地址不合
朱國祥	上海上海電力公司	地址不合
馮鶴鳴	天津平成工程公司	無此人
阮尙介	上海蒲石路平安里六號	無此人
王元康	南京薩家灣交通部官舍	無此人
曾子模	北平箔簾子胡同	移居
張祥基	九江南潯鐵路局工務處	移居

●會員通信近址

30 康振鈺 (職)上海龍華上海水泥公司

54 彭開煦 (職)上海龍華上海水泥公司

83 龔繼成 (職)浙江金華杭江鐵路第一總段

71 潘世義 (職)上海法界朱葆三路25號

44 曹孝葵 (職)上海江西路278號康益洋行
(住)上海亞爾培路219街8號

31 胡礽豫 (職)上海江西路上海銀行樓上大昌實業公司

35 徐紀澤 (職)湖北石灰窰大冶廠礦

12 余光朝 (住)上海大西路南宜里1294號

65 廖馥亞 (住)上海愛文義路1729號柳迎村5號

29 洪嘉貽 (住)蘇州金獅巷25號

69 劉峻峯 (職)煙台荷蘭治港公司
(住)天津英租界廣東路鴻基里5號

7 王錫慶 (職)上海極司非而路770號梅郇醫院

59 黃學詩 (住)江西南昌下水巷18號

1 丁燮和 (職)泰興黃橋鎮黃橋中學

8 白汝璧 (職)天津工務局

15 李蘊 (職)天津河北建設廳
(住)天津河北大經路仁壽里48號

34 孫國封 (職)北平北平大學工學院

39 晏才英 (職)天津東車站北甯鐵路驗材料委員會

41 張子明 (住)山東德州西大營鎮送後油故村

8 金士蓋 (職)廣州十三行粵漢鐵路株韶段工程局測量隊

69 劉澄厚 (職)廣州十三行粵漢鐵路株韶段工程局

49 陳衡滓 (住)青島費縣路新一號樓上

58 黃秉政 (職)漢口江漢工程局

24 宛開甲 (職)寶山縣建設局

9 朱重光 (職)杭州電政管理局

11 余伯傑 (職)杭州浙江省建設廳

79 鄺華 (職)岳州湘鄂鐵路工務處

25 林廷通 (職)天津法租界馬江中國無線電業公司
(住)杭州下馬坡巷廿一號

47 陳琿 (職)上海圓明園路八號怡和機器公司

51 陳駿飛 (職)浙江遂安縣淳遂路工程處

74 黎智長 (職)杭州杭江鐵路工程局江邊機務股

36 徐鳴鶴 (職)嘉定縣清丈隊
(住)揚州槐樹脚小井巷17號

45 許麟紱 (職)淮南煤鑛局蚌埠洛河鎮

9 朱光華 (住)杭州惠興路28號

38 馬開衍 (住)太原中霸陵橋裕德西里14號

31 郁鼎銘 (職)上海罷眞人路一一二二號中華幪銅廠
(住)上海威海衛路74號

47 陳章 (職)南京中央大學工學院
(住)南京毘盧寺後面鼎新里2號

59 黃修靑 (職)南京交通部

工程週刊

中華郵政特准掛號認為新聞紙類（第1831號執據）（內政部登記證警字第788號）

上海南京路
大陸商場五四二號
中國工程師學會發行
電話：92582

中華民國
二十二年四月十九日出版
第二卷 第七期
（總號28）

定報價目：每期二分，全年52期，連郵費，國內一元，國外三元六角

陝西延長石油官廠

編者小言

編者在民國十九年的九月，曾經到過瀋陽，去參加本會第十三屆的年會。在東北時間雖然不久，可是比較重要的工業機關和名勝地方，總算都有了我的足跡。東北大學咧，北陵咧，瀋陽兵工廠咧，迫擊礮廠咧，自然我都到過。到北陵去總得要經過張學良氏的別墅，他四週牆上佈置着高高的電網，我也似乎留神看過，當時我對於這一切並未留着十分深刻的印象，不過看到一萬多工人工作，廠屋櫛比，走了半天，還沒有參觀到五分之一那麼大的瀋陽兵工廠，佈置得那樣整齊，出品又那樣優良，連汽車都會製造（這次上海交通大學舉行的工業鐵道展覽會會場裏就陳列有一座），那麼樣好的迫擊礮廠，和大大小小，形形色色，一望全是飛機，那麼樣大的東北航空隊，覺得東北是如何的富庶，他們是如何的在向前勵進啊！離開東北，不到一年，忽然晴天霹靂九一八事件發生了，說什麼兵工廠咧，飛機場咧，統統被暴日侵佔，絲毫東西都沒有運走。假使我沒有到過東北還好，到了東北，如果沒有見過這種工廠還好，現在我的腦海中是覺得何等的難過！我又時常的想，我在東北，足跡未到的地方還多，同上面規模相似的工廠，不知道還有多少，果然現在讀了陸增祺先生著的「北寧路唐山工廠紀略」一篇文字，又知道皇姑屯這修車工廠，在我國內是要算首屈一指的了，可是這又被日人侵佔了。所以我以為無論何種事物，小而至於人身，大而至於國家，他的發展都要顧到全部的，換一句話說，某一種東西的發展，不可以畸形的，否則是十分危險的，東北這次的變故，就是一個最好的證明。

北甯路唐山工廠記略

陸　增　祺

一•引言　我國鐵路工廠，設備較爲完全而歷史最久者，當推北寧路唐山工廠。此廠創立以來四十餘年於玆。就廠內一切佈置設備技術以及產量等而論，國內鐵路各工廠，尙無出其右者。

北寧一路，原有兩廠。除唐山工廠外，曾於民國十五年夏，另設皇姑屯工廠於關外。雖創辦伊始，每月亦能修機車二三輛，客貨車百五六十輛。然已於九一八，與東三省偕亡。而今也日寇深入，有擾亂平津之謀，唐山工廠，又在危急之中。回憶該廠情形，能無感喟。玆將記憶所及，走筆書之，以告國人。

二•回顧　北甯路客貨運輸業務，在國有鐵路中，首屈一指。所有車輛，亦較他路爲多。據民國十五年記錄，共有機車216輛，客車292輛，貨車4,400餘輛。至民國二十一年，機車增至252輛。至於工作方面，客貨車車身早能自製外，自製機車計有2—6—0式20輛，2—6—2式11輛，2—8—2式6輛，4—6—2式2輛，前後共計44輛。總之，唐山工廠之聲譽，已於去年中國“洛克脫”五十周紀念時，稱盛於全國。玆述其梗概如下。

三•佈置　唐山工廠，位於開灤煤礦附近，爲北寧路關內段中心點。全廠面積，佔地可600畝。

工廠房屋，劃爲二大部份，(1)機車及(2)客貨車是也。而北寧材料總廠亦在焉。

(1)機車部份有模樣所，冶鑄所，（銅鐵兩部）煆鐵所，鉚釘所，機械所，（打磨機器兩部）建立所，製爐所及修管所。

(2)客貨車部份有鋸木所，木工所，裁縫所，機器所，煆鐵所，車輪所，車架所及修車場。

其他如電機所，鍋爐房，風閘所，油漆所及雜工處等，則不列入以上二部。

各所中以製爐及建立所爲最大。各佔地面　6317.2　平方公尺。修車場則可容貨車300餘輛。

各所置備之主要機件如下：—

冶鑄所：　鑄鐵爐1具(每次可鎔鐵43,000磅左右，）電力鐵錘1具電力吊車1具(10噸)。

煆鐵所：　汽錘5具，火鋸1具，試驗扁簧機1具，(自製)。

螺絲所：　製螺絲母及螺絲各種機器七八具。

機械所：　車床(各種)110具右左，鑽孔機20具，上輪水壓機1具割管機1具等，風銲機1具，電銲機1具，電吊車2架，烤輪圈爐1具

製爐所：　各種車床26具，鍋爐用具1,700餘件。水力壓製爐鈑1具電銲機1具電吊車4具，

建立所：　鏇汽缸心1具電銲機1具電吊車2具(45噸)客貨車部之機器，雖較少，亦有近100部，其工作能力或與小規模之大機廠，相差無幾。平時能不賴機車部份之力，獨自爲政。

四•原動力　該廠所用原動力，共計4種：汽力，電力，風力及水力是也。

全廠共有鍋爐房6所，供給原動力及冬日水汀之用。備有Lancashire式鍋爐4具，B. & W. 式鍋爐22具，機車鍋爐8具。共34具每日用水80立方公尺，煤670噸。

風泵房有機器4具供給全廠之用，壓力達(70磅)上下。水之來源，由4座水塔供

給。

發電所有發電機4具，發電總量爲940 K.W.，合計1,260匹馬力。其中110K.W.2具，220 K.W.1具，及500K.W.1具。電流分配於27根總線，實則有500 K.W.座電機已夠用矣。所以平時及白天祇開此1只，夜間及大電機修理時，則開其餘2具。

五·員工 全廠員工根據最近統計共計2,708人其中職員205人。其分配如下—：

廠長室	32人	金工所	539
設計系	33	木工所	417
會計系	55	煆鐵所	97
機械所	322	氣輥所	67
製爐所	297	雜工部	180
建立所	227	電機所(外段)	89
冶鑄所	139	車房	2
電機所	212	共計	2,708人

六·交通 廠內交通，除各所系，有專任信差，遞信一切公文信件外。上級員司，接洽要公，則用廠內電話。（共有40具，廠外職員住宅，不在內 極爲方便。

倒車及運送大量材料以及煤灰等，專備小機車2輛。惟廠內馬路小車運輸（各所間）計劃，尙在進行中。

七·工作制度 工人工作時間，規定每天10小時。

最初一切工程，用大包工制。民國十年前後，改用花紅包工。近則逐漸科學化標準化，各所都注意研究。已定有詳細標準工數表。大多超過160工之工程，以及可以用件數爲單位者，悉用包工制。其他零星工作，仍用裏工。

八·歷年成績 唐山工廠工作能力可得如下之結論。每月大修機車5輛，小修5輛，共計10輛。大修客守車9輛，小修9輛，共計18輛。貨車153輛。

民國十九年則平均每月大修機車9輛，小修機車5輛，大修客守車21輛，小修12輛，貨車修理254輛。民國二十一年比較減少。

九·結論 唐山工廠工作設備，已如上述。所缺之者，僅鑄鋼廠及試驗室而已。稍加整頓擴充，大有可觀。三四年前，曾有改爲全國鐵路機車製造廠之議，而以皇姑屯工廠，作北甯路修理工廠。今也如何！能無感慨系之！

實業部中央工業試驗所新法製造之乾電

蔣 軼 凡

一，乾電之製法 實業部中央工業試驗所爲中央工業試驗之機關，負有研究工業原料，改良製造方法，倡導國內工業發展之責任。除化學機械兩組而外，遂於十九年三月添設電氣試驗室，特向美國購置大批試驗儀器，從事試驗各種電氣事項，兼試驗乾電池，一方面由上海大工業原料公司，辦來乾電池材料多種，同時搜集本國原料，根據美國乾電池標格總則，依法試驗，經十閱月之久，先後共計試驗一百數十餘次，所得手燈乾電連燃試驗成績，與國貨及舶來品比較，尙稱滿意。試驗所乾電池試驗紀錄與研究方法，將另有專書出版，此處限於篇幅，祇能將製造部份，略述一二，以供留心研究乾電池者之參攷。

一·最簡單器具之設備：(1)混和輾機(2)½馬力攪拌馬達(3)直流表(4)電壓表(5)溫度表(6)波美表(7)驗光燈泡(8)打電心木模及中空柱(9)液體量器表(10)噴濕機(11)烘爐(12)玻璃紙(13)打紙花紙圈機(14)磁缸或磁盆。

二，材料之準備：(1)錳粉(2)鉛粉(3)鋅筒(4)炭素棒(5)錄化鋅(6)鹽硇(7)明礬(8)蒸溜水(9)銅帽(10)澱粉(11)松香(12)石粉(13)白臘(14)顏色粉(15)硬紙花紙圈。

三，電液之配合：配置電液，不一而足，須視藥品之純雜，與室內溫度之高低，本試驗所配合方法，有百餘次之不同，玆節錄數次如下：—

A. 取蒸溜水 500c.c. 溫度爲攝氏32度，加明礬25克，得波美表 4 度，（溫度攝氏32度，體積 500c.c.），次加鹽硇 250 克，此時鹽硇已飽和，得波氏13度，（溫度攝氏16度，體積 625c.c.），再加錄化鋅 200 克，得波氏 27 度電液，（溫度攝氏12度，體積750c.c.）。

B. 取清水1,000c.c. 溫度爲攝氏26度，（室內溫度）加明礬 50 克，得波氏 3 度液體，（溫度與上不同，體積仍爲 1,000c.c.）次加鹽硇 400 克，得12度溶液，（此時溫度爲攝氏15度，體積爲1,300c.c.），俟其恢復室內溫度，再加錄化鋅 400 克，得波氏29度電液，（此時室內溫度爲 34 度，體積爲1,500c.c.）。

C. 配合方法：飽和鹽硇溶液中，加錄化鋅至波氏29度。配用量：已配成之飽和溶液（波氏12度液體）500c.c. 內，加錄化鋅180克，得波氏29度電液。

D. 配用量：清水100克，明礬3克，鹽硇45克，錄化鋅40克，得波氏27度電液。

E. 波氏28度錄化鋅溶液中，加鹽硇至飽和，得波氏30度電液。

四，電料之配合與塡料柱之製成

A. 秤取90成錳粉 100 克，185 成鉛粉60克，即錳粉與鉛粉之比例爲 5:3，互相混合，傾入石子研粉機（Ball mill）輾拌，使其充分摻和均勻，約順逆轉 150 週左右，用羅篩篩之，再用噴水機盛已配成之電液，將塡料噴濕，須使其潮度相宜，不可過乾，亦不可過濕。

B. 將已配成功之塡料，傾入已墊玻璃紙之木模中，中央豎一炭素棒，用中空之圓木柱（中空之直徑較炭素棒稍大）加力壓緊，如第一圖（美國永備廠係用壓力機）即成塡料柱，但所用壓力，過大過小，均不相宜，須使每隻塡料柱密度相等。

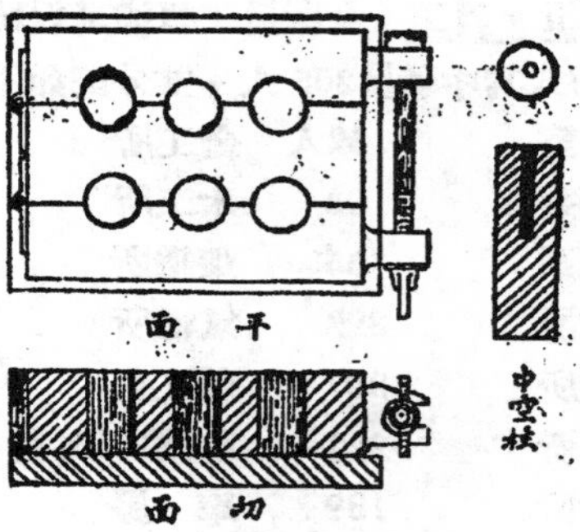

第一圖

五，電液糊之配合

A. 取已成之電液 7c.c. 注入鋅筒，加澱粉 2 克弱，用馬達機拌攪20秒鐘後，將塡料柱放入，約二三分鐘，即凝成糊狀，視其吸收之快慢，可酌量添注電液糊。

B. 每隻鋅筒內，注入 8c.c. 之電液，與 2 克强之玉蜀黍粉，用馬達機攪拌均勻後即將塡料柱放入，約三四分鐘後，電液糊即行凝結，若塡料柱吸收電液甚快，可添注電液糊少許。

六，封口物之配合：將松香與石粉盛入鐵鍋內燒之，待固體完全溶化，加白臘及顏色粉少許，用玻璃棒充分拌和，加一層硬紙圈於塡料柱上，與電液糊距離少許，炭素棒之上端，蓋上銅帽，逐一將封口物注入，約一二分鐘，即行冷卻現一種有顏色之澤光，最後用半軟半硬之厚紙，將鋅筒糊上，即成完全手燈乾電。

二，中外手燈乾電試驗之比較

國內外各乾電廠所造之手燈乾電，曾經試驗十餘種。覺得國貨乾電比不上舶來品，但本試驗所試製之乾電（常用牌），似乎與舶來品相伯仲，茲將中外乾電放電試驗比較（第二圖）及各廠乾電燃燒與電壓比較表列後以見一斑：

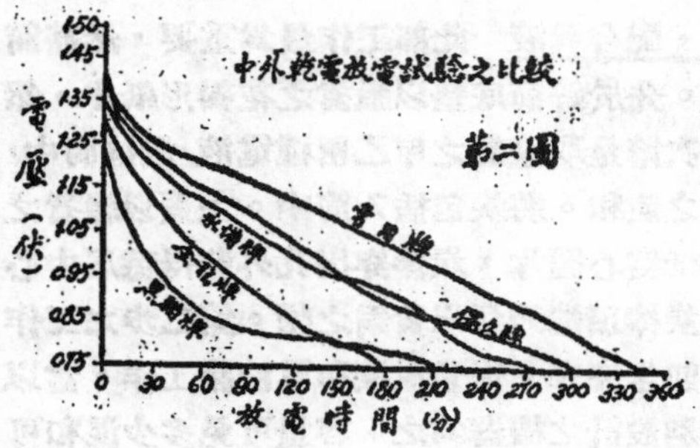

名　稱	製法	電　壓	連燃時間	製　造　廠	備　考
常　用	漿糊	1.55伏	350分	本所製造	試製七十餘次後所得之結果
文極斯脫	漿糊	1.55伏	310分	美國文極斯脫公司	由該廠滬經理鴻康電料行寄來
保　久	漿糊	1.54伏	395分	美國保久電池公司	由南京電料行選購
永　備	漿糊	1.54伏	280分	美國永備電池公司	由南京電料行選購
永　豐	紙版	1.59伏	215分	南京化奇電池廠	由該廠送來
黑　貓	漿糊	1.52伏	210分	上海亞民電池廠	送部試驗之製品
五　三	漿糊	1.56伏	170分	上海中國蓄電池廠	由亞民廠送部以資比較者
大無畏	漿糊	1.45伏	165分	上海麗明電池廠	由亞民廠送部以資比較者
金　龍	漿糊	1.58伏	165分	上海振華電器廠	由該廠南京分行送來
逸　仙	紙版	1.54伏	135分	南京中山電池廠	由南京電料行選購
寶　光	紙版	1.50伏	110分	上海振華電池廠	由南京電料行選購

（摘錄工業中心第二卷第二期蔣軼凡先生著「新法乾電之製造及研究」）

建設委員會電機製造廠乾電池之製造及試驗

胡汝鼎　顧秉銓

建設委員會電機製造廠，於二三年前，卽已從事於製造乾電池之研究，於去年始另闢電池專部，正式開工，作大規模之製造。其出品爲袋型之乾電池，定名爲日月牌電池。屢經各學術機關，及試驗所等處之考驗，允爲品質駕舶來品而上之，殊爲欣慰。茲謹將此項乾電池之製造及試驗情形，分述於次：一

一，製造手續

製造袋型電池之手續，約可分爲三大部分。（甲）製造炭包，（乙）配合電液（丙）固封電池。茲將此三步手續，分述於后：一

甲，製造炭包　炭包卽電池中混合物製成之圓柱體。先以適量之錳粉，鉛粉等，置於混合機中拌和之。然後用篩機篩過。機之出品部裝一圓形電磁吸鐵，不息旋轉。故混合物中之鐵質，被吸鐵吸住。所有鐵屑另落一器中，故此混合物可擯盡鐵質矣。製炭包時，先以炭捧置圓柱體模型之中心。四周以混合之粉填塞，用衝擣機擣之。混合粉遂得固着於炭捧之一端。乃用皮紙包之。加以電液，卽成預備製造電池之炭包。

乙，配合電液　此部工作最為重要，然甚簡單。先於鋅筒底墊以臘煮之花瓣形紙片。然後次第量取適量之甲乙兩種電液，置鋅筒中，搖之使和。將炭包插入筒中。上蓋以臘煮之厚紙空心圓片，炭棒穿出孔外藉得穩居中心。炭棒頂端乃套以黃銅之帽。第二步之工作，即告完成。惟量電液和電液諸工作，當以特別設計之機器為之，容量可免多少混和可免不勻之弊。

丙，固封電池　以煮熟之火漆封固厚紙板面，所以防止外物之傷害電池內部也。

二，乾電之試驗

試驗之目的，所以評判電池品質之優劣，決斷其適用於某種負荷與否。查電池之要，在於電壓之保持，電量之裕，且經歷儲藏而不必起變化，故試驗亦不外乎以上諸點。然標準方法各國不同，抑時有訂正。今建設委員會電氣試驗所採定美國標準局所訂之一種單節電池標準法如后：—

甲，開路電壓　1.5伏以上

乙，短絡電流　7安以上（此值為建設委員會上海電機製造廠所定）

丙，持續放電　以2.75歐之銘鎳錳合金線作為負荷，連續放電，至電壓降至0.5伏時為止，還其經過之時間以為標準：

1. 距製造時間一月以內者　500分鐘
2. 距製造時間三月以內者　470分鐘
3. 距製造時間六月以內者　445分鐘
4. 距製造時間九月以內者　420分鐘
5. 距製造時間十二月以內者　375分鐘

丁，間歇放電　所用之電阻為四歐之銘鎳錳合金線。放電之時間，每次五分鐘，每二十四小時一次。直至電壓降至0.5伏為止。

戊，儲藏時間　一年以上。

按上列標準試之，得曲線如圖一，圖二。日月牌電池之各種品質，均勝舶來品，實為堪注意之點。

三，結論

查目前市上乾電池之種類，在百數以上。外國貨電池之價值，恆三四倍於國貨，而

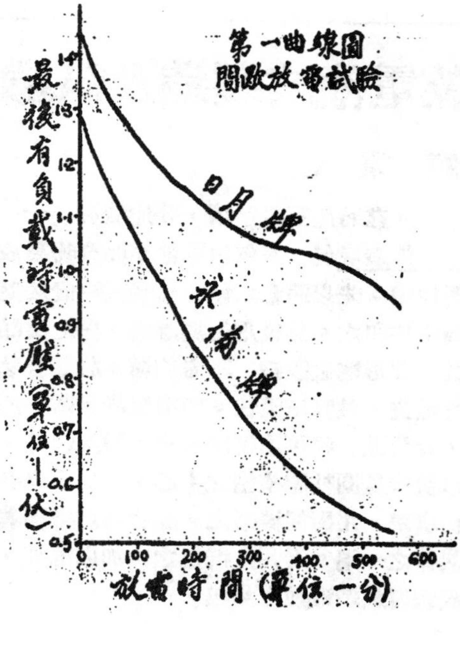

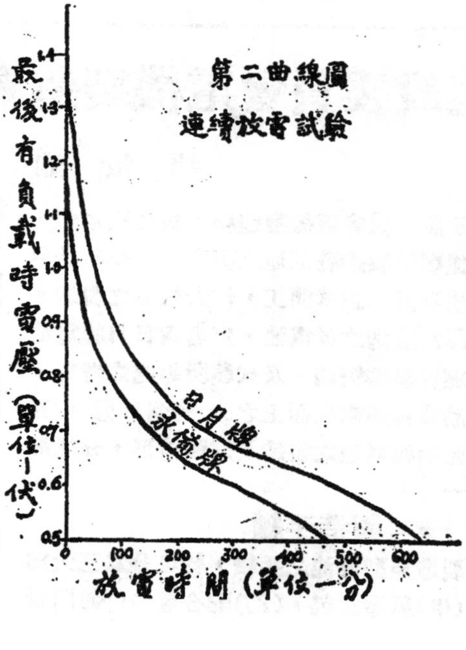

仍得暢銷，其最大之原因，非國人之醉心洋貨，而在品質優劣之不同耳。尤以儲藏時間之短促，爲最不得國人樂用之原因。今日月牌電池，經各學術機關試驗證明，不惟合乎美國所定之標準，且亦遠勝舶來品。日後能得國人之信用，挽回每年數百萬元之國家經濟損失，亦易事也。

附錄 建設委員會電氣試驗所二十五只中之試驗結果：——

電池大小：直經31.75公厘，高 57.15 公厘。 試驗開始距製造日期：一個月以內

電池所接負載電阻：2.75 歐

	最高紀錄	最低紀錄	平均數	美國規定標準數
最初無負載時之電壓，伏	1.68	1.60	1.64	1.50
最初有負載時之電壓，伏	1.51	1.38	1.45	無規定
連續放至電壓降至0.5伏之時間(卽連續白光時間)分鐘	710	580	636	500

根據以上試驗結果，該電池無負載時之平均電壓，超過美國規定標準數 9 %，其連續平均白光時間，超過美國規定標準數27%，試驗合格，特此證明。

（摘錄電工第四卷第一號胡顧二君著乾電池之製造及試驗。又查蔣及胡顧所著文內關於永備乾電放電試驗結果不相符合其中恐有錯誤容待查證——編者）

陝西延長及膚施兩地石油之成分

朱 其 清

陝西夙以富藏石油，著稱於世，其延長石油官廠，尤爲各國所注意，惜以經費奇絀，交通不便，致無顯著之發展，良可惜也。去歲隴海路局發起組織陝西實業攷察團，分南北兩組，前往陝西各地實地攷察。其清謬蒙本會之推派，得代表本會，前往參加，因得遍歷延長及其附近一帶油田區域，結果並覓得原油兩瓶，攜滬試驗，測知其大概之成分，頗引爲幸。其清對於原油一道，原無研究，獨以此物，關係國防太鉅，不覺興之所至，趣味盎然，所幸此次同行者，有地質學家及礦學家多人，得隨時請益，數月來復旁採各種石油書籍，關於陝北石油開採之經過。與夫不甚發達癥痾之所在，因能略知其一二，第以非本篇範圍內所當述不贅。玆將此次陝北攜回之原油二種，所得試驗之結果，述之如次。

在敍述石油成分之先，關於取得該二種石油時之情形，實有畧述之必要。按此次在陝北取得之石油，計有兩處，一在延長縣城西門外之延長石油官廠，(圖見封面)一在膚施縣城北門外約五十里地之彭家莊。(第二圖)延長油廠，有油井多處，而現在出油之井，祗有三處，每日產油總量，平均祗有三四百斤，油井深淺不一，約自70公尺以至200公尺，該三處產油油井，相去距離均甚近，取油之法，係利用抽油機，取出之後，卽儲存於一儲油池，備提鍊時之取用。余此次自延長取得之油，卽係取自該儲油池者，故油之沉澱爲時已頗久矣。在彭家莊所取得之油，其情形則與延長取得之油全異，彭家莊去延長縣約有二百餘里之遙，其油苗發現之處，係

在一山之麓，山臨河，四周人烟絕少，不見村落，油卽於山麓石眼中湧出，眼有二，相距不足一公尺，第二圖下方二黑洞卽爲石油油眼，石油湧出之時，宛如水作騰沸狀，微有聲，終日川流不息，以入於河，順流而去，不知所之，當讀者讀吾文之時，該處石眼中之石油，固仍不斷湧出也，如此寶物，任之流去，不亦大可惜哉。據土人云，該處石油，發現已數百年，惟以其氣味甚大，旣不可以作食料，又以其烟色極濃，復不欲以之燃燈，故除極貧苦之土人，有取之以作燃燈之用外，迄無他人顧問者。當吾人未到達該地之前，在數百武時，卽早已臭得石油固有之特氣，同時於河流中，亦已見到白色之沫，順流而下，然吾人是時猶未料及此種水沫卽係石油也。該處石油流出之量，亦不甚少，以余約略之估計，每半小時約可得油二三斤，則全日可得油量，當在一二百斤左右，當時余好奇心生，當取油少許，於數武外，用火燃之，一著卽燃，愉快逾恆，第二圖卽爲石油於石眼中湧出之狀，其上方所示大小圓形之物二件，爲當時土人用以盛取石油者。

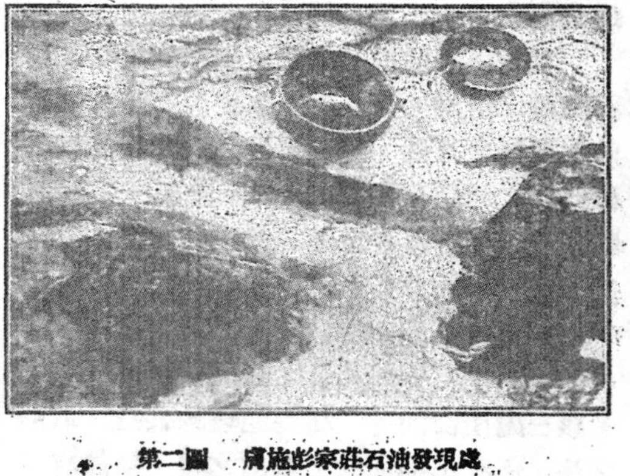

第二圖 膚施彭家莊石油發現處

因上述二油，所取得之情形完全不同，故其顏色亦各異，一則色帶深黃，且甚透明而清潔，其質厚，其油味重，一則色黑質厚，油味尙重，且嘗滲以少許之渣滓與水份。然則此次所試驗得到之結果，其不應盡同，自爲意料中事矣。

上述二種石油，經取得之後，均妥爲固封，隨行攜滬，當卽商諸上海市工業材料試驗所所長沈熊慶博士，請其協助，蒙其親予試驗，予以分析，至爲可感，玆將該二種油樣，用蒸溜法測得之結果，列表如下：—

		陝西延長縣	陝西膚施縣
150°C以下	(Naphtha)	13.0%	1.7%
150°C—200°C	(Illuminating oil)	10.0%	9.0%
200°C—250°C	(Illuminating oil)	7.5%	4.5%
250°C—300°C	(Illuminating oil)	15.0%	37.0%
300°C—350°C	(Lubricating oil)	50.0%	44.0%

此次試驗因限於油量太少，不克作該二種油份比重之試驗，故上表所得之結果，僅可作一種參攷之材料，實不足以斷定各油確切之情形，惟據上表而論，兩地之滑油成份均甚高，此與北平地質調查所金開英先生著中國石油之成分，所列論者相符(詳金著第37頁)，又延長縣之石油所含之汽油成分似較高於膚施縣彭家莊所產之石油，而其潤滑油則尙相彷彿。竊以實際恐未必盡然，蓋膚施之油，當其取得之時，因係由地面流出，低溫部份，早已於大氣之中蒸發消散，此類成分，自然減少矣。

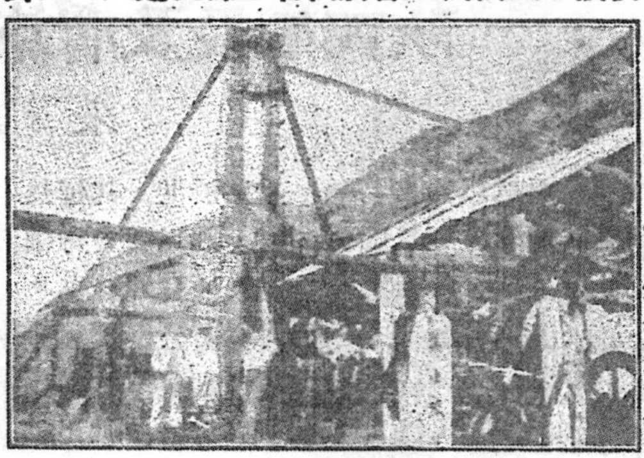

第三圖 延長石油官廠第一號新井

民國二十年及二十一年世界各國石油產量

(單位爲千噸)

國別	民國二十年	民國二十一年	國別	民國二十年	民國二十一年
美國	120,829.00	128,285.71	印度	11,428.57	1,162.86
俄國	22,408.57	19,309.28	沙拉瓦(Sarawak)	714.29	832.86
萬尼瑞拉(Venzuela)	16,585.71	19,595.00	波蘭	628.57	691.43
波斯	674.29	5,954.28	日本	285.71	278.57
羅馬尼亞	6,500.00	6,460.00	埃及	257.17	272.57
荷屬東印度羣島	5,571.43	5,735.71	厄瓜多爾(Ecuador)	242.86	222.71
墨西哥	4,857.14	5,647.14	加拿大	242.86	214.29
哥侖比亞	2,398.57	2,996.43	德國	171.43	165.86
祕魯	1,642.86	1,779.71	伊拉格(Iraq)	114.28	107.14
芝尼大(Trinidad)	1,428.57	1,302.86	其他諸國	128.37	117.00
阿根廷	1,428.57	1,272.86	合計	194,311.29	202,397.43

民國十九及二十兩年世界產煤量

(單位爲千噸)

國別	民國十九年	民國二十年	國別	民國十九年	民國二十年
美國	487,080	397,023	捷克	14,572	13,271
英國	276,796	223,690	南非	11,890	10,562
德國	142,698	118,624	薩爾(Saar)	13,236	11,367
法國	55,027	51,063	加拿大	10,268	8,400*
日本	29,375	25,600*	荷蘭	12,211	12,901
波蘭	37,520	38,265	其他諸國	40,145	
比利時	27,406	27,035	合計	1,196,003	——
英屬印度	23,128	20,747			
俄國	43,651	50,000*			

*者係估計之數

民國二年及十九兩年世界產金量

(單位爲一千公斤)

國別	民國二年	民國十九年	國別	民國二年	民國十九年
俄國	39.87	40.43	羅帝西亞(Rhodesia)	21.49	17.26
加拿大	24.97	65.53	脫來士華(Transvoal)	273.65	333.27
美國	133.73	72.56	墨西哥	25.81	20.71
英屬印度	18.32	11.44	澳洲	79.86	19.10
日本	5.44		其他諸國	65.60	38.78
英屬西非	11.97	6.22	合計	686.71	636.30

民國十九及二十兩年世界產鋼鐵量

(單位為一千噸)

國別	生鐵 民國十九年	生鐵 民國二十年	生鐵 民國二十年總計之百分比	鋼 民國十九年	鋼 民國二十年	鋼 民國二十年總計之百分比
美國	32262	18,622	33.3	41,753	26,897	38.4
德國	9698	6,063	10.9	11,405	8 291	11.8
法國	10,035	8,237	14.7	9,537	7,844	11.2
大不列顛	6,292	3,818	6.8	7,719	5,437	7.8
比利時	3,394	3,247	5.8	3,387	3,131	4.5
俄國	5,005	5,009	9.0	5,683	5,388	7.7
盧森堡	2,474	2,053	3.7	2,270	2,035	2.9
薩爾(Saar)	1,912	1,520	2.7	1,935	1,545	2.2
捷克	1,437	1,184	2.1	1,836	1,567	2.2
意大利	588	543	1.0	1,867	1,542	2.2
日本	1,682	1,439	2.6	2,239	1,800	2.6
其他諸國	5,510	4,191		5,956	4,734	
合計	80,289	55,926	——	95,587	70,001	——

中國工程師學會編譯工程名詞委員會徵求工程名詞譯名啓事

敬啓者，竊以工程名詞之規定，為提倡工程學術之先聲，本會有鑒於此，曾於民國十八年印行工程名詞草案，計土木工程，機械工程，電機工程，電綫電工程，航空工程，化學工程，染織工程，汽車工程，道路工程九種，現擬重付審查補充，尚祈國內各工程機關，各工程專家，多抒高見，俾便遵循，各機關現用名詞，及各專家中文著作，並祈惠賜全份，以資參考，不勝盼禱。

本委員會通訊處：北平清華大學工學院顧毓琇君轉

全國經濟委員會籌備處

舉行公路汽車技術人員登記啓事

本會現擬舉行公路及汽車技術人員登記以期集中專材適當分配得使各盡其用各盡其才凡有上項專門技術人員願向本會登記者可於五月底以前附郵票二分向本會函索登記表填送登記此啓

膠濟鐵路行車時刻表

民國二十年七月一日改訂實行

下行車

站名		五次車	三次車	十一次車	十三次車	一次車
青島	開	七・〇〇	一二・〇一	一五・〇〇		二二・〇〇
大港	開	七・一一	一二・一一	一五・一二		二二・一一
南泉	開	八・一二	一三・一二	一六・三三		二三・〇九
膠州	到	八・五九	一三・五三	一七・三〇		二三・五〇
膠州	開	九・〇一	一三・五五	一七・四九		二三・五二
高密	到	九・三八	一四・二六	一八・三一		〇・二三
高密	開	九・五三	一四・四一	一八・四九		〇・三八
岞山	開	一〇・五四	一五・四〇	二〇・一四		一・二七
坊子	到	一一・三九	一六・二二	二一・一〇		二・〇六
坊子	開	一一・五四	一六・三七	二一・二五	七・〇〇	二・二四
濰縣	到	一二・一四	一六・五七	二一・四九	七・二四	二・四四
濰縣	開	一二・一七	一七・〇一		七・三四	二・五〇
昌樂	開	一二・五四	一七・三七		八・二六	三・二一
青州	到	一三・四四	一八・一八		九・二六	四・〇二
青州	開	一三・四六	一八・二〇		九・四一	四・〇四
張店	到	一四・五三	一九・二五		一一・〇三	四・五六
張店	開	一五・一〇	一九・四六		一一・一八	五・一四
周村	到	一五・三八	二〇・一一		一一・五二	五・三九
周村	開	一五・四〇	二〇・一三		一二・〇二	五・四一
普集	開	一六・二六	二〇・五六		一三・一四	六・二一
棗園莊	開	一六・五一	二一・二一		一三・四六	六・四三
黃臺	開	一七・四四	二二・一三		一四・五八	七・二八
濟南	到	一七・五六	二二・二五		一五・一二	七・四〇

上行車

站名		六次車	十二次車	四次車	十四次車	二次車
濟南	開	七・一五		一二・一五	一四・一〇	二二・〇〇
黃臺	開	七・三〇		一二・二九	一四・二六	二二・一四
棗園莊	開	八・二六		一三・二二	一五・四六	二三・一〇
普集	開	八・五四		一三・五〇	一六・三二	二三・二六
周村	到	九・三三		一四・二六	一七・二一	二三・五九
周村	開	九・三五		一四・二八	一七・三一	〇・〇一
張店	到	一〇・〇〇		一四・五〇	一八・〇一	〇・二三
張店	開	一〇・二〇		一五・一二	一八・三三	〇・四一
青州	到	一一・三一		一六・一九	二〇・〇六	一・三六
青州	開	一一・三四		一六・二一	二〇・一九	一・三八
昌樂	開	一二・二五		一七・〇三	二一・二五	二・一九
濰縣	到	一三・〇四		一七・四一	二二・〇六	二・四八
濰縣	開	一三・〇八	六・三〇	一七・四五	二二・二六	二・五四
坊子	到	一三・二八	六・五六	一八・〇六	二二・四二	三・一五
坊子	開	一三・五〇	七・一〇	一八・二二		三・三六
岞山	開	一四・二五	八・一三	一九・〇四		四・一五
高密	到	一五・四二	九・二二	一九・五九		五・〇一
高密	開	一五・五七	九・三九	二〇・一三		五・一六
膠州	到	一六・三五	一〇・二三	二〇・四五		五・四八
膠州	開	一六・三七	一〇・三三	二〇・四七		五・五〇
南泉	開	一七・二二	一一・二五	二一・二六		六・二九
大港	開	一八・二五	一二・〇七	二二・三〇		七・三〇
青島	到	一八・三〇	一二・一三	二二・三五		七・三五

隴海鐵路靈潼段行車時刻表

自右向左讀

站名	第一次特別快車自東向西每日開行	第十九次客貨車自東向西每日開行
徐州府	八點十分開（上午）	
碭山	十點十六分到 十點二十六分開（上午）	
商邱	十二點〇九分到 十二點二十九分開（上午）	
開封	四點三十二分到 四點五十二分開（下午）	
鄭州南站	六點五十一分到 七點十一分開（下午）	
汜水	八點三十三分到 八點四十三分開（下午）	
鞏縣	九點二十三分到 九點二十五分開（下午）	
孝義	九點四十七分到 九點四十九分開（下午）	
洛陽東站	十一點十二分到 十一點四十二分開（下午）	
新安縣	一點十二分到 一點三十二分開（上午）	
澠池	三點二十一分到 三點四十一分開（上午）	
觀音堂	四點三十七分到 四點四十二分開（上午）	
會興鎮	六點〇八分到 六點十八分開（上午）	
陝州	六點五十分到（上午）	七點二十分開（上午）
靈寶		八點三十二分到 八點四十七分開（上午）
閿鄉		十點二十分到 十點三十五分開（上午）
盤頭鎮		十一點五十二分到 十一點五十五分開（上午）
文底鎮		一點二十分到 一點二十三分開（下午）
潼關		二點二十分到（下午）

自左向右讀

站名	第二十次客貨車自西向東每日開行	第二次特別快車自西向東每日開行
潼關	三點三十分開（下午）	
文底鎮	四點五十二分到 四點二十八分開（下午）	
盤頭鎮	五點五十三分到 五點五十六分開（下午）	
閿鄉	七點十三分到 七點二十三分開（下午）	
靈寶	九點〇一分到 九點十六分開（下午）	
陝州	十點二十五分到（下午）	〇點〇五分開（上午）
會興鎮		〇點四十二分到 〇點五十二分開（上午）
觀音堂		二點三十一分到 二點三十六分開（上午）
澠池		三點十八分到 三點二十三分開（上午）
新安縣		四點五十分到 五點開（上午）
洛陽東站		六點十五分到 六點三十五分開（上午）
孝義		七點四十六分到 七點四十八分開（上午）
鞏縣		八點〇四分到 八點〇六分開（上午）
汜水		八點四十分到 八點四十二分開（上午）
鄭州南站		九點四十二分到 十點〇二分開（上午）
開封		十一點五十五分到 十二點十五分開（上午）
商邱		四點〇二分到 四點十七分開（下午）
碭山		五點五十四分到 六點〇四分開（下午）
徐州府		八點〇五分到（下午）

請聲明由中國工程師學會「工程週刊」介紹

17214

北甯鐵路行車時刻表

中華民國二十一年六月三十日重訂

上行車

站名		第三次	第五次	第七次	第一〇一次	第一〇五次	第二〇一次
北平前門	開	八・二五	一六・三五	五・五〇	二〇・一五	一一・一〇	一七・一五
豐台	開	八・五五	一六・五五	六・二四	二〇・四八	一一・四五	一七・四四
天津總站	開	一一・一六	一九・一六	九・二六	二三・四一	一四・三四	二〇・一一
天津東站	到	一一・二五 一一・三〇	一九・二五	九・三五 九・四五	二三・五〇 二四・〇〇	一四・四三 一四・五二	二〇・二〇 二一・三〇
塘沽	開	一二・三二		一〇・四八	一・一〇	一五・五六	
唐山	開	一四・三〇		一三・〇五	三・三〇	一八・二〇	
北戴河	開	一七・一六		一六・四四	七・〇九	二一・三五	
秦皇島	開	一七・四〇		一七・一三	七・三七	二二・〇一	
山海關	開	一八・〇〇		一七・三五	七・五九	二二・二三	
錦縣	開						
溝幫子	開						
大虎山	開						
皇姑屯	開						
南滿站	開						
遼寧總站	開						
		（現被日軍武力侵佔）					（開往浦口）

下行車

站名		第四次	第六次	第八次	第一〇二次	第一〇六次	第二〇二次
遼寧總站	開						
南滿站	開						
皇姑屯	開						
大虎山	開						
溝幫子	開						
錦縣	開						
山海關	開	九・一五		五・二五	二一・五五	二・五〇	
秦皇島	開	九・三八		六・二二	二二・二八	三・一四	
北戴河	開	一〇・〇七		六・五二	二三・〇六	三・四〇	
唐山	開	一三・〇〇		一〇・三三	三・二〇	七・〇五	
塘沽	開	一四・五六		一三・一一	五・三二	九・一二	
天津東站	到	一五・五〇 一六・〇〇	九・一五	一四・一二 一四・二四	六・三七 六・五〇	一〇・一五 一〇・三五	七・三〇 八・〇〇
天津總站	開	一六・一三	九・二六	一四・三九	七・〇六	一〇・四八	八・一一
豐台	開	一八・四八	一一・四五	一七・四七	九・四三	一三・五四	一〇・四二
北平前門	開	一九・一五	一二・一二	一八・二〇	一〇・一〇	一四・二五	一一・〇九
		（現被日軍武力侵佔）					（自浦口開來）

請聲明由中國工程師學會『工程週刊』介紹

中國工程師學會會務消息

◉天津分會常會誌盛

天津分會于三月十三日聚餐，舉行常會，到會者三十餘人。主席茅以昇君致詞後，即請南開大學經濟學院主任何廉博士講演「華北工業改進社之工作與計劃」。該社係民國二十年十一月由中外名人張伯苓，司徒雷登，周寄梅，戴樂仁，翁文灝及何氏等，組織成立。為時雖不甚久成績則已極可觀。何氏講演。首將中國工業分佈區域，作有系統之報告及分析。繼述重工業在中國，不易舉辦之原因，鄉村問題始漸為社會所注意。該社之目的，即在提倡鄉村工業，以鄉村之實際情形為標準，然後逐漸介紹改良辦法，同時更須將各地生產者，聯合組織合作社，聯合會。以便解決信用，購買之同情等問題。如此則人民之經濟與社會地位，可以改善。樹地方自治之基礎，於將來實行民治，影響極大，目下社內工作，由研究機關分別担任者，有(甲)高陽紡織業由南開經濟學院研究，作市鎮工業與鄉村工業之比較。(乙)含有經濟性之礦物，由地質調查所編製報告以資開採。(丙)羊毛之染色及製革業之訓練，由燕京大學化學系研究之。此外由該社籌款自辦者，有(甲)山西鐵礦之分析及試驗，目前鄉間治鐵須經過四種手續，但售價仍極昂貴，故必將方法改良，使有進步。已由英國聘一專家，不久即可來華，担任此項工作。(乙)羊毛之試驗，此係社內基本工作之一，試驗結果，對于中國羊毛及毛線所用機器，已漸有良好之成績，現已造成者，有手梳毛板，足力梳毛機，手紡線機等。其他各分毛機等，尚在試驗設計中。(丙)改良陶磁業。正在進行中。(丁)地方工業的組織，去年以販賣西河花為嘗試，結果知農民對于組織團體合作社，已漸有覺悟，至于該社將來計劃，何氏說行將擬定三年計劃，以明年一月開始，紡織工業將擴大範圍，鐵業試驗成功後，可擴充為農業用具家庭用具及工業用具之製造。此外尚擬發展交通，組織合作銀行，研究電力供給等，但一切仍當視經濟情形而定云云。何氏演講後，會員張澤堯君報告滬戰時在南京製造防毒面具之經過，最初成績極劣，繼努力不懈，卒能與德國製造者相等，可見事無難易，只要潛心努力，無不成功。繼有會員楊豹靈君報告代表天津地方協會赴灤東一帶慰勞各軍情形甚詳。散會時已十一點矣。

◉廣州分會參觀西村士敏土廠紀略

三月五日開第二次常會，赴西村士敏土廠參觀。是日到會者有容祺勳等十人，由廠長劉鞠可，工務處長劉寶琛，工程司陳丕揚領導參觀，指示周詳并預備茶點，款待同人，極表感謝。查該廠係由廣東建設廳主辦，全座佈置，井井有條，機件多購自瑞典，以最新式之溫裝方法製造，每日產量約200噸。石料取自英德，由粵漢鐵路直運至西村車站，泥則取於附近山崗，燃料則用開灤之煤，最先用輕便軌道將石料運至碎石機，用機將石擊碎，再用彈磨機Ball mill磨成石粉，再與泥漿混合，由管而流入漿池，池中之灰泥漿用壓氣攪盪均勻，使漿不致沈澱，同時化驗漿質配合成份，是否適合，如屬適合，即用泵抽入管中，使流入灰窰，窰為圓管形，徑大約六七公尺，長約80公尺，窰之一端向他端傾斜，使灰漿徐徐流入，窰之他端為鍋爐。近爐附近另安置碎煤機，將煤研成粉屑，用風力將煤粉吹入鍋爐，使之爆炸，故火力極為猛烈，灰漿經燃燒後，即成灰粒，(Clinker)出口之處有自動磅機，即可秤量，每日之產量再加以相當之緩凝料，

17217

(Retarder)卽石膏約最後再經細爲研末，卽成水泥乃運倉裝桶。現時出產爲五羊牌，力量經公開化驗成績頗爲優良，以之供給廣州市建築上之用，尙虞不足，將來尙擬擴充，加建新機，以應需求云。

徵求前中華工程師學會會報

玆查本會圖書室所藏前中華工程師學會會報，頗多殘缺，玆爲求完全起見，特將所缺期數，彙列於后，凡我會員，或非會員諸君，如願捐贈者，請逕寄上海南京路大陸商場五樓五四二號，本會會所爲荷。計開：

一卷一期至十二期　二卷一期至十二期
三卷一期至十二期　四卷一期至十二期
五卷十一及十二期　七卷一期至五期及十二期
八卷一期至十二期　九卷一期至十二期
十卷一期至十二期　十一卷一期至十二期
十二卷一至十二期　十三卷一期至十期
十四卷五及六期

徵求中西文各種工程雜誌

本會圖書室所藏各種中西文工程雜誌，爲數頗多，間有殘缺不全，玆求完整及充實起見，廣事徵求，凡我會員諸君，如願將珍藏中西文工程雜誌，無論全部或一部份，捐贈本會者，請先將雜誌名稱及卷數開示，如本會尙闕者，再商請捐讓。

中國礦冶工程學會第三屆年會會程綱要

中國礦冶工程學會現有會員約四百人，然多散處各方，自東省淪陷，東北各礦地會員，悉被迫離散，久失聯絡。歷屆年會又以國家多故，交通梗阻，延未舉行。刻聞該會已定於本月四日至七日，在杭州舉行第三屆之年會，玆覓得本屆年會會程綱要，特爲露佈如次：——

舉行地點：　杭州建設廳

會集日期：　二十二年四月四日至七日

四日上午　開會儀式：會員報到註册，正式開會，報告會務經過，攝影。

下午　公開演講：由會員分別担任，宣傳礦冶在國難時期之重要性，並可就論文中之易使普通聽衆發生興趣者，提出報告討論。

五日上午　學術討論：由會員宣讀論文並討論下列要目：——

1, 本會在全國總動員時應有之貢獻與準備。

2, 如何發展關於國防之礦冶業以紓國難。

下午　事務討論：——

1, 本會事務會議及提案討論。

2, 鞏固本會基礎及發展本會能力之方法，如籌募基金，建築會所，以及今後進行之方針。

六日　杭市參觀：預擬地點爲浙大，民生玻璃廠，杭州電廠，自來水廠，緯成公司，圖書館，農林總場，錢塘水利工程等。

七日　游覽參觀：預擬地點爲杭江鐵路，金華，天目山，長興煤礦：詳細游程，臨時再行報告。

工程週刊

中華郵政特准掛號認為新聞紙類（第 1831 號執據）（內政部登記證警字第 788 號）

上海南京路
大陸商場五四二號
中國工程師學會發行
電話：92582

中華民國
二十二年五月三日出版
第二卷 第八期
（總號 29）

定報價目：每期二分，全年52期，連郵費，國內一元，國外三元六角

本期要目

FOUR WHEEL TRUCK FOR 30 TON FREIGHT CAR

四方機廠自製鑄鋼轉向架

我們為什麼要這個中國工程師學會

一會員

中國工程學會，自民國元年詹天佑先生創立中華工程師會算起，已經有二十一年的歷史，會員達二千餘人，分會有十一處，定期刊物有兩種，會務不能說不發達，職員不能說不努力，可是會員中還時常聽到一種疑問：『我們為什麼要這樣一個學會』?這個疑問似乎很有解析與研究的價值，因為我們工程師最不應該盲從，決不因為外國有了，我們中國便應該依樣去畫一個葫蘆。我們若答不出這『為什麼』的疑問，這學會的團體真可以取消。

疑問者的出發點，大約有以下幾種：(一)從這種會裏，我得不到什麼好處。(二)會的本身沒有什麼成績。(三)我沒有工夫去出席開會和投稿。(四)工程涵義太廣，興趣不一，我們喜歡組織分門較專的工程學會。

(一)從這種會裏我們得不到什麼好處

好處，是權利的別名，要好處，就是要多享受權利。可是團體這樣東西，並不是專為享受而設的，尤其職業和學術的團體，是為了提高職業標準，集中學術研究，要我們貢獻的意味多，供我們享受的意味少。假使大家用心血栽培，用成績表現，那團體的地位與價值日見進步，我們做會員的自然也與有榮光，那好處也會不斷的到來。若使我們想不勞而獲，入了會會費或繳或不繳，收到了刊物，結交了朋友，不反躬自問我能供獻什麽，我怎樣去服務於團體，只想從入會而取得好處，那便是思想錯誤，與做人的原則不合。

(二)會的本身沒有什麽成績　工程師學會的成績表現，從那裏去觀察呢？第一是各個分子方面，第二是集體方面，而尤以第一種為更重要。假使每一個會員都能對他的工程職業努力工作，而有所成就，這便是工程師學會貢獻於國家的最大成績。至於那集體方面的成績，例如合力造一個材料試驗所，募款建一座會所或圖書館，那還是次一層的表現。沒有學會，固然可以各個努力，然有而了這樣一個學會，不是可以代表整個工程界同志嗎？不是可以促進會員間及各種工程職業間的相互合作關係麽？有了會一定是比沒有好，可是有了而大家不去愛護他，栽培他，當他與自身職業及國家社會有密切的關係，那便和沒有一樣了。我們會員要檢查會的成績，先應該自已檢查本人事業的成績，其次再檢查己否對於會的公共事業盡力幫助，此所謂反省克己，是我們做人的道理。人人能夠反省克己，小我和大我的事業都可以成功。再則工程事業與純粹科學研究性質不同，例如科學社的秉志先生對于生物學有貢獻，科學社便算有成績，可以授受中美文化基金的補助；中國工程師學會淩鴻勛先生造了靈潼鐵路，便不能算做工程師學會的成績，去希冀任何基金補助。我想只要每個工程師能盡職，能前進，能創造，即使學會永遠沒有會所也不要緊，而那會所和試驗所圖書館等等自然會很容易的水到渠成的。

(三)我沒有工夫去出席開會和投稿　有許多工程師和工程學者自己很能努力，也很寶愛他們自己的職業，可是對於職業學術的團體生活，便沒有興趣去參加。這或者是他們的性格使然，但是也有矯正的必要。同鄉會以及其他應酬宴會，可以說是無聊，自身的職業團體，學術討論，難道不能找出些時間去參加？如果嫌時間太長，辦理不善，可以請會裏負責的職員設法改良，使適合大家的要求。我們在社會裏工作，切不可陷入孤獨的習慣，以為只要我一個人好就行。我們平常以為無須他人合作，而事實上每每證明非合作不能成功。中國人材缺乏，經驗缺乏，我們幸而有一個機會去做些工程工作，得到的經驗何必留作枕中之祕，儘可以寫出來公諸同好，使一個人的經驗化做許多人的經驗這實在是救國之一道。對于怕社交的朋友，學會是一個最經濟的社交工具　有利無弊，化私為公；大家愈利用，他的效能愈明顯。他不是別人，他就是我們自己的一部份。

(四)我們喜歡組織分門較專的工程學會　假如中國鑛冶工程學會，中國水利工程學會，中華化學工業會以外，其他電工，機械，土木，農林，運輸，航空，等等工程，各依其性質類別，組織各個專門學會，結果對於中國工程師學會非但沒有衝突，并且可以分工合作，相得益彰。有些人在專門學會中多任些職務，另有些人便在普通學會中多任些工作，某種論文在某會刊裏發表，某次年會應該由某幾個團體聯合開會，某問題交由某學會研究，此中相互連鎖，減除重複工作，便可以得到整個工程學術的統制經濟，對于國家必有極大的貢獻。我們不必因為對于某某專門學會熱心，便對于普通的工程學會冷淡。工程這一個職業，與其他職業有許多不同之點，實在值得我們的寶愛。有許多事業，不是一種工程師所可以完成得了，所以除開自己的專門學會以外，這個中國工程師學會還是值得存在，值得參加。

以上幾個疑點，由我用很粗淺的眼光來解釋，寫出來請各位會員指教，對不對請大家批評。

松江電廠工程及營業概況

柴　志　明

松江電氣公司發電廠在縣城西門外竹竿匯。創設於民國二年，開辦時原定股本65,000元，民國十二年，因添購新機增添股本55,000元，共計資本 120,000元。以城廂內外爲營業區域。茲將該廠工程及營業概况，分述如下：—

工程概况　松廠發電機，均係車頭式蒸汽發電機，計有：德國貨車頭式 83 K.V.A.及175K.V.A.蒸汽發電機各一部。年久失修，至不經濟，查該廠小機開用迄今，已歷念載。大機亦已十年，故效率銳減，現今兩機同時開用，均已滿荷，並非同期運行。小機專供中部繁盛街市，小機停後，則更換開關，由大機單獨供電。每發電 1 度約耗煤 8 磅左右，茲將民國22年3月14日之總負荷情形，繪成曲綫如下：—

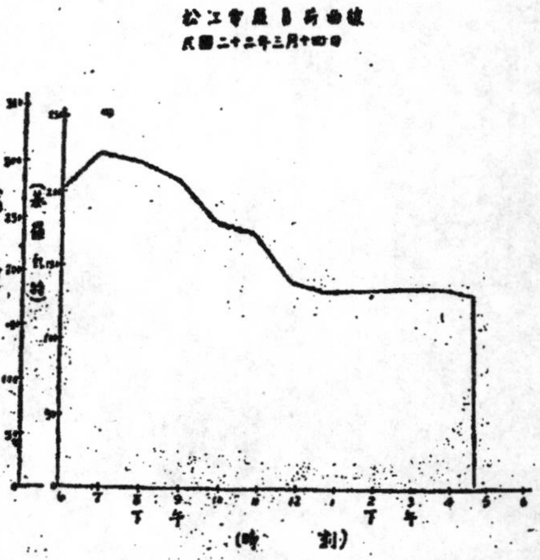

是夜高壓最高爲 2,100 伏，最低降至1,800 伏，廠內低壓最低爲80伏，城內荒涼處竟有降至40伏者。

松江商業以西門外爲中心，電廠居於西門之南，距負荷中心不遠，地位甚佳，高壓幹綫自西至東約七八里，高壓支綫凡二，均在城內，然松江城內，除西門外，餘均荒涼，有如鄉村，目前殊難發展也。全廠共有配電變壓器23只，分配如下：—

2K.V.A.	一只	三相
3K.V.A.	七只	三相
5K.V.A.	一只	三相
7.5K.V.A.	四只	單相一只三相三只
8K.V.A.	一只	單相
10K.V.A.	二只	單相一只三相一只
20K.V.A.	六只	單相二只三相四只
30K.V.A.	一只	三相

三相變壓器爲△式，低壓方面，相與相間之電壓爲 110 伏，高壓綫用英規 8 號，低壓線最粗者爲英規 $\frac{19}{14}$ 號。松廠高壓採用 2,200 伏，與我國標準電壓相符，低壓爲 110 伏，則非吾國標準電壓，且其低壓大部份爲三相△式，與當地負荷情形，尤屬不合，故應改爲三相 220/380 伏，及單相 220/400 伏，電力用三相，電燈用單相，如此則電線可以經濟，電壓不致降落過甚。

松廠高壓線設於河之南岸，低壓線則在北岸，電線桿木均不經濟。據稱因北岸房屋鱗比，恐起火患，南岸房屋稀少，較爲安全，實則設備完善，決無火患發生。試觀繁華都市，高壓電綫密佈，鮮有發生意外者，即有走電發生，亦係低壓也。

營業概況 電燈用戶分包燈及表燈二種，包燈用戶800餘家，表燈用戶300餘家，共計燈頭7,000餘盞，表燈包燈各占半數，表燈以30度爲最底度，每度電價$.25，包燈以月計算，其價格如下：—

16支光	每盞	$1.35
25支光	每盞	$1.90
32支光	每盞	$2.40
50支光	每盞	$3.50

包燈採用限制表，以防竊電，然發電機所發電壓，既不能維持不變路線，電降又大小不一致，限制表失其效用，而私接燈盞，勢所難免。路燈約300盞以上，均爲16支光，每月每盞收費$.60。軍興時，城內廟宇駐兵，自裝電燈，約在1,000盞以上，例不繳費。

用戶裝燈，由公司代辦，裝用3安培電表，除繳押金10元外，須納裝費70元（裝燈20盞，工料在內）。全廠電費收入每月約6,000元，耗煤150噸，每噸13兩，計2,700餘元。公司工匠採用包工制，廠內外一切工程，包與某工頭，每月400餘元，由工頭僱用工匠10餘人辦理之。每當夏季照例停機三日，以便刷洗鍋爐。

四方機廠自製鑄鋼轉向架

(Cast Steel Truck)

查吾國鐵路貨車之四輪轉向架 (Four Wheel Truck) 其邊架(Side Frame)多係鋼鈑曲成之菱形式(Diamond Arch Bar Type)，中間承重橫樑(Bolster)，則多用形鋼鉚製，另件既多，而又易於鬆動。四方機廠有鑒於此，特試照美國設計，將邊架及承樑三件，均用鑄鋼整個鑄成，既可免却鬆動之病，又可較爲堅固。現已裝成兩架，用載—30噸煤車，在路行駛，結果尚稱良好。價值每轉向架計邊架兩個，重526公斤，承樑一個，重363公斤，共合國幣533元云。（林鳳岐）

七省公路會議決定之公路工程標準路基施工施要及築路工人及工具之支配法

(一)公路工程標準

(1)關於路基者，其寬度規定爲三等如下：一

甲等路　寬12公尺。

乙等路　寬9公尺。

丙等路　寬7公尺5公寸，但遇必要時，得酌減1公尺。

(2)關於路綫者，規定各條如下：一

路綫之直綫部份不宜過長。

弧綫最小半徑，在山嶺地爲15公尺，平原地50公尺。

視綫距離山嶺地，不得短於60公尺，平原地不得短於100公尺。

路綫在灣曲處必須加寬，並須配有相當之超高設備。

兩個反向曲綫之間，至少須有長30公尺之直綫以啣接之。

(3)關於坡度者規定各條如下：一

普通最大坡度，定爲6％；但遇有特別情形時，得增加至8％，惟其長度，不得逾200公尺。

在坡度變換處，必須設有縱面弧綫，其視綫距離不得短於60公尺。

在最大坡度處，不得設最小半徑之平面弧綫。

(4)關於路面者，規定各條如下：一

路面寬度，按所設車道之行數，分爲單車道，雙車道三車道，三種。每車道寬度定爲3公尺，於必要時雙車道或三車道均得將總寬度酌減.5公尺，路面建築擬分六級：

一級路面　土路可用於土質堅實，雨水稀少，養路得法，可以常年通車之處。

二級路面　沙礫路(須設基礎)包括煤屑，蠣殼，粗沙，碎磚瓦及石礫等路。

三級路面　泥結馬克當路。

四級路面　彈石路。

五級路面　磚塊路，石塊路。

六級路面　如水泥路，柏油路等，高級路面，非絕對需要，幷有國產材料，可資利用時，不必建築，以節費用。

路面之橫斜度，(即路拱)擬規定如下：一

一級路面　直1橫12至直1橫15。

二級路面　直1橫20至直1橫30。

三級路面　與二級同。

四級路面　直1橫20至直1橫25。

五級路面　直1橫30至直1橫50。

路面之壓實厚度，擬規定如下：一

二級路面　厚15公分至25公分

三級路面　厚與二級路面同，所用黃泥，不可太多。

四級路面　厚度分三層：一

(A)基礎層：壓實厚度，自8公分至15公分。

(B)墊層厚：自3公分至5公分。

(C)彈石層：厚自10公分至15公分。

邊緣之石，其整塊高度，應與路面之總厚度約相等，其長度不得小於高度。

做成之路面，應用人工夯平，不可用壓路機滾壓。

五級路面　及分層辦法與四級同。

築路石料，遇有缺乏，或運費過昂時，應儘量提倡煉磚，以爲築路材料。

(5)關於橋樑者，分爲兩種：一

(A)永久橋樑之寬度，不得少於6公尺，其載重應至少能承受10噸重之壓路機或

17223

車輛。

（B）臨時橋樑之寬度，不得少於4公尺，其載重應至少能承受5噸重之車輛。

(6)關於涵洞水管，以用永久建築爲宜。

(7)關於其他路綫設備，如行車號誌，種樹方法，里程指路牌，各路編號辦法，長途電話及油站等，由將來正式監督機關，統一規定。

(8)關於幹綫之標準：——

路基寬江北用甲等或乙等，江南用乙等或丙等，但遇有特別情形時，得酌量變更之，路面應至少有二級以上之路面，一車道（3公尺）

橋墩，橋台，應用永久建築。

(9)關於支綫之標準，由各省在規定工程標準範圍內，參酌地方情形，自行決定，但爲本會便利編造工程概算起見，擬定如下：一路基寬，江北以乙等爲準，江南以丙等爲準。路面以二級路面一車道爲準。橋樑以建築永久橋墩橋台爲準。

公路路基標準圖

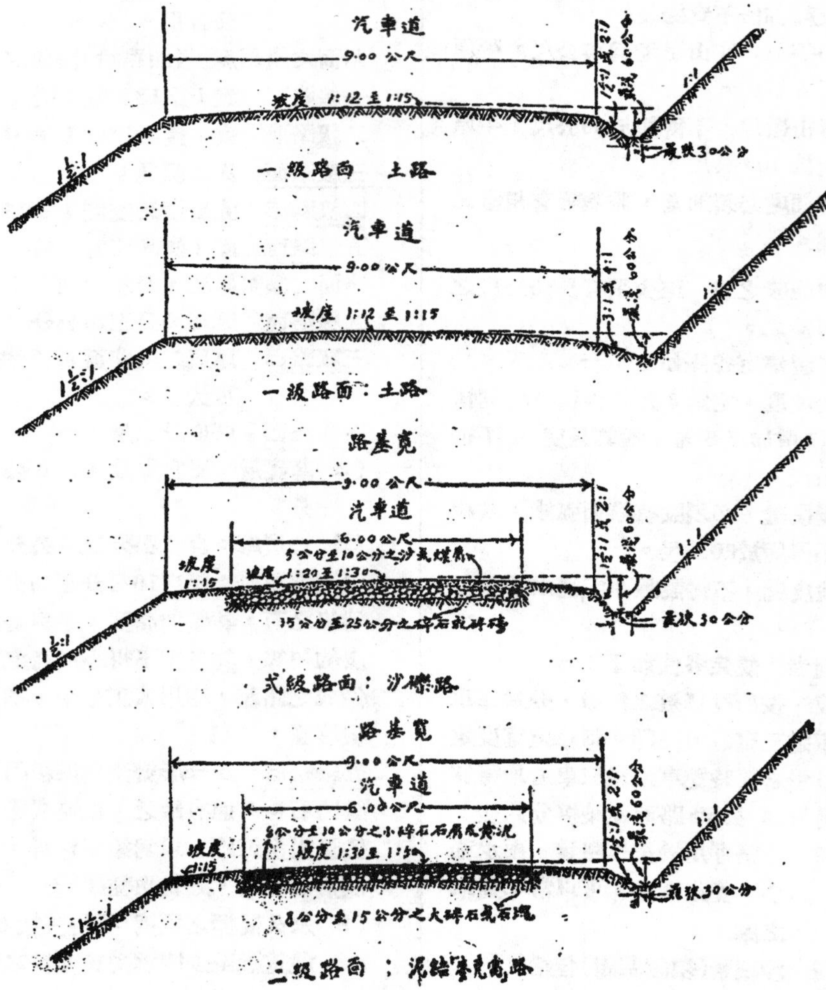

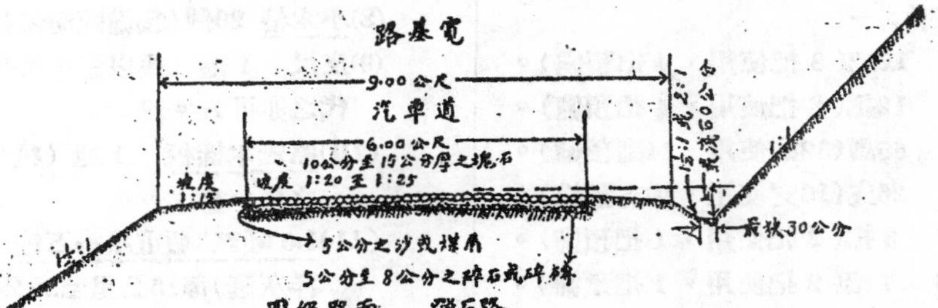

四級路面 彈石路

(二)路基施工概要

(1)<u>路面寬度</u> 路面寬度，除係公路會議規定之路線，應照附圖附表及工程標準內之規定，分別幹綫支線辦理外，如係自擬之各縣，各市鎮聯絡綫則可酌量減，但不得少於5公尺。

(2)<u>路心拱度</u> 路面必須作弧形，由中部向兩旁傾斜，中部須高出路邊15公分(指5公尺寬之路面而言)。

(3)<u>路旁水溝</u> 路面不能停留雨水，故水溝之設備，不可缺乏，尤其在切土處兩旁，須設底寬40公分及深度60公分之水溝，並有1% 之縱坡度，以利洩水。

(4)<u>路基側坡度</u> 填土處之側面坡度，應爲3:2(卽平距3尺高2尺)，如係切土，則視土質之鬆緊情形定之，普通爲 1:1（詳路基標準圖）。

(5)<u>山嶺路基</u> 路綫如經過山勢陡峻，可改由順山麓繞行，以省土石方，而求坡度之和緩，與夫行車之安全。

(6)<u>築土法</u> 塡築路基處，應先將地面之草皮樹根剷除淨盡，然後分層塡築，每層厚度由35公分至50公分，並須逐層園結堅實，一俟塡至規定高度時，再用15噸以上之滾洞拖壓平實。

(7)<u>土質</u> 塡築路基，應用結實搗碎之乾土，不得用鬆沙軟泥或雜有草木易腐之物。

(8)<u>塡切平均</u> 如遇塡切相接處，切土應盡量用作塡土之需不使廢棄，並非因運距過遠，或不敷時，不宜任意借土。

(9)<u>水田內塡土</u> 如遇水田或窪地，塡土必需注意，先去浮泥，然後塡以結實乾土，夯結之。

(10)<u>土坑距離</u> 凡70公尺以上之塡高路基坡脚，至取土坑須有1公尺以上之距離，以防斜坡之滑崩。

(11)<u>如路線經過原有防水堤而須加寬時</u> 應先將路提斜坡上草木雜物，剷除淨盡，並掘成台階，然後塡土，以防新土崩塌。

(15)<u>灣道</u> 在灣道修築路基，應注意保持弧形，不可由此點至彼點連成直綫，以致築成不勻順之灣道。

(三)築路工人及工具之支配法

築路工程，工作至簡，原無足述，但工人手術之生熟，與夫支配之合否，影響工作之效率至鉅，故先將其支配方法申述如下：一

(A)<u>工人</u> 以40人爲一組，除指一幹練者爲指揮，二人司炊事外，實際作工者37人，在普通地勢可分配工作如下（如運土過遠時可酌減(1)(2)二項人工增加第(3)項人工）：一

(1)8人挖土(用洋鎬，每人用一把)。

(2)8人裝土(用洋鍬，每人用一把)。

(3)16人挑土（用土箕，每人預備二副，以一副裝，一副挑，可節省時間）。

(4)5人輪流分任打夯及整理土方（用木夯一架，鐵鋤，鐵鈀各二把）。

(B)<u>工具</u> 工具自發給工人後，須各自留意使用及保存。每組除實地應用各種工具數量外，並須預備若干，俾便損壞時，可以立時掉換。玆述每組預備工具名稱及

數量如下：—

(1)洋鎬　12把（8把使用，4把預備）。
(2)洋鍬　12把（8把使用，4把預備）。
(3)土箕　56副（32副使用，24副預備）。
(4)扁擔　26支（16支使用，10支預備）。
(5)鐵鋤　3把（2把使用，1把預備）。
(6)鐵爬　3把（2把使用，1把預備）。
(7)雙人木夯　1架。
(8)小木樁　20個（預備臨時做標誌之用）。
(9)皮尺　1捲（或以預誌尺碼之長蔴綫代之亦可）。
(10)路冠木樣板　1塊（校準路冠坡度之用）。
(11)1.5噸至3噸重壓路石滾（或鐵皮包洋灰滾）每15公里至20公里備1具。

湖北省公路路綫表（七省公路會議決定）

	路別	起訖地點 起點	起訖地點 終點	經過本省境內地名	本省境內里程(公里) 已成	興工	未成	合計	種類 路級	類別	備註
幹線	汴粵路	開封	南雄	小界嶺，麻城，羅田，蔡家河，圻水，廣濟，武穴。	104	66	150	320	甲等	重要	小界岑麻城正興工，羅田圻水路基已成，橋涵未修，廣濟武穴已成係商辦路，
	京川路	南京	利川	黃梅，廣濟，圻水，團風，陽邏，漢口，應城，皂市，沙洋，河溶，宜昌，長陽，建始，恩施，利川。	207		738	945	江北甲等 江南乙等	重要 次要	(一 廣濟至圻水一段55公里與上綫重複故未計入 (二)圻水經團風，陽邏至漢口一段暫緩修，因可由圻水，羅田麻城而達漢口，
	洛韶路	洛陽	韶關	孟家樓，老河口，樊城，襄陽，宜城，荊門，江陵，沙市，公安，鄖公渡。	400		116	516	江北甲等 江南乙等	重要 次要	老河口樊城係襄花路之一段，襄陽至沙市係省道襄沙路，均已成路。
	幹綫共計				711	66	1004	1781			
支線	麻漢綫	麻城	漢口	麻城，宋埠，黃陂，漢口。	134	—	—	134	乙等	重要	即原有鄂東省道已成段
	羅英綫	羅田	英山	羅田，石橋舖，英山。	—	—	42	42	乙等	重要	
	田英綫	田家鎮	英山	田家鎮，圻春，圻水，鷄鳴河，英山	84	—	100	184	乙等	重要	圻水英山間路基已成橋涵未修
	宋花綫	宋埠	花園	宋埠，黃安，河口鎮，蔡店，花園。	43	—	95	138	乙等	次要	宋埠黃安間已成
	瑞趙綫	江西瑞昌	趙李橋	省界，陽新，龍港，通山，崇陽，羊樓峒，趙李橋。		—	270	275	丙等	重要	羊樓峒趙李橋一段係商辦已成
	崇平綫	崇陽	湖南平江	崇陽，通城，省界。	—	—	81	81	丙等	重要	
	通修綫	通城	江西修水	通城，麥市，省界。	—	—	26	26	丙等	重要	
	咸修綫	咸寧	江西修水	咸寧，通山，省界。	—	—	78	78	丙等	重要	
	梅池綫	黃梅	小池口	黃梅，孔壠，小池口。	—	—	52	52	乙等	重要	
	武陽綫	武昌	陽新	武昌，豹子澥，鄂城，大冶，陽新。	35	—	150	185	丙等	大冶—陽新重要餘次要	武昌豹子澥一段已成係商辦路
	長安綫	長江埠	安陸	長江埠，雲夢，安陸。	—	58	—	58	乙等	重要	
	京潛綫	京山	潛江	京山，皂市，天門，岳口，潛江。	92	29	—	121	乙等	重要	
	襄花綫	襄陽	花園	襄陽，棗陽，隨縣，安陸，花園。	330	—	—	330	乙等	重要	即原有襄花省道已成路
	老安綫	老河口	安康	老河口，穀城，均縣，鄖縣，白河。	108	—	200	308	乙等	隨軍事進展	老河口均縣一段已成但橋樑大半損壞
	沙崇綫	沙市	崇陽	沙市，郝穴，監利，朱河，新堤，蒲圻，崇陽	—		330	330	江北乙等 江南丙等	次要	
	支綫共計				831	87	1424	2342			
	幹支綫總計				已成 1542	興工 153	未成 2428	合計 4123			

17226

◉上海新建大光明戲院

經十八月之建築，此翻造之新大光明戲院，當可於本年四月底落成矣。該院建築係由鄔達克建築師設計，全部地盤，爲一不規則之四邊形。西鄰舊式賃屋，另三面與靜安寺路，派克路，白克路接壤。計有跳舞場，大滬舞廳，舊大光明戲院，卡爾登戲院及商店賃屋數幢。第一問題，爲拆去何部舊屋，庶將來此昂貴之地基，全部翻造或發展時，不受影響。故新戲院須完全與其他房屋隔絕，不生關係。此條業主特於合同中註明，因鑒於跑馬廳四週之新屋，均高七八層，則該地

基將來高屋集中點，可無疑義。第二問題，爲新戲院須設 2,200 座位。而本市官廳之建築規例，限定每 250 座應有1.52公尺(5呎)寬之走道一條，直達馬路，以防意外。該院所及，爲派克路及靜安寺路。經建築師設計，亦有完美之解決，適合於電影及音樂會之奏演。戲院內場爲梨形，最尖端爲銀幕。最寬處有27.43公尺（90呎）最狹處有15.24公尺(50呎)，全長計42.67公尺(140呎)。

內部佈置，着重兩點。(一)每一座位，須直對銀幕。(二)須注意於冷氣及空氣烘乾設備；因此二點對於戲院縱橫剖面，均有深切之關係也。左右及後面之牆以及花樓之前面，均用能吸受聲浪之材料造成，同時並注意其美觀。花樓之下，製成狹長條孔洞，以便輸入冷氣。蓋經實地試驗，此種形式，最適於冷氣之輸入也。此點既決，然後始能決定戲院之縱剖面及屋頂之形式。爲避免顧客恐懼擠壓之心理計，此廣大跨度之屋頂，劃分爲若干區，藉光學設備，將其中數區顯高，照耀如明鏡。花樓下之中部，亦如此設備；其兩旁忽明忽暗，以增幽趣。全部建築，採用鋼筋混凝土，由林德柯工程師設計。計有二鍵弧形樑五座，以蓋 27.43 公尺(90呎)寬之院場。花樓亦築於 27.43 公尺(90呎)寬匣形樑之上。似此寬大跨度，不惟遠東僅有，即在歐美，亦足傲視也。戲院前後兩部，築於堅固之混凝土基上。中部則建於樁上。冷氣設備，每分鐘需清水2,273公升 (500加倫)，聞與前在巴西諾那之萬國博覽會中，同一設備云。

◉機械馬

意大利某發明家最近發明一種以鋼鐵管構成之馬，其原動力係用汽油引擎發動。此種機械馬，能在崎嶇不平之路上，行走如意，且能過坡涉水，十分靈便，兒童騎之，可作學習騎馬之用。按此種機械馬，在汽車未發明前，即有人思利用機械方法，製造四足行動之車輛，第終未能底於成耳。

上圖表示一種以鋼管製成之四足機械馬，其原動力係以汽油引擎所發動，能於平坦之馬路或崎嶇不平之路上，行走如意。

17227

隴海鐵路靈潼段行車時刻表

站名	列車次數（自右向左讀）第一次特別快車自東向西每日開行／第十九次客貨車自東向西每日開行		列車次數（自左向右讀）第二次特別快車自西向東每日開行／第二十次客貨車自西向東每日開行	
徐州府	（上午）	第一次 八點十分開	（下午）	八點〇五分到
碭山	（上午）	十點十六分到 十點二十六分開	（下午）	五點五十四分到 六點〇四分開
商邱	（上午）	十二點〇九分到 十二點二十九分開	（下午）	四點〇二分到 四點十七分開
開封	（下午）	四點三十二分到 四點五十二分開	（上午）	十一點五十五分到 十二點十五分開
鄭州南站	（下午）	六點五十一分到 七點十一分開	（上午）	九點四十二分到 十點〇二分開
汜水	（下午）	八點三十三分到 八點四十三分開	（上午）	八點四十分到 八點四十二分開
鞏縣	（下午）	九點二十三分到 九點二十五分開	（上午）	八點〇四分到 八點〇六分開
孝義	（下午）	九點四十七分到 九點四十九分開	（上午）	七點四十六分到 七點四十八分開
洛陽東站	（下午）	十一點十二分到 十一點四十二分開	（上午）	六點十五分到 六點三十五分開
新安縣	（上午）	一點十二分到 一點三十二分開	（上午）	四點五十分到 五點開
澠池	（上午）	三點二十一分到 三點四十一分開	（上午）	三點十八分到 三點二十三分開
觀音堂	（上午）	四點三十七分到 四點四十二分開	（上午）	二點三十一分到 二點三十六分開
會興鎮	（上午）	六點〇八分到 六點十八分開	（上午）	〇點四十二分到 〇點五十二分開
陝州	（上午）	六點五十分到／第十九次 七點二十分開	（上午）／（下午）	第二次 〇點〇五分開／十點二十五分到
靈寶	（上午）	八點三十二分到 八點四十七分開	（下午）	九點〇一分到 九點十六分開
閿鄉	（上午）	十點二十分到 十點三十五分開	（下午）	七點十三分到 七點二十三分開
盤頭鎮	（上午）	十一點五十二分到 十一點五十五分開	（下午）	五點五十三分到 五點五十六分開
文底鎮	（上午）	一點二十分到 一點二十三分開	（下午）	四點五十二分到 四點二十八分開
潼關	（下午）	二點二十分到	（下午）	第二十次 三點三十分開

17229

中國工程師學會出版

書目廣告

一・「工程兩月刊」(原名工程季刊)自二十二年八卷一號起實行爲本會第一種定期刊物，宗旨純正，內容豐富，凡屬海內外工程學術之研究，計劃之實施，無不精心搜羅，詳細登載，以供我國工程家之參考，印刷美麗，紙張潔白，定價：預定全年六冊貳元，零售每冊四角，郵費本埠每冊二分，外埠五分，國外四角。

二・「工程週刊」爲本會第二種定期刊物內容注重：工程紀事—施工攝影—工作圖樣—工程新聞本刊物爲全國工程師服務政府機關之技術人員工科學生暨關心國內工程建設者之唯一參考雜誌，全年五十二期，每星期出版，連郵費國內壹圓，國外叁元陸角。

三・「機車概要」係本會會員楊毅君所編訂，楊君歷任平綏，北甯，津浦等路機務處長，廠長，段長等職，學識優長，經驗宏富，爲我國鐵路機務界傑出人才，本書本其平日經驗，參酌各國最新學識，編纂而成，對於吾國現在各鐵路所用機車，客貨車，管理，修理，以及裝配方法，尤爲注重，且文筆暢達，敍述簡明，所附插圖，亦淸晰易讀：誠吾國工程界最新切合實用之讀物也。全書分機車及客貨車兩大篇三十二章，插圖一百餘幅，凡服務機務界同志均宜人手一册。定價每册一元五角八折，十本以上七折，五十本以上六折，外加郵費每册一角。

總發行所　上海南京路大陸商場五樓五四二號　中國工程師學會

寄售處

上海陶爾斐司路生活書店
上海福州路作者書社
上海棋盤街民智書局
上海徐家匯蘇新書局
上海西門東新書局
上海福煦路中國科學公司
南京太平路鍾山書局
濟南芙蓉街教育圖書社

二十二年二月一日重訂

中國工程師學會會刊

工程

第八卷第二號目錄

(四月一日出版)

17230

膠濟鐵路行車時刻表

民國二十年七月一日改訂實行

下行車

車次＼站名	青島開	大港開	南泉開	膠州到	膠州開	高密到	高密開	岞山開	坊子到	坊子開	濰縣到	濰縣開	昌樂開	青州到	青州開	張店到	張店開	周村到	周村開	普集開	棗園莊開	黃臺開	濟南到
五次車	七・〇〇	七・一二	八・一二	八・五九	九・〇一	九・三八	九・五三	一〇・五四	一一・三九	一一・五四	一二・一四	一二・一七	一二・五四	一三・四四	一三・四六	一四・五三	一五・一〇	一五・三八	一五・四〇	一六・二六	一六・五一	一七・四四	一七・五六
三次車	一二・〇一	一二・一一	一三・一二	一三・五三	一三・五五	一四・二六	一四・四一	一五・四〇	一六・二二	一六・三七	一六・五七	一七・〇一	一七・三七	一八・一八	一八・二〇	一九・二五	一九・四六	二〇・一一	二〇・一三	二〇・五六	二一・二一	二二・一三	二二・二五
十一次車	一五・〇〇	一五・一二	一六・三三	一七・三〇	一七・四九	一八・三一	一八・四九	二〇・一四	二一・一〇	二一・二五	二一・四九												
十三次車										七・〇〇	七・二四	七・三四	八・二六	九・二六	九・四一	一一・〇三	一一・一八	一一・五二	一二・〇二	一三・一四	一三・四六	一四・五八	一五・一二
一次車	二二・〇〇	二二・一[illegible]	二三・〇九	二三・五〇	二三・五二	〇・二三	〇・三八	・二七	二・〇六	二・二四	二・四四	二・五〇	三・二二	四・〇二	四・〇四	四・五六	五・一四	五・三九	五・四一	六・二二	六・四三	七・二八	七・四〇

上行車

車次＼站名	濟南開	黃臺開	棗園莊開	普集開	周村到	周村開	張店到	張店開	青州到	青州開	昌樂開	濰縣到	濰縣開	坊子到	坊子開	岞山開	高密到	高密開	膠州到	膠州開	南泉開	大港開	青島到
六次車	七・一五	七・三〇	八・二六	八・五四	九・三三	九・三五	一〇・〇〇	一〇・二〇	一一・三一	一一・三四	一二・二五	一三・〇四	一三・〇八	一三・二八	一三・五〇	一四・二五	一五・四二	一五・五七	一六・三五	一六・三七	一七・二二	一八・二五	一八・三〇
十二次車													六・三〇	六・五六	七・一〇	八・一三	九・二二	九・三九	一〇・二三	一〇・三三	一一・二五	一三・〇七	一三・一三
四次車	一二・一五	一二・二九	一三・二二	一三・五〇	一四・二六	一四・二八	一四・五〇	一五・二〇	一六・一九	一六・三一	一七・〇三	一七・四一	一七・四五	一八・〇六	一八・二二	一九・〇四	一九・五九	二〇・一三	二〇・四五	二〇・四七	二一・二六	二二・三〇	二二・三五
十四次車	一四・一〇	一四・二六	一五・四六	一六・三二	一七・二一	一七・三一	一八・三〇	一八・三三	二〇・〇六	二〇・一九	二一・二五	二二・〇六	二二・二六	二二・四二									
二次車	二二・〇〇	二二・一四	二三・一〇	二三・二六	二三・五九	〇・〇一	〇・二三	〇・四一	一・三六	一・三八	二・一九	二・四八	二・五四	三・一五	三・三六	四・一五	五・〇一	五・一六	五・四八	五・五〇	六・二九	七・三〇	七・三五

17231

中國工程師學會會務消息

◉第四次執行部會議紀錄

日　期：二十二年三月三十日下午五時半
地　點：上海南京路大陸商場五樓本會會所
出席者：支秉淵，裘錫鈞，莫　衡，張孝基，馮寶齡。
主　席：支秉淵。　　紀錄：莫　衡。

(甲)報告事項

1. 顧毓琇君報告北平分會改選職員情形，新會長兪人鳳，會計郭世綰，先行就職，副會長及書記，以事離平，應另行補選。
2. 上海第二特區地方法院，函請本會鑑定喬哲夫，加耶夫人與承裕公司，爲欠款涉訟案，內建築圖樣模型等，已委托會員施嘉幹君担任。
3. 本會會證格式，業經會員董大酉君擬就。
4. 本會改正名稱事，已經上海市教育局指令，業由市政府轉咨教育部，准予備案。
5. 張延祥君來函報告，因事暫行離京，編輯工程週刊事，已托朱其淸君代辦。

(乙)討論事項

1. 關於會證付印案。
議決：交由裘總幹事卽日付印。
2. 關于年會地點及推選籌備委員案。
議決：將武漢分會提議各點提請董事會決定。
3. 開發西北協會函請本會爲贊助會員案。
議決：函南京分會調查該會內容後，幷行決定。
4. 關於發給傅　銳，黃漢彥，張永礽，周庸華，四君技師登記證明書，請追認案。
議決：通過
5. 出版部經理黃啓經君函請辭職案。
議決：暫緩。
6. 工程兩月刊印刷，已由總編輯與科學公司訂立合同，請追認案。
議決：通過。
7. 本會辦事員王錫綸君，業已辭職，改聘劉黎君繼任，月薪二十元，請追認案。
議決：通過。

◉武漢分會消息

(一)第二次例會紀實

中國工程師學會武漢分會於四月十七日假武昌徐家棚粵漢鐵路管理局舉行本年第二次例會，自下午二時起開會。出席新舊會員約計六十餘人，首由該會會長邵逸周致開會詞，次由會員張延祥報告該會總會籌辦材料試驗所之經過。據稱現已購妥面積約二畝之地皮，預計房屋本年底可以建築完成。該會刊物，季刊現由沈君怡負責辦理，週刊一二八以後，仍繼續出版，現由朱其淸君負責辦理，以及該會廣州長沙分會籌辦情形。旋討論議案四件，內有報告該分會擬定登報接收工業技術困難問題，幷推分科担任人選一案。議決卽日登報，幷組織分科人選及報告該會總會。討論畢，本擬推定該會會員李範一演講，嗣以李會員因事請假，臨時由邵會長請該會會員屠慰曾演講。按屠君現任粵漢路局局長，服務工程界有年，其鴻論高見，自不待言，玆將其演詞，紀錄如次：——

今日會長臨時囑我演講，不及預備，不過就兄弟近來所想及之討論問題，以關係切要，特爲同人告。

近來國內航空器捐款，成績頗好，實爲捐款購買飛機，以救國家。每年可添飛機百架，幷建議政府，組織航空部。不過飛機壽命頗促，有人說幾月而已，有人說僅一年，有人說兩年，但雖有良好修養，未有過五年者也。再就常用飛機最小者，亦需七八萬元，若年添500架則需數千萬元，由捐款而觀，似可如願以償，惟由民生狀況觀之，一次則可，長久則不可，若欲自行製造，困難在於材料與人才，而製造飛機之機械，尚較為單簡。兄弟最近曾至歐陸及俄國參觀，卽以俄國飛機廠而論，有一廠年可製 800 架至 1,200 架，廠長及辦事人員為俄人，技術人員完全為德人，材料若俄國所無者，則由國外輸入，所造飛機價不過輸入者之半價，故國內自造飛機，頗為合算，其機械與普通機械同，故兄弟主張自製飛機，一方借用外國人才，輸入外國材料，一方在本國訓練製造人材。兄弟前與李廳長談及可就漢陽鐵廠一部分，用兩三百萬元成立飛機廠，為事甚易，若仰給于外人，不但不合算，且卽修養，亦感困難，或更可就各兵工廠，添設製造飛機之部分，而就西歐失業人材中，用最低工價聘用之。時李廳長囑為預算，兄弟因非航空專門，故未果而留以供獻同人。再全國公路敷設頗多，將來需用汽車數量特多，購買汽車，頗屬不貲，修養亦是問題，更如一旦有事，汽車難於購到，故將來飛機及汽車兩問題，應建議政府及早注意。機車之建造費用浩大，非若汽車飛機等之急切而易舉也。再次卽汽油問題，近有俄油輸入，價較廉，此不過一時，究非永久之計。前湖南省政府研究木炭代油，費用相差八九倍，卽汽油一元，炭气不過一角而已。但操縱頗感困難，上坡不如汽車可加油，以應需要。現在研究尚未成功，將來或可更好，因同人皆屬技術人員，希注意及之，努力研究，以期早日解决也。

居局長講演畢，時已五時，舉行茶點，再由居局長引導出席各該會會員，參觀該路機廠，及參觀畢，始各盡歡而散。

(二)實行分組總動員

該會根據第二次例會議決組織分科案，卽擬具通告，分發會員，茲將通告及分組會員姓名表列下：－

逕啓者，本分會第二次例會，討論事項第四案，關于接受工業技術困難問題之徵詢，幷分組推定人員負責研討案，議決就武漢分會各會員專長分組，幷由各組推選主任一人，負責進行等語，茲特就武漢分會各會員專長，分為土木組，電機組，機械組，礦冶組，化學組，物理組，等六組，所有各組會員姓名，另紙開列，務希各組會員，推舉該組主任一人，于三日內將卡片填寄為盼。再對于抗日作戰時，各會員願担任何項工作，亦請填入，以便預作準備，此致

×××會員

附卡片一紙

中國工程師學會武漢分會啓

中國工程師學會武漢分會會員學科類別及分組會員姓名表

土木組

王紹輝，王蔭平，王金職，平永龢，史青，危文翰，何昭明，余興良，李林森，李錫爵，李壯懷，李國均，李耀鑾，邱鼎汾，邱心冶，孟永聲，易榮膺，倪慶穰，倪鍾澄，夏安倫，梁振華，袁紹武，陸鳳書，高凌美，崔峯鵠，張銘柱，張履鼎，張樹源，姚長安，孫慶球，曹曾祥，屠慰曾，陳登高，陳彰琯，陳崇武，陳克明，陳克誠，陳厚高，陳壽維，程鴻書，惲丙炎，楊範金，楊道明，楊思廉，葛 澧，雷仲雲，賈占藍，趙福靈，劉震寅，劉光宸，劉以均，蔡 紘，繆思釗，鄭治安，關祖章，鄺 華，嚴崇教，蘇以昭，吳 敬，李葆華，胡儒珍，林保元，汪華陸，陳 英。

電機組

方博泉，王德滋，王文宙，朱家炘，汪桂馨，余興忠，吳均芳，呂煥義，李紹美，李範一，周唯真，周公樸，林海明，徐大本，徐紀澤，袁開帙，裘至純，高則同，崔展雲，張熙光，張延祥，黃劍白，陳大啓，陳崢宇，陳士鈞，楊劍聲，雷駿聲，董樹章，潘承琁，潘 尹，潘晦根，錢嘉班，謝升庸，饒大鏞，盧 偉，龔積成，黃耕生。

機械組

王伯軒，王蔚文，王忠湖，朱樹馨，吳國柄，吳國良，呂時新，李得庸，李東森，金華錦，邱秉剛，柏勁直，范澤溥，翁德鑾，郝睿遠，高履貞，曾　哲，黃璣初，郭霖，郭仰汀，華蔭相，劉人璜，劉發煥，鄭家琪，鄭家俊，龍永煌，程文熙，張有道，王　光。

礦冶組

王寵佑，王乃寬，向　道，李璧文，何銘，邵逸周，熊說巖，錢慕甯，譚文宴，羅　武。

化學組

王星拱，陸寶愈，陳鼎銘，賀　闓，萬希章，萬册先，葛敏桂，錢鴻威，魏文棣，顧廷孝，趙儼驤。

物理組

吳南薰，潘祖武。

◉上海分會消息

中國工程師學會上海分會，於四月十日下午七時，假座銀行俱樂部舉行四月份常會，到四十餘人。餐畢，由主席徐佩璜君報告分會會務，推定張孝基及金芝軒二君籌備下月赴乍浦遊覽事宜。書記周琦君辭職，公推施孔懷君繼任。嗣由膠濟鐵路橋梁工程師孫寶墀君報告青島會務，及青島市政暨膠濟路工程近況。繼請濬浦局總工程師查得利君演講，題爲「河海工程之經濟」，先述三主要點，第一：工程師規劃事業，須能生利獨立。第二：工程師因應用機器而發生之失業問題，須嚴密注意。第三：工程師應研究政治。旋對於水利問題，如防災，治河，灌溉，水電等，如何爲經濟，如何爲不經濟，詳加說明。演講畢會員相繼討論，興趣頗濃，散會已鐘鳴十下矣。

◉徵求採冶人才

頃接本會會員吳承洛君來函，徵求採冶人才，特將原函，披露於下：—

敬啓者，頃接雲南東陸大學校長何瑤先生來函，囑洛物色採冶工程教授一人，其資格以專修採冶工程，得有博士或工程師學位者爲合宜。至薪金每月以國幣二百元爲標準，赴滇川資亦送二百元，此數較之京平各大學，雖覺略少，然滇省開支簡單，實際上已有過之無不及。倘前往務必在本年暑假期間抵滇，俾下學期開始即可到校授課，查雲南雖則距京寫遠，地處邊陲，然風俗樸實，蘊藏豐富，如能指導開發，其出產之隆，亦不下於東北各省，用特函達，倘祈貴會代爲物色工程相應資格者一人，開具年齡籍貫幷學歷函送洛處以便接洽商聘爲禱此致

中國工程師學會　　　　吳承洛啓

◉會員通信近址

58	黃澄瀛	(職)北平公和詳營造廠 (住)北平遂安伯胡同9號
58	黃澄宇	(住)北平遂安伯胡同9號
58	黃澄寰	(住)上海武定路鴻慶里793號
58	黃澄淵	(住)上海武定路鴻慶里793號 (職)青島電話局
13	吳鴻照	(通)上海外灘1號亞細亞火油公司工程部許元啓轉
37	耿　承	(職)鎮江江蘇建設廳
3	王元康	(住)上海福煦路387號
26	金　濤	(職)南京鐵道部
23	周良欽	(職)南京鐵道部
29	胡亨吉	(職)上海市工務局
76	鮑國寶	(職)福州福州電廠
1	丁嗣賢	(職)安徽大學教務處
60	楊　毅	(職)南京鐵道部技術室標準委員會
77	應尙才	(職)南京鐵道部技術室標準委員會
新	袁其昌	(職)南京下關三馬路中華儉德會
48	陳君慧	(職)廣東台山新寧鐵路公司
61	楊永棠	(職)廣州市公安局
73	鄭家斌	(職)廣州粵漢鐵路株韶段工程局
54	曾心銘	(職)廣州西村士敏土廠
25	林　筍	(職)廣州市電力委員會
11	何　杰	(職)廣州兩廣地質調查所
16	李德晉	(職)廣東國立中山大學
36	區沃信	(職)廣州市工務局
44	梁啓壽	(職)廣州市廣東建設廳

工程週刊

第2卷第9期 （總號30） 中華民國22年5月17日

本期要目

上海南京路大陸商場五四二號中國工程師學會發行 電話：九二五八二號
中華郵政特准掛號認為新聞報紙類（第一八三一號執據）（內政部登記證警字第七八八號）
定報價目：每期二分，全年52期。連郵費，國內一元，國外三元六角

中央運動場正門

工程師的責任

編 者

今年是國貨年，要希望國貨年有良好的成績，美滿的結果，就得先要使國貨出品優良，價格低廉，但是這是誰的責任！

當讀者讀到本刊的時候，華北一帶的敵

17235

人還在那裏不斷的侵略進攻，抵抗這頑强殘忍無理的世仇，固然是我忠勇前敵將士的職責，可是用來抵抗暴敵的利器和一切破除敵人軍器的方法，這又是誰的責任！

我國軍隊科學智識極為幼稚，說起一種比較新的兵器，就覺得莫明其妙，甚至不會使用，聽到敵人有用電網，毒瓦斯或其他比較有方法可以破除的兵器的消息，就會恐慌萬分。編者在一個多月前，會經參觀過某軍事機關，談起某項軍事，就莫有辦法，好像祇有束手待斃的模樣，恰巧編者對於那一件的軍事，稍有研究，就和他討論，詳為解釋，結果他的觀念，忽然的改變過來，不再抱悲觀和沒有辦法的態度了。訓練軍人灌輸相當切用的科學智識和解決一切軍事科學諮詢等等，也是目前十分重要的事務，這又是誰的責任！

本期嚴演存先生著的兩篇文字，就是這種責任心的表現。在國家如此嚴重的時期，編者萬分歡迎這種文字，此後如有此種與國防有關的論文，一面儘量發表供大家來參攷和研究，（如有足供敵人利用對於吾國蒙不利的字句或文字，當然不便向外發表，自有臨時刪去的一法，那時讀者如欲看見全文，可向本刊函索，經證明確為本會會員後，當將原文抄奉）同時由編者負責設法抄送一份與政府機關，給他們參攷，如果將來政府能夠採用。不但可以增加文字的功効，還不致辜負作者一番的苦心和盛意了。這是本刊應盡的一點義務，還望讀者此後多多賜教！

中央體育場

夏行時

中華民國十九年，浙江省政府舉辦全國運動大會於杭州，英壯畢集，盛極一時。黨國要人鑒於提倡體育意義之重大，爰有翌年改在首都舉行，並擇一適當地點，建築永久會場之議。事經政府照准，派林森等九人為民國二十年全國運動大會籌備委員，並撥款 500,000 元為會場建築之經費。嗣後以擴充規模，增加委員至十一人，增加經費至 1,600,000 元，一切工作，因人才與經費之充裕，進行甚為順利焉。

會場建築之先，關於地點之擇定，意見頗多。總理陵園本有在陵園內建築一大運動場之計劃，草圖早經繪就，地址卽在陵墓東，孝陵衞北，靈谷寺南之一帶地段。當時卽擕此圖樣呈會，請建會場於此，旋經通過。其時有主張在五台山及勵志社附近建築會場者，俱遭否決；蓋其意義皆不若在總理陵寢前之深遠也。（編者按：中央運動場建築之佳，幾已有口皆碑，惟以距市太遠，以致市民利用不便，殊為一大缺憾耳。）

場址擇定後遂由總理陵園管理委員會會同參謀本部陸地測量局，將全部地形，於一個月內測量完竣，並繪成千分之一縮尺詳圖一幅，以供會場設計之參考。該場之設計，由會約聘基泰工程公司担任之，基泰公司於三個月內將全部設計繪製完畢，經會審定；於二十年二月開始招標 。 利源建築公司以 849,311 元之包價得標承造，越時七閱月，全部工程於日夜趕工之中告竣，茲將該場各部之情形，擇要記述，以資參考。

全場概況　全場各部依地勢之高下，及事實上之適合與便利而妥為分配。以建築之單位言，可分為田徑賽場，游泳池，棒球場，籃球場，排球場，（兩場合用一場）國術場，網球場，跑馬場七部， 參第一圖）。

全場佔地約 1,200 畝，各場皆有看台，總共可容觀衆60,000餘人。田徑賽場位於各場之西，場內除設有田徑類之賽場外，另闢有各項球類之賽場，以備將來各項運動之決

17236

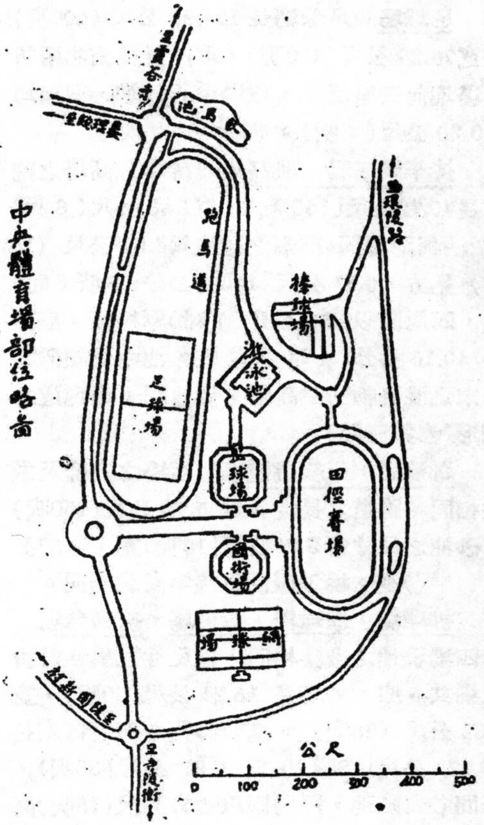

第一圖

第二圖

賽，俱在田徑賽場內舉行之。田徑賽場之西北為游泳池，池長50公尺，寬20公尺，一切設備，甚為精緻美觀，（參第二圖）。

棒球場在池北，為扇形。藍球場為長方形。國術場為八角形。皆在池南，各場依地勢挖成盆形，周圍切成級狀斜坡，上置鋼筋混凝土看台。關于建築之式樣方面，為發揚我國固有之文化起見，儘量採用中國式，建築材料，則以混凝土為主，此外各種水電五金之設備，凡國貨之可以替代者，都用國貨。各場之間及四周，作廣寬之石片路貫通之，石片採自山中，係沙石，尙堅强耐用。

田徑賽場　田徑賽場為全場最主要之部

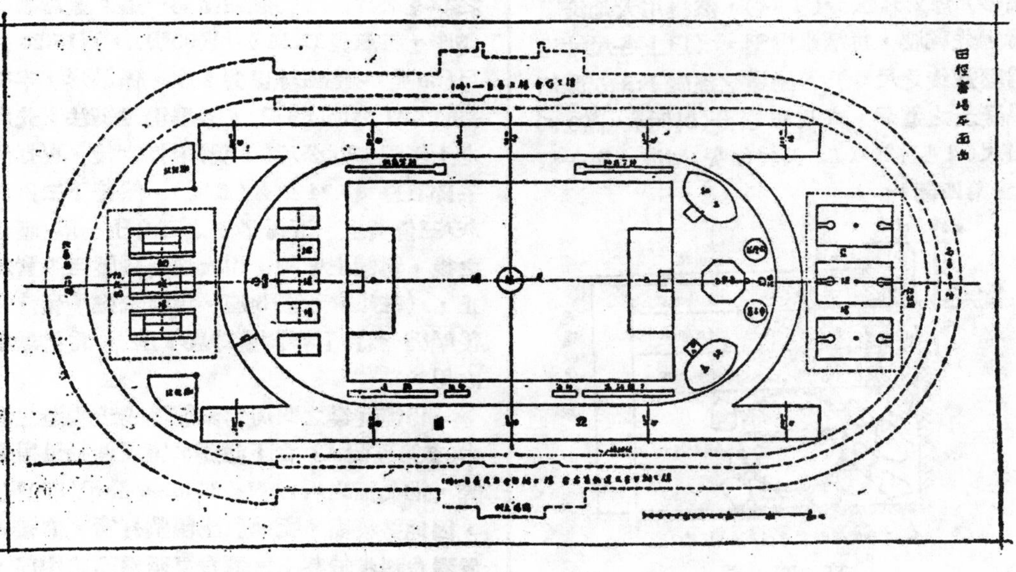

第三圖

分，場內計有：

500 咪跑圈	1	排球場	5
持竿跳高場	2	足球場	1
跳遠場	1	網球場	3
三級跳遠場	1	擲鐵球場	2
跳高場	2	藍球場	3

各場之地位及分佈，可參第三圖。

玆將各場之尺寸及做法分述如下：一

跑圈　跑圈包含500公尺(咪)之跑圈一及200公尺(咪)之直跑道二，500公尺(咪)跑圈寬10公尺(咪)，200公尺(咪)跑圈寬13公尺(咪)。跑圈南北兩面之彎道作半圓形，內圈半徑長 47.24 公呎。(155 呎) 跑圈築法：一在平地上掘下0.61 公尺(2呎)(寬度照圖)將素土打實，上分五層舖築：第一層舖 10,16 或 12,70 公分(4或5吋)徑之大石子，厚 2,54 公分(1呎)，內安埋有眼25.40 公分 (10吋)鉛鐵管兩排(10in. Armco Pipes 16 Gauge)；第二層舖2.54或5.08 公分(1或2吋)徑小石子，厚 10.16 公分(4吋)，用大地滚壓一遍；第三層舖粗煤渣，用大地滚壓實；第四層舖過篩之細煤渣，厚 7.62公分(3吋)，用小地滚壓實；第五層舖細砂煤灰，(煤灰內加小細砂)厚2.54 公分(1吋)，然後用大地滚壓實，先乾壓，再洒水濕壓，(以上各尺寸均為壓實後之尺寸)。跑道之邊做 1:3:5 鋼筋混凝土之道牙，寬 6.35 公分(2½吋)，高0.30公尺(1呎)每 1.52 公尺(5呎)留流水眼一個(參第四圖)。

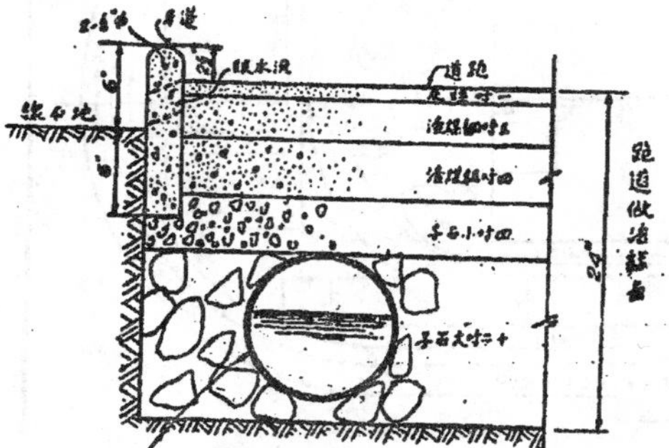

第　四　圖

足球場　足球場長 121.92 公尺 (400呎)，寬76.20 公尺(250呎)，球門置於南北兩頭，場地向四面反水，以場中心為準，四面均低0.30 公尺(1呎)。

持竿跳高場，跳高場　持竿跳高場之跑道長45.72公尺(150呎)，寬1.83 公尺(6呎)，做法與跑圈同。前端之砂池為4.57 公尺 (15呎) 見方，0.61 公尺 15.24 公分(2呎6吋)深，四周圍以2.54 公分(1吋)厚松板，底面墊 10.16 公分(4吋)厚松板，池中儲細砂和鋸末之混合物。跳高場之砂池同，惟跑道為碗形(參第三圖)。

跳遠場，三級跳遠場　兩場之式樣及做法相同，跑道之長度各為45.72 公尺(150呎)，砂池之尺寸為 3.05公尺(10呎)寬，4.57公尺(15呎)長。場地做法與持竿高跳場同。

排球場，網球場，籃球場，擲鐵球場　此四場場地之做法相同，惟尺寸互異。計排球場共5座，每座長 15.24 公尺(50呎)，寬7.62 公尺 (25呎)。網球場共3座，每座長23.77 公尺(78呎)，寬 10.97 公尺(36呎)，場間各留隙地，四周圍以 4.57公尺(15呎)高之2.54 公分(1吋)眼鉛鐵網一道。藍球場共3座，每座長27.43 公尺(90呎)，寬15.24 公尺(50呎)。擲鐵球場共2座，係扇形，半徑長 17.07 公尺(56呎)。各場場地築法：先將老土刨深0.30 公尺(1呎)，打實後，再打砂子碎石厚 15.24 公分(6吋)，然後下二份白灰，三份黃土，五份砂子之三合土一層，壓平之後，再舖上稻艸，用大地滚碾壓至平實為止，(註：排球場5座，現尚未建，留待以後舖築，目下暫闢藍球場1座，為排球場之用。)

田徑賽場之四周為鋼筋混凝土構造之看台(參第五圖A)，台下建辦公室及運動員宿舍等，惟北面之看台約長2438.40 公尺(800呎)，因地勢較高，祇將原土刨整打實，直接安置看台踏步於其上。看台東西兩面之中部，

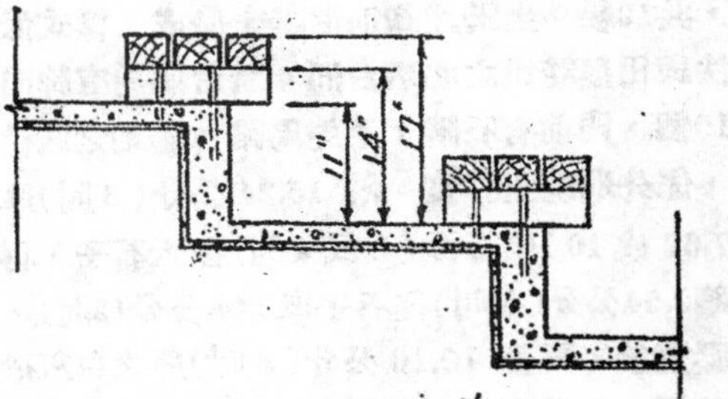

普通看台大樣

第五圖 A

爲出入大門，大門之左右爲辦公室，辦公室之左右爲廁所，浴室，及運動員宿舍。全部宿舍可容 2,700 人之居住。西首大門上層之看台爲司令台，頂上蓋有天蓬，（參第五圖B）長約38.71 公尺（127 呎）。東大門上層之看台爲特別看台，頂上亦蓋天蓬，此外之各部看台都係露天看台。

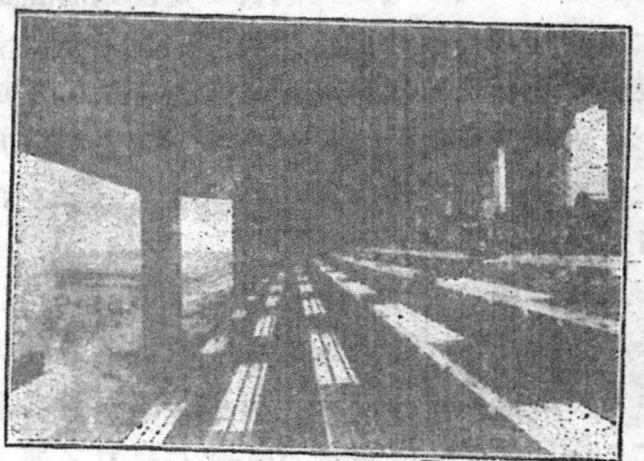

第五圖 B

游泳池　游泳池之構造，比較其他各場爲複雜，其設備亦比較精美。池之本身寬20公尺（咪），長50公尺（咪），東西兩邊爲看台，就原土切成斜級，上砌鋼筋混凝土坐階南面爲特別看台，置銅扶手欄杆及拱形坐圈。池之北面爲大屋一所，外表式樣全採中國式，屋頂蓋筒瓦，四面外牆砌泰山面磚，棟樑彩畫極爲煥發美麗。屋內闢爲更衣室，洗盥室，機器室，鍋爐室等。入池者先入室更衣沐浴方入池中。池之四壁及底俱用，小方磁磚鑲砌，壁間並裝有水內電燈每距 3,05公尺（10呎）1 盞，共32盞，晚間燈光映射水中，別饒景趣。池壁之外築夾層擋牆，做成暗過道，以便修理各水管及電燈。

游泳池全部爲鋼筋混凝土結構，對於不透水及氣候漲縮之影響方面，須特加注意。第六圖所示者爲池底及池壁之做法詳圖，在打好 1:2:4 鋼筋混凝土後，用松香油膏舖德士古上等油紙二層，正號油毡一層，抹松香

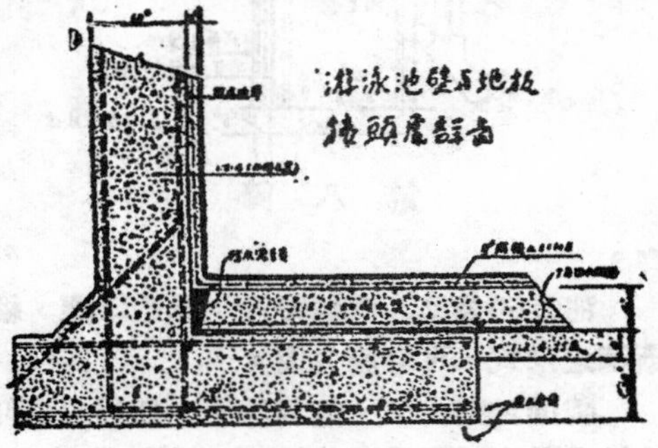

第六圖

油膠四遍，共七層，再打1:2:4鋼筋混凝土一層，內和避水漿，而後打7.62 公分（3 吋）厚1:1:2鋼筋混凝土一層，面上鑲舖中國出產3寸見方帶釉子白色磁瓦。

在池之最深處及2.13公尺25.40公分（7呎10吋）深處，做伸縮節（Expansion joint）二道以防混凝土漲縮之影響，伸縮節之做法詳圖，可參照第七圖。節之距離爲 5.08公分（2 吋）中置銅板。此種伸縮節，在田徑賽場等混凝土部分俱有之。

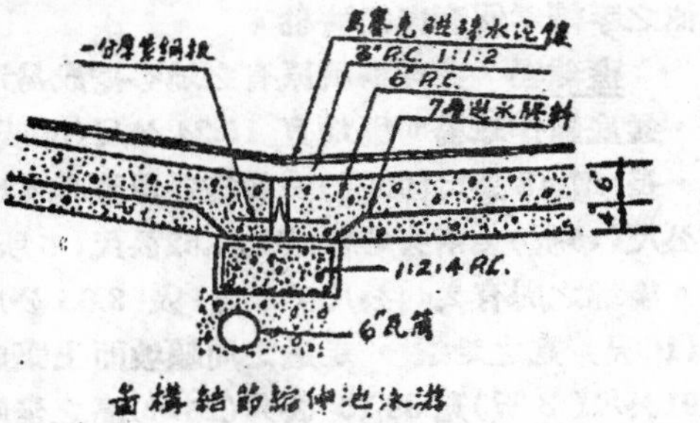

第七圖

四周池邊在水綫以上置有流水溝（參第八圖）水溝共有二道，上方之水溝爲洩過道上濺潑流水之用，下方之水溝在水池內面，其目的在洩池水浮面上之油膩及漂浮之污

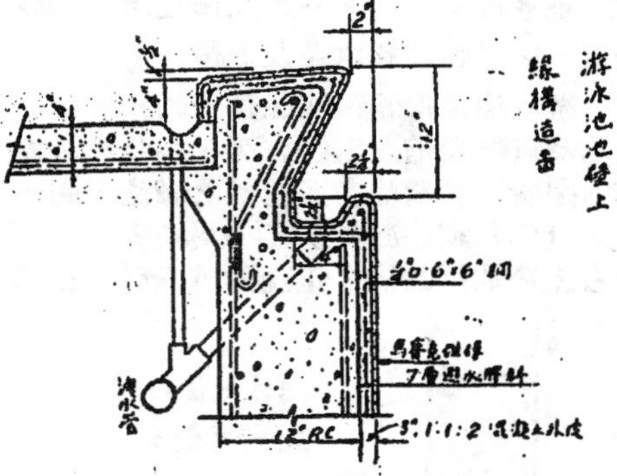

第 八 圖

物。

池長50公尺，南端較淺，北端較深，縱斷面之形式，可參第九圖。

陵園地處山間，無河流，一切用水俱仰給於已鑿之三個自流井（參本刊第1卷第5期69頁）自中央體育場建築後，需水之量激增，三井不足以供需求，於是在陵墓之西，加鑿1井，即第四井，初時出水尚佳，及後水管內部損裂，出水夾沙，水量亦減，於是祗得暫棄不用，以待修復。去歲游泳池開放時，由陵園日夜開工取水，勉力維持，水由水管直接輸入池中應用，更設濾水機將池中之水抽濾一過，仍復池中，如是循環抽送，以保池水之永遠清潔，此種方法實較換水與洗池之手續為便利與經濟也。

藍球場　藍球場就原有之地勢挖成盆形，盆底闢作球場。場地寬15.24公尺（50呎），長27.43公尺（90呎），前後各留隙地4,57公尺（15呎），兩旁各留隙地1.52公尺（5呎）。場地之周有2.44公尺（8呎）及3.05公尺（10呎）寬之走道。走道之周順坡而上築成91公尺（3呎）寬38,10公分（15吋）高之坐階，共12級。坐階用鋼筋混凝土做成，樣式做法與田徑賽場之北看台同。看台四周有牌門10個，門前有石階，下達馬路。場地之做法，係先將老土打實，舖15.24公分（6吋）厚7.62或10.16公分（3或4吋）徑大石子，再舖2.54公分（1吋）徑石子厚5.08公分（2吋），壓實後，再蓋10.16公分（4吋）厚之白灰砂子原土之混合土，其混合成分為各$\frac{1}{3}$，而後全部壓實。場地中間之高度比四周高22.86公分（9吋）。球場正面入口處建有地下室，廣16.46公尺（54呎），寬7.92公尺（26呎），低於看台而高於馬路，室內分闢為男女運動員更衣室及男女廁所等。

國術場　國術場為八卦形，其北面一邊為正面，入口處有牌門一座，門內為刀劍陳列台，廣18.29公尺，寬13.41公尺，台周圍以假石欄杆。其餘七面為看台，安置鋼筋混凝土坐階16級。陳列台之下有辦公室，更衣室及男女廁所等。場地圍於看台之中，係八角形，兩對邊之長為30.48公尺，該地即係泥土壓實之地面，中間及水高15.24公分。看台部分之構造與藍球場同。

棒球場　棒球場為扇形，半徑長85.34公尺（280呎），頂角成90度，兩直邊之外為看台，做法與藍球場同。場地即係壓實之原土，惟中間27.43公尺（90呎）見方之地，則將原土掘深30公尺（1呎），上分三層舖做：第一層舖3.05公尺（10吋）厚之10.16或12.70公分徑石子，第二層舖10.16公分（4吋）厚之2.54（1吋）徑石子，第三層舖10.10公分厚之1:3:5白灰黃土砂子之三合土。做法與田徑賽場內之藍球場同，看台前面有遮攔網一排，高6.10公尺

第 九 圖

17240

(20呎),長73.15公尺(240呎),橫直柱架均用圓鐵管立牢後,再綁2.54公分(1吋)孔鍍錫鐵絲網。球場弧形面前裝有刺針鐵絲擋一排,高1.22公尺(4呎)。

網球場　網球場佔地23畝,全場闢成球場16個,看台兩排,及休息室一所。各場寬36呎,長10.97 公尺(78呎),兩端各留隙地6.40公尺(21呎),兩旁各留隙地2.13公尺(呎),每兩場並列一起,四周圍以2.54公分(1吋)孔擋球鉛鐵網一道高4.57公尺(15呎。場地做法係將素土剷平,刨深15.24 公分(6吋),上舖7.62或10.16公分(3或4吋)徑之石子 10.16公分(4吋),壓實後再舖三份白灰,二份原土,五份砂子之三合土一層,厚10,16 公分(4吋),用大地滾壓平爲止。休息室一所建於場之南,內闢男女廁所,浴室及休息室等。

跑馬場　跑馬場位於各場之西,係一片平曠之地,跑道長1.609 公里(1英里),寬9.14公尺(30呎),四周圍以木欄,高.91公尺(3呎),場地中部闢爲足球場二,及木看台一排。

環場道路　全場造路總長約5,000 公尺,路幅寬度視交通之繁簡而異,計進場大路寬45公尺,環場之北大路寬15公尺,西大路寬18公尺,(中部車馬道寬6公尺,兩邊人行道每邊寬5公尺,人行道外留泥地1公尺,植行道樹)。場間各路寬15公尺,路面即用紫金山之碎石舖砌,石質耐用,造價低廉,計每平方公尺價洋六角。

在進場大路外另闢汽車停車場一處,面積計13,000平方公尺,能容汽車千輛之停留。其南端另闢慢車停車場一,其面積計8,000平方公尺 ,亦可容車千輛之停留 。環場各路邊俱植行道樹,隙地佈置花壇豎立花架,以增風景。

造價　茲將承包人利源建築公司承造各項工程之造價,附錄於下:—

甲:運動場全部建築工料總價共大洋	849,311元
一,田徑賽場全部及所有附屬物工料洋	464,355元
二,游泳池全部及所有附屬物工料洋	169,965元
三,籃球場全部及所有附屬物工料洋	42,035元
四,國術場全部及所有附屬物工料洋	61,101元
五,棒球場全部及所有附屬物工料洋	23,840元
六,網球場全部及所有附屬物工料洋	70,635元
七,洋灰橋壹座工料洋	17,380元
乙:分部工程工料單價	
一,田徑賽場四周看台	464,355元
二,田徑場之跑道工料洋	40,483元
三,田徑場內之一切球場,沙池,明暗溝及各零件工料洋	21,366元
四,游泳池子一座工料洋	60,917元
五,游泳池之三面看台連欄杆牌門在內工料洋	32,763元
其他	略

註:上列造價係最初依照圖樣簽定之價格,嗣後因圖樣之更改,致增減之價格,都未列入。

17241

作戰時之火藥補充問題

嚴 演 存

此次對日事件，爲求吾民族將來之綿延計，必目前忍痛與日本作長期戰爭！（非只消極抵抗，而當爲積極之戰爭）。在此長期戰爭之中，彈藥之補充，殊爲一大問題。在初或可求於友國；而一旦戰爭延長，以後之形勢，瞬息萬變；吾人不可不有『求之在己』之辦法；在可能範圍之內，力求可以自給；少仰一分原料于國外，即在戰時少一分困難。

本篇根據此旨，作火藥自給之企圖。

茲分積極消極二方面論之。

A.積極方面　國內之火藥廠，現共有漢晉甯魯粵五廠，而金陵山西二廠，久巳停工，（迄今未開濟南廠聞亦然）現今能力最大者，惟漢陽火藥廠而已。

爲今之計，宜如下進行：—

(1)令金陵山西等廠，即日籌備開工。山西廠之機件，均係新設者；金陵廠則已兼併前上海藥廠；規模均尚大，故可利用。

(2)向粵晉當局商量，將出品全部交中央支配于抗日軍隊，（晉方對此事不成問題；因晉方本無力開辦此廠，以前曾有歡迎中央派人去辦之意見也）。

(3)各廠均日夜開工，工人分三班。若是則產量可以大增。例如以漢廠而論，硝化軋藥壓藥拌藥等重要機件，均有數倍餘力；光藥烘藥亦不成問題；所不足者，只磨漂機一項；倘將武昌百沙洲之紙廠之磨漂機借用，（該紙廠現久巳停工）則一切均不成問題矣。

他廠當亦有擴充之可能。

(4)令各廠注意工作效率，注意職工勤惰；各兵工廠中職工，宜明瞭自身所負責任之重大，須以戰場上殺敵之精神做工。

(5)令民間造黑藥之小工業家，包造爆破黑藥。

(6)在漢廠或其他廠中，添設黑藥所，製造作炸藥用之黑藥。

照此計畫實行，則所費之款項甚少，而火藥產額可增至下列數字：—

無烟藥每年800—1000 公噸。

炸藥每年原料能供給多少，即可造多少。

黑藥每年200—400公噸。

B消極方面　中國與歐美各國之情形不同，此次對日戰爭之性質，又與普通國際戰爭不同。其使用之兵器，不能求精良，只能求『每個士兵有槍可拿，有子彈可以放』，能達到此一步已屬不容易。猶之歐美各國之談民生者，以人人安樂爲鵠的；而在吾國目前，則人人有一碗粗飯吃，已可云達民生之目的矣。

根據此點，故吾主張在可能範圍中，多用能力稍次而原料充富製造容易之火藥；能力稍大而原料製造均困難者，只于不得不用之處用之。

如(1)炮彈中用黑藥爲主，其大炸力彈之不能用黑藥者，則用 TNT 與硝酸錏混成之 Amatol；其中硝酸錏之成分，尤多尤好。（英國大戰中採用Amatol爲炮彈中之炸藥，致原料方面，不若德法諸國之恐慌）。

(2)飛機炸彈，手溜彈，地雷，水雷及工兵爆破藥等，用黑藥爲主，棉火藥輔之。

(3)後方保持治安及演習，以及未受良好訓練之學生軍等臨時軍隊，可使用黑藥爲發射藥之子彈。

照上之計畫做去，則可供給 100,000 乃至 200,000 之軍隊作戰。

在此計算中，吾所採用之根據如下：—

(1)步槍彈　　發射藥 2,6 公分。
機關槍彈　發射藥 3 公分。
手槍彈　　發射藥4.5—5公分。
步兵炮彈　發射藥50公分，炸藥80公分。
山炮彈　　發射藥110公分，炸藥100公分。
野炮彈　　發射藥500公分，炸藥140公分。
迫擊炮彈　發射藥25公分，炸藥250公分。
手溜彈　　炸藥50公分。
炸藥包　　炸藥 180 公分。
飛機炸彈　炸藥25公分。

2)作戰一年每師軍隊之消耗量假定如下：—

步槍彈手槍彈	30,000,000
機關槍彈	20,000,000
山炮野炮彈	300,000
飛機炸彈手溜彈	80,000
迫擊炮彈	200,000

照以上計算，則照吾之計畫，可供給十餘萬軍隊之長期作戰。

惟以上之根據，殊不可靠。蓋同一野炮彈，有高炸力彈，有子母彈；其所用藥量均大不同。同一飛機炸彈，則因大小而藥量更不同。至于彈藥之消耗，更難預料。故此估計尚待修正。

今進而研究其原料問題。

火藥之主要原料曰硝酸，硫酸。（或硝及磺）次則酒精，棉，甲烩。石炭酸等。據余之估計，供給上述數量之火藥，尚有辦法。今一一述之如下：—

(1)硝酸　國內有製硝酸設備者，爲漢陽火藥廠，山西火藥廠，廣東兵工廠，唐山酸廠。

以漢廠而論，以前每日出硝酸近1噸，只用1鍋，只開日工。今若四鍋均用，作日夜工，則每日可出硝酸 6 噸，即每年 2,160 公噸。其餘數廠，規模均小；但總計之，每年當亦有近10公噸之數。

若是則製造所已不成問題。

原料則現今之廠，除山西火藥廠以前開工時，係使用土硝外，其餘均用智利硝，蓋貪圖便宜也。惟戰時縱不被封鎖，亦宜設立精製土硝裝置，以便一旦利智硝不能運來，立即改用硝石。

(2)硫酸　硫化鐵礦不成問題，製造所據余所知者，有漢陽，廣西，上海之開成及江蘇二廠，唐山第五廠。其中漢陽廠可日出 3 噸，開成 160 箱，江蘇 500 箱，唐山廣西二廠未詳，但聞後者能力甚大，故以此觀之，每年當有 30,000—40,000 公噸之產量，頗足應用。惟其中廣西唐山二廠，恐實際上未能供給耳。

實業部原有建硫酸錏廠之企圖；軍政部兵工署亦有設官烟硫酸廠之意，宜立籌的款進行，務于開戰後一年內成立之。

(3)棉　比較不成問題；惟宜廣羅紗廠之紗頭，及各地之廢棉。

(4)甲烩，石炭酸等　此等原料，國中最缺乏。聞井陘提有少許，宜極力擴充利用。此外宜於開戰時，大批購入，預爲存貯。

(5)酒精　除由國內現有之康成酒精廠，柳州酒精廠等供給外，可由酒中提出，只須設蒸濃裝置耳。

以上計畫，以治標爲的，均卑之無甚高論，苟有決心，當可辦到。抑亦爲作戰時應有之準備，一低至無可再低之最低限度之準備，近來朝野上下，均不惜巨款，購飛機以固空防，是誠一極好現象。而對於兵器，仍加偏枯，殊非得策；何不以購機之資，提出一部份，實行上所述之計劃，使吾國有十餘萬可以長期作戰之軍隊耶！

17243

隴海鐵路靈潼段行車時刻表

自右向左讀

站名	徐州府	碭山	商邱	開封	鄭州南站	汜水	鞏縣	孝義	洛陽東站	新安縣	澠池	觀音堂	會興鎮	陝州		靈寶	閿鄉	盤頭鎮	文底鎮	潼關
列車次數	第一次特別快車自東向西每日開行														第十九次客貨車自東向西每日開行					
	(上午)			(下午)						(上午)						(上午)				(下午)
	第一次 八點十分開	十點十六分到 十點二十六分開	十二點〇九分到 十二點二十九分開	四點三十二分到 四點五十二分開	六點五十一分到 七點十一分開	八點三十三分到 八點四十三分開	九點二十三分到 九點二十五分開	九點四十七分到 九點四十九分開	十一點十二分到 十一點四十二分開	一點十二分到 一點三十二分開	三點二十一分到 三點四十一分開	四點三十七分到 四點四十二分開	六點〇八分到 六點十八分開	六點五十分到	第十九次 七點二十分開	八點三十二分到 八點四十七分開	十點二十分到 十點三十五分開	十一點五十二分到 十一點五十五分開	一點二十分到 一點二十三分開	二點二十分到

自左向右讀

站名	徐州府	碭山	商邱	開封	鄭州南站	汜水	鞏縣	孝義	洛陽東站	新安縣	澠池	觀音堂	會興鎮	陝州		靈寶	閿鄉	盤頭鎮	文底鎮	潼關
列車次數	第二次特別快車自西向東每日開行														第二十次客貨車自西向東每日開行					
	(下午)			(上午)											(下午)					
	八點〇五分到	五點五十四分到 六點〇四分開	四點〇二分到 四點十七分開	十一點五十五分到 十二點二十五分開	九點四十二分到 十點〇二分開	八點四十二分到 八點四十二分開	八點〇四分到 八點〇六分開	七點四十六分到 七點四十八分開	六點十五分到 六點三十五分開	四點五十分到 五點開	三點三十八分到 三點二十三分開	二點三十一分到 二點三十六分開	〇點四十二分到 〇點五十二分開	第二次 〇點〇五分開	十點二十五分到	九點〇一分到 九點十六分開	七點十三分到 七點二十三分開	五點五十三分到 五點五十六分開	四點五十二分到 四點二十八分開	第二十次 三點三十分開

17244

17245

中國工程師學會出版

書目廣告

一．「工程兩月刊」（原名工程季刊）自二十二年八卷一號起實行爲本會第一種定期刊物，宗旨純正，內容豐富，凡屬海內外工程學術之研究，計劃之實施，無不精心搜羅，詳細登載，以供我國工程家之參考，印刷美麗，紙張潔白，定價：預定全年六册貳元，零售每册四角，郵費本埠每册二分，外埠五分，國外四角。

二．「工程週刊」爲本會第二種定期刊物，內容注重：工程紀事｜施工攝影｜工作圖樣｜工程新聞本刊物爲全國工程師服務政府機關之技術人員工科學生暨關心國內工程建設者之唯一參考雜誌，全年五十二期，每星期出版，連郵費國內壹圓，國外叁元陸角。

三．「機車概要」係本會會員楊毅君所編訂，楊君歷任平綏，北甯，津浦等路機務處長，廠長，段長等職，學識優長，經驗宏富，爲我國鐵路機務界傑出人才，本書本其平日經驗，參酌各國最新學識，編纂而成，對於吾國現在各鐵路所用機車，客貨車，管理，修理，以及裝配方法，尤爲注重，且文筆暢達，敍述簡明，所附插圖，亦淸晰易讀：誠吾國工程界最新切合實用之讀物也。全書分機車及客貨車兩大篇三十二章，插圖一百餘幅，凡服務機務界同志均宜人手一册。定價每册一元五角八折，十本以上七折，五十本以上六折，外加郵費每册一角。

總發行所　上海南京路大陸商場五樓五四二號　中國工程師學會

寄售處　上海陶爾斐司路生活書店　上海福州路作者書社　上海棋盤街民智書局　上海徐家匯蘇新書局　上海西門東新書局　上海福煦路中國科學公司　南京太平路鍾山書局　濟南芙蓉街教育圖書社

二十二年二月一日重訂

逕啓者本會第三屆年會現經董事會議決定在
武漢舉行會期經由年會籌備委員會決定八月
二十七日起至九月二日止查論文一項爲年會
中重要事務之一其目的在昭示全體
會員一年來研究實驗之成績關係本會名譽至
深且鉅敢祈
會員諸君本研究經驗所得撰賜宏文並向熟識
會員廣爲徵求於七月底以前寄交上海南京路
大陸商場五樓五四二號本委員長沈君怡收至
紉感盼此致
全體會員公鑒

第三屆年會論文委員會啓　五月十一日

粵漢鐵路株韶段工程局招投工程廣告

本局與築工程在廣東省韶州至樂昌一段將次竣工通車樂昌以北至大石門一段長約四十五公里現正準備繼續展築該段內計有隧道七座最長爲二百三十公尺橋工涵洞一百五十座路基土石工約有二百八十萬立方及禦土牆混凝土約共十三萬立公方以上各工定於本年三月間開始分標招投四月間選標動工再在湖南省株州以南達雷溪市一段約長八十二公里計有長達二百七十公尺之涵河大橋一座及路基土石方甚多將於四月間分標招投所需工款均已有充分準備凡在國內曾經承辦各項工程之包工果屬經驗豐富資本殷實志願投承者不限國籍務務希預爲籌備以便屆時前來競投倘願先期來工場察看或來函詢商本局當予以一切揮導與便利此告

局址廣州市十三行聯興馬路

全國經濟委員會籌備處

舉行公路汽車技術人員登記啓事

本會現擬舉行公路及汽車技術人員登記以期集中專材適當分配得使各盡其用各盡其才凡有上項專門技術人員願向本會登記者可於五月底以前附郵票二分向本會函索登記表塡送登記此啓

全國民營電業聯合會 電業函授學校招生

(一)學科 先辦實用電學科
(二)學費 一次繳二十元四次繳每次六元
(三)畢業 一年畢業給予文憑
(四)校址 南京大石壩街四十四號
(五)報名繳費處 上海中央路二十五號
(六)章程 函索卽寄

校長李彥士
函授部主任沈嗣芳

請聲明由中國工程師學會『工程週刊』介紹

17247

全國工程人士及本會會員注意

徵求國防論文

(1)目的： 集合全國人士的腦筋來研究海防陸防空防的問題，俾得到各種最有効的救國方案。

(2)範圍： 限於各種國防方面之文字。

(3)內容： 務求切實簡明，一切空泛言論，均請删除。

(4)辦法： 爲求集思廣益，交換意見，增加文字効力起見：

⑴有價值可實施的論文，由本刊設法呈送政府機關請其研究採行。

⑵另闢討論一欄，爲讀者切磋國防論文或發表意見的用。

⑶凡不便發表的論文，如會員來函索取，本刊當代將原文抄奉，並介紹原著作人，以便彼此可以互相直接研討。

附註： 工程師與國防，有至密切的關係。編者已於本期和二卷四期編者欄內說明，此處不再多說了！

◉會員來函

工程師學會幹事先生台鑒，去前年間，本會曾發通函致會員，徵求救國意見，並寄志願書與各會員塡繳，藉作總動員之準備，今者國勢日亟，本會對於此等救國事業，尙繼續積極進行否？竊意會中各組研究委員會，似應與政府切實聯絡，時時貢獻意見與技術，以供當局採納，而收大團結總動員之實效。台端以爲如何？玆有草擬禦彈設備一文，並草圖一張附寄，擬請轉交研究國防之組織，討論而實驗之，若有成效，則轉呈政府施行。再者此間關於軍工之書籍殊缺，各大出版家之目錄表亦不見其列入，不識滬上如何，倘滬上有之，則希賜示書名書舖，是所感荷，專肅，敬請

大安，並擬請惠寄「軍用電氣淺說」一份。

弟王　瑋謹啓

二十二年二月十六日

◉禦彈設備

設計之起緣　現代戰爭，空軍居重要地位。自九一八以來之大小各戰觀之，我軍失敗處，多在空軍不敵人，而抵抗機關如砲台，戰壕等缺乏空防設備，今國人對於購機禦侮已有深切之認識，惟敵人籌之有素，我於倉卒間所購置之機械，與所造就之人才，能否卽足自全，尙須視國人之努力程度如何而定。然敵之謀我日急，大有先發制人之勢，故我國於購機訓練外，更不宜不謀及禦彈之設

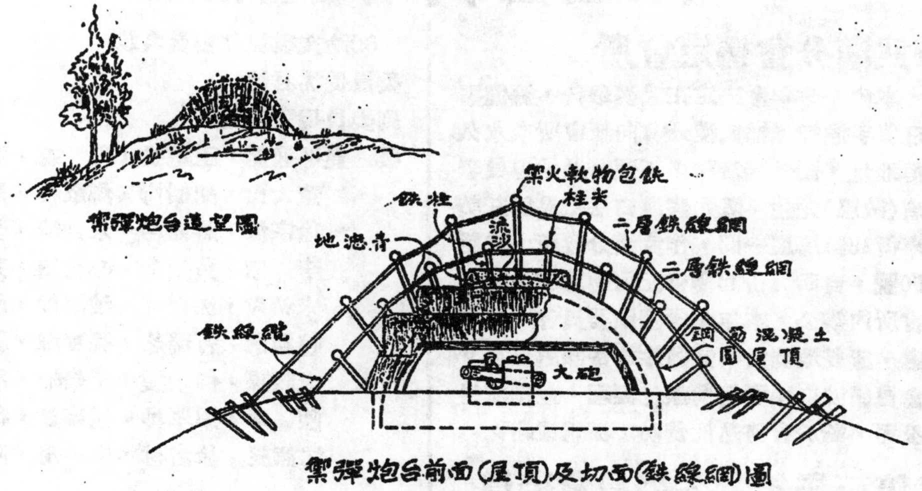

禦彈炮台遠望圖

禦彈炮台前面(屋頂)及切面(鉄線網)圖

備。

設備之說明　禦彈設備，擬分內外二部，內部（卽向所保護之物之一面）擬用堅硬物質如鋼筋三合土，鋼鐵或磚石等。其外部則用强韌有彈性之物，如鐵線網，流沙，穀草（惟須浸濕）之類，俾炸彈落下時免急驟之衝擊而不致爆炸，卽偶有爆炸，亦得內部之堅硬物質爲屏障，不致傷及所護之人或物。插圖爲一砲台，於露天炮台上建鋼筋混凝土圓屋頂，上造捲槽數環，內盛流沙，其捲槽之露出部分塗以地瀝靑，更於屋上遍豎鐵柱，上端包禦火軟物。柱分長短二種，以鐵纜互連之，纜之各端，以樁固定於地而緊張之，於各鐵纜上鋪以鐵線網數層，至網目之大小，鐵線之粗細，層數之多少，及各層間之距離，則視炸彈之大小與投擲之高度而增減之。屋頂上並設數噴水孔，以水管連之，敵若投燃燒彈，則放水噴之。

事實與生理之借鑑　(1)敵軍於冬季擲彈炸東北義軍，彈落雪深處多未炸，（見報載）。(2)淞滬之役，彈落軟泥中，亦有未爆者，（見報載及照片）。(3)在滬戰中，十九路軍有牽棉被接炸彈彈卒不爆，（見報載及傳聞）。(4)歐戰時協約國曾於戰船底部週圍設網，以防魚雷之襲擊，（見歐戰時畫報）。(5)植物之果實如椰子，桃，李等保護其仁之部分，爲其堅硬之核壳，其外則爲强韌有彈性或柔軟避衝擊之果皮及果肉，故由樹顛下墜時，無論地之硬軟，其仁皆不致受傷。

以上設計之能否有效，尙有待於實驗之證明，惜此間無此等試驗之機會，不敢僅憑理論定事實，深望專家加以審核試驗，倘有成功希望，則深究改良後，未始非國防利器之一，且購辦飛機刼敵，與保護抵抗機關，固屬同等重要者，惟前者仰賴舶來，後者儘可自給，（津滬等地皆有國貨水泥，鐵條，鐵，鋼等，國內想亦能造）。一則購機益多，漏卮益鉅。一則設備益廣，國貨益興，此亦吾人所當注意者也。　　（王　瑋）

民國廿二年二月十六日於香港

中國工程師學會會務消息

◉武漢分會擇定會所

本會今年年會決定在武漢舉行，籌備事項已着手進行，惟武漢分會向無會所或永久通信地址，對外接洽諸多不便，乃承會員李得庸(敬思)先生，慨允假漢口法租界德託美領事街23號房屋一間，作武漢分會所，電話2650號，自四月份起聘書記何應輝君，每日在會所內辦公，本年年會籌備委員會，亦在該處，望各地關於年會函件均寄該處可也。李會員係漢口中國實業銀行經理，並創辦得庸公司，對於會務熱忱贊助，深爲感謝。

◉第三屆年會各委員會委員名單

(1)籌備委員會委員名單

委員長邵逸周

副委員長陳崢宇，李範一。

委　員高凌美，賀　闓，李敬思，周鍾岐，袁開峽，劉明遠，吳國柄，王金職，楊士廉，錢慕甯，邱鼎汾，孫慶球，華蔭相，王伯軒，吳國良，周公樸，史　青，曹會祥，周唯眞，繆恩釗，高則同，邱秉剛，錢鴻威，盧　偉，王蔭平，趙儼瞻，汪華陞，李林森，陳大啓，方博泉，錢慕班，屠慰曾，朱家炘，王龍佑，陸寶愈，張延祥，潘　尹。

(2)提案委員會委員名單

委員長張延祥

委　員陳崢宇，高則同，高凌美，陳彰琯，薩福均，鮑國寶，宋文田，朱杜勳，石志仁，顧宜孫，徐佩璜，王繩善，林鳳岐，唐恩良，邵逸周，茅以昇，魏元先，陳體誠，張自立，淩鴻勛，容其勳，歐陽濼，俞人鳳，顧毓琇，

(3)論文委員會委員名單

委員長沈君怡

副委員長王龍佑

委　員邵逸周，王星拱，郭　霖，黃　炎，董大酉，胡樹楫，鄭華經，許應期，徐宗涑，蔣易均，朱其清，錢昌祚，李　俶，黃炳奎，李書田，茅以昇，宋希尙，沈百先，淩鴻勛，陳禮誠，趙祖康，曹瑞芝，孫寶墀，顧毓琇，李熙謀，惲　震，王崇植，胡博淵，陳　章，周厚坤，楊繼曾，徐學禹，沈熊慶，徐名材，周　琦，陳廣沅。

◉本屆年會提案

本屆年全業定於八月二十八日至九月二日，在武昌路珈山武漢大學舉行。各分會如有提案，務祈於七月十五日以前，寄「漢口法租界德托美領事街23號」，書明交「中國工程師學會年會提案委員會收」可也。

唐山分會消息

唐山分會於四月十五日假交通大學伍教授宅開本年第四次常會，到會員十一人，並來賓二人。討論第五次常會日期，決議定於六月中旬，由書記備函通知，並議決由報告唐山分會會員消息，會議後聚餐，至晚九時半散會。

又聞唐山近因時局關係，所有大部份在唐會員，現均赴滬，故該分會臨時通信處暫改爲「上海愚園路聯安坊11號華鳳翔君收轉」云。

◉更正

本刊第一卷第十一期第161頁陸增祺先生著「北甯鐵路自造天王式機車」係「天皇式」之誤，特此更正。

17250

工程週刊

中國工程師學會發行
上海南京路大陸商場542號
電話：92582
（內政部登記證警字788號）

中華民國22年9月1日出版
第2卷 第11期（總號32）
中華郵政特准掛號認為新聞紙類
（第1831號執據）

本期要目

定報價目：每期二分，全年52期，連郵費，國內一元，國外三元六角。

粵漢鐵路南津港橋在兩度角定灣線上經過，計長英400尺。

工程師救國

翁　　為

寇深矣！羣言救國。黨政要人，則曰，精誠團結，一致對外；握軍符者，則曰，誓死抵抗；工商界抵貨，士子請願。就其所呼號標榜者觀之，實不激昂慷慨，可歌可泣！然而兩年以來，國土日蹙，內戰頻仍；西南西北中央，未能一致；將士望風而逃；仇貨進口，不見減少；敵人遠在數百里外，學生爭先四竄，救國之聲愈喧，而國愈不救，咄咄怪哉！咄咄怪哉！

抑我先民之言曰，多難興邦，閱牆禦侮，外國有借外患以弭內訌者，而今乃適得其反，黨政軍如是，工商學如是，然則國果不救乎？吾不忍為此言，果欲救國，將誰任乎？吾思之思之，非吾工程師莫屬。

我國工業幼稚，物質文明落後，舉凡日用小品，以及飛機大砲，悉仰給舶來，匪特金錢流出，爲國家之絕大漏巵，若夫國防利器，乃亦操縱于人，可悲可恥，莫此爲甚！然則製造建設，爲民生利，爲國禦侮，我工程師之事也，此救國之有待于工程師之技術者也。

工程師以技術爲職業，技術救國，乃其本分，無待多言。顧吾以爲工程師于技術之外，其品德有足以救國者，試爲述之。

第一：工程師之用心着力，以物質爲對象。今日社會擾攘之大源，在從他人口中，而奪之食！政界之此起彼仆，軍閥之我攻爾伐，其爲搶飯碗，爭地盤，無論矣；即工商界之排擠，學界之傾軋，雖有大小顯晦之分，而其用心，如出一轍。坐是全國之精神智慧，日耗費于『對付人』，縱橫俾闔，出奇制勝，卑鄙齷齪，無所不用其極。獨工程師不以人爲對象，而以物質爲對象，以宇宙爲對象，穴山架水，土木工程師之所致力者也；鍾輪擊轂，機械工程師之所致力者也；鑿石取金，採鑛工程師之所致力者也；擲聲發光，電氣工程師之所致力者也；提膠煉革，化學工程師之所致力者也；蓋無往而非以物質宇宙爲對象者也。社會上多一『對付物』之人，即少一『對付人』之人，少一『對付人』之人，即減一分擾攘紛亂之源，此救國有待于工程師之品德者，一也。

第二：工程師勞而後獲。今日全國上下智愚賢不肖，心之所鶩，意之所嚮，智之所營，惟一目的，不勞而獲，較勝焉者，少勞多獲。一切官吏之貪汚，士子之奔競，商之奸，工之怠，推其根源，悉由于此。獨工程師不然，凡舉一事，心力並用，事前之設計不周，當事之督察不勤，皆足以敗事而有餘。譬如建屋，結構有間架位置之規劃，基頂深[illegible]之計算，材料有木石泥鐵之分配，修短零整之取舍，鳩工有水木先後之調度，按步收驗之手續，大而立棟架梁，小而堊粉髹漆，胥賴精心擘畫，不容絲毫苟且。建屋如是，其他亦然，苟無所勞，即無所獲，此救國有待于工程師之品德者，二也。

第三：工程師脚踏實地，誠以出之。今日虛僞浮躁之氣，充塞社會，治人貪汚之罪者，貪汚加人一等，主持檢查仇貨者，首販仇貨，宣傳愛國者，並不愛國，有位者濫用權勢，枉已而欲正人，所謂知識階級者，妄事鼓譟，不求是非之所在，將畢之所屆，蚩蚩者氓，蠢然嚣然，蠕蠕從風，上無道揆，下無法守，朝不信道，工不信度，推其極之所至，吾不忍言！獨我工程師，一舉一動，脚踏實地，浮沙之上，不能建橋，石井不穿，不能得鐵，植一柱，所載過其所能任，則立折，繪一圖，分毫之失，影響全局，苟欲得水，非輕養二不爲功，苟欲燃燈，非架導綫不能達，絕非顚倒是非，信口雌黃，數聲口號，一紙標語，所可集事者。而工程師亦深信其所由之徑，在彼不在此，此救國有待于工程師之品德者，三也。

一國之中，其人黠者如狐狸！毒者如蛇蝎！暴者如梟獍！浮者如猿猱！蠢者如鹿豕！所謂衣冠之倫，老成之輩，舉無存焉，其國能久于大地者，雖三尺童子，知其無幸也。我炎黄之冑，豈如是乎？吾必其不然。然而事亟矣！寇深矣！顧吾工程師，技術救國之外，以品德救國，立己立人，衍爲風氣，習尚人心，庶一變乎？企予望之！企予望之！

湖北金水整理實施概況

宋希尚

金水古名塗水，爲揚子江支流之一，源出鄂西咸甯縣，匯咸寧，蒲圻，嘉魚，武昌四縣之水，由金口而入於江。流域面積，約計二千五百平方公里，內多湖泊沼澤，地勢卑窪，每當夏秋之季，揚子江漲水之時，流域內過量之雨水，非特不能宣洩，而反受江水之倒灌，此武，甯，蒲，嘉四縣，所以水患頻仍，災荒迭見也。

民國十三年秋，金水流域受江水倒灌，災情奇重，僉認爲整理金水，刻不容緩，特派員馳赴查勘，知流域內常受江水倒灌而被淹沒之耕田，約有九十萬畝以上。遂繼以實地測量，至十七年十二月始告結束。十八年六月揚子江水道整理委員會根據實測所得之結果，而完成金水整理計畫。其工程分爲三項：(一)築土壩橫斷金水，以制止江水之倒灌。(二)開引河，建洩水閘，以暢內潦之宣洩。(三)設船閘以謀航運之便利。原擬將土壩建於禹觀山左近，洩水閘及船閘擬建於赤磯山。另闢引河於土壩之上游，引金水以至洩水閘與船閘，再由是而洩於金口入江。共需工程經費約計九十餘萬元。顧計畫雖早經完畢，而以種種阻礙，終未能見諸實施。

民國二十年，洪水幾遍全國，揚子江流域武漢一帶，受災特重。國府救濟水災委員會借美麥以工振修復沿江幹堤，金水流域之農民，因得美麥二百噸之補助，業已建築土壩一道，堵截金水，使江水不致倒灌。據云：自築壩以後，去秋流域內農產增收，其值約有八百萬元之鉅，成効已著。惟欲宣洩域內過量之雨水，在冬季之時，不得不由新築之壩，特開一放水之溝，以資排洩。今年水漲時，又非重築土壩不可。如此每年開溝築壩，既感煩勞，又費鉅款，殊非上策。鄂豫贛三省剿匪總司令部鑒于金水整理，不獨消弭四縣之水患，亦足以復興農村，爲經濟破產之一助，遂令全國經濟委員會指撥鄂省堤工專款之一部分，作爲築壩建閘完成此項計畫之用。技術方面，仍照原案，責令揚子江水道整理委員會主持指導。惟現所實施之計畫，與原計畫略有更改，卽將洩水閘與土壩，均建築於禹觀山一帶。據該山岩層，鑽驗成果，頗合建造洩水閘之位置，且可節省建築經費，故幾經探討後，始決定在禹觀山開鑿三洞，每洞寬六公尺半，高七公尺，足資內潦之宣洩。且爲操縱水量起見，每洞裝置斯東耐(Stoney)節制門。其構造係利用轆轤(Roller)，以減少此門升降應需之力量。

上述壩閘工程，業於今年四月二十日在漢口江漢工程局公開投標，結果由阮順興建築公司得標承造，標價爲207,713,20元，訂明於明年一月十五日完工。現已有工人數千，開挖洩水閘前後之引河，以及建築土壩工程。斯東耐節制閘門，亦已向英國工廠定造，在完工以前，定可安置齊全。至於建造船閘工程，擬於明年進行。其位置初擬與洩水閘同在禹觀山，嗣恐洩水與航運水路合而爲一，諸多不便，且其基礎石層尙有顧慮之處，故其位置擬仍照原定計畫，利用赤磯山建築之。

金水整理計畫，由揚子江水道整理委員會慘淡經營，先後將近十年，今始得見諸實施。預卜完工以後，金水流域，水量可以調劑裕如，不復重見水災。卽以增墾九十萬畝之田地計算，(實際尙不止此數)，每年農產增收，至少在四五百萬元以上。而地價亦因

17253

之增高，其值當在四五千萬元。武，咸，蒲，嘉四縣人民，固直接身蒙其利，而地方政府當此農村破產之際，亦共踩躪之後，得此二千五百方里之區域，以耕植生產，安居樂業，未始非水利救國之一途徑也。

（編者按：此稿寄到後，金水閘築壩工程，忽因本年六月間長江夏汎漲水而潰決。今則江水已退落，工程又在進行矣。附照片一張，為本年五月二十一日所攝，為用船隻運泥，拋入水中築壩情形）

粵漢鐵路株韶段工程進行情形

凌鴻勛講 桂銘敬記

（廣州分會六月份常會演講）

『會員諸君：兄弟所講之粵漢鐵路工程進行情形，或可作為一種工程參攷之資料，在粵漢南段之歷史，初係向美國借款築路後改為商辦，再由商辦改為國有，至民國四年築至韶州，即告停頓。北段則用湖廣四國借款中之英國借款，築至株州，因歐戰關係，借款斷絕，遂告停頓。中間所餘未成之450餘公里，直至民國十八年，始繼續興工。最近由韶州至樂昌50公里之路綫，大致完成，尚差10餘公里之鋪軌。以前因為經濟上未有擬具整個計劃，故南北兩段工程，無大進展，自英國宣佈退還庚款，以三分之二用於鐵路建設事業，並指定以庚款完成粵漢為目的，將來以路作為担保，還本付息，以作教育基金鐵道部遂決定四年計劃，以最短時間，先行打通全路，逐漸再圖改善。查庚款分為外洋材料，及本國工料兩項用途。外洋材料在倫敦購料者，有英金一百六十五萬鎊，國內工料有三千二百萬元，自今年起至民國十四年，方能付完。但完成計劃係以四年為期，到期之款可以動用，惟四年後未到期之款，幾經磋商，決定發行公債，使可先期提前應用，以應工需，俾得早日完成。

在過去數個月，因為庚款遲遲未決，工款有限，僅在南方先進行興工，樂昌至大石門之一段。查南段路綫為湘粵交界之處工程最困難，費時較多，故應先行動工。在湖南省之公路極為發達，已通至宜章，若鐵路能築至與公路接通，則南北交通已有較便之辦法，因樂昌坪石間雖係沿北江上流，有船隻交通，但灘瀧湍急，諸多危險也。

樂昌坪石間路綫之選擇，祇有沿北江上流，即武水東岸而行，懸崖峭壁，石工浩繁，前時洋工程司測量，亦沿武水河岸選綫，惟較為深入。由樂昌至羅家渡一段，約有隧道30座，現將綫移靠河邊，以圖避免，僅餘隧道6座，最長者約230餘公尺，惟防禦工程較多。以過去韶樂一段之建築經過而論，小包工制極不好，資本短少，能力薄弱，故樂昌以北開工之前，曾在國內各處宣傳，招攬多些大包工，結果皆裹足不前，應徵者多則四家，少則兩家，推求其原因，則：(1)包工多願在城市內做工，而不願在野外；(2)政府事業不願意參加，粵路雖有庚款保障，但適有庚款停付消息；(3)樂昌坪石間村落無多，就地招工不易，再加之運輸困難，及匯兌不易，等問題，故工價無形中提高不少。現此段工程已陸續發包，希望一年內可築至坪石，則湘粵交通問題可得一部分之解決。

至於坪石郴州間，為湘粵兩省交界地方，即為揚子江及珠江兩流域之分水嶺所在地。此段路綫最有研究價值，前後經測量多次，因採用坡度主張不同，路綫尚未決定。故此段之坡度，為定綫之先決問題。鐵道部因此會召集粵漢南段，株韶，湘鄂等三段技術會議，商榷統一全路之技術問題。查湘鄂之坡度有1%，認爲不盡妥善，南段用0.7%，此外主要幹綫，如平漢，津浦，隴海，均.15%坡度。國有鐵路亦以不超出1.5%爲標準。粵漢雖屬幹路，若採用1%或1.5%坡度，而集中於一區段內，斷不致影響及於全綫。現已根據此種議決，進行測量，爲最後之定綫。

北段株州淥河之大橋橋工，大約本年冬季亦可着手進行。

此外全綫技術之統一，爲極重要之問題，否則各不相接，將來聯運，極有影響。故在四年內南北已成之路，應盡量照標準改善，則株韶四年完成後，方能與之銜接，不生障礙也。

治河經濟

查利博士演講

本年四月十日，本會上海分會假銀行俱樂部舉行常會，並請濬浦局總工程師查利博士（Dr. H. Chatley）演講『治河經濟』，（Economics of Conservancy Works）由會員李學海筆記概要，復經博士修正，茲特發表於下。

(甲)概論

(一)負有經濟的利益之責任(Responsibility for financial benefit)其在河工尤屬重要

(二)負有社會的影響之責任(Responsibility for social reaction)節省勞工(displacement of labour)

(三)政治的可能性(Political possibilities)注重事實毋尙空言(Importance of facts versus words)

(四)技術統治的理論(Theory of Technocracy)

在理想上，雖可假定一切機械，均能充分代替人工。但在事實上，因運用機械，而轉發生若干需人的職務。故所省人力，除少數情形外，大都較原擬爲少。

現時工業之不振，實由於資本不能流通。(freezingal credit)以及利息負擔重大之故

(五)價格用金錢以估計物價，本不準確。惟因現世無較此更爲適當之物，故權以金錢充之耳。

(六)利債務宜避免，庶不致子母相生，本利日積，終難償還也。

(乙)治河工程

(一)宣洩　凡不常遇大潮汛之處，最好將所有房基加高，使常高出大汛潮線上，並於四周建築高度適中堤壩等，以資保護。若欲防止洪水，有時頗不經濟。

(二)灌溉　凡每年最小雨量低於250公厘，以及因灌溉工程而收穫增加之價值，大於所需費用時，從事灌溉設施，方爲經濟。他如低田內所用之各項引水工程，概不在此例。

(三)航行　關於浚深揚子江中全部沙灘，(其排水深度，雖在冬令，亦有809英尺左右。)以利船舶航駛一層，似欠經濟。此項工程所需之費用，與所得之利益相比，殊覺得不償失。其較經濟之法，厥惟改良船舶本身耳。

(四)機力之供給　爲統一機力供給計，曾有在宜昌山峽間，利用揚子江水源，建設一大規模水電廠之議。惟此項計劃實行時，必須宜昌附近市民，能盡量利用該廠所發出之電力，否則便不合算。

(五)墾地之升科　此項事業，現時荷蘭人多行之。其法，僅就江邊於淤淺之地，圍以堤壩，更將壩內填實，闢成平壤。惟原有灘地，須較高，方爲經濟。若灘面低於中潮線，或灘上覆水甚深時，則在事實與經濟方面，均難升科

17255

(六)揚子江之整治

(1) 最經濟的辦法，是在江岸後面甚遠之處，築堤防水，而將堤前墾地，完全放棄，不必沿岸加做護坡工程。至於整理沙灘一事，究竟於建築順水壩(Huge Training walls)與直接開浚兩種辦法之中，以何者爲較廉，此項經濟問題，頗難立刻斷言。

(2) 改狹揚子江口一事，實施頗覺困難。江中沙灘，雖可用縮水壩(Twin Converging Walls) 以改深，惟漲潮時，潮水水量減少，勢將使黃浦江及其他潮區一帶，逐漸淤塞。故縮水壩之式樣，實以漏斗形爲最適宜，而其高度，僅可及於中潮線，俾潮水得以盡量流入。

(七)折舊 (Depreciation) 宜用複折法(Compound discount)，並用賬面價值之百分率計算，庶使賬面價格，永遠存留。

(八)乍浦開闢東方大港計劃(答客問)此港若不浪用鉅款，盜量經營，則僅足供當地海港之用。綜其弱點甚多，玆特臚舉於下：

(1) 此港與揚子江之直接交通，極感困難。若開鑿運河(Shipcanal)並裝置閘門等設備，則所費又屬不貲。

(2) 海口情形，現時尚好。惟變遷甚速，極易損壞。且因河槽不定，難浚深。

(3) 該港水流甚急，將使海岸及碇泊設備等工程，益形艱鉅。

(4) 該港距上海港口太近。

(5) 該港若不施以鉅大工程，充分改進，則勢難招致船隻，而與他港競爭。是故欲求該港之發達，必先費鉅量本金，以及犧牲大宗利息，然後始克奏功。

蘇州電氣公司新鍋爐紀要

張寶桐

蘇州電氣公司，地濱胥江，發電容量已達9350千瓦爲國內民營大發電廠之一。公司原置有水管式鍋爐7座，總熱面計共1550方公尺；惟以各爐熱面較小，附件亦不齊全，設備既簡陋，用煤自難經濟；爰于前年機量增加之後，亟謀添置容量較大，附件比較完備之新鍋爐壹座。此項工程，已于本年三月中旬正式使用，成績良好。玆將新鍋爐工程概要，摘述一二。

新鍋爐爲捷克國斯可達廠出品，灣管式(Steep-Tube)，16大氣壓，550方公尺，蒸汽熱度爲攝氏320度。大小氣鍋計有3具泥鍋1具，加熱器介于前後二汽鍋之中，其上管子係垂直排列之一式。爐子水管，有長有短灣度亦不等，計共17種，都330餘根，以聯繫上下汽鍋泥鍋之用，而使下端泥鍋，伸縮完全自由。後汽鍋上疊有小汽鍋一具，其上除連接保險汽管放汽管之外，置有20公分(8英寸)徑汽管兩道；一係直接通連加熱器，而至總汽管，另一道則爲通連蒸汽熱度調節器，而達加熱器者。鍋上大小蒸汽凡而並水凡而，共50餘具，均編註號數，以資初用者之識別。

新爐高度達14公尺，以鍋爐房地平不高，爲防止水患起見，爐底出灰之部，均未借地，以故爐房高度，升至18公尺。爐子佔地寬8公尺長14公尺。爐頂鐵烟突，距地約高35公尺。新爐牆身，計厚700公分，全部爐牆工程，計用紅磚十餘萬塊，火磚四萬餘塊，惟以建築者，包工不善，爐牆頗多漏氣，今已加以修理，全部裝置工程，歷時達十閱月，亦可見工程之巨矣。

鍋爐附屬設備，有自動加煤機2座，各具馬達1座以帶動之。省煤機在爐後端，左右分列，亦得于急需時分用之便。送風箱1座，引風箱2座，其原動力均爲馬達。蒸汽熱度調節器在爐頂之一角。在後端汽鍋之側，則有爐子進水自動節制器。爐子冲灰設備，于省煤機部分，係裝置牆內，使用尚便；惟水管冲灰器，則屬手提式之一種，未見妥善。

鍋爐表件，有下列數種：汽壓表1具，蒸汽熱度表2種，風力表1具，爐水指示表1具，(遠距離式)炭養二分析表1具，量水表1具，量蒸汽表1具，烟弄測熱表1具，省煤機進出水溫度測熱表等多種。

膠濟鐵路行車時刻表

民國二十年七月一日改訂實行

下行車

站名	到開	五次車	三次車	十一次車	十三次車	一次車
青島	開	七・〇〇	一二・〇一	一五・〇〇		二二・〇〇
大港	開	七・一一	一二・一一	一五・一二		二二・一一
南泉	開	八・一二	一三・一二	一六・三三		二三・〇九
膠州	到	八・五九	一三・五三	一七・三〇		二三・五〇
膠州	開	九・〇一	一三・五五	一七・四九		二三・五二
高密	到	九・三八	一四・二六	一八・三一		〇・二三
高密	開	九・五三	一四・四一	一八・四九		〇・三八
岞山	開	一〇・五四	一五・四〇	二〇・一四		一・二七
坊子	到	一一・三九	一六・二三	二一・一〇		二・〇六
坊子	開	一一・五四	一六・三七	二一・二五	七・〇〇	二・二四
濰縣	到	一二・一四	一六・五七	二一・四九	七・二四	二・四四
濰縣	開	一二・一七	一七・〇一		七・三四	二・五〇
昌樂	開	一二・五四	一七・三七		八・二六	三・二一
青州	到	一三・四四	一八・一八		九・二六	四・〇二
青州	開	一三・四六	一八・二〇		九・四一	四・〇四
張店	到	一四・五三	一九・二五		一一・〇三	四・五六
張店	開	一五・一〇	一九・四六		一一・一八	五・一四
周村	到	一五・三八	二〇・一一		一一・五二	五・三九
周村	開	一五・四〇	二〇・一三		一二・〇二	五・四一
普集	開	一六・二六	二〇・五六		一三・一四	六・二一
棗園莊	開	一六・五一	二一・二一		一三・四六	六・四三
黃臺	開	一七・四四	二二・一三		一四・五八	七・二八
濟南	到	一七・五六	二二・二五		一五・一二	七・四〇

上行車

站名	到開	六次車	十二次車	四次車	十四次車	二次車
濟南	開	七・一五		一二・一五	一四・一〇	二二・〇〇
黃臺	開	七・三〇		一二・二九	一四・二六	二二・一四
棗園莊	開	八・二六		一三・二二	一五・四六	二三・一〇
普集	開	八・五四		一三・五〇	一六・三二	二三・二六
周村	到	九・三三		一四・二六	一七・二一	二三・五九
周村	開	九・三五		一四・二八	一七・三一	〇・〇一
張店	到	一〇・〇〇		一四・五〇	一八・〇一	〇・二三
張店	開	一〇・〇〇		一五・一二	一八・三三	〇・四一
青州	到	一一・三一		一六・一九	二〇・〇六	一・三六
青州	開	一一・三四		一六・二一	二〇・一九	一・三八
昌樂	開	一二・二五		一七・〇三	二一・二五	二・一九
濰縣	到	一三・〇四		一七・四一	二二・〇六	二・四八
濰縣	開	一三・〇八	六・三〇	一七・四五	二二・二六	二・五四
坊子	到	一三・二八	六・五六	一八・〇六	二二・四二	三・一五
坊子	開	一三・五〇	七・一〇	一八・二二		三・三六
岞山	開	一四・二五	八・一三	一九・〇四		四・一五
高密	到	一五・四二	九・二二	一九・五九		五・〇一
高密	開	一五・五七	九・三九	二〇・一三		五・一六
膠州	到	一六・三五	一〇・二三	二〇・四五		五・四八
膠州	開	一六・三七	一〇・三三	二〇・四七		五・五〇
南泉	開	一七・二二	一一・二五	二一・二六		六・二九
大港	開	一八・二五	一三・〇七	二二・三〇		七・三〇
青島	到	一八・三〇	一三・一三	二二・三五		七・三五

17257

隴海鐵路靈潼段行車時刻表

第一次特別快車自東向西每日開行；第十九次客貨車自東向西每日開行（自右向左讀）

第二次特別快車自西向東每日開行；第二十次客貨車自西向東每日開行（自左向右讀）

站名	列車次數（自東向西）	時間	列車次數（自西向東）	時間
徐州府	第一次 八點十分開	上午	八點〇五分到	下午
碭山	十點十六分到 十點二十六分開	上午	五點五十四分到 六點〇四分開	下午
商邱	十二點〇九分到 十二點二十九分開	上午	四點〇二分到 四點十七分開	下午
開封	四點三十二分到 四點五十二分開	下午	十一點五十五分到 十二點十五分開	上午
鄭州南站	六點五十一分到 七點十一分開	下午	九點四十二分到 十點〇二分開	上午
汜水	八點三十三分到 八點四十三分開	下午	八點四十分到 八點四十二分開	上午
鞏縣	九點二十三分到 九點二十五分開	下午	八點〇四分到 八點〇六分開	上午
孝義	九點四十七分到 九點四十九分開	下午	七點四十六分到 七點四十八分開	上午
洛陽東站	十一點十二分到 十一點四十二分開	下午	六點十五分到 六點三十五分開	上午
新安縣	一點二十二分到 一點三十二分開	上午	四點五十分到 五點開	上午
澠池	三點二十一分到 三點四十一分開	上午	三點十八分到 三點二十三分開	上午
觀音堂	四點三十七分到 四點四十二分開	上午	二點三十一分到 二點三十六分開	上午
會興鎮	六風〇八分到 六點十八分開	上午	〇點四十二分到 〇點五十二分開	上午
陝州	六點五十分到	上午	第二次 〇點〇五分開	上午
陝州	第十九次 七點二十分開	上午	十點二十五分到	下午
靈寶	八點三十二分到 八點四十七分開	上午	九點〇一分到 九點十六分開	下午
閿鄉	十點二十分到 十點三十五分開	上午	七點十三分到 七點二十三分開	下午
盤頭鎮	十一點五十二分到 十一點五十五分開	上午	五點五十三分到 五點五十六分開	下午
文底鎮	一點二十分到 一點二十三分開	下午	四點五十二分到 四點二十八分開	下午
潼關	二點二十分到	下午	第二十次 三點三十分開	下午

17259

新爐蒸汽担保量，每小時18,200公斤(40,000)磅，而試用結果，可常用達22,700公斤(50,000磅)左右。燃料則用開平特屑，或一號屑大通屑等。上下風箱僅需于重負荷時，全部開用；在白天負荷較輕時，祗用引風箱一座即足。新爐蒸發量，可以常供3600千瓦之用。平常用舊爐時，每度電平均燃料消耗爲1,42公斤3,12磅，新爐使用後，消耗量驟減至1.1公斤2.4磅，約省煤四分之一，故新爐之燃料經濟，蓋可無疑義也。

新爐種種設備，既如上述；但亦有數點，須謀改善者。例如加煤機後端，起灰鐵板不甚活動，煤滓不易傾瀉；引風箱鐵殼之設計未盡善，一經澎漲，風箱叶子易于聲震作響，似難久用；爐下出灰門拉手，裝置不妥；水管冲灰設備之不用裝置爐牆內一式者，使用均稱不便。

全部鍋爐價格，包括關稅在內，爲美金30,000元零。款分三年清償，條件不可謂不優。鍋爐備件亦頗完備也。新爐高度既高，運煤已非人力所能勝任。近經採用1.5 噸量德國Demag廠電動吊煤車1座，以減人工。爐場上亦將計劃敷設小軌道，以利運送焉。

中國工程師學會會務消息

◉第十次董事會議記錄

日　期：二十二年七月十六日上午十時

地　點：南京鐵道部七號顏寓

出席者：徐佩璜(韋以黻代)，韋以黻，支秉淵(惲震代)，惲　震，周　琦(吳承洛代)，吳承洛，李屋身(凌鴻勛代)，凌鴻勛，胡庶華(顏德慶代，顏德慶，楊　毅，茅以昇，任鴻雋，薛次莘。

列席者：鈕因梁。

主　席：顏德慶；　紀錄：鈕因梁。

▲報告事項：

(一)惲董事報告，朱其清君爲紀念其母顧太夫人，設立獎學基金一千元，所擬辦法已草就。

(二)北平會所修理事，前由北平分會商請本會撥借三百元，以資修理，本會已允撥借。

(三)長沙分會業已成立，當選會長胡庶華，副會長余籍傳，書記王昌德，會計任尙武。

▲討論事項：

(一)朱母獎學金案。

議決：董事會擬改爲應徵每三年舉行一次，每次三名；或每年一次每次一名。請執行部再與朱先生磋商。至給獎儀式，在年會舉行。

(二)工程師信守規條案。

議決：原擬信條七條，及惲董事所擬修改六條，交執行部即在週刊內發表；並分發通函，請各會員研究，再在本屆年會提出討論。

(三)民營電業聯合會請求減輕會費案。

議決：請執行部查明現在各職業團體會費繳費情形，再行擬定辦法。

(四)會員孔祥鵝停止會員資格案。

議決：照案通過。

(五)會員陸增祺君請本會刊印機車鍋爐之保養及修理書案。

議決：請韋以黻，程孝剛，朱葆芬三會員審查該稿質量，及發行之性質，由韋以黻召集。

(六)審查新會員資格案。

議決：李國鈞，梁永鎏，方季良，江河，邱志道，朱　黻，林秉益，陳振鵬，王壽寶，王總善，王恢先，，等十一人，通過爲正會員。

蔡杰林，李風逵，李清湘，陳普康，張景文，廖温義，羅明燏，樓兆緜，等八人，通過爲仲會員。

甘嘉謀，劉子琦，卓文貫，黃瑞璇，

17261

葉良弼，陳鏡初，蔣仲愼，鄭 華，覃修典，林培琛，姚 毅，黃仲才，薛炳蔚，周季產，吳 璞，張貴奮，王竹亭，魯 波，鄺榮輝，翟慕簡等二十人，通過爲初級會員。

華商電氣公司通過爲團體會員。

仲會員唐子穀請求升爲正會員，通過。林聯軒，林翠鈞，蘇爾肅，宋奇根，等四人通過爲初級會員。錢毅通過爲正會員。黃棟光，甄卓然，江瑞麟，等三人，爲仲會員。以上共八人每人尚少一人證明書應卽催交證明書美國分會會員資格照周琦李屋身支秉淵三審查委員所擬辦法通過。

(七)夏董事光宇提議，建築總會會所應否卽行進行案。

議決：徵詢執行部及工業材料試驗所委員會意見，擬在永久會費基金項下，撥壹萬元，先在首都購置基地。

◉第六次執行部會議記錄

日期：二十二年五月十八日下午五時半。地

地點：上海南京路大陸商場五樓本會會所。

出席者：支秉淵，裘燮鈞，張孝基，馮寶齡

主 席：支秉淵； 紀錄：裘燮鈞。

▲報告事項：

1. 北平分會職員，因副會長金濤君已離平，書記孫洪芬君往歐洲，再行選舉，其結果副會長顧毓琇君當選，書記孫國封君當選。
2. 呈請實業部制定技師公會法規案，已奉部批，應毋庸議。
3. 亞細亞火油公司捐贈本會圖書室，Engineering News-Record 自民國九年七月起至十七年十二月止，共裝訂十七巨册。
4. 蘇州會員張寶桐君來函，願爲本會恢復蘇州分會 現已去函請其主持召集。
5. 本屆年會日期，經年會籌備委員會決定，自八月廿八日起至九月二日止。

▲討論事項：

1. 據會員朱其淸君來函，爲紀念其母顧太夫人，提出現金一千元，捐贈本會作爲徵求論文基金。其每年息金，獎與國防利器有發明或改良者，或與國防論文極有價値者。本會應否接受案。

議決：接受；並推朱其淸，惲震，王崇植三君，擬具詳細辦法。

2. 關於工程師信守規條，業已由委員李書田，華南圭，邱凌雲三君，會同擬訂草案七條，送會，應如何辦理案。

議決：交由董事會審議。

3. 關於陸增祺所編『機車鍋爐之保養及修理』一書，刻已送到，應如何辦理案。

議決：先請施鎣，陳明壽，二君審查內容再議。

4. 週刊總編輯函稱，以去歲滬變後迄今逾年，週刊未能按期出版，核與事實不符，茲爲補救此項缺憾起見，擬提議將週刊每年出版期數，改爲廿六期，價目改爲每期四分，是否可行，請核示案。

議決：請週刊總編輯縮短出版日期，仍希望達到每週出版一次；加價一節，暫行緩議。

5. 北平分會請撥北平會所修理費三百元，應否照撥案。

議決：前經第六次董事會議定，以北平分會所收會費應解與總會之半數，撥爲北平會所修理費之用；惟爲迅赴事功起見，由總會暫行墊借，請北平分會以收得租金及會費，儘先歸墊。

6. 發給吳鴻照，柴志明，二君技師登記證明書，請予追認案。

議決：准予追認。

◉廣州分會消息

五月份常會

廣州分會於五月七日舉行第四次常會，往石灣旅行，并參觀該處土法製造陶瓷及缸瓦等工業，會員親屬亦歡迎參觀。是日同往者共有四十餘人，頗稱一時之盛。上午十時，在石圍塘搭廣三火車(廣州至三水)，至佛山，約一小時卽到達。再由佛山搭長途汽車，約十五分鐘到石灣。查石灣一村，居民約四五千人，皆以土製陶瓷缸瓦爲業。其黏土原料(Kaolin)係從花縣及東莞等處運來，手工技藝亦頗精緻，價値不昂，間有運銷至外洋者，若能稍爲改良，及廣事宣傳，亦未始非振興國貨之一法。參觀畢，各人均購得精美陶瓷，返以作紀念云。

六月份常會

廣州分會於六月十六日下午六時，假座文德路歐美同學會，開六月份常會聚餐。到會有會員二十人，來賓二人。餐畢，先由淩會長竹銘報告會務：(1)新近經第九次董事會通過加入本分會者，有陳丕揚，曾叔岳，黄子焜，梁漢偉，馮鳴珂，等爲正會員；鄭海柱，徐堯堂，黄權，張瀚銘，等爲初級會員。(2)本年年會由八月廿八日起，至九月二日止，在武漢舉行，請分會會員設法去參加，并將論文及提案送會討論。(3)催交本年度會費。

會務報告畢，并由淩會長演講「粵漢鐵路之工程進行情形」，演辭另錄。

八月份常會

八月十一日下午六時，假座歐美同學會開第八次常會，敍餐，到會二十人。首由淩會長報告：(1)七月十六日第十次董事會議通過本分會介紹之陳振鵬，唐子穀，江河，方季良，梁永鎏，爲正會員；李清湘，李風遠，蔡杰林，爲仲會員；陳銳初，葉良弼，黄瑞發，卓文貫，劉子琦，甘嘉諫，等爲初級會員。(2)年會本月廿八日至九月二日，在武漢大學舉行，有一部份會員往長沙參觀公路建設，有一部份往大冶鑛場參觀，鄙人亦往參加，希望各位會員亦踴躍參加，并擬具提案或論文送會。(3)會計李卓報告本年收支狀況

又討論事項：(1)本屆分會職員會長淩竹銘，副會長容侶梅，書記桂銘敬，皆同在株韶局辦事，因遷局事，未能繼續担任會務，應如何辦理。經提出討論，議决：以本屆選舉之次多數遞補，俟任期完畢，再行改選。查胡棟朝爲會長之次多數，劉鞠可爲副會長之次多數，李拔爲書記之次多數，經卽分別函知，請繼續担任，以利會務進行。

(2)本分會屢欲組織成立而未得，此次淩竹銘先生來粵，對於會務素具熱心，將分會組織成立，并爲首屆之分會會長，今有遠行，同人無可挽留，擬略贈紀念物，以爲紀念，請李卓君辦理，請公決。(議决)：通過照辦。

(3)請提出大會，請將下屆年會在廣州舉行。(議决)：交書記桂銘敬起草提案。卽寄武漢大學年會籌備委員會。

餐畢盡歡而散。

◉南京分會七月份常會

南京分會於七月十七日午後七時，假座中華路老萬全菜館，舉行常會。到會會員三十二人。議決會務如下：

一、推定胡博淵，惲震，楊毅三君，爲下屆本分會職員司選委員。

二、推定章以黻，王崇植二君，查核本年度本分會會計賬略。

會務討論完畢後，請會員淩鴻勛君，演講粵漢路工程進行狀况。

淩君主持該路工程，南北奔走，鞅掌賢勞，此次適逢來京，與鐵部接洽要公，因得請其出席本會演講，各會員聞此貫通南北之偉大鐵路工程，正在督促進行，無不歡欣快慰。

會長薩福均君報告，擬於下月內擇定一日，請各會員參觀南京浦口間輪渡工程。

時已十時，隨卽散會。

青島分會五月份常會

五月二十八日正午，青島分會假可可齋開五月份常會，到會員十一人，并來賓一人

。餐畢，參觀青島港務局新建第五碼頭工程。第五碼頭位第二第三碼頭之間，爲預定之煤炭碼頭，寬100公尺，長平均550公尺，最低潮位士〇，最高潮位十4.40，碼頭高＋6.00深－9.50，濱海三面悉用混凝土巨塊砌築，共計需用五千餘塊，現正在製造。乃同乘港務局小輪前往製造工場參觀。自混凝土拌和打好至搬運上船，佈置頗稱良好，而每巨塊重40噸，搬運之設備尤可觀。幷經該局工程師Schnock,張科長及彭劉諸君詳細說明。觀畢四時回青。

◉蘇州分會恢復成立

蘇州分會前經會員張寶桐君發起，舉行敍餐，議决辦理通訊選舉。選舉結果，孫輔世君爲會長，王之鈞君爲會計，劉東煒君爲書記，乃於八月三日下午七時，在凱司令酒樓，召集在蘇各會員，舉行第一次常會，到者：孫輔世，洪嘉貽，沈 劭，顧濟之，張寶桐，費盛伯，章祖偉，劉東煒，陸文華，倪荻舟，

由孫輔世主席報告上次通訊選舉結果，後會員張問渠報告蘇州分會經過狀況。次討論會務，議决七項如下：

(一)按照分會標準章程，有副會長一席，本會現在會員甚少，無設立之必要，俟將來會員加多時，再行增添。

(二)本會常會暫定每二月開會一次。

(三)由各會員向各方徵求新會員。

(四)欠繳會費由本會通知會員，先行核對後，再向本會會計繳納。

(五)暫借大郎橋巷太湖流域水利委員會爲本會通訊處。

(六)會員之住居在蘇州者，得爲本分會會員，將會費解繳本會。

(七)本分會會員之本年度會費，須一律向本會繳納。

◉武漢分會第三次例會

地　點：武昌珞珈山武漢大學。

時　間：二十二年七月二日上午十時。

出席人：陳崢宇，危文翰，陸寶愈，劉震寅，高凌美，張 道，郭仰汀，鄭治安，邵逸周，趙福靈，郭 霖，呂煥義，劉以均，繆恩釗，王德鍇，平永龢，楊道明。

主　席：陳崢宇代；　紀錄：書記徐元亮。

甲，報告事項，

1.本分會自上次例會以後，至此次例會止。計收文十七件，發文四百九十三件。

2.本分會會員計新入會者，有邱志道，張仙橋，江瑞麟，陳普廉，吳長清，張景文，等六人。請求登記者，有蔣光曾，曹銘先，聶光堉，汪禧成，周煥章，等五人。現已離開本分會者，有賈占龢，龔永煌，王光，林海明，高履貞，黃秉政，楊劍聲，葛灃，等八人。不願爲本會會員者，有李紹美，潘祖武等二人。已亡故者，有李彭年，孟永聲，駱家本等三人。現本分會實際上已經總會審查合格各級會員有一百五十二人。

3.本分會會員近來因職務變遷，或更易居址者甚多，往往所寄函件，被郵局退回者，時有數起，希望各會員就個人所知其他會員因職務變遷，或地址更易，其確有通訊處者，隨時賜告本分會，俾便登記，或更正，以免遺漏。

4.本分會會員錄，原規定五月中旬出版，祗因各會員之像片，及製銅版費，履歷表，多未交會，以致不克編印，故遲延至現在。前已函請總會將本分會各會員詳細履歷，塡送一份，於前日業已寄來，不日卽可編就付印矣。

乙，討論事項：

會建議，關於湖北水利堤工清委會處罰不

1.據本分會會員劉震寅，劉以均等，向本分

公，懇請本分會呈請總司令部，另派土木

工程人員，到堤乘公詳察案。

決議：由本會職員，會同本分會土木組組織審查委員會，並公推土木組長屠慰曾先生，武漢大學繆恩釗先生，平漢路趙福靈先生，會同先行實地調查。同時函江漢工程局，漢口市政府，武漢警備司令部，等三機關，請其查照函復後執行。（三機關之公函，應據會員劉霆寅劉以均等來函內容。）

2.據總會來函，稱武漢分會會員尚有二十餘人，未辦清入會手續等語，所有各該會員，擬請從速補具入會手續，以資劃一案。

決議：所有非會員已將手續辦清者，在分會登記，未辦清者，以後各會均不發通知。

3.本分會會員錄付印在即，及三屆年會日期迫促，在在需款甚急，而各會員應繳各會費，多未繳納，殊屬有礙進行，究竟如何辦理，請公決案。

決議：函請從速繳納，以維會務。

4.關于會員錄原規定刊入各會員像片，歷時已久，已交像片及製銅版費者尚不達半數，其未交各會員應如何辦理，請公決案。

決議：函催從速將像片或銅版交分會。

5.本分會第四次例會開會地點及時間，如何指定案。

決議：地點在漢口中山公園舉行，時間定於本月最初星期日，並由漢口市政府及江漢工程局招待。

6.本分會各組組長選出，業已多時，究竟如何進行，以便精研學術促進工程發展，使社會明瞭本分會之使命案。

決議：分別函請各組長積極進行

後午餐畢散會

◉更正

本刊第九期137頁，左格第六行，應更正如下：

手槍彈　發射藥0.4—0.5公分

◉本刊啓事

本刊因編者遠行，致六月，七月，八月，三個月未曾出版，深為抱歉。茲自九月份起恢復出版，下期為本會年會專號，併以附告。

◉會員通信新址

38馬少良	(職)	上海北京路378號景雲大樓209號同德華行
30胡嗣鴻	(職)	上海拉都路360號圓圓織造廠陣
9朱神康	(住)	南京中正路334號南洋汽車行南首朱宅
37秦　瑜	(住)	南京大石橋新安里九號
72蔣以鐸	(職)	南京中山路華中公司
32倪慶穰	(職)	上海亞細亞火油公司工程部
35徐佩璜	(住)	上海亘斯來斯路232號.
24周賢育	(職)	廈門思明市工務局
42張敬忠	(職)	廣州豐甯縣西瓜園自動電話管理委員會
8任國常	(職)	上海成都路昌明電器公司
	(住)	上海甘司東路225號
54曾昭掄	(住)	南京傅厚岡34號
9朱　誰	(職)	南京實業部
53連　濬	(職)	福建龍溪十九路軍總指揮部
64詹慰曾	(職)	閔行五省公路輪渡管理處
20汪仁鏡	(職)	上海廣東路50號中華公司
81關頌聲	(職)	上海甯波路40號基泰工程公司
77薛桂輪	(職)	上海極司非而路3號財政部江蘇省硝磺總局
45章臣梓	(職)	隴海鐵路潼西段工程局（鄭州）
62葉家垣	(職)	漢口湘鄂鐵路局工務處
7王愼名	(職)	漢口市政府
32唐季友	(職	安慶省會工務局
73鄭禮明	(職)	南京西華門建設委員會
1于潤生	(職)	開封電政管理局

17265

80譚寄陶 (職)漢陽火藥廠
58黃述善 (職)上海市公用局
(住)上海法大馬路長沙商棧328號
23周大璐 (職)上海漢口路江海關二樓估價處
11何國梧 (職)廣州市十三行粵漢路株韶段工程局
15李 拔 (住)廣州廣大路二巷27號
41張福銓 (住)南京三牌樓通海里六號
3毛起鵴 (職)上海福建路電話公司
20汪籍成 (住)漢口特三區咸安坊九號
9朱 允 (職)南京電報局
21沈景初 (職)南京韓家巷揚子江水道整理委員會
72蔣光曾 (職)漢陽火藥廠
12吳 敬 (職)漢口特三區管理局工務股
61楊景煃 (職)上海博物院路三號中國實業銀行總管理處
79聶肇靈 (住)天津河北大經路三元里一號
34孫同人 (住)南京太平路福建里21號
11何 岑 (職)福州水部福建省度量衡檢定所
5王江陵 (職)株州粵漢路株韶段工程局測量隊
31郁秉堅 (職)上海南市電話局
1卞綬成 ℅ Socong-Vacuum Corporation Singapore. S. S.
7王毓明 (住)上海霞飛路霞飛坊69號
43張靜愚 (職)河南建設廳
51陳世仁 (職)武昌平湖門武昌臨時水廠
29胡 爵 (職)南京軍政部軍需署理化研究所
77薛紹清 (職)杭州浙江大學工學院
80譚友岑 (職)南京西華門首都電廠
40張延祥 (職)武昌湖北建設廳
45淩鴻勛 (職)湖南衡州粵漢鐵路株韶段工程局
49陳崇武 (職)武昌湖北建設廳省會工程處

工程

中國工程師學會會刊

第八卷第四號目錄(民國二十二年八月一日出版)

價目：每册四角。全年六册，定價二元；連郵費本國二元二角，國外四元二角

17266

工程週刊

(內政部登記證警字788號)

中國工程師學會發行

上海南京路大陸商場542號

電話：92582

(稿件請寄武昌閱陵街修德里一號)

中華民國22年9月15日出版

第2卷 第12期 (總號33)

中華郵政特准掛號認爲新聞紙類

(第1831號執據)

本期要目

本會武漢年會紀事

定報價目：每期二分，全年52期，連郵費，國內一元，國外三元六角。

年會參觀中國煤氣機製造廠攝影

中國工程師學會二十一年度會務總報告

本會自兩會合併以還，瞬經兩載，內部組織，漸臻完備；會務發展，亦日異月新。同人等承乏會事，竭其棉薄，事無鉅細，率循舊章，矧値國難嚴重之時，舉國惶惶，吾工程界同人，所負責任之重大，自非平常可比。同人等深知本會會務之進展，關繫至鉅，用能同心戮力，積極進行，實施原有事業。分工合作，推行固定計劃；兼程幷進，以副諸同仁付託之重，與夫期望之殷焉。茲謹將本年度會務經過狀況，擇其重要者，列敍如次，幸乞垂督。

(一)關於本會立案事項：

本會在實業部，早經立案。嗣以本會爲

17267

學術團體，例應向教育機關立案，後以總會地點，適在上海，乃於去年七月間塡送章程表格，向上海市教育局呈請立案，並請轉咨教育部備案。玆已奉到該局教字第六三九六號指令內開：呈件均悉，該會前經本局審查合格，並呈請市政府轉咨教育部備案。頃奉市政府第四七四三號訓令略開，案准教育部第一七七一號咨開，查中國工程師學會章程等件，尚無不合，應予備案，仰卽轉飭知照等因。奉此，合行令飭知照，並仰來局具領立案證書等因。現在該項證書，業已具領到會，是本會立案手續，已辦理完竣。

(二)關於會證事項：

會員會證式樣，業由會員董大酉君擬就，並經第十一次董事會議議決通過，刻正在趕印中。其格式分爲一二兩種，第一種係發兩會合併以前之會員，第二種則分發合併以後入會之會員。

(三)關於會員信守規則事項：

經聘會員李書田華南圭邱凌雲三君，組織工程師信守規條委員會，並經華邱李三委員，擬就中國工程師學會信守規條草案如下：

(一)對於職務，應以服役之精神忠誠任事。

(二)不准授受非分之報酬。

(三)不准直接或間接損害同行之名譽及其業務。

(四)不准傾軋同行之位置。

(五)不准以鄙劣之手段競爭業務或位置。

(六)不准於同行之事主前，任意妄評其工作。

(七)不准妄自宣傳，或有其他損害職業尊嚴之情事。

又經惲董事震，另擬六條如下：

(一)忠誠服務。(二)實事求是。(三)習勞耐苦。(四)非義勿取非予。(五)與人合作，力戒傾軋排擠。(六)不輕批評，不妄宣傳。

上項草案兩種，經第十次董事會決議，在週刊發表，並分發通函，請各會員詳細研究，再行提出本屆年會討論。

(四)關於新會員加入事項：

本會對於新會員之加入，向極審愼，自兩會合併提高會員入會資格以後，凡請求入會者，須經幾度嚴密之審查，並經董事會通過後方得入會。但限制愈嚴，而新會員之加入者，反更見踴躍，此足徵社會之信仰，與會務之發達。至本年度請求入會，經董事會審查通過者，計正會員四十二人，仲會員廿二人，初級會員五十人，團體會員二家。仲會員升正會員者三人，尚未經董事會通過者卅四人。此外新加入永久會員者，有下列十七人：

盤珠衡　程志頤　董開章　黃　炎
孫世纘　陳　瑋　李良士　李泰雲
趙曾珏　羅　武　戚鳴鶴　秦銘博
戴　濟　潘蘊山　許典彝　夏光宇
孫驤方

(五)關於發給技師登記證明書事項：

本會會員，向實業部呈請登記技師者，得由本會證明其無技師登記法第五條各情事。凡請求發證明書者，須由會員二人之證明，並提經執行部議決通過後，方予塡給，計本年度經本會發給證明書者共二十九人。

(六)關於會刊事項：

(1) 工程兩月刊　本會原有工程季刊，自沈怡君担任總編輯後，力事改良，質量方面，俱極充實，頗獲各方之贊譽；業經第六次執董聯席會議議決，自八卷一號起，改爲兩月刊，全年六册，定價每册四角，全年連郵費貳元貳角，現已出至第八卷第四期，銷數激增，除贈送會員外，外界定閱者，亦隨之增加。其由各代售處代銷者，爲數亦復不少，卽廣告收入，因本刊內容之充實，紙張印刷之精美，亦日見起色。

(2) 工程週刊 本刊自張延祥君担任總編輯，發刊以來，頗受社會歡迎，外界定戶，已增至六百三十戶。惟張君自任鄂省建設廳科長後，因公務鞅掌，週刊出版，難免略有延緩，現已出至第二卷第十期。

(3) 現代工程 係本會與晨報社合作刊物，由本會供給材料，交晨報館編輯發行，每星期四出版一次，本會會員，免費贈閱。

(4) 工程叢書 會員楊毅君所著機車概要，爲本會叢書之一，初版早經售罄，再版亦已發行。其他尙有會員趙福靈君所著之鋼筋混凝土，及陸增祺君所著之機車鍋爐之保養及修理兩書，俱經函請以本會叢書名義刊行。其中(一)趙君鋼筋混凝土一書，經第五次執行會議議決，請李鏗李學海二君審查內容，再行核定。(二)陸君機車鍋爐之保養及修理一書，經第十次董事會議決，請韋以黻程孝剛朱葆芬三君審查該書質量，及發行之性質。

(5) 工程名詞草案 原有土木，電機，機械，無綫電，汽車，染織，航空，道路，化學等九種。除土木機械兩種，現已贈完外，其餘各種，俱待增訂續印。玆編譯工程名詞委員會，已函託中央大學工學院建築科擬訂建築名詞，又託北洋大學及唐山交通大學擬訂礦冶工程名詞，並函託各大學工學院進行審查原有名詞，及增訂新名詞。

(6) 會員錄 本會對於會員通訊住址，向極注意，而於會員通訊錄之編訂，尤極重視。本年度會員錄已於廿一年十二月出版，早經分送各會員，如有尙未收到者，請逕函總會索取。

(七)關於圖書事項：

(1) 本年度續定西文雜誌，計有下列四種：

1, Power Plant Engineering, 2, Mechanical Engineering 3, Architectural Forum, 4, Engineering News Record,

(2) 亞細亞火油公司捐贈本會Engineering News Record 裝訂十七巨册。(自民國九年七月至十七年十二月)

(八)關於分會事項：

(1) 廣州長沙兩分會，已次第成立。蘇州分會亦已恢復

(2) 北平分會，自經兪人鳳，顧毓琇正副會長等負責辦理後，會務已大有起色，舊有文件契據傢具等項，早經接收完竣，會所房屋，亦正糾工修葺。

(3) 美洲分會，以相隔較遠。各項情形，不無隔閡，以前在美加入會員，未經送呈總會審查者甚多，卽所收會費，亦未照章將半數繳至總會，自廿二年七月間第十次董事會議決：訂定審查美國分會會員資格辦法四條後，刻正進行整理，該項辦法如下。

(甲)請總會先查明已收入會費各會員名單。(須查對會員錄有無列名與否)

(乙)凡已繳入會費，已列名諸會員，均承認其資格，不必再審查。

(丙)凡繳入會費未列名者，均須寄交新式會員履歷表，請其填明，並再寄回審查合格，繳費卽完全照新會員辦理。

(丁)凡已繳入會費而未列名者，亦須寄交新式會員履歷表，請其重塡，(寄到其永久通訊處)俟寄回再付審查，以定其會員等級。

(九)關於修理北平分會會所事項

北平分會會所房屋，因年久失修，危險

塌廢，曼據該分會函請撥款興修，當經第六次董事會議議決，以北平分會所收會費，應繳總會之半數，撥為補助修理房屋之用。嗣本會第六次執行會議後因該分會之請求撥款，議決除前撥會費之半數外，為迅赴事功計，由總會暫行墊借三百元，請該分會以將來收得租金及會費各項，儘先歸還，現該分會會所，已興工修葺，該項房屋修竣後，非特足供會員寄宿借住之用，且有餘屋可以出租。

(十)關於籌建材料試驗所事項：

本會材料試驗所地址，及建築計劃，早已決定，現經第九次董事會議決，先將試驗所籌備經過情形，及建築計劃預算等，作一簡明報告，刊印小册，分送各會員，以便着手勸募建築經費。

(十一)關於經濟事項：

本會經濟，端賴會員會費之收入，年來會員人數，雖年有增加，惟徵收會費，殊感困難，致會內經濟，頗受影響，即如入會費一項，屢經竭力催繳，積欠仍多，茲將本年度經收常年會費及入會費，刊佈於後，以供參閱，(截止民國廿一年八月十六日)

(一)入會費繳清者九十四人

(二)繳登記費者九人

(三)繳常年會費者計開於下：

(1)上海分會	二百六十二人
(2)青島分會	四十六人
(3)武漢分會	三十四人
(4)南京分會	三十一人
(5)天津分會	三十人
(6)唐山分會	十九人
(7)廣州分會	十九人
(8)杭州分會	九人
(9)濟南分會	三人
(10)北平分會	二人
(11)其他各處	八十六人
(12)預收會費	八人
(13)補收會費	廿五人

此外尚有分會直接收到會費，而未曾解總會者，計有濟南，南京，北平等三分會，現照收費成績觀之上海分會最佳。

(十二)關於獎學金事項：

會員朱其清君，為紀念其太夫人起見，允捐本會洋一千元，作為朱母顧太夫人獎學基金，以其利息百金給獎；經惲震朱其清王崇植三君，擬就朱母顧太夫人紀念獎學金章程，及中國工程師學會朱母紀念獎金應徵辦法，業經第十次董事會決議修正通過。每三年舉行一次，每次三名，並定給獎儀式，在每年年會時舉行，該項捐款，業已存入上海金城銀行，由基金監保管，下年度起，即可實行。

(十二)關於呈請制定技師公會法規事項

去歲天津年會會務會議議決，由會建議中央，制定技師公會法規，以資保障，當經草擬綱要，向實業部備文呈請，嗣奉實業部工字第七一八二號批文，略稱技師係以技術自由，供給社會需求為業務，與律師會計師動輒牽涉法律問題，須恃公會互相糾察，以為官廳監督權之補助者有別，且技師登記法，自始即無公會之規定，所請各節，應無庸議，等因，應否繼續呈請，請年會決定之。

會長 顏德慶
副會長 支秉淵
總幹事 裘燮鈞
文書幹事 莫衡
會計幹事 張孝基
事務幹事 馮寶齡

同報告 (民國二十二年八月十五日)

17270

中國工程師學會民國二十二年武漢年會紀事

◉第一日紀事八月二十九日星期二

上午十時在武漢大學禮堂舉行開幕典禮。寓居漢口之會員，均於七時許搭輪渡江，轉乘汽車赴珞珈山，先在文學院休息，十時開會。到胡庶華，凌鴻勛，吳承洛等一零三人，來賓到者有省主席張羣代表李範一，省市黨部代表楊子福，楊興勤，市長吳國楨，教育廳長程其保，省會公安局代表方擴軍，中華大學校長陳時，漢市商會主席陳經畬等百餘人。由邵逸周主席，錢慕甯司儀。行禮後，首由主席報告開年會意義，略謂：中國工程師學會，係學術團體之一，所以舉行年會之意義，除聯絡感情外，每年開會地點不同，以廣見聞，而參建設。曾先後在南京，天津，舉行兩次年會，此次在武漢舉行第三次。武漢居全國中心，連年因受天災匪患，工業蕭條。世界經濟不景氣，固為武漢工業衰落之一因，但人力未盡，亦為重要之原因。更有進者，工程須科學化，自不待言，但有時須有事實，始有論理。如鍊鋼方法，濾水方法，工程事實上有時須超過理論。上屆年會，擇武漢為年會地點，因武漢有上列特殊點。 工程師所負之責任重大，且多特殊問題，足供吾人之研究。一九一九年卽歐戰時，漢陽鐵廠產鐵年約二十七萬噸，到最盛時期，歐戰後一蹶不振，以致停閉。又如鍊鋼廠在一九一一年時年產五萬噸，現亦停閉。目下全世界鍊鋼達一萬萬噸，日本每年鍊二百萬噸，俄國九百萬噸，吾人急須趕上前去。此外尙有(一)防水問題，每値夏季，長江水位增高，卽有洪水之虞，提防不過治標方法，根本治水，尙須吾人努力。(二)土壤水量工具為農業之重要條件，其中工具之改良，刻不容緩，亦値得吾人注意。最後個人認為在此年會中，尙有一層國難意義，極須各抒所見，共同解除一切困難。

次總會總幹事裘燮鈞讀顏會長之開會詞，(見本刊第184頁)。次由省市黨委楊子福，楊興勤致詞，對水利交通兩問題，希望大會有一良好建議，並說明水利交通工程上建設之重要，與民生問題之密切關係。次由省主席張羣代表李範一致詞，略謂：湖北自張之洞以後，三十年來無建設可言。此次中國工程師學會在武漢舉行年會，雖不能促成武漢為中國之「芝加哥」，必可樹立工商業前途之良好基礎。省府當局，秉承中央意旨，想竭力扶植建設事業，以解決人民生計，但無專家，何能有良好設計，鍊鐵與鋼，固為本省宜急起直追之事業，宜昌附近，施南襄河等處水力可利用者，在在皆是，希望各位喚起全國工程界注意，以補官廳力量之不及。此外並希望工程師對人民樹立良好信用，顧及社會政治，經濟各方面的利益，不故步自封，並須絕對避免貪污，自墜人格云。次由吳國楨，陳經畬，及武大教授周鯁生致詞歡迎，卽由邵逸周答詞。十二時散會。

散會後，攝影。並承武漢大學在膳廳內特備午餐，款宴全體會員及來賓。餐後引導參觀全校建築，並珞珈山東湖之風景。

午後一時，吳承洛在理學院演講，「工業標準問題」。二時十分舉行第一次會務會議，(會議紀錄見本刊第187—189頁)。至五時始散。

散會後，分乘汽車遊珞珈山，湖濱繞山一圈，直趨抱冰堂。赴中華華中兩大學，及旣成電燈公司宴會。席間由陳時致歡迎詞，陳崢宇答謝，八時散席。

◉第二日紀事八月三十日星期三

上午九時在青年會舉行論文會，由邵逸周主席。計有論文四篇，(一)凌鴻勛講「粵漢鐵路學北湘南路線之研究」。(二)胡庶華講「株州鋼鐵廠初步計劃書」。(三)裘燮鈞代讀支秉淵魏如之「杭江鐵路金華江橋工」。(四)張延祥代讀趙曾珏之「浙江省電氣交通之現狀」。各論文均將在『工程』兩月刊內發表。讀畢,休會十分鐘。十一時舉行第二次會議,(詳見本刊第189頁)。直至午後一時散會。

散會後,全體會員赴普海春,出席平漢路之宴會,到一百六十餘人。由路會委員闕棠,蕭杞楠,周鐘岐,及總務處長湯敏時等作陪。席間由闕委員致歡迎詞,惲震答謝。至一時半散席。

下午全體會員分乘煤氣汽車至江漢關,登兵工廠及省府所備之小輪四隻,赴漢陽參觀兵工廠,二時一刻到廠。該廠廠長鄭家俊,率全體職員出迎。先至紀念堂休息,由鄭氏報告該廠沿革及現狀,略謂:漢陽兵工廠爲國防工業之一,希望工程界援助和指導,俾有進步。該廠創辦於光緒十七年,當初僅製槍砲,光緒三十年改爲漢陽兵工廠,民十七始直屬兵工署。除槍砲兩廠外,機關槍廠民十始設,槍彈廠曾一度移鞏縣,現又奉命運回。機器廠造手溜彈、飛機彈,並修造一切工具。經費以出品數量爲標準,惟無流動資本,頗感困難。報告畢,參觀陳列室,及四廠內部,並試放機槍。五時參觀畢,入紀念堂茶點,由會員易鼎新致詞,迄五時許始行散會。仍乘原輪返漢。

晚八時,省政府在普海春歡宴全體會員,到一百五十餘人,省政府主席張羣以外委員賈士毅,程其保,李範一,吳國楨,及陳希曾,蔡孟堅,並省府秘書馮若飛,孫幾伊等均担任招待。八時半入席,酒數巡,張主席起立致歡迎詞,(詳見本刊第185頁)旋由胡庶華答詞,略謂,中國古代工程偉大,如禹之治水,以及其後之建築萬里長城,工程偉大,中外震驚,吾人更宜竭力奮鬥,追隨古人前進。治水問題,已成目前中心問題,工程上之理論研究,固極重要,政府尤須統籌辦法。鄂省府張主席蒞任後,勵精圖治,委員中亦有工程專才,吾工程界應念湖北爲工業發源地,此次來漢之便,必可得若干實際研究資料,以貢獻政府。至工程界應有之精神條件,會中已有信守公約,足慰張主席之期望云。迄十時半,始盡歡而散。

◉第三日紀事八月三十一日星期四

上午九時,仍在青年會禮堂,舉行第三次論文會,到會員百餘人,邵逸周主席。講讀論文四篇:(一)戴濟,「1.油色漆業世界史一頁。2.二十五年來造漆技術進展之尋味。3.古時繪色之研究」。(二)錢慕甯「水電兩廠合併經營之利益」。(三)沈嗣芳「民營電業與民電聯會」。(四)郭霖「巡岸艇與國防」。時已十一時,休會五分鐘。十一時休會五分鐘。 十一時十分,舉行第三次會務會議。(詳見本刊第192頁)。至十一時半散會。

散會後,公開演講:(一)周公樸演講,「人工電話自動電話之使用法」,並當衆實驗。(二)李葆和演講「木炭汽車與交通國防及一般國家之關係」,並用圖解說集成代油爐之構造與效用。(三)傅銳演講「工程之統制爲革新中國之基本辦法」,至一時散會。

午後一時,市政府在普海春設宴歡迎。市長吳國楨親到外,派有范賓,南夔,李博仁,張鏡懷,等招待,吳氏並一一與會員握手爲禮,表示歡迎熱忱。席間吳氏致簡單之歡迎詞,會員吳保豐答詞,三時散席。

宴會畢,大雨滂沱,風勢又急,街旁已水深尺許,會員冒雨分乘汽車赴六合路參觀中國煤氣製造機器廠,由該廠總經理李葆和殷勤招待。該廠即爲製木炭代油爐者,已辦六月,出品達百餘具,用炭七十磅,可行四十英里,速率效能,與用汽油同,每裝一爐,加汽車重量百分之五,惟汽車發動機仍用外貨。該廠此次特裝配四車,行駛漢口市內,接送本會會員。參觀至四時,攝影離場,仍冒雨乘車折回。參觀電話局,先至自動電

17272

話機室，已裝四千號，尙未啓用，又至人工接話室，及交換室參觀。該局本年七月底止，統計漢口用戶3637號，漢陽106，武昌318，合計用戶4061號。三局收入，月約四萬餘元，除開支外，僅微有盈餘，每日通話，總次數約38,000次，五時離局。

五時，市商會歡迎，商會執監委均到作陪，並發宣言，（見本刊第186頁）。席間經商會主席陳經畬致詞，希望工程界救濟農村，發展工業，由吳承洛答詞，略謂，中國舊習，輕視工商，以致國家衰落，現在始受社會重視，而商界本身，亦已覺悟。故工商兩界，應切實聯絡，救濟農村，須賴工商業發達，建設水利工程，亦須人民經濟力充足，他如國防工業，亦賴商人爲國家輸將，至國聯技術合作，其最後之結果，亦經濟之合作而已，末並感謝商界招待盛意，及此次舉行年會，得武漢商界之助力。

晚九時在一江春舉行年會宴，除全體會員出席外，並請有各界來賓參加，餐畢，主席邵逸周致詞，謂此次年會在武漢舉行，開會數日，承各界熱烈招待援助，深爲感激。此次會中頗多可取之點：(一)減少團體會員年費，足示將與全國學術團體攜手共同努力。(二)提案不涉空泛，均切合實際。(三)論文範圍廣而且精，較前實有進步。並謂工程人員能細心，能努力，則十年後今之相信外國工程師者，必將相信中國工程師。又破壞工程實予建設工程進步之機會，如鋼鐵，及飛機之製造，能有今日之進步，非偶然也。後由總會董事淩鴻勛致詞，希望會員明年多赴廣州參加年會，對會務要熱心，對工程事業與學術要同時並進。十一時半始盡歡而散。

◉第四日紀事 九月一日星期五

上午九時由既濟水電公司副經理李暉春陪同乘該公司專輪由一碼頭出發，先赴電廠參觀，因襄流甚急，船行較緩，至九時四十分始到達，該廠員司均在門首招待，首先參觀新發電廠該廠，置有英國茂偉廠造之三相六千啓羅華特之交流機一部，復往參觀舊廠，舊廠原有自動進煤鍋爐九具，及一千五百啓羅華特發電機三座，三千啓羅華特發電機兩座，新舊兩廠共發電流一萬六千五百啓羅華特，供給全市電流頗有餘裕。至十一時始參觀完畢，乃復乘原輪上駛，赴宗關福新麵粉廠參觀。十一時半到達，進廠略事休息後，卽參觀麵粉裝袋，磨麥，篩粉，出粉各部，該廠磨粉機三十八座，每日產粉一萬二千五百包。參觀畢，乃在福新麵廠廣場上共攝一影，以留紀念。旋卽在禮堂招待茶點，經理李國偉致歡迎詞，並每人贈送麵粉樣品一小包。吳承洛代表答詞畢。卽出廠，步行至水廠參觀，由廠長李輝光陪同參觀總抽水機，舊式濾水池，新式濾水池，加礬處洗沙機，清水儲蓄池，並二十年所築之防水堤。每日所供給之水計二千萬加倫，清水池可蓄至五萬萬加倫，每日所產水量頗足供給，近復加意改良購置綠氣殺菌機一具，至一時許乃參觀完畢，至辦公處午餐。

二時乘原輪下駛，二時半到達一碼頭，原擬參觀六河溝鋼廠，因風浪過大，小輪不能行駛，乃於午後三時赴徐家棚，由招商局碼頭分批渡江，波浪洶湧，渡過彼岸，至下碼頭登岸，在楊園總工程師住宅休息，屠局長率職員慇懃招待，並在歡迎席上致歡迎詞，報告湘鄂路沿革及路務現狀，並以後整理計劃。由會員戴濟答詞，五時在宅茶點，後乘搖車赴徐家棚參觀該路機廠。卽於六時半專車赴湘，共九十人，內女賓十餘人。屠局長備頭等臥位五節，並派電務課饒課長等四員陪赴長沙。

（編者註）年會長沙參觀及大冶參觀詳情，下期續刊。

17273

顏會長演說詞

各位會員！各位來賓！

今日為本會第三屆年會開幕之期。各位會員於此溽暑方過炎威未消之時，舟車跋涉，遠道而來，多士濟濟，歡聚一堂。復蒙地方政府及各界諸公躬親賁臨，或派代表參加。開會期內，武漢及長沙大冶各機關，各團體，皆將預備招待本會同人前往各處參觀遊覽，盛意極為可感。德慶代表本會，敬致謝忱。

德慶於去年辱承推舉，承乏本年會長之職。自維學識譾陋，且又正在參預國聯調查團工作，曾經一再堅辭，未蒙俯允。嗣又赴日內瓦參加國聯會議，辦理東北案件，計共九閱月。今年春杪，始得言旋。在此一年內，對於本會應辦事務，未能稍盡責任，負疚良深。幸賴本會副會長支秉淵先生，並董事部及執行部諸君，同心協力，分任其勞。各地分會推進會務，不遺餘力。各會員以個人或團體名義加入者，日益增多。一年來本會成績，如此良好。德慶負疚之餘，藉以自慰，不勝感激之至。

本屆年會，德慶職責所在，理當來漢參加。惟因身體不適，遵照醫生諄囑，未克出席，愧悚萬狀。

此次大會提案甚多，凡所論列，胥關宏旨。希望到會諸君，各抒高見，詳細討論，俾此後會務，更能日有進步。提案內朱母獎學金一案，所以激勸我工程界同人研究學術，發表文字，以供諸同好。自應商定妥善辦法，以期不負朱君之盛意。至於工程師信守規條一案，對於本會會員關係最為密切。德慶回憶三十年前留學回國時，國內各項工業正當萌芽時期。電報事業，粗有端倪。鐵路郵航，尚在發動。他如機械及化學製造工業，則猶鮮有問津者。汽車無綫電及航空等類，卽在歐美亦尚在試驗期間，國內更無論已。當時國內各界對於工程師與國家社會經濟民生之關係，並未了解。普通習見，以為工程師直與工匠相等。卽以鐵路而論，一般人之觀念，以為工程師不過高等工頭而已，所佔地位，遠不及一站長。當平綏鐵路建築之初，外國妄加誹謗，且有中國工程家尚未出世之語。迨至工程告竣，中外始皆驚服。民元以來，各項工程事業漸見發展。至於今日政府及社會民衆，尤皆努力建設，且知欲求建設，非工程師不為功，故對於工程師頗有相當信任，並已籌劃相當待遇辦法。例如實業部前已舉行技術人員之登記；鐵道部亦經頒行鐵路技術員登記敍用及保障規則；最近中央政治會議行政法規整理委員會為整理實業建設鐵道交通等官制起見，曾經商請有關各機關，擬具國營事業用人通則草案，以備彙案酌籌妥善辦法。我輩工程師既得各方面之深切注意，有如前述，反求諸已，更應如何努力以圖報稱。精神才智，環境機遇，各有歧異，不可强同。惟勤與廉，人人可得努力而等齊之。德慶竊以此二字自勵，並常以此激勸諸友好，今亦以此勗勉本會諸同人。此次所須討論之工程師信守規條一案，切望諸君從長研究以求完備。但徒討論而公布之，猶不過文字上一種方式而已。法律之成功，胥有賴乎守法之精神。

再德慶此次歐遊觀察所得彼邦印象，略舉一二，以供觀摩。各國工商事業，在昔皆採用競爭方策 (Competition)。鉤心鬥角，彼此傾軋，所得結果，兩敗俱傷。今則各方皆已翻然覺悟，政府與民衆，此業與彼業，卽在同業之間，相與竭力提倡合作精神（(Co-operation)，而視昔日之徒事競爭為最下方策。自經改變方針以來，各項事業均有充分發展之景象。此值得吾人注意者一。各國交通及工商事業，在昔皆注全力於安全一途 (Safety)。今則行有餘力，無論地面，水上，空中，地下各項交通，以及任何工商事業，均已更進一步，兼顧及于力求舒適之方(Comfort)。蓋因交通事業，固以安全迅速為要，尤應使旅客在長途跋涉之際，咸興家居不如旅行之感。且旅行途中，實為良好休息機會，倘得充分舒適，則精神煥發，智力靈敏，對於其所經營之業務，斯可更得完善効果。至於工廠工人在工作辛勤之際，若于

17274

址適問題得有相當待遇，必能增進其工作之效能。即以商業而論，對于舒適設備，若能力求週到，亦可爲發展營業之一助。此又値得吾人注意者二。凡此二端，皆爲彼邦精神上物質上之最近進步，我工程界同人所宜觀摩效法者也。

湖北省政府歡迎中國工程師學會詞

張　羣

中國工程師學會第三屆年會，在武漢舉行，全國有名之工程專家，一時咸集。嘉賓遠臨，至表歡迎。用是略備菲酌，藉聆偉論。鄙人躬逢其盛，願晉一言。

我國古代神話，有女媧氏煉石補天之說；近代科學昌明，人力確足以補天功之不足。法人雷塞布 Lesseps，開鑿蘇彝士運河，使歐亞航程爲之縮短，即其一例。今人每頌言雷氏之功，而不知我國先民如禹之奠高山大川，其功實遠出雷氏上。雷氏鑿河，以十年成功；禹平水土，以十三年奏績。吾人試讀禹貢一篇，以與蘇彝士運河之工程相較，則禹所貢獻於人類文明者，至偉且大，俯視雷氏曾何足道。禹時大浸稽天，吾整個民族將有昏墊之憂，禹乃崛起以與水爭。微禹其魚，昔人所歎，此爲中國最大亦最早之工程。顧水土平成以後，河患猶未盡弭，三千餘年之間，大徙七次，其尋常漫溢潰決之禍，尤數見不鮮。我先民不得不繼續努力，以爲民族謀生存。故歷代無不以治河爲要政。其間從事河工而卓然有所樹立者，如漢之王景，元之賈魯，清之勒輔，皆是。所惜者，當時無科學方法，以謀澈底解決，其工事不外疏導，塞，決隄防，三者，以補苴一時耳。

今科學昌明人才蔚起，宜有以彌此缺憾，使域內諸水，永慶安瀾，我民族方有發榮滋長之機會。乃事實所昭示者，水工之學，雖有進步，而水工之政，轉形廢弛。歷年疏防失修，以有二十年之大水災，災區之廣，損失之重，洵所謂空前浩叔。湖北爲江漢交匯之地，受災特重，元氣凋敝，至今未復。今年春汎甫屆，水勢驟漲，超過歷年紀錄，一時人心遑遑，若大災之將至。猶幸伏汎秋汎之際，水勢轉落，迄未繼長增高，本年防汎問題，得以儌倖過去。然長江雖未成災，而河害又告，最近報端所載，魯豫兩省情況，深堪軫念。似此江河兩大流域之內，歲無甯息，國家人民，何以堪之。是知人事不修，而一味儌天之倖，實非長策。至本省防水工作，歷來惟注意隄防，歲收之款，一百餘萬，悉數用於隄工，根本問題未嘗措意。惟談及根本治法，亦非湖北一省之力，與此百餘萬之歲費所能集事。自二十年以後，上自中央，下逮長江，各省對於治水問題，莫不汲汲講求，誠以治水一端，實與我民族存亡，有密切關係。若水患不除，水利不興，則一切建設，無從說起，而民族復興，亦成虛語。故今日政治方面，固當集中其力量於治水，而學術界方面，亦當集中其精力於治水之研究。今日在座各工程師，各有專長，建設前途，必大有所貢獻。而吾人稽諸史蹟，衡諸現狀，尤望工程專家，奮起解決此問題，以解決今日之大患，而竟先民未竟之緒也。

不甯惟是，我國治水之祖，當推大禹，跡其成功之由，則天下有溺者，猶己溺之，是其仁也；十三年在外，三過其門而不入，胼手胝足，半體偏枯，是其勤也；菲飲食，惡衣服，卑宮室，是其儉也。故禹之成功，不但成功於其方法，而尤成功於精神。此等精神遂開後來墨子一派。墨子之學，尙賢尙同，兼愛，節葬，非樂，自律至嚴，而愛人惟

17275

恐不至，故摩頂放踵以利天下，其勤苦節儉，實爲我國目前所最需要。抑墨子亦一工程學家也。今所傳墨子一書，自備城門以下十一篇，皆與工程有關。漢後墨學衰微，不獨其工程之學，薪盡而火未傳，卽其勤苦節儉之精神，亦澌焉無餘，惜哉！

值茲危急存亡之秋，應有民族復興之計。念先民之遺烈，審當前之急務，敢以大禹成功之精神，貢於諸位工程專家之前。尤願工程專家，秉我國先民之精神，用現代科學之技術，使先民所欲解決而未解決之治水問題，藉手於現代之工程專家，而澈底解決之。民生由此而安定，建設由此而開始。良會難得，願共戮力。以上所言，當早在諸位深慮熟計之中，謹舉一般，藉祝貴會無疆之發展，與各位會員健康。

漢口市商會歡迎中國工程師學會宣言

諸君應貴學會武漢年會之召，不辭舟車之勞頓，先後蒞止，集於武漢大學，濟濟多才，硏精殫慮，其所得之結果，必能更進一步，爲中國工程界開一新紀元，武昌之東，珞珈之南，山色湖光，永留印象，蓋以人傑而後地靈也。敝會同人，仰瞻丰采，備切欽遲，且以地主之宜，集歡迎之會，辱荷諸君子聯袂光降，欣慰無似，因就感想之所及，敬進數言，諸君其亦笑而納之乎？

竊以我國生產落後，一切工業，尙在手工與機器過渡時期，國民物質生活之資料，異常缺乏，衣食住行之工具，幾皆仰給於外人，以我天然生產物最爲豐富之國家，專供外人各種工業原料之需要，生貨輸出，熟貨輸入，通商大埠，盡爲外人工業生產品之傾銷，利權外溢，經濟空虛，坐使國計民生，兩受其困。此後救濟之法，固在政府勵精圖治，利用科學以發達生產，而種種建設計劃，責在專門技術之人才，此應請諸君特加硏討者一。

我國自古以農立國，農田水利之講求，爲歷代治國不易之政策，今者長江黃河，日形淤塞，每屆夏汛，泛濫時虞，前年之長江，今歲之黃河，大水爲患，遍地成災，民盡流離，物無生理，此時而講水利，盡人皆知疏江濬河之必要，然工程浩大，非可一蹴而幾，合作分工，須有縝密之規劃，此應諸君特加硏討者二。

九一八國難發生以來，强鄰肆虐，節節進攻。奉吉黑熱，相繼淪陷，有患而無備，有邊而無防，我政府非不欲背城借一也。我民衆非不能萬死一生也，無如新式軍器，不足敵人，化學戰爭，素無準備，以致國亡無日，外患叢生，救國要圖，首在國防工程之建築，事機迫切，衆志成城，此應請諸君特加硏討者三。

此次我國政府對於建設事業，急起直追，具有偉大之策畫，與國聯在巴黎集議，決定技術合作之範圍，並派遣工程專家拉西曼爲聯絡員，有積極推進之勢，然試就技術合作之意義言之，須彼此均有技術，方足以言合作，否則徒騖虛名，借才異域，延攬一二外人，輒曰技術合作，此不惟無技術可以與人合作，事事聽命於人，縱令敦聘千萬拉西曼來華，亦不能起沉疴於萬一，此應請諸君特加硏討者四。

敝會係漢市商人集合之總體，職責所在，以謀工商業公共福利爲前提，與貴學會會務之進行，關係極爲密切，年來商業凋殘，工業衰落，社會經濟，掃地無遺，利害相關，精神互助，以今日得未曾有之機會，相與聚首於一堂，想諸君必有以教之。

中國工程師學會武漢年會(民國二十二年)
會務會議紀錄

第 一 次 會 議

日期：二十二年八月二十九日下午二時。
地點：武昌武漢大學理學院。
出席人數：一百另三人。
主席：提案委員會委員長張延祥。

(一)推舉陸寶愈爲紀錄。

(二)總會總幹事裘燮鈞報告二十一年度會務，(另詳第177—180頁)。

(三)總會會計張孝基報告會計狀況（另詳下期本刊）

(四)司選委員會楊先乾等(來函)，報告下屆當選職員：

會　長：薩福均；　次多數，華南圭。
副會長：黃伯樵；　次多數，茅以昇。
董事(改選三分之一)：淩鴻勛，支秉淵，張延祥，曾養甫，胡博淵。
次多數：李　鏗，兪人鳳。
(註)未滿任期董事十人，胡庶華，韋以黻，周　琦，任鴻雋，楊　毅，夏光宇，陳祖燕，徐佩璜，李屋身，茅以昇。
基金監(改選二分之一)：莫　衡。
次多數：周　仁。
(註)未滿任期基金監一人，黃　炎。

(五)主席代表全體會員，感謝上屆執行部各職員發展本會之熱忱。全體附議。

(六)上海分會提議：本會年會改在每年四月第一個星期舉行案。

理由：本會年會向定於八月底舉行，原意在利用暑假，使學校中會員得儘量到會。惟是時天氣適屆最熱，各專門學校又須籌備開學，會員每多裹足不前，致到者較少，大好機會，不能充分利用，引以爲憾。時維四月氣候温和，兼之是月第一個星期，各學校正在春假，有假期之便，而無天熱之弊，如於是時舉行年會，到者必多。當否敬請公决。

議決：仍照章秋季舉行年會。

(七)裘燮鈞等提議：減收本會團體會員會費案。

團體會員自合併之後，章程規定會費爲五十元，無如該項會員繳費者完全無有，現民營電業聯合會來函要求減少會費，應否設法補救，請大會公决。

議決：常年費從五十元減爲二十元。

(八)廣州分會提議：下屆年會擬在廣州舉行案。

爲提議事，查廣州爲南華巨埠，工商薈萃之區，革命策源之地，市政建設，在國內城市中推行最早，成效最著，近年以來，各項建設事業更稱發達，巨大工程如中山紀念堂，紀念碑，海珠鐵橋，均先後落成，市府合署亦將次告竣；工廠則有西村士敏土廠，兵工廠，自來水廠；學校則以中山，嶺南，等大學爲著。此外建設事業在進行中者，亦復不少，近郊公路甚多，短程旅行亦稱便利，祇以地處一隅，各地人士對於本省建設事業，雖有所聞，苦難問津。本分會成立以來，經有相當基礎，會務進行，日有進展，會員先後加入者七八十人，多在各工程機關服務，極盼望各地工程同人，來粵觀光，使彼此交換意見，得有較密切之機會，復查本會歷屆年會，經在上海，北平，天津，唐山，武漢，各埠舉行，南華方面，自未便獨令向隅，故於八月十一日第八次常會議決，提請大會公决，請將年會在廣州舉行，藉以聯絡感情，發展會務，本分會同人當竭誠予以招待，是否有當，謹繕具提議書，敬請公決。

(九)胡蔚等提議：下屆年會擬在四川重慶舉行案。

巴蜀古稱天府之國，山川雄奇，物產豐饒，若懋功冕寧之山金，嘉陵江鴉綠江岷江之砂金，綦江之鐵，彭縣之銅，酉陽之汞，灌縣之水力，各縣之煤，自流井之鹽，及天然煤氣等，寶藏所在，急待諸工程專家之研究與開發。惟以蜀道崎嶇，交通梗阻，寶藏徧地，殊鮮調查，建設事業，百端待興。本會下屆年會，如能在川舉行，則本會同人，得乘年會之便，分途切實調查，擬具詳盡計劃，俾川省建設事業，有所依循，斯誠川蜀人民夙夜所期望者。茲謹正式提議：本會下屆年會，在四川重慶舉行。如荷通過，則下屆幹事會可將川省各項建設問題，分請各專家會員研究，川省方面可以供給各項研究材料，待下屆年會時再由各會員實地考察，本其所得，作爲計劃，庶各項工作不落空泛，則不但本會年會成績因之提高，即川省建設前途，尤資利賴。以上提案，是否有當，敬請公決。

(十)杜德三等提議：下屆年會擬在濟南舉行案。

爲提議事，竊吾會每屆年會，先後在國內各都市舉行，惟濟南一埠，從未獲吾會年會蒞臨，無由寄全體會員之膏沐。乃者革新以還，各項建設亦追隨各先進都市推動，翔辦伊始，諸待各工程專家批評指正，又有河山泉湖，錯落城郊，泰岱孔林，壤土伊邇，復可供各工程專家之覽賞。爰提議本會第四屆年會開會地點，定爲濟南，是否有當，敬請公決。

以上三案合併討論。議決：

贊成廣州者最多數。

贊成濟南者次多數。

贊成四川者再次多數。

交下屆董事會辦理。

(十一)選舉下屆司選委員五人。

結果：邵逸周，張延祥，陳崢宇，繆恩釗。方博泉五人當選。

(十二)上海分會提議：積極興建工程材料試驗所案。

理由：本會擬興建工程材料試驗所，（內包刮會所），爲時已久，向各方捐募，積有小數，在上海新西區楓林橋購買基地一方，計四畝有餘，現在捐款現款，計銀八千餘元，材料合銀約四千元，共銀壹萬二千餘元。目下金價高漲，房屋及機器共需銀拾三萬元，（房屋約五萬元，機器約八萬元），不敷尙鉅，惟材料試驗所社會方面需要迫切，以及從前捐募者責望彌殷，似應積極進行，以竟全功。

辦法：不敷之數，計拾壹萬捌千元，應由總會負責籌款，於二十三年六月底以前，將結果通告全體會員，並興工建築。

議決：通過

(十三)陳崢宇等提議：製發會徽會證案。

爲提案事，查本會會員向無會證，僅憑會徽，而本會會徽原屬中國工程學會舊製，自前年與中華工程師學會合併以後，舊會徽已不適用，且舊徽爲金製，費用過鉅，不能普及會員全體，玆特提出請大會公決，將最近由鄙人前次計劃之圓形武漢分會會徽，及年會會徽兩種，任擇其一，作爲本會會徽；並由會組會證委員會，計劃會證式樣，製會員證書，收相當代價，以資鑑別，而促會務進行。是否有當，謹繕具提議書敬請公決。

議決：依總會總幹事裘燮鈞報告，已經董事會通過式樣，正在趕辦中。

(十四)上海分會提議：年會論文應擇優給獎銀盾案。

理由：從前本會年會時，對於論文有擇優給獎之規定，惟因會中科目繁多，不易比較，致遭停止。但爲獎勵起見，似仍有擇優以銀盾獎給一二人之必要。

辦法⑴受獎論文以單獨著作爲限。

⑵於舉行年會後各論文由董執兩部請專家三人，組織委員會分別審查。

⑶董執兩部根據審查委員會報告，開聯席會議，確定受獎論文。

⑷受獎論文之標準，由年會授權董執兩部釐訂之。

議決：通過。

(十五)上海分會提議：本會對于中國工程界有特別貢獻之人，應不分會員與否，獎給榮譽金牌案。

理由：本會爲國內唯一工程同志組織團體，對於國內工程界有特別貢獻之人物，爲提倡起見，似應有予於榮譽獎勵之必要。

⑴擬受獎者由會員十人以上，用書面提交總會董執兩部，如認所提尙無不合，即請專家五人，組織委員會審查之，將審查結果提交年會復議。

⑵受獎者之資格，標準，及給獎辦法，由年會授權董兩執部釐訂之。

議決：通過。

(十六)董事會交議：本會會員信守規條案。

(詳見本刊第179頁會務總報告第三項)

議決：照原擬信守規條草案，推胡庶華，凌鴻勛，邵逸周，三人修正文字。

(十七)延會明日開第二次會

第　二　次　會　議

日期：二十二年八月三十日上午十一時。

地點：漢口青年會大禮堂

(一)胡庶華等報告：修正本會會員信守規條。

一，不得放棄責任或不忠于職務

二，不得受授非分之報酬

三，不得有傾軋排擠同行之行爲

四，不得直接或間接損害同行之名譽及其業務

五，不得以卑劣之手段競爭業務或位置

六，不得作虛僞宣傳或其他有損職業尊嚴之舉動

如有違反左列情事之一者得由執行部調查確實後報告董事會予以警告或取消會籍

議決：通過

(二)夏光宇等提議：請以四川成都爲本會二十三年年會地點案。

理由：查川省僻在西陲，交通阻滯，又因連年兵事不息，於建設上無顯著成績之可言。現閱川省當道電致本會，邀約于明年在成都舉行年會，討論一切建設事業，如何進行。竊謂實爲一大好機會，可藉此與川省當道聯絡，共謀建設。以川省面積之大，蘊藏之富，若能一旦開發，其前途之希望不可限量；在國家可恃爲供給之資源，在本會員又可用爲旋展其技能之處所。一舉兩得，無逾於此。

辦法：本會每屆年會，輒于開會所在地參觀一切現有之建設工程，以增閱歷。但本提案如能通過，決定明年年會在成都舉行，除應即通知川省當道外，其辦法似宜一面函致該省各有關係之機關團體，請將該省目前比較切要之各項建設，及其所能供給之各項參考材料，儘量收集，寄與本會，以供給事先之研究。一面函致該省會員，各就所學，以研究該省實地情形，以備本會隨時諮詢商榷。倘能就會員較多地點，於本年內成立本會分會，俾力量有所集中，於開年會時更多

17279

便利。一切議決之案，於可能範圍之內，該省卽可起而實行，似較勝於僅作學理上之研求也。至後年年會改在任何地點，（按鐵道部之預測，隴海路於明年五月間可通至西安，年會或擇于該處舉行，以便研究開發西北問題）。此項辦法，似亦可以援用。可否敬候公決。

議決：下屆年會地點，昨日已經討論決定，本案不再討論。

(三)惲震等提議：組織本會四川考察團案。

理由：另有說明。

辦法(一)團長團員及各組主任，由執行部推選，董事會決定。

(二)依照四川方面所提出之各種問題，分組研究。

(三)自二十二年十月一日，至二十三年八月底，為研究及收集材料時期。二十三年九月至十月，為入川考察時期。並假定於二十三年底結束。

(四)除在研究及考察時期，得隨時與四川各界交換意見，貢獻方案外，結束時應製具總報告，送由本會發表。

議決：通過。

(四)張孝基易鼎新等提議：建議湖北省政府，整理漢陽鋼鐵廠恢復工作案。

事實：漢陽鋼鐵廠創辦於前清末年，有化鐵爐，及煉鋼廠，軋鋼廠，等設備，所出生鐵，鋼軋，及建築鋼料，尙稱適用。自歐戰停止，鋼鐵價格低落，煉鋼軋鋼部分於民國十一年首先停工。迨萍礦焦炭因鐵路運輸不暢，化鐵部分亦於民國十四年停工迄今多年，漢冶萍公司竟無復工計劃，全部設備漸次朽敗，再閱數年恐將無法整理，坐使國內唯一之鋼鐵廠，化歸烏有。於國計民生，損失至鉅，甚為可惜。

理由：鋼鐵事業關於國家盛衰，國民政府有鑒於此，正籌設一新鋼鐵廠，唯以工程浩大，需款數千萬，非短時期所能辦成。而國內需要鋼鐵正殷，若能利用漢廠，設備加以整理，數閱月後卽可出產鋼鐵，以應急需，便利孰甚。

辦法：漢廠復工，須經過四月至半年之整理工作，需款約五十萬元，所須焦炭及礦砂，可向他礦購買，毋庸自行採煉。假定先開二百五十噸化鐵爐一座，所出生鐵完全用以煉鋼，一切備用材料及周轉經費，共約一百五十萬元已足。省政府為國家與地方利益計，應設法籌足此款，一面與漢冶萍總公司交涉，訂立恢復漢廠工作辦法。同時對於出品銷路，與各大鐵路及建設機關，訂立供給合同。本會同人亦當盡力貢獻技術。似此辦法，輕而易舉，擬請由總會建議湖北省政府，採納施行。是否有當，提請公決。

議決：通過，分別呈請實業部及湖北省政府。

(五)胡庶華等提議：本會協助國聯技術合作參加工作案。

議決：保留。交董事部參考，（不公佈）。

(六)高則同等提議：國家貧弱，工程師應如何挽救案。

議決：不討論。原文在工程週刊發表。

(七)陳崢宇等提議：組國防工程研究委員會案。

為提案事，自九一八東北事變以來，歷經客歲一二八滬難，本年春華北長城所受外患之慘，回憶前景，抱憾實深，以致國族與民衆，皆受有極大損失，而戰區遺子，受害尤屬不堪設想。況當今列强競爭武裝，工程設備日進千里，二次大戰轉瞬降臨，此敝人對於組織國防工程研究委員會問題，應事前提出討論，而免臨時舉措失當，希我同仁及本會，與有關各機關，特別提前注意。良以亡羊補牢，未足為晚，臨渴掘井，時莫能待

17280

，際茲國難方殷，强敵虎視，卽令提出相當國防計劃，努力日夜從事工作，然與列强相較，相去仍不啻萬里，實力殊難並駕。何況政府漠視於人，民衆嬉遊於下，類皆無有完全國防計劃，及事前最低防患限度之預備。一旦大戰發生，則惟有束手無策，聽天由命，爲俎上之犧牲品，而全國所犧牲，勢必至千百倍於國防工程費用，甚或國族沉淪，永無恢復之日，不智甚矣。然現代戰爭，純以科學工程之優劣爲標準，則我同仁等所負之責任，實爲重大。爲國爲民，實不應後於人。故特提出組織國防工程研究委員會，分化學，航空，電汽，兵工，土木，各組，積極籌備，務使於最短期間，促其實現。嗟嗟，殷鑒不遠，來軫方猶，殊可爲黃元神胄憂也。茲特提出創立國防工程委員會，並聘請專家，分組研究，妥籌對於天空，水面，陸地，各種詳細防險辦法，以杜國難，而維國命。是否有創立之必要，統希發揮意旨，並請公決。

議決：去年天津年會通過組織國防設計委員會，仍請董事會進行。（此項議決係三十一日會議修正）。

(八)朱家炘等提議：籌設工程調查宣傳機關案。

理由：查吾國提倡工程技術，殆與日本同時起，然數十年後，成績之比較，有如天淵。實爲國恥之大者，莫此若也。俄國五十年計劃，屆時成功，卓有餘裕；吾國則一切計劃，皆如畫餅，絕少實現。推究其故，亦吾人才缺乏，技術幼稚所致。蓋查俄國工程技術，在前帝制時代，卽與歐美諸國相伯仲，至實行五年計劃之始，卽有大學出身之工程師五萬七千餘人，供其支配。但仍苦人才不敷，雇外藉工程師至數千人之多。然則吾國苟永無整個計劃則已，否則其所需要之工程人才，在質與量，皆將無法應付，其結果必致任何計劃終不能舉，或舉而無成，此誠關心國是者所同深憂念也。故曰，今日之急務，在盡量利用所有工程人才，積極着手調查，譯著各種專門工程書籍，一以謀工程智識之普及，促進工程事業之發展，一以謀工程人才之鍛練，培植專門技術之威權。竊思此爲任何整個建設計劃之根本工作，急宜促其實現。是否有當，敬請公決。

議決：不另設機關，交董事部參考辦理。

(九)董事會交議：技師公會法規，應否繼續進行案。

（詳見本刊第181頁，會務總報告第十二項）。

議決：依去年年會決議案，仍請董事斟酌辦理。

(十)延會明天開第三次會議

第三次會議

日期：二十二年八月三十一日上午十點半。

地點：漢口青年會大禮堂。

(一)胡庶華等提議：呈請政府禁止鎢砂出口案。

理由：鎢爲製鍊工具鋼，及軍用鋼之重要原料，世界各國視爲國防命脈。且鎢絲在電燈泡中，超過白金絲之功用數倍。吾國產鎢占全世界百分之七十，而全國儲量幷不甚鉅，除廣東湖南而外，惟有江西較爲豐富，三省每年產量總額多至萬噸，少亦四五千噸，而本國全未直接利用，徒供各國收買。一經製成槍砲鋼，或工具鋼料，又復轉售我國，任彼操縱，殊爲可惜。現爲充實國防，發展工業起見，應請政府將此項寶貴原料，禁止出口，以備將來之用。

辦法：一．中央政府應明定鋼鐵政策，凡與冶鐵鍊鋼有密切關係之各項原料，均應禁止出口，而鎢鑛尤在首先禁止之列。

二．實業部所設鎢鑛局，應卽辦理結束

，其委託美商安利銀行銷售鎢砂一節，應卽停止進行。是否有當，敬候公決。

議決：通過。

(二)邵逸周提議：由本會發起航空學術運動案。

理由：自十九路軍在滬抵抗暴日，受敵軍飛機之壓迫，以後全國上下頓悟飛機之需要，於是航空救國之聲，翻騰各界，而公私團體，踴躍輸將，以購飛機。以爲飛機備，則空軍立；空軍立，則國防固。此種謬解，出之於一般民衆，自不足奇，但不及早糾正，而確定航空基礎，則將來貽誤，曷可勝言。凡一科學戰具，莫不具有科學原理，航空事業尤然；故各國之大學，均設有專科；公私廠家，均備有試驗場所。經費不足，則政府輔助之，卽後起之日本，在其帝國大學，亦設有航空講座十七八位之多。所以吾國航空事業，無論商用或國防應用，均應以研討學術爲起點。本會爲工程學術團體，對于糾正一般的誤解，以及建議補救的辦法，責無旁貸。爰提此案敬請大會公決。

議決：通過。

(三)倪鍾澄等提議：規定本會職員候選比例案。

議決：交下屆司選委員會邵委員逸周等，根據去年議案參考辦理。

(四)倪鍾澄等提議：調查國產材料案。

理由：我國工程材料，大都仰給於泊來品，積年累月，視爲果然。近年來以國產自製材料，如鋼窗，油漆等，逐漸增加，應否由執行部擬定調查表格，印發各會員，就地調查，寄會彙集，以便介紹各工廠，藉挽利權。敬請大會公決。

議決：交執行部辦理。

(五)傅銳等提議：呈請政府組織最高工程統制機關案。

議決：請原提案人詳擬具體辦法，作爲個人建議。

(六)主席代表本會全體，致謝招待本年會各機關團體案。全體附議。

(七)散會。

主席：張延祥，
紀錄：陸愈寶。

武漢年會出席會員姓名

會員共110人；依地域統計如下：

武漢78人， 南京8人， 上海9人，
濟南3人， 廣州2人， 天津1人，
北平1人， 長沙1人， 鄭州1人，
南昌1人， 杭州1人， 湖州1人，
蘇州1人， 泰興1人， 餘姚1人，

(南京) 吳道一 梁津 吳承洛 張錫蕃
朱其清 郭楠 惲震 吳保豐 (上海)
傅銳 朱霞村 裘燮鈞 張孝基 江紹英
劉孝懃 翟寶樹 戴濟 孫翼舜 (濟南)
陸之順 杜德三 曹理卿 (廣州) 凌鴻勛
唐子穀 (天津) 黃步雲 (北平) 傅廣開
(長沙) 胡庶華 (鄭州) 陸廷瑞 (南昌)
陳宗漢 (杭州) 易鼎新 (湖州) 沈嗣芳
(蘇州) 林保元 (泰興) 丁燮和 (餘姚)
張明 (武漢) 徐大本 邵逸周 繆恩釗
郭霖 袁至純 葛毓桂 袁開帙 高凌美
屠慰曾 蘇以昭 李樹椿 錢慕班 邱志道
周公樸 劉以均 劉明遠 周唯眞 李東森
華蔭相 余興忠 王伯軒 錢慕甯 饒大鏞
孫慶球 邱鼎汾 李國均 吳國良 潘尹
陸寶愈 曾哲 史青 劉光宸 方剛
陳崢宇 潘承埏 張喬嗇 葉家垣 平永鉌
梁振華 張樹源 高則同 王德藩 吳國柄
倪鍾澄 邵鴻鈞 張延祥 汪華陸 李輝光
陳厚高 葉強 羅武 吳敬 陳士鈞
鄭治安 熊說嚴 汪桂馨 朱家炘 翁德鑾
徐紀澤 楊思廉 賀閩 王寵佑 王愼名
方博泉 石充 陳大啓 蔣光曾 譚寄陶
關祖章 曹銘先 黃錫恩 趙福靈 黃劍白
呂煥義 萬希章 曹曾祥 張銘桂 危文翰

此外註册來賓76人。

17282

工程週刊

(內政部登記證警字788號)
中國工程師學會發行
上海南京路大陸商場542號
電話：92582
稿件請逕寄武昌閱馬場(?)街修德里一號)

中華民國22年9月29日出版
第2卷 第13期（總號34）
中華郵政特准掛號認爲新聞紙類
(第1831號執據)

定報價目：每期二分，全年52期，連郵費，國內一元，國外三元六角。

武漢電話總局

武昌電話分局

年會之使命

沈　怡

本會之宗旨爲：「聯絡工程界同志，協力發展中國工程事業，並研究促進各項工程學術」。以吾國幅員之廣大，建設事業亟待興辦者萬緒千端，而工程師之人數綦少。本會爲吾國唯一工程集團，現雖擁有會員二千以上，但若以之分配於全國，仍將如滄海一粟；以此舍集中力量而外，無能爲役。此次年會已爲中國工程學會與中華工程師學會合併後之第三屆，合併之用意無他，亦在增厚此集中之力量，求得更大之效果耳。現有各會員各因職務關係，見聞囿於一地。研求限於所學。使無年會，將何以爲切磋互助之資？此年會之使命一也。任何問題，俱有其多方面之關係，研究愈深，團範愈狹，苟非集合多數專門人材，共爲一種問題之攷察與探討，勢難獲得美滿結果，此年會之使命二也。本會既爲工程集團，對於各種工程具有特殊興趣，是以年會期間，於演說討論之外，更赴各處參觀，三人必有我師，他山可以攻錯，而對於各種工業，尤當致其改良與革新之意見，庶幾建設匪託空言，此行不爲虛擲，此緣於本會性質之特殊，而年會之使命三也。年來國難日深，國事日亟，一切工程事業，胥爲救國要圖，而國防工業之建設，尤亟亟不可或緩，吾會諸君向以工業救國爲職志，際茲風雲變幻，危急存亡之秋，感於外患內憂，吾知必將發抒偉論，見之施行，此緣於時會之不同，而年會之使命四也。一地必有一地之問題。開會地點年各不同者，蓋有微意存於其間，例如本屆年會地點既在武漢，則其注意者應有下列數端，(一)武漢地位特殊，如何促進工業中心之建設。(二)近年水災迭呈，疏濬長江之問題，宜加討論。(三)長江上游湍急，水力之利用亟待研究。(四)武漢地綰中樞，粵漢鐵路之完成，不容再緩。此不過略舉數例，類乎此者更不知凡幾，如其敷衍籠統，人云亦云，則今年在此開會可，年年在彼開會亦無不可，此緣於地點之不同，而年會之使命五也。

武漢電話局最近擴展工程

周公樸　李樹椿　徐大本

觀一國之政者，必先問交通之利鈍，此在知世界大勢者，類能言之。吾國幅圓廣大，山川阻越，在昔驛馬郵傳，固成陳迹。而自歐風東漸，電術昌明，國人得他山之鑑助，稍知重要。然以六十餘年之引用，除電報綫路粗稱設備外，電信事業，實極幼稚。尤以電話之發展，絕少進步。頻年時局不寧，災禍迭乘，工商凋敝，民計愈窮。即就武漢一隅而論，控南北之衝，踞水陸之要，戶口二百萬，為全國重鎮。乃自民元迄今，電話設備，迭經改善，其間用戶之增益，二十餘年間，從未有超越5500號者，亦可覘事業之盛衰矣。公樸等任職武漢話局，歷十餘年，爰本技術之所得，閱驗之所經，勉草是篇，為本會同志告，亦以見電信事業進展之一斑也。

茲先將本局沿革論之。查武漢電話局，始創於前清光緒二十六年，漢局設張美之巷，武局設撫署東廳。均僅藉磁石式機二三十號，傳通官紳消息而已。旋因營業不振，以二十餘萬元，出售與漢口商劉歆生，遂成商辦局面。遷局址於輿隆街口，繼遷六渡橋劉氏市房，而武昌則改設今三佛閣舊址。辛亥革命後，復歸省有。迨民三始由中央收歸國有，仍就原址營業。惟時租界電話，亦由德人經營，互訂通話條例，均係磁石式二三百號而已。民四歐戰爆發，始乘機收歸合併。由政府息借日商英金90,000餘鎊，改建四樓洋房於老大智門口，裝置美國西方公司A字1號共電式總機2300號，即今之總局是也。武昌亦於大觀山頂，建築巨廈，裝置同式共電機1500號。漢陽則逕隸漢口，不另設局。自此以後，業務發達，甚為迅速。

至民國八年一度擴充，就漢局原機，添裝機綫 2000 號。迨十年秋，又因漢陽用戶增加，致襄河水綫不敷裝接，乃覓租高拱橋塊民房一棟，暫設分局，以舊存之磁式總機裝配應用。何如舊式機件，使用不靈，至十二年夏，得寧局撥來原備浦口設局之280門西方共電式總機全套，改裝於漢陽分局。於是鼎足之三名鎮，電話方式遂歸一律，用戶通話，稱便利焉。嗣後漢局用戶，日漸增繁，致偏遠地段，無法應裝，而移機改綫，每亦因隨處額滿，常抱向隅。用戶不明情況，時生誤會，交涉頻繁，大有顧此失彼之勢。雖北平前交通部迭籌擴充，徒以經費無着，終未實現。

十五年春，武昌局忽遭回祿，總機全部，燬損殆盡。由當局向本地商會，募借現款15,000元。購裝西門子磁石式總機400門，暫維殘局。同時漢局亦與濟生公司訂立合同，設一小分局於濟生馬路。是年秋，北伐軍蒞臨武漢，建設國民政府，電話供應，益感缺乏。除臨時裝置黨政軍專用自動機220門外，又於十七年添設分局二所：一為關道街之關道分局，附裝25門東式總機4架，一為利濟巷之利濟分局，附裝100門西方式總機1架，得以因陋就簡，勉渡難關。洎乎寧漢合併，武漢受共禍之後，創鉅痛深，商業大落，電話業務，隨之衰頹。總分各局，反多空額綫號，而機件綫路，亦以年月過久，且無充份維持材料，得以替換，漸欠靈敏。至二十年大水為害，各段地纜，損壞極多。雖經修復，終感失效。適交通部已於十八年六月，向美國自動電話公司，訂購自動機8500號，及改良擴充需用之外綫材料等，業經運漢，遂即開始為改良工程之進行。計漢總局原址，改裝自動機4000號，另於濟生路興建三樓洋房一棟，裝設自動機3000號。又將武昌

油機室

電池室

人工電話交換室

局被燬原址，建復水泥
筋二層西式公事房一棟
改裝自動機1500號。此
自動電話，經美國自動
話公司，改包與德國西
子承辦。各局總機，咸
西門子F字5級步進式
自二十一年春，先由武
分局開始改換。所有架
，紮綫，焊頭，編綫，等
作，由局方招僱練習生
餘名，隨同工作，藉資訓練。復於話生機匠
，選派數人，輪流學習，為他日接收修養之

用。約閱八月，內部機件，始告完成。同時局外綫路，亦分類改善，於二十一年冬季全部改竣。而漢總局亦於武昌局內總機工竣時，開始裝置。同時漢分局房屋部份，將次完工，乃亦雙方並進，頗稱努力。

二十二年四月，奉部令先將武昌分局自動機提前通話。遂於該月二十二日下午十二時，正式啓用。計用戶317號，實佔全容量五分之

電力室

自動電話交換室

自動電話交換室

17285

一部。其向漢總局通話時，則用半自動式。卽於漢局人工總機之第二第三座位，裝置叫號轉盤兩架，配入中繼綫20對，專應漢口漢陽各戶求叫武昌之用。其第四第五座位，則與武昌自動機之第一選組機連接，配入中繼綫20對。凡武昌用戶欲與漢口漢陽通話者，撥以「2」字，卽能使該兩座之話生應對轉接。蓋異局交換，例以冠首號碼代局名。漢總局爲「2」字，漢分局爲「3」字，而武局爲「4」字也。

外綫方面，除地下電纜僅於最近改良工程中增添一倍外，各路明綫木桿及架空纜等，歷年時有修改。良以漢市建設頗稱進步，昔年之荒浸曠野，水渠縱橫者，今則里巷參差，市廛喧赫。因之電話支綫，自然伸張。茲將最近外綫統計，分別列表如次：

地下電纜

300 對

漢口	共長	40.06 公里
武昌	共長	4.92 公里
漢陽	共長	0.23 公里

100 對

漢陽	共長	6.93 公里

水底電纜

100 對	共長	0.53 公里
50 對	共長	0.87 公里
30 對	共長	8.35 公里
10 對	共長	0.12 公里

架空電纜分 100 對，50對，25對，15對，13對，5種。

最近因漢口漢陽兩地，正在進行改良工程，分段撤換修改，尙無確數可報。惟：

武昌分局　共長　21.82 公里

電　桿(洋灰桿附內)

漢口	共計2450根
武昌	共計1304根
漢陽	共計 349 根

用戶話機距離話局總機平均爲1.05公里

交換方面，每日通話以下午四點至五點鐘爲最忙繁，平均約有2334次。其每日通話總次數，約得 38000 次。茲將全日通話平均次數，列表如下，以資統計。

鐘點	次數	鐘點	次數
1	490	13	2600
2	120	14	2550
3	60	15	3100
4	70	16	2800
5	70	17	3250
6	80	18	2600
7	110	19	2100
8	220	20	1800
9	470	21	2000
10	2700	22	1600
11	2600	23	500
12	2500	24	450

修養方面，漢局設綫工39名機工32名。武昌設綫工 7 名，機工 6 名，漢陽設綫工 2 名，機工 3 名。其間三局以機綫工20名，專司巡查綫路，修整障礙等工作。而平均每日用戶障礙統計，則佔全數4.5%。

業務方面，據本年七月底統計報告，則漢口有用戶3637號，漢陽有 106 號，武昌爲 318 號，合共有用戶4061號。月租人工式機分 8 元，9 元兩種。自動機初分住宅10元，商業機關12元，消耗娛樂場所14元三種。試用五月。咸以爲貴。局方爲維持業務並謀擴充普徧起見。特由局長面陳交部。酌減爲 8 元 10 元及 14 元三種。押機費人工者每架50元，自動者初亦每架80元。旋減50元。並許分二期繳納。掛號費均爲20元。每月三局收入按七月底統計，約計國幣40,000餘元。除供薪給工資，及雜項開支外，微有盈餘。不過自動電話全部通話後。收入自當遞加，然按照合同，月須償付西門子償款美金10,000元。蓋此8500號之 F 式自動電話機暨外綫材料等，其價值爲 926,000 金圓，分期撥還，頗覺詘詘。所望業務勝展，蔚江漢之大觀，開源節流，待當途之措施耳。

17286

武漢電話局工程攝影

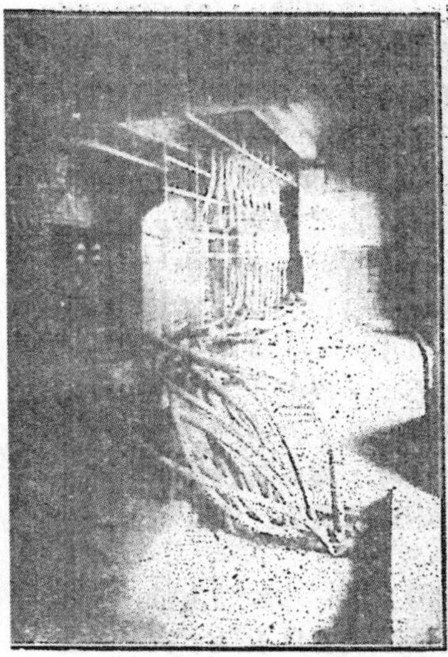

地纜進局室

總分配綫架室

測量台

總分配綫架室

電力支配室

國立中央大學材料試驗室概況

陸志鴻

(一)現有設備　南京國立中央大學材料試驗室，現有設備中主要儀器，列舉如下。

A. 試驗機類

瑞士阿姆斯拉20噸試驗機	1具
瑞士阿姆斯拉200噸壓力機	1具
美國利雷50,000磅試驗機	1具
美國利雷30,000磅試驗機	1具
德國莫爾番德15噸試驗機	1具
美國利雷50,000磅壓力機	1具
美國淀爾純扭力試驗機	1具
美國利雷水敏士試驗機	2具
德國米哈利水敏士試驗機	1具

美國蘭安硬度試驗機 1具

B. 精密測具

瑞士阿姆斯拉試驗機檢正器(Amsler 30tons Standardizing Box) 1具

馬頓斯鏡式伸長計(Martens mirror Extensometer) 1具

撓度計(Deflectometer) 1具

C. 水敏土及混凝土試驗用具

維加針(Vicat needles) 12具

吉爾毛針(Gilmore needles) 14具

羅氏比重瓶(Le chatelier bottle) 13具

篩 2套

水敏土煮沸器 2具

抗拉抗壓模 60具

混凝土抗壓模 24具

混凝土抗彎模 10具

振台(Flow table) 1具

稠度錐筒(Roman Cone) 2具

D. 金屬學試驗用具

金屬觀察用顯微鏡及寫眞裝置 1具

金屬研磨機 1具

汽油爐(Gasoline muffle furnace) 1具

高溫度計(Thermo-couple pyrometer) 1具

E. 油類試驗用具

粘度計(Say bolt Viscsimeter) 1具

閉式燃點計(Closed cup Flash Tester) 1具

開式燃點計(Clren cup Flash Tester) 2具

碳殘量試驗器(Conradson Carbon residue apparatus) 1具

地瀝靑粘度計(Penetrometer) 1具

含硫試驗器(Sulphur-in-oil apparatus) 1具

F. 其他雜類

熱量計(Emerson Bomh Calorimeter) 1具

氧气筒 1具

煤分析用具 1套

電气恆温乾燥器 1具

精密天秤及普通天秤等 6具

(二)研究工作　本試驗室已往之研究工作主爲(1)國產水敏土之試驗，其結果一部已載於「工程」第六卷第四號，(2)標準砂之選定，其結果一部見「工程」第七卷第一號，及(3)磚類試驗等。目下正進行之研究工作爲(1)國產木材之試驗，今正從事於浙江產木材百數十種之初步試驗工作。(2)砂石子，混凝土之試驗，得鐵道部之協助，徵集各省石子與砂數十種，現亦在試驗中。(3)磚類試驗，各地建築用磚已完成一部份之試驗，今尙在繼續進行中。(4)標準試驗法之擬定，已擬就砂，石子，混凝土，水敏土，磚類，木材等標準試驗法，其餘尙在草擬中。(5)材料規格之擬訂，俟各種國產材料經長期試驗結果。將來彙訂規格，備工程界之選擇。

(三)委託試驗工作　本試驗室歷年受各機關與私人之委託試驗者已有數十次。如首都建設委員會，兵工署，金陵兵工廠，南京市政府自來水工程處，中央廣播無線電臺，實業部，建設委員會，全國經濟委員會籌備處，河南大學，京華機製磚瓦廠，龍潭水泥廠，等等，先後曾有水敏土，砂，石子，混凝土，鋼材，鐵筋，燃料油，潤滑油，等材料送來試驗。且均取費極廉，或完全免費，而試驗進行則極迅速。

(四)試驗機之精度　本試驗室內所備各種試驗機之精確程度略舉其二三如下。

荷重	Amsler 20-tons 試驗機	Amsler 200-tons 試驗機	Riehle 50,000lbs 試驗機
5噸	+1.2%	−0.9%	+2.94%
10噸	+0.3%	−0.7%	+0.84%
15噸	+0.2%	−0.7%	+0.33%
20噸	−0.2%	−0.7%	+0.46%
25噸	——	−1.0%	——
30噸	——	−0.6%	——

上表所示數值，係用 Amsler 30-tons Standardizing box 所檢定之誤差，乃抗壓檢正十二次之平均結果。

大冶華記水泥廠現況

徐紀澤

一，產量　該廠機器能力，每年可造水泥300,000桶，（每桶172公斤，即380磅）。但因限於銷路，近三年只造十六七萬桶，本年銷路尤滯，造數亦因之愈少。

二，商標　名「寶塔牌水泥」，其商標早在北京商標局註册，領有註册證，嗣於民國十八年，由國民政府工商部商標局驗明，註明繼續有效。

三，工人　全廠工人共六百餘人工作，用八小時制，日夜三班輪替。

四，設備大概　機器有鍋爐7座，附磚砌烟囱2座，大小汽機4座，共有馬力1,600餘匹。水泥機2座，計製水泥之旋窰2具附鐵烟囱1座，生料熟料磨共4具。另有軋石機，造桶機，灌桶機等，名目甚繁，不及備記。運貨則有架空挂線路2道，各長3里許。房屋方面，有散灰倉8座，可容20,000餘桶水泥。貨棧5座，可容40,000餘桶。此外有化驗室，辦公室，庫料房，職員宿舍，工人住房，醫院，學校俱備。江邊另有碼頭，躉船，貨棧，與挂線路銜接。廠後為自置石山，採取石料甚便。

五，製造程序　水泥之最要成分為酸化鈣，酸化矽，及酸化鋁，其次要者，為高酸化鐵，酸化鎂及無水硫酸。所以原料亦須含以上各項物質，方能從事製造。就原料之類別，大約可分三大類：(1)含有鈣質者，如石灰石(Limestone)，曹達楂(Alkaliewaste)，石灰土(Marl)是也。三者之中，尤以石灰石為最普通。(2)含有矽質，鋁質及鐵質者，如粘土(Clay)，矸子土(Shale)，江土(River Silt)等是也。其中以粘土為普通。(3)含有無水硫酸者，如生石膏(Gypsum)及煅石膏(Plaster of Paris)是也。兩者之中，尤以生石膏為普通。在第一類，第二類原料之間，尚有一類名含土石灰石者(Argellaceous Limestone)，此類原料除含石灰質（即炭酸鈣）外，尚含酸化矽，酸化鋁及高酸化鐵等，故有專用此類含土石灰石及石膏造成水泥者，因含土石灰石，除石膏外，能以單獨製為水泥，故亦有名之為水泥石。(Cement Rock)

製造程序，約可分為三步

第一步用軋石機及機磨，將石灰石及粘土兩種，照化學比率（普通約酸化鈣80%，酸化矽酸化鋁等約20%），用濕法或乾法磨為水漿或乾粉。所謂濕法者，即先將粘土容入一洗池內(Wash Mill)鎔解，次用軋石機將石灰石軋成小塊後，即與池內所鎔之土漿，同入機磨內磨為原料漿(Slurry)。乾法係石灰石及粘土在入機磨之先，均須預為烤乾，結果為乾原料粉(Dry Raw Flour)。

第二步係將原料漿或原料粉入旋窰（用立窰者為舊法，原料漿或乾原料，均須預製為磚，方能入窰），用煤粉及高壓空氣燒至熔點為度(Clinkering Temperature)，所得結果，爲不規則之圓形體，名曰水泥塊(Cement Clinker)。

第三步將此水泥塊，加石膏約3%入機磨，磨爲細粉，卽成水泥。

茲將華記水泥廠詳細製造程序(乾法)錄後，以備參攷。

六，行銷區域 以漢口爲最大市場，湖南次之。西至宜昌，沙市，重慶。北至信陽

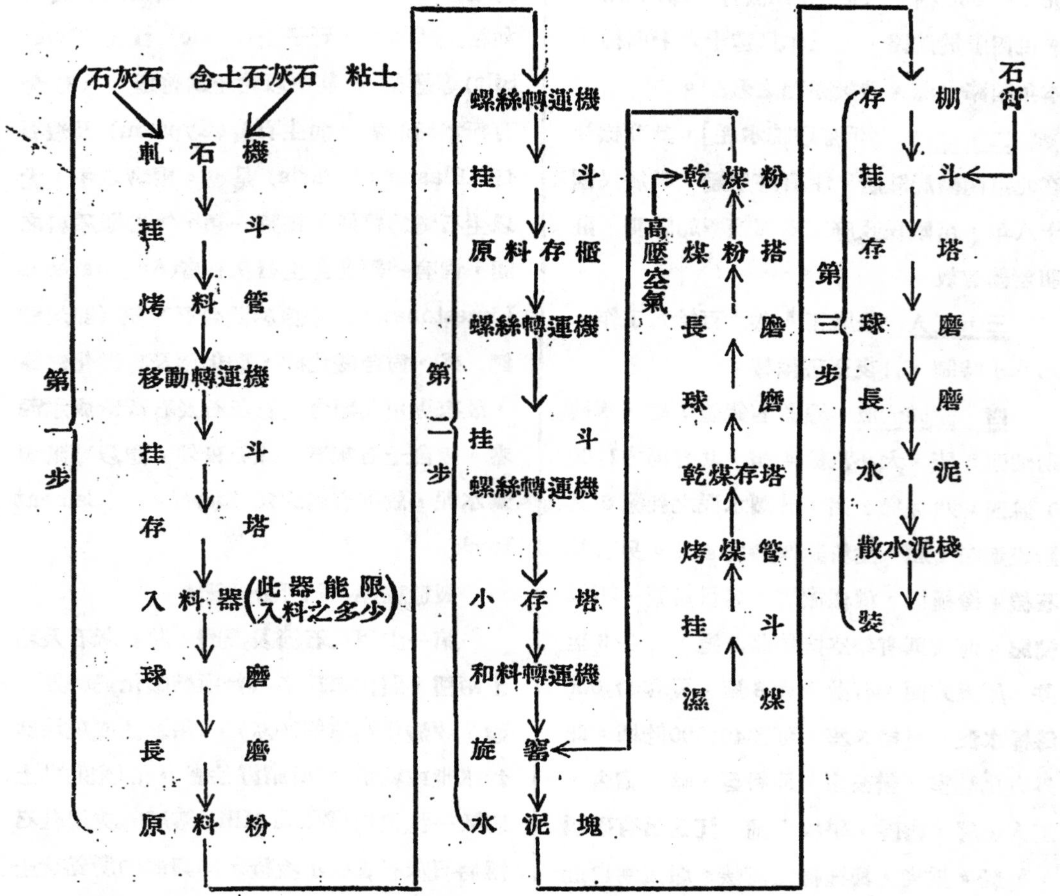

，鄭州。東至南京，鎭江爲止，偶亦運銷閩粵等埠，但以成本較他廠爲重，不能在上海競爭是其銷場上最大弱點。

七，出品成績 前經南洋勸業會美國巴拿馬賽會陳列審查，給有獎牌、獎憑。近經上海研究室及上海英工部局化驗，均給有成色合格之憑單，本會亦經攷驗，其品質確甚精良，給有證書。

八，職員 駐廠總技師張寶華，爲吾國專習水泥最早者。管理葉德之，副管理王乘佛，機師黃立時，杜濟民，張誨音，暨一切職員，共40人。

中國工程師學會武漢年會之輿論

●天津大公報社評

（民國二十二年八月二十八日）

學術界團結之新風氣

近年學術界團結之風漸盛，專門學會之成立，與年俱增，此實中國社會一可喜現象。最近旬日之內，學術界盛會甚多，如中國科學社十七日開會於重慶；新中國農學會二十四日開會於杭州；是日又有經濟學社開會於青島；社會教育學社開會於濟南；二十五日有數理學會在北平集會，此外則工程師學會在漢口；圖書館協會在北平；均將於今日開會。此等集合，可以表現兩種趨勢，一為專門人才，殆已一致覺悟，認為非合作不能圖所學之進步，與所業之發展，較之從來同業相忌同學相輕之積習，大有不同，由此提攜互助，不難共致國家於建設之途。二為一般學者，業經變更眼光，從學理冥想，轉到實際社會，注意事實問題之解決，由此切磋推闡，即可發揮學術之功用，此吾人所為重視此項新風氣也。

夫中國辦新教育，不下半世紀，然而全國學者，能以所學效忠國家致力社會收預期之成績者，實不多覯，所謂專家也者，在中國究有幾人，實為極大疑問，考其原因，在於環境之障礙者半，在於本人之不努力者亦半。姑以學社會科學者言之，方在青年時代，留學期中，誰不志存匡濟，滿懷熱誠。及至投身社會，重受薰陶，如入鮑魚之肆，若墮鎔爐之中，壯志消磨，腐化恐後，酣嬉逸樂。學業全拋，其尤不肖者，製造虛聲，巧獵名位，壟塞賢路，嫉視後進，於是學界政界，派別分歧，入門見妬，胡越同舟，其誤國害政之處，視舊人尤遠過之，此學者不忠於學，不忠於事，不相合作而反相阨之積弊所致也。至於學應用科學者，在中國社會尤難表現能力，蓋各國工業製造，悉有成規，循序而進，各安所職，學者但能就其研精，追踪先輩，假以時日，自成通才；中國則企業百般草創，辦事須具萬能，而社會複雜，人事尤難因應，是以外人學工，不過得工程師之學識為已足，在中國人則專門技能之外，須更能管理工場，應付各方，如演劇者之必須具有『文武崑亂不擋』之資格，乃有成功之可能，其為難易，不待縷述。以前中國技術人才之不易發展，實受環境之制限，然而如能集合互助，聲應氣求，則縱不必人具萬能，亦不難因結合而成為力量。此外學界通弊，厥為食新不化，漠視社會。大抵今之學人，言及外國，則頭頭是道，事涉本國則瞠目結舌，而近來國家大政，社會現象，又儘多事實問題，亟待具體解決，於是求之舊人固莫展一籌，問之新人亦束手無計，誠以中國為極弱奇窮之舊邦，重以種種不平等條約之束縛，而丁此新舊遞嬗之交，國之無人，民之無智，為古今中外所少有，即如統制經濟，已為現世之通則，而在中國則租界繁榮，外商有力，任何統制，皆無可行，此種奇特怪異之現象，並世諸國，無可取例，處境如此，雖起俾士麥於九泉，憑馬克思之靈佑，亦終不易得萬全之策。是以學者治學，工師集事，必須認清環境，置重事實問題，相與細心研討，舉凡羣衆心理，地方情況，人事善惡，概須澈底明瞭，始能隨機處置，此則尤非廣歷各地，集合羣力，交換意見，博採周諮，不能得問題之眞相，謀實際之肆應，是以各學術團體年會，分地召集，不拘定址，其意義蓋尤為深遠也。

要之，今日世界競爭，全憑智識，學術救國，舍此無路，以中國學術之幼稚，急起直追，猶恐無及，吾人甚願全國人士，寶愛此種學術界團結之新興風氣，鞭策鼓勵，使之益趨普遍化，實際化，力避流入空疏標榜之途，致成為社交機關，或陷於小組織作用，則去學術救國之本旨遠矣，是不可以不戒！

●漢口武漢日報社論

(民國二十二年八月三十一日)

勗中國工程師學會

自晚清弛海禁，國人眩於歐西科學文明之新奇，士大夫則故自矜持，如張之洞之流，所謂「中學爲體，西學爲用」是也；一般人則嘖嘖稱羨，自愧莫及，馴至愧失自信，視外人若天神，實則矯枉過正，兩皆未當，於是有詹天佑先生者，獨能跳脫虛驕與頹廢之漩渦，涉重洋以擷彼之長，歸而謀貢獻祖國；日孜孜以從事，而平綏路於以築成，其工程之艱巨，幾駕其他國有鐵路而上之，此種堅苦卓絕之精神，洵使頑夫廉，懦夫有立志矣。我國工程師之能蜚聲世界者，殆卽以詹氏爲第一人，而我國工程師之有組織，亦卽以詹氏所發起之中華工程師學會爲嚆矢。厥後於民八又由李屋身先生等，發起中國工程學會此兩學會，初不相謀，嗣以性質類同，且有一人而兼兩會會員者；於是漸聞合併之議，醞釀久之，乃於二十年，實行鎔冶爲一而更定其名稱爲中國工程師學會：蓋卽拆合原來兩會名而成者也。開首次會於南京，二次會於天津，年會一年一度，玆則爲第三次年會，業於昨晨假武昌珞珈山開幕。名山盛會，不可無詞：

本黨革命之目的在建國，以三民主義爲原則，建國大綱爲基礎，建國方略爲實際措施之方案；無主義則將如盲人瞎馬，不照方案實行，則不足以表現主義之眞價。倘日誦總理之行，是不啻買櫝而還珠也，烏乎可？今中國工程師學會會員諸君之中，有黨員有非黨員，對於各人之思想信仰，雖不能強同而齊一之，然而論其爲黨員，吾人得持本黨總理所手訂之建國方略以質詢於諸君之前曰：諸君不嘗讀此書乎？不又嘗細讀其關於物質建設之一部乎？物質建設之範圍，列舉之曰，民衣，民食，民住，民行，盡諸君之所學所業，有能超出此範圍以外者乎？今欲謀物質建設之實現，而悉如總理所言，固將舍諸君莫屬也！如其爲黨員，則應具殉黨，殉主義之精神。如其非黨員亦應抱殉科學，殉事業之決心。倘能如此，縱出發點之各異，終必殊途而同歸。且値玆國難日亟，民生悴苦之秋，非建設無以挽國家民族於危亡，更無以出民于水火而登諸衽席，此諸君之責也！彼蘇俄之共產黨，排斥異己，可謂無所不至矣，惟對於技術人才，從未以其非黨員而特別歧視；於是有五年計劃之完成。本黨素主寬大，對於黨外人才，尤其有建設能力之人才，凡願與本黨合作者，莫不格外優容，否則亦多方延攬禮聘之。諸君所受之榮寵如此，然則謀所以報之者如何？

抑又有言：論世界偉大建築工程者，蓋無不知中國有萬里長城，亦無不知有秦始皇，及秦始皇築萬里長城，豈萬里長城之成，由秦始皇一人一手之烈歟？顧何以自秦始皇以下，餘悉無聞焉者？設想當時，必有設計者若干人，測繪者若干人，拋磚荷鍤者又若干人，乃合此無量數人之智力體力，悉以歸功於秦始皇一身，此固後世讀史稽古之士，所爲扼腕太息者也！雖然，微長城之禦胡，吾炎黃之裔，且久已被髮左衽矣。觀於最近抗日戰役，猶恃長城爲天險，斯則長城有造於國家民族者甚大；而當時任設計測繪之士，拋磚荷鍤之役者爲不朽矣！彼秦始皇者，特尸其名者已。且夫世間一切豐功偉業，往往由少數之先知先覺開其端，多數之後知及不知不覺者繼其成，此所以惟無名英雄，爲最可歌，可泣，可贊佩也；吾人既爲國家民族之一員，目睹國家民族，危如累卵，縱不能捨身衞國，復何論身外之物？今全國上下，皆謂非建設不能救亡，則諸君義難袖手；政府且不惜引用客卿，其對諸君之責望尤殷！果能策羣力以謀，奮迅以赴，內而促成統一，卽外足以禦強暴；國家民族不亡，諸君之功亦永垂無既。吾人緬懷前修，不得不有以勵來者，特掬誠奉告中國工程師學會，兼勗國人！

中國工程師學會今年年會旅行參觀記事

◉第五日紀事 九月二日星期六

此次由漢口赴長沙者，共會員54人，名單如次：朱其清，郭楠，張孝基，吳道一，黃步雲，吳承洛，曾理卿，戴濟，張仲良，傅廣開，陳宗漢，江紹英，陸廷瑞，易鼎新，凌鴻勛，胡庶華，吳保豐，杜德三，徐紀澤，陳大啓，劉光宸，張樹源，張銘柱，翁德鑾，呂煥義，陳崢宇，劉明遠，史青，張境，李東森，李葆和，吳國柄，石充，徐大本，繆恩釗，饒大鏞，周唯眞，陸寶愈，趙福靈，邱鴻邁，鄭家麒，張延祥，周公樸，蘇以昭，江瑞麟，羅武，潘承琎，曾哲，王愼名，劉孝懃，李範一，傅銳，胡庶華等，又眷屬及來賓四十餘人，承湘鄂路局特派專車迎送，至爲感荷也。

專車於上午十時半到長沙東站，長沙分會全體會員在站歡迎。並由建設廳公路局派煤汽車十輛，在站候接。全體會員即乘汽車赴萬利春，由長沙分會招待茶點。當由余建廳長籍傳起立致歡迎詞。大意爲下列三點：(一)中國工程師學會是學術團體，且係第一次來湘，表示特別歡迎。(二)中國工程師學會全體會員，均屬工程專家，希望本互助合作之精神，協助湖南建設事業發展。(三)湖南建設粗具雛形，如紡織廠，黑鉛廠，鍊鋅廠，機械廠，國貨陳列館，等處，一切措施，希望大家指正，以便改良。旋由本會幹事張孝基代表答詞。散席後參觀國貨陳列館。

下午一時，全體復乘汽車，至天心閣公園攝影，湖南省政府何主席芸樵及湖北省政府張主席岳軍，及各省委等，均列座，頗極一時之盛。影畢，建設廳即在天心閣招待午餐，分十五席，散座樓軒，故無演說。

下午三時，復分乘汽車，沿中山路，沿河路，環城路，出經武門，要塞路，參觀要塞工程。四時，至六舖街參觀黑鉛鍊廠，由該廠廠長楊國勁，總工程師劉瑞驄等指引。五時，轉赴地質調查所參觀。

下午六時，湖南省政府在招待所宴請全體會員，席半，何主席致歡迎詞，希望協助湖南建設事業之進展。鄂省張主席繼起演說，對于水患及農村破產二點，望我國工程師注意及之，而完成粵漢鐵路及籌建鋼鐵廠，則更盼同人之努力，辭甚懇切。本會由凌董事鴻勛，代表致答謝，並引伸本會之宗旨，與盼望政府指導工作，至九時始盡歡而散。

是夜，會員等分居於中國旅社，亞洲旅社，長沙旅社，三處，均由湘省府招待，並蒙派員照料，深覺感謝。

◉第六日紀事 九月三日星期日

全體會員於上午六時，由旅館分乘汽車，至汽車東站集合。出發赴南嶽遊覽。自長沙至南岳站，爲程135公里，中途在下攝司站渡湘江，略休息，進早點。至南岳站時已十一鐘，下車，至祝聖寺午餐。

南嶽現設管理局，招待遊客，爲一極佳之國家公園。此次特由管理局臨時僱募轎夫三百名，浩浩蕩蕩，開空前之盛况。管理局並刊印遊覽程序，以作指南。午餐後，魚貫登山，所經各處，略誌如下：

1. 南嶽廟公園，(今年初辦)。
2. 左右碑亭，(有明朝碑文)。
3. 鐘鼓亭，(內有元朝鑄鐘，重9000斤)。
4. 蟠龍亭。
5. 川樓。
6. 御碑亭。(有天然最麗，頗偉大)。
7. 嘉應門。
8. 御書樓。(天花板有繪畫)。
9. 火松樹。(在寶庫側，古曆八九月，每夜火氣冲動，樹枝不枯焦)。
10. 楚王盆。(在殿前大坪楚王馬飲搶)。
11. 南嶽廟正殿。(石柱七十二，準七十二峯，四周石欄杆雕花)。
12. 接龍橋。

13. 絡絲潭。(春夏有瀑布，響聲大)。
14. 玉版橋。
15. 半山亭。(青松樹)。
16. 鄴侯書院。(爲李泌古蹟)。
17. 南天門。(俯視南岳市)。
18. 黃帝崖。(宋徽宗書壽岳二字)。
19. 獅子崖。(上有石如獅)。
20. 觀音崖念菴松。(係明殷撰經念菴所植)。

至晚六時，抵上封寺，卽在寺內晚飯。惜天大雨，淋漓盡致，至寺煨火烹熱茶，幾忘山下之炎悶氣候矣。夜宿寺中。

◉第七日紀事 九月四日星期一

晨，天仍雨。原定往祝融峯觀日出，觀雲海，竟無緣；蓋夏秋之交，山中十天九雨，而山下則仍晴明也。在上封寺早飯；飯後乘輿下山，由南天門右側石路，赴藏經殿，所經各勝蹟，舉列如下：

1,藏經殿。(古樹甚多，風景甚佳，夏季清涼，夜無蚊蚋。殿已圮，殿右側有三樹同根，名無礙林。殿後有數百年之玉蘭花樹)。
2,龍池。(有千餘年古樹)。
3,天柱峯。擲缽峯。(在天柱峯下有石矗立)。
4,磨鏡台。(爲懷讓祖師磨磚，指示道一和尙修道處，有松樹)。
5,懷讓祖師墓。
6,福嚴寺。(寺前古松平如剪，寺側有白菓樹，二千年以前之古樹)。
7,三生塔。(爲慧思祖師墓，形勢偉大，衆山圍繞，湘水五曲正朝)。
8,南台寺。(有貝葉佛像)。

其他古蹟如方廣寺，水簾洞，等處，因時間關係，不及往遊。遂返至祝聖寺，中飯。時已午後一時矣。

下午二時半，至南岳站，乘汽車回長沙在南郊新開舖，下車參觀寶華玻璃工廠，製造玻璃器皿及瓷器，爲湖南之新工業。六時，回各旅社休息。

◉第八日紀事 九月五日星期二

上午七時，全體會員由旅社出發，至劉公渡渡湘江，乘竹椅轎至湘南大學參觀，由胡校長春藻，及各教職員等招待，並分贈該校概況各一册。八時半，在校內膳廳早點，胡校長並報告該校建築工學院及圖書館之情形，由本會張孝基幹事代表致謝。

九時，由校出發，登嶽麓山遊覽名勝，如禹蹟溪，禹碑亭，抱黃洞，杉庵，六朝松，麓山寺，雲麓宮，北海碑亭，道林古寺，吹香亭，風雩亭，赫曦臺，白鶴泉，自卑亭，黃克强墓，蔡松坡墓，奎星樓，愛晚亭，印心石屋，五輪塔，極高明亭，紫陽樟，等處，幾美不勝收。

下午一時，下山仍渡河，乘汽船至長沙大西門碼頭，登岸，行至招待所，赴湖南鹽務稽核處及銀行界公宴。席間互相交換意見，工商攜手，誠一盛會，至二時始散。

下午，各會員自由分途參觀電燈廠，電話局，公路局，並拜訪親友，購買土產。至五時半，齊集火車站，搭乘湘鄂專車，於六時開離長沙，與站台歡送各會員，珍重握手道謝，揮巾而別。

◉第九日紀事 九月六日星期三

上午十時，專車抵徐家棚，各會員分途言歸。

會員胡庶華，吳承洛，錢慕寧等十人，復作大冶參觀，於夜九時乘吉和輪船東下，至船送行者甚衆。

◉第十日紀事 九月七日星期四

晨四時到黃石港，已有大冶實業團派張粲如，管仲嘉等十人歡迎乘小輪至石灰窰，再乘漢冶萍火車至華記水泥廠休息。早點後，六時卽開始參觀製造水泥工程。八時乘火車赴得道灣鐵礦區，參觀採礦工程。由漢冶萍公司在山招待午餐。下午二時。乘車赴袁家湖，參觀化鐵爐，修理廠等。五時參觀富源煤礦鑿洞工程與發電廠。七時赴漢冶萍俱樂部應實業團宴會。由實業團致歡迎辭，本會胡董事庶華答辭。夜十一時復乘小輪赴黃石港，改乘大輪東下，回京滬各地。本屆年會，與焉告終。

膠濟鐵路行車時刻表

民國二十年七月一日改訂實行

下行車

站名	開到	五次車	三次車	十一次車	十三次車	一次車
青島	開	七・〇〇	一二・〇一	一五・〇〇		二二・〇〇
大港	開	七・一一	一二・一一	一五・一二		二二・一一
南泉	開	八・一二	一三・一二	一六・三三		二三・〇九
膠州	到	八・五九	一三・五三	一七・三〇		二三・五〇
膠州	開	九・〇一	一三・五五	一七・四九		二三・五二
高密	到	九・三八	一四・二六	一八・三一		〇・二三
高密	開	九・五三	一四・四一	一八・四九		〇・三八
岞山	開	一〇・五四	一五・四〇	二〇・一四		一・二七
坊子	到	一一・三九	一六・二二	二一・一〇		二・〇六
坊子	開	一一・五四	一六・三七	二一・二五	七・〇〇	二・二四
濰縣	到	一二・一四	一六・五七	二一・四九	七・二四	二・四四
濰縣	開	一二・一七	一七・〇一		七・三四	二・五〇
昌樂	開	一二・五四	一七・三七		八・二六	三・二一
青州	到	一三・四四	一八・一八		九・二六	四・〇二
青州	開	一三・四六	一八・二〇		九・四一	四・〇四
張店	到	一四・五三	一九・二五		一一・〇三	四・五六
張店	開	一五・一〇	一九・四六		一一・一八	五・一四
周村	到	一五・三八	二〇・一一		一一・五二	五・三九
周村	開	一五・四〇	二〇・一三		一二・〇二	五・四一
普集	開	一六・二六	二〇・五六		一三・一四	六・二一
棗園莊	開	一六・五一	二一・二一		一三・四六	六・四三
黃臺	開	一七・四四	二二・一三		一四・五八	七・二八
濟南	到	一七・五六	二二・二五		一五・一二	七・四〇

上行車

站名	開到	六次車	十二次車	四次車	十四次車	二次車
濟南	開	七・一五		一二・一五	一四・一〇	二二・〇〇
黃臺	開	七・三〇		一二・二九	一四・二六	二二・一四
棗園莊	開	八・二六		一三・二二	一五・四六	二三・一〇
普集	開	八・五四		一三・五〇	一六・三二	二三・二六
周村	到	九・三三		一四・二六	一七・二一	二三・五九
周村	開	九・三五		一四・二八	一七・三一	〇・〇一
張店	到	一〇・〇〇		一四・五〇	一八・〇一	〇・二三
張店	開	一〇・〇〇		一五・一二	一八・三三	〇・四一
青州	到	一一・三一		一六・一九	二〇・〇六	一・三六
青州	開	一一・三四		一六・二一	二〇・一九	一・三八
昌樂	開	一二・二五		一七・〇三	二一・二五	二・一九
濰縣	到	一三・〇四		一七・四一	二二・〇六	二・四八
濰縣	開	一三・〇八	六・三〇	一七・四五	二二・二六	二・五四
坊子	到	一三・二八	六・五六	一八・〇六	二二・四二	三・一五
坊子	開	一三・五〇	七・一〇	一八・二二		三・三六
岞山	開	一四・二五	八・一三	一九・〇四		四・一五
高密	到	一五・四二	九・二二	一九・五九		五・〇一
高密	開	一五・五七	九・三九	二〇・一三		五・一六
膠州	到	一六・三五	一〇・二三	二〇・四五		五・四八
膠州	開	一六・三七	一〇・三三	二〇・四七		五・五〇
南泉	開	一七・二二	一一・二五	二一・二六		六・二九
大港	開	一八・二五	一三・〇七	二二・三〇		七・三〇
青島	到	一八・三〇	一三・一三	二二・三五		七・三五

17295

隴海鐵路行車時刻表

自右向左讀

站名	徐州府	碭山	商邱	開封	鄭州南站	汜水	鞏縣	孝義	洛陽東站	新安縣	澠池	觀音堂	會興鎮	陝州	靈寶	閿鄉	盤頭鎮	文底鎮	潼關
列車次數	第一次特別快車自東向西每日開行													第十九次客貨車自東向西每日開行					
	(上午)			(下午)						(上午)					(上午)			(下午行)	
	第一次 八點十分開	十點十六分到 十點二十六分開	十二點〇九分到 十二點二十九分開	四點三十二分到 四點五十二分開	六點五十一分到 七點十一分開	八點三十三分到 八點四十三分開	九點二十三分到 九點二十五分開	九點四十七分到 九點四十九分開	十一點十二分到 十一點四十二分開	一點十二分到 一點三十二分開	三點二十一分到 三點四十一分開	四點三十七分到 四點四十二分開	六風〇八分到 六點十八分開	六點五十分到 第十九次 七點二十分開	八點三十二分到 八點四十七分開	十點二十分到 十點三十五分開	十一點五十二分到 十一點五十五分開	一點二十分到 一點二十三分開	二點二十分到
	第二次特別快車自西向東每日開行													第二十次客貨車自西向東每日開行					
	(下午)			(上午)											(下午)				
	八點〇五分到	五點五十四分到 六點〇四分開	四點〇二分到 四點十七分開	十一點五十五分到 十二點十五分開	九點四十二分到 十點〇二分開	八點四十分到 八點四十二分開	八點〇四分到 八點〇六分開	七點四十六分到 七點四十八分開	六點十五分到 六點三十五分開	四點五十分到 五點開	三點十八分到 三點二十三分開	二點三十一分到 二點三十六分開	〇點四十二分到 〇點五十二分開	十點二十五分到 第二次 〇點〇五分開	九點〇一分到 九點十六分開	七點十三分到 七點二十三分開	五點五十三分到 五點五十六分開	四點五十二分到 四點二十八分開	第二十次 三點三十分開

自左向右讀

17296

17297

中國工程師學會組織四川考察團啓事

敬啓者，中國工程師學會於本屆年會議決，組織四川考察團，於明年四五月間或九十月間，入川考察，爲期約爲兩月。團員由執行部薦舉，董事會聘定，旅費由四川善後督辦公署担任。團員之資格，不外學力經驗時間興趣四點。茲將四川方面所提出希望本會研究之問題列舉如下，即希

各會員就所知之國內專家，（不論是否會員）加以薦舉，以便從早接洽組織，開始研究，至深公感。（如本人自願參加，即請自行薦舉）。此請

會員公鑒

中國工程師學會執行部謹啓

二十二年九月五日

組別	問題	人名（請附註地址或現職不限人數）
(1)	煤鐵石油之開發問題	
(2)	煉焦與煉鋼問題	
(3)	水力發電問題	
(4)	水泥廠問題	
(5)	鹽業及其副產物問題	
(6)	糖食問題	
(7)	紗廠問題	
(8)	絲毛麻業及織造問題	
(9)	桐油及漆問題	
(10)	皮革製造問題	
(11)	藥物製造問題	
(12)	水利問題	
(13)	公路整理問題	
(14)	鐵路建築問題	
(15)	長途電話敷設問題	

（注意覆信或填就名單請寄南京建設委員會惲震收）

中國工程師學會第三屆年會鳴謝啓事

敬啓者，敝會此次在武漢舉行全國第三屆年會，兼赴長沙，南嶽，大冶，各地參觀，荷蒙湘鄂兩省當局，及各界協助維持，盛筵招待，至深紉感。在會前由敝會會員李得庸君，鄭家俊君，等向政路商工各界，勸募捐助，計承：

武漢警備司令葉司令捐洋	200元
平漢鐵路管理委員會捐洋	200元
交通銀行捐洋	100元
鹽業銀行捐洋	100元
中國農工銀行捐洋	100元
上海銀行捐洋	100元
中國銀行捐洋	100元
大陸銀行捐洋	100元
中國實業銀行捐洋	100元
金城銀行捐洋	100元
漢口旣濟水電公司捐洋	100元
武昌竟成電燈公司捐洋	100元
漢口禮和洋行捐洋	100元
漢口孔士洋行捐洋	100元
四明銀行捐洋	100元
聚興誠銀行捐洋	50元
浙江興業銀行捐洋	50元
浙江實業銀行捐洋	50元
中南銀行捐洋	50元
協成煤鑛公司捐洋	20元
聯保公司捐洋	20元
共計	1,940元

借潤雲天，玉成盛舉，尤爲可感。統此鳴謝，即希公鑒。

中國工程師學會第三屆年會謹啓

民國二十二年九月十五日

17298

工程週刊

(內政部登記證警字788號)

中國工程師學會發行

上海南京路大陸商場 542 號

電話：92582

(稿件請逕寄武昌獅陵街修德里一號)

本期要目

中華民國22年10月6日出版

第2卷第14期(總號35)

中華郵政特准掛號認爲新聞紙類

(第 1831 號執據)

定報價目：每期二分。全年52期，連郵費國內一元，國外三元六角。

武漢輪渡"建華"輪船攝影

工程師與會計師

編　者

歐西古者以牧師，醫師，及律師三種職業爲最高尙。牧師日日宣講上帝，祇從道德靈性方面說話，無能稽諸事實。律師所根據者爲法律，逞其雄辯，以正是非；顧法律由人定，今昔不同，國與國亦不同，曲直是非，原無絕對標準；卽就一案而論，兩造各執一詞，甲勝則乙敗，乙勝則甲敗，或則初審甲勝，覆審甲敗；是以知律師所保障之公理，係屬人定，而非天然。醫師則依據科學原理，救治人羣；惟推其極，亦不過消極的抵抗人體外來之侵襲損害；再積極則預防病疫，增益健康，延長壽齡，而未能創造新的生命也。

近世工程事業發展，產生一種新職業，卽工程師。工程師所根據者，爲自然定律；復利用天然之力，爲人類造福。工程師所遵從之原理，可以事實證明絕對正確，不差厘毫。工程師之工作，成敗不待判斷，祇許成功，不許失敗；若遇失敗，則係計劃之不妥，而非原理之錯誤也。工程師之地位，自應比古之三師爲重要。

因工業之發展，而擴大組織，推廣商場範圍，使會計學日趨重要，而產生會計師之新職業。惟迄今我國工程師與會計師尚未發生若何連帶密切關係，且缺乏提攜合作之表示，以爲風牛馬不相及者。然考其實，工程與會計息息相聯，工程師與會計師應互助合作；其最大目的，在於成本會計，以求得工廠之正確成本，若非工程師與會計師會同辦理，必不能得有價值之結果也。他如資產，折舊等帳與統計，尚屬簡單耳。

再觀察工程師與會計師工作方法，亦有三點相似：(一)精確，會計師計算分厘，不可稍差，否則全部錯誤；工程師亦然，設計製造，有求至千分之一分者，累黍不爽。(二)平衡，會計師編造帳册，求其雙方之平，否則決其有誤；工程師亦然，裝置機器，求其平也，以免折裂，測量施工，求其平也，以免顛覆，如最新熱力學則更應用會計原理，而製熱力平衡表(Heat Balance)，同歸一途。(三)分析，會計師標立科目，分門別類，一覽了然，工程師之工作方法，亦詳分綜合，求其各個與全體之關係，以解析困難巨大之問題。

故工程師與會計師應聯結；工程師學會計，比較容易，故應由我工程師去就會計師。工程師所辦事業，對于營業及成本方面，不可不應用最新會計方法。

武漢輪渡概況

張延祥

沿革

武漢從前並無輪渡，市民渡江，僅恃紅船渡划爲交通工具。稍遇風浪，卽行斷絕往來。嗣因內河小輪營業漸次發展，民國九年始有商人組織公司，呈准政府，經營武漢輪渡。惟是時渡輪小而且少，碼頭凸凹不平，各公司彼此跌價競爭，置渡客之安全與便利於不顧，其窳敗危險殊甚。十五年革命軍底定武漢，由湖北航政局一度收歸官辦，但以當時長江上下軍事方興，需用差輪甚多，往往將值班渡輪，强行拉差，曠日持久，不肯放還，以致興辦未久，卽行停頓，仍由商人承辦。

十七年五月湖北建設廳航政處接管航政，將所接各小輪，設法籌款，分別修理改造。復租用商輪，於是月二十二日，先行開班行駛。將各碼頭上船上岸，分爲二途，於躉船上安置鐵柵及候船室，使上船渡客，在躉船上稍候，俟來船渡客全數離船，方准上船渡客魚貫上船，以免渡客上下衝突，發生擁擠落水危險。復組織監護隊，維持各輪躉上下秩序。由是輪渡基礎，日漸鞏固，市民信賴，營業益形發達。復以營業盈餘，定造「建鄂」，「建漢」，鋼輪兩艘，「第一號」「第二號」鐵躉船兩隻。於十八年九月相繼完工下水，武漢輪渡，更形安適。當時主鄂建廳者爲石瑛(衡青)氏，至今尙受地方人士之歌頌功德也。

自是以後，輪躉旣逐年加多，開支亦漸擴大，歲修經費逐年增高，而銅元兌價日益低落，收入無形減少。以致輪渡營業，忽由十七年，十八年，十九年度之歷有盈餘，變爲二十年，二十一年度之虧累。二十年計劃建造大輪兩艘，先造「建華」輪船，後因無款支付工料等費，停工半載，至二十一年十月，始將「建華」輪建造費付清，驗收該船，下水行駛。

廿一年十一月份起，奉令縮減經費，每月營業，始略有盈餘。至本年三月，延祥奉令主持航政，從新整頓，節省各項開支，嚴厲執行規則，確定各碼頭開船時刻，並增加班次，添闢航綫，聯絡武漢三鎭，減少擁擠狀態，以期發展市場，繁榮工商。半年以來

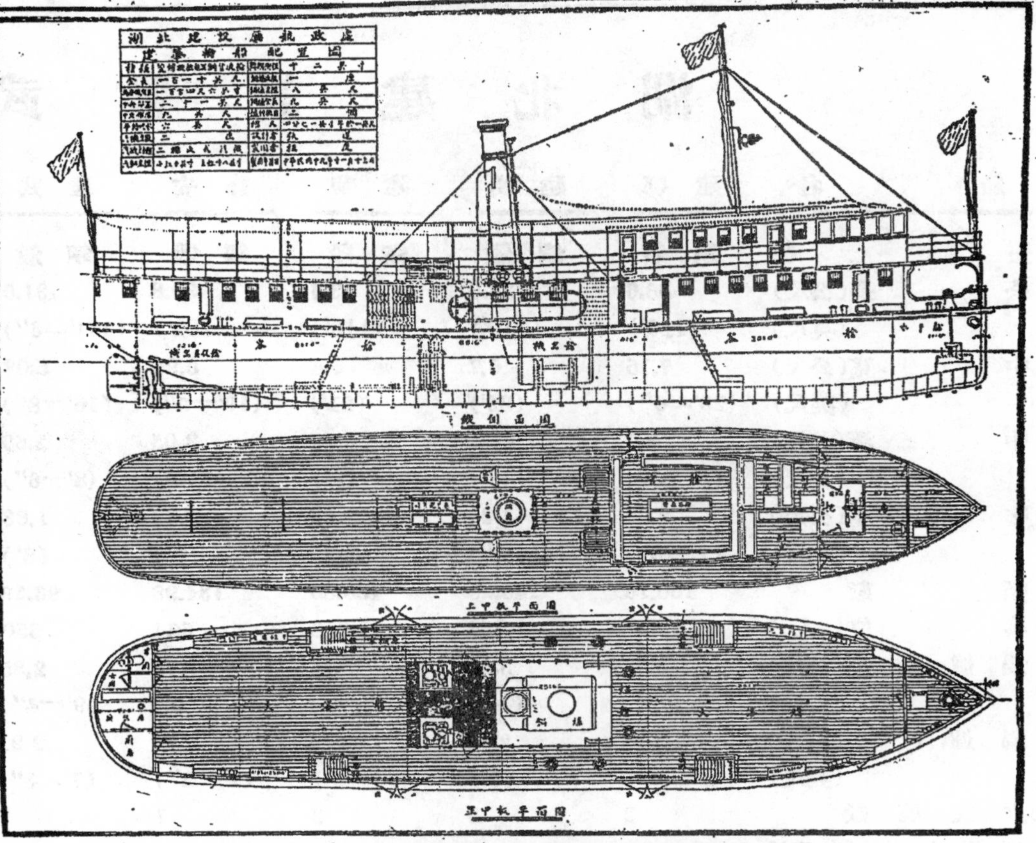

武漢輪渡"建華"輪船配置圖

，營業情形，實共盈餘約五萬餘元，已超過歷年一切紀錄。

機械狀況

武漢輪渡，現有汽輪十一艘，特將各輪機械方面情形，列表於第212—213頁。

各輪均用江西萍鑛洗煤，及湖南安源小槽油煤，及河北六河溝原煤，併合燒用。煤價每噸萍礦煤 11.50 元，安源煤 10.00 元，六河溝煤 13.50 元。每天各輪總共行駛約 170小時，共用煤約26噸，全月共耗煤約800噸，平均合每輪每小時耗煤 0.153 噸。

營業統計

輪渡收入，因前年大水後，影響甚多，又以銅元價跌，兌換損失亦不少。惟自今年三月份以後，已漸超越前二年之紀錄，茲列最近半年收支確數，以證武漢繁榮之趨向。

二十二年	收入(元)	支出(元)	盈餘(元)
三月份	28,987.32	22 695.11	6,292.21
四月份	30,133.33	20,721.63	9,411.70
五月份	33,227.01	22,592.45	10,634.56
六月份	31,806.67	23,927.75	7,878.92
七月份	31,652.77	23,865.19	7,787.58
八月份	34,064.58	25,364.76	8,699.82
九月份	36,693.79	25,832.94	10,860.85

湖北建設廳武

船名	建鄂	建漢	建華	普安	建武
質料	鋼殼	鋼殼	鋼殼	鋼殼	鋼殼
全長(公尺)	36.6	33.6	33.6	30.8	31.0
(英尺)	(120′)	(110′)	(110′)	(101′)	(101′—6″)
中寬(公尺)	7.15	6.7	6.4	5.95	5.08
(英尺)	(23′—6″)	(22′)	(21′)	(19′—6″)	(16′—8″)
中深(公尺)	2.9	2.75	2.75	3.05	2.59
(英尺)	(9′—6″)	(9′)	(9′)	(10′)	(8′—6″)
吃水(公尺)	2.28	1.98	1.83	1.83	1.83
(英尺)	(7′—6″)	(6′—6″)	(6′)	(6′)	(6′)
噸數	190.16	145.26	138.80	134.98	96.59
客位(人)	1,347	1,254	1,018	664	650
鍋爐全長(公尺)	3.05	3.05	2.75	2.75	2.85
(英尺)	(10′)	(10′)	(9′)	(9′)	(9′—4″)
鍋爐直徑(公尺)	2.75	2.75	2.44	2.21	2.21
(英尺)	(9′)	(9′)	(8′)	(7′—3″)	(7′—3″)
火膛座數	2	2	2	1	1
汽壓力(公制)公斤	7.0	7.0	9.1	8.5	7.0
(英制)磅	100	100	130	120	100
引擎座數	2	1	2	1	1
引擎式樣	立式複漲	立式複漲	立式複漲	立式複漲	立式複漲
大汽缸直徑(公分)	48.3	66.0	45.8	50.8	35.5
(英寸)	(19″)	(26″)	(18″)	(20″)	(14″)
小汽缸直徑(公分)	27.9	38.1	25.4	30.5	21.6
(英寸)	(11″)	(15″)	(10″)	(12″)	(8½″)
鞲鞴衝程(公分)	33.0	36.8	25.4	30.5	22.8
(英寸)	(13″)	(14½″)	(10″)	(12″)	(9′)
每分鐘轉數	140	134	144	145	160
馬力(匹)	182.6	144.6	132	100	76.24
速率(每小時公里)上水	18	20	19.5	16	17
下水	24.5	26	25	23	24
價值國幣(元)	47,106	37,280	50,000	27,500	25.250
造船年月	18—9	18—9	21—10	15—7	不詳

漢輪渡統計

建黃	建安	建德	建荆	建襄	祥雲
木殼	木殼	木殼	木殼	木殼	木殼
25.9	24.7	25.2	23.8	21.6	18.6
(85′)	(81′)	(82′—7″)	(78′)	(71′)	(61′)
5.5	5.15	5.5	5.03	4.14	3.96
(18′)	(16′—10″)	(18′)	(16—6″)	(13′—7″)	(13′)
2.28	2.21	2.28	1.90	1.83	1.67
(7′—6″)	(7′—3″)	(7′—6″)	(6′—3″)	(6′)	(5′—6″)
1.52	1.52	1.52	1.52	1.22	1.07
(5′)	(5′)	(5′)	(5′)	(4′)	(3′—6″)
60.22	60.11	64.28	65	38.77	29.15
168	144	164	150	100	30
2.44	2.44	2.44	1.83	1.83	1.52
(8′)	(8′)	(8′)	(6′)	(6′)	(5′)
1.83	1.83	1.83	1.83	1.52	1.52
(6′)	(6′)	(6′)	(6′)	(5′)	(5′)
1	1	1	1	1	1
7.0	7.0	5.6	7.0	6.7	7.0
100	100	80	100	95	100
1	1	1	1	1	1
立式複漲	立式複漲	立式複漲	立式複漲	立式複漲	立式複漲
38.1	40.6	40.6	36.8	35.5	30.5
(15″)	(16″)	(16″)	(14½″)	(14″)	(12″)
20.3	20.3	20.3	19.0	19.0	18.4
(8″)	(8″)	(8″)	(7½″)	(7½″)	(7¼″)
22.8	30.5	27.9	22.8	22.8	22.8
(9″)	(12″)	(11″)	(9″)	(9″)	(9″)
140	136	163	160	162	170
42	44.92	42	33	32.67	23.4
12.5	13.5	13.5	13.5	10	8.
18.5	18.5	18.5	18.5	16.5	13.5
13,950	12,800	13,500	12,380	8,620	4,900
17—12	7—6	17—9	12—10	17—9	11—9

17303

武昌現有輪渡碼頭7處，漢口3處，漢陽2處，共行駛航綫5路。依九月份統計，共載客 1,169,754 人。玆將各線繪圖製版刊列於下，並錄各碼頭八月份購票人數於下，亦以備計劃將來建築粵漢鐵路啣接平漢鐵路之鐵橋，參攷而已。

第一航綫　長 3.0 公里，票價 200 文，合國幣3.23 分。

每20分鐘開一次。派 3 船行駛。

武昌漢陽門	274,972人
漢口江漢關	279,015人

第二航綫　長 2.0 公里，票價 180 文，合國幣 2.9 分。

每20分鐘開一次。派 3 船行駛。

武昌漢陽門	134,625人
漢口王家巷	148,832人

第三航綫　長 5.0 公里，票價 180 文，合國幣 2.9 分。

每30分鐘開一次。派 3 船行駛。

武昌平湖門	48,503人
漢陽東門	71,383人
漢陽川主宮	17,062人
漢口王家巷	104,722人
武昌曾家巷	40,875人

第四航綫　長 4.5 公里，票價 300 文，合國幣4.85 分。

每40分鐘開一次。派 2 船行駛。

武昌鮎魚套	9,211人
武昌文昌門	12,678人
漢口王家巷	26,639人

第五航綫　長 3.5 公里，票價 300 文，合國幣4.85 分。

每小時開行一次。派 1 船行駛。

	武昌徐家棚	696人
	漢口王家巷	541人
總共	武昌	521,560人
	漢口	559,749人
	漢陽	88,445人

武漢輪渡航綫圖

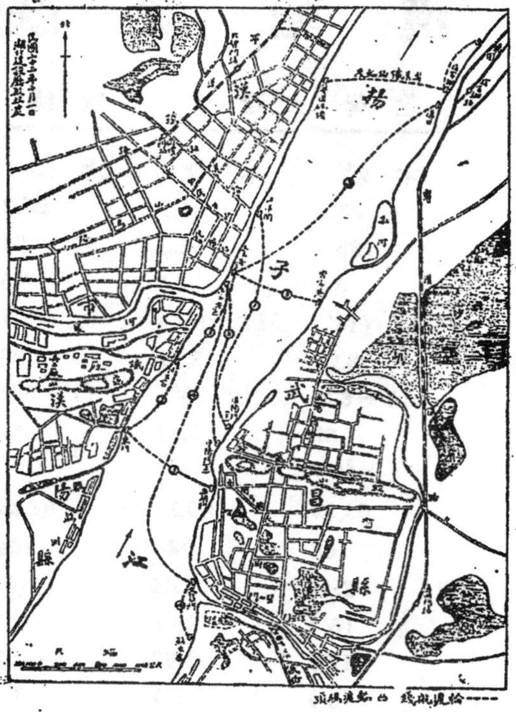

以上統計，係就售出票數計算，至于軍警穿着制服，佩帶徽章符號者，照章免購船票，故未能統計，大約軍警人數，佔全數10%，即總共渡江人數，每月約 1,275,000 人，每天約42,500 人。全天之中，以中午渡江者最多，一小時內，約 3,500 人；上午 6 點鐘及夜11點最少，約 600 人；其餘時間相差無幾，可稱平衡也。

結論

以上不過舉武漢輪渡之概況；至于輪船之修理，及設計，略有心得，以待日後再貢諸同仁之前。本期封面爲「建華」輪之照片，又附該輪總圖於第 211 頁，以資參考。該輪之設計者爲湖北建設廳航政處技士張道（貫一），而承造者爲武昌江漢造船廠。

湘鄂湖江水文測驗紀錄

陳　湛　恩

湘鄂湖江測量，防於揚子江水道整理委員會，其成績載揚子江專刊各期中。十九年四月，建設委員會接辦測量，賡續測量水文。二十年四月建委會所辦水利事業，移歸內政部接管，水文測量，不輟如故。十二月以費絀暫停，今年三月始恢復工作。數年以來，湛恩始終主其事，已將民國十九年十二月起，至二十年十二月止，所測成績，彙製圖表，付刊成册，今始出版，爲湘鄂湖江水文總站第一期測驗報告，庶與揚子江整委會以往之測績，及今後未來之測績，先後銜接，以爲施治江湖之準備，而湘鄂兩省治水之計劃，當可本此原則訂定也。全書表33，圖44，特摘要刊載於此。

測站共11處，其太平口測站，藕池河測站，安鄉河測站，均因匪亂停止施測，故下表僅8站。本站限於經費，設備簡單，岳州湘陰等處，河面甚寬，水流湍急，浮小舢板從事測驗，極爲危險，亦感困難，賴在事員工之熟練與勇敢，進行未致阻滯。

測站8處，測量人員僅有工程師2人，測夫每站2人。河道橫斷面測法，用相似三角形法，及用六分儀測量法。流量規定每站每週測一次，如水勢過大，則依水位漲落1公尺，測量一次。測量流量之外，尙包括氣象，蒸發量，及含沙量各種。各站水標尺眞高，則因水準測量尙未興辦，無憑推算，或依海關零點，或由各站假定零點，暫時記載。

測站	常德	岳陽	澧縣	益陽	湘陰	臨資口	濠河口	汨羅
水系	沅江	洞庭湖湖口	澧江	資江	湘江	資江	湘江	汨羅江
流量(每秒立方公尺)								
最大	20,602	56,540	10,531	5,652	9,863	884	6,664	2,578
最小	224	3,008	42	77	396	30	19	1
流速(每秒公尺計)								
最大	2.260	2.003	2.312	1.780	2.223	0.860	1.840	1.613
最小	0.049	0.298	0.039	0.099	0.157	0.040	0.017	0.001
水位(公尺計)								
最大	9.296	14.722	12.893	7.468	8.382	8.169	8.382	7,468
最小	1.250	1.189	4.938	0.853	2.774	5.486	1.859	3.170
面積(平方公尺計)								
最大	9,116	28,232	4,555	3,175	4,436	1,209	3,628	1,598
最小	4,489	10,105	1,080	777	2,525	758	1,107	588
含沙量(1/1,000,000之重率)								
最大	3,350	320	2,840	980	497	405	342	242
最小	30	120	100	80	19	24	25	33
流沙量(每秒立方公尺計)								
最大	69.000	12.110	6.350	3.630	2.492	0,209	1.410	0.243
最小	0.009	0.443	0.003	0.010	0.010	0.001	0.004	0.001

膠濟鐵路行車時刻表

民國二十年七月一日改訂實行

下行車

車次 \ 站名	青島開	大港開	南泉開	膠州到	膠州開	高密到	高密開	岞山開	坊子到	坊子開	濰縣到	濰縣開	昌樂開	青州到	青州開	張店到	張店開	周村到	周村開	普集開	棗園莊開	黃臺開	濟南到
五次車	七·〇〇	七·一一	八·一二	八·五九	九·〇一	九·三八	九·五三	一〇·五四	一一·三九	一一·五四	一二·一四	一二·一七	一二·五四	一三·四四	一三·四六	一四·五三	一五·一〇	一五·三八	一五·四〇	一六·二六	一六·五一	一七·四四	一七·五六
三次車	一二·〇一	一二·一一	一三·一二	一三·五三	一三·五五	一四·二六	一四·四一	一五·四〇	一六·二二	一六·三七	一六·五七	一七·〇一	一七·三七	一八·一八	一八·二〇	一九·二五	一九·四六	二〇·一一	二〇·一三	二〇·五六	二一·二一	二二·一三	二二·二五
十一次車	一五·〇〇	一五·一二	一六·三三	一七·三〇	一七·四九	一八·三一	一八·四九	二〇·一四	二一·一〇	二一·二五	二一·四九												
十三次車										七·〇〇	七·二四	七·三四	八·二六	九·二六	九·四一	一一·〇三	一一·一八	一一·五二	一二·〇二	一三·一四	一三·四六	一四·五八	一五·一二
一次車	二二·〇〇	二二·一一	二三·〇九	二三·五〇	二三·五二	〇·二三	〇·三八	一·二七	二·〇六	二·二四	二·四四	二·五〇	三·二一	四·〇二	四·〇四	四·五六	五·一四	五·三九	五·四一	六·二一	六·四三	七·二八	七·四〇

上行車

車次 \ 站名	濟南開	黃臺開	棗園莊開	普集開	周村到	周村開	張店到	張店開	青州到	青州開	昌樂開	濰縣到	濰縣開	坊子到	坊子開	岞山開	高密到	高密開	膠州到	膠州開	南泉開	大港開	青島到
六次車	七·一五	七·三〇	八·二六	八·五四	九·三三	九·三五	一〇·〇〇	一〇·〇〇	一一·三一	一一·三四	一二·二五	一三·〇四	一三·〇八	一三·二八	一三·五〇	一四·三五	一五·四二	一五·五七	一六·三五	一六·三七	一七·二二	一八·二五	一八·三〇
十二次車													六·三〇	六·五六	七·一〇	八·一三	九·二二	九·三九	一〇·二三	一〇·三三	一一·二五	一三·〇七	一三·一三
四次車	一二·一五	一二·二九	一三·二二	一三·五〇	一四·二六	一四·二八	一四·五〇	一五·一二	一六·一九	一六·二一	一七·〇三	一七·四一	一七·四五	一八·〇六	一八·二二	一九·〇四	一九·五九	二〇·一三	二〇·四五	二〇·四七	二一·二六	二二·三〇	二二·三五
十四次車	一四·一〇	一四·二六	一五·四六	一六·三二	一七·二一	一七·三一	一八·〇一	一八·三三	二〇·〇六	二〇·一九	二一·二五	二二·〇六	二二·二六	二二·四二									
二次車	二二·〇〇	二二·一四	二三·一〇	二三·三六	二三·五九	〇·〇一	〇·二三	〇·四一	一·三六	一·三八	二·一九	二·四八	二·五四	三·一五	三·三六	四·一五	五·〇一	五·一六	五·四八	五·五〇	六·二九	七·三〇	七·三五

隴海鐵路行車時刻表

站名	第一次特別快車自東向西每日開行 (自右向左讀)	第十九次客貨車自東向西每日開行 (自右向左讀)	第二次特別快車自西向東每日開行 (自左向右讀)	第二十次客貨車自西向東每日開行 (自左向右讀)
徐州府	(上午) 第一次 八點十分開		(下午) 八點〇五分到	
碭山	(上午) 十點十六分到 十點二十六分開		(下午) 五點五十四分到 六點〇四分開	
商邱	(上午) 十二點〇九分到 十二點二十九分開		(下午) 四點〇二分到 四點十七分開	
開封	(下午) 四點三十二分到 四點五十二分開		(上午) 十一點五十五分到 十二點十五分開	
鄭州南站	(下午) 六點五十一分到 七點十一分開		(上午) 九點四十二分到 十點〇二分開	
汜水	(下午) 八點三十三分到 八點四十三分開		(上午) 八點四十分到 八點四十二分開	
鞏縣	(下午) 九點二十三分到 九點二十五分開		(上午) 八點〇四分到 八點〇六分開	
孝義	(下午) 九點四十七分到 九點四十九分開		(上午) 七點四十六分到 七點四十八分開	
洛陽東站	(下午) 十一點十二分到 十一點四十二分開		(上午) 六點十五分到 六點三十五分開	
新安縣	(上午) 一點十二分到 一點三十二分開		(上午) 四點五十分到 五點開	
澠池	(上午) 三點二十一分到 三點四十一分開		(上午) 三點十八分到 三點二十三分開	
觀音堂	(上午) 四點三十七分到 四點四十二分開		(上午) 二點三十一分到 二點三十六分開	
會興鎮	(上午) 六風〇八分到 六點十八分開		(上午) 〇點四十二分到 〇點五十二分開	
陝州	(上午) 六點五十分到	(上午) 第十九次 七點二十分開	(上午) 第二次 〇點〇五分開	(下午) 十點二十五分到
靈寶		(上午) 八點三十二分到 八點四十七分開		(下午) 九點〇一分到 九點十六分開
閿鄉		(上午) 十點二十分到 十點三十五分開		(下午) 七點十三分到 七點二十三分開
盤頭鎮		(上午) 十一點五十二分到 十一點五十五分開		(下午) 五點五十三分到 五點五十六分開
文底鎮		(下午) 一點二十分到 一點二十三分開		(下午) 四點五十二分到 四點二十八分開
潼關		(下午) 二點二十分到		(下午) 第二十次 三點三十分開

17308

17309

中國工程師學會會務消息

◉第十一次董事會議開會

本會新舊董事聯席會議，於九月二十四日星期日上午十時，在上海總會會所舉行，會議紀錄尚在整理中，茲先刊布議程如下：

(一)推選執行部職員案：

總幹事，文書幹事，會計幹事，事務幹事，出版部經理，總編輯。

(二)聘請駐京董事會幹事案。

(三)推選各委員會委員案：

(1)工業材料試驗所籌款委員會。

(2)工程規範編纂委員會。

(3)材料試驗委員會。

(4)編譯工程名詞委員會。

(5)工業材料試驗所建築委員會。

(6)職業介紹委員會。

(7)籌建總會會所委員會。

(8)其他委員會。

(四)審議年會交辦各案：

年會論文應擇優給獎銀盾案。

本會對於中國工程界有特別貢獻之人，獎給榮譽金牌案。

組織四川考察團案。

組織國防工程研究委員會案。

籌設工程調查宣傳機關案。

技師公會法規繼續請求案。

航空學術運動案。

積極興建工業材料試驗所案。

(五)規定本屆各次董事會會期案。

(六)審查新會員資格案。

◉司選委員會報告

敬啓者，去年第二屆年會，銓等被選爲第三屆職員司選委員，當經照章辦理初複選。茲將選舉結果，抄錄於後，即請於大會開會時，代爲報告，無任感荷。選舉票已寄繳總會，合併聲明。此致

第三屆年會主席。

司選委員會：張自立，羅英，嵇銓，陳廣沅，楊先乾謹啓

民國二十二年八月二十一日

會長：	薩福均 234 票當選	
	華南圭 167 票次多數	
副會長：	黃伯樵 187 票當選	
	茅以昇 155 票次多數	
董事：	淩鴻勛 336 票當選	
	支秉淵 250 票當選	
	張延祥 245 票當選	
	曾養甫 210 票當選	
	胡博淵 182 票當選	
	李鏗 143 票次多數	
	俞人鳳 141 票再次多數	
基金監：	莫衡 191 票當選	
	周仁 118 票次多數	

◉年會電文補錄

四川劉督辦來電

建設委員會惲蔭棠先生轉中國工程師學會公鑒：貴會人材薈萃，倡導事業，聲溢遐邇，久切欽遲！川省地大物博，年來從事建設，尚無端倪。惟各項實業之待開發者，尤屬不少，非賴羣策羣力，不易爲功。擬請貴會諸君子命駕來川一游，實地視察。明年貴會之年會，如果在川舉行，就近指定開發方法，俾川人得以飫聆嘉言嘉謀，實深欣願。特電佈聞，用表歡迎，尚希諒察見復是幸！四川善後督辦劉湘，參謀長郭昌明代。世

(八月一日)

陳董事立夫來電

武漢大學中國工程師學會年會諸公勛鑒：竊夫因事不克來漢參加。謹電奉聞。并祝年會進行順利。陳立夫叩艷

青島分會來電

武漢大學轉工程師學會公鑒：同人職務羈身，不克出席，特電遙祝。青島分會叩

◉南京分會新選職員

會　長	孫　謀	次多數	夏光宇
副會長	王崇植	次多數	侯家源
書　記	鈕因梁	次多數	張可治
會　計	吳保豐	次多數	許應期

◉上海分會常會

上海分會於九月二十五日下午七時，在銀行公會舉行常會，到會者三十餘人。聚餐畢，由主席徐佩璜報告年會與本分會有關之議決案。次公推莊智煥，朱樹怡，及吳蘊初，三君爲司選委員，籌備選舉下屆分會新職員。嗣即請英人樊萊受君演講固體潤滑油問題。樊君在中國已三十年，曾歷任道清鐵路及湘鄂鐵路工程師，對於火車頭工程經驗豐富，述明固體潤滑油如何使用，並比較流質潤滑油經濟便利之處，以及現在使用流質潤滑油之火車頭如何改裝，俾適用固體潤滑油。次請王承黻君演講航空問題。王君曾游歷歐美，對於飛行及製造，有深切研究，王君於航空處國防上之地位，各國航空設備之比較，空中戰爭時飛機之佈陣，最近飛機工程之進步，以及我國航空應如何發展，列舉無遺。最警惕者，爲我國須速設法自製飛機，培植航空人才。再從事航空事業者應不分留學界限，爲國努力，航空前途，方始有濟。演講畢，繼續討論，散會已十時餘。

◉武漢分會例會

武漢分會本年第四次例會，定于十月八日(星期日)下午二時在漢口中山公園舉行，由漢口市政府會員負責籌備，並遵章選舉新職員，已通告各會員矣。

◉捐贈長沙分會基金

本屆年會赴湘參觀，各會員及來賓，曾各繳汽車及轎費七元，嗣因省府優待，此款餘存四百三十元，經全體議决捐贈長沙分會，作爲該分會基金。茲錄經手人原函於下，以明詳情。

敬啓者，此次本會同人，來湘參觀，各會員及來賓曾各繳汽車及轎費每人七元，共伍伯陸拾圓。嗣因蒙湖南省政府特別優待，膳宿車轎一律免費，同人所收前項費用，除付各項雜用外，尙餘肆伯叁拾圓，經全體同意，全數捐贈貴分會，作爲基金。謹託易鼎新先生轉交，並附名單，即希督收爲荷。此致

中國工程師學會長沙分會。

經手人　吳承洛，張孝基謹啓。

民國二十二年九月五日

附清單

收會員赴南嶽旅費(45人)	$315.—	
收來賓赴南嶽旅費(35人)	245.—	
付旅館賞金		$50.—
付汽車賞金		40.—
付南嶽上峯寺賞金		30.—
付南嶽祝聖寺賞金		10.—
餘款捐贈長沙分會		430.—
	$560.—	$560.—

附名單　（會員）

		張樹源	翁德鑾	徐紀澤
羅　武	劉光宸	石　充	劉孝懃	呂煥義
邱鴻邁	吳國柄	史　青	陸廷瑞	張　境
王愼名	曹理卿	趙福靈	潘承班	鄭家騏
繆恩釗	周唯眞	李東森	劉明遠	孫仲良
杜德三	陸寶愈	張延祥	吳道一	邱鼎汾
陳大啓	曾　哲	饒大鏞	周公樸	徐大本
江紹英	陳崢宇	吳承洛	朱其淸	張孝基
傅廣開	黃步雲	吳保豐	易鼎新	傅　銳
郭　楠	蘇以昭			

（來賓）

	張樹源夫人	石充夫人
史青夫人	李仕節	趙令瑩
雷振華	汪慰祖	姚志慧
羅小田	陸愛伯	汪原潤
方　重	王順昌	藍少彌
張予人	張予人夫人	林修鐸
朱益能	孔寶康	唐性一
陳登高	游鵬翥	祁玉麟
徐瑞華	袁文墉	王慶城
盧榕林	李步權	謝升庸夫人
宋如海	蘇以照夫人	高彰九
胡玉枝女士	朱令紀	吳國柄夫人

●會員通信新址

72蔣昭元 (職)廣州西村士敏土廠
11何昭明 (職)武昌湖北建設廳
11余伯傑 (職)長沙湖北建設廳
2方　剛 (職)武昌湖北建設廳內省會工程處
21沈友銘 (職)武昌湖北建設廳第二科轉
18李果能 (職)廣州沙面怡和洋行機器部
73鄭成祐 (住)廣州豐寧路281號二樓
30胡桂芬 (職)鄭州隴海路潼西段工程局
18李國銓 (職)廣州市黃沙粵漢鐵路南段管理局工務處
35徐　尙 (住)南京鼓樓金銀街10號
18李藩昌 (住)漢口法租界泰興里16號
62葉家俊 (職)武昌徐家棚湘鄂鐵路局
27俞汝鑫 (職)上海四川路168號大華電器公司
29胡瑞祥 (職)杭州電話局
78戴　濟 (職)上海北京路中央信託大樓元豐公司
55盛任吾 (住)松江東門外
8伍希呂 (住)廣州廣大路郵政局斜對面新48號
54溫其濬 (住)廣州惠愛西路37號3樓
50陳良士 (職)廣州長堤電力管理委員會
11何國梧 (職)湖南株州粵漢路株淥段測量隊
26金肇組 (職)廣州自來水管理委員會
69劉澄厚 (職)湖南株州粵漢路株淥段測量隊
16李德晉 (住)廣州七株榕樂安坊12號
16金士耋 (職)湖南淥口粵漢路淥雷段測量隊
71潘蘊山 (住)廣東寶華市耀華南街14至18號
14呂煥義 (職)漢口全省長途電話管理處
82蘇以昭 (住)漢口日租界南小路鐵道部3號官房
66趙儼瞻 (職)湖北黃石港湖北象鼻山鑛管理處
5王蔭平 (住)武昌青龍巷125號
18李葆華 (住)武昌平湖三巷內舊煉銅廠暫編11號
7史　青 (職)漢口平漢鐵路工務總段
38袁開帙 (住)漢口金城里53號
7潘晦根 (職)漢口特三區市政局工務處
(住)漢口特三區元和里10號
6朱家炘 (住)漢口天津街聯怡里14號
43張銘杜 (住)漢口楊家河謀知一巷13號
18李東森 (職)漢口第四路總部軍械修理處
(住)漢口日租界四興里6號
4王紹輝 (住)漢口特一區和昌里7號
3王文宙 (住)漢口泰安里18號
8向　道 (職)武昌湖北建設廳鄂東區武英公路處
11何昭明 (職)武昌湖北省建設廳
19李錫爵 (職)漢口江漢工程局
39崔鶴峯 (職)湖北沙洋江漢工程局沙洋工務所
59黃劍白 (住)漢口大王廟崇德里8號
50陳克誠 (職)武昌第三中學
(住)武昌得勝橋49號
5)陳壽維 (職)湖北漢川江漢工程局第五工務所
19李輝光 (職)漢口宗關旣濟水廠
81殷崇敎 (職)湖北金口鎭金水建閘辦事處
25林保元 (職)漢口江漢工程局
(新)周煥章 (住)漢口法租界寶華里10號
43曹　鍈 (職)漢口財政部湖北菸酒印花稅局
(新)孫光堉 (住)上海馬斯南路129號
41張喬嗇 (職)漢口大昌實業公司
(住)漢口特三區咸安坊9號
20汪禧成 (職)漢口平漢路工務處
62葉　强 (住)漢口泉隆巷48號
81關祖章 (職)漢口平漢鐵路工務處

17312

中國工程師學會總會收支總報告

（自民國二十一年十月一日起至廿二年九月三十日止）

總會會計張孝基

收入

(1)上屆結存：一		
材料試驗所捐款	$18,671.82	
圖書館捐款	11.45	
捐款利息	3,911.18	
永久會費	11,106.89	
政府撥助材料試驗費餘款	3,222.61	
暫存	156.50	
前中國工程學會應付而未付之賬	358.90	$37,439.35
(2)本年度收入：一		
甲 捐款利息		740.62
乙 永久會費		2,380.00
丙 朱母顧太夫人獎學基金		1,000.00
丁 入會費		1,466.80
戊 常年會費		
上海分會	761.00	
南京分會	297.00	
杭州分會	72.00	
唐山分會	56.00	
天津分會	88.00	
北平分會	12.00	
青島分會	142.00	
武漢分會	104.00	
濟南分會	170.00	
廣州分會	56.00	
其他各處	484.00	
預收會費	70.00	
補收會費	117.00	2,429.00
己 登記費：		97.50
庚 廣告費：一		
工程會刊廣告費	3,531.69	
工程週刊廣告費	615.00	4,146.69
辛 出售刊物：一		
機車概要(729本)	724.35	
工程季刊工程二月刊	802.69	
工程週刊	385.26	
雜件	5.65	1,917.95
壬、天津分會還來上屆年會籌備費		100.00
癸 雜項收入：一		
存款利息	913.18	
會針	20.00	
雜收	53.00	986.18
		$52,704.09

支出

甲、辦事費：一			
房租房捐		$360.00	
薪津酬勞		999.00	$1,359.00
乙、武漢年會籌備費			100.00
丙、借與北平分會會所修理費			300.00
丁、暫寄			48.50
戊、購置器具			12.00
己、永久會員貼費			225.00
庚、圖書費：			
書報雜誌		186.81	
圖書費		69.50	256.81
辛、雜支：			
保險費		12.00	
文具		156.11	
郵電		781.04	
雜項		142.23	1,091.38
壬、印刷費：一			
工程會刊		3,734.93	
工程週刊		896.89	
會員錄		225.30	
雜件		84.67	4,941.79
癸、結存：一			
浙江實業定期	$6,779.81米		
浙江實業定期	3,218.56米		
浙江實業定期	2,160.00※	$12,158.37	
浙江興業定期	4,676.87※		
浙江興業定期	1,821.93※	6,498.80	
金城銀行定期		2,000.00※	
浙江興業定期		2,000.00※	
金城銀行定期		1,000.00⊕	
浙江實業活期		1,762.80	
浙江興業活期		1,386.16	
上海銀行活期		905.26	
現款		451.57	28,162.96
會所基地			16,125.15
濟南分會借款			50.00
前中國工程學會應收而未收之賬			32.00
			$52,704.09

米捐款 ※基金 ⊕獎學基金

工程週刊

(內政部登記證警字788號)
中國工程師學會發行
上海南京路大陸商場 542 號
電話：92582
(稿件請逕寄武昌蘭陵街修德里一號)

中華民國22年10月20日出版
第2卷第15期(總號36)
中華郵政特准掛號認爲新聞紙類
(第 1831 號執據)

本期要目

定報價目：每期二分；全年52期，連郵費國內一元，國外三元六角。

城市工程

編者

農村破產之聲，揚溢於耳，吾工程師應若何以盡力救濟？農村工程如水利，機械耕植等，均非從小處可着手者，於是我國今日之工程師，亦均集中於城市，而忽略鄉村之工作，此點對於救濟鄉村，似應注意。

顧城市之工程，亦非從小處可着手者，如本期所載漢口旣濟水電公司擴充電廠，以機器一部分已超過百萬元之數，每馬力約投資150元，而農村工程則150元約可救濟一人一年之需，以一人一年之力，其成効必可敵一馬力之功，故望吾工程界同志，注重於農村生產。

漢口旣濟新電廠
鍋爐在裝置中
(上爲水管，下爲進煤機)

17315

漢口既濟水電公司新電廠

方博泉　錢慕班　黃劍白

籌備經過

近年來漢口居民日增，電氣需要與之俱進。既濟水電公司電廠，曾於民國十四年增設3000啓羅華特發電機2部，不數年間，依然無多餘裕。民國二十一年一月，經董事會提交股東會議決，添購6000啓羅華特新汽輪發電機1部，及新式高壓高温之鍋爐，而鍋爐之容量須兼舊鍋爐之不足。於是本此決議，擬定計劃，呈請政府批准，招標承辦，於三月二十八日開標，標函共計十起。疊經比較討論，並磋商付款條件，最後決定，以英商安利洋行所投之標爲合格。旋於七月十五日簽訂合同，此籌備擴充電廠設備之經過情形也。

工程計畫要點

此次添購新機，雖以應付過渡，然不欲復受舊有設備之束縛，遺害於將來之經濟，故計畫之要點，均參照將來第二步擴充計畫而定，略述如左：

（1）廠房位置。　電廠創辦時之發電廠，自改用交流以後，久經廢棄，用作新機廠屋，恰能敷用，將其前方三分之一，作發電廠，後方三分之二，作鍋爐房，利用舊屋，不事改造。

（2）發電機之容量與電壓。　決定購置新機，因一切手續與工程，約需二年之久，故新發電機之容量，非5000-6000啓羅華特，於事無濟。至於電壓，則採用6600伏而特。茲將採用此種電壓之理由，試略述之：

現今電機之發電電壓爲2300伏，新發電機之容量較大，送電之範圍復廣，過低之電壓，不適於用。漢口雖未臻十分繁盛，而供電區域廣闊，採用6600伏爲發電機之電壓，在現今電廠6600伏母線上直接連結，兩廠並列運轉，不更加用變壓器於其間。幷於市中適宜地點，增設配電所一二處，用發電機電壓直接送電，不更升壓。將來市場增繁，送電距離更遠，則加用升壓器升爲適宜高壓以送電，如是發電機既無損壞之慮，而變壓器及其耗電復得節省。

（3）鍋爐與汽輪之汽壓與汽温。　晚近爲增進蒸汽發電廠之效率，均採用高壓與高温，鍋爐之汽壓，有增高至每平方公分23公斤(每平方英寸3300磅)者，鍋爐之汽温，美國大抵以攝氏400度(華氏750度)爲標準，英國有用至攝氏450度(華氏850度)者。要之增加汽壓與汽温，大有裨益於經濟。本公司電廠初置汽輪交流機時，採用每平方公分12.5公斤(每平方英寸175磅)之汽壓，與攝氏300度(華氏575度)之汽温，其後每次增加新機，均受其束縛，未敢輕越雷池一步，其無形中所受之損失，何可計量。故此次添置新機與新爐，必須採用高壓高温，以圖節省燃料。且當今機械設計之進步，頗有一日千里之勢，此時新穎之品，轉瞬卽成古式，故尤當採用高壓高温，以免將來之束縛。然而汽壓汽温過於加高，其設備費亦隨之而高，反有累於經濟，故加高汽壓汽温，亦有一定之限制。於是參酌煤價利率荷載率等事，而採用每平方公分31.5公斤(每平方英寸450磅)，與攝氏400度(華氏750度)，爲鍋爐之汽壓與汽温。採用每平方公分28公斤，與攝氏385度爲汽輪之汽壓與汽温。

（4）鍋爐之部數及容量。　鍋爐共須3部，以2部供給新機，1部作預備，並備降壓汽門，俾於必要時每小時內得低壓蒸汽13,600公斤(30,000磅)，以補助舊鍋爐房蒸汽容量之不足。

（5）採用進煤機(Stoker)，空汽預温器(Air Preheater)，省煤器(Economizer)，水冷爐壁 (Water Cooled Furnace)。粉煤

潔水設備與鍋爐進水幫浦

機座側景，凝汽器，爐水加溫器等

機效益甚多，採用者至夥，規模宏大之發電廠尤然，顧使用鏈條式進煤機之廠，亦不乏成績卓越之處。本公司電廠向用鏈條式進煤機，往往因煤質不良，成績欠佳，故將來擴充擬採用粉煤機，惟目下增設之鍋爐，因其容量不大，鍋爐房之地位狹窄，只得仍用鏈條式進煤機。

鍋爐須各備空氣預溫器與省煤器，利用煤烟之熱力，將空氣與爐水預溫之後，送入爐內，減少煤烟之熱損失，而節煤炭之消耗量，以求增高新機設備之總效率。

(6)採用均壓通風與獨立烟囱。 每部鍋爐，各備引風機(Induced Draught Fan)，壓風機(Forced Draught Fan)，各一部，鋼板焰道(Steel Flue)各一套，鋼板烟囱(Steel Chimney)各一座，期得適宜之通風，俾燃料得完全燃燒，藉謀增加鍋爐之效率。本公司電廠歷年增加鍋爐，未有精細設計，9座鍋爐，分置兩房內，各建烟囱1座，各置引風機1部，各共1焰道，風力既感不足，分配尤欠適當。後置之大鍋爐，距烟囱較遠，常不能發揮其能力。近數年來，各爐常須使用，亦無暇更改，受累之深，匪言可喻，故此次添置鍋爐，引為殷鑒。

(7)採用潔水設備(Evaporating Plant)。鍋爐進水不潔，爐管內之積垢結成厚殼，減小其傳熱力，需用煤量因以加多，爐內易於燒燬，既累於經濟，復礙乎工作，影響之巨，非同等閒，電廠1500啓羅瓦特汽輪發電機3部，係用噴射式凝汽器(Jet Condenser)，其蒸汽凝結之水與用以凝汽之水混合排出，故所需補充爐水之量甚多，向以自來水應此需要，鍋爐內因此常結厚殼，其蒸發力以減，故所有鍋爐無暇清潔修理，於是結殼益厚，毀壞益速，而需要修理益迫，因果相仍，困難萬狀，故此新爐隨購潔水設備全副，保護鍋爐，並免枉耗煤斤。

(8)備置完全儀器。 煤炭為蒸汽發電廠之最大開支，故燒煤一端，為電廠重要之工作，發電成本之高低與營業之盈虧皆賴乎此，故每部鍋爐各備最新式儀器一組，以資研究，期得最經濟之燃燒。

(9)凝汽器之型式及其容量。 電廠地基狹小，無地可作定水池，凝汽器所用冷水，直接取之漢河，河水渾濁，凝汽器管，屢為渣滓杜塞，故須用分枝式(Divided Type)者，以便換修，其容量須於其管之10%閉塞時，用攝氏26.5度(華氏80度)之冷水，雖電機長時間運轉，猶能維持71公分(28英寸)之真空，並須於停其一枝清潔之時，能以其餘一枝在⅔荷載時，維持相當真空。炎夏之際，漢河之水，溫度甚高，故限制較嚴，俾能適於暑中運轉。

(10)冷水幫浦須用變速馬達。 漢河水面變動甚大，乃假定其最大之差為 20 公尺(60英尺)，因電廠無直流電力可用，故須備變速度誘導馬達運轉，以免虛耗電力。

(11)發電機須在滿載時效率最高。 新機之煤炭消費量較舊機甚低，爾後用為主機，除清潔修理外，每日運轉，晝夜不停。電廠目下情形，晝間荷載最輕時，亦在4000啓羅瓦特左右，而其時間極短，餘時皆在5000-6000 啓羅瓦特以上，新機十之八九在滿載時運轉，故新發電機須在滿載時效率最高。

(12)發電機採用冷風器(Air Cooler)。漢口氣候潮濕，空氣中復多灰塵，發電機之靜止回轉兩部，往往積滿塵埃，受潮濕之浸潤，以致絕緣抵抗降低，甚至發生地氣，而回轉部尤甚，此種缺點，屢經聞見，不獨此地為然。本公司電廠之發電機，有兩部用有濾風器(Air Filter)，而塵垢依然堆積，即用壓榨空氣吹掃，亦難徹底清潔，其一機之回轉部，前曾發見接地，吹掃亦未減除，嗣將其端蓋揭開，細密清潔，其患乃止，顧經時未久，舊狀復呈，又須撤卸修理，不特惟是，亦有絕緣抵抗素高之電機，其抵抗驟然減低者，故新發電機採用冷風器，俾灰塵濕氣，莫由侵入，而前言之患可得防止，且用此器能令其溫度上升之度降低，而發電機雖在溽暑中，其絕緣亦安然無虞。

開關設備 (Switchgear)。 新機開關設備，須設於現今之發電廠內，以便管理。因新機經兩組變壓器與現有之發電機5部連結，且各發電機之誘導阻力均高，故油開關需要之遮斷容量較低，假定種種情形，算得其遮斷容量之最低限度為150,000開維愛。

發電機中性點接地問題，向來各執一說，如今主張接地為安全者，居大多數，而事實上中性點不接地者，實所罕見。今電廠電氣設備，與新機中性接地，無所妨礙，故決定購備中性點接地裝置與警報設備一組，以保發電機之安全。其他器具均採用上等新式之品，並務求其完備。

鍋爐設備

(1)鍋爐。 鍋爐3部，均係英國拔柏葛廠(Babcock & Wilcox Co.)製造之，C. T. M. 式，其傳熱面積各為410平方公尺(4420平方英尺)，等價蒸發量為每小時19,250公斤(42,500磅)，而其2部所生之蒸汽，足供新汽輪發電機滿載時汽輪及各附屬機件之用。其常用汽壓與汽溫為每平方公分31.5公斤，(每平方英寸450磅)，與攝氏400度(華氏750度)。每座鍋爐具直徑1.37公尺(4½英尺)，長6.1公尺(20英尺)之汽水鼓1個，爐內上方斜直徑100公分(4英寸)長3公尺(10英尺)之水管188根。每部鍋爐附屬加熱器(Superheater)，省煤器(Economizer)，空氣預溫器(Air Preheater)，進煤機(Stoker)，壓風機 (Forced Draft Fan)，引風機(Induced Draft Fan)，鋼板烟囪(Steel Chimney)，吹灰器(Soot Blower)，自動爐水調節器(Automatic Feed Water Regulator)，並各種新式精密指示紀錄儀器，三爐共用者，有清潔水設備(Evaporating Plant)，鍋爐進水幫浦(Feed Water Pump)，降壓器(Reducing Valve)，降溫器(Des)

新鍋爐底脚鋼筋

17319

潔水設備之蒸發器

uperheater）等件，縷述如下：

（2）加熱器。加熱器係 Integral Type 由158根直徑38公分（1½英寸）無焊鋼管而成，具有傳熱面積168平方公尺（1800平方英尺），裝置於爐管中間，能將鍋爐所生蒸汽加熱至攝氏400度（華氏750度）。其出口裝有保安汽門與汽温調節器各1具，空氣門及餘水門各1具，而無從前所謂 Flooding Pipe。拔柏葛蕾氏之加熱器，須於鍋爐未燒以前，貯滿以水，及其總汽門將開，始將其中所貯之水放出，手續既繁復損勢力，今新式不須貯水，較前改良多矣。

（3）省煤器。省煤器爲（Green's Gilled Tube Economizer），各具直徑65公分（2⅝英寸），長3公尺（10英尺）之波面鑄鐵管66根，各有168平方公尺（1820平方英尺）之傳熱面積。其表面爲波狀者，爲增大其傳熱面積，並令其適用於高壓也。煤煙由上而下，爐水由下而上，成對流系統，於是較熱之水與較熱之煙相觸，而水與煙熱度之差，因以調勻。

每具省煤器備有下列各件：

彈簧保安水門，空氣放出門（Air Releasing Valve），温度表，防逆水門（Non-Return shut off Valve），調節水門（Feed-Regulating Valve），排水門（Drain Valve）

（4）空氣預温器。此器由多數軟鋼鈑集合而成，其傳熱面積爲310平方公尺（3340平方英尺）。鋼鈑之間，間以隔鈑，固以螺釘，其兩端嚴密銲接，以防漏氣，置於省煤器之下。爐烟先經省煤器，再入其內。由壓風機壓入之空氣，經此器之後，再進爐中。爐烟之方向由上而下，空氣之方向自右而左，亦成對流作用。凡熱風通過之處，均用有粘性之苦土（Plastic Magnesia）包裹，以防散熱。其出入口，均設有熱度表。

（5）進煤機。進煤機係均壓通風閉藏式，鍊條火床進煤機，（Blance Draught Enclosed Type）。長4.88公尺（16英尺），寬2.74公尺（9英尺），火床面積計有134平方公尺（144平方英尺），其底部及前面均包蓋完密，使風不外透。機之各部，均經最近之改良，其運轉部分多用鋼珠承軸，僅須¼馬力之馬達卽可運轉。司運轉之機構，閉鎖於鑄鐵箱內，防油與塵之浸染。機構軸上設有嚙合片（Clutch），其軸由此以得四種速度，於是火床之速度，得變化於每小時4-12

17320

公尺(13-40英尺)之間。

(6)壓風機，引風機，鋼板烟囱。 壓風機之容量爲每分鐘1300立方公尺(46,000立方英尺)，其常用風壓4.5公分(1¾英寸)，用18馬力之交流變速馬達運轉，與該機直接連結。引風機之容量爲每分間 20,000 立方公尺(72,000立方英尺)，其常用風壓爲2公分(0.8英寸)，其運轉所用之馬達，爲34馬力之變速馬達。此機入口與空氣預溫器連結，其出口緊接烟囱底部，此兩種通風機均係Davidson Co. 製造，而達普茂偉廠 Metropolitan Vickers Electric Co出品。烟囱係用鋼板製成，內徑12公尺(4英尺)，高 18.2公尺(60英尺)， 裝置於鍋爐後方右隅，並備複道與爐相通。此爐既備空氣預溫器，復用均壓通風，即揮發分較少之煤，亦易燃燒。本公司電廠向以鍋爐數少，非用揮發分甚高之煤，即呈供不應求之象，用煤之選擇，頗受限制。故此次計劃擴充，對於鍋爐，極留意此點，如今新爐已用數月，各種國煤均曾試燒，頗稱合用，可謂如願以償矣。

(7)鍋爐進水幫浦。 鍋爐進水幫浦共有2部，均係離心式，一用汽輪機運轉，係G. & J. Weir Co. 所造，一用交流誘導馬達運轉，係 Harland 廠所造，每部能供鍋爐兩部所需之水，幷設有兩路進爐水管，彼此均能通用。

(8)吹灰器爐水調節器，加熱調節門。吹灰器係 Diamond 牌，每套有吹灰嘴13具，適宜配置於爐管，加熱器，省煤器，空氣預溫器等處。其所需之蒸汽，取自加熱器出口，因高壓蒸汽不適於用，故用降壓汽門，降壓而後用焉。鍋爐每部，各備有自動爐水調節器，與加熱調節門。爐水調節器係(Copes)式裝於汽鼓之旁，自動調節鼓內存水之多寡，可省人工照料之煩。加熱調節門設於加熱器之出口，所以調節加熱蒸汽之溫度者也。

兩級空氣噴射器

高壓開關鋼盒

(9)潔水設備。 本設備爲製造純潔之蒸溜水，以供補充鍋爐進水之用，由蒸發器，排氣器，濾水機，水櫃，等件組合而成。蒸發器之容量，每小時能蒸發攝氏94度(華氏205度)之水1630公斤(3600磅)，爲攝氏101度(華氏216度)之蒸汽。在發電機滿載時，此項蒸汽取自汽輪低壓汽缸，若發電機輕載運轉，須直接取高壓汽管之蒸汽，經降壓汽門，降壓而後用以補助其不足。排氣器爲Weir Optimum Deaerator，用以排除鍋爐進水中所含氣體，以防鍋爐之腐蝕，同時利用汽輪低壓汽缸之蒸汽，將爐水加熱至攝氏93度(華氏200度)，其容量爲每小時32,600公斤(72,000磅)。軟水櫃，乃加石灰於爐水中，化硬水爲軟水者也。本器爲拔柏葛廠所造，其容量爲每小時36,400公升(8000加倫)，其量水與加石灰等動作，均係自動。濾水機係壓力沙濾機，每小時能濾水1810公斤(4000磅)，電廠向用自來水，此器不過用以備自來水供給中斷時之用耳。

(10)降壓汽門與降溫器。 新鍋爐除供給新機外，遇必要時亦補助舊鍋爐。因新鍋爐所發蒸汽係高壓高溫，不適於舊機之用，故於新舊兩汽管連絡之管上，裝降壓汽門與降溫器各一具，降低其汽壓與汽溫以適合需要，其容量爲每小時13,600公斤(30,000磅)

(11)鍋爐所用儀器。每部均用有全套精密儀器，除水面表，煤量積算表等設於鍋爐適當各處外，餘皆歸納於一鐵製板上，各表與爐之各部，均有小管連結，其重要儀器如下：

六重溫度指示幷記錄表一具。此表係西門子廠(Siemens & Halske)所製，其記錄器能用六色同時記出下列六處溫度。

(1)加熱器出口

(2)空氣預溫器入口

(3)空氣預溫器出口

(4)省煤器爐水入口

(5)省煤器爐水出口

(6)空氣預溫器煤烟出口

汽壓指示表與記錄表各一具，記錄表係Negretti & Zambra廠造。

汽量指示並記錄表一具。此表係George Kent Co.所造，指示並記錄每小時所發汽量者也。

炭酸指示並記錄表(CO_2 Indicator And Recorder)一具。此表乃"WR" International Gas Detectors廠所造。

李氏煤量表(Lea Coal Meter)一具。設置進煤機前方煤斗右側，用以積算用煤之立積者也。

風壓表(Draught Gauge)三具，亦係Negretti & Zambra廠所造，用以量壓風，引風與爐內之風壓。

此外水面表，爐水水壓表等皆備焉。

汽輪發電機設備

(1)汽輪機。汽輪機係英國茂偉(Metropolitan-Vickers)之衝激式汽輪機，每分鐘3600回轉，適用於每平方公分281公斤(每平方英寸400磅)之汽壓，與攝氏385度(華氏725度)之汽溫，與6000啓羅瓦特之交流機直接連結，附屬凝汽設備，滑油設備，鍋爐進水加溫器，汽輪機所用各種指示或記錄儀器。本汽輪機附有電氣加減速度之設備，能加減規定速度，本機附有非常汽門，速度超規定速度10%時，即自動關閉。本機除非常情形外不可舍凝汽器而運轉，即不得已，其荷載僅許經濟荷載40%，因放汽溫度不得超過攝氏150度(華氏300度)也。

(2)發電機。 發電機爲茂偉廠造之3相同期交流機，電壓6600-7000伏而特，60週波，在電力率爲80%時，其出力爲6000啓羅瓦特，附屬直接連結之勵磁機，閉蔽式冷風器(Enclosed Type Air Cooler)與開關設備，此發電機之效率如下：(設電力率爲1)

滿載時	$\frac{3}{4}$載時	$\frac{1}{2}$載時
96.2%	95.5%	93.9%

本汽輪發電機，能過載20%長期運轉，無所損傷。

本機在電力率爲80%時，蒸汽消費量如下：(包含爐水加溫所需蒸汽在內，其誤差在2.5%以內)

17322

荷載啓羅瓦特		6000	4500	3000	7500
每度電需要蒸汽	(公斤)	4.6	4.76	5.12	4.85
	(磅)	10.07	10.26	10.66	10.36
爐水溫度	(攝氏)	82	77	70	86
	(華氏)	180	171	157	187
每度電需要熱量					
(公熱單位)		3,130	3,200	3,360	3,200
(英熱單位)		12,400	12,733	13,379	12,716

發電機在電力率為1時，其電壓變動率為20%。在電力率為80%時，電壓變動率為35%。電力率為80%而有滿載勵磁時，其永久短絡電流為1200安培。無載而有規定電壓勵磁時，其瞬時短絡電流，約當滿載電流之8½倍。

(3)滑油設備 (Oiling System)。 汽輪發電機附設同轉油幫浦1部，用有兩濾油器，在汽輪運轉中，可交換修理。油幫浦送油，先經冷油器，再分配於汽輪及發電機各承軸，然後由油本身重量回歸油槽。

(4)凝汽器。 本器為茂偉廠製造之分枝式表面凝汽器 (Divided Type Surface Condenser)，具冷面630平方公尺 (7000平方英尺)，若冷水溫度為攝氏26.8度(華氏80度)，則在滿載時，維持71公分(28英寸)之真空，每分鐘需要冷水32,500公升(72,000加侖)。

本器附屬兩級空氣噴射器1具，一面製造凝汽器內之真空，一面排除凝結水內之空氣，並蒸汽所含之熱，復有凝水吸收。噴射器有每小時噴出乾燥空氣14公斤(31磅)之容量，每小時需要蒸汽175公斤(385磅)。凝汽器凝結之水，用離心式抽水幫浦以抽出之，其原動機為13馬力之3相誘導馬達。

(5)汽輪機所用各表。 汽輪機及其附屬機械所用各表，裝於一表板之上，計有汽量記錄積算表，凝結水記錄積算表均係Electrflo Meter Co. 出品。又有蒸汽入口汽壓表，整速器各汽門汽壓表，放汽真空表，滑油壓力表。

(6)爐水加溫器。 本機附屬低壓爐水加熱器1具，用汽輪低級放出蒸汽，升高凝汽器凝結水之溫度，以作鍋爐進水。又附封軸加溫器1具，利用封軸器之熱，以加鍋爐進水之溫，爐水順次經過兩加溫器，其溫度升高至攝氏82度(華氏180度)。

(7)冷水幫浦。 幫浦係(Harland)廠所造離心式幫浦，最高水頭為31.5公尺(102英尺)，每分鐘能起水 35,000 公升(7700加侖)，與330馬力之3相誘導馬達直接共一機座。此馬達係變速度滑輪式馬達，乃茂偉廠所造，因河水漲落不定，故此馬達用有操縱器(Controller)與抵抗器，能使速度變化於每分鐘800 回轉至1160回轉之間，共得12種速度，其水頭則有自 9-31.5 公尺(30-102英尺)之變化。再因新發電廠位置較高，故此幫浦之水頭，較其他冷水幫浦之水頭高4公尺(12英尺)。

(8)冷風器。 本器為閉藏式，有每分間冷却空氣5160立方公尺(20,000立方英尺)之容量，每分間需要攝氏26.5度(華氏80度)之冷水1450公升(320加侖)，所需冷水，由凝汽器進水管分一枝經濾水器以供給，水頭損失約17.8公分(7英寸)，冷却後之空氣溫度不逾攝氏35度(華氏95度)，其最大風壓損失約15公分(0.6英寸)，司風門開閉之處，設有風溫指示表與危險警報裝置。

(9)勵磁機。 本機為閉藏通風式，電壓220伏而特，附有勵磁場抵抗器一具。

(10)發電機靜止部溫度指示表 (Stator Temperature Indicator) 此器乃英國 Cambridge Scientifical Instruments Co.製造，能量6處溫度，其6個熱電堆，設於發電機靜止部之3個槽內，3個在槽底，3個在槽面。此表因其連結電線有規定尺度，不便設於新電板上，乃於新廠高壓開關鋼匣上裝設此表焉。

(11)開關設備。　開關設備爲茂偉廠所製，分高壓開關設備與低壓管理電板兩部，記述如下：

(甲)高壓開關設備。　高壓器具，大抵納於鋼板方匣內，其自動油開關，爲電氣遙制式，用空氣爲緩衝物，有150,000開維愛之遮斷容量，其他計有風冷式變流器者6具，油冷式1相及3相變壓器2具，隔離開關2組，匣面亦設有電壓，電流，電力等表。

發電機座下，設有保安設備(Merz Price Circulating Current Protective Device)之變流器3具，發電機出線所要母線1組及接頭箱4個，亦設機座之下。中性線接地僅有隔離開關1隻，並無接地抵抗或接地線輪等物。

(乙)低壓管理電板。　管理電板有發電機電板與勵磁機電板各1面，均由石版製成。發電機電板設有電壓表，電流表，電力表，電度表，電力率表，週波指示器，同期器等表，發電機遙制開關，齊速器馬達管理開關，保安設備繼電器，單極逆時限過電流繼電器，同期插頭，指示燈等件。

勵磁器電板設有勵磁機直流電壓表電流表各1具，自動磁場開關1具，電機發生障礙時，保安設備之變流器即失其均衡，其繼電器隨而動作，其自動油開關當即開放，使發電機與母線分離，同時此自動磁場開關亦開，盡量減輕發電機之損壞。此電板上復設有茂偉廠製之整壓器 (Voltage Regulator) 與整流器 (Current Regulator) 各1具，及一切附件。

(12)起重。　起重機爲英國 Herbert Morris Co. 廠所造3馬達電氣高樑起重機。其起重容量爲25噸，其起重馬達計14馬力，其滿載速度爲每分間(英尺)，縱橫移動之馬達，各馬力，橫行速度爲每分間(英尺)，縱行速度爲每分間 16.5 公尺 (55英尺)，全機重約20$\frac{1}{2}$噸，起重高距爲9.3公尺(30$\frac{1}{2}$英尺)，汽輪發電機各部均不甚重，以此機操縱，綽有餘裕。

新廠于民國二十一年三月開工，至十二月竣工，僅九閱月，均能依限完成。機器總價爲英金65,737.00，又國幣51,877元，按照金匯及利息，約合國幣1,200,000元。其建築工程概況，及試車等報告，均另編特刊，茲以篇幅有限，未能詳載。

膠濟鐵路行車時刻表

民國二十年七月一日改訂實行

下行車

站名	到開	五次車	三次車	十一次車	十三次車	一次車
青島	開	七·〇〇	一二·〇二	一五·〇〇		二二·〇〇
大港	開	七·一一	一二·一一	一五·一二		二二·一一
南泉	開	八·一二	一三·一二	一六·三三		二三·〇九
膠州	到	八·五九	一三·五二	一七·二〇		二三·五〇
膠州	開	九·〇一	一三·五五	一七·四九		二三·五二
高密	到	九·三八	一四·二六	一八·三一		〇·二三
高密	開	九·五三	一四·四一	一八·四九		〇·三八
岞山	開	一〇·五四	一五·四〇	二〇·一四		一·二七
坊子	到	一一·三九	一六·二二	二一·一〇		二·〇六
坊子	開	一一·五四	一六·三七	二一·二五	七·〇〇	二·二四
濰縣	到	一二·一四	一六·五七	二一·四九	七·二四	二·四四
濰縣	開	一二·一七	一七·〇一		七·三四	二·五〇
昌樂	開	一二·五四	一七·三七		八·二六	三·二一
青州	到	一三·四四	一八·一八		九·二六	四·〇二
青州	開	一三·四六	一八·二〇		九·四一	四·〇四
張店	到	一四·五二	一九·二五		一一·〇三	四·五六
張店	開	一五·一〇	一九·四六		一一·一八	五·一四
周村	到	一五·三八	二〇·一一		一一·五二	五·三九
周村	開	一五·四〇	二〇·一三		一二·〇二	五·四一
普集	開	一六·二六	二〇·五六		一三·一四	六·二一
棗園莊	開	一六·五一	二一·二一		一三·四六	六·四三
黃臺	開	一七·四四	二二·一三		一四·五八	七·二八
濟南	到	一七·五六	二二·二五		一五·一二	七·四〇

上行車

站名	到開	六次車	十二次車	四次車	十四次車	二次車
濟南	開	七·一五		一二·一五	一四·一〇	二二·〇〇
黃臺	開	七·三〇		一二·二九	一四·二六	二二·一四
棗園莊	開	八·二六		一三·二二	一五·四六	二三·一〇
普集	開	八·五四		一三·五〇	一六·三二	二三·二六
周村	到	九·三三		一四·二六	一七·二一	二三·五九
周村	開	九·三五		一四·二八	一七·三一	〇·〇一
張店	到	一〇·〇〇		一四·五〇	一八·〇一	〇·二三
張店	開	一〇·〇〇		一五·一二	一八·三三	〇·四一
青州	到	一一·三一		一六·一九	二〇·〇六	一·三六
青州	開	一一·三四		一六·二一	二〇·一九	一·三八
昌樂	開	一二·二五		一七·〇三	二一·二五	二·一九
濰縣	到	一三·〇四		一七·四一	二二·〇六	二·四八
濰縣	開	一三·〇八	六·三〇	一七·四五	二二·二六	二·五四
坊子	到	一三·二八	六·五六	一八·〇六	二二·四二	三·一五
坊子	開	一三·五〇	七·一〇	一八·二二		三·三六
岞山	開	一四·二五	八·一三	一九·〇四		四·一五
高密	到	一五·四二	九·二二	一九·五九		五·〇一
高密	開	一五·五七	九·三九	二〇·一三		五·一六
膠州	到	一六·三五	一〇·二三	二〇·四五		五·四八
膠州	開	一六·三七	一〇·三三	二〇·四七		五·五〇
南泉	開	一七·二二	一一·二五	二一·二六		六·二九
大港	開	一八·二五	一三·〇七	二二·三〇		七·三〇
青島	到	一八·三〇	一三·一三	二二·三五		七·三五

隴海鐵路行車時刻表

自右向左讀：第一次特別快車自東向西每日開行；第十九次客貨車自東向西每日開行

自左向右讀：第二次特別快車自西向東每日開行；第二十次客貨車自西向東每日開行

站名	第一次特別快車自東向西每日開行	第十九次客貨車自東向西每日開行	第二次特別快車自西向東每日開行	第二十次客貨車自西向東每日開行
徐州府	（上午）八點十分開		（下午）八點〇五分到	
碭山	（上午）十點十六分到 十點二十六分開		（下午）五點五十四分到 六點〇四分開	
商邱	（上午）十二點〇九分到 十二點二十九分開		（下午）四點〇二分到 四點十七分開	
開封	（下午）四點三十二分到 四點五十二分開		（上午）十一點五十五分到 十二點十五分開	
鄭州南站	（下午）六點五十一分到 七點十一分開		（上午）九點四十二分到 十點〇二分開	
汜水	（下午）八點三十三分到 八點四十三分開		（上午）八點四十分到 八點四十二分開	
鞏縣	（下午）九點二十三分到 九點二十五分開		（上午）八點〇四分到 八點〇六分開	
孝義	（下午）九點四十七分到 九點四十九分開		（上午）七點四十六分到 七點四十八分開	
洛陽東站	（下午）十一點十二分到 十一點四十三分開		（上午）六點十五分到 六點三十五分開	
新安縣	（上午）一點十二分到 一點三十二分開		（上午）四點五十分到 五點開	
澠池	（上午）三點二十一分到 三點四十一分開		（上午）三點十八分到 三點二十三分開	
觀音堂	（上午）四點三十七分到 四點四十二分開		（上午）二點三十一分到 二點三十六分開	
會興鎮	（上午）六風〇八分到 六點十八分開		（上午）〇點四十二分到 〇點五十二分開	
陝州	（上午）六點五十分到	（上午）七點二十分開	（上午）〇點〇五分開	（下午）十點二十五分到
靈寶		（上午）八點三十二分到 八點四十七分開		（下午）九點〇一分到 九點十六分開
閿鄉		（上午）十點二十分到 十點三十五分開		（下午）七點十三分到 七點二十三分開
盤頭鎮		（上午）十一點五十二分到 十一點五十五分開		（下午）五點五十三分到 五點五十六分開
文底鎮		（下午）一點二十分到 一點二十三分開		（下午）四點五十二分到 四點二十八分開
潼關		（下午）二點二十分到		（下午）三點三十分開

17326

中國工程師學會會務消息

◉第十一次新舊董事聯會紀錄

日期：廿二年九月廿四日上午十時。

地點：上海南京路大陸商場本會會所。

出席者：薩福均，吳承洛(周琦代)，韋以黻(李垕身代)，淩鴻勛(茅以昇代)，楊毅，徐佩璜，周琦，李垕身，胡博淵，支秉淵，茅以昇。

列席者：裘燮鈞，張孝基。

主席：薩福均。紀錄：裘燮鈞。

報告事項：——

(1)韋董事，吳董事，均以事不能出席，韋董事書面函請李董事代表，吳董事請周董事代表。

(2)惲董事亦以事不能出席，並來函發表意見。

(3)黃副會長以公務鞅掌，函請辭職。

(4)張會計報告廿一年度收支情形。

(5)蘇州分會業已恢復。

(6)「機車鍋爐之保養及修理」一書，經韋以黻函復，以程孝剛赴青接收機車公事，須俟其返京後，再行審查。

(7)惲董事來函報告年會情形。

(8)吳董事來函，報告本屆年會參觀團，赴大冶水泥廠參觀時，曾用本會董事名義致電廣東建設廳，證明該廠寶塔牌水泥，完全國貨，曾經試驗合格，請准照國貨一律待遇。

討論事項：——

(1)推選執行部職員案。

議決：推定裘燮鈞君為總幹事，鄒恩泳君為文書幹事，張孝基君為會計幹事，王魯新君為事務幹事，沈怡君為總編輯，張延祥君為週刊總編輯，朱樹怡君為出版部經理。

(2)聘請駐京董事會幹事案。

議決：請鈕因梁君繼任。

(3)推選各委員會委員案。

議決：工業材料試驗所籌款委員會委員長薩福均君，工業材料試驗所建築委員會委員長沈怡君。職業介紹委員會委員長支秉淵君。

(4)黃副會長辭職案。

議決：慰留。

(5)編纂工程規範案。

議決：先請茅以昇君，調查需要何種工程規範，報告下次董事會。

(6)重印土木及機械兩種工程名詞案。

議決：請茅以昇君審訂土木工程名詞，楊毅君審訂機械工程名詞。

(7)請推定查賬員案。

議決：請李垕身，周琦兩君，審查廿一年至廿二年度賬目。

(8)夏光宇，薩福均提議籌募工業材料試驗所捐款進行辦法三點案。

議決：請工業材料試驗所籌款委員會斟酌情形辦理，全國經濟委員會方面請趙祖康君負責接洽。

(9)請墊「鋼筋混凝土學」印刷費案。

議決：請執行部參照機車概要刊行辦法進行。

(10)審查年會交辦各件案。

1.年會論文應擇優給獎銀盾案。

議決：請沈怡君草擬年會論文給獎辦法，送董事會核議。

2.積極興建工業材料試驗所案。

議決：用本會全力在一年內完成工業材料試驗所。

3.本會對於中國工程界有特別貢獻之人獎給榮譽金牌案。

議決：請徐佩璜君草擬辦法，送董事會核議。

4.組織四川考察團案。

議決：請惲震君主辦組織四川考察團事務。

5.組織國防工程研究委員會案。

議決：請執行部通告各會員悉心研究，如有新貢獻，報告本會核辦。

6.籌設工程調查宣傳機關案。

議決：工程週刊原爲工程宣傳調查機關，不必再另設。

7.航空學術運動案。

議決：請兩月刊及工程週刊兩總編輯，多搜集航空文章，以資提倡。

(11)建築總會會所案。

議決：先完成工業材料試驗所後，再行進行。

(12)規定本屆各次董事會會期案。

議決：第十二次：廿二年十二月廿四日上午十時，地點南京。

第十三次：廿三年三月廿五日上午十時，地點上海。

第十四次：廿三年六月廿四日上午十時，地點南京。

第十五次：廿三年九月廿三日上午十時，地點上海(新舊董事聯席會議)。

(13)審查新會員資格案。

議決：通過，邱鴻邁，蔣子耀，張寶華，周開基，吳均芳，夏寅治，孫自悟，余興良，王仰曾，秦以泰，楊祖植，鄭家俊，郭仰汀，錢穀，蔡東培，韋增復君等十六人爲正會員。

仲會員丁燮和升爲正會員。

關富權，孟廣喆，張昌華，劉乾才君等四人爲仲會員。

蕭瑾，李次珊，張銘戌，劉承先，宋奇振，林翠鈞，林聯軒君等七人爲初級會員。

◉對於審查美國分會會員資格辦法

(第十次董事會議決辦理)。

(甲)請總會先查明已收入會費各會員名單，(須查對會員錄有無列名與否)。

(乙)凡已繳入會費，已列名諸會員，均承認其資格不必再審查。

(丙)凡已繳入會費，未列名者，均須寄交新式會員履歷表，請其塡明，並須再寄審查。合格繳費，即完全照新會員辦理。

(丁)凡已繳入會費而未列名者，亦須寄交新式會員履歷表，請其重塡，(寄到其永久通訊處)。俟寄回，再付審查，以定其會員等級。

審查委員：周琦，李屋身，支秉淵。

民國廿二年七月十二日

◉青島分會年會紀事

九月二十九日下午六時，青島分會假工商學會開二十二年年會。到會員及來賓共25人。聚餐畢，由會長林鳳岐君報告開會。由會計姚章桂君報告本年度收支帳目，經出席會員公推，宋錫鳴，邢契莘，易天爵三君審查，收支悉合。繼由司選委員孫寶墀君報告選舉職員結果，當選者如下：

會長 林鳳岐， 副會長 嚴宏溎，
書記 葉鼎， 會計 姚章桂。

林鳳岐君旋起立懇辭當選會長，未通過。繼開映製造電纜電影，盡歡而散。

◉杭州分會參觀航空學校

杭州分會于九月二十日，應本會會員航空署技術處處長錢昌祚君，科長朱霖君，及王承黻，朱家仁，陳昌祖，周嘉譲君等，代表杭州航空工程人員，歡迎本會會員參觀中央航空學校。是日，諸會員應約前往參加者，非常踴躍，由朱霖，王承黻君等慇懃招待，領導參觀航校各種設備，及新設之航空機械修理廠，至爲詳盡。會長陳體誠因公離杭，故未出席，由副會長張自立主席。首由書

17328

記周玉坤報告會務，會計陳大燮報告會計情形，復以近奉總會來函，本年度即將結束，所有下年度新職員，應即早日選出，以符會章，故即在大會中改選下屆新職員。衆會員以上屆當選諸君，因選期稽延，任期均未達一年，故一致主張仍請上屆各員連任一年，本屆毋庸改選，當經全體贊成，通過。開會完畢，再由以上六君，代表航空機關在杭工程人員，歡讌本會全體會員，及東北航空人員。席間，錢君起立致詞歡迎，并謂近擬組織中國航空學會，以爲發展中國航空事業之一助，請本會航空工程人材，共起贊助，以利進行云云。觥觴交錯，賓主盡歡，旋于二時散會。

朱母顧太夫人紀念獎學金章程

中國工程師學會會員朱其清，爲紀念其先母顧太夫人逝世三週年起見，特提出現金一千元，於民國二十二年七月贈與中國工程師學會，作爲紀念獎學金之基金，特訂定章程四條，如下：

(一)定名　本獎金定名爲「朱母顧太夫人紀念獎學金」，簡稱爲「朱母獎學金」。

(二)基金保管　「朱母獎學金」之基金一千元，由中國工程師學會之基金監負責保管，存入銀行生息，無論無人，不得動用。

(三)獎學金用途　基金利息，每年洋一百元，作爲「紀念獎學金」，即以贈予是年度本國青年，對於任何一件工程學術之研究，有特殊成績，經本會評判當首選者。

(四)應徵辦法　中國工程師學會「朱母獎學金」應徵辦法由本會公佈之。

中國工程師學會「朱母獎學金」應徵辦法

本會會員朱其清君，於民國二十二年捐贈本會獎學基金國幣一千元，用以紀念其先母顧太夫人，並指明此款作爲紀念獎學金之基金，任何人均不得動用。惟每年得將其利息提出，贈予本國青年對於任何一項工程學術之研究，有特殊成績者。玆特設「朱母獎學金，」從事徵求，其應徵辦法如下：

(一)應徵人之資格　凡中華民國國籍之男女青年，無論現在學校肄業，或爲業餘自修者，對於任何一種工程之研究，如有特殊興趣而有志應徵者，均得聲請參與。

(二)應徵之範圍　任何一種工程之研究，不論其題目範圍如何狹小，均得應徵。報告文字，格式不拘，惟須繕寫清楚，便於閱讀，如有製造模型可供評判者，亦須聲明。

(三)獎金名額及數目　該項獎學金爲現金一百元，當選名額規定爲每年一名。如某一年無人獲選時，得移至下一年度，是年度之名額，即因之遞增一名。不獲選者於下年度仍得應徵。

(四)應徵時之手續　應徵人應徵時，應先向本會索取「朱母獎學金」應徵人聲請書，以備填送本會審查。此項聲請書之領取，並不收費，應徵人之聲請書連同附件，應用掛號信郵寄：上海南京路大陸商場五樓中國工程師學會「朱母獎學金」委員會收。

(五)評判　由本會董事會聘定朱母紀念獎學金評判員五人，組織評判委員會，主持評判事宜，其任期由董事會酌定之。

(六)截止日期　每一年度之徵求截止日期，規定為「朱母逝世週年紀念日」，即二月十一日，評判委員會應於是日開會，開始審查及評判。

(七)發表日期及地點　當選之應徵人，即在本會所刊行之「工程」會刊及週刊內發表，時期約在每年之四五月間。

(八)給獎日期　每一年度之獎學金，定於本會每年舉行年會時贈予之。

中國工程師學會『朱母獎學金』應徵人聲請書

應徵人姓名……………………

籍貫……………………　年歲……………………

姓別……………………　家況……………………

學歷及經驗……………………

現在工讀情形……………………

現在通信處……………………

永久通信處……………………

應徵內容……………………

(1)　研究問題

(2)　關於本問題研究之時間

(3)　關於本問題研究之動機及目的

(4)　研究本問題時之心得

(5)　研究本問題之方法或其儀器

(6)　研究本問題工作之地點

(7)　對於本問題倘擬繼續研究之工作

(8)　本問題研究結果之應用及其價值

註：(一)　任何一種工程之研究，不論其題目範圍如何狹小，均得應徵。

(二)　報告文字，格式不拘，(無須證文)，惟需繕寫清楚，便於閱讀。

(三)　如有製造模型可供評判者，聲請時亦須聲明。

17330

工程週刊

(內政部登記證警字788號)

中國工程師學會發行

上海南京路大陸商場542號

電話：92582

(稿件請逕寄武昌闕陵街修德里一號)

中華民國22年11月3日出版

第2卷第16期(總號37)

中華郵政特准掛號認為新聞紙類

(第1831號執據)

本期要目

定報價目：每期二分；全年52期，連郵費國內一元，國外三元六角。

京滬滬杭甬鐵路上海北站修復後攝影

工程與復興

編　者

吾國此時遍地是匪區，災區，戰區；復興之責，惟我工程師應負其大部份。匪區復興，賴農業及道路交通；災區復興多以工代賑，如築堤開濬河道，造林灌溉等類；戰區復興多屬城市工程，如建築，鐵道，電氣，工商等，要均為我工程師用武之地也。

日本十年前大震災之復興計劃，使舉世震驚嘆佩，為優良民族之應有精神。蘇俄承戰後之疲，改政復興，以成五年奇蹟，均係工程上之成就。最近美國受世界經濟衰敗之影響，組織復興局，施行工商業規，而其主旨在造艦及公共工程，以鞏固國防。吾國目前復興計劃，自當取法於彼，以民生為主，國防為歸，願我工程界同志圖之。

本期所載上海京滬鐵路北站修復一文，亦足以表示當局之毅力，以為模範。匪區災區，以及華北戰區，如具同等精神，誠不難於短期間內，使全國復興也。

京滬鐵路修復上海北站工程

黃伯樵

京滬滬杭甬鐵路管理局局所在上海北站。原爲四層樓大廈。長60.5公尺，寬24.7公尺，共佔地1,494.55平方公尺，內分室76間。係照英國工程師西排立設計之圖樣建造。其牆角三面皆用青島青石，第一層樓以上大牆均用鋼柱支架橫樑。所有牆基柱脚及地板概用洋灰三合土築就。該屋落成於前清宣統元年五月二十日，總造價銀329,448圓。不特氣象雄偉，所用材料，亦極堅固，故歷二十餘年，曾無改變原狀之象。不意於一二八事變之役，竟成焦土也。

二十一年一月二十九日爲事變之第二日，下午，日本飛機盤旋於北站上空，擲彈轟炸。管理局辦公大樓，貨棧，及新建之辦公室先後中彈起火，烈焰衝霄，歷一晝夜而未已。所有圖書，文卷，儀器，傢具悉成灰燼，損失達500,000萬圓。五月二十三日，北站地方經本局接收，即由工務處將被燬站屋督工拆卸。初擬拆至三層爲止，將二層修理應用。迨二層樓瓦礫撤清，細察磚石工程，已屬不堪修理，決定并予拆卸。至其底層，雖有數處磚牆石拱及門窗地板均有損壞，但尚無大礙，因擬修復應用，並再就上部加築一層。此議經呈奉鐵道部於二十一年八月十三日指令核准。

維時，上海市政府提議遷移上海北站，俾可繁榮閘北市面，並促進市中心區之發展。當經鐵道部規復京滬滬杭甬鐵路建設委員會迭次派員赴滬協商。結果以北站地位適在閘北區之中心，將來兩路事業既無開展餘地，而於上海市中心區全部計劃，關係尤切。乃決容納上海市政府之建議。擇定市達路以南，翔殷路以北，沿中山路西南1800公尺一帶地段爲客運總站地點。中山路以西，真如路以東，沿現有鐵路一帶地段爲聯運總站。修建上海北站之議，遂以擱置。

二十二年三月，鐵道部以國難嚴重，令將遷站停止進行。本局因念上海北站爲中外觀瞻所繫，不宜令此殘跡長留。予旅客以不良之影象。而旅客因乏待車休憩之所，平日麕集於售票房一帶雨棚下，亦甚感痛苦。乃重議將該屋下層大加修理，並重建上層中央一部份。使車務處得以遷入辦公，旅客亦得待車休憩。經呈奉鐵道部於二十二年四月十四日照准。隨即委托華蓋建築事務所建築師趙深，將工務處原計畫修正，供給圖樣，由工務處招標承辦。

五月一日下午三時，在本局當衆開標。鐵道部派黃專員閎道蒞臨監視。計投標者17家：標價最低者，爲陶鴻泰營造廠，計國幣47,750圓；次爲喬爾興營造廠，計國幣49,850圓；又次爲中南建築公司，計國幣50,146圓。當以此項工程雖非甚巨，但屬公共場所，於觀瞻及安全方面，不能不格外注意，則對於承造廠家之資格經驗，均須加以愼重之考慮。在標價較低各家中，則中南建築公司歷年承接上海市工務局暨中國銀行等偉大建築工程，每次有達十萬，二十萬圓者並有業主滿意證明書，最爲適當。且比較價格相差，亦尚非過大。故與部派監視開標專員協商結果，決以此項工程歸該公司承辦，即於五月十七日正式簽訂合同。至工事上之監督指導，則請趙深建築師担任，併呈奉鐵道部核准備案。

此次修建上海北站房屋，大部份供車務處辦公室。大廳中央設問事處及招待處，上檣電氣標準鐘。其餘供頭二等旅客候車室，行李存放室，飯廳等。與交通部上海電

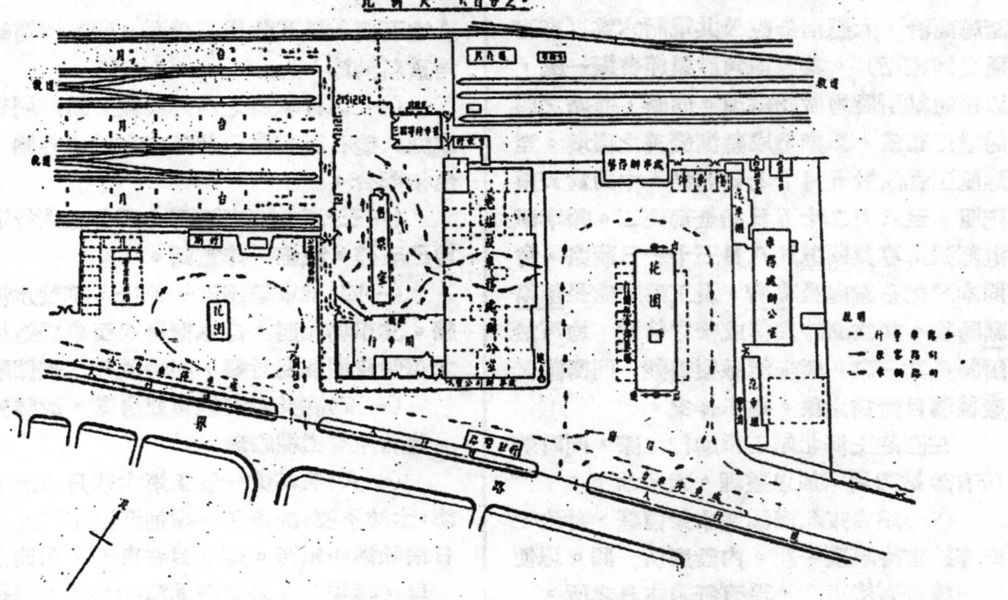

上海北站修復後布置設備圖

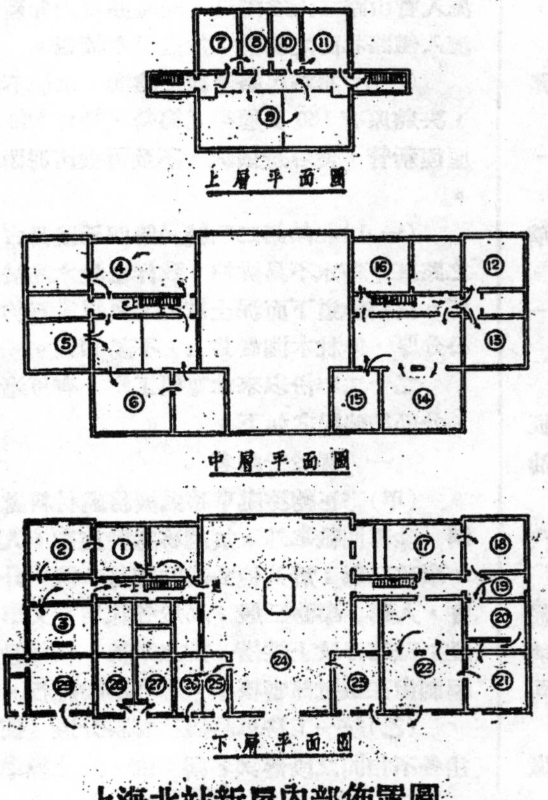

上海北站新屋內部佈置圖

說 明

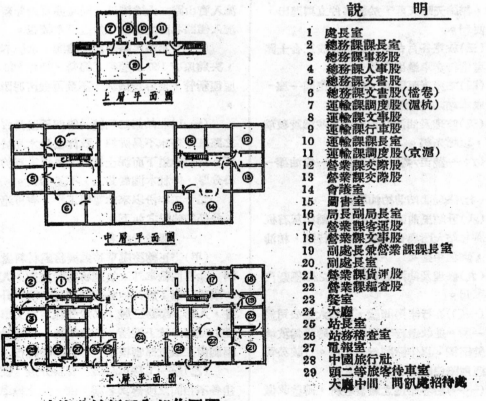

1 處長室
2 總務課課長室
3 總務課事務股
4 總務課人事股
5 總務課文書股
6 總務課文書股(檔卷)
7 運輸課調度股(滬杭)
8 運輸課文事股
9 運輸課行車股
10 運輸課課長室
11 運輸課調度股(京滬)
12 營業課交際股
13 營業課交際股
14 會議室
15 圖書室
16 局長副局長室
17 營業課客運股
18 營業課文事股
19 副處長兼營業課課長室
20 副處長室
21 營業課貨運股
22 營業課編查股
23 餐室
24 大廳
25 站長室
26 站務稽查室
27 電報室
28 中國旅行社
29 頭二等旅客待車室
大廳中間 問訊處招待處

話局商洽，大廳南部設公共電話六處（亦可通長途電話）。其西南角設模範書攤一處，以後他站所設均倣此辦理。同時，將站之四周重行布置。以期造成整潔優美之環境。至建屋工程係於五月十七日開始，中間為天雨延阻，至八月二十五日始全部完工。報奉鐵道部派黃專員閎道於八月三十一日蒞路，會同本局總務處處長莫衡，及工務處處長德斯福驗收。其修建時與落成後之情狀，均可於附圖見其一斑。雖未能悉復舊觀，而衡諸焚燬後滿目瘡痍之象，迴不侔矣。

在修建上海北站工程進行之際，同時將所有該站四周，加以整理。大要如下：

（一）站台東北面添造木架雨蓬，并建三四等旅客待車室一座。內設廁所一間。以便三四等旅客待車時，得有舒適休息之所。

（二）站台西面進出口處，添設鋼架雨蓬一排，無論天晴天雨，於旅客佇立與進出，均覺便利。

（三）放寬各月台間走道，鋪設三合土路面，專供行李車進出之用。

（四）站屋東西兩面，各布置花園一座，以造成本站幽美之環境。

（五）修理及油漆站台雨蓬，並添設玻璃蓬頂，以增光線。

（六）一號至六號月台雨蓬，一律油漆一新。

（七）修理北站前柏油馬路。

（八）升順里前面人行道，改鋪洋灰石板，並將北站大門與寶山路間之人行道，柏油路面，修理平整。

（九）修理及油漆沿界路一帶之鐵柵暨汽車停車間。

（一〇）在行李房間壁，闢造大豐公司辦公室一所。並改造行李房附近之磚拱為玻璃窗加裝窗柵。以作儲藏行李之用。（該公司係承運兩路銀錢者。）

（一一）沿界路邊之路警駐所，磚壁改做人造石面，屋瓦改用石綿瓦，所有門窗等，均重新油漆。

（一二）行李房之內外牆或加粉堊刷新，或做人造石面，俾與新落成之站屋外牆，顏色相配合。

（一三）車站東南兩面之三合土人行道，均已破碎，現經一律重鋪。

（一四）就車場邊界一部份，築設水泥圍牆。其車場北面，自水櫃房起至車場道房止之舊鉛皮圍欄及竹籬，亦均改築水泥圍牆。

（一五）在吳淞支綫售票房處，改裝鐵門，並將原有鐵柵修理。

（一六）北站第一號至第六號月台邊之明溝，水流不暢，決由工務處抽派道工二人，每日清除溝中積污。並在月台東端，另闢陰井一口，復埋300公厘徑瓦筒30公尺，接通鐵道北面明溝，俾沿月台明溝之水，除一部分流入寶山路之大陰溝外，同時亦可由此新溝流入鐵路北面之明溝，於是排水較暢。

（一七）北站馬路下面之陰溝，水流不暢，決將原有150公厘徑瓦筒管，換埋300公厘徑新管，使容量擴大，不致再被污泥閉塞。

（一八）北站第二三號及第四五號月台間之路基下積水不易排洩，致洋松枕木易於腐朽。決將軌道下面泥土挖出，填以亂石約20公分厚，俾枕木擱置其上，不易潮爛。

二十二年份以來之重要工作，有可述者，分節約略記之如下：

一 關於行政者

（甲）修正總務處車務處機務處材料處編制 除專門職掌外，於總務處設文書，人事，事務三課；於其他各處設總務一課，分文書，人事，事務三股；又於各課均設文事一股；確定行政上縱橫一貫之系統。（材料處編制尚在鐵道部審核中，餘均奉准施行。）

（乙）統一工務車務機務警務分段 使已往各不相同之段落與名稱，依一定之標準，歸於一致，藉以便利各段間之聯絡。

(丙)組織法規編訂委員會 徵集全部部路現行法規，加以審查彙編。必要時，建議修正。(一二八事變後，文卷被燬，法規散失不全。)

(丁)召集文書會議 改良文書管理，減少人力，物力，與時間上之浪費，並增效率。

(戊)組織路政視察團 調查各段站廠等工作，就地解決各項問題，並增進內外人員之聯絡。

(己)組織貨等運價研究委員會 就現行貨物分等及客貨運價，縝密研究，參酌兩路特殊情勢，建議修訂。

(庚)組織購料審查委員會 用公開方式，採購時概歸審決，驗收時概歸查核，使品質與價格相當。

(辛)組織整理衞生事宜委員會 授權關係部份，就維持車站列車與各廠所之清潔，預防疫癘等衞生事宜，及有助於衞生之花木園林等設備。一方則設計，一方卽實施。

(壬)組織行車保安委員會 指導員工遵守行車規章，測驗員工對於行車保安之智識，以期減少行車事變。

(癸)組織釐訂員額職稱委員會 審察現在需要及將來發展。規定員工名額及職稱。使人事適合，權責分明。

二 關於營業者

(甲)增加列車次數 客車京滬綫增鎮江南京間及上海常州間區間車上下行各一列。九月一日起，將上海常州間區間車展至鎮江，仍上下行各一列。滬杭綫增上海嘉興間區間車上下行各一列。淞滬支綫每日由28次增至40次。此外將區間客列車改爲客貨混合區間車，京滬綫

正在建築中之北站

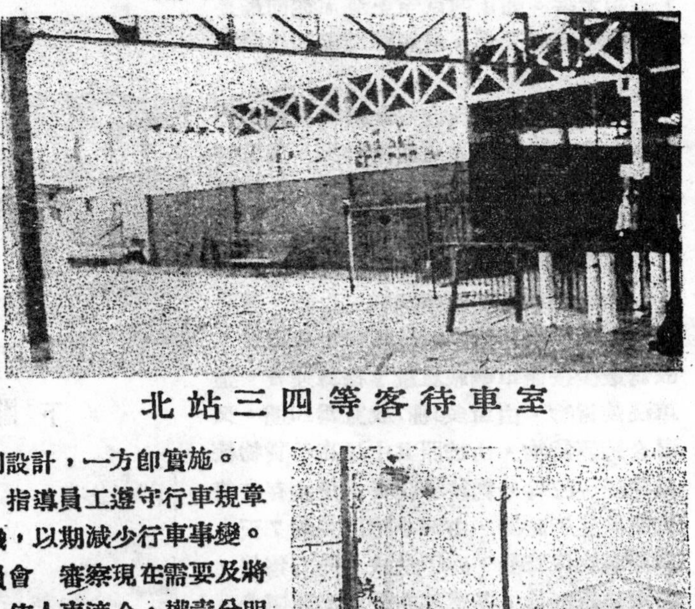

北站三四等客待車室

新修建之路警駐所

17335

上下行共6次，滬杭綫上下行共4次。貨列車京滬綫由無定時改爲每日上下行8次；滬杭綫零貨車亦由間日一開改爲逐日行駛。十月十日起又加開上海北平間貨物聯運通車上下行各一次。

(乙)縮短行車時刻　除於規定行駛時刻內，使其準時到達外，六月一日起，復將客列車行駛時間酌量縮短。如南京至上海日間特別快車，從前最長有達8小時15分者，最短經縮至6小時50分。九月一日起，復縮至6小時20分。又如南京上海間三四等區間車，九月一日以前，全程須歷13小時35分。九月一日起，縮短至11小時35分。至貨列車行駛時間，自九月一日起，縮短尤多。如由南京至上海，從前最長有達33小時37分者，最短經縮至10小時25分。

(丙)減輕旅客負擔　如發售游覽來回票，頭等及二等照規定票價75%，三等85%計算。又核減淞滬客車頭等票價，照原價減低三分之一。

(丁)減輕貨商負擔　如不滿整車貨物，一律照整車貨物運價加50%計算。整車輕笨貨物，由按照車輛載重量計算運費，改爲最少按照車輛載重量$\frac{2}{3}$核算運費。整車混裝貨物，由至多5種，放寬爲10種。又混合裝運貨物，由按照其中最高等貨物核收運費，改爲分別按等收費。貨主存棧貨物免費保管時間，由24小時延長爲7天；逾期應收保管費，亦予酌減，此外猪隻，客車裝運鮮貨，茶葉等亦分別減收運費。

(戊)增進客商便利　創設兩路營業所，先就上海試辦答覆問訊，發售客票，接送包裹行李，代定旅館等事。又在南京，上海，杭州三站設立招待處，給予旅客以種種便利。

三　關於財產者

(甲)償付外債本息　計支中英銀公司

鎮江隧道口新建洞口

下關輪渡接軌綫

南京站新建之雙拱雨篷

17336

歷年應付未付債款本息共銀1,726,999圓。

(乙)清付各路欠款　計支津浦，隴海，平綏，道清，正太各路及南京市鐵路二十一年份及以前聯運欠款共銀 476,421圓。

(丙)清付材料欠款　計支二十一年份及以前積欠材料帳戶共銀 685,095 圓。

(丁)查驗路有地畝契據編製地圖及統計，以憑清理。

(戊)測量路地　淞滬綫業已完竣，現正施測京滬綫。

(己)整理租地　先從租約編號入手。凡站界內地畝，採用簡名冠首按站編號法；路綫上地畝，採用公里分段制，以便檢查。對於租戶，則分站分戶編製表册，以憑追收積欠租金。

南京站屋

鎮江站新建之轉車台

南京站月台雨棚之鳥瞰

四　關於設備者

(甲)布置模範站　指定京滬綫之南京，鎮江，常州，無錫，蘇州及上海北站，滬杭甬綫之上海南站，嘉興及杭州爲模範站，就設備與布置，力求整潔美觀；並整頓站內外秩序，如售票處嚴格規定出入口，站外嚴定車輛停放地位等。俟有成效，再行推之其他各站。

(乙)改良車輛　如添設二等臥車，將三等車客座直列式改爲橫行式，改建運豬車為兩層。又就客車兩端上下踏步處加裝電燈，並書明等次，以便旅客上下。

(丙)擴充大站設備　如南京站增建貨棧，貨運辦公室，行李房，行李存放室。添築雙拱雨篷，貨物月台，汽車及包車月台。並將上月台展長60餘公尺。又鎮江站加鋪軌道793公尺，及添造18公尺轉車台一座。鎮江寶蓋山隧道，前受霪雨影響，發生罅裂，經將洞頂泥土掘去約70公尺，並將向東洞口重行建造，以保行車安全。又舉辦首都鐵路輪渡聯運，關於接長下關軌道部份，由本路辦理。其敷設軌道工程，現已大部完竣。

(丁)擴充閘口機廠　就現有閘口機廠北面，購地100餘畝，添建工廠，增購重要機件。綜計需費400,000餘元，三年完成。現正在接洽購地中。

(戊)收購貨棧　將中國運輸公司在上北車站後面租用路地所建之貨棧六座，作價購回，大加修葺，歸路自用。

(己)改進消防　添置設備，並合各站警務，工務，機務，車務員司組織消防隊。

漢冶萍大冶廠礦近況

徐紀澤

漢冶萍公司在大冶本分製鐵與採礦二處，廠在袁家湖，有450噸之化鐵爐2座，現已停爐。廠中並有1500 K.V.A. 5250V.透平發電機2座，打風機2座，修理廠1處。鐵礦區離廠約36公里，有獅子山，尖山與鐵山等處。據專家估計得道灣方面礦量有12,000,000噸。鐵山方面，有3,000,000噸，尚未開採。現在每年採額，約300,000至350,000噸。現因債務關係，均銷于日本。該礦工人，約有1500人，土工與礦工各半。近因浮面開採，土方太多。最近2年內，已鑿成隧道約1000公尺，以備施用地下開採法。同時因得道灣方面，向用人工開採，故新建有1700匹馬力之黑油發電廠一處。內計500匹馬力蘇爾壽立式提士引擎3座，200匹1座。直接于A.E.G.5250V,50週波420及165 K.V.A.發電機，用于拖動壓氣機，然後轉動鑽礦機。茲將該礦歷年採礦額列表于後，以資考據。我國出鐵情形，在民國紀元前，係我國自煉。十四年以前，半數供自製生鐵，半數運赴日本。自十四年後，因停化鐵爐，全數運日。

歷年礦砂採額如下：—(噸數)

光緒22年	15,933	民國 4年	456,789
23	20,545	5	550,081
24	36,556	6	542,519
25	24,765	7	629,089
26	57,201	8	696,935
27	109,215	9	824,490
28	84,036	10	384,286
29	107,794	11	345,631
30	106,378	12	486,631
31	151,668	13	448,921
32	185,650	14	315,410
33	174,612	15	85,732
34	171,934	16	243,632
宣統元年	309,399	17	419,950
2	343,097	18	350,623
3	359,467	19	379,712
民國元年	268,685	20	314,359
2	416,342	21	382,002
3	488,258		

滬杭公路閔行輪渡濟航號

張　孝　基

船　長：	25·4公尺(90英尺)
船　闊：	7·0公尺(23英尺)
吃　水：	1·35公尺(4′—6″)
速　度：	14·8公里(8海里)
容　量：	汽車10輛，乘客120人。
載　重：	35噸
造　價：	83,444元
梅花樁造價：	12,742元

滬杭公路閔行"濟航"新渡輪

滬杭公路興造之時，經濟委員會曾以該路蘇段閔行方面，中有一浦江之隔，往來汽車經過，極感困難。初擬在該處建築鐵橋，以利交通；後因需費太鉅，遂改變計劃，託由上海市政府工務局薛次莘先生，協助在閔行南北兩岸，各建築碼頭一座，並訂造"經航"渡輪一艘，計馬力50匹，速率6海里，每次可載汽車2輛，旅客60人。詎知通車後，中西人士赴海塘一帶遊覽之汽車，異常擁擠，而該渡輪容積甚小，往返渡載費時甚久，故每逢星期日及例假日，汽車在岸守渡，常有候至一二句鐘以上，猶不得渡載。嗣經五省市交通委員會提議，另造一容積較大之渡輪，以資便利，經數度會議，始行決定，並定名"濟航"。當轉託上海市公用局譚伯英先生設計督造，經營數月，業已於本年十月四日，舉行開航典禮。查該輪係兩頭直駛，頗為美觀，內容設置，應有盡有，亦甚完備。計每次可載小包車12輛，速率亦較"經航"為快，故自開駛以來，行旅莫不交相稱便。管理者為詹君慰曾，對於管理及技術方面，秩序井然，尤為難能。茲將該輪渡造價，容積，速率，馬力，及照片，開列於上。

數字遊戲(1)——編者

工程週刊主張用阿拉伯數目字，故文字中遇到數目之處，都用阿拉伯字，所持理由，見本刊第1卷第5期第65頁小言："工程師與數字"。

數字遊戲，極有興趣，且可開發智慧。茲錄最新穎者數則於下，(原題見 Distribution of Electricity 雜誌)。

(1)以九個數字(1—9)，隨意排列，加減乘除，得答數為100。

$$1+2+3+4+5+6+7+8\times9=100$$
$$(8\times7)+(2\times9)+(3\times5)+1+4+6=100$$
$$89+75+1+2-(64+3)=100$$
$$(18\times2)+7+5+64-(9+3)=100$$
$$\frac{(6+2)\times75\times1\times4\times3}{8\times9}=100$$
$$4+95+\tfrac{1}{2}+38/76=100$$
$$25+74+3/6+9/16=100$$
$$1+98+3/6+27/54=100$$

如讀者尚有其他答案，本刊樂為宣布，此舉不過藉以引起我工程師用數字之興趣耳。

17339

17340

17341

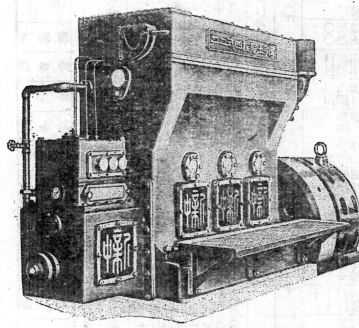

隴海鐵路行車時刻表

自右向左讀

第一次特別快車自東向西每日開行 ／ 第十九次客貨車自東向西每日開行

站名	上下午	第一次	第十九次
徐州府	(上午)	八點十分開	
碭山		十點十六分到 十點二十六分開	
商邱		十二點〇九分到 十二點二十九分開	
開封	(下午)	四點三十二分到 四點五十二分開	
鄭州南站		六點五十一分到 七點十一分開	
汜水		八點三十三分到 八點四十三分開	
鞏縣		九點二十三分到 九點二十五分開	
孝義		九點四十七分到 九點四十九分開	
洛陽東站		十一點十二分到 十一點四十二分開	
新安縣	(上午)	一點十二分到 一點三十二分開	
澠池		三點二十一分到 三點四十一分開	
觀音堂		四點三十七分到 四點四十二分開	
會興鎮		六風〇八分到 六點十八分開	
陝州		六點五十分到	七點二十分開
靈寶	(上午)		八點三十二分到 八點四十七分開
閿鄉			十點二十分到 十點三十五分開
盤頭鎮			十一點五十二分到 十一點五十五分開
文底鎮	(下午行)		一點二十分到 一點二十三分開
潼關			二點二十分到

自左向右讀

第二十次客貨車自西向東每日開行 ／ 第二次特別快車自西向東每日開行

站名	上下午	第二十次	第二次
潼關	(下午)	三點三十分開	
文底鎮		四點五十二分到 四點二十八分開	
盤頭鎮		五點五十三分到 五點五十六分開	
閿鄉		七點十三分到 七點二十三分開	
靈寶		九點〇一分到 九點十六分開	
陝州	(上午)	十點二十五分到	〇點〇五分開
會興鎮			〇點四十二分到 〇點五十二分開
觀音堂			二點三十一分到 二點三十六分開
澠池			三點十八分到 三點二十三分開
新安縣			四點五十分到 五點開
洛陽東站			六點十五分到 六點三十五分開
孝義			七點四十六分到 七點四十八分開
鞏縣			八點〇四分到 八點〇六分開
汜水			八點四十分到 八點四十二分開
鄭州南站			九點四十二分到 十點〇二分開
開封			十一點五十五分到 十二點十五分開
商邱	(下午)		四點〇二分到 四點十七分開
碭山			五點五十四分到 六點〇四分開
徐州府			八點〇五分到

17343

17344

中國工程師學會會務消息

◉修改章程通函投票

本屆年會第一次會議，會員裘燮鈞君等提議減收本會團體會員會費一案，當經議決：『常年會費從五十元減爲二十元，』紀錄在案。茲依本會章程第四十三條之規定，用通訊法交付全體會員公決。已由執行部郵寄表決票至各會員處，即請填明寄同爲荷。

◉長沙分會消息

(一)成立經過　本會在湘長沙會員，年來日見增加。組織分會之聲浪，傳布已久。本年六月，由胡庶華，余籍傳，王昌德等發起，開會議決，始告成立。當推定胡庶華爲會長，余籍傳爲副會長，王昌德爲書記，任尙武爲會計，暫以禮賢街三十號湖大通訊處爲會址。

(二)歡迎年會來湘會員　本會第三屆年會，在武漢舉行，於九月二日來湘參觀。分會當通知各會員在車站歡迎，即迎至中山東路萬利春茶點，由胡會長庶華致歡迎詞，余副會長（現任湘建設廳長）致詞，並報告各項建設計劃。連日陪同參觀城內工廠要塞，三四兩日遊南嶽，五日遊嶽麓山，參觀湖南大學。

(三)改選職員　分會照總會規定。以十月一日爲新舊職員交替之期。於是日在青年會開會員大會。改選職員。結果胡庶華被選爲會長。余籍傳爲副會長。易鼎新爲書記。王昌德爲會計。

(四)捐資總會　本屆年會來湘參觀，所有車費宿食均由湖南省政府招待。年會會員以援助分會之意，將所收旅費四百三十元贈送分會。分會同人對此甚爲感謝，惟不敢自私。當經議決。全數捐付總會材料試驗所矣。

◉會員通信新址

48. 陳厚高　(職)漢口第三特別區市政管理局

44. 曹省祥　(住)漢口漢中胡同義和里5號

中國工程師學會徵求永久會員啓

溯自本會成立以來，歷史攸久，祇以基金缺乏，致會所未能建設，因此會務進行，不免延緩，爰有徵求永久會員之舉，凡一次繳足永久會費洋一百元者，以後可免繳常年會費，或先繳五十元，餘數於五年內分期繳清。現在會員中贊助加入者，統計達一百七十餘人之多，該款存儲上海浙江興業，浙江實業，及金城三銀行，由基金監保管，作爲建設會所基金，概不移作他用，幸祈熱心會員諸君，踴躍輸將，庶望會所早觀落成。茲將已付費之永久會員台銜，列表于后，並附簽名單，填寫後寄交上海南京路大陸商場五樓本會，或各地分會會計均可。

簽名單：願加入永久會員者

繳款期

17345

中國工程師學會徵求永久會員題名錄

(民國二十二年十月底止)

已繳全數者

張延祥君　方子衛君　王國樹君　陶鴻燾君
李熙謀君　錢昌祚君　張自立君　劉　頤君
鮑國寶君　裘燮祥君　胡國明君　邱凌雲君
丁嗣賢君　楊承訓君　黃家齊君　胡庶華君
鍾兆琳君　黃伯樵君　張惠康君　顧毓琇君
徐恩曾君　殿宏潍君　過養默君　程耀椿君
曾昭掄君　陸銘盛君　顧道生君　吳承洛君
華蔭相君　朱其清君　惲　震君　姚文琳君
賈榮軒君　陸成爻君　陳祖燕君　劉其淑君
楊　毅君　李屋身君　鄭家覺君　朱樹怡君
吳道一君　胡端行君　蔡　雄君　楊景時君
程干雲君　董世祐君　龍積成君　沈良驊君
譚伯羽君　王文棣君　王崇植君　高凌百君
尤巽照君　譚寄陶君　姚長安君　劉明遠君
廖馥亞君　施嘉幹君　李　鏗君　陸之順君
駱腎波君　梁永槐君　湯震龍君　吳益銘君
戚鳴鶴君　張孝基君　李昌祚君　顧毅成君
趙祖康君　趙曾珏君　孫騏方君　支秉淵君
程孝剛君　吳蘊初君　侯德榜君　卞綬成君
朱耀廷君　繆蘇駿君　薛次莘君　楊錫繆君
秦銘博君　許守忠君　李書田君　蔣以鐸君
胡光麃君　莊智煥君　顏德慶君　曹竹銘君
共88人

已繳一部份者

淩鴻勛君　徐芝田君　劉晉鈺君　馮　簡君
榮志惠君　徐恩第君　胡光燾君　司徒錫君
劉濟生君　任國常君　闞漢光君　陸家駒君
王節堯君　周　琦君　倪徇達君　施道元君
裘燮鈞君　程瀛章君　錢昌淦君　金芝軒君
林繼庸君　余雪楊君　吳達模君　周仁齋君
金巙組君　劉錫祺君　鄒勤明君　王季緒君
程志頤君　黎智長君　李葆發君　李家璋君
盤珠衡君　凌其峻君　楊培琫君　黃紀秩君
周增奎君　趙國棟君　聶肇靈君　吳競淸君
劉夢錫君　張樹源君　董榮淸君　蘇　鑑君
傅　銳君　薩本棟君　茅以昇君　王揩亞君
徐守楨君　羅　英君　余伯傑君　許行成君
柴志明君　許　坤君　稽　銓君　徐佩璜君
王聲漢君　陸君和君　蔡家驥君　杜德三君
馮鶴鳴君　陸法曾君　夏全綬君　董開章君
孫世纘君　李良士君　陳　璋君　陳體誠君
汪泰基君　許瀛洲君　潘蘊三君　汪桂馨君
李泰雲君　謝　仁君　羅　武君　許典彝君
夏光宇君　戴　濟君　黃　炎君　高　鑑君
沈　怡君　周　琳君　共82人

17346